普通高等教育“十二五”规划教材

（第二版）

建筑制图

主　编　於　辉　李祥城
副主编　张　坤　吕大为
编　写　夏　凉　王殷殷　陈为东　翟清翠
　　　　苑田芳　荣　华　李　云　张学霞
　　　　全先灏　宋　琦
主　审　马彩祝

中国电力出版社
CHINA ELECTRIC POWER PRESS

内 容 提 要

本书为普通高等教育"十二五"规划教材。全书共分13章，主要内容为建筑制图基本知识，投影的基本知识，点、直线和平面的投影，投影变换，立体的截交与相贯，标高投影，轴测投影，组合体的投影图，工程形体的图样画法，建筑施工图，结构施工图，设备施工图，路桥工程图。

本书根据2010年颁布的最新制图标准和相关标准修订。为了加强实践教学，本书配了两套房屋施工图，即在施工图章节中和书后附页里各配了一套房屋施工图，详细介绍了与房屋设计相关的四个不同专业（建筑、结构、给排水、采暖）施工图。考虑到土建类专业的涉猎面，书中还增加了路桥工程图。建筑施工图部分内容丰富，时代感强，是本书的特点。所举建筑样例是编者根据多年的设计和教学经验，结合时代特点，自行设计的一套图纸。为了方便读者系统地学习建筑工程图的内容，书中的建筑、结构和给排水施工图均为同一案例，采暖施工图与书后的附图为同一案例。

本书可作为高等院校土建类以及相关专业，如土木工程、给排水科学与工程、建筑环境与能源工程、材料科学与工程、环境工程、工程造价、工程管理、房地产开发与管理、安全工程、道路桥梁与渡河工程等专业的本、专科教材的配套用书，也可供相关人员参考使用。

图书在版编目（CIP）数据

建筑制图/於辉，李祥城主编．—2版．—北京：中国电力出版社，2014.8（2019.6重印）

普通高等教育"十二五"规划教材

ISBN 978-7-5123-6184-3

Ⅰ.①建…　Ⅱ.①於…　②李…　Ⅲ.①建筑制图—高等学校—教材　Ⅳ.①TU204

中国版本图书馆CIP数据核字（2014）第151595号

中国电力出版社出版、发行

（北京市东城区北京站西街19号　100005　http：//www.cepp.sgcc.com.cn）

航远印刷有限公司印刷

各地新华书店经售

*

2010年8月第一版

2014年8月第二版　　2019年6月北京第七次印刷

787毫米×1092毫米　16开本　22.75印张　556千字

定价 **48.00** 元

前　言

2010年以后国家颁布了建筑行业的新标准和新规范，为了跟上时代的步伐，将原教材进行了修订。本书第一版自2010年出版以来，被很多院校选为建筑制图课程的教材，陆续也收到了很多热心读者和同仁的反馈信息，为教材修订提供了信息和信心。

建筑制图作为一门重要的专业技术基础课，为土建类及相关专业，如土木工程、给排水科学与工程、建筑环境与能源工程、工程管理等专业的学生提供制图知识和技能两方面的训练。为了在激烈的市场竞争中立于不败之地，高等教育应注重实践教学，培养实用人才。针对这一特点，本书内容除了针对土建类的画法几何和建筑、结构施工图外，还增加了给水排水、采暖和路桥工程图，以满足土建类以及相关专业的需求，增加教材的覆盖面，强调了建筑类专业的完整性，为学生了解相关专业知识和选择辅修专业提供了方便。

全书根据最新颁布实施的《房屋建筑制图统一标准》(GB/T 50001—2010)、《建筑制图标准》(GB/T 50104—2010)、《建筑结构制图标准》(GB/T 50105—2010)、《总图制图标准》(GB/T 50103—2010)、《建筑给水排水制图标准》(GB/T 50106—2010)、《暖通空调制图标准》(GB/T 50114—2010)、《混凝土结构设计规范》(GB 50010—2010) 和《混凝土结构施工图平面整体表示方法制图规则和构造详图》(11G101) 等国家标准进行修订。限于篇幅，不能引用太多，不同专业在使用教材时，可根据需要查阅有关标准。

本书主要修订内容如下：

1. 第一章建筑制图基本知识，根据新规范主要针对图幅、标题栏、会签栏、图线、字体、比例等做了修订。

2. 第九章工程形体的图样画法，根据新规范对砂、灰土的材料图例等做了修订。

3. 第十章建筑施工图，依据现行规范对房屋建筑的设计程序部分做了修订，对建筑施工图常用符号、总平面图图例、门窗图例、常用建筑配件图例做了修订，特别是总平面图图例变化较大；建筑平面图章节中，将平面图中的构造柱重新进行了布局；建筑剖面图、建筑详图章节中，根据新规范的要求进行了增加和修改。

4. 第十一章结构施工图中对混凝土和钢筋材料种类、符号、保护层厚度等做了修订，其中变化最大的是钢筋的种类；对楼层结构平面图进行了修订，梁的单线画法由旧版的粗单点长画线改为粗虚线，对图中各种构件代号和钢筋的布局重新进行了梳理，使得图面更清晰，满足新规范的要求；同时增加了板厚标注，对双跨框架梁配筋详图传统表示法中部分尺寸按照新规范进行了调整；修订了抗震楼层框架梁标准构造详图，基础平面图中构造柱的设置和基础详图中垫层的混凝土标号；在楼梯结构详图中，对梯梁和梯板重新梳理编号，增加了梯梁平面注写方式；更换了楼梯板配筋图的示例，按照新规范修订了楼梯板的配筋；钢结构部分修订了钢管和剖口角焊缝的标注、增加了塞焊焊缝符号。

5. 增加了各种管径的标注方法，修订了给水排水施工图中常用图例中的部分图例等。

本书的特点如下：

1. 书中的理论部分内容编排上由浅入深，由简及繁，系统性强。基础知识与现代科技知识相结合，强调科学的思维方法和空间思维能力和创新能力的培养。

2. 书中的实践教学部分内容丰富，这套书共配编三套不同房屋的施工图，即教材施工图章节中配编一套内容适中的施工图样例；教材最后附页配编一套内容较复杂的施工图（共12 页附图），习题集中再配编一套普通住宅的施工图，整套书的房屋施工图部分样例有繁有简，便于初学者学习和掌握。考虑到土建类专业的涉猎面，书中还增加了路桥工程图。施工图部分内容完整，时代感强，专业覆盖面广。

3. 书中房屋施工图章节的一套教师公寓案例，是作者根据多年的设计和教学经验，参照现代工程实例，自行设计的一套图纸，内容丰富，形式新颖，富有时代感。

4. 书中详细介绍了与房屋设计相关的四个不同专业（建筑、结构、给排水、采暖）的整套施工图。书中建筑、结构和给排水施工图均为同一案例，采暖施工图与书后的附图为同一案例，以方便读者系统地学习房屋工程图的内容，了解在一栋房屋整套施工图中，各专业的表达方法和包含内容，从而了解各专业的学习重点。

5. 书中详细介绍了钢筋混凝土结构施工图平面整体表示法（简称平法），根据《混凝土结构施工图平面整体表示方法制图规则和构造详图》（11G101），应用案例进行详解。

6. 与本书配套的由於辉主编的《建筑制图习题集（第二版）》由中国电力出版社同时出版，可供选用。

7. 为满足多媒体教学的要求，与本书配套的由於辉、滕绍光主编的电子教案制作精良，可供选用。

本书可作为高等院校土建类以及相关专业，如土木工程、给排水科学与工程、建筑环境与能源工程、材料科学与工程、环境工程、工程造价、工程管理、房地产开发与管理、安全工程、道路桥梁与渡河工程等专业的本、专科教材的配套用书，也可供相关人员参考使用。

本书由青岛理工大学於辉和李祥城主编，张坤、吕大为副主编。全书由於辉统稿，参加编写的有夏凉、王殷殷、陈为东、翟清翠、苑田芳、荣华、李云、张学霞、全先灏、宋琦等。本书由广州大学马彩祝主审。

在编写过程中，吸收和借鉴了国内外同行专家的一些先进经验，在此表示感谢！

限于编者水平，书中难免有疏漏，敬请广大师生和读者批评指正。

编　者

2014 年 5 月

目　录

绪　　论

一、本课程的性质

建筑制图是土木工程及建筑管理类专业的重要技术基础课。它是以投影法为理论基础，以图示为手段，以土建工程对象为表达内容的一个学科。建造房屋、桥梁和道路，都要依据图样进行施工。

在工程中，需要将建筑物的形状、尺寸、材料、规格等内容用图样表达出来，因为这些内容很难用语言或文字描述清楚，用图样来描述是迄今为止最佳的选择。工程技术人员通过图纸绘制一系列的图样，用来表达设计构思，进行技术交流，实施工程建设等，所以图纸是各类工程不可缺少的重要技术资料。

工程图既是工程建设过程的依据，又是工程建设过程中用来交流的工具，因此它被喻为"工程技术语言"。为此，国家制定了各种"制图标准"，在本书第一章介绍有关建筑类的系列最新"中华人民共和国制图标准"，通过学习"国标"，掌握中华人民共和国"工程技术语言"，以便在全国范围内进行工程技术交流、探讨、研究和学习。

通常在高等院校工科类各专业的教学计划中都设置了专业必修的制图课，主要培养学生读图、图解和绘图表达能力。

二、本课程的内容

本课程分为制图的基本知识、画法几何和专业制图三部分内容。

（1）制图的基本知识主要介绍建筑制图标准中的基本规定，如图幅、比例、图线、尺寸标注等；要求学生学会正确使用绘图工具和仪器的方法，掌握手工绘图技能。

（2）画法几何是专业制图的理论基础，主要研究在平面上用图形来表示空间的几何形体，即用二维图形表示三维立体，并运用几何作图来解决空间几何问题的基本理论和方法。

（3）专业制图是画法几何在工程实践中的应用结果，要求学生能够熟悉有关专业的一些基本知识，掌握建筑工程图样的所示内容和图示方法，了解建筑、结构、给排水、采暖和路桥工程图的图示特点，遵守有关专业制图标准的规定，初步掌握阅读和绘制专业图样的方法。本课程为后续有关图学课程的学习，以及将来从事工程建设工作打下坚实的基础。

三、本课程的主要任务

（1）学习各种绘图工具和仪器的使用，掌握手工绘图的技能。

（2）学习各种投影法（中心投影法、平行投影法）的基本理论及其应用。

（3）研究基本的图解方法，培养解决空间几何问题的能力。

（4）学习土建类专业国家制图标准，培养绘制土建工程图的能力。

（5）培养学生认真细致、一丝不苟的工作作风。

此外，在学习过程中还必须注重培养自学和分析问题、解决问题的能力。

四、本课程的学习方法

（1）本课程具有相当强的实践性，初学者不易掌握。遇到不懂或不清楚的内容，要及时向教师或其他技术人员提出疑问，也可与同学开展讨论，从而达到解决问题的目的。因为本课程是一门系统性很强的学科，学习前面内容遗留下来的问题，势必会影响后续内容的学习，所以要养成勤学多问的学习方法。

（2）大力培养空间想象能力和空间思维能力。任何一个物体都有三个向度（长度、宽度、高度），习惯上称为三维形体，而在图纸上表达三维形体，必须通过二维图形来实现，这就需要建立由“三维”到“二维”、由“二维”到“三维”的转换能力。对于初学者来说，培养空间想象能力和空间思维能力是本门课程的最大困难，在学习中，必须下大力通过各种途径培养这些能力。

（3）要培养解题能力。本课程的另一个困难是“听易做难”。听课简单，一听就会，做题犯难，绞尽脑汁也不尽其然。解决这类问题，一定要将问题拿到空间去分析研究，决定解题的方法和步骤。通过认真完成一定数量的绘图作业和习题，正确运用各种投影法的规律，才能不断地提高空间想象能力和空间思维能力。

（4）学习专业制图部分，需要严谨的学习态度，作图要符合国家标准。施工图是施工的重要依据，图纸上一字一线的差错都会给建设事业造成巨大的损失。所以从初学开始，就要养成认真负责的工作态度，培养严谨细致的工作作风，力求严格遵守国家制图标准的各项规定，扎扎实实地学好专业制图知识。

第一章 建筑制图基本知识

第一节 绘图工具和仪器的使用方法

绘制图样有三种方法：徒手绘图、尺规绘图和计算机绘图。徒手绘图又称画草图，经常用于图形的构思或研讨设计方案等。用这种方法绘制出来的图不能作为正规施工图。尺规绘图是指借助丁字尺、三角板、圆规、铅笔等绘图工具和仪器在图板上进行手工操作的一种绘图形式。用这种方法绘制的图属于正规施工图的范畴。近些年由于计算机的普及，计算机绘图已成为正式申报和现场指导施工的指定绘图方式，本书不涉及计算机绘图。需要说明的是，计算机绘图要以尺规绘图做基础，所以，了解尺规绘图过程中对各种制图工具、仪器的使用要求，熟练掌握它们的正确使用方法，才能保证制图质量，加快制图速度。本节主要介绍常用的绘图工具和仪器的使用方法。

一、铅笔

铅笔铅芯有不同的硬度，分别用 B、H、HB 表示。标号 B、2B、…、6B 表示软铅芯，数字越大表示铅芯越软；标号 H、2H、…、6H 表示硬铅芯，数字越大表示铅芯越硬；HB 表示不软不硬。画底稿时，一般用 H 或 2H，加深图线时，常用 HB 或 B。削铅笔时应将铅笔尖削成锥形如图 1-1（a）或铲形如图 1-1（b）所示，其中最好有两支铅笔的铅芯削成铲形，一支用来画细线，另一支用来画中粗线，铅芯露出长度应为 6～8mm，铅笔的削法如图 1-1 所示。注意保留有标号的一端不要削，以便识别。

使用铅笔绘图时，用力要均匀，用力过小图线不清晰，用力过大易折断铅芯。画长线时，要一边画一边旋转铅笔，可以保持线条的粗细一致。画线的姿势要正确，画底稿时，笔身要向右倾斜，加深图线时，笔身要铅直或略向右倾斜。

二、图板

图板用于固定图纸，作为绘图的垫板，板面应平整，左侧导边要保持笔直。图板有大小不同的规格，通常有 0 号、1 号和 2 号图板，比相应的图幅略大。画图时要求板身应略为向前倾斜。图纸的四角用胶带纸粘贴在图板上，位置要适中，如图 1-2 所示，应避免图板受潮和曝晒，以免发生变形。

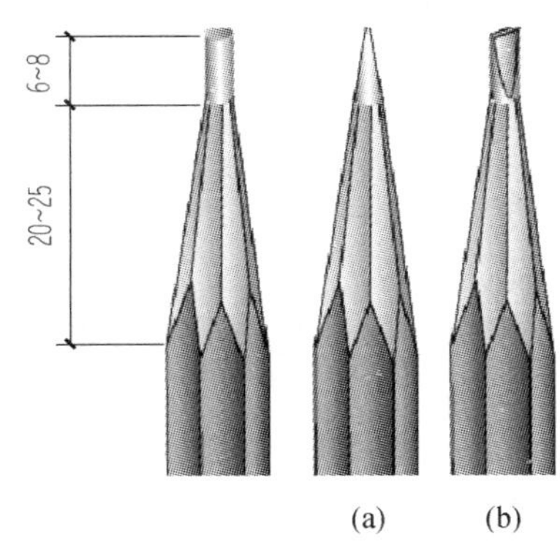

图 1-1 铅笔削法

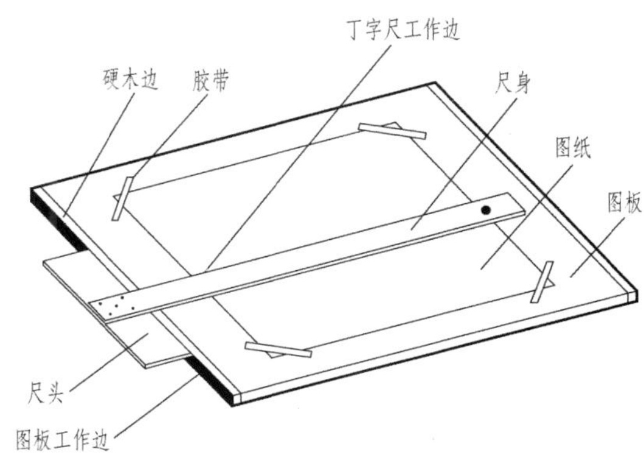

图 1-2 图板与丁字尺

三、丁字尺

丁字尺的尺头和尺身垂直相连，用来与图板配合画水平线，尺身的工作边必须保持平直光滑。在画图时，尺头只能紧靠在图板的左边（不能靠在右边、上边或下边）上下移动，画出一系列的水平线，并配合三角板画出一系列的垂直线，如图 1 - 3 所示。丁字尺在使用后要挂起，以防止变形。

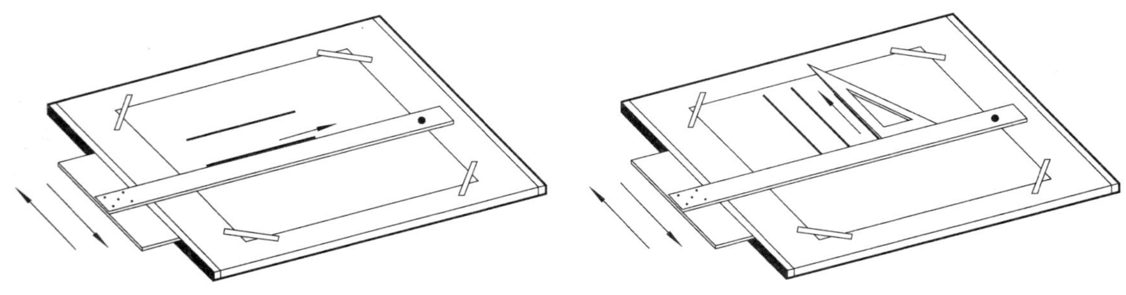

图 1 - 3　丁字尺的使用

四、三角板

一副三角板有 30°和 45°两块。三角板的长度有多种规格，如 25cm、30cm 等，绘图时应根据图样的大小，选用相应长度的三角板。三角板除了结合丁字尺画出一系列的垂直线外，还可以配合画出 15°、30°、45°、60°、75°等角度的斜线，如图 1 - 4 所示。

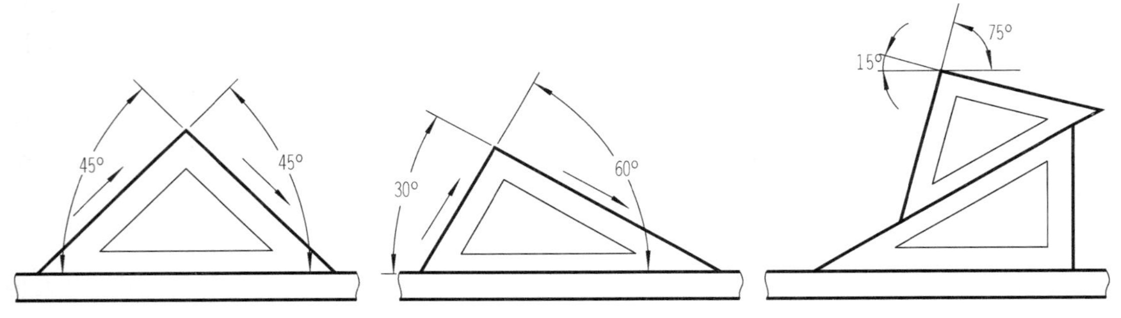

图 1 - 4　画 15°、30°、45°、60°、75°的斜线

五、圆规和分规

圆规主要用来画圆或圆弧。常见的是两用圆规，定圆心的一条腿的钢针，两端都为圆锥形，可按需要适当调节长度；另一条腿的端部可按需要装上有铅芯的插腿，可绘制铅笔线或圆弧；装上钢针的插腿，可作为分规使用。

当使用铅芯绘图时，应将铅芯削成斜圆柱状，斜面向外，如图 1 - 5 所示，并且应将定圆心的钢针调整到与铅芯的端部平齐。

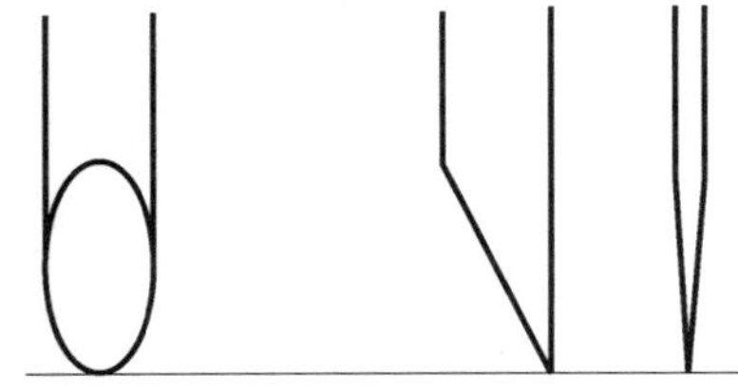

图 1 - 5　圆规铅芯削成样式

分规的形状与圆规相似，只是两腿都装有钢针，用来量取或等分直线段或圆弧。

六、制图模板

制图模板是将图样中常用的图例符号按照一定的比例刻制成各种图形的工具，使用它可以加快绘图速度，简化绘图操作过程，使所绘图样准确到位。常用的模板有建筑模板、结构模板、卫生设备模板、数字模板、字母模板等。建筑模板如图 1 - 6 所示。

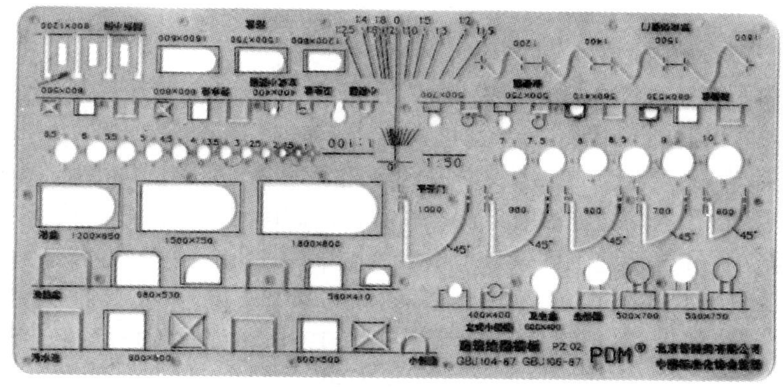

图 1 - 6　建筑模板

七、曲线板

曲线板是用于画非圆曲线的工具，如图 1 - 7 所示。首先要定出曲线上足够数量的点，徒手将各点连成曲线，然后选用曲线板上与所画曲线吻合的一段，沿着曲线板边缘将该段曲线画出，然后依次连续画出其他各段。注意前后两段应有一小段重合，曲线才显得圆滑，如图 1 - 8 所示。

图 1 - 7　曲线板

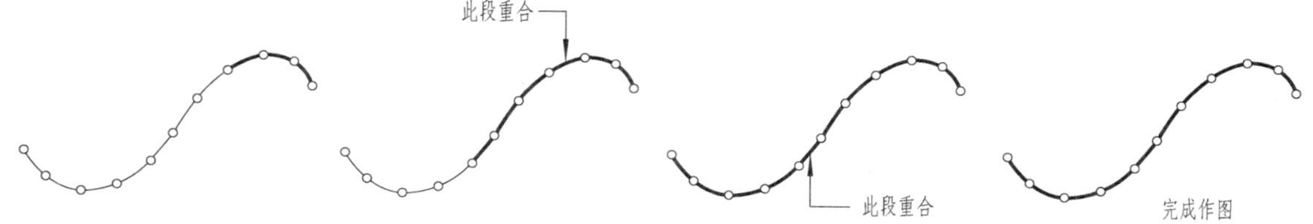

图 1 - 8　用曲线板画曲线

八、擦图片

擦图片是用来擦除线的工具，如图 1 - 9所示。它的作用是擦去错误的线，保护邻近的线。使用擦图片时将相应镂孔对准不需要的图线，然后用橡皮对准镂孔擦去该图线，其结果既保证了图线之间互不干扰，又使得图面保持清洁。

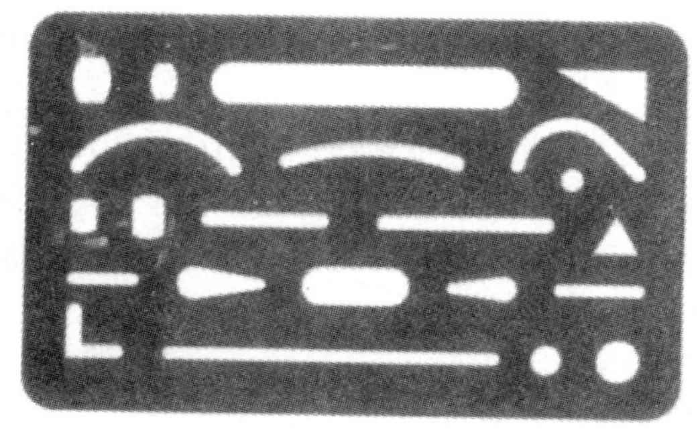

图 1 - 9　擦图片

九、其他

绘图时常用的其他工具和用品还有图纸、小刀、橡皮、胶带纸、砂纸、毛刷等。

第二节 建筑制图的基本规定

一、建筑制图标准的发展

为了适应我国经济建设的需要，原建筑工程部于1955年首先公布了单色建筑图例标准（即标准103—55），为建筑制图的标准化向前迈进了一大步。实践证明，该标准对教学和生产起到了积极的作用。但是当时没有及时制定全国统一的建筑制图标准，全国各个建筑设计单位，不得不制定自己的制图标准，以统一本单位的制图工作。这一时期我国的建筑制图比较混乱，给技术交流和建筑施工等带来了很多的困难。

1965年，我国初次颁布了国家建筑制图标准（即GBJ 9—1965），但是文化大革命的发生，使这一国家标准没有得到很好的推广和应用。1973年又重新修订颁布了国家建筑制图标准（即GBJ 1—1973），该标准是在原1965年标准的基础上修订而成的，从1973年6月1日在全国开始实行。它在我国的建筑事业中起了很大的作用，但是在多年的生产实践中，发现该国标中存在的问题较多，亟待修订，1986年又对GBJ 1—1973分专业进行了修订。修订后的《建筑制图标准》共分为6册，即《房屋建筑制图统一标准》（GBJ 1—1986）；《总图制图标准》（GBJ 103—1987）；《建筑制图标准》（GBJ 104—1987）；《建筑结构制图标准》（GB 105—1987）；《给水排水制图标准》（GBJ 106—1987）；《采暖通风与空气调节制图标准》（GBJ 114—1988）。

为了与1990年以来发布实施的《技术制图》中相关的国家标准（包括ISOTC/10的相关标准）在技术内容上协调一致，并充分考虑手工制图与计算机制图的各自特点，兼顾二者的需要和新的要求，2001年在全国范围内广泛征求意见的基础上，由建设部会同有关部门共同对原六项标准进行了修订，并于2002年3月1日起实施。实施后的六项标准分别是：《房屋建筑制图统一标准》GB/T 50001—2001；《总图制图标准》GB/T 50103—2001；《建筑制图标准》GB/T 50104—2001；《建筑结构制图标准》GB/T 50105—2001；《给水排水制图标准》GB/T 50106—2001和《暖通空调制图标准》GB/T 50114—2001。

随着计算机绘图的不断推广和应用，为了使机绘图纸的清晰度更高，新标准增加了计算机制图文件、规则、图层等新内容，针对标题栏、图线、字体、符号、图例等做了修订。新标准于2010年由建设部组织修订，于2011年3月1日起实施。实施后的六项新标准分别是：《房屋建筑制图统一标准》（GB/T 50001—2010）；《总图制图标准》（GB/T 50103—2010）；《建筑制图标准》（GB/T 50104—2010）；《建筑结构制图标准》（GB/T 50105—2010）；《给水排水制图标准》（GB/T 50106—2010）和《暖通空调制图标准》（GB/T 50114—2010）。

制图标准的基本内容包括对图幅、字体、图线、比例、尺寸标注、常用符号、代号、图例、图样画法（包括投影法、规定画法、简化画法等）等项目的规定，这些都是各类建筑工程图必须统一的内容。制图国家标准是一项所有工程人员在设计、施工和管理中必须严格执行的国家条例，在学习中应该严格遵守国标中的每一项规定。

二、图纸幅面、标题栏及会签栏

图纸的幅面是指图纸本身的大小规格。图框是图纸上所供绘图范围的边框线。图纸幅面及图框尺寸，应符合表1-1的规定及图1-10的格式。

表 1-1　　幅面及图框尺寸　　mm

尺寸代号＼幅面代号	A0	A1	A2	A3	A4
$b \times l$	841×1189	594×841	420×594	297×420	210×297
c	10			5	
a	25				

A0～A3 图纸宜采用横式（以图纸短边作垂直边），必要时也可采用竖式（以图纸短边作水平边），如图 1-10 所示。一个工程设计中，每个专业所使用的图纸，不宜多于两种幅面（不含目录及表格所采用的 A4 幅面）。需要微缩复制的图纸，其一个边上应附有一段精确米制尺度，四个边上均应附有对中标志，对中标志应画在图纸内框各边长的中点处，线宽应为 0.35mm，并应伸入内框边，在框外为 5mm。对中标志的线段，在 l_1 和 b_1 范围取中。

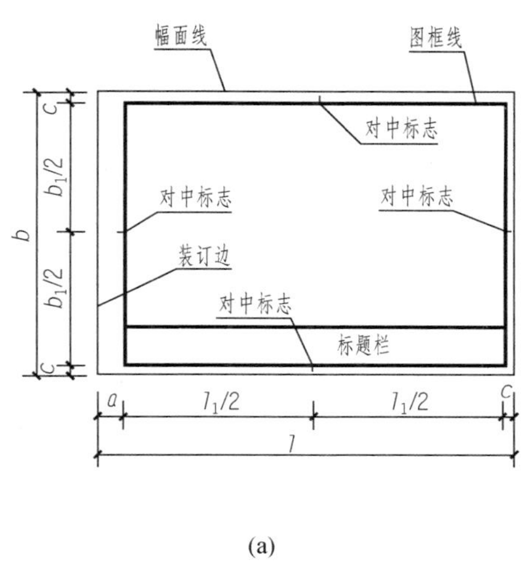

(a)

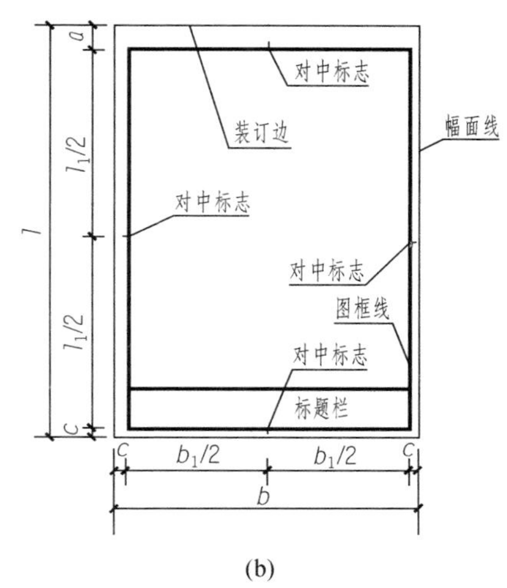

(b)

图 1-10　图纸幅面

(a) A0～A3 横式幅面；(b) A0～A4 立式幅面

图纸的短边一般不应加长，A0～A3 幅面长边可加长，但应符合表 1-2 的规定。

表 1-2　　图纸长边加长尺寸　　mm

幅面代号	长边尺寸	长边加长后尺寸
A0	1189	1486（A0+1/4l）　1635（A0+3/8l）　1783（A0+1/2l）　1932（A0+5/8l） 2080（A0+3/4l）　2230（A0+7/8l）　2378（A0+l）
A1	841	1051（A1+1/4l）　1261（A1+1/2l）　1471（A1+3/4l）　1682（A1+l） 1892（A1+5/4l）　2102（A1+3/2l）
A2	594	743（A2+1/4l）　891（A2+1/2l）　1041（A2+3/4l）　1189（A2+l） 1338（A2+5/4l）　1486（A2+3/2l）　1635（A2+7/4l）　1783（A2+2l） 1932（A2+9/4l）　2080（A2+5/2l）
A3	420	630（A3+1/2l）　841（A3+l）　1051（A3+3/2l）　1261（A3+2l） 1471（A3+5/2l）　1682（A3+3l）　1892（A3+7/2l）

图纸标题栏用于填写工程名称、图名、图号，以及设计人、制图人、审批人的签名和日期等，简称图标。图标的方向应与看图的方向一致。图标长度等于图框线的长度，高度为30～50mm，如图1-11所示。在学校学习期间，学生绘图作业中建议采用图1-12中的学生作业标题栏样式。

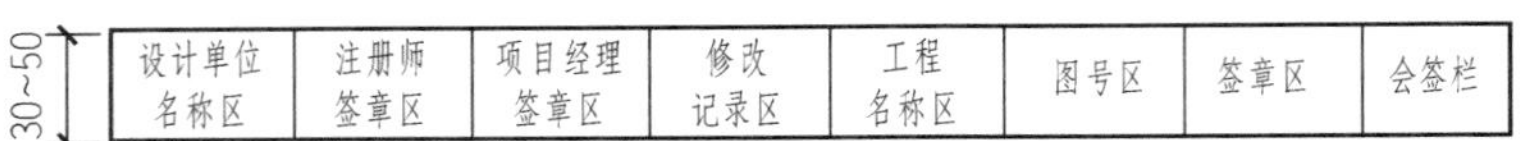

图1-11 工程标题栏

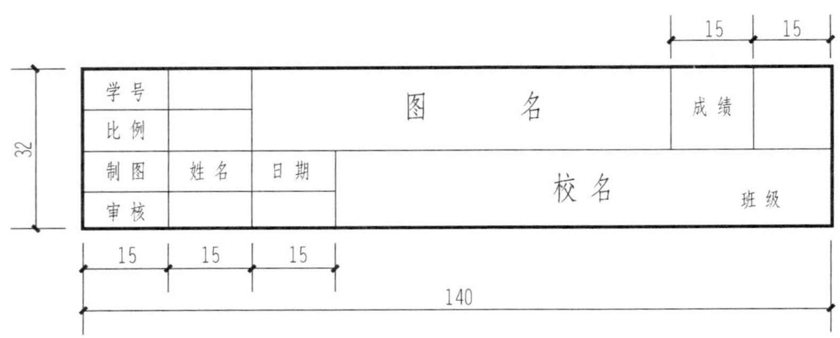

图1-12 学生作业标题栏

三、图线

在图纸上绘制的线条称为图线。工程图中的内容，必须采用不同的线型和线宽来表示。每个图样，应根据复杂程度与比例大小，先选定基本线宽 b，线宽 b 宜从1.4、1.0、0.7、0.5、0.35、0.25、0.18、0.13mm线宽系列中选取，再选用表1-3中相应的线宽组。图线宽度不应小于0.1mm。同一张图纸内相同比例的各图样，应选用相同的线宽组。一张图纸中的同一种线型图线宽度应保持一致。

表1-3 线宽组

线宽比	线宽组（mm）			
b	1.4	1.0	0.7	0.5
$0.7b$	1.0	0.7	0.5	0.35
$0.5b$	0.7	0.5	0.35	0.25
$0.25b$	0.35	0.25	0.18	0.13

建筑工程中，常用的几种图线的名称、线型、线宽和一般用途见表1-4。图线在工程中的实际应用如图1-13所示。

表 1-4　　**图　　线**

名称		线型	线宽	主要用途
实线	粗实线		b	1. 平、剖面图中被剖切的主要建筑构造（包括构配件）的轮廓线 2. 建筑立面图或室内立面图的外轮廓线 3. 结构图中的钢筋线 4. 平、立、剖面图的剖切符号 5. 总平面图中新建建筑物的可见轮廓线
	中粗		$0.7b$	1. 平、剖面图中被剖切的次要建筑构造（包括构配件）的轮廓线 2. 建筑构配件详图中的一般轮廓线
	中		$0.5b$	1. 新建构筑物、道路、围墙的可见轮廓线 2. 结构平面图中可见墙身轮廓线 3. 尺寸起止符号
	细		$0.25b$	1. 总平面图中原有建筑物好道路的可见轮廓线 2. 图例线、家具线、索引符号、尺寸线、尺寸界线、引出线、标高符号、较小图形的中心线等
虚线	粗		b	1. 新建地下建筑物、构筑物的不可见轮廓线 2. 结构平面图中不可见的单线结构构件线
	中粗		$0.7b$	结构平面图中不可见构件、墙身轮廓线
	中		$0.5b$	1. 建筑构配件不可见轮廓线 2. 总平面图计划扩建的建筑物、构筑物轮廓线
	细		$0.25b$	总平面图中原有建筑物、构筑物、管线的不可见轮廓线
单点长画线	粗		b	起重机（吊车）轨道线、柱间支撑
	中粗		$0.5b$	土方填挖区的零点线
	细		$0.25b$	中心线、对称线、定位轴线等
双点长画线	粗		b	1. 预应力钢筋线 2. 总平面图用地红线
	细		$0.25b$	1. 假想轮廓线、成型前原始轮廓线 2. 原有结构轮廓线
折断线	细		$0.25b$	部分省略表示时的断开界线
波浪线	细		$0.25b$	1. 部分省略表示时的断开界线 2. 曲线形构件断开界线 3. 构造层次的断开界线

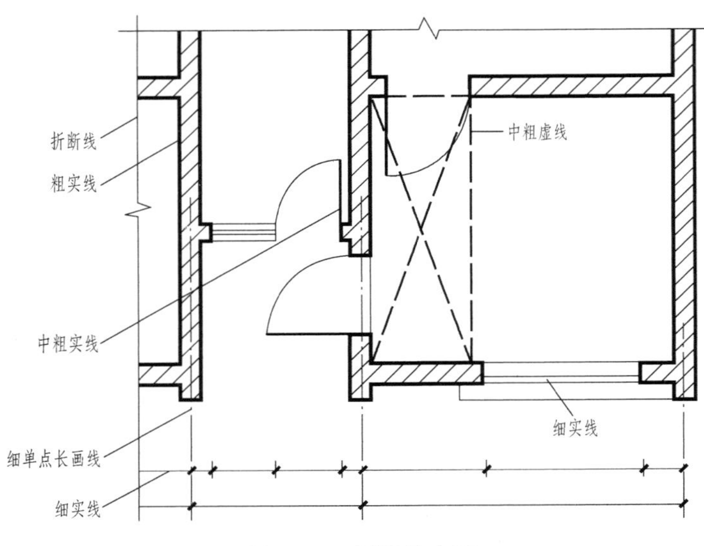

图 1-13　图线的应用

绘图时对图线的要求如下：

（1）单点长画线和双点长画线的线段长度应保持一致，长画长度约为 15～20mm，长画间空隙（含短画）约为 3mm（单点长画线）和 5mm（双点长画线），各线段长度宜相等；虚线的线段和间隔也应保持长短一致，线段长约为 3～6mm，间隔约为 0.5～1mm；双点长画线的画法同单点长画线。

（2）单点长画线、双点长画线的两端是线段，而不是点。

（3）相交线和延长线画法：虚线与虚线、点画线与点画线、虚线或点画线与其他图线相交时，应是线段相交，空隙处不得交接，图线接头处要严紧，不得留空，如图 1-14 所示；虚线与实线相连时，应从空隙处开始，不得从短画开始，即分界点在空隙处，不在延长线上，如图 1-15 所示。

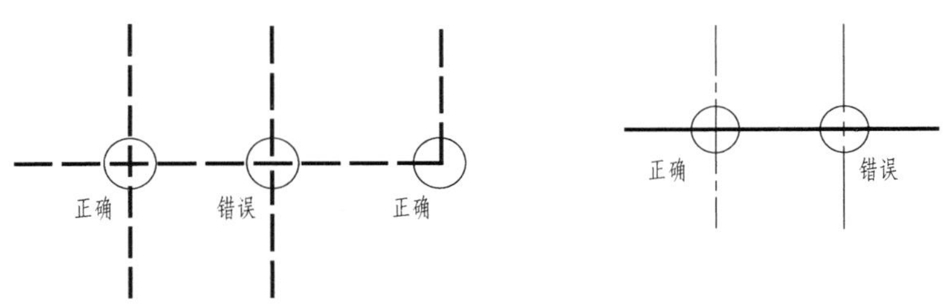

图 1-14　虚线与点画线相交画法

图 1-15　虚线与实线相连画法

（4）在较小的图形中绘制单点长画线及双点长画线有困难时，可用细实线代替，如图 1-16 所示。

（5）图线不得与文字、数字或符号重叠，不可避免时，应本着文字优先的原则，将图线断开，保证文字清晰。

（6）折断线和波浪线应画出被断开的全部界线，折断线的两端头分别应超出图形的轮廓线，而波浪线则应画至轮廓线为止，如图 1-17 所示。

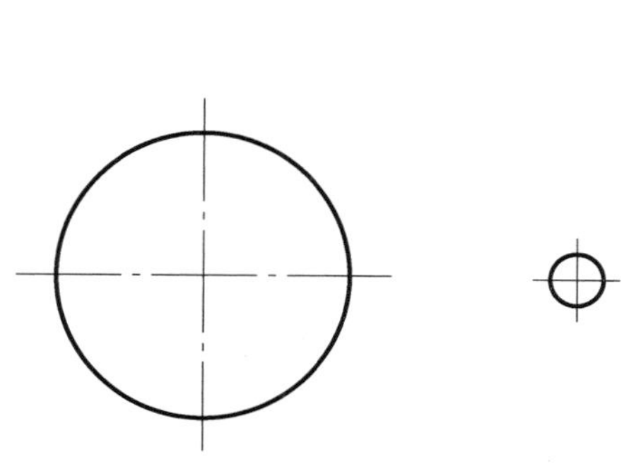

图 1-16　大小圆中心线的画法

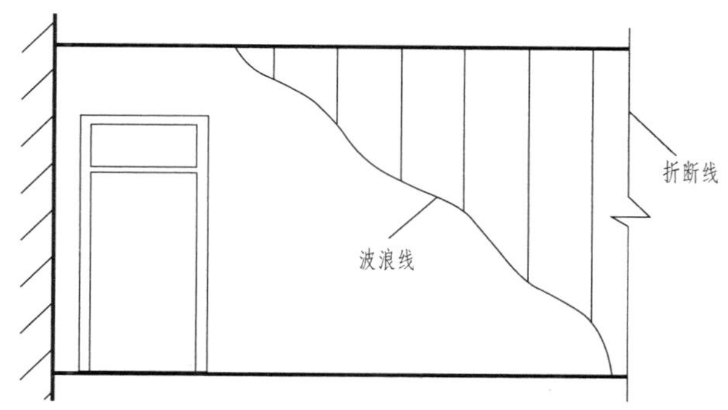

图 1-17　折断线和波浪线

四、字体

图纸上所需书写的各种文字、数字、拉丁字母或其他符号等，均要达到笔画清晰、字体端正、排列整齐，标点符号应清楚正确。

（一）汉字

图样及说明中的汉字，应遵守《汉字简化方案》和有关规定，书写成长仿宋体或黑体，同一图纸字体种类不应超过两种。长仿宋字体的字高与字宽的比例约为$\sqrt{2}$∶1，文字的号数表示文字的高度，长仿宋字字高系列见表 1-5，字高大于 10mm 的文字宜采用 True type 字体。黑体字的宽度与高度应相同。

表 1-5　长仿宋字体字高与字宽关系　mm

字高	20	14	10	7	5	3.5
字宽	14	10	7	5	3.5	2.5

长仿宋体字体样式如图 1-18 所示。

横平竖直起落分明排列整齐构思

建筑厂房平立剖面详图门窗阳台

工程图上应书写长仿宋体汉字体打好格子笔画

图 1-18　长仿宋字示例

“国标”规定长仿宋体汉字的高度应不小于 3.5mm，即文字的最小字号为 3.5 号字。在书写文字前，应先选定字号，按高比宽等于$\sqrt{2}$∶1 打格，然后书写，如图 1-19 所示。

建 筑 厂 房 剖 面 详 图 窗

图 1-19 打格写仿宋字示例

仿宋字体的特点是：笔画横平竖直、起落分明、笔锋满格、布局匀称。仿宋字体的基本笔画如图 1-20 所示。

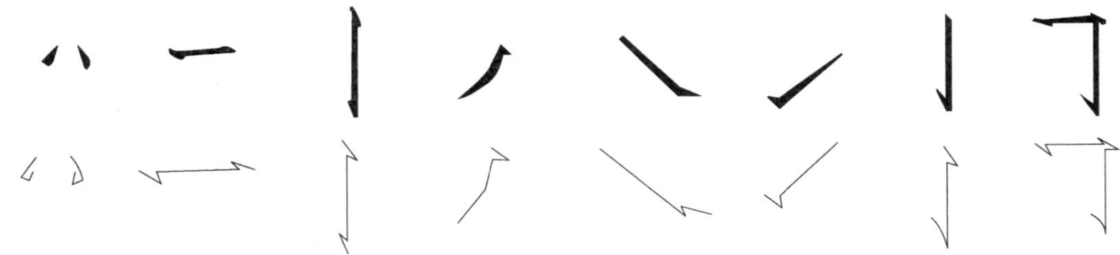

图 1-20 仿宋字体的基本笔画

（二）拉丁字母和数字

拉丁字母、阿拉伯数字或罗马数字都可以写成直体字或斜体字，斜体字的竖笔与水平线夹角成 75°，即向右倾斜 75°，字母或数字的高度不应小于 2.5mm，即数字和字母的最小字号为 2.5 号字。拉丁字母、阿拉伯数字或罗马数字宜采用单线简体或 ROMAN 字体。拉丁字母、阿拉伯数字的写法如图 1-21 所示。

ABCDEFGHIJKLMNOP QRSTU

ABCDEFGHIJKLMNOP QRST

abcdefghijklmnop qrstu

abcdefghijklmnop qrst

0123456789

图 1-21 拉丁字母、阿拉伯数字示例

当字母或数字同汉字并列书写时，它们的字高比汉字的字高宜小一号或两号。

长仿宋体汉字、拉丁字母、阿拉伯数字或罗马数字示例应符合现行国家标准《技术制图 字体》（GB/T 14691）有关规定。

五、尺寸标注

建筑工程图中除了画出建筑物及其各部分的形状外，还必须准确、详尽和清晰地标注各部分实际尺寸，以确定其大小，作为施工的依据。

（一）线性尺寸标注

图样上的尺寸，由尺寸界线、尺寸线、尺寸起止符号和尺寸数字四部分组成，如图1-22所示。

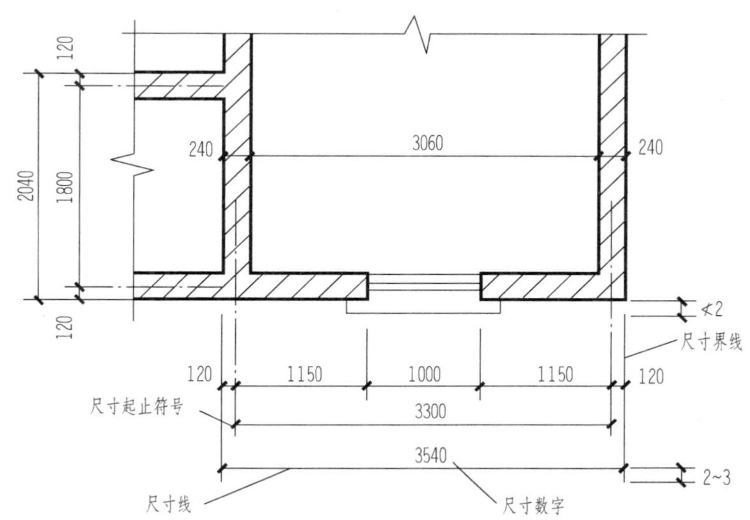

图1-22 尺寸的组成

尺寸标注的要求：

（1）尺寸界线应用细实线绘制，一般应垂直于尺寸线（即与所标长度垂直），其一端应接近所指部位，离开图样轮廓线不小于2mm，另一端宜超出尺寸线2～3mm，必要时，图样轮廓线可用作尺寸界线。

（2）尺寸线应用细实线绘制，应与所标长度平行，任何图线均不得用作尺寸线。

（3）尺寸起止符号一般用中粗斜短线绘制，其倾斜方向应与尺寸界线成顺时针45°角，长度宜为2～3mm。

（4）图样上的尺寸单位，除标高及总平面图以m为单位外，其他均以mm为单位，mm被称为工程单位，图上尺寸数字不再注写单位。尺寸数字应写在尺寸线的中部，在水平尺寸线上的应从左到右写在尺寸线上方，在铅直尺寸线上的，应从下到上写在尺寸线左方。

多道相互平行的尺寸线，应从被注写的图样轮廓线由近向远整齐排列，较小尺寸应离轮廓线较近，较大尺寸应离轮廓线较远，即小尺寸应靠近图线，大尺寸应远离图线；图样轮廓线以外的尺寸线，距图样最外轮廓之间的距离不宜小于10mm，一般为10～15mm，平行排列的尺寸线之间的距离宜为7～10mm，并应保持一致。

应该注意，图样上的尺寸，须以尺寸数字为准，不得从图上直接量取。

（二）圆、圆弧、球的尺寸标注

圆和大于半圆的弧，一般标注直径，尺寸线通过圆心，用箭头作尺寸的起止符号，指向圆弧，也可用前述的线性尺寸标注，在直径数字前应加注直径符号“ϕ”。较小圆的尺寸可以标注在圆外，如图 1-23 所示。其中箭头的画法如图 1-24 所示，b 为粗实线宽度。

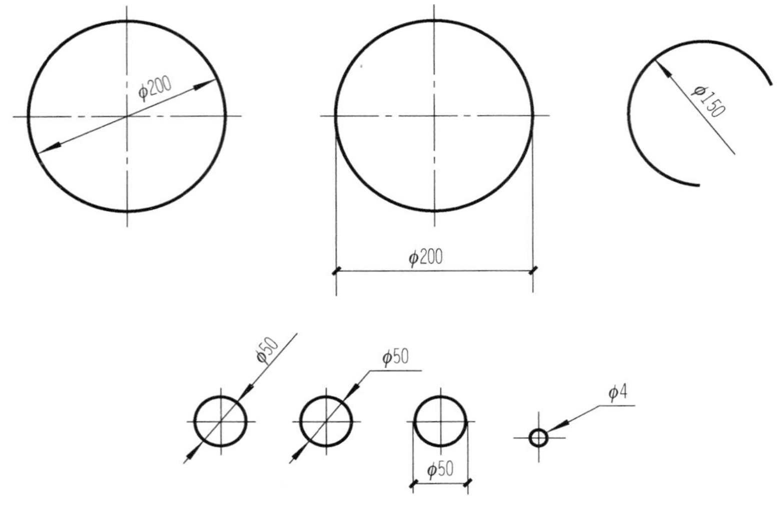

图 1-23 直径标注

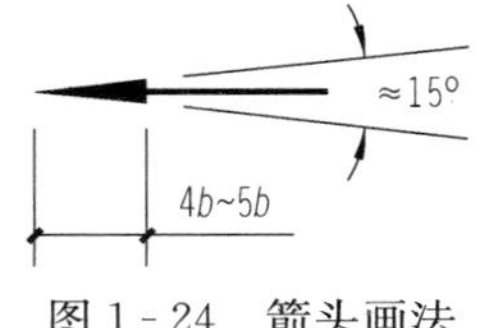

图 1-24 箭头画法

半圆和小于半圆的弧，一般标注半径，尺寸线的一端从圆心开始，另一端用箭头指向圆弧，在半径数字前加注半径符号“R”。较小圆弧的半径数字，可引出标注，较大圆弧的尺寸线画成折线状，但必须对准圆心，如图 1-25 所示。

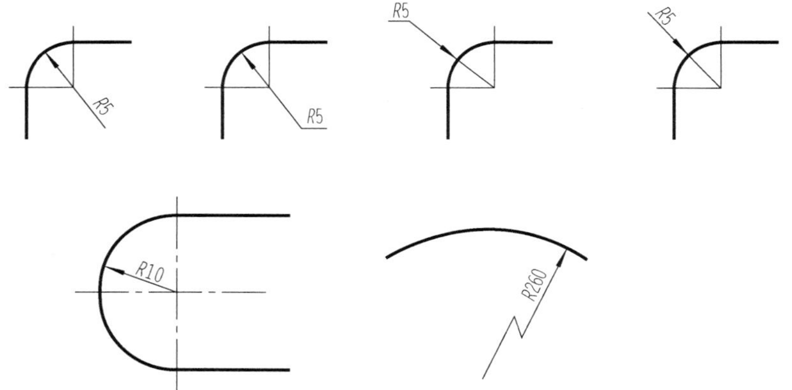

图 1-25 半径标注

球的尺寸标注与圆的尺寸标注基本相同，只是在半径或直径符号（R 或 ϕ）前加注“S”，“S”是英文球体“sphere”的第一个字母，如图 1-26 所示。

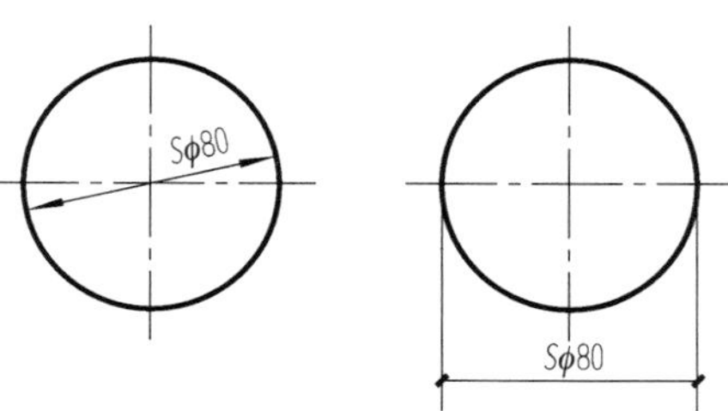

图 1-26 球径标注

（三）角度、弧长、弦长的尺寸标注

角度的尺寸线，应以圆弧表示。该圆弧的圆心应是该角的顶点，角的两个边为尺寸界线，角度的起止符号应以箭头表示，如没有足够位置画箭头，可用小黑点代替。角度数字应水平书写，如图 1-27（a）所示。

弧长的尺寸线为与该圆弧同心的圆弧，尺寸界线应垂直于该圆弧的弦，起止符号应以箭头表示，弧长数字的上方应加注圆弧符号“⌒”，如图 1-27（b）所示。

弦长的尺寸线应以平行于该弦的直线表示，尺寸界线应垂直于该弦，起止符号应以中粗斜短线表示，如图 1-27（c）所示。

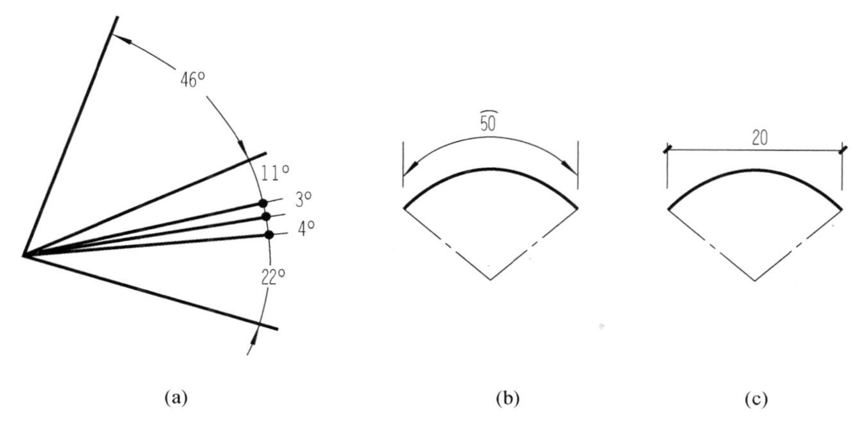

图 1-27　角度、弧长、弦长的尺寸标注

（a）角度标注；（b）弧长标注；（c）弦长标注

（四）坡度的尺寸标注

标注坡度时，在坡度数字下，应加注坡度符号，坡度符号可以用单面箭头或直角三角形形式标注，单面箭头一般应指向下坡方向，直角三角形的斜线应平行于坡面。图 1-28（a）为坡度的百分比表示法；图 1-28（b）为坡度的比率表示法，当坡度较陡时适用之；图 1-28（c）为坡度的斜率表示法，当坡度大时适用之。

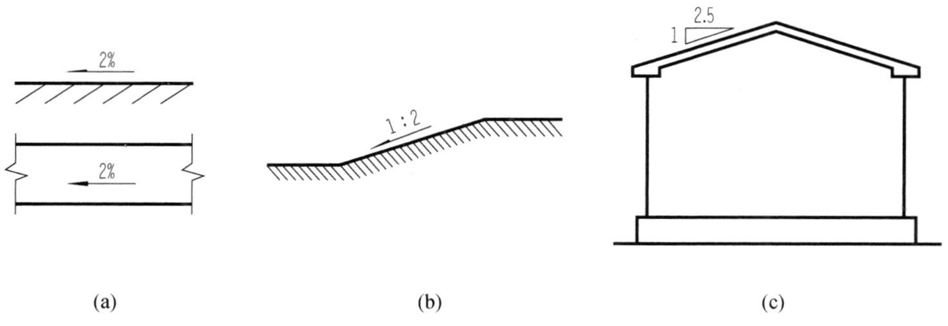

图 1-28　坡度标注

（a）百分比法；（b）比率法；（c）斜率法

（五）尺寸的简化标注

（1）杆件或管线的长度，在单线图（桁架简图、钢筋简图、管线简图）上，可直接将尺寸数字沿杆件或管线的一侧注写，如图 1-29 所示。

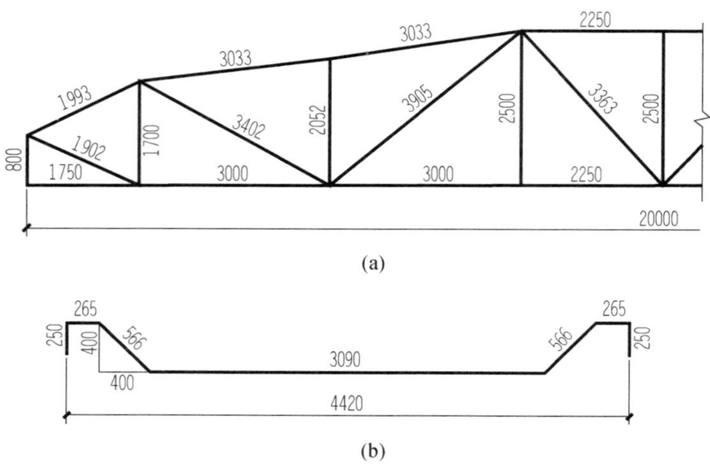

(a)

(b)

图 1-29 单线图的尺寸标注

(a) 桁架简图；(b) 钢筋简图

(2) 连续排列的等长尺寸，可用“个数×等长尺寸=总长”的形式标注，如图 1-30 所示。构配件内的构造要素（孔、槽等）如相同，可仅标注其中一个要素的尺寸，如 $\phi 25$，并在前注明数量。

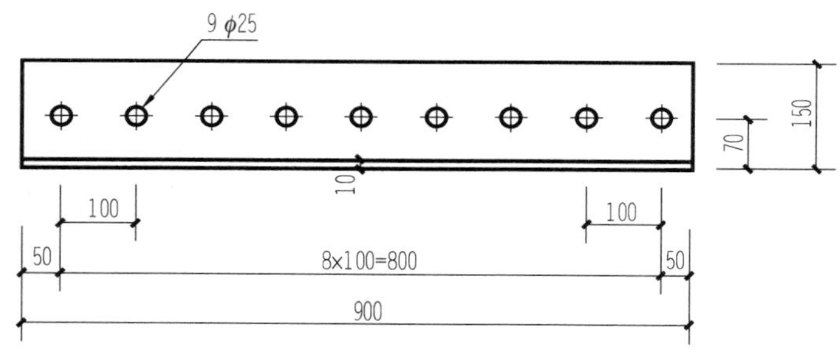

图 1-30 相同要素连续排列的尺寸标注

(3) 对称构配件如果采用对称省略画法，则该对称构配件的尺寸线应略超过对称中心（符号），仅在尺寸线的一端画尺寸起止符号，尺寸数字按整体全尺寸注写，并且应注写在与对称中心（符号）对齐处，如图 1-29 (a) 中的尺寸 20 000。

(4) 数个构配件，如仅有某些尺寸不同，这些有变化的尺寸数字，可用拉丁字母注写在同一图样中，另列表格写明其具体尺寸，如图 1-31 (a) 所示。

如果两个构配件有个别尺寸数字不同，可在同一图样中将其中一个构配件的不同尺寸数字注写在括号内，该构配件的名称也应注写在相应的括号内，如图 1-31 (b) 所示。

标注尺寸还有一些其他的注意事项，见表 1-6。

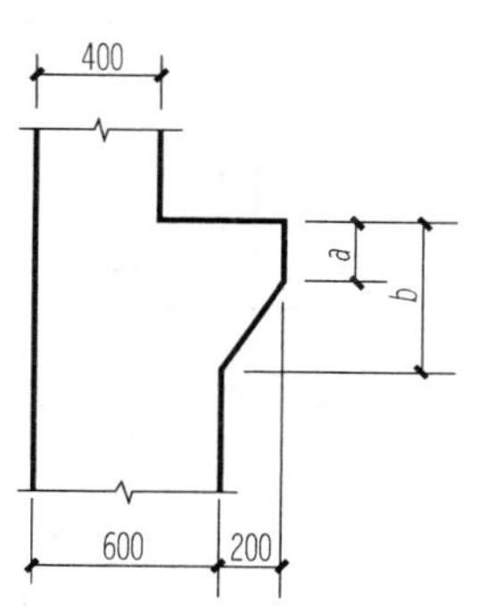

构件编号	a	b
Z-1	200	400
Z-2	250	450
Z-3	200	450

(a)

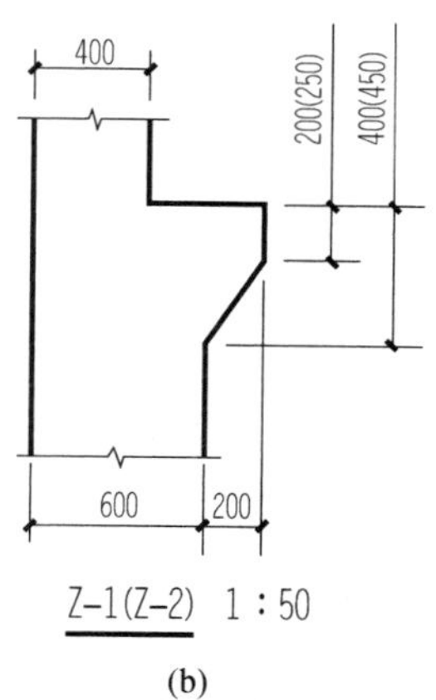

(b)

图 1-31 多个构配件的尺寸标注

(a) 相似构配件尺寸表格式标注；(b) 两个相似构配件的尺寸标注

表 1-6　　尺寸标注的注意事项

说　　明	正　　确	错　　误
不得用尺寸界线作为尺寸线	15　14　9	15　14　9
轮廓线、中心线及其延长线等可用作尺寸界线，但不能用作尺寸线	12　18	12　18
尺寸线倾斜时数字的方向应便于阅读，尽量避免在斜线范围内注写尺寸	30°　40　40　40　40　40　40　40　40	120
同一张图纸内尺寸数字应大小一致，两尺寸界线之间比较窄时，尺寸数字可注在尺寸界线外侧，或上下错开，或用引出线引出再标注	20　100　20　40　80　3015　15　10	20　100　20　10　40　80　30　15　15

续表

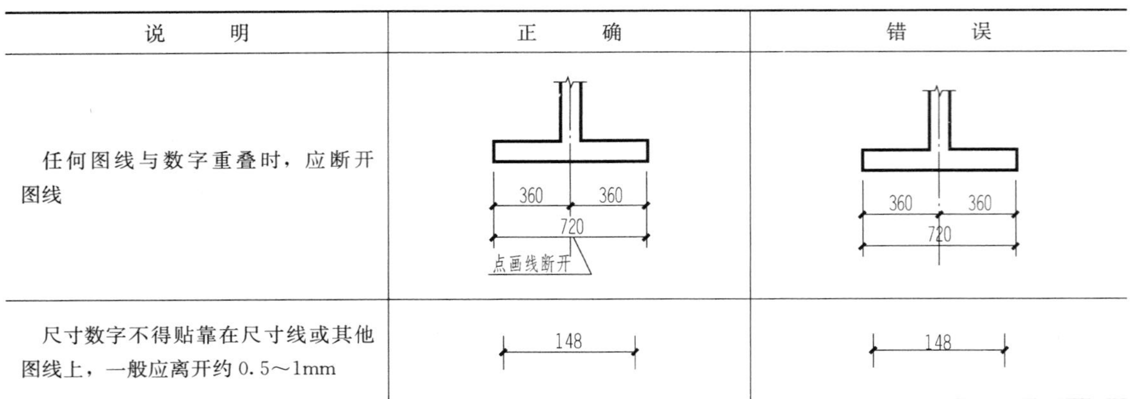

说　　明	正　　确	错　　误
任何图线与数字重叠时，应断开图线	360 360 720 点画线断开	360 360 720
尺寸数字不得贴靠在尺寸线或其他图线上，一般应离开约 0.5～1mm	148	148

六、比例和图名

（一）比例

比例是指图样中图上长度与实际长度的线性之比。绘制图样时，应根据图样的用途与所绘形体的复杂程度选用适当比例，为此“国标”中规定了一系列比例，见表 1-7，使用比例绘图时应优先采用常用比例。

表 1-7　　常用比例和可用比例

常用比例	1∶1，1∶2，1∶5，1∶10，1∶20，1∶30，1∶50，1∶100，1∶150，1∶200，1∶500，1∶1000，1∶2000
可用比例	1∶3，1∶4，1∶6，1∶15，1∶25，1∶30，1∶40，1∶60，1∶80，1∶250，1∶300，1∶400，1∶600，1∶5000，1∶10 000，1∶20 000，1∶50 000，1∶100 000，1∶200 000

一般在建筑施工图中常采用的比例见表 1-8。

表 1-8　　建筑施工图所用比例

图　　名	常　用　比　例	必要时可用比例
总平面图	1∶500，1∶1000，1∶2000	1∶300，1∶400，1∶600，1∶5000，1∶10 000，1∶20 000，1∶50 000，1∶100 000，1∶200 000
平面图、立面图、剖面图	1∶50，1∶100，1∶150，1∶200	1∶60，1∶80，1∶250，1∶300
详　　图	1∶1，1∶2，1∶5，1∶10，1∶20，1∶30，1∶50	1∶3，1∶4，1∶6，1∶15，1∶25，1∶30，1∶40，1∶60

（二）图名

“国标”规定，在图样下方应用长仿宋体字写上图样名称和绘图比例。比例宜注写在图名的右侧，字的基准线应取平，比例的字高宜比图名字高小一号或二号，图名下应画一条粗横线，同一张图纸上的这种横线粗度应一致，其长度应与图名文字所占长度相等或略长于文字长度，如图 1-32 所示。

底层平面图 1∶100

图 1-32　图名写法

相同的构造，用不同的比例所画出的图样大小是不一样的，如图 1-33 所示。

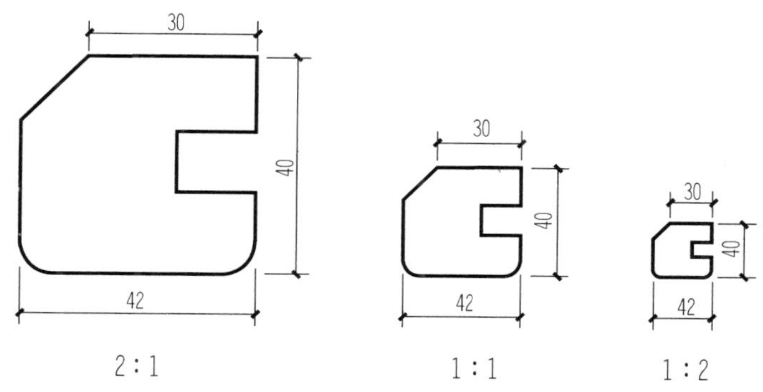

图 1-33　不同比例的图样

当一张图纸中的各图只用一种比例时，也可把该比例统一书写在图纸标题栏内；当一张图纸中各图的比例不同时，应在每个图的下方分别注明图名和比例，在标题栏的比例一栏中注明“分示”。

第三节　几　何　作　图

表示建筑物形状的图形是由各种几何图形组合而成的，只有熟练地掌握各种几何图形的作图原理和方法，才能更快更好地手工绘制各种建筑物的图形。下面介绍几种基本的几何作图方法。

一、等分线段

将已知线段分为任意等分、分两平行线之间的距离为任意等分，见表 1-9。

表 1-9　　**等　分　线　段**

等分任意线段		1 2 3 4 5 6	1 2 3 4 5 6
等分两平行线间距离	0 1 2 3 4	0 1 2 3 4	

二、作已知圆的内接正五边形

已知圆 O，半径为 r，作圆 O 的内接正五边形，如图 1-34 所示。

三、作已知圆的内接正六边形

已知圆 O，作圆 O 的内接正六边形，如图 1-35 所示。

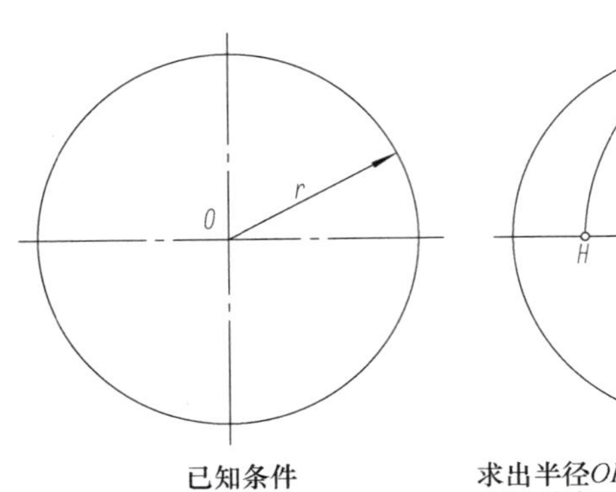

已知条件

求出半径OF的中点G，以G为圆心，GA为半径画弧，交水平直径于点H

以AH为截取长度，由点A开始将圆周截取为五等分，依次连接A、C、E、B、D、A

图 1-34　作圆 O 的内接正五边形

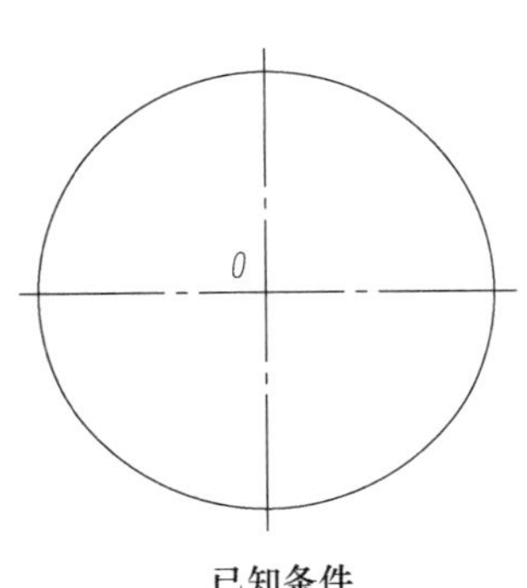

已知条件

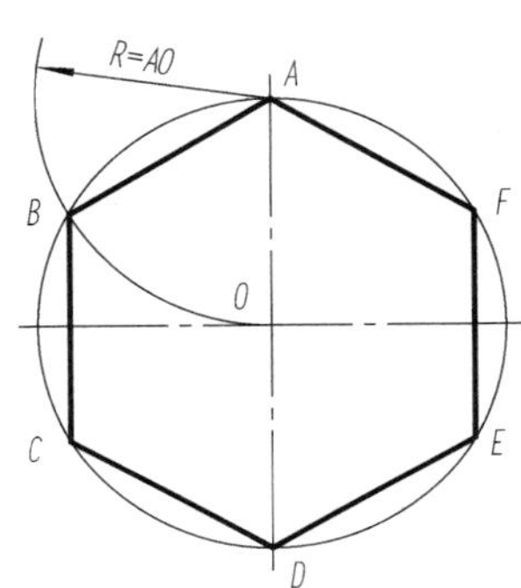

以圆O半径R为截取长度将圆周截取为六等分，顺次连接各等分点即为所求

图 1-35　作圆 O 的内接正六边形

四、过已知点作圆的切线

已知圆 O 以及圆外一点 A，如图 1-36 所示。

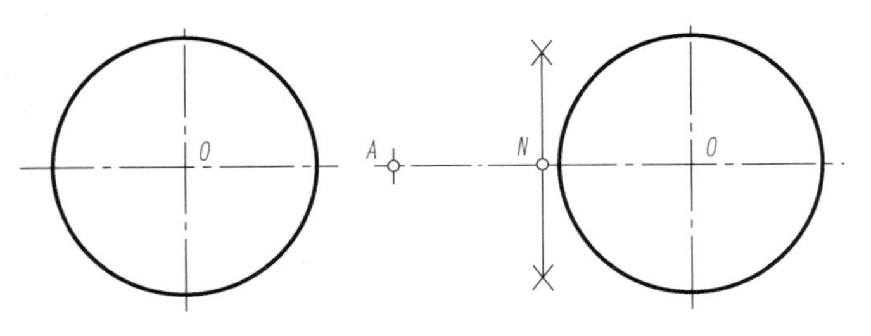

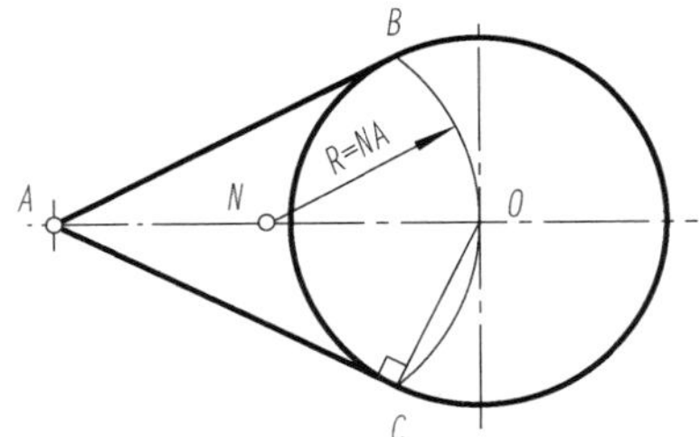

已知条件

连接AO，作AO垂直平分线，得中点N

以N为圆心，NO为半径画圆与已知圆O交于B、C两点，连接AB、AC，即为所示

图 1-36　过已知点作圆的切线

五、椭圆画法

（一）同心圆法作椭圆

已知椭圆的长轴 AB 和短轴 CD，求作椭圆的方法有两种，首先介绍同心圆法作椭圆的

步骤，如图 1－37 所示。

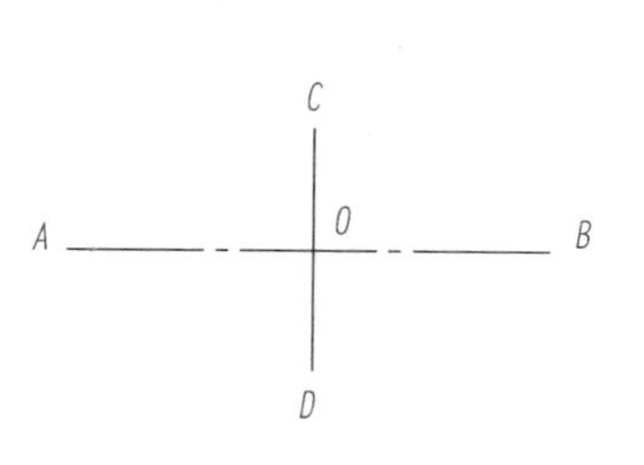

已知条件

分别以AB和CD为直径作大小两圆，并等分两圆周为十二等分

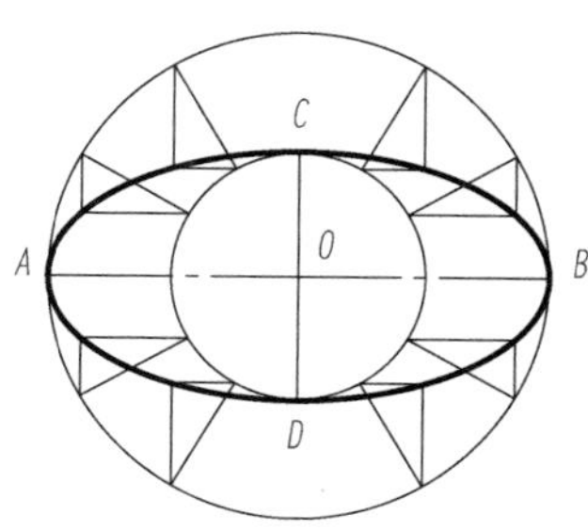

过大圆各等分点作竖直线，与过小圆各等分点所作的水平线相交，得椭圆上各点，徒手连接起来，即为所求

图 1－37　同心圆法作椭圆

（二）四心圆法作椭圆

已知椭圆的长轴 AB 和短轴 CD，另一种作椭圆的方法是四心圆法作椭圆，作图步骤如图 1－38 所示。

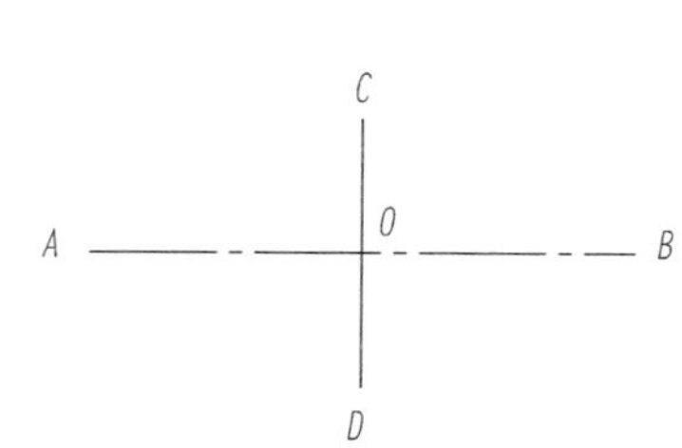

已知条件

以O为圆心，OA为半径，作圆弧，交DC延长线于点E，连接AC，以C为圆心，CE为半径，画弧交CA于点F

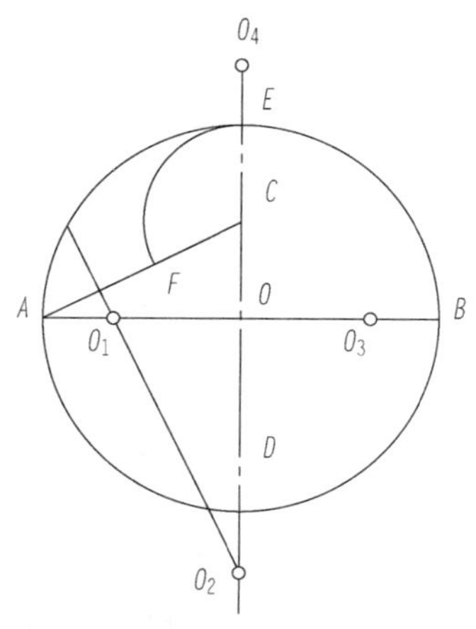

作AF的垂直平分线，交AO于O_1，交DO于O_2，在OB上截取$OO_3=OO_1$，在OC上截取$OO_4=OO_2$

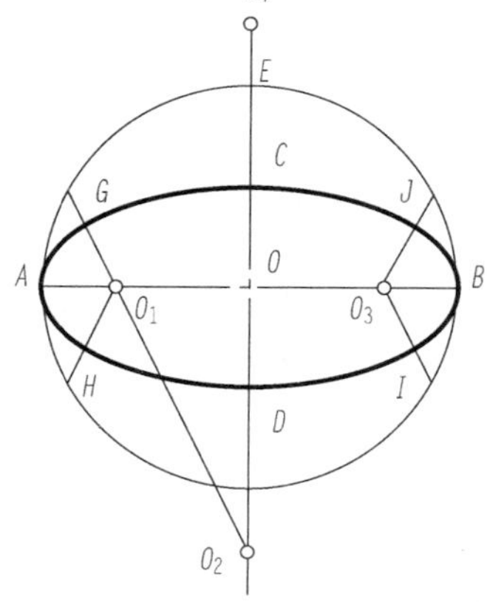

分别以O_1、O_2、O_3、O_4为圆心，O_1A、O_2C、O_3B、O_4D为半径作圆弧，使各弧在O_2O_1、O_2O_3、O_4O_1、O_4O_3的延长线上的G、J、H、I四点处连接

图 1－38　四心圆法作椭圆

六、圆弧连接

在绘制建筑物的平面图形时，常遇到用已知半径的圆弧光滑地连接两条已知线段（直线或圆弧）的情况，其作图方法称为圆弧连接。圆弧连接要求在连接处要光滑，所以在连接处两线段要相切。作图的关键是要准确地求出连接圆弧圆心和连接点（切点）。

圆弧连接的基本作图如下：

（一）作一圆弧连接一点与一直线

已知一点 A 和一直线 L，连接圆弧半径为 R，作图步骤如图 1-39 所示。

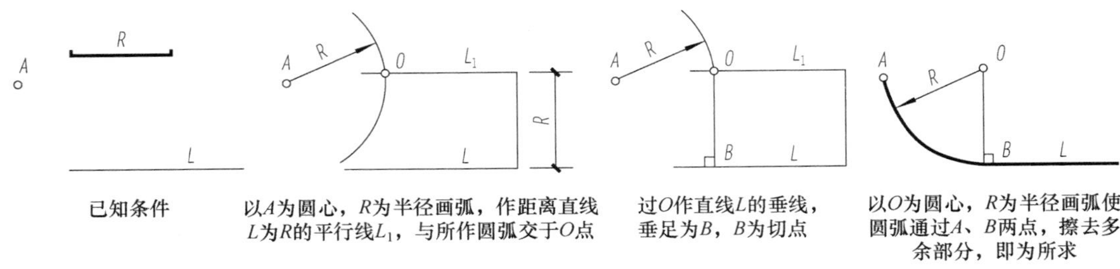

图 1-39　作一圆弧连接一点与一直线

（二）作圆弧连接一点与另一圆弧

已知一点 A 和一半径为 R_1 的圆弧，连接圆弧半径为 R，作图步骤如图 1-40 所示。

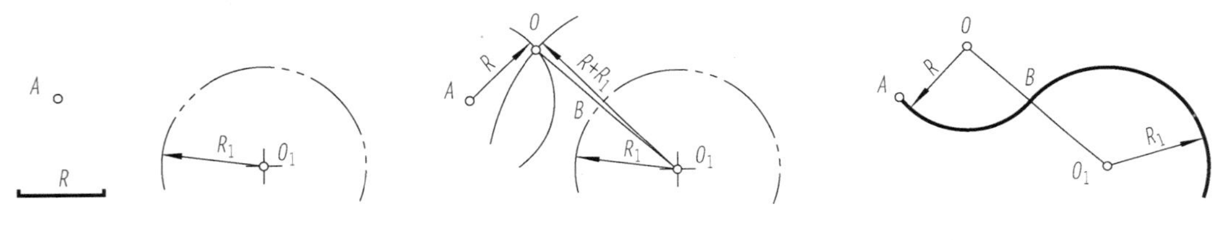

图 1-40　作圆弧连接一点与另一圆弧

（三）作圆弧连接一直线与另一圆弧

已知一直线 L 和一半径为 R_1 的圆弧，连接圆弧半径为 R，作图步骤如图 1-41 所示。

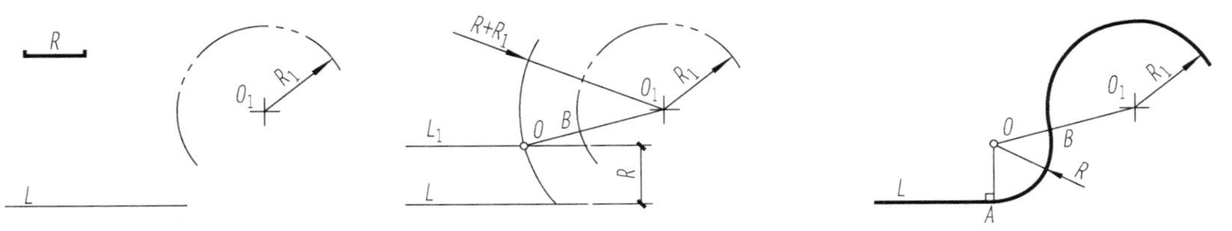

图 1-41　作圆弧连接一直线与另一圆弧

（四）作圆弧与两已知圆弧外切连接

已知半径分别为 R_1、R_2 的两圆弧，连接圆弧半径为 R，作图步骤如图 1-42 所示。

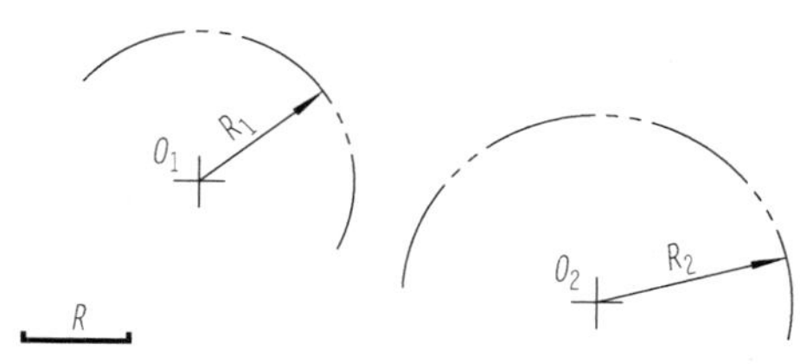

已知条件

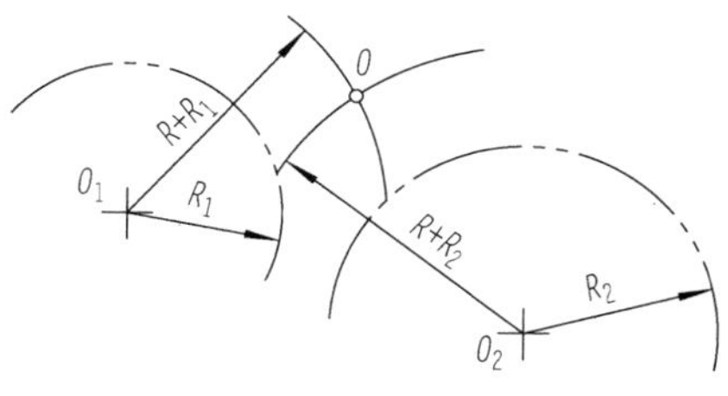

分别以O_1、O_2为圆心，以$R+R_1$、$R+R_2$为半径画弧，相交于O点

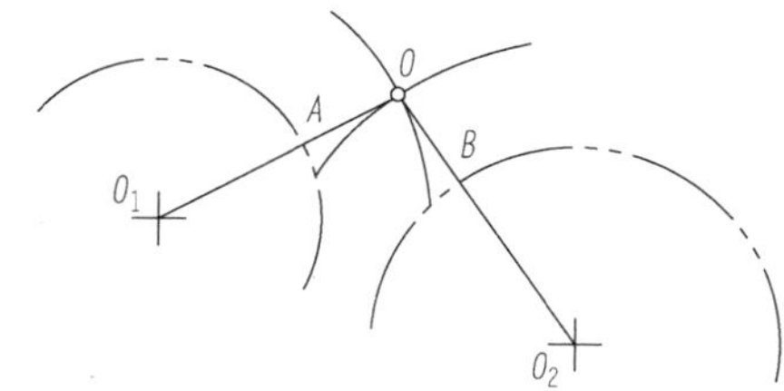

连接OO_1，交圆弧O_1于A点,连接OO_2，交圆弧O_2于B点

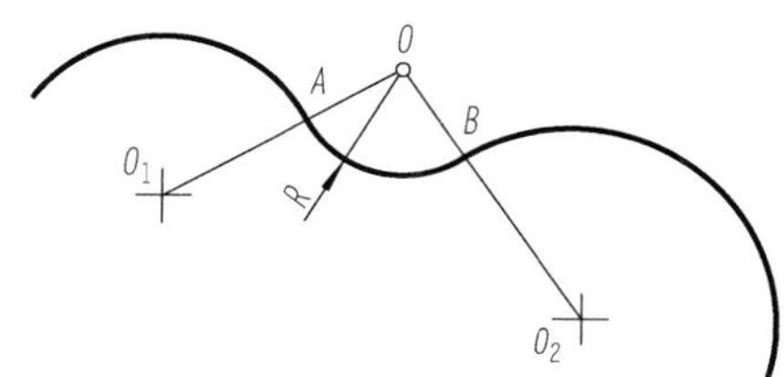

以O为圆心，R为半径画弧，使圆弧通过A、B点，擦去多余部分，完成作图

图 1-42 作圆弧与两已知圆弧外切连接

（五）作圆弧与两已知圆弧内切连接

已知半径分别为 R_1、R_2 的两圆弧，连接圆弧半径为 R，作图步骤如图 1-43 所示。

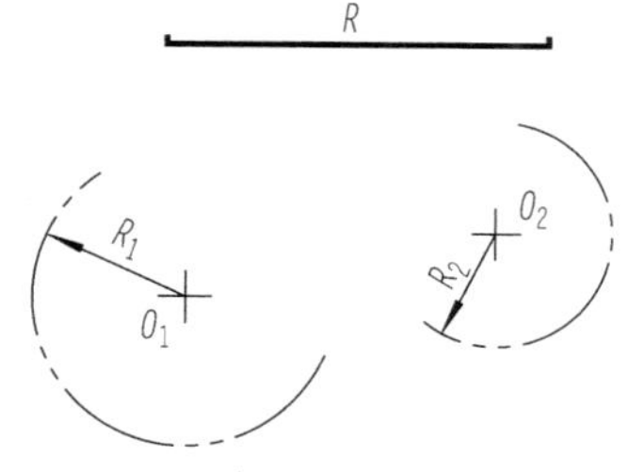

已知条件

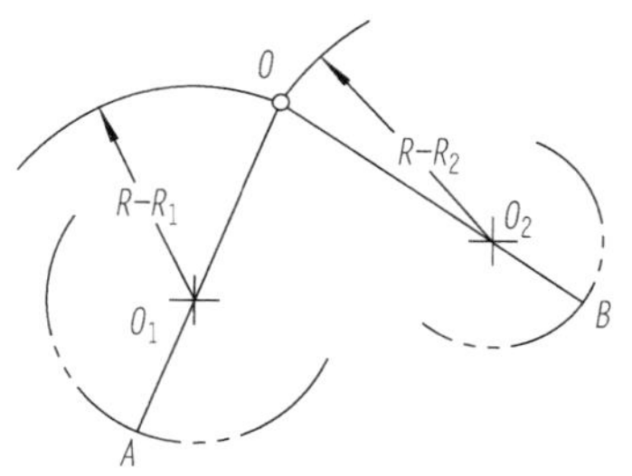

分别以O_1、O_2为圆心，以$R-R_1$、$R-R_2$为半径画弧，相交于O点，连接OO_1，交圆弧O_1于A点，连接OO_2，交圆弧O_2于B点

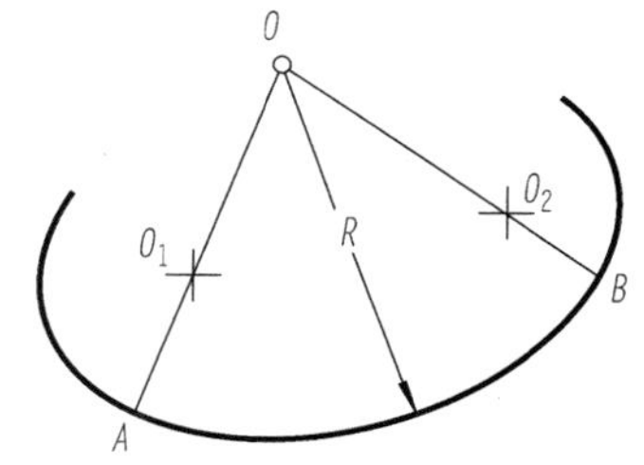

以O为圆心，R为半径画弧，使圆弧通过A、B点，擦去多余部分，完成作图

图 1-43 作圆弧与两已知圆弧内切连接

（六）作圆弧与一已知圆弧内切连接，与另一圆弧外切连接

已知半径分别为 R_1、R_2 的两圆弧，连接圆弧半径为 R，作图步骤如图 1-44 所示。

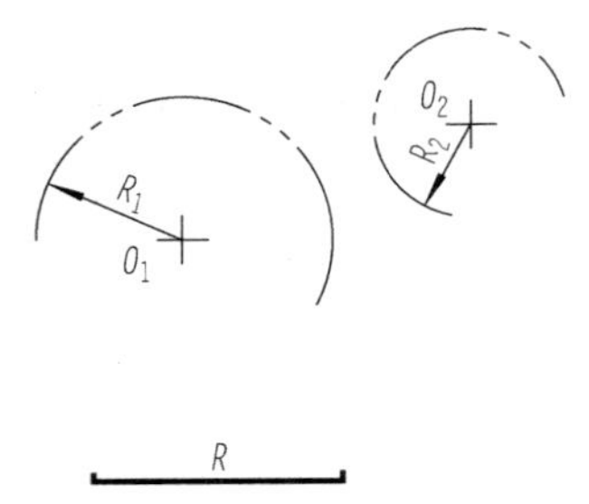

已知条件

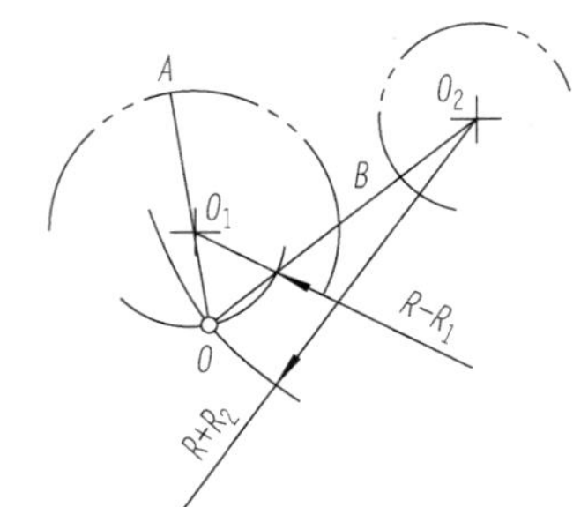

分别以O_1、O_2为圆心，以$R-R_1$、$R+R_2$为半径画弧，相交于O点，连接OO_1，交圆弧O_1于A点，连接OO_2，交圆弧O_2于B点

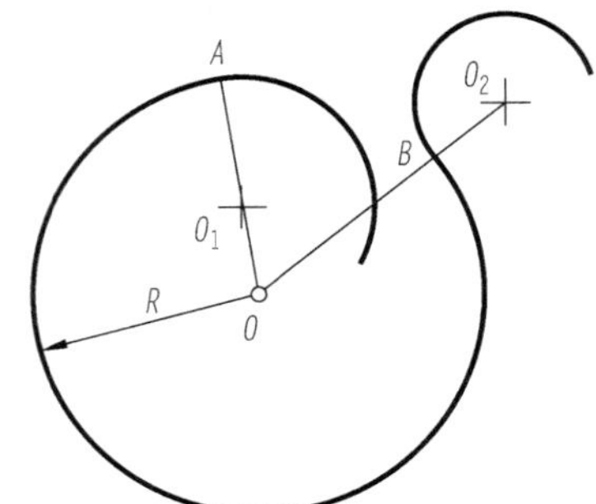

以O为圆心，R为半径画弧，使圆弧通过A、B点，擦去多余部分，完成作图

图 1-44　作圆弧与一已知圆弧内切连接，与另一已知圆弧外切连接

第二章　投影的基本知识

第一节　投影法概述

一、投影的形成

在三维空间里，一切形体都有长度、宽度和高度（或厚度），即形体都是三维的，如何才能在一张只有长度和宽度的图纸上，准确而全面地表达出形体的形状和大小呢？即如何用二维图表达三维立体的形状呢？下面是人们寻求投影的方法。

在日常生活中，常看到物体被光照射后在某个平面上呈现影子的现象。如图 2-1（a）所示，取一个三棱锥，放在灯光和地面之间，这个三棱锥在地面上就会产生影子，但是这个影子只是一个灰黑的三角形，它只反映了三棱锥底面的外形轮廓，三棱锥三个侧面的轮廓均未反映出来。要想准确而全面地表达出三棱锥的形状，就需对这种自然现象加以科学的抽象：光源发出的光线，假设能够透过形体而将各个顶点和各条侧棱都在地面上投下它们的影子，如图 2-1（b）所示，由此产生的图形称为形体的投影。光源 S 称为投影中心，影子投落的平面 P 称为投影面，光线称为投射线（或投影线）。通过一点的投射线与投影面的交点就是该点在该投影面上的投影。作出形体投影的方法，称为投影法。由此可见，投射线、被投影的物体和投影面是产生投影的三个必备条件。

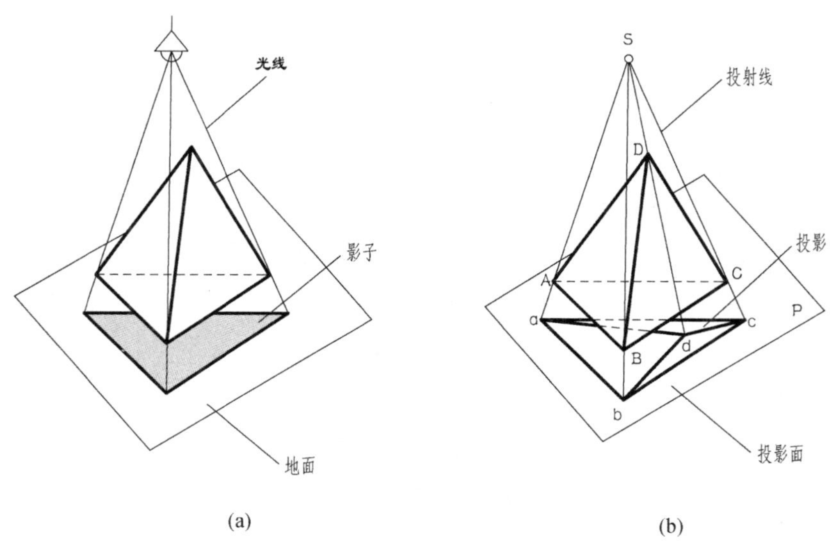

图 2-1　三棱锥的影子和投影
（a）影子；（b）投影

二、投影法分类

投影法可分为中心投影法和平行投影法两大类。

（一）中心投影法

当投影中心距离投影面有限远时，所有的投射线都汇交于一点，即投射线呈放射状，这种投影法称为中心投影法，如图 2-1（b）所示，用这种方法所得的投影称为中心投影。

（二）平行投影法

当投影中心距离投影面无限远时，所有的投射线均可看作互相平行，这种投影法称为平行投影法（图 2-2）。根据投射线与投影面的倾角不同，平行投影法又分为斜投影法和正投影法两种。

（1）斜投影法：投射线倾斜于投影面的平行投影称为斜投影法。图 2-2（a）即为斜投影法。

（2）正投影法：投射线垂直于投影面的平行投影称为正投影法。图 2-2（b）即为正投影法。

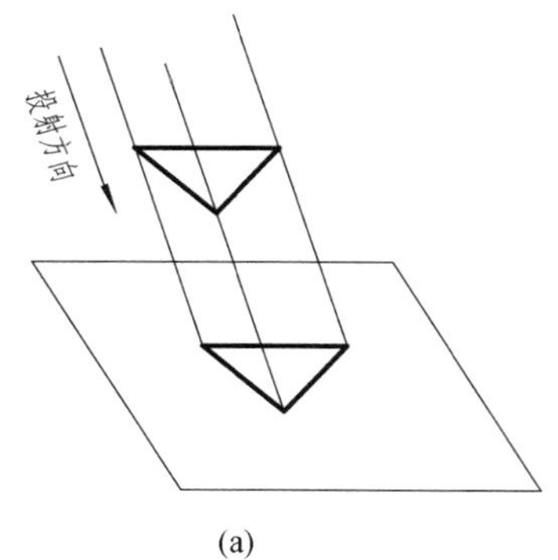

(a)

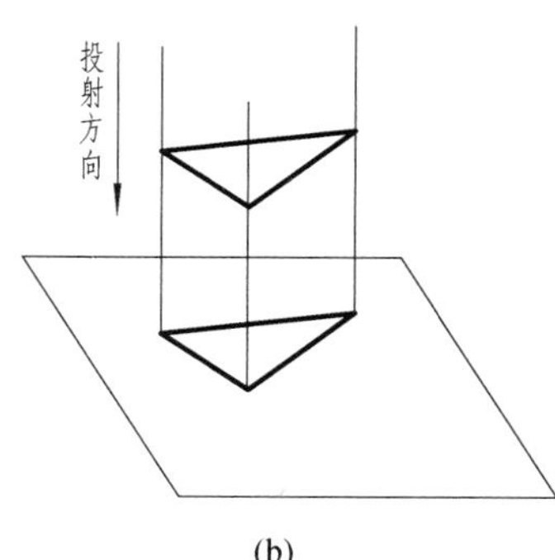

(b)

图 2-2　平行投影法

（a）斜投影法；（b）正投影法

通过对投影法的分析可以知道，无论是中心投影法还是平行投影法，在投影面和投射方向确定之后，形体上每一点必有其唯一的一个投影，建立起一一对应的关系；一点在一投射线上移动，无论该点到投影面的距离如何，该点在投影面上的位置不变。

三、工程中常用的几种投影图

根据前面讲的中心投影法和平行投影法，可以得到几种投影图。在工程设计中，由于表达目的和被表达对象特性的不同，往往需要采用不同的投影图。下面是工程中常用的四种投影图。

（一）透视投影图

由中心投影法得到投影图称为透视投影图，简称透视图，如图 2-3 所示。日常生活中人们拍摄的照片和人眼观察到的物体都是透视图，可见透视图的直观性极强，形象逼真。基于透视图的这一特点，在建筑设计方案的比较、竞标和展览过程中，常使用透视图，也叫效果图，以方便各类人员读图，如图 2-3（b）所示。透视图的缺点是绘图烦琐，实物的形状和大

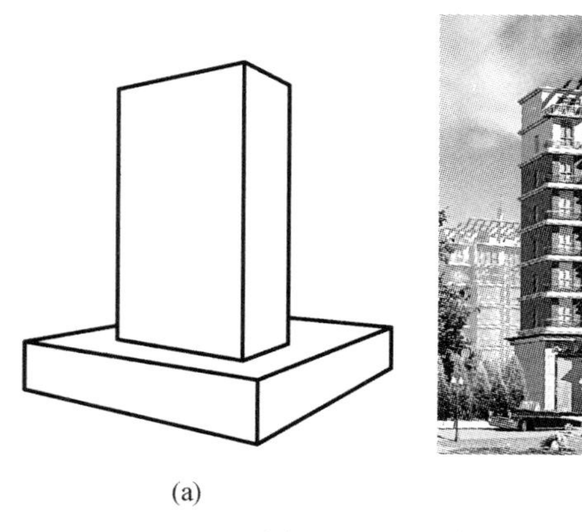

(a)　　(b)

图 2-3　透视投影图

（a）透视图；（b）效果图

小不能直接在图样中反映和度量，因此，它不可以作为施工的依据。

（二）轴测投影图

由平行投影法可以得到轴测投影图，简称为轴测图，如图 2-4 所示。这种图的优点是立体感较强，具有一定的度量性；缺点是作图较麻烦，工程中常用作辅助图样。

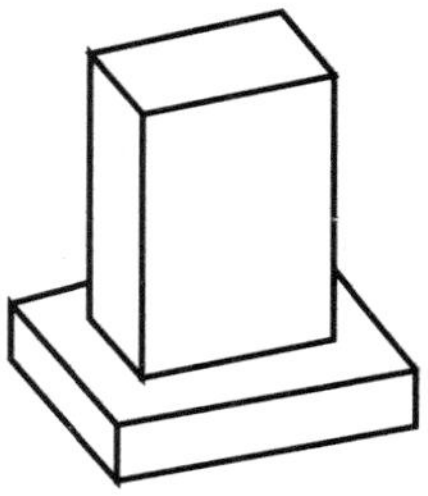

图 2-4 轴测投影图

（三）多面正投影图

用正投影法可以得到正投影图，如图 2-5 所示。把物体向两个或两个以上互相垂直的投影面进行投影所得到的图样为多面正投影图。这种图的优点是能准确地反映物体的形状和大小，作图方便、度量性好，在工程中应用最广。缺点是立体感差，不易读图，需经过一定的训练才能看懂。

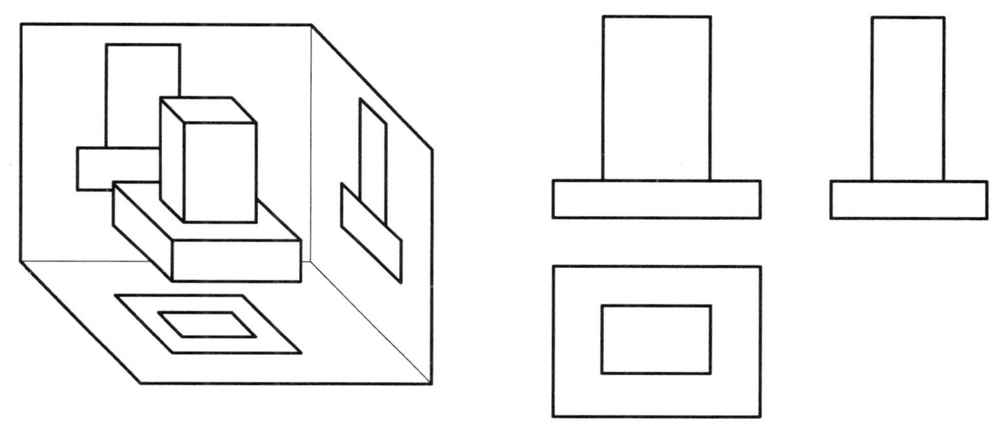

图 2-5 多面正投影图

（四）标高投影图

用正投影法还可以得到标高投影图，它是一种带有数字标记的单面正投影图，如图 2-6 所示。标高投影图常用来表达地面的形状，即地形图。作图时用间隔相等的水平面截割地形，其交线即为等高线。将不同高程的等高线投影在水平的投影面上，并标出各等高线的高程，即为标高投影图，由此可表达出某处的地形情况。

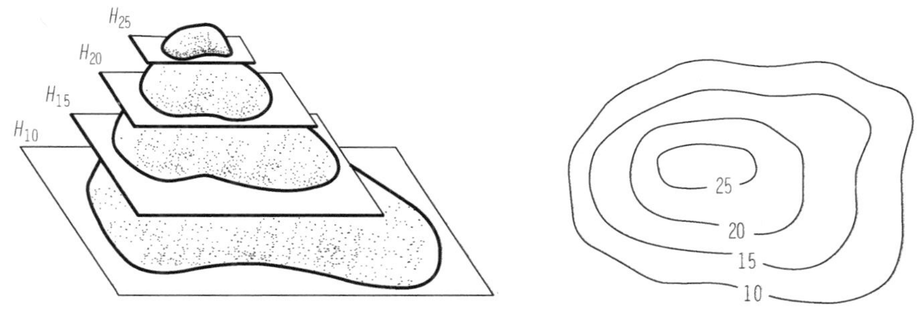

图 2-6 标高投影图

大多数工程图是采用正投影法绘制的。正投影法是本课程研究的主要对象，以下各章所指的投影，如无特殊说明均指正投影。

第二节 正投影的特性

在土建工程制图中，最经常使用的投影法是正投影，正投影有以下几个特性：

（1）显实性：当线段或平面平行于投影面时，其投影反映实长或实形，如图 2-7（a）、（b）所示。

（2）积聚性：当线段或平面垂直于投影面时，其投影积聚为一点或一直线，如图 2-7（c）、（d）所示。

（3）类似性：当线段或平面倾斜于投影面时，其投影小于实长或实形，但与原图形类似，如图 2-7（e）、（f）所示。

（4）平行性：空间互相平行的直线其投影仍平行，如图 2-7（g）所示，$AB/\!/CD$，则 $ab/\!/cd$。这一特性很重要，反过来也成立，即正投影图中互相平行的直线其空间一定平行，这是正投影的一个重要共性，它是学习画法几何部分和建筑工程图经常用到的一个特性。

（5）定比性：直线上一点把直线分成两段，则两线段的长度之比等于它们的投影长度之比。如图 2-7（e）中 $AC:CB=ac:cb$，图 2-7（g）中 $AB:CD=ab:cd$。定比性也称为定比定律，它也是正投影的一个重要共性，是学习画法几何部分经常用到的一个特性。

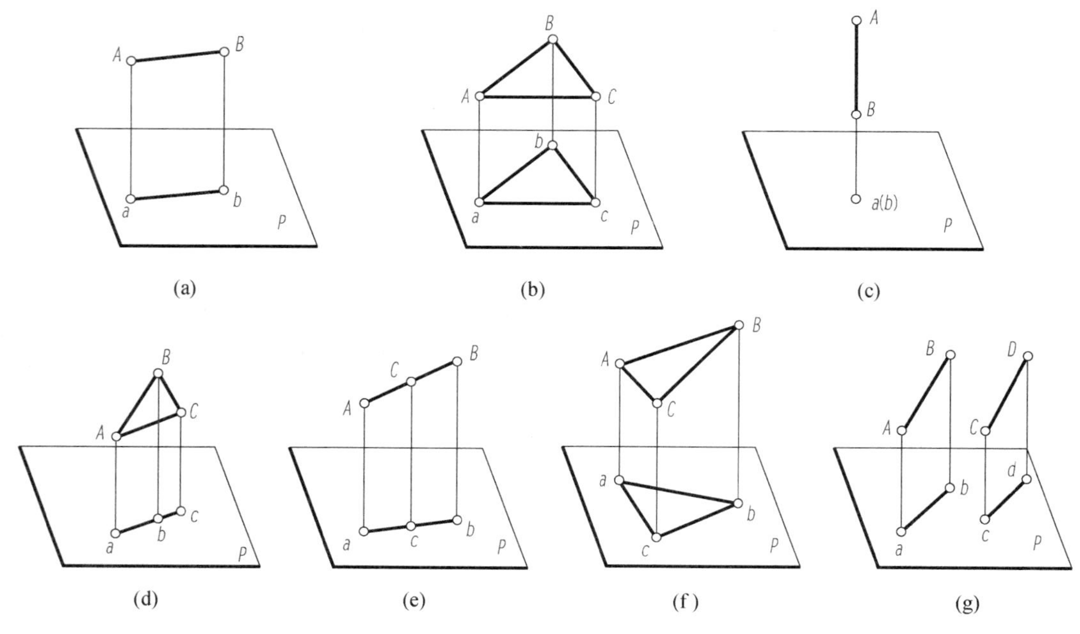

图 2-7 正投影的特性

第三节 三面正投影图

一、物体的单面投影

如图 2-8 所示，在长方体的下面放一个水平投影面 H，简称 H 面。在水平投影面上的投影称水平投影，简称 H 投影。从图中可看出，长方体的 H 投影只反映长方体的长度和宽度，不能反映其高度，因此不能反映其形状。由此，可以得出结论，物体的一面投影不能确定物体的形状。

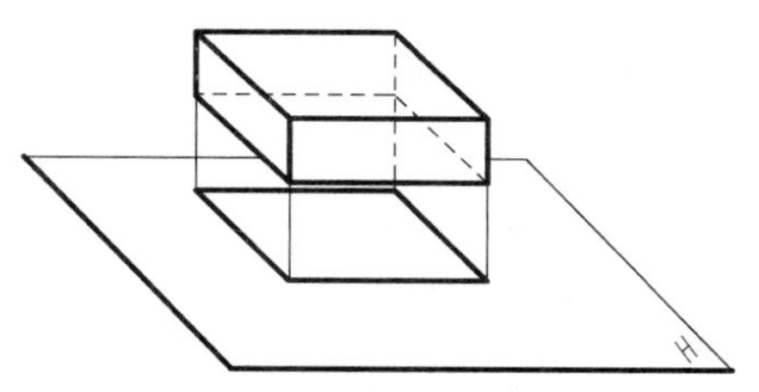

图 2-8　单面投影图

二、物体的两面投影

如图 2-9 所示，在水平投影面 H 的基础上，建立一个与其垂直的正立投影面，简称 V 面。在正立投影面上的投影称正面投影，简称 V 投影。从图中可看出，H 投影反映长方体的上、下底面实形，V 投影反映长方体前、后侧面的实形，而长方体的左、右侧面并未反映出来。图 2-9 所示的长方体和三棱柱的 V、H 投影完全相同。由此断定两面投影同样无法完整的表达物体形状，如本例中根据两面投影无法确定是长方体还是三棱柱体，或者是其他的物体。因此，可得出结论：物体的两面投影一般也不能完整准确地表达物体形状。

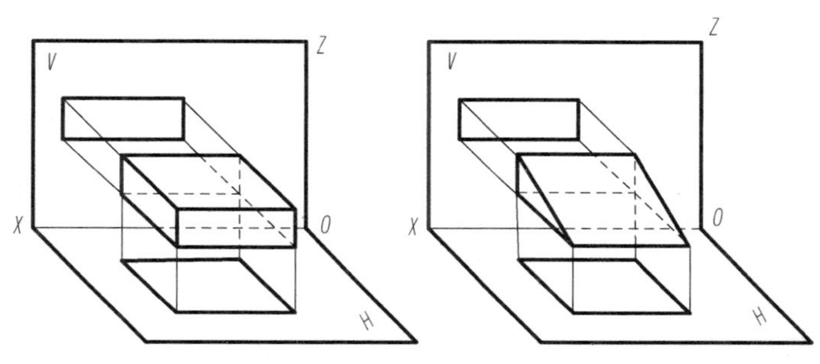

图 2-9　两面投影图

三、投影体系的确立

在 H、V 面的基础上再建立一个与 H、V 面都互相垂直的侧立投影面，简称 W 面，由此确立了三面投影体系，如图 2-10 所示。从图中可以看出三个互相垂直的投影面组成了八个分角，各国选用的分角有所不同，我国采用的是第一分角，美国、日本、德国等国家采用第三分角。第一分角产生投影的方法是：由观察者——形体——投影面（投影）；而第三分角产生投影的方法是：由形体——透明投影面（投影）——观察者。由此可见，第一分角和第三分角产生投影的规则与方法有所不同。

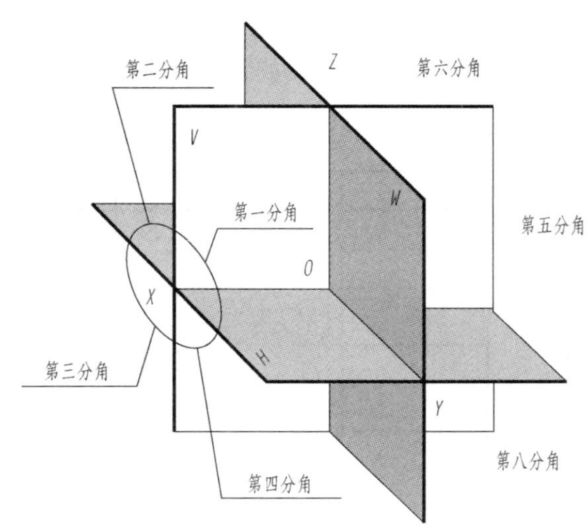

图 2-10　三面投影体系

我国采用第一分角的三面投影图如图 2-11 所示。在侧立投影面上的投影称侧面投影，简称 W 投影。一般情况下，V、H、W 三个投影可以完整地表达物体的形状，且答案是唯一的。因此，可以认为：通常情况下，物体的三面投影，可以确定唯一物体的形状。

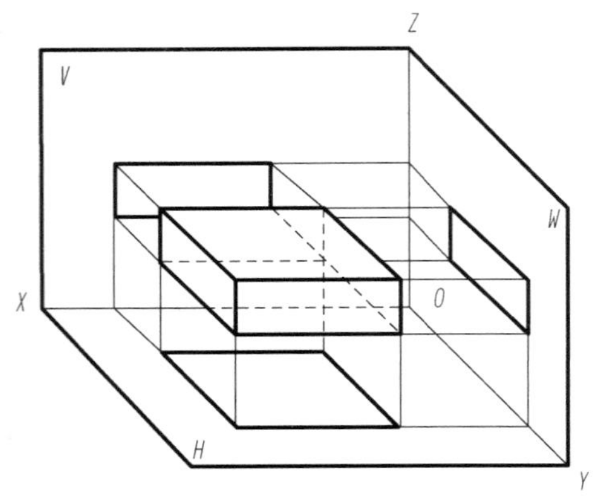

图 2-11　第一分角的三面投影图

V 面、H 面和 W 面共同组成一个三面投影体系，三投影面两两相交的交线 OX、OY 和 OZ 轴称为投影轴，三投影轴的交点 O 称为原点。

四、投影面的展开

因为图纸是一个平面，为使三个互相垂直的投影面处于同一个图纸平面上，需要把三个投影面展开，如图 2-12（a）所示。投影面展开的原则是：V 面不动，H 面沿 OX 轴下转 90°，W 面沿 OZ 轴侧转 90°，从而 H 面和 W 面都与 V 面处在同一平面上。这时 OY 轴分为两条，一条随 H 面，标注为 OY_H；另一条随 W 面，标注为 OY_W，如图 2-12（b）所示。正面投影（V 投影）、水平投影（H 投影）和侧面投影（W 投影）组成的投影图，称为三面投影图。

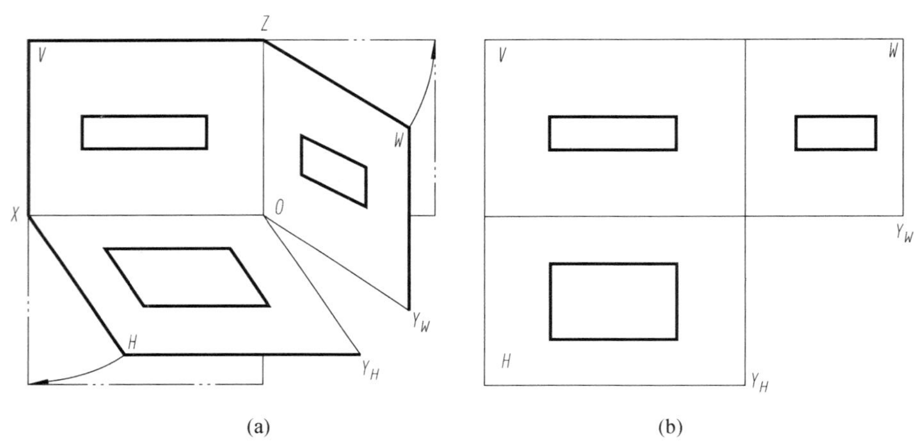

图 2-12　投影面的展开

实际作图时，只需画出物体的三个投影而不需画投影面边框线，如图 2-13 所示。

五、三面投影图的投影关系

（一）三面投影的投影规律

三面投影图是在物体安放位置不变的情况下，从三个不同方向投影所得到的，它们共同表达同一物体，因此它们之间存在着紧密的关系，如图 2-12 所示：V、H 两面投影都反映物体的长度，因此画图时，正面投影和水平投影要左右对齐；V、W 两面投影都反映物体的高度，因此画图时，正面投影和侧面投影要上下平齐；H、W 两面投影都反映物体的宽度，因此水平投影和侧面投影要宽度相等。总结起来，三面投影图的度量对应关系就是：长对

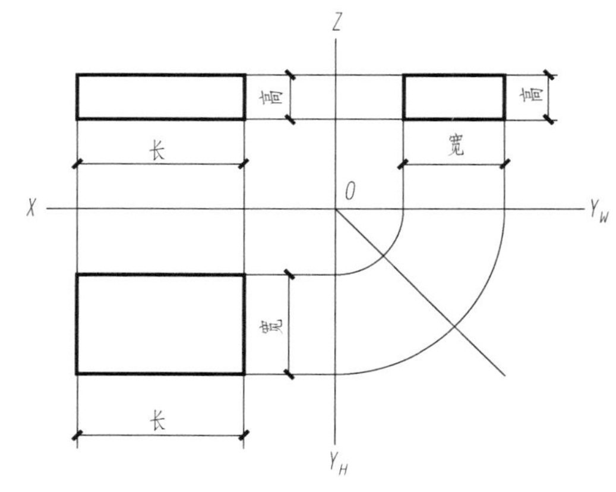

图 2-13　三面投影图的度量对应关系

正、高平齐、宽相等。这种关系称为三面投影图的投影规律，也称三等关系。应该指出：三面投影图的投影规律是正投影中最重要的投影特征，是阅读和绘制正投影图的基本方法和重要依据。

（二）三面投影的空间方位

从图 2-14 中可以看出，物体的三面投影图与物体之间位置的对应关系为：

（1）正面投影反映物体的上、下、左、右的位置；

（2）水平投影反映物体的前、后、左、右的位置；

（3）侧面投影反映物体的上、下、前、后的位置。

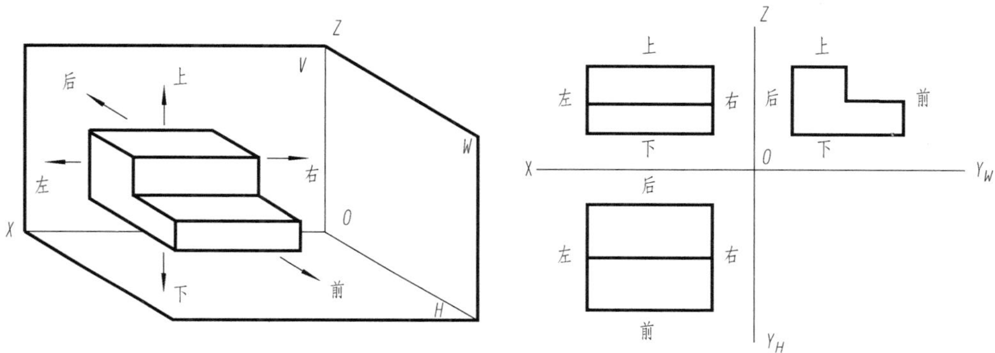

图 2-14 三面投影的空间方位

图 2-15 给出了两个形体以及它们的投影图，读者可以通过阅读分析这些形体三个投影图之间的对应关系，来了解形体投影的特点。

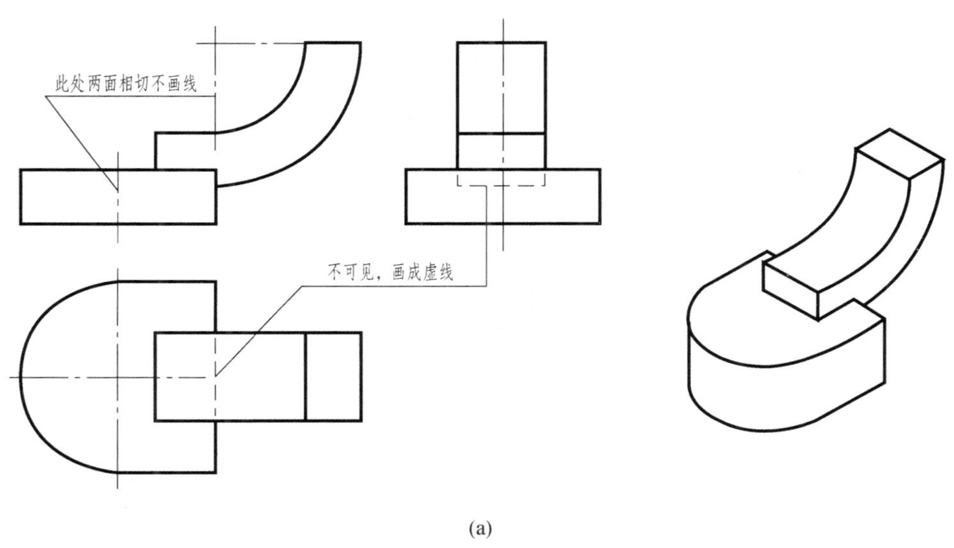

(a)

图 2-15 形体的投影图（一）

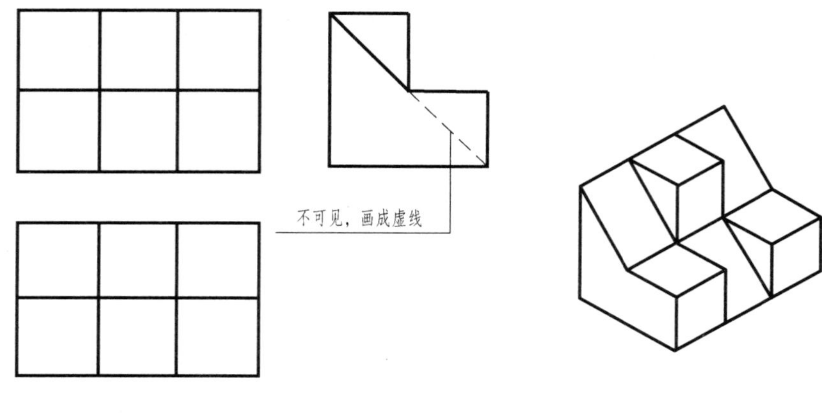

(b)

图 2-15　形体的投影图（二）

第三章　点、直线和平面的投影

点、线、面是组成形体的几何元素。任何形体都有多个表面围成，形体各表面相交，产生多条侧棱，各侧棱又分别相交于多个顶点，如图 3-1 所示。作该形体的投影图时，只需要将这些顶点的投影画出来，然后用直线将各点的投影一一相连即可。因此，点是组成空间形体最基本的几何元素，要研究形体的投影问题，首先要研究点的投影，点投影的形成如图 3-2 所示。

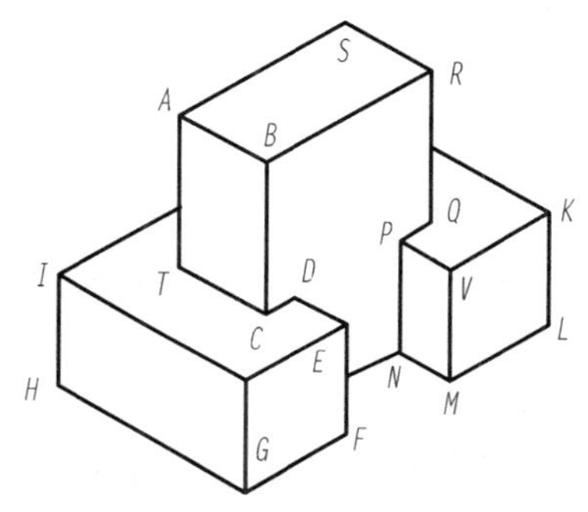

图 3-1　组成形体的几何元素

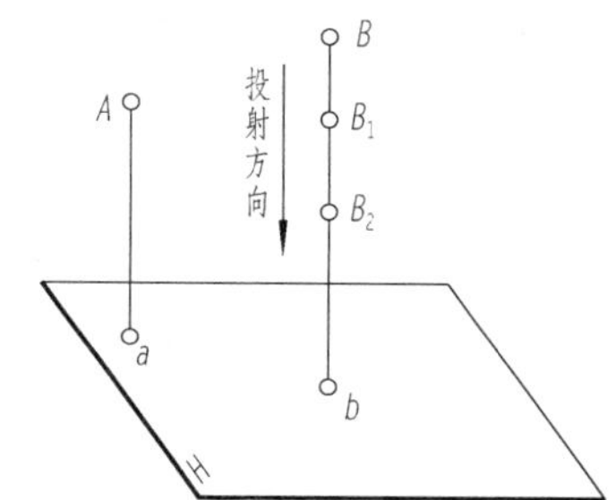

图 3-2　点投影的形成

第一节　点　的　投　影

一、点的三面投影标注

如图 3-3（a）所示，将空间点 A 放在如前所述的三投影面体系中，由 A 点分别向 H、V、W 面作垂线 Aa、Aa'、Aa''，垂足 a、a'、a''（读作 a 两撇），分别称为 A 点的水平投影、正面投影、侧面投影。将三面投影体系按投影面展开规律展开，便得到 A 点的三面投影图，因为投影面的大小不受限制，所以通常不必画出投影面的边框，如图 3-3（b）所示。

二、点的三面投影规律

从图 3-3（a）可看出：$aa_x=Aa'=a''a_z$，即 A 点的水平投影 a 到 OX 轴的距离等于 A 点的侧面投影 a''到 OZ 轴的距离，都等于 A 点到 V 面的距离。在图 3-3（b）中，根据点的两面投影规律，$aa'\perp OX$ 轴，同理可得出 $a'a''\perp OZ$ 轴。

综上所述，可得点的三面投影规律如下：

（1）点的每两面投影连线必垂直于相应的投影轴，如图 3-3（b）中的 $aa'\perp OX$ 轴。

（2）点的投影到投影轴的距离反映空间点到某个投影面的距离，如图 3-3（b）中的 $a''a_z$反映该点到 V 面的距离。

由上述规律可知，已知点的两个投影便可求出第三个投影。

【例 3-1】 如图 3-4（a）所示，已知点 A、B 的两面投影求作第三面投影。

根据"点的每两面投影连线必垂直于相应的投影轴"的点的三面投影规律，可以利用已

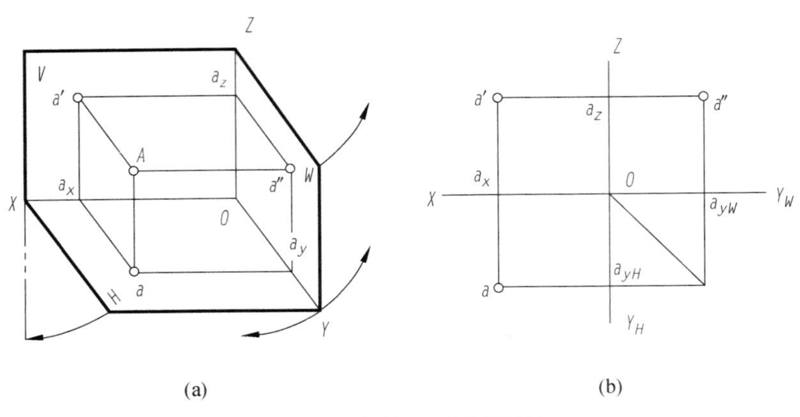

(a) (b)

图 3-3 点的三面投影标注

(a) 空间状况；(b) 投影图

知的两面投影求出第三面投影。

作图步骤为：

（1）在图面右下角的空白地方，过原点 O 画一条 45°的斜线作为辅助作图线。

（2）过水平投影 a 向右画一条水平线，与 45°斜线相交后，再向上画铅垂线，与过正面投影 a'所作的水平线相交于一点，此点即为侧面投影 a''。

（3）过 b''向下作铅垂线，与 45°斜线相交后，再向左画水平线，与过 b'所作的铅垂线相交于一点，此点即为水平面投影 b。作图过程如图 3-4（b）所示。

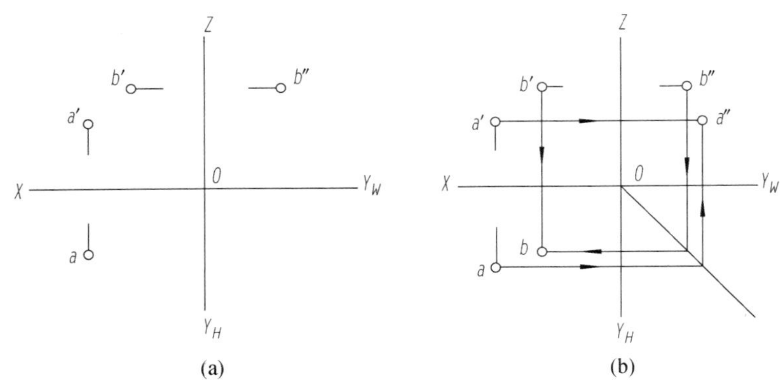

(a) (b)

图 3-4 已知点的两面投影求第三面投影

(a) 已知；(b) 作图

需要说明的是，在图 3-4 中的空间点是针对一般点而言的，也就是说空间点到三个投影面都有一定的距离。如果空间点处于特殊位置，比如点恰巧在投影面上或投影轴上，那么，这些点的投影规律又如何呢？如图 3-5 所示：

（1）若点在投影面上，则点在该投影面上的投影与空间点重合，另两个投影均在投影轴上，如图中的点 A 和点 B。

（2）若点在投影轴上，则点的两个投影与空间点重合，另一个投影在投影轴原点，如图中的点 C。

综上所述，特殊点的投影规律仍符合点的三面投影规律。

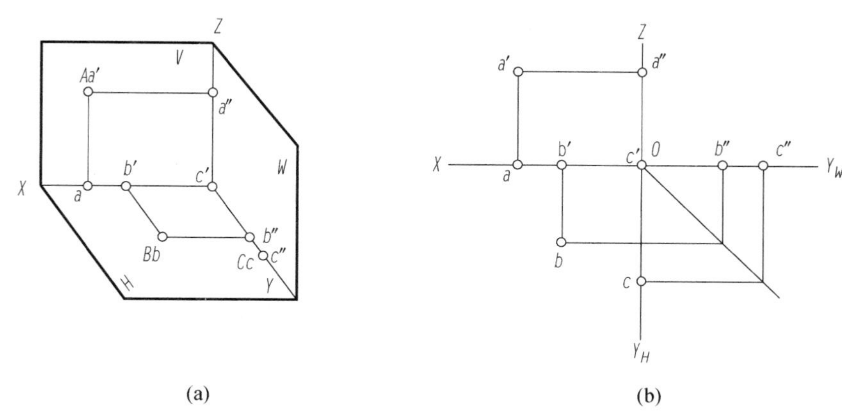

(a)　(b)

图 3-5　特殊点的投影

(a) 空间状况；(b) 投影图

三、点的坐标

空间点的位置除了用投影表示以外，要想表达一个点的确切位置，可以应用坐标来表示。

一个点的位置可以通过它与 OX、OY、OZ 三个坐标轴关系 $A(x, y, z)$ 来反映，而点的坐标值可以通过点到三个投影面的距离来表示，如图 3-6 所示，点的投影与坐标的关系如下：

A 点到 H 面的距离 $Aa = Oa_z = a'a_x = a''a_y = z$ 坐标；

A 点到 V 面的距离 $Aa' = Oa_y = aa_x = a''a_z = y$ 坐标；

A 点到 W 面的距离 $Aa'' = Oa_x = a'a_z = aa_y = x$ 坐标。

由此可见，已知点的三面投影就能确定该点的三个坐标；反之，已知点的三个坐标，就能确定该点的三面投影或空间点的位置。

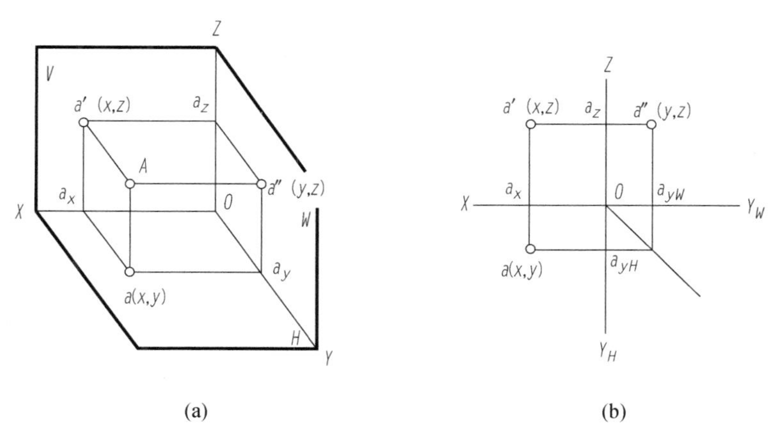

(a)　(b)

图 3-6　点的坐标

(a) 空间状况；(b) 投影图

四、两点的相对位置

（一）两点的相对位置

根据两点的投影，可判断两点的相对位置。如图 3-7 所示，从图 3-7 (a) 表示的上下、左右、前后位置对应关系可以看出：根据两点的三个投影判断其相对位置时，可由正面投影或侧面投影判断上下位置，由正面投影或水平投影判断左右位置，由水平投影或侧面投影判断前后位置。根据图 3-7（b）中 A、B 两点的投影，可判断出 A 点在 B 点的左、前、上方；反之，B 点在 A 点的右、后、下方。

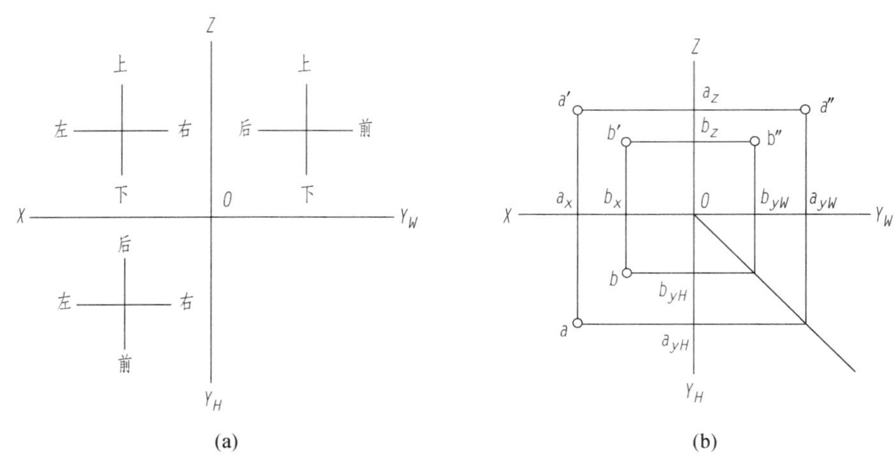

(a)　　(b)

图 3-7　两点的相对位置

注意：回答两点相对位置时，按照通常人们说话的习惯顺序是：左右——前后——上下，即要先回答左右，再回答前后，最后回答上下。

（二）重影点及其可见性

当空间两点位于同一投影线上时，此两点在该投影面上的投影重合为一点，该点称为重影点。重影点指的是点的投影，不再是空间的一个点，而是空间两个以上点在此重合的投影。即一个重影点表达的是空间两个以上点。

如图 3-8（a）所示，A、C 两点处于对 V 面的同一条投影线上，它们的 V 面投影 a'、c'重合，a'、c'就称为重影点。同理，A、B 两点处于对 H 面的同一条投影线上，两点的 H 面投影重合，a、b 就称为重影点。

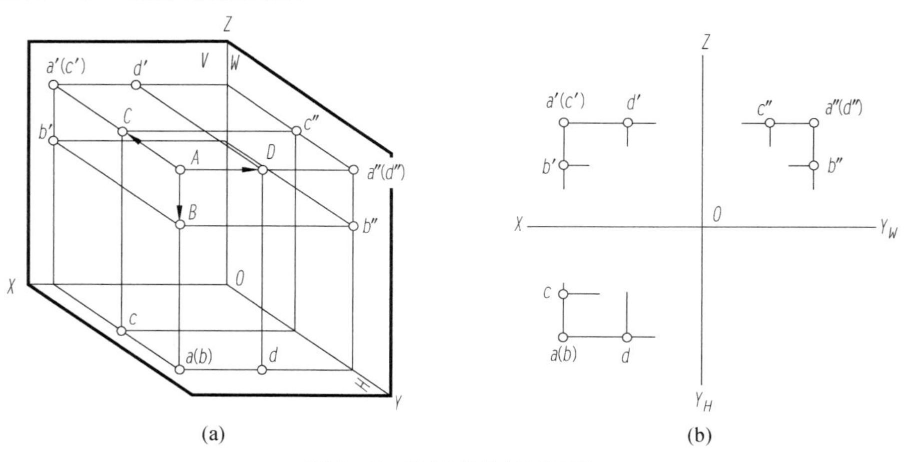

(a)　　(b)

图 3-8　重影点及其可见性

（a）空间状况；（b）投影图

当空间两点在某一投影面上的投影重合时，其中必有一点遮挡另一点，这就存在着可见性的问题。可见性的表达方法是：将不可见点加括号括起。如图 3-8（b）所示，A 点和 C 点在 V 面上的投影重合为 $a'c'$，A 点在前遮挡 C 点，其正面投影 a' 是可见的，而 c' 不可见，因此将 c' 加括号表示成（c'）。同时，A 点在上遮挡 B 点，a 为可见，(b) 为不可见同理，也有左遮右的重影状况，如 a'' 为可见，(d'') 为不可见。

第二节 直线的投影

一、直线的投影

直线的投影一般情况下仍为直线，特殊情况下为点。

如图 3-9（a）所示，通过直线 AB（空间直线是无限长的，但对于直线段，一般都是用它的两端点表示）上各点向投影面作投影，得到直线 AB 的三面投影 ab、$a'b'$、$a''b''$。只有当直线垂直于投影面时，其投影才积聚成一点，如图 3-9（a）所示的直线 EF。

由于空间两个点可以确定一条直线，所以要绘制一条直线的三面投影图，只要将直线上两端点的各同面投影相连，便得直线的投影。如图 3-9（b）中的 AB 直线。

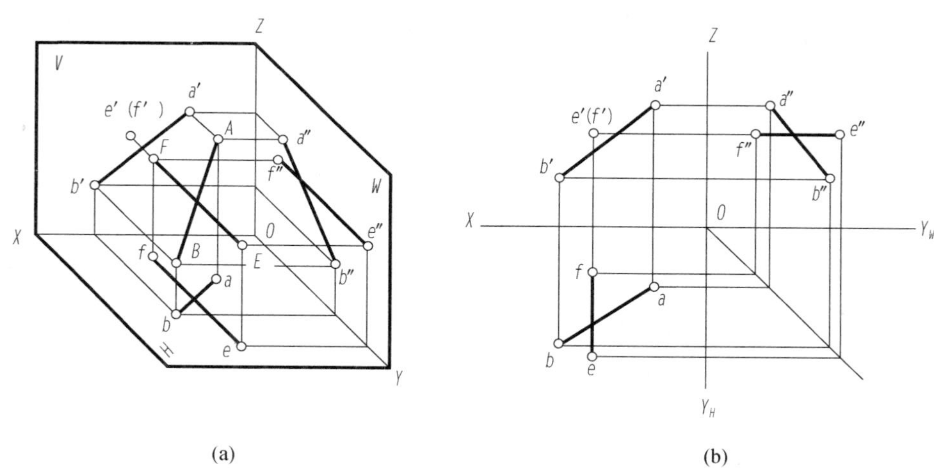

(a) (b)

图 3-9 直线的投影
(a) 空间状况；(b) 投影图

二、各类直线的投影特性

直线和它在投影面上的投影所夹锐角为直线对该投影面的倾角。规定：以 α、β、γ 分别表示直线对 H、V、W 面的倾角，如图 3-10 所示。

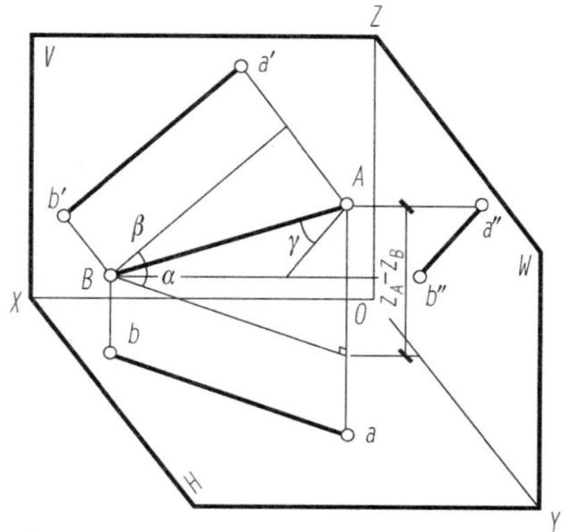

图 3-10 直线的倾角

根据直线与投影面的相对位置的不同，直线可分为投影面平行线、投影面垂直线和一般位置直线，投影面平行线和投影面垂直线统称为特殊位置直线。

（一）投影面平行线

1. 空间位置

把只平行于某一个投影面，与其他两投影面都倾斜的直线，称为投影面平行线。平行于 H 面，与 V、W 面倾斜的直线称为水平线；平行于 V 面，与 H、W 面倾斜的直线称为正平线；平行于 W 面，与 H、V 面倾斜的直线称为侧平线。

2. 投影特性

根据投影面平行线的空间位置，可以得出其投影特性。水平线、正平线及侧平线的直观图、投影图及投影特性见表 3-1。

从表 3-1 可概括出投影面平行线的投影特性：

投影面平行线在其所平行的投影面上的投影反映实长，并反映与另两投影面的夹角实形；在其他两投影面上的投影分别平行于投影轴（或在其他两投影面上的投影同垂直于同一投影轴），且长度都小于其实长。

表 3-1　　投影面平行线的投影特性

直线的位置	直观图	投影图	投影特性
正平线	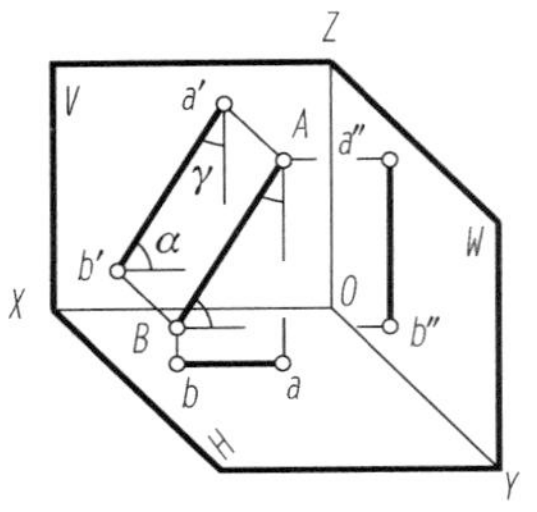	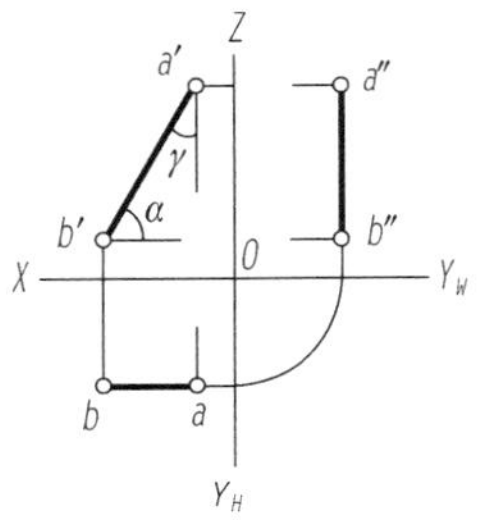	1. 正面投影 $a'b'$ 反映线段实长，反映与 H、W 面的夹角 α、γ 2. 其他两投影分别平行 OX、OZ 轴（或同垂直于 OY 轴）
水平线	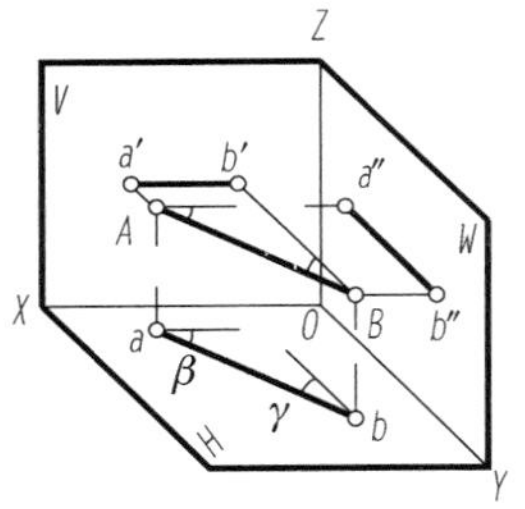	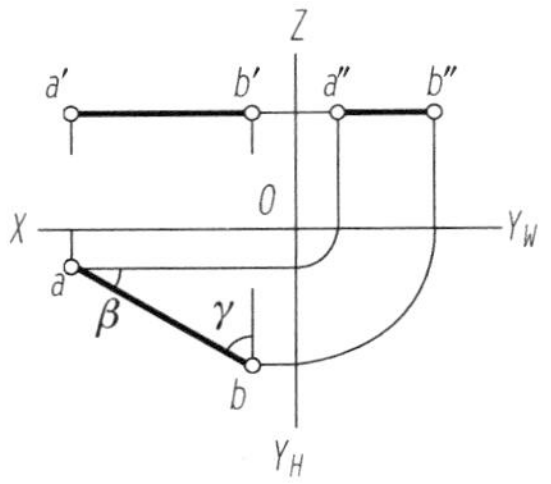	1. 水平投影 ab 反映线段实长，反映与 V、W 面的夹角 β、γ 2. 其他两投影分别平行 OX、OY_W 轴（或同垂直于 OZ 轴）
侧平线	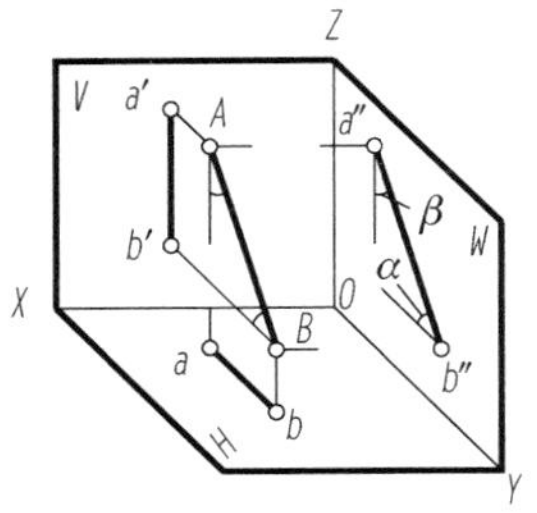	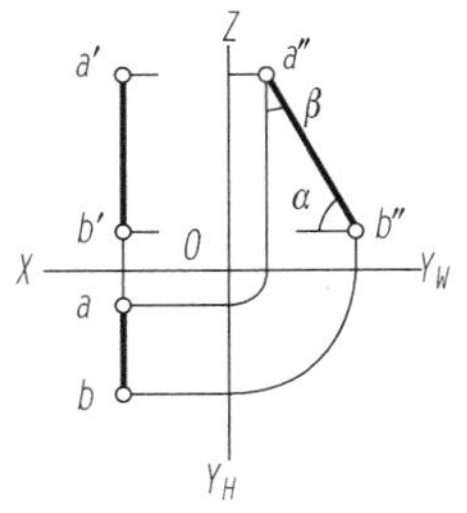	1. 侧面投影 $a''b''$ 反映线段实长，反映与 H、V 面的夹角 α、β 2. 其他两投影分别平行 OZ/OY_H 轴（或同垂直于 OX 轴）

（二）投影面垂直线

1. 空间位置

把垂直于某一个投影面，与其他两投影面都平行的直线，称为投影面垂直线。垂直于 V 面的直线称为正垂线；垂直于 H 面的直线称为铅垂线；垂直于 W 面的直线称为侧垂线。

2. 投影特性

根据投影面垂直线的空间位置，可以得出其投影特性。正垂线、铅垂线、侧垂线的直观图、投影图及投影特性见表 3 - 2。

从表 3 - 2 可概括出投影面垂直线的投影特性：

投影面垂直线在其所垂直的投影面上的投影积聚成一点；在其他两个投影面上的投影分别垂直于投影轴（或其他两投影同平行于同一投影轴），并且都反映线段的实长。

表 3 - 2　　投影面垂直线的投影特性

直线的位置	直观图	投影图	投影特性
正垂线	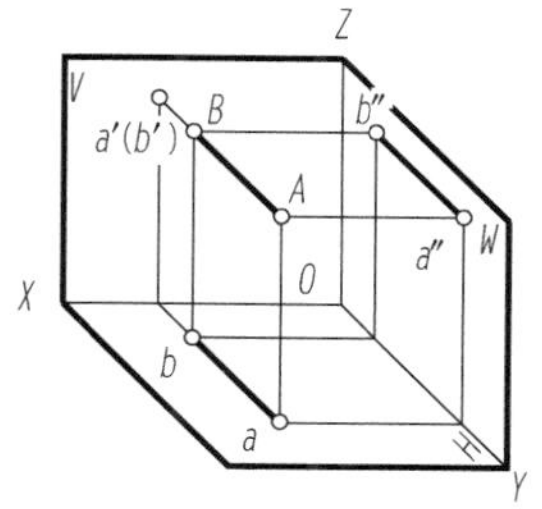	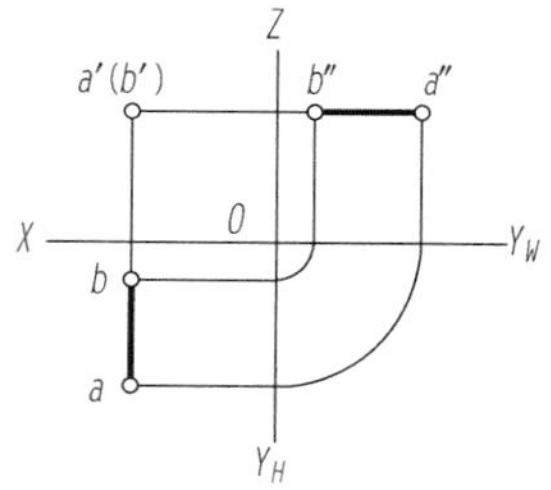	1. 正面投影 $a'(b')$ 积聚成一点 2. 水平投影 $ab \perp OX$ 轴，侧面投影 $a''b'' \perp OZ$ 轴（即 ab、$a'b'$ 均平行于 OY 轴），并且都反映线段实长
铅垂线	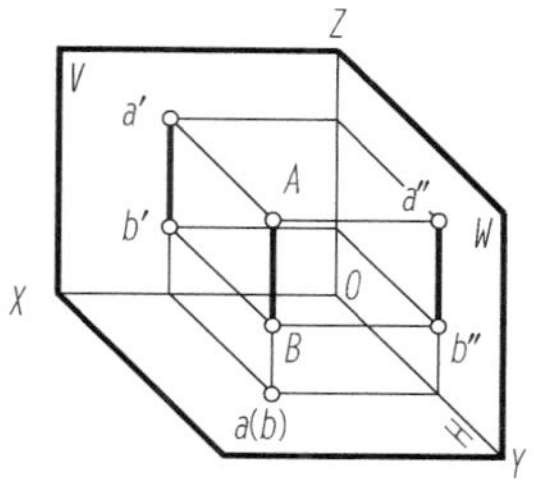	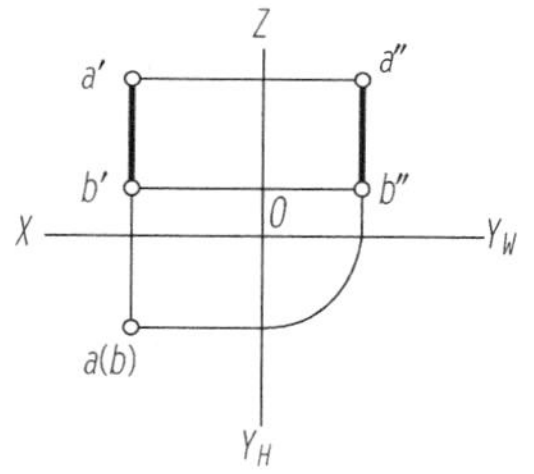	1. 水平投影 $a(b)$ 积聚成一点 2. 正面投影 $a'b' \perp OX$ 轴，侧面投影 $a''b'' \perp OY_W$ 轴（即 $a'b'$、$a''b''$ 均平行于 OZ 轴），并且都反映线段实长
侧垂线	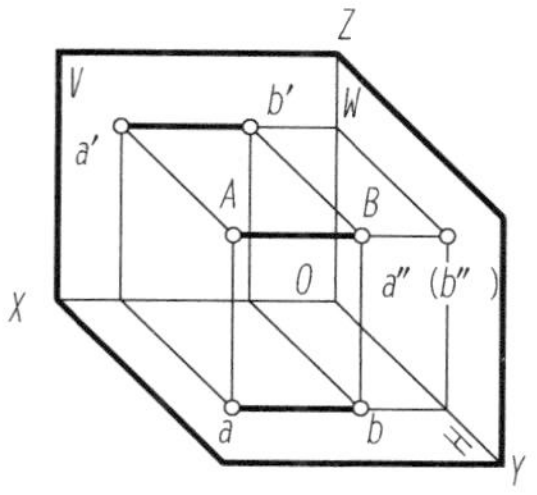	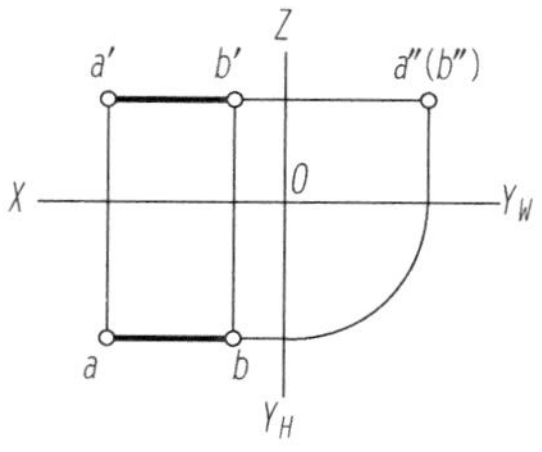	1. 侧面投影 $a''(b'')$ 积聚成一点 2. 正面投影 $a'b' \perp OZ$ 轴，水平投影 $ab \perp OY_H$ 轴（即 $a'b'$、ab 均平行于 OX 轴），并且都反映线段实长

（三）一般位置直线

1. 空间位置

对三个投影面都倾斜的直线称为一般位置直线，简称一般线，如图 3 - 11 中的 AB 直线。

2. 投影特性

根据一般位置直线的空间位置，可得其投影特性如下：

一般位置直线的三个投影均倾斜于投影轴，即投影为斜线（判断时，有两个投影倾斜于投影轴就一定是一般线）均不反映实长；三个投影与投影轴的夹角均不反

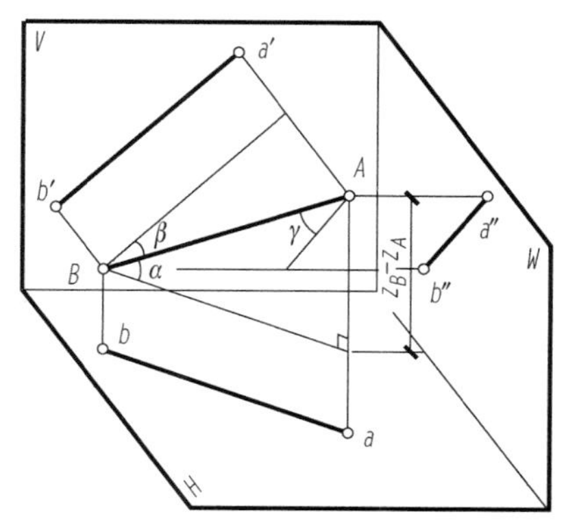

图 3 - 11　一般线的投影

映直线与投影面的夹角。

第三节　求一般位置线段的实长和倾角

根据前面讲的一般线的投影特性可知，一般线的三个投影均不反映实长。如何求出一般线实长？在这里介绍一种直角三角形法，用直角三角形法可以求出一般线的实长和倾角，即在投影、倾角、实长三者之间建立起直角三角形关系，从而在直角三角形中求出实长和倾角。

根据几何学原理可知：直线与其投影面的夹角就是直线与它在该投影面的投影（即射影）所成的角。如图 3-12 所示，要求直线 AB 与 H 面的夹角 α 及实长，可以自 A 点引 $AB_1 /\!/ ab$，得直角三角形 AB_1B，其中 AB 是斜边，$\angle B_1AB$ 就是 α 角，直角边 $AB_1 = ab$，另一直角边 BB_1 等于 B 点的 Z 坐标与 A 点的 Z 坐标之差，即 $BB_1 = z_B - z_A = \Delta z$。所以在投影图中就可根据线段的 H 投影 ab 及坐标差 Δz 作出与$\triangle AB_1B$ 全等的一个直角三角形，从而求出 AB 与 H 面的夹角 α 及 AB 线段的实长，如图 3-12（b）所示。

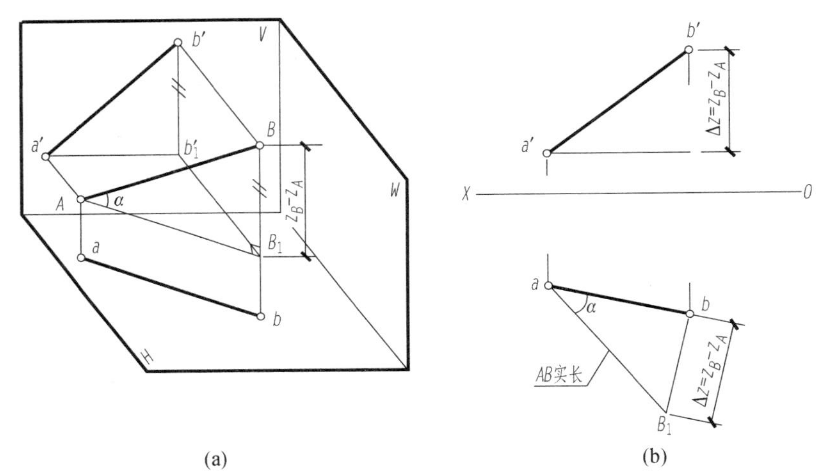

图 3-12　直角三角形法求线段实长及倾角 α

（a）空间状况；（b）投影图

由此，总结出一般线的直角三角形边角关系见表 3-3。

表 3-3　　**直角三角形法的边角关系**

倾角	α	β	γ
直角三角形边角关系	Δz；AB实长；α；水平投影ab	Δy；AB实长；β；正面投影a′b′	Δx；AB实长；γ；侧面投影a″b″
	Δz=A、B 两点的 Z 坐标差	Δy=A、B 两点的 Y 坐标差	Δx=A、B 两点的 X 坐标差

从表 3-3 可以看出，构成各直角三角形共有四个要素，即：（1）直线的投影（直角边）；（2）坐标差（直角边）；（3）实长（斜边）；（4）对投影面的倾角（投影与实长的夹

角）。在这四个要素中，只要知道其中任意两个要素，就可求出其他两个要素。并且还能够知道：不论用哪个直角三角形，所作出的直角三角形的斜边一定是线段的实长，斜边与投影的夹角就是该线段与相应的投影面的倾角。

利用直角三角形关系图解关于直线段投影、倾角、实长问题的方法称为直角三角形法。在图解过程中，不影响图形清晰时，直角三角形可直接画在投影图上，也可画在图纸的任何空白地方。

【例 3-2】 如图 3-13（a）所示，已知直线 AB 的水平投影 ab 和 A 点的正面投影 a'，并知 AB 对 H 面的倾角 $\alpha=30°$，B 点高于 A 点，求 AB 的正面投影 $a'b'$。

在构成直角三角形四个要素中，已知其中两要素，即水平投影 ab 及倾角 $\alpha=30°$，若求得坐标差 Δz，即可求出 b'。

作图步骤如下：

（1）如图 3-13（b）所示，以 ab 为一直角边，过 a 作 30°的斜线，此斜线与过 b 点的垂线交于 B_0 点，bB_0 即为另一直角边 Δz。

（2）利用 bB_0 即 Δz 度量到 V 面上可确定 b'，如图 3-13（b）所示。

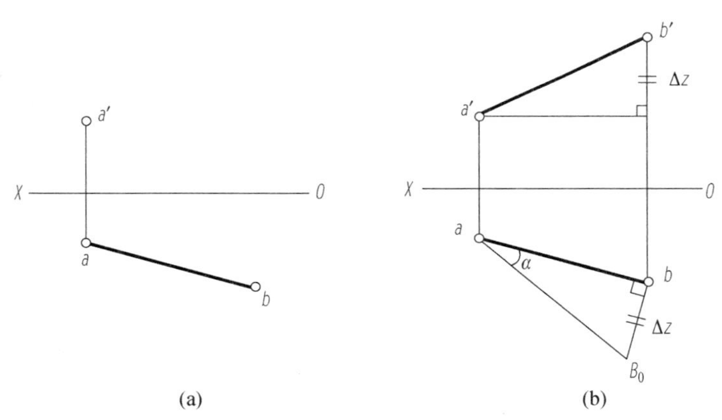

图 3-13　利用直角三角形法求解投影

（a）已知；（b）作图结果

第四节　两直线的相对位置

两直线间的相对位置关系有以下几种情况：平行、相交、交叉、垂直（垂直是相交或交叉的特殊情况），图 3-14 所示的是三种相对位置的两直线在水平面上的投影情况。

（一）两直线平行

若空间两直线平行，则它们的同面投影必然互相平行，如图 3-15 所示。

判定定理：若两直线的三对同面投影互相平行，并具有定比性，则此两直线在空间互相平行。

应当注意：

（1）当两直线均为一般线时，只要有两对同面投影互相平行，则此两直线在空间一定互相平行，如图 3-15 所示。

（2）当两直线均为某投影面平行线时，则需要观察该投影面上的投影才能确定它们在空

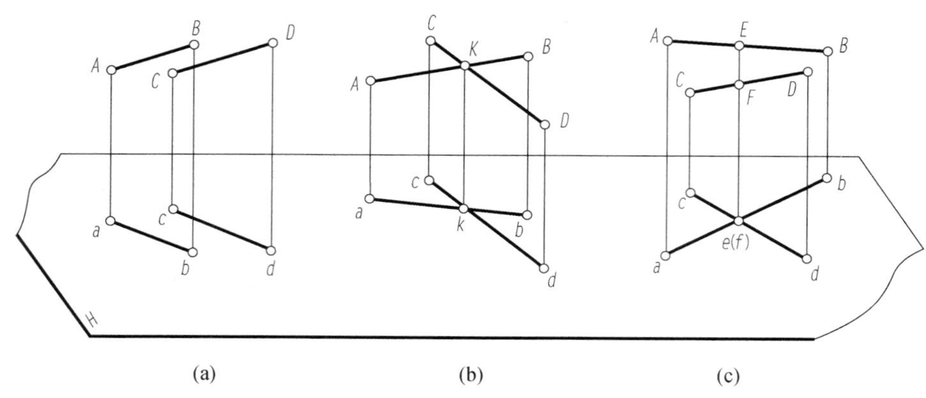

(a)　(b)　(c)

图 3 - 14　两直线的相对位置

（a）平行；（b）相交；（c）交叉

间是否平行，仅用另外两个同面投影互相平行不能完全确定两直线是否平行。如图 3 - 16（a）中两直线的 V、H 投影均互相平行，但从图 3 - 16（b）中侧面投影可以看出 AB、CD 两直线在空间不平行。

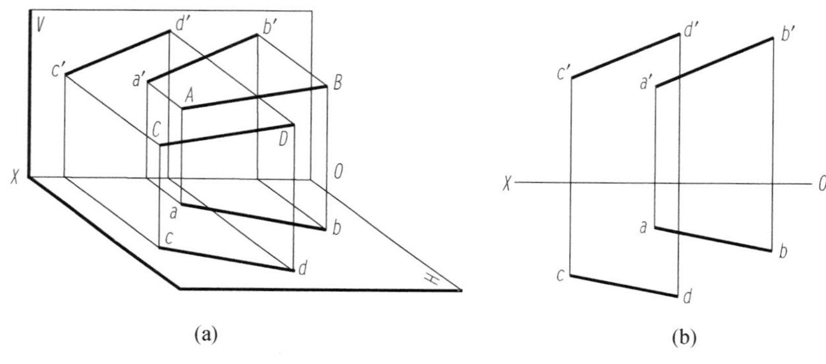

(a)　(b)

图 3 - 15　两直线平行

（a）空间状况；（b）投影图

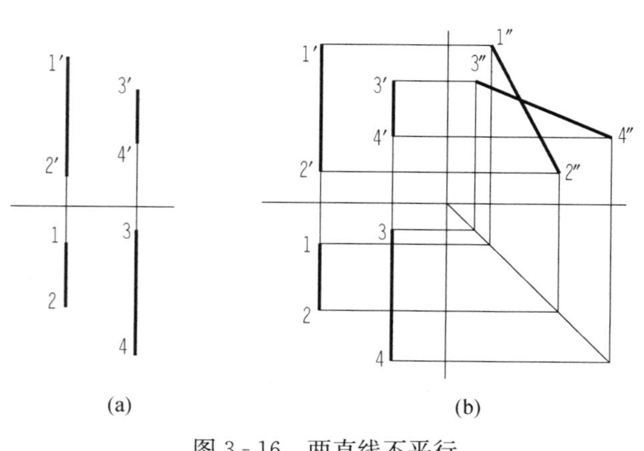

(a)　(b)

图 3 - 16　两直线不平行

（a）已知；（b）作图结果

（二）两直线相交

若空间两直线相交，则它们的同面投影也必然相交，并且交点的投影符合点的投影规律，如图 3 - 17 所示。

判定定理：若两直线的三对同面投影均相交，且交点连线垂直于投影轴（因该点为两直线的公有点，符合点的投影规律），则此两直线在空间相交。

应当注意：

（1）当两直线均为一般线时，只要有两对同面投影相交，且交点连线垂直于投影轴，则此两直线在空间一定相交，如图 3 - 17 所示。

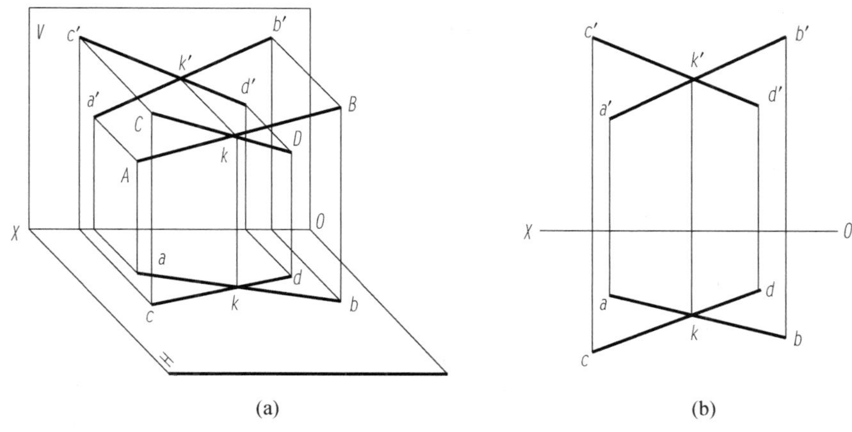

图 3 - 17　两直线相交

（a）已知；（b）投影图

（2）当两直线中有一条线为某投影面平行线时，则需要观察两直线在该投影面上的投影才能完全确定它们在空间是否相交，仅用另外两个同面投影相交不能直接确定两直线是否相交，如图 3 - 18（a）所示。

（3）当两直线中的三对同面投影均相交，但交点连线不垂直于投影轴时，则此两直线在空间是不相交的，如图 3 - 18（b）所示。

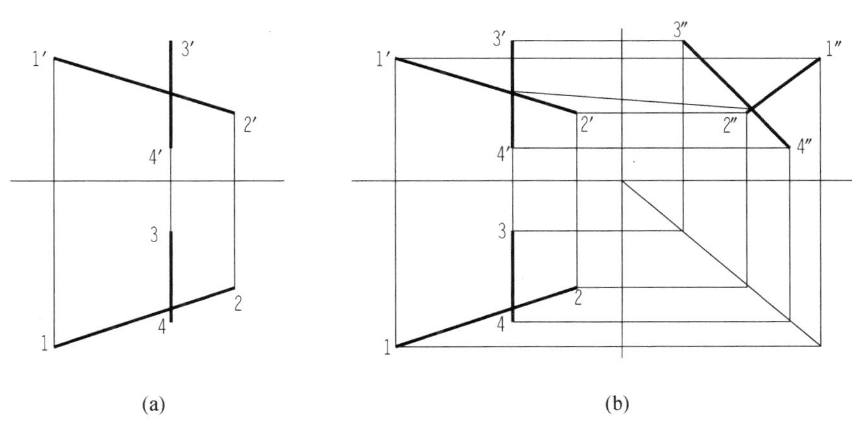

图 3 - 18　两直线不相交

（a）已知；（b）作图结果

（三）两直线交叉

空间两条既不平行也不相交的直线，称为交叉直线，如图 3 - 16 和图 3 - 18 所示。因其投影不满足平行和相交两直线的投影特点。

判定定理：

（1）有一对或两对同面投影平行（或有一对或两对同面投影相交），则该二直线在空间交叉。

（2）三对同面投影均相交，但交点连线不垂直于投影轴，则该二直线在空间交叉。

应当注意：

交叉二直线同面投影的交点是空间两直线重影点，是空间的两个点，不是两直线的公有点，故二直线不相交，如图 3-19 所示。

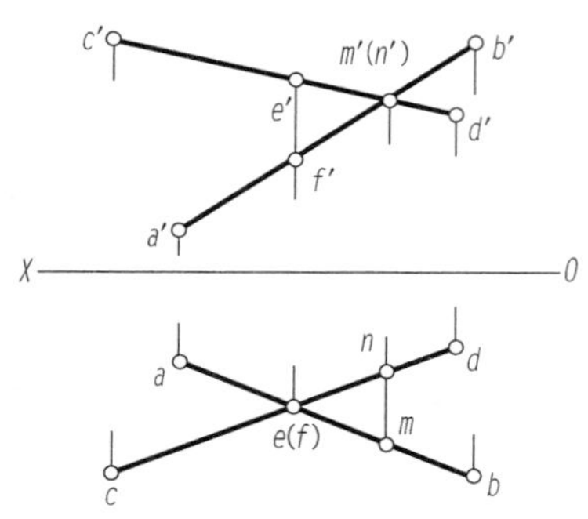

图 3-19　两直线交叉

（四）两直线垂直

两直线垂直包括相交垂直和交叉垂直，是相交和交叉两直线的特殊情况。

两直线垂直，其夹角的投影有以下三种情况：

（1）当两直线都平行于某一投影面时，其夹角的投影反映直角实形；

（2）当两直线都不平行于某一投影面时，其夹角的投影不反映直角实形；

（3）当两直线中有一条直线平行于某一投影面时，其夹角在该投影面上的投影仍然反映直角实形，这一投影特性称为直角投影定理。图 3-20 是对该定理的证明：设直线 $BC \perp AB$，且 $BC /\!/ H$ 面，AB 倾斜于 H 面。由于 $BC \perp AB$，$BC \perp Bb$，所以 $BC \perp$ 平面 $ABba$，又 $BC /\!/ bc$，故 $bc \perp$ 平面 $ABba$，因而 $bc \perp ab$。

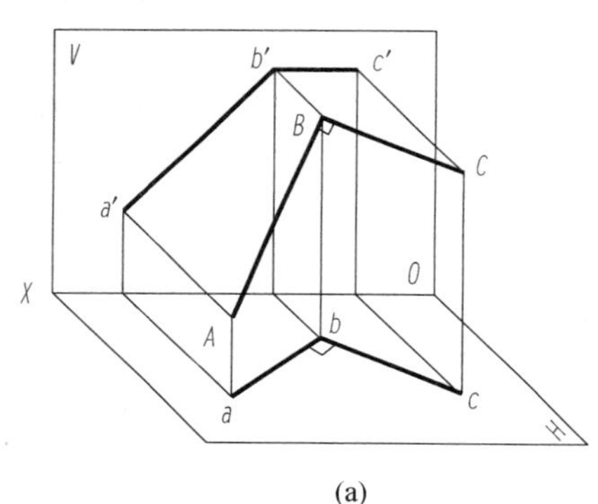

(a)

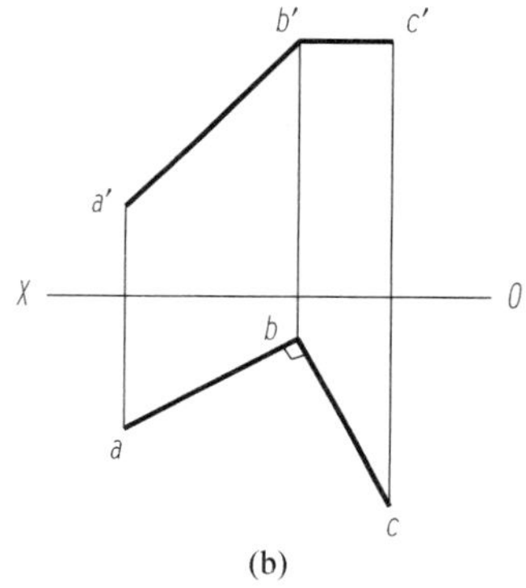

(b)

图 3-20　直角投影定理

（a）空间状况；（b）投影图

直角投影定理的实质是：在直角投影中有任一直角边的投影是实长，则反映直角实形。

【例 3-3】　如图 3-21 所示，求点 C 到正平线 AB 的距离。

一点到一直线的距离，即由该点到该直线所引的垂线的长度，因此该题应分两步进行：一是过已知点 C 向正平线 AB 引垂线，二是求垂线的实长。作图过程如下：

（1）过 c' 作 $c'd' \perp a'b'$；

（2）由 d' 求出 d；

（3）连 cd，则直线 $CD \perp AB$；

（4）用直角三角形法求 CD 的实长，cD_0 即为所求 C 点到正平线 AB 的距离。

【例 3-4】　试判断下图中各对相交直线中那一对垂直相交，如图 3-22 所示。

分析：

（a）AB 为水平线，BC 为一般位置直线，两直线水平投影垂直，故两直线垂直相交；

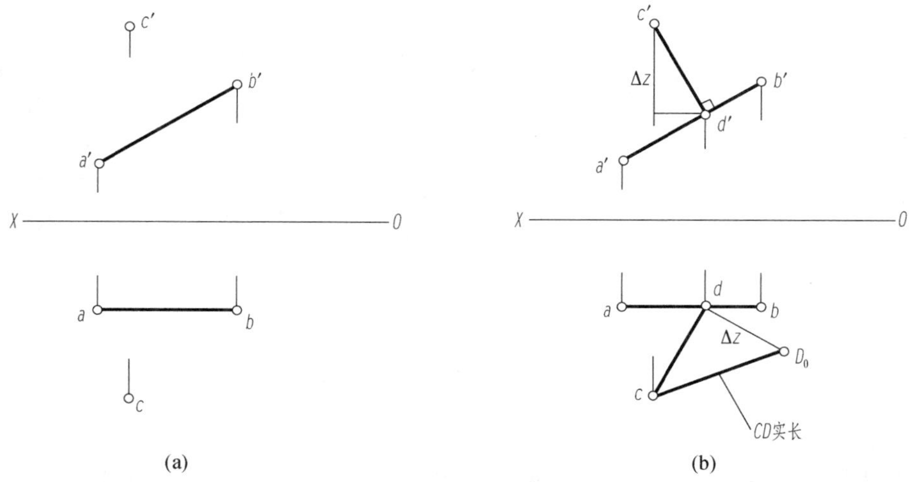

图 3-21 求一点到正平线的距离

(a) 已知；(b) 作图

(b) 两直线两面投影垂直，为一般位置直线，不反映直角实形，故两直线不垂直；

(c) AB 为侧平线，BC 为侧垂线，BC 边反映实长，反映直角实形，故两直线垂直相交；

(d) AB 为水平线，BC 为侧平线，V 投影不反映直角实形，两直线不垂直。

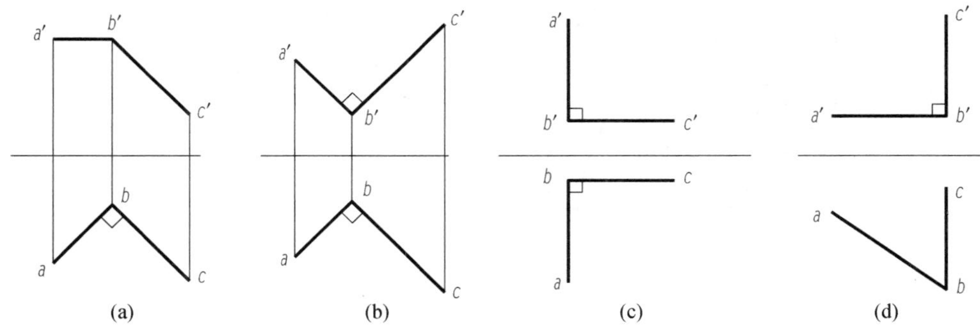

图 3-22 判断相交直线是否垂直

(a) 垂直；(b) 不垂直；(c) 垂直；(d) 不垂直

第五节 平 面 的 投 影

一、平面的表示法

(一) 用几何元素表示

根据初等几何学所述，平面的表示方法有以下几种，如图 3-23 所示。

图 3-23 (a) 不在同一直线上的三点；图 3-23 (b) 一直线和直线外一点；图 3-23 (c) 两相交直线；图 3-23 (d) 两平行直线；图 3-23 (e) 任意平面图形（如四边形、三角形、圆等）。

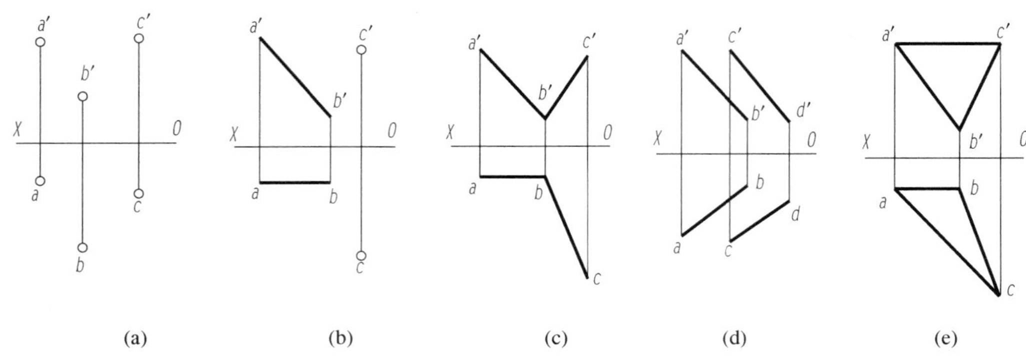

图 3-23　几何元素表示平面

（二）用迹线表示

平面与投影面的交线，称为平面的迹线，用迹线表示的平面称为迹线平面，如图 3-24 所示。平面与 V 面、H 面、W 面的交线分别称为正面迹线（V 面迹线）、水平面迹线（H 面迹线）、侧面迹线（W 面迹线），迹线的标注方法是：大写字母加上标，正面迹线用 P^V、Q^V、R^V、S^V……表示；水平面迹线用 P^H、Q^H、R^H、S^H……表示；侧面迹线用 P^W、Q^W、R^W、S^W……表示。

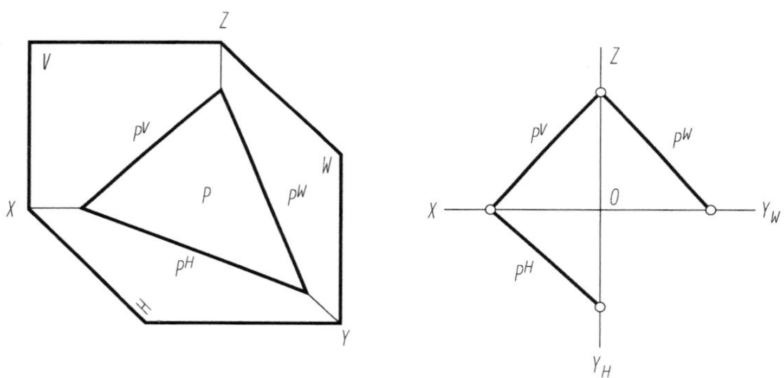

图 3-24　迹线表示平面

二、各种位置平面的投影特性

根据平面与投影面相对位置的不同，平面可分为投影面平行面、投影面垂直面、一般位置平面。投影面平行面和投影面垂直面统称特殊位置平面。

（一）投影面平行面

1. 空间位置

把平行于某一个投影面，与其他两个投影面都垂直的平面，称为投影面平行面。平行于 H 面，与 V、W 面垂直的平面称为水平面；平行于 V 面，与 H、W 面垂直的平面称为正平面；平行于 W 面，与 H、V 面垂直的平面称为侧平面。

2. 投影特性

根据投影面平行面的空间位置，可以得出其投影特性。各种投影面平行面的直观图、投影图及投影特性见表 3-4。

表 3 - 4　**投影面平行面的投影特性**

名称	直观图	投影图	投影特性
正平面	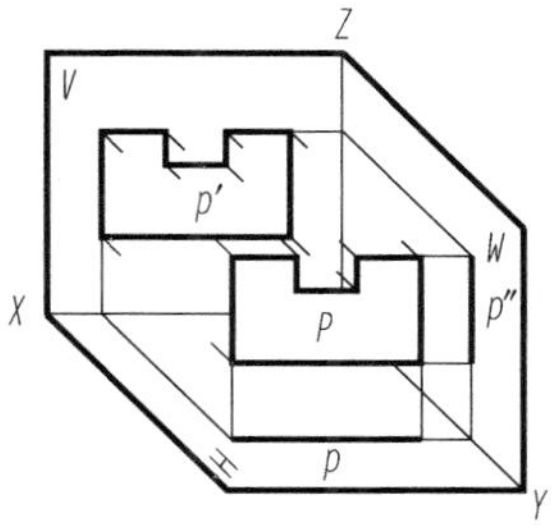	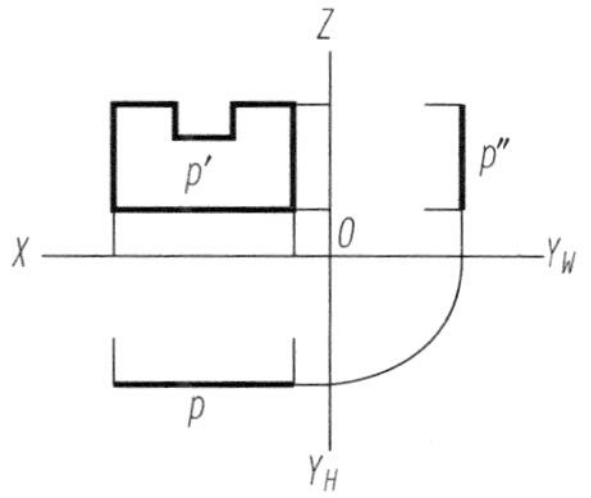	1. V 面投影反映实形 2. H 面投影、W 面投影积聚成直线，分别平行于投影轴 OX、OZ
水平面	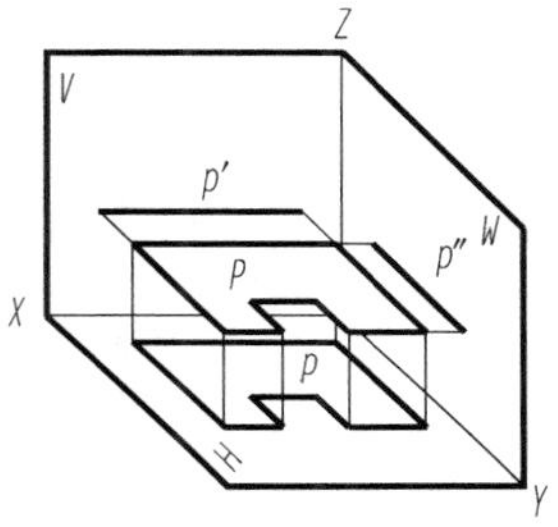	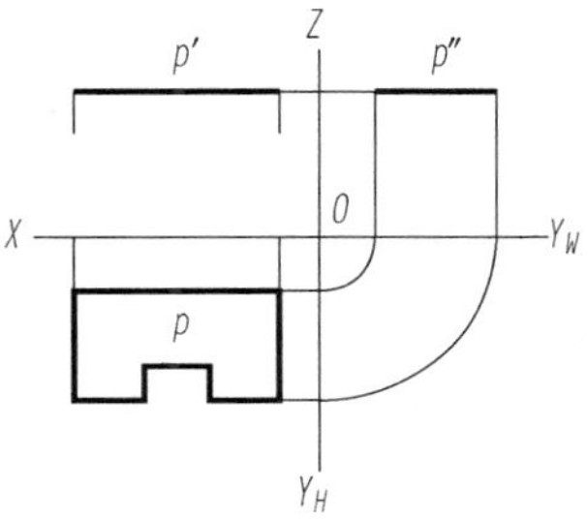	1. H 面投影反映实形 2. V 面投影、W 面投影积聚成直线，分别平行于投影轴 OX、OY_W
侧平面	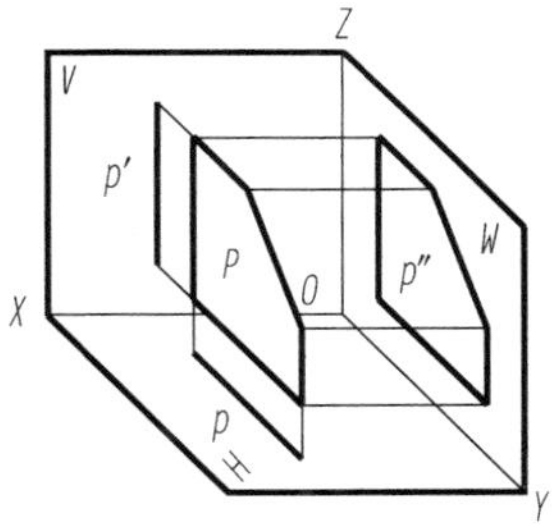	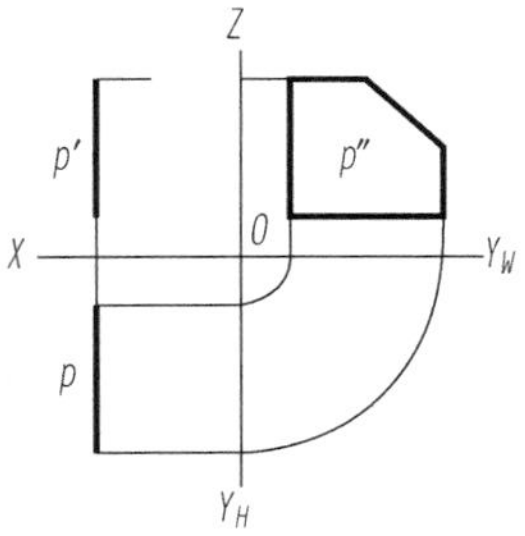	1. W 面投影反映实形 2. V 面投影、H 面投影积聚成直线，分别平行于投影轴 OZ、OY_H

从表 3 - 4 可概括出投影面平行面的投影特性：

投影面平行面在它所平行的投影面上的投影为平面图形，反映实形；在其他两个投影面上的投影，积聚为一直线，分别平行于投影轴。

（二）投影面垂直面

1. 空间位置

把垂直于某一个投影面，与其他两个投影面都倾斜的平面，称为投影面垂直面。垂直于 H 面，与 V、W 面倾斜的平面称为铅垂面；垂直于 V 面，与 H、W 面倾斜的平面称为正垂面；垂直于 W 面，与 H、V 面倾斜的平面称为侧垂面。

2. 投影特性

各种投影面垂直面的直观图、投影图及投影特性见表 3 - 5。

表 3-5　　投影面垂直面的投影特性

名称	直观图	投影图	投影特性
正垂面	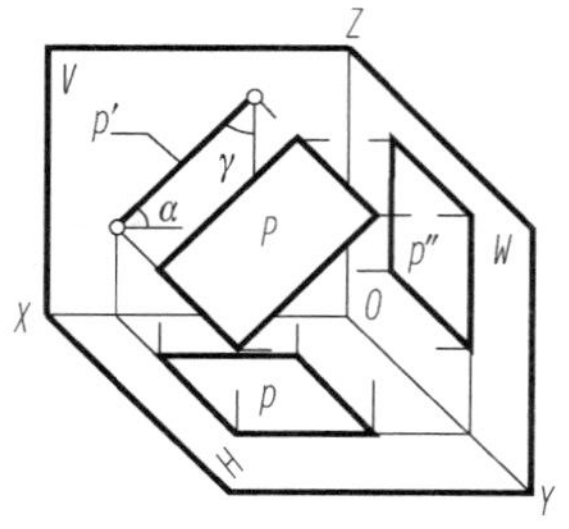	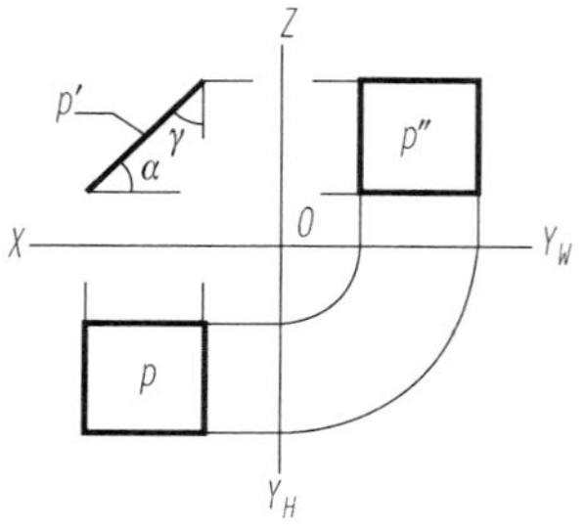	1. V 面投影积聚成一斜线，反映对 H、W 面的倾角 α、γ 2. 其他两投影为缩小的类似平面图形
铅垂面	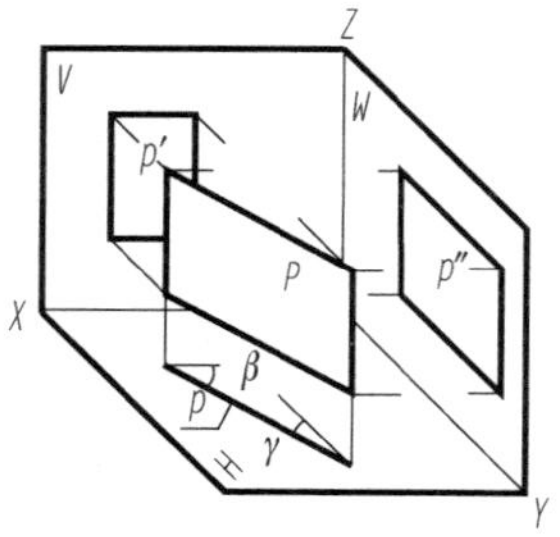	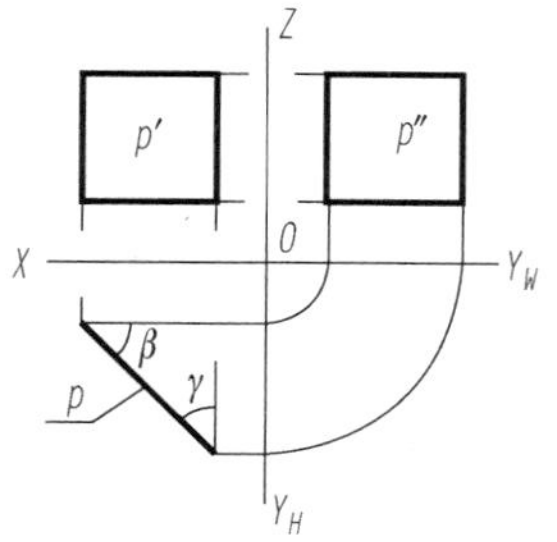	1. H 面投影积聚成一斜线，并反映对 V、W 面的倾角 β、γ 2. 其他两投影为缩小的类似平面图形
侧垂面	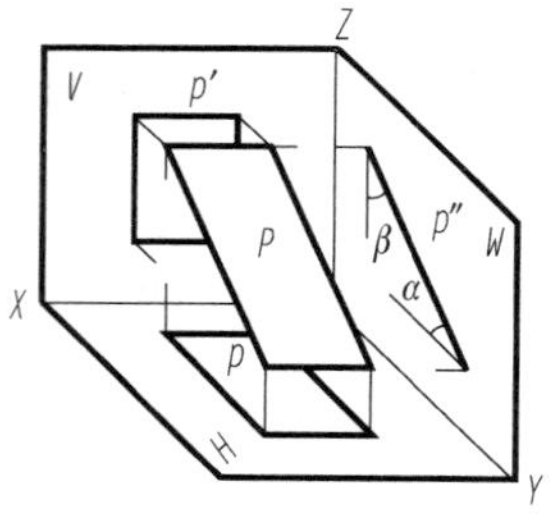	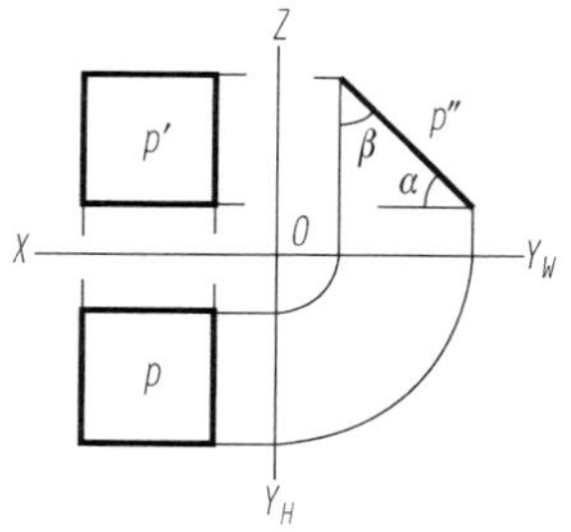	1. W 面投影积聚成一斜线，并反映对 H、V 面倾角 α、β 2. 其他两投影为缩小的类似平面图形

从表 3-5 可概括出投影面垂直面的投影特性：

投影面垂直面在它所垂直的投影面上的投影积聚成一条斜线，反映该平面对其他两投影面的夹角实形；在其他两投影面上的投影为面积缩小的类似平面图形。

（三）一般位置平面

1. 空间位置

空间平面与三个投影面都倾斜。

2. 投影特性

从图 3-25 中，可概括出一般位置平面的三个投影均不反映实形（均是类似形）。判断时，当一平面的三个投影都是平面图形，则该平面为一般面。

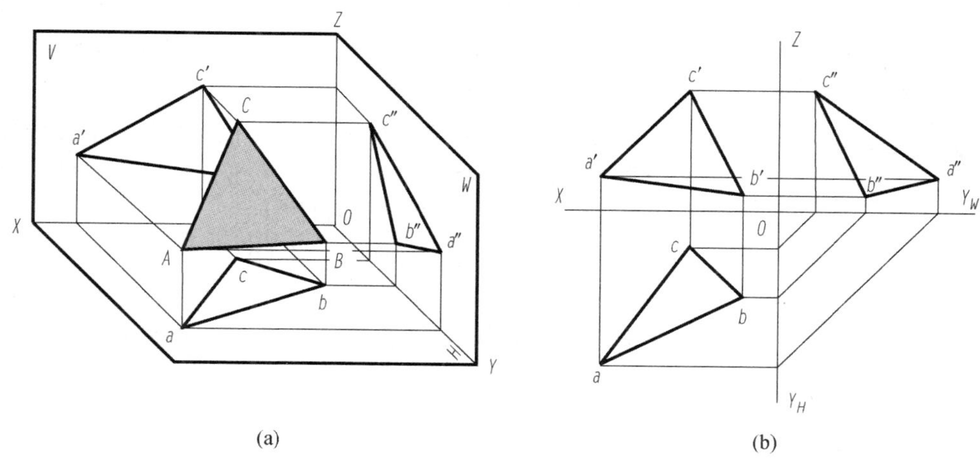

(a)　(b)

图 3-25　一般位置平面
（a）空间示意；（b）投影图

第六节　平面上的直线和点

一、平面上的直线

直线在平面上的几何条件是：直线通过平面上的两点，或通过平面上一点且平行于平面内的一直线，则该直线在该平面内，如图 3-26（a）、（b）所示。

二、平面上的点

点在平面上的几何条件是：点在平面内的一条直线上，则该点在该平面内。因此，要在平面上取点必须先在平面上取线，然后再在此线上取点，即：点在线上，而线在面上，那么点一定在面上。如图 3-26（c）所示。

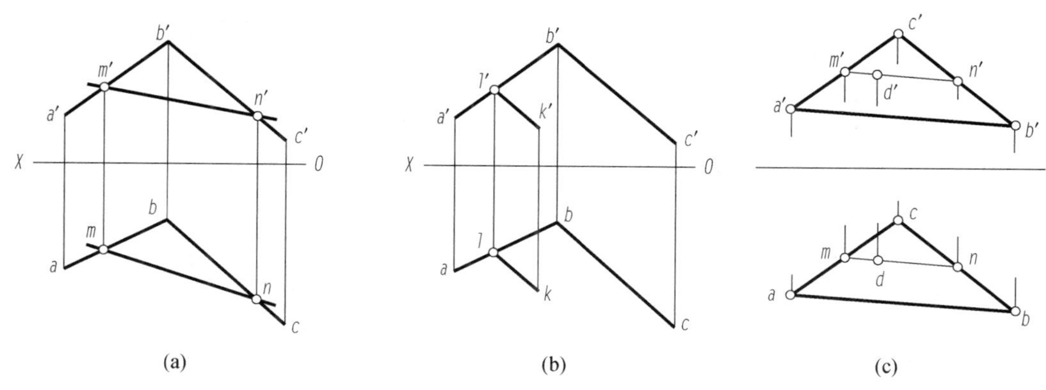

(a)　(b)　(c)

图 3-26　平面上的直线和点

因为特殊位置的平面在它所垂直的投影面上的投影积聚成直线，所以特殊位置平面上的点、直线和平面图形，在该平面所垂直的投影面上的投影，都位于这个平面的有积聚性的同面投影或迹线上，如图 3-27 所示。

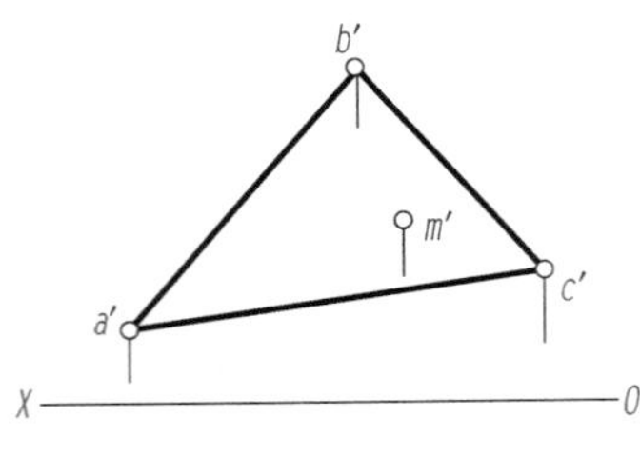

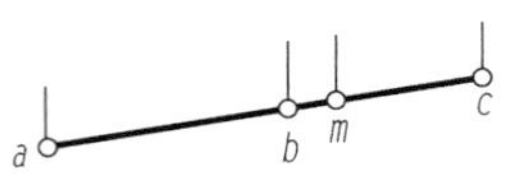

图 3-27　投影面垂直面上的点

【例 3-5】 如图 3-28（a）所示，已知△*ABC* 的两面投影，及△*ABC* 内 *K* 点的水平投影 *k*，作其正面投影 *k*′。

解：（1）分析：

由初等几何可知，过平面内一个点可以在平面内作无数条直线，任取一条过该点且属于该平面的已知直线，则点的投影一定落在该直线的同面投影上。

（2）作图：过程如图 3-28（b）、（c）所示。

先在 *H* 面上，连接△*ABC* 的一顶点投影 *a* 与点 *k* 延长交 *bc* 边于 *d*，找到 *D* 点 *V* 面投影 *d*′，连接 *a*′*d*′，将 *k* 投到 *a*′*d*′上，得到 *k*′，即为所求。

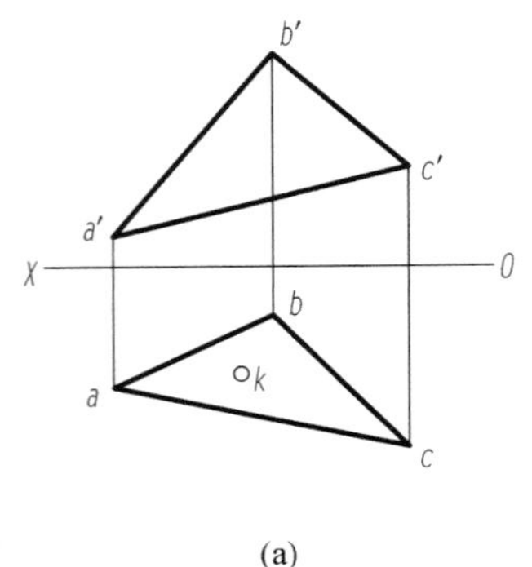

(a)

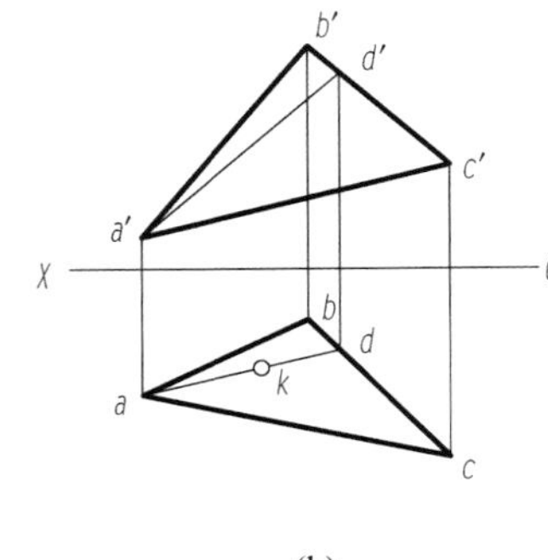

(b)

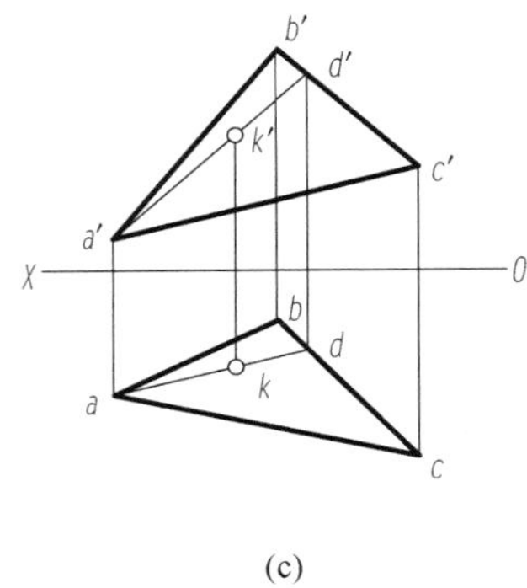

(c)

图 3-28　作平面内点的投影

（a）已知；（b）作辅助线；（c）求出点的投影

【例 3-6】 已知四边形平面 *ABCD* 的 *H* 投影 *abcd* 和 *ABC* 的 *V* 投影 *a*′*b*′*c*′，如图 3-29（a）所示，试完成平面的 *V* 面投影。

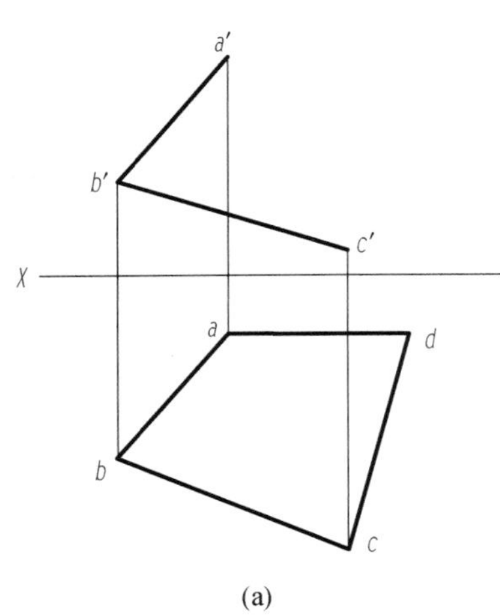

(a)

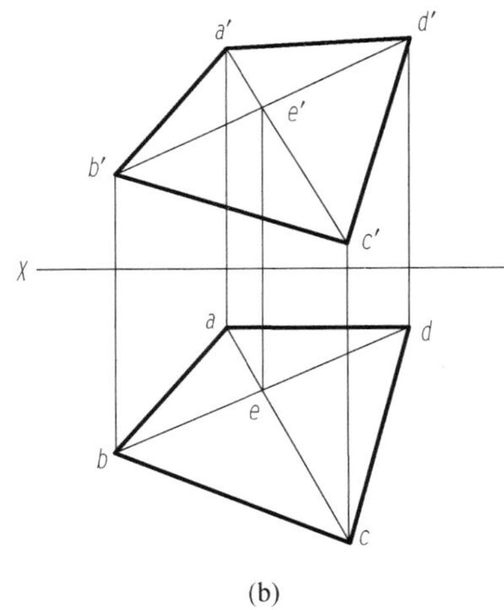

(b)

图 3-29　补全平面的投影

（a）已知；（b）作图结果

解：(1) 分析：已知四边形平面 $ABCD$ 的 H 投影 $abcd$ 和 ABC 的 V 投影 $a'b'c'$，要完成平面的 V 面投影，关键是求出四边形顶点 D 的 V 面投影 d'，在求 d' 时，要保证，$ABCD$ 四点在一个平面内，因此问题就可以转化为在平面 ABC 内，求一点 D 的 V 面投影。那么怎样保证 D 在 ABC 内呢？同样也要通过作辅助线来解决。

(2) 作图过程：

①连接 ac 和 $a'c'$，得辅助线 AC 的两投影；

②连接 bd 交 ac 于 e；

③由 e 在 $a'c'$ 上求出 e'；

④连接 $b'e'$，延长 $b'e'$ 在上面求出 d'；

⑤分别连接 $a'd'$ 及 $c'd'$，即得到四边形的 V 面投影。

三、平面上的特殊位置直线

平面上的特殊位置直线包括投影面平行线和最大斜度线。

（一）平面上的投影面平行线

平面上的投影面平行线有三种：平面上的水平线、正平线和侧平线。平面上的投影面平行线必须符合两个条件：既在平面上，又符合投影面平行线的投影特性。

【例 3-7】 如图 3-30 所示，△ABC 为一般位置平面，试在此平面上作一条正平线及一条水平线。

过△ABC 上一已知点 $C(c', c)$ 作正平线 CE。因正平线的水平投影平行于 OX 轴，所以过 c 作 $ce // OX$ 轴，与 ba 交于点 e，由 e 作出 e'，连接 $c'e'$ 即得 CE 的正面投影。同理在△ABC 内作水平线 BD，由水平线的投影特性，过 b' 作 $b'd' // OX$ 轴，交 $a'c'$ 于 d'，由 d' 求出 d，连接 bd 即得 BD 的水平投影 bd。

【例 3-8】 如图 3-31 所示，已知平面 ABC 的两面投影，在其上取一点 K，使点 K 在 H 面之上 10mm，V 面之前 15mm。

这是一道确定平面上点的投影位置的作图题，平面上距 H 面为 10mm 的点的轨迹为平面内的水平线，即 DE 直线；平面内距 V 面为 15mm 的点的轨迹为平面内的正平线，即 FG 直线；直线 DE 与 FG 的交点，即为所求点 K，作图过程如图 3-31 所示。

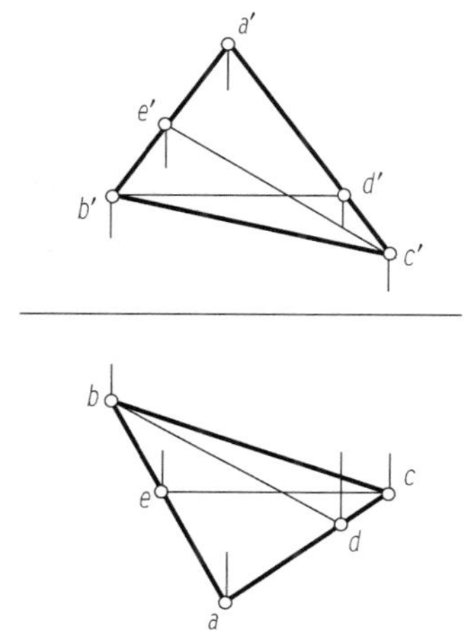

图 3-30　作平面上的投影面平行线

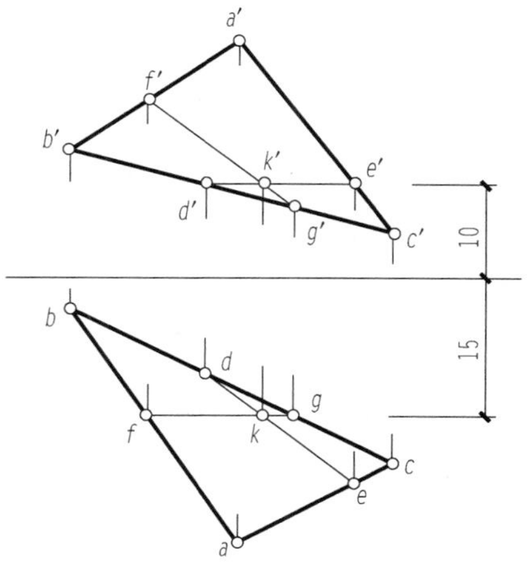

图 3-31　确定平面上点的投影位置

（二）平面上的最大斜度线

平面上对投影面所成倾角最大的直线称为平面上的最大斜度线，它必然垂直于这个平面上平行于该投影面的所有直线（包括该平面与该投影面的交线——迹线），它与该投影面的夹角就是这个平面与该投影面的夹角。

平面上的最大斜度线中有三种：对 H 面的最大斜度线、对 V 面的最大斜度线和对 W 面的最大斜度线。

如图 3-32（a）所示，平面 P 上的直线 AC，是平面 P 上对 H 面倾角最大的直线，它垂直于水平线 AB 和 H 面迹线 P^H，AC 对 H 面的倾角 α 就是平面 P 对 H 面的倾角。设平面 P 上过点 A 有另一根任意直线 AD，它对 H 面的倾角为 δ。不难看出，在直角三角形 ACa 和 ADa 中，$Aa=Aa$，$AD>AC$，所以$\angle\delta<\angle\alpha$，证明 AC 对 H 面的倾角比面上任何直线的倾角都大，它代表平面 P 对 H 面的倾角。

要作$\triangle ABC$ 对 H 面的最大斜度线，如图 3-32（b）所示，可先作$\triangle ABC$ 上的水平线 CD，再作垂直于 CD 的直线 AE，AE 即为所求。同时，平面上对 V 面的最大斜度线，必然垂直于该面上的任一正平线。如图 3-32（c）所示，AG 垂直于正平线 CF，AG 即为面上对 V 面的最大斜度线。对 H 面的最大斜度线 AE 与 H 面的倾角 α 及对 V 面的最大斜度线 AG 与 V 面的倾角 β 可用直角三角形法作出。α、β 即分别为平面与 H 面的倾角和与 V 面的倾角。

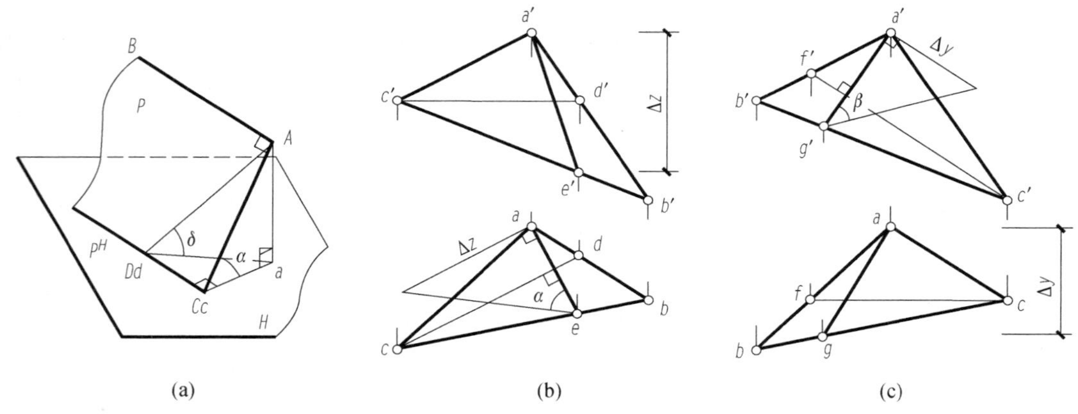

图 3-32 平面上的最大斜度线

（a）空间状况；（b）作 H 面最大斜度线；（c）作 V 面最大斜度线

因此，可以得出结论：平面上垂直于该平面上的某一投影面平行线的直线，是平面上对这个投影面的最大斜度线，它与这个投影面的倾角，也就是平面与这个投影面的倾角。

第七节 直线与平面的相对位置

直线与平面、平面与平面的相对位置，有平行、相交和垂直三种情况（实际只有两种，垂直是相交的特例）。

（一）直线与平面平行

直线与平面互相平行的几何条件是：直线平行于平面上的某一直线。利用这个几何条件可以进行直线与平面平行的检验和作图。

【例 3-9】 如图 3-33（a）所示，已知直线 EF 和△ABC 的两面投影，要求：检验直线 AB 是否与△CDE 互相平行。

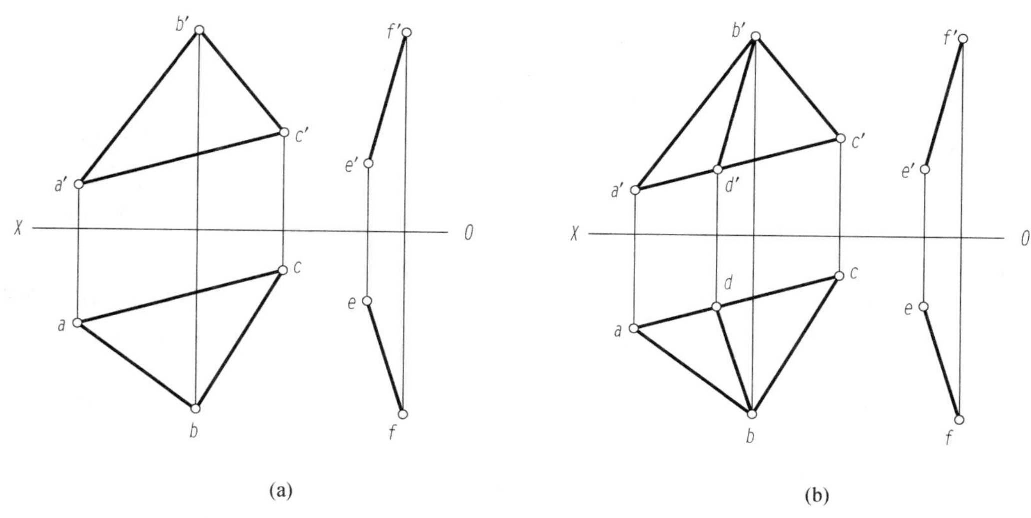

图 3-33　直线和平面平行的检验和作图
（a）已知；（b）作图过程

检验直线 EF 和△ABC 平行，只需要在△ABC 平面上，检验能否作出一条平行于 EF 的直线即可。检验过程如图 3-33（b）所示。

（1）过 b' 作 $b'd' /\!/ e'f'$，与 $a'c'$ 交得 d'。过 d' 作 OX 轴的垂线，与 ac 交得 d，连接 d 与 b。

（2）检验 bd 是否与 ef 平行：由于图中的检验结果是平行的，说明在△ABC 平面上可以作出平行于 EF 的直线，故 EF 平行于△ABC。

【例 3-10】 如图 3-34（a）所示，过点 M 作正平线 MN 平行于△ABC 平面。

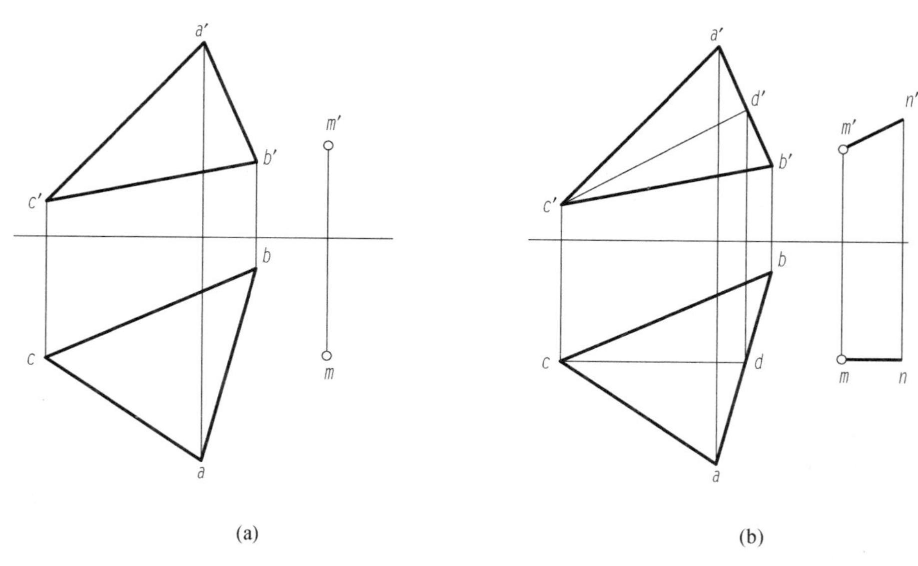

图 3-34　过点作正平线平行于平面
（a）已知；（b）作图过程

解：根据直线与平面平行的几何条件，先在△ABC平面内作出一条正平线，然后再过点M作面内正平线的平行线即可。

作图步骤如图3-34（b）所示：

①在△ABC中作一条正平线CD（cd，$c'd'$）；

②过m作$mn/\!/cd$，过m'作$m'n'/\!/c'd'$，直线MN即为所求。

当平面为特殊位置时，则直线与平面的平行关系，可直接在平面有积聚性的投影中反映出来。如图3-35所示，设空间有一直线AB平行于铅垂面P，由于过AB的铅垂投射面与平面P平行，故它们与H面交成的H面投影ab和P^H相平行，即$ab/\!/P^H$。若直线也与H面垂直，则直线肯定与平面P平行，这时，直线和平面P都具有积聚性。

由此可推导出，当平面垂直于投影面时，直线与平面相平行的投影特性为：在平面有积聚性的投影面上，直线的投影与平面的积聚投影平行，或者直线的投影也有积聚性。

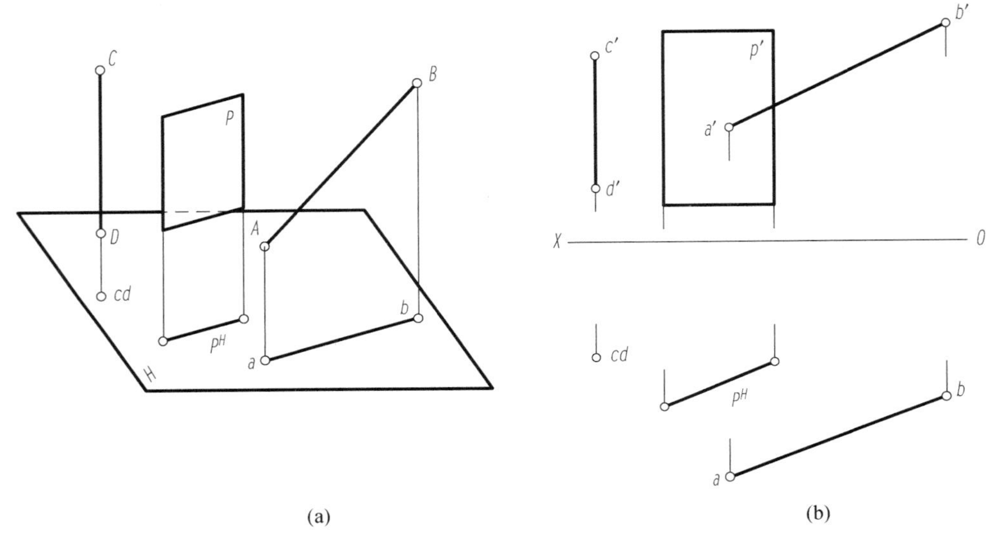

图3-35 特殊位置的平面与直线平行

（a）空间状况；（b）投影图

（二）直线与平面相交

直线与平面相交于一点，该点称为交点。直线与平面的相交问题，主要是求交点和判别可见性的问题。直线与平面的交点，既在直线上，又在平面上，是直线和平面的公有点，交点又位于平面上通过该交点的直线上。

1. 一般线与投影面垂直面相交

一般线与投影面垂直面相交求交点和判断可见性的方法是观察法。

【例3-11】 已知条件如图3-36（a）所示，求作一般位置直线MN与铅垂的△ABC的交点K，并判断可见性。

因△ABC平面在V面上的投影有积聚性，△ABC上各点的V面投影都积聚在△ABC的积聚投影$b'a'c'$上，故MN与△ABC的交点K的V面投影k'必定积聚在$b'a'c'$上，又因为K点也位于直线MN上，所以就可在$m'n'$与$b'a'c'$的相交处标出k'，再由k'作OX轴的垂线，与mn交得k。作图过程如图3-36（b）所示：

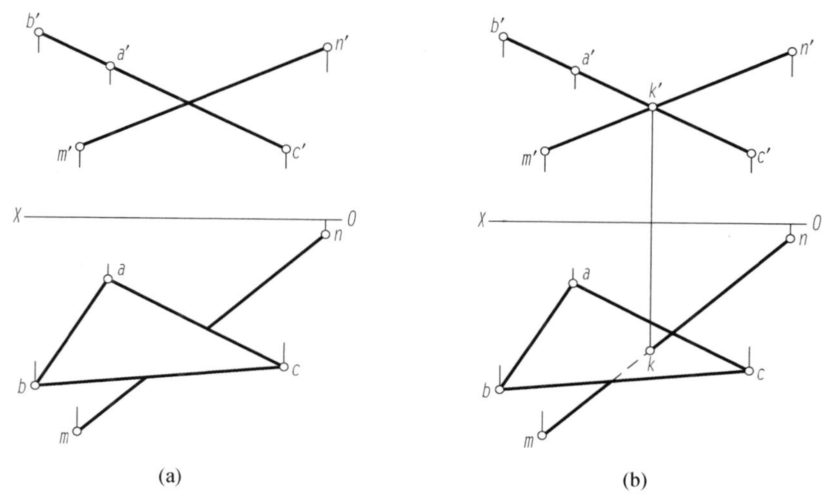

图 3-36　直线与投影面垂直面相交的求解过程

(a) 已知；(b) 作图过程

(1) 在 $m'n'$ 与 $b'a'c'$ 的相交处，标注出交点 K 的 V 面投影 k'，由 k' 作 OX 轴的垂线，与 mn 交得点 K 的 H 面投影 k。

(2) 在 V 面投影中可直接观察出直线 MN 的可见性：交点 K 左侧的一段，位于△ABC 之下，故 mk 上与平面重合的那一段为不可见，画成虚线，另一段则不可见，画成粗实线。

2. 投影面垂直线与一般面相交

投影面垂直线与一般面相交，直线上会有一个点通过这个平面，所以求该直线与一般位置平面的交点问题，实质就是求平面内点的问题。而可见性的问题，在直线与平面都没有积聚性的同面投影处，可由投影图直接观察出直线投影的可见性（图 3-36），称之为观察法判断可见性；或由交叉线的重影点来确定（图 3-37），称之为重影点法判断可见性。而交点的投影就是可见和不可见的分界点。

【例 3-12】 已知条件如图 3-37 (a) 所示，求作正垂线 AB 与一般位置平面 $CDEF$ 的交点 K，并表明投影的可见性。

因正垂线 AB 在 V 面上的投影有积聚性，AB 上各点的 V 面投影都积聚在 AB 的积聚投影 $a'b'$ 上，故 AB 与 $CDEF$ 的交点 K 的 V 面投影 k' 必定积聚在 $a'b'$ 上，又因为 K 点也位于平面上，K 点必在平面内过 K 点的任一直线 DM 上，所以可利用辅助线法求出 K 点的 H 面投影 k。作图过程如图 3-37 (b) 所示：

(1) 在 $a'b'$ 处标出 K 点的 V 面投影 k'，连接 d' 和 k'，延长 $d'k'$，与 $c'f'$ 交得 m'。

(2) 由 m' 作 OX 轴的垂线，与 cf 交得 m，连接 d 和 m，dm 与 ab 交得 k，即为交点 K 的 H 面投影。

(3) 在 ab 与 cd 的交点处，标注出 AB 与 CD 对 H 面的重影点Ⅰ与Ⅱ的 H 面投影 1 (2)，由 1 (2) 作 OX 轴的垂线，与 $c'd'$ 交得 $2'$，$1'$ 与 $a'b'$ 重合，经观察，点Ⅰ位于点Ⅱ的上方，于是 $a'b'$ 上的 $1'$ 可见，$c'd'$ 上的 $2'$ 不可见，从而 $1k$ 画成粗实线，以 k 为分界点，ab 的另一段必为不可见，画成虚线。

为了表明投影的可见性，一般在投影图中，可见线段的投影画成粗实线，不可见线段的

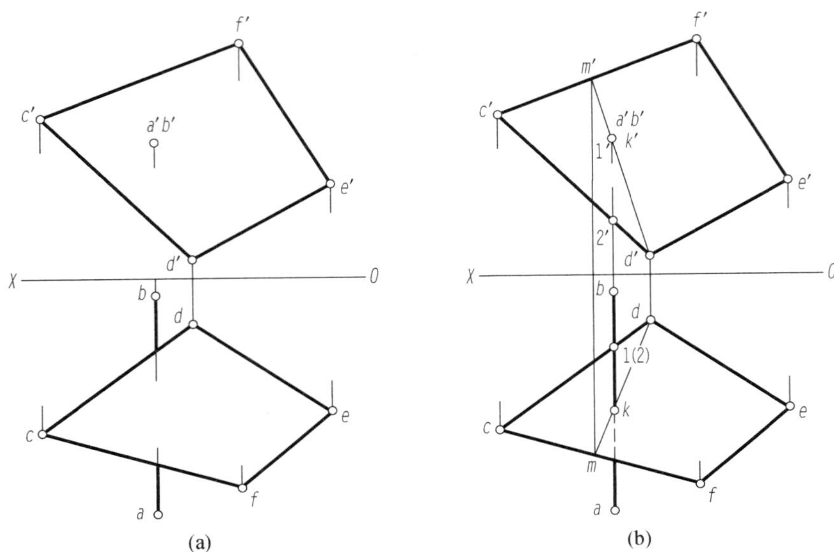

图 3-37 投影面垂直线与一般面相交的求解过程

(a) 已知；(b) 作图过程

投影画成中虚线（或细虚线），作图过程中产生的线段投影或其他作图线，都画成细实线。

3. 一般线与一般面相交

如图 3-38 所示，有一直线 MN 和一般位置平面△ABC，为求直线 MN 和平面△ABC 的交点，可先在平面 ABC 上求一条直线ⅠⅡ，使该直线的 H 面投影与 MN 的 H 面投影重合，然后求出直线ⅠⅡ的 V 面投影 1′（2′），1′（2′）与 $m'n'$ 的交点 k' 即为所求。这种求直线与平面的交点的方法，称为辅助直线法。

【例 3-13】 如图 3-39（a）所示，求作直线 MN 和平面△ABC 的交点 K，并判别投影的可见性。

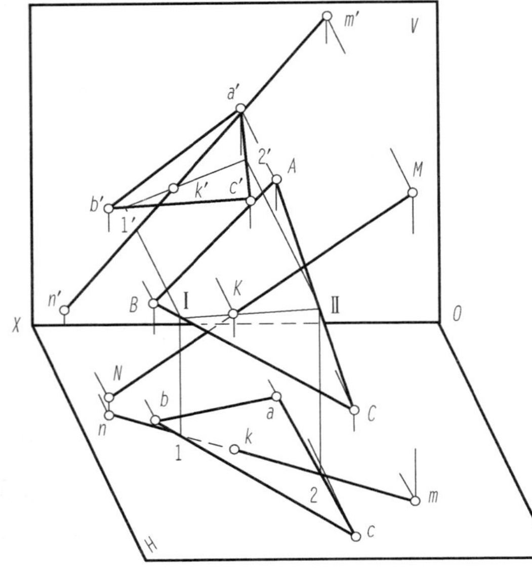

图 3-38 一般线与一般面相交

作图过程如图 3-39（b）所示：

（1）在 V 面投影图中标出直线 MN 与△ABC 的两边 AC、AB 的重影点 1′、2′。

（2）由 1′、2′作 OX 轴的垂线分别与 ac 和 ab 交得 1、2，连接 12，与 mn 交得 k。

（3）由 k 作 OX 轴的垂线，与 $m'n'$ 交得 k'，即为所求。

（4）判别可见性。直线 MN 穿过△ABC 之后，必有一段被平面遮挡而看不见，为此我们可以利用［例 3-11］的方法进行判别：过 $m'n'$ 和 $a'c'$ 的交点 1′（3′），作 OX 轴的垂线，与 ac 交得 1，与 mn 交得 3，由于 1 位于 3 之前，故可判断，在 V 面投影图中，直线 MN 上的一段 $3'k'$ 位于平

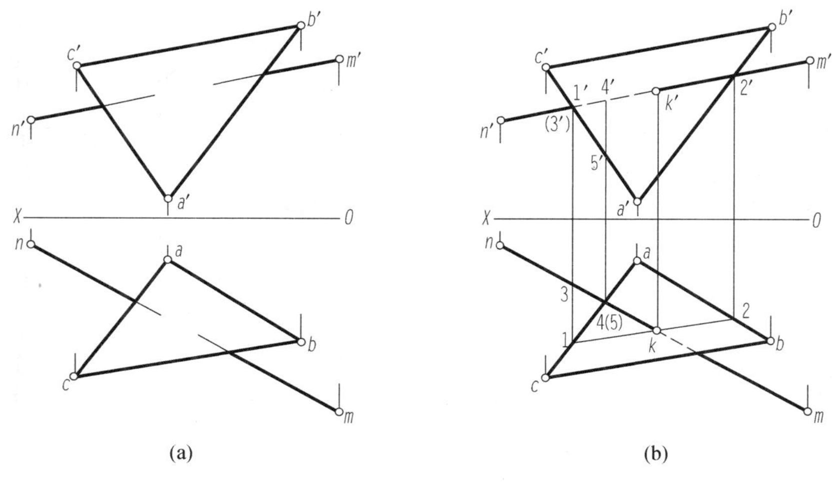

图 3-39　一般线与一般面相交的求解过程
(a) 已知；(b) 作图过程

面△*ABC* 后面而不可见，画线虚线，另一段 $2'k'$ 必为可见，画成粗实线。同理可判别：在 *H* 面投影图中 $4k$ 可见。

（三）直线与平面垂直

直线与平面垂直的几何条件是：直线只要垂直于该平面上的任意两条相交直线，而不管该直线是否通过两条相交直线的交点，则直线与平面必相互垂直。

1. 一般位置直线与平面垂直

在前面的学习中已经知道，两直线垂直，当其中一条直线为投影面的平行线时，则两直线在该投影面上的投影仍相互垂直。因此在投影图上作平面的垂线时，可首先作出平面上的一条正平线和一条水平线作为平面上的相交二直线，再作垂线。此时所作垂线与正平线所夹的直角，其 *V* 面投影仍是直角，垂线与水平线所夹的直角，其 *H* 面投影也是直角。

【例 3-14】 如图 3-40 (a) 所示，已知空间一点 *M* 和平面 *ABCD* 的两面投影，求作过 *M* 点与平面 *ABCD* 相垂直的垂线 *MN* 的投影（*MN* 可为任意长度）。

作图过程如图 3-40 (b) 所示：

(1) 过 a' 作 $a'1'/\!/OX$ 轴，与 $b'c'$ 交得 $1'$，过 $1'$ 作 OX 轴的垂线，与 bc 交得 1，连接 $a1$ 并延长 $a1$，过 m 作 $a1$ 的垂线。

(2) 过 a 作 $a2/\!/OX$ 轴，交 bc 得 2，过 2 作 OX 轴垂线，交 $b'c'$ 得 $2'$。

(3) 连 $a'2'$ 并延长 $a'2'$，过 m' 作 $a'2'$ 的垂线 $m'n'$。

(4) 过 n' 作 OX 轴的垂线，得 n 点，将 $m'n'$ 和 mn 画成粗实线。$m'n'$、mn 即为所求垂线 *MN* 的投影。

本题只是要求作出一任意长度的垂线 *MN*，故在取 *M*、*N* 点的投影时，可在两面投影中的垂线上任意定出点 *M*、*N*，只是要求点 *M*、*N* 的两面投影符合投影规律而已。

反之，利用该几何条件可以判断空间一直线是否与平面垂直，读者可自行考虑，本文不再赘述。

2. 特殊位置的直线与平面垂直

特殊位置的直线与平面相垂直，只有图 3-41 所示的两种情况。

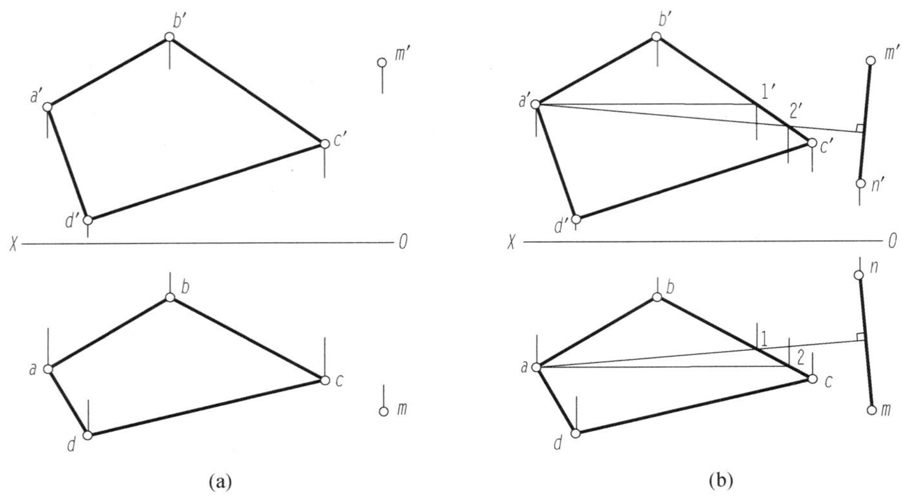

图 3-40 一般线与一般面垂直的求解过程
（a）已知；（b）作图过程

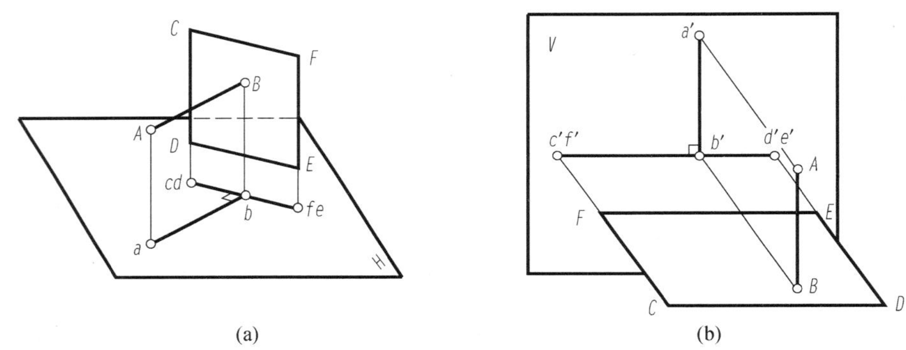

图 3-41 特殊位置的直线与平面垂直的投影特性
（a）H 面的平行线与垂直面相垂直；（b）H 面的垂直线与平行面相垂直

图 3-41（a）是 H 面的平行线与垂直面相垂直的情况，图中 AB 是水平线，$CDEF$ 是铅垂面，由立体几何可推知：与水平线相垂直的平面，一定是铅垂面；与铅垂面相垂直的直线，一定是水平线；而且水平线的 H 面投影，一定垂直于铅垂面的有积聚性的 H 面投影，即图中 $ab \perp cdef$。同理，正平线与正垂面相垂直，侧平线与侧垂面相垂直，也都属这种情况。

综上所述，可以得出结论：与投影面平行线相垂直的平面，一定是该投影面的垂直面；与投影面垂直面相垂直的直线，一定是该投影面的平行线；投影面平行线在所平行的投影面上的投影，必垂直于该投影面垂直面的有积聚性的同面投影。

图 3-41（b）是 H 面的垂直线与平行面相垂直的情况，图中 AB 是铅垂线，$CDEF$ 是水平面，由立体几何可推知：与铅垂线相垂直的平面，一定是水平面；与水平面相垂直的直线，一定是铅垂线；而且铅垂线的 V 面投影，一定垂直于水平面的有积聚性的 V 面投影，即图中 $a'b' \perp c'd'e'f'$。同理，正垂线与正平面相垂直，侧垂线与侧平面相垂直，也都属于

这种情况。

综上所述，可以得出结论：与投影面垂直线相垂直的平面，一定是该投影面的平行面；与投影面平行面相垂直的直线，一定是该投影面的垂直线；投影面垂直线的投影必定与平面有积聚性的同面投影相垂直。即在某一投影面上，直线的投影反映实长，而平面的投影为积聚投影，则直角反映实形。

【例 3-15】 如图 3-42（a）所示，求作 A 点到△BCD 平面的垂线 AE 和垂足 E，并确定 A 点与△BCD 平面间的真实距离。

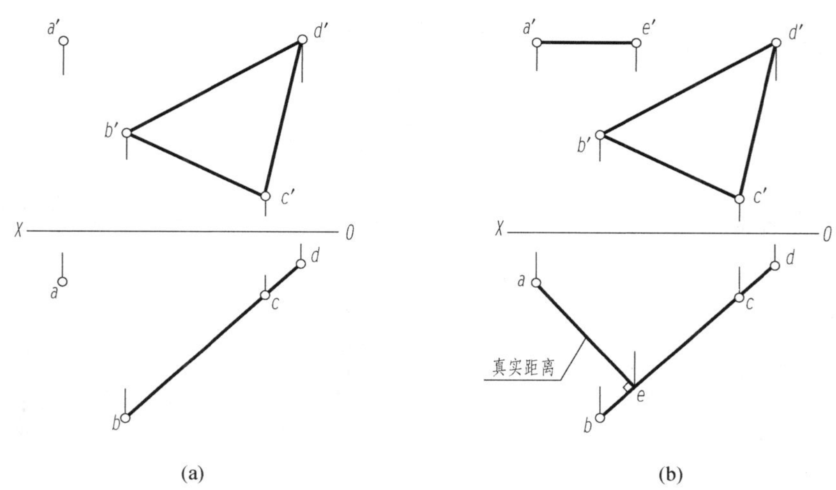

图 3-42　过点作平面垂线的求解过程

（a）已知；（b）作图过程

因为△BCD 平面是铅垂面，所以 AE 一定是水平线，且 $ae \perp bdc$，垂足 E 的 H 面投影 e 就是 ae 与 bdc 的交点，由 e、ae 即可作出 e'、$a'e'$，又因为 AE 为水平线，所以 ae 即为所求的真实距离。作图过程如图 3-42（b）所示。

（1）过 a 作 $ae \perp bdc$，交 bdc 于点 e。

（2）过 a' 作 OX 轴的平行线 $a'e'$，过 e 作 OX 轴的垂线，与 $a'e'$ 交得 e'。

（3）连接 $a'e'$，ae、$a'e'$ 即为所求的垂线 AE 的两面投影，e、e' 即为所求的垂足的两面投影。

（4）ae 即为 A 点到△BCD 平面的真实距离。

本题中 A 点到平面△BCD 的垂足 E 点的 V 面投影虽位于△$b'c'd'$ 之外，但 E 点仍是位于平面△BCD 上的点，读者可以想象将平面△BCD 无限扩展，E 点必定位于平面上。

第八节　平面与平面的相对位置

平面与平面的相对位置，有平行、相交和垂直三种情况。

一、平面与平面平行

两平面相平行的几何条件是：如果一平面上的一对相交直线，分别与另一平面上的一对相交直线互相平行，则两平面互相平行。利用这个几何条件可以进行平面与平面平行的检验和作图。

【例 3-16】 如图 3-43（a）所示，已知两平面△ABC 和△DEF 以及点 P 的两面投影，要求：检验两平面△ABC 和△DEF 是否互相平行，若不平行，过点 P 作一平面平行于△DEF。

（1）检验两平面平行，只要在一平面上作出两相交直线，检验是否与另一平面上的相交直线平行即可，作图过程如图 3-43（b）所示：

①在△DEF 的 DF 边上找一点 G，标出其两面投影 g、g′。

②过 g′作 g′1′∥a′c′，与 d′e′交得 1′。

③过 g′作 g′2′∥b′c′，与 d′e′交得 2′。

④过 1′、2′分别作 OX 轴的垂线，与 de 交得 1、2，连接 g1 和 g2。

⑤检验 g2 是否平行于 bc，g1 是否平行于 ac。本题经检验 g2∥bc，g1∥ac，即 GⅡ∥BC，GⅠ∥AC，故△ABC∥△DEF。

若检验结果为 g2 线不平行于 bc 或 g1 线不平行于 ac，即可判断△ABC 与△DEF 一定不平行。

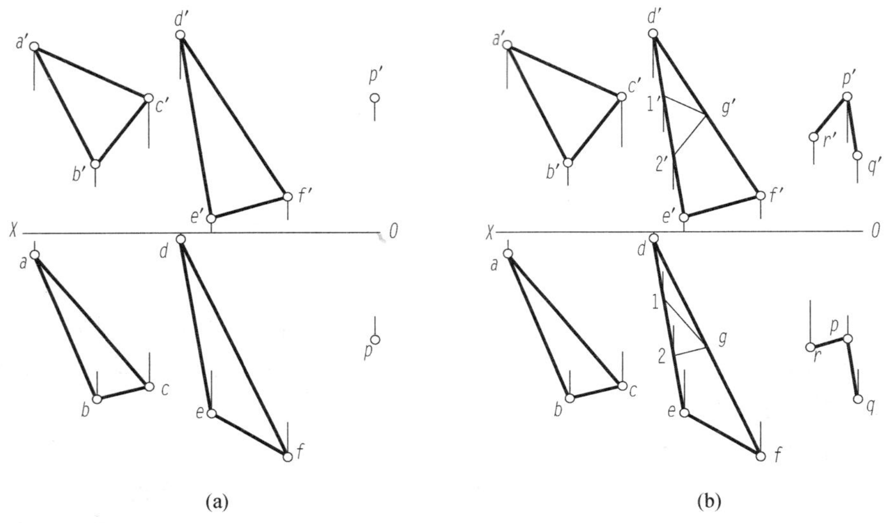

图 3-43　平面与平面平行的检验

（a）已知；（b）作图过程

（2）过点 P 作一平面与△DEF 相平行，只要过点 P 作出两条与△DEF 平行的相交直线即可。作图过程如图 3-43（b）所示：

①过 p′作 p′r′∥g′2′，p′q′∥d′e′。

②过 p 作 pr∥g2，pq∥de。

③因两条相交直线即可确定一个平面，故 pqr 和 p′q′r′即为所求平面的两面投影。

在特殊情况下，当两平面都是同一投影面的垂直面时，则两平面的平行关系，可直接在两平行平面有积聚性的投影中反映出来，即两平面的有积聚性的同面投影互相平行。如图 3-44（a）所示，设 H 垂直面 P 和 Q 在空间互相平行，故它们的 H 面投影 P^H∥Q^H，P 和 Q 两面投影图的表示方式如图 3-44（b）所示；反之，因 H 面中的积聚投影 P^H∥Q^H，由

之所作的 H 面垂直面 P 和 Q 在空间亦必互相平行。

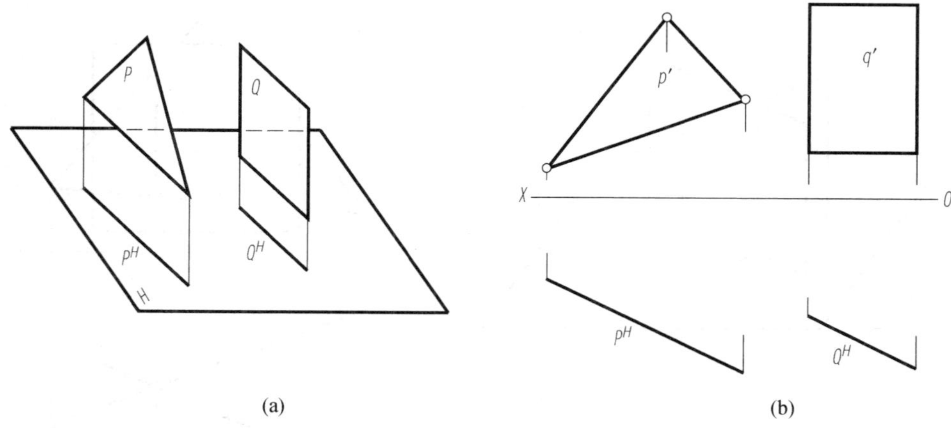

图 3-44　两特殊位置平面平行
(a) 空间状况；(b) 投影图

二、平面与平面相交

两平面相交于一条直线，称为交线。平面与平面相交的问题，主要是求交线和判别可见性的问题。两平面的交线是两平面所公有的直线，一般通过求出交线的两端点来连得交线。交线求出后，在判别投影可见性时必须注意：可见性是相对的，有遮挡，就有被遮挡；可见性只存在于两平面图形投影重叠部分，对两平面图形投影不重叠部分不需判别，都是可见的。

（一）两特殊位置平面相交

垂直于同一个投影面的两个平面的交线，必为该投影面的垂直线，两平面的积聚投影的交点就是该垂直线的积聚投影。如图 3-45（a）所示，平面 P 与平面 Q 都垂直于投影面 H，则两平面 P 和 Q 的交线 MN 必垂直于投影面 H，而且 P 和 Q 的 H 面投影 P^H 和 Q^H 的交点必为 MN 的积聚投影 mn。

【例 3-17】 求作图 3-45（b）两投影面垂直面 P 和△ABC 的交线 MN，并表明可见性。

（1）在 abc 与 P^H 的交点处标出 mn，即为交线 MN 的 H 面投影。

（2）过 mn 作 OX 轴的垂线，得交点 m'、n'，连接 $m'n'$，即为所求交线 MN 的 V 面投影。

（3）判别可见性。由观察法可知，在 mn 的左方，P^H 位于 $abmn$ 之前，故在 V 面投影中 p'在 $m'n'$左侧为可见，右侧与△ABC 重叠的部分必为不可见，作图结果如图 3-45（b）所示。

（二）一般面与特殊位置平面相交

两平面相交，只要其中有一个平面对投影面处于特殊位置，就可直接用投影的积聚性求作交线。在两平面都没有积聚性的同面投影重合处，可由投影图直接看出投影的可见性，而交线的投影就是可见和不可见的分界线。

【例 3-18】 已知如图 3-46（a）所示，求作一般位置的平面△ABC 与正垂面△DEF 的

交线 MN，并表明可见性。

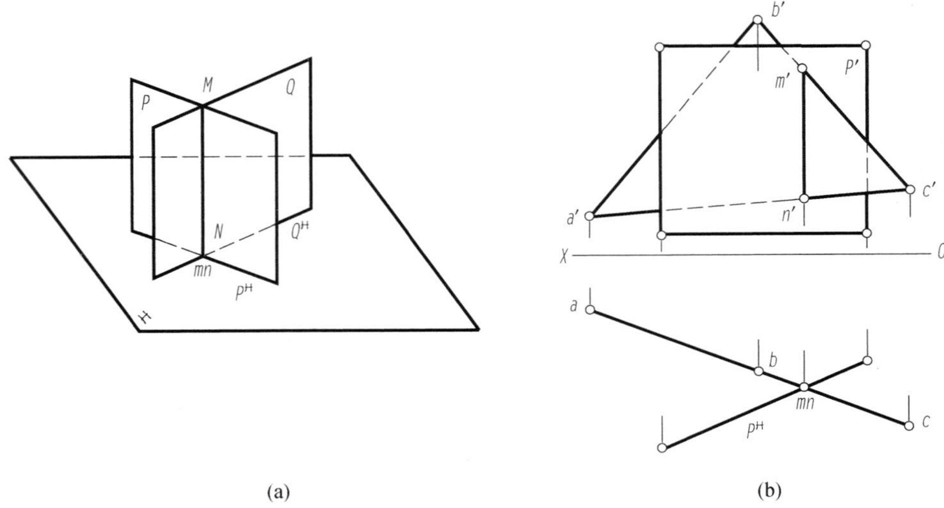

(a) (b)

图 3-45　两投影面垂直面相交

(a) 空间状况；(b) 两投影面垂直面相交作图

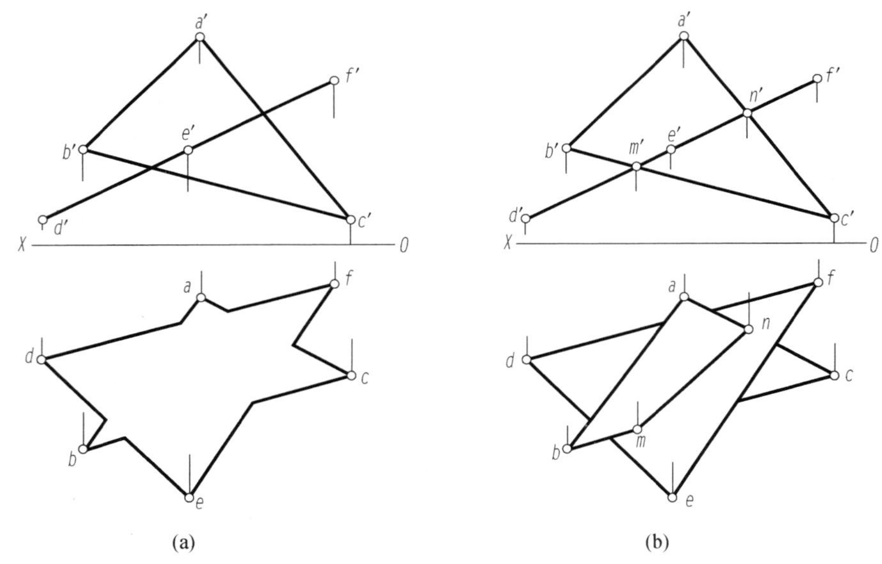

(a) (b)

图 3-46　一般面与投影面垂直面全交

(a) 已知；(b) 作图过程

作图过程如图 3-46（b）所示：

(1) 在 $b'c'$、$a'c'$与有积聚性的同面投影 $d'e'f'$的交点处，分别标出 m'、n'，由 m'、n'分别作 OX 轴的垂线，与 bc 交得 m，与 ac 交得 n。

(2) 连接 mn，即为所求交线 MN 的 H 面投影；MN 的 V 面投影，积聚在 $d'e'f'$上。

(3) 判别可见性。在 V 面投影中可直接看出，$a'b'm'n'$位于$\triangle d'e'f'$的上方，故应可见，$c'm'n'$位于$\triangle d'e'f'$的下方，故在 H 面投影中与$\triangle def$ 的重合部分不可见。

（4）在已知投影图上画出适当的线型（本题及下面其他题目将不再画出虚线，亦可表示不可见）。

【例 3-19】 已知如图 3-47（a）所示，求作一般位置的平面△ABC 与正垂面△DEF 的交线 MN，并表明可见性。

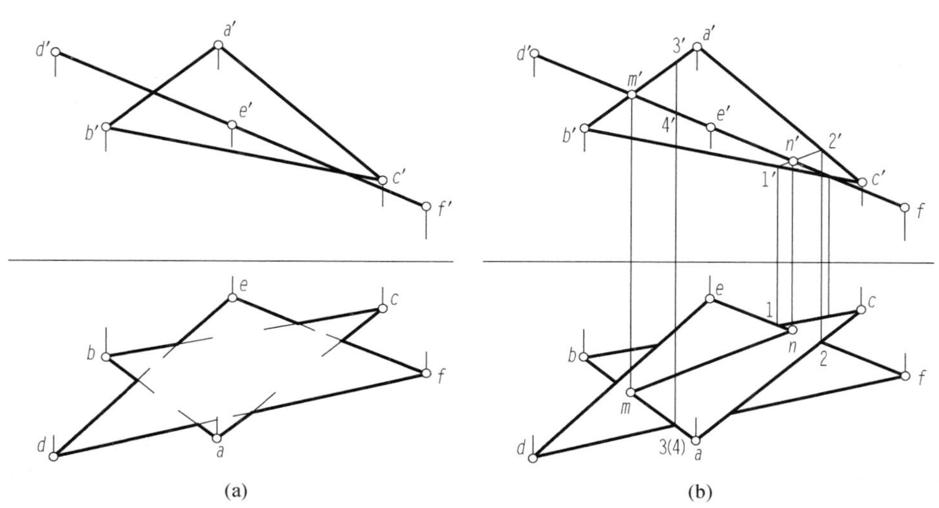

图 3-47　一般面与投影面垂直面互交

（a）已知；（b）作图过程

在［例 3-18］中的两个平面，其中一个平面图形完全穿过另一个平面图形，交线 MN 的两个端点 M、N 落在同一平面△ABC 的两条边 BC 和 AC 上，这种情况称为全交；［例 3-19］中的两个平面，彼此都只有一部分相交，交线 MN 的两个端点 M、N 分别落在平面△ABC 的 AB 边和平面△DEF 的 EF 边上，这种情况称为互交。互交交线的作图过程见图 3-47（b），这里不再赘述。

特殊位置平面与一般位置平面的相交，可以用来求一般位置直线与一般位置平面的交点，如图 3-48（a）所示，直线 DE 和△ABC 均为一般位置，直线 DE 与△ABC 相交，必有一个交点 K，现设交点 K 已求出，则过交点 K 在△ABC 上可作出无数条直线，其中每一条直线（如ⅠⅡ线）与 DE 相交可组成一个平面，这样可作无数个平面。其中必有一个平面是铅垂面或正垂面或侧垂面。所作平面称为过 DE 直线的辅助平面 P，ⅠⅡ线即为 P 面与△ABC 的交线，ⅠⅡ线与 DE 的交点也就是直线 DE 与△ABC 的交点。这种求直线与平面的交点的方法，称为辅助面法。

作图过程如下：

（1）过 DE 作铅垂面 P。在投影图上将 de 标记为 P^H。

（2）求 P 与△ABC 的交线ⅠⅡ。P^H 与 ab 交于 1，与 ac 交于 2，12 即为交线的 H 面投影，由 12 求出其 V 面投影 $1'2'$。

（3）求直线 DE 与交线ⅠⅡ的交点。$1'2'$ 与 $d'e'$ 相交于 k'，由 k' 在 de 上求出 k，k、k' 即为所求交点 K 的两面投影。

（4）判别可见性。作图结果如图 3-48（b）所示。

可以看出，辅助面法的作图过程完全相同于辅助线法，仅是设想的不同而已。

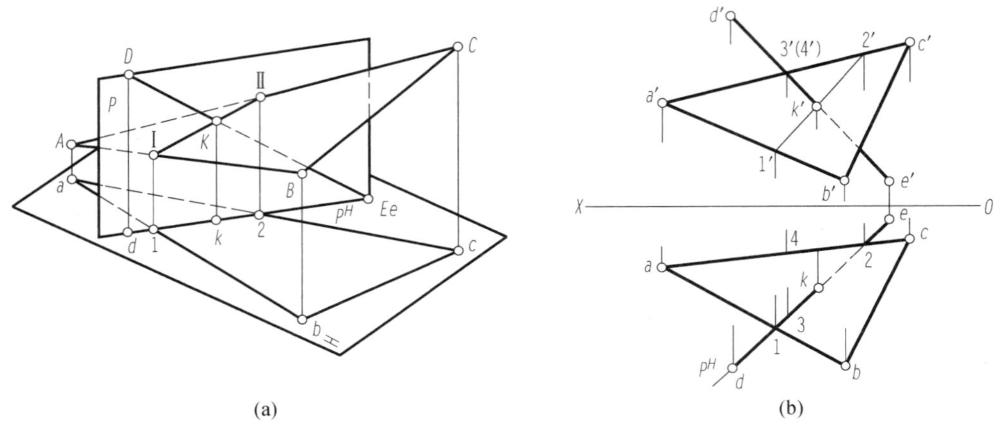

(a) (b)

图 3-48 辅助面法求一般线与一般面的交点

(a) 空间示意；(b) 作图过程

（三）两一般位置平面相交

求两个一般位置平面的交线，实质上是分别求某一平面内的两条边线或某条边线与另一平面的两个交点，连接这两个交点即是两平面的交线。由于两平面的投影都没有积聚性，在解题前，可先观察出投影图上没有重叠的平面图形边线，它们不可能与另一平面有实际的交点，故不必求取这种边线对另一平面的交点，如图 3-49（a）中边线 AC、DG、EF，这种方法称为线面交点观察法。

【例 3-20】 如图 3-49（a）所示，求作平面△ABC 与四边形 $DEFG$ 的交线 MN 的两面投影，并表明可见性。

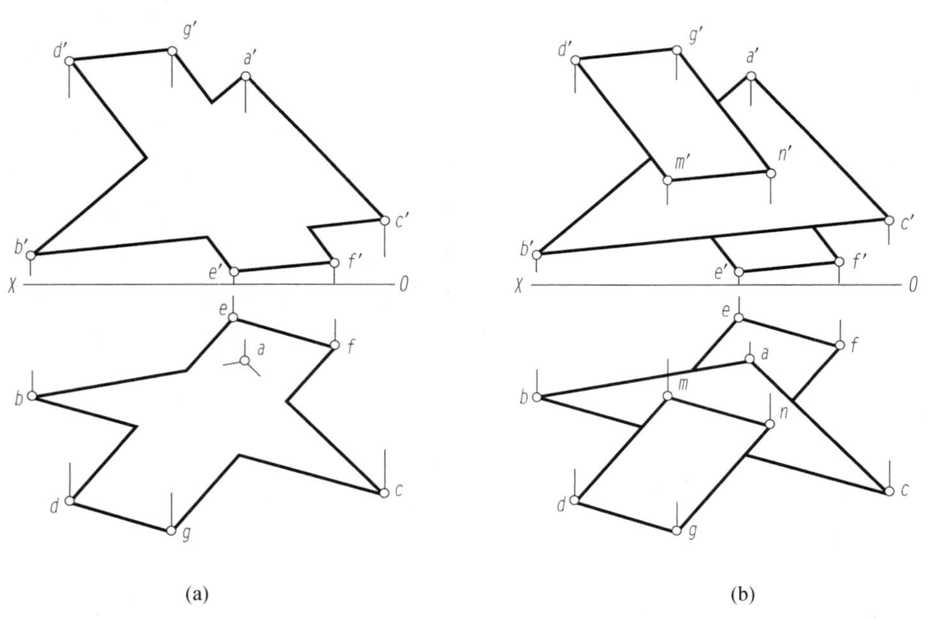

(a) (b)

图 3-49 辅助直线法求两一般面交线

(a) 已知；(b) 作图过程

作图过程如下：

(1) 经反复观察和试求，确定四边形 $DEFG$ 的两边 ED、FG 与△ABC 平面的交点即为所求交线 MN 的两端点。

(2) 利用辅助直线法分别求出边线 ED 与△ABC 交点的投影 m、m'，边线 FG 与△ABC 交点的投影 n、n'。

(3) 连接 mn 和 $m'n'$，即为所求。

(4) 判别可见性。可利用前述的判别方法来判别出两平面重影部分的可见性，结果如图 3-49 (b) 所示。

实际上两平面相交时，每一平面上的每一边对另一平面都会有交点，因此从理论上说，作图时可选择任一边对另一平面求交点，求得两个交点 M、N，连接 MN，可求得交线的方向，然后取其在两面投影重叠部分内的一段即可得 MN，如图 3-47 所示。只是若 K、L 落在图形外较远处，作图就不是很方便了。

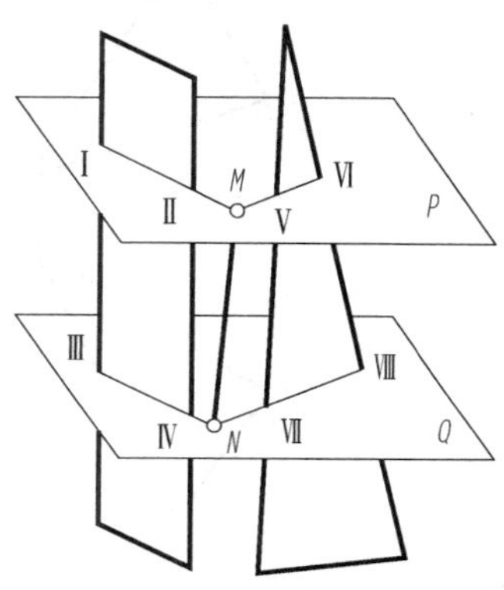

图 3-50　空间示意图

如图 3-50 所示，四边形和三角形两个平面的所有边线在投影图中均不可能与另一平面有实际的交点，线面交点观察法在本题中已不宜应用。为此，可取两个投影面平行面 P 和 Q 作为辅助平面，利用三面共点原理，分别求出它们与两个已知平面的辅助交线ⅠⅡ、ⅢⅣ、ⅤⅥ、ⅦⅧ，每个辅助平面上的两条辅助交线的交点，即为所求交线 MN 上的一点，连接两个交点，即为所求交线，这种方法称为辅助平面法。

【例 3-21】 如图 3-51 (a) 所示，求作△ABC 和△DEF 的交线 MN，并表明可见性。

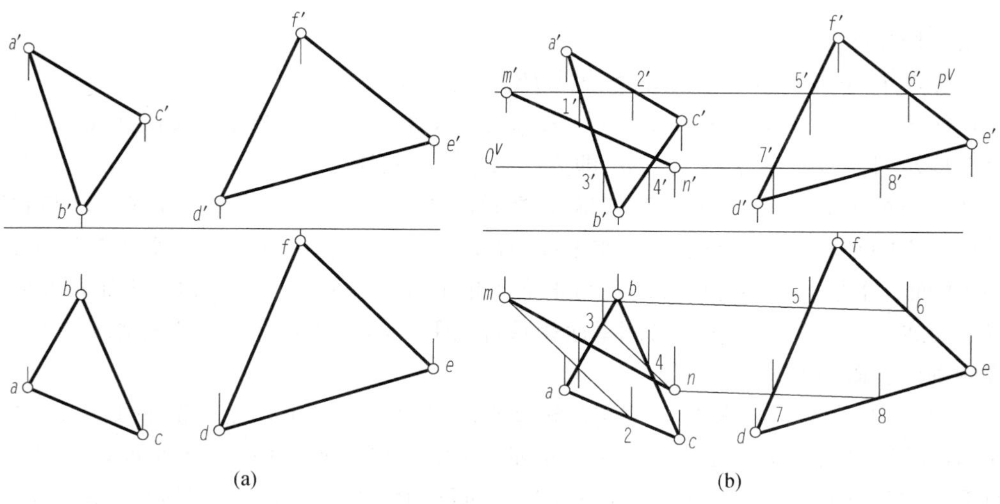

图 3-51　辅助平面法求两一般面交线

(a) 已知；(b) 作图过程

作图过程如图 3-51 (b) 所示：

(1) 作一水平面 P，截△ABC 和△DEF 得交线ⅠⅡ和ⅤⅥ。

(2) 由 12 和 56 的交点定出 m，过 m 作 OX 轴的垂线，与 P^V 交得 m'。

（3）作一水平面 Q，得另一交点 N（n，n'）。

（4）连接 $m'n'$ 和 mn，即为所求交线的投影。

三、平面与平面垂直

两平面垂直的几何条件是：如果一个平面包含另一个平面的一条垂线，则两个平面就相互垂直。

【例 3-22】 如图 3-52（a）所示，已知平面△ABC 和点 P 的两面投影，求作过点 P 且与△ABC 相垂直的平面的两面投影。

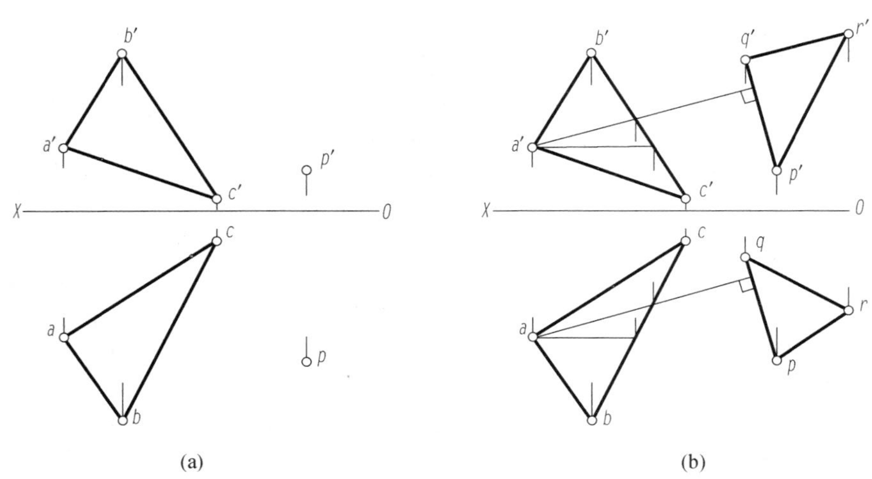

图 3-52 过点作平面的垂直面

（a）已知；（b）作图结果

作图过程如图 3-52（b）所示：

（1）过点 P 作出一条△ABC 的垂直线 PQ，标注出 p'、p、q'、q。

（2）任选一点 r'、r，连接 $p'r'$、$q'r'$ 和 pr、qr，因 $PQ\perp$△ABC，又由作图知，PQ 位于平面△PQR 上，故△$p'q'r'$、△pqr 即为所求平面的投影。

两平面中至少有一个平面处于特殊位置时，如 §3-7 中的图 3-37（a），与铅垂面 $CDEF$ 相垂直的平面，一定包含任一水平线 AB，它可能是包含 AB 的一般位置平面或包含 AB 的铅垂面、水平面。同理可推知：与正垂面相垂直的平面，可以是包含该平面垂线的一般位置平面或正垂面、正平面；与侧垂面相垂直的平面，可以是包含该平面垂线的一般位置平面或侧垂面、侧平面。

又如图 3-41（b），与水平面 $CDEF$ 相垂直的平面，一定包含任一铅垂线 AB，它可以是包含 AB 的铅垂面、正平面或侧平面。同理可推知：与正平面相垂直的平面，可以是包含该平面垂线的正垂面、水平面或侧平面；与侧平面相垂直的平面，可以是包含该平面垂线的侧垂面、水平面或正平面。

综合上述，可得出以下结论：

与某一投影面垂直面相垂直的平面，一定包含该投影面垂直面的垂线，可以是一般位置平面，也可以是这个投影面的垂直面或平行面；与某一投影面平行面相垂直的平面，一定是这个投影面的垂直面，也可以是其他两个投影面的平行面。

【例 3-23】 如图 3-53（a）所示，已知 A 点和直线 MN 的投影，以及正垂面 P 的 V 面投影 P^V，试过点 A 作一平面，使该平面与直线 MN 相平行，与平面 P 相垂直。

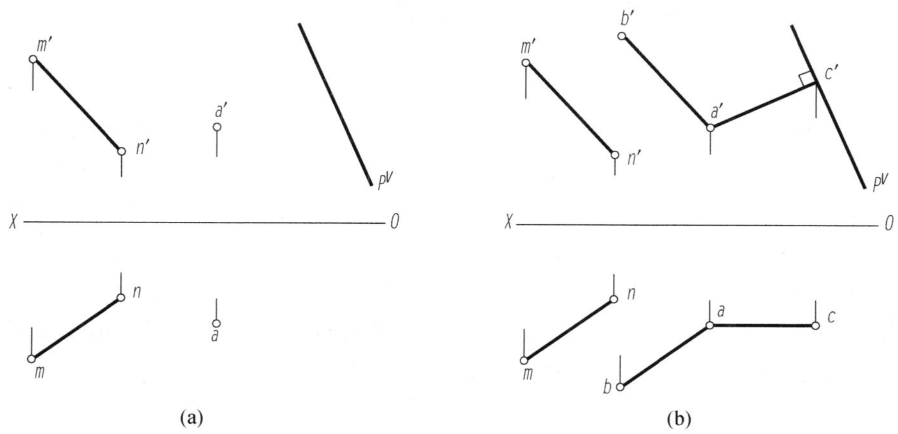

图 3-53　特殊位置的平面与一般面垂直
（a）已知；（b）作图过程

按直线与平面相平行以及两平面相垂直的几何条件，只要过 A 点作任意长度的直线 $AB /\!/ MN$，作任长度的直线 $AC \perp$ 平面 P，则相交两直线 AB 和 AC 确定的平面，即为所求。由于平面 P 是正垂面，所以 AC 必为正平线。作图过程如图 3-53（b）所示：

（1）作 $a'b' /\!/ m'n'$，作 $ab /\!/ mn$。

（2）作 $a'c' \perp P^V$，作 $ac /\!/ OX$ 轴。

（3）AB 和 AC 所确定的平面 ABC，即为所求。

当两个平面都是同一投影面的垂直面时，它们有积聚性的同面投影也互相垂直。如图 3-54所示，两个矩形铅垂面 $PQMN$ 和 $PQRS$ 互相垂直，它们的有积聚性的 H 面投影 $pqmn \perp pqrs$。

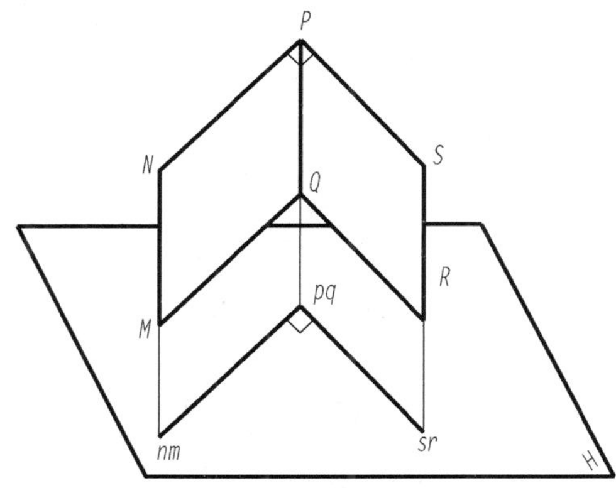

图 3-54　两特殊位置平面的垂直关系

第四章 投 影 变 换

在投影图上解决有关空间几何元素定位问题（如交点、交线）和度量问题（如实形、距离、角度）时发现，当空间的直线和平面对投影面处于平行或垂直的特殊位置时，问题非常容易解决。但是，若直线和平面对投影面处于一般位置时，问题就难以解决了，如果能把直线和平面从一般位置变换成特殊位置，那么问题的解决就会变得快速而准确。换面法正是研究如何改变空间几何元素对投影面的相对位置，以达到简化解题的目的。

空间几何元素保持不动，设立新的投影面来代替旧的投影面，使空间几何元素对新的投影面的相对位置处于有利于解题的特殊位置，这种方法称为换面法。

第一节 换面法的作图原理和方法

一、新投影面体系的建立

将 V 面和 H 面的投影体系，简称为 V/H 体系。如图 4-1 所示，一铅垂面△ABC，在 V/H 体系中的两个投影都不反映实形，为使新的投影反映实形，取一个平行于△ABC 且垂直于 H 面的 V_1 面，来代替 V 面，则新的 V_1 面和不变的 H 面构成一个新的投影面体系 V_1/H。

△ABC 在新的 V_1 面上的投影△$a_1'b_1'c_1'$就反映实形。

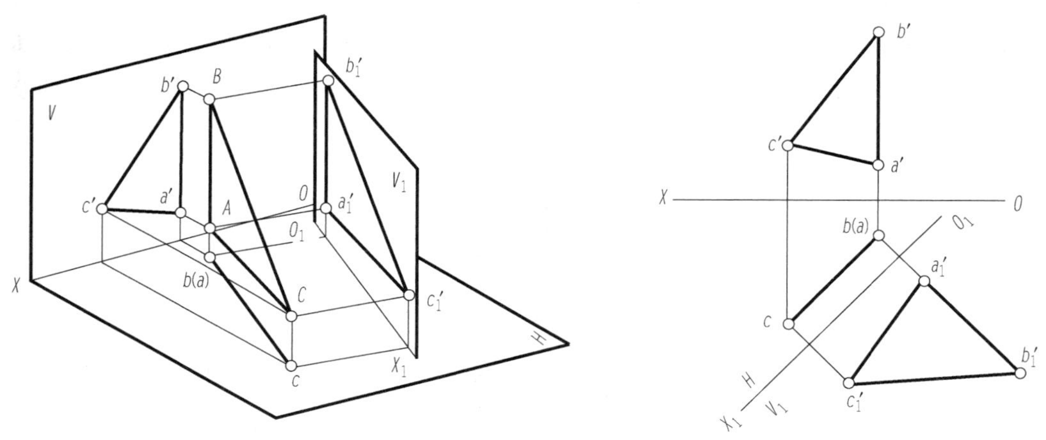

图 4-1 新投影面体系的建立

V_1 面称为新投影面，H 面称为不变投影面，V 面称为旧投影面；O_1X_1 轴称为新投影轴，OX 轴称为旧投影轴；相应地把 V_1 面上的投影△$a_1'b_1'c_1'$称为新投影，H 面上的投影△abc 称为不变投影，V 面上的投影△$a'b'c'$称为旧投影。

新投影面的建立必须符合以下两个条件：

（1）新投影面必须垂直于一个不变的投影面（可以是旧投影面，也可以是之前刚建立的新投影面）。

（2）新投影面必须和空间几何元素处于有利于解题的位置（特殊位置：平行或垂直）。

二、点的投影变换规律

点是最基本的几何元素，因此，在变换投影面时，首先要了解点的投影变换规律。

（一）点的一次变换

1. 变换 V 面

如图 4-2 所示，点 A 在 V/H 体系中的正面投影为 a'，水平投影为 a。现在保留 H 面不变，取一铅垂面 $V_1(V_1 \perp H)$，使之形成新的两投影面体系 V_1/H。O_1X_1 轴为新投影轴，过 A 点向 V_1 面作垂线，垂线与 V_1 面的交点 a_1' 即为 A 点在 V_1 面上的新投影。

因为新旧两投影体系具有同一个水平面 H，因此说点 A 到 H 面的距离（即 Z 坐标）在新旧体系中都是相同的，即 $a'a_x = Aa = a_1'a_{x1}$。当 V_1 面绕 O_1X_1 轴旋转到与 H 面重合时，根据点的投影规律可知，A 点的两投影 a 和 a_1' 的连线 aa_1' 应垂直于 O_1X_1 轴。

根据以上分析，可以得出点的投影变换规律：

点的新投影和不变投影的连线垂直于新投影轴；点的新投影到新投影轴的距离等于被替换的旧投影到旧投影轴的距离。

图 4-2（b）表示了将 V/H 体系中的旧投影（a'）变换成 V_1/H 体系的新投影（a_1'）的作图过程。首先按要求画出新投影轴 O_1X_1，新投影轴确定了新投影面在投影体系中的位置。然后过点 a 作 $aa_1' \perp O_1X_1$，在垂直线上截取 $a_1'a_{x1} = a'a_x$，则 a_1' 即为所求的新投影。

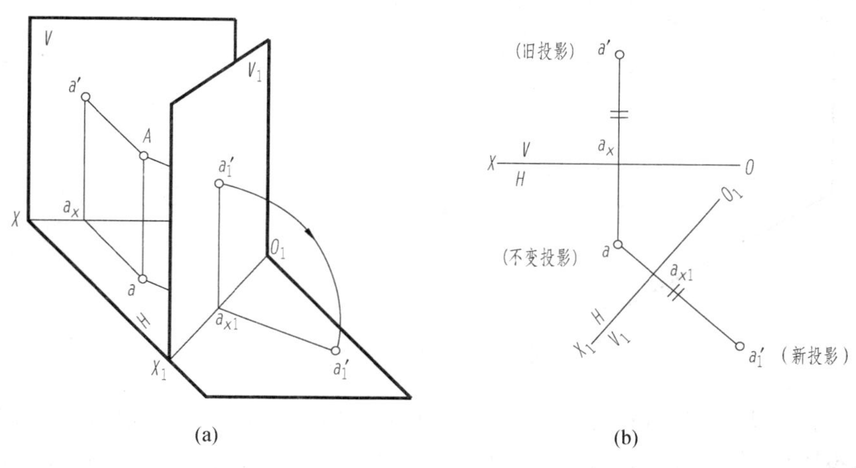

图 4-2 点的一次变换（变换 V 面）

（a）空间示意；（b）投影图

2. 变换 H 面

图 4-3 表示了变换水平面 H 的作图过程。取正垂面 H_1 来代替 H 面，H_1 面和 V 面构成新投影体系 V/H_1，新旧两体系具有同一个 V 面，因此 $a_1a_{x1} = Aa' = aa_x$。图 4-3（b）表示在投影图上，由 a、a' 求作 a_1 的过程，首先作出新投影轴 O_1X_1，然后过 a' 作 $a'a_{x1} \perp O_1X_1$，在垂线上截取 $a_1a_{x1} = aa_x$，则 a_1 即为所求的新投影。

（二）点的二次变换

在运用换面法去解决实际问题时，变换一次投影面，有时不足以解决问题，而必须变换两次或更多次。所谓两次变换，实质上就是进行两次“一次变换”，其原理及作图方法和一次变换完全相同，如图 4－4 所示。

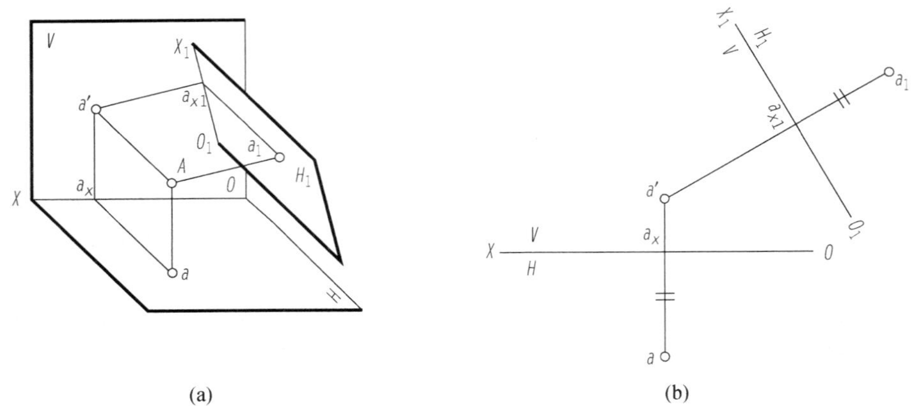

(a) (b)

图 4－3 点的一次变换（变换 H 面）

（a）空间示意；（b）投影图

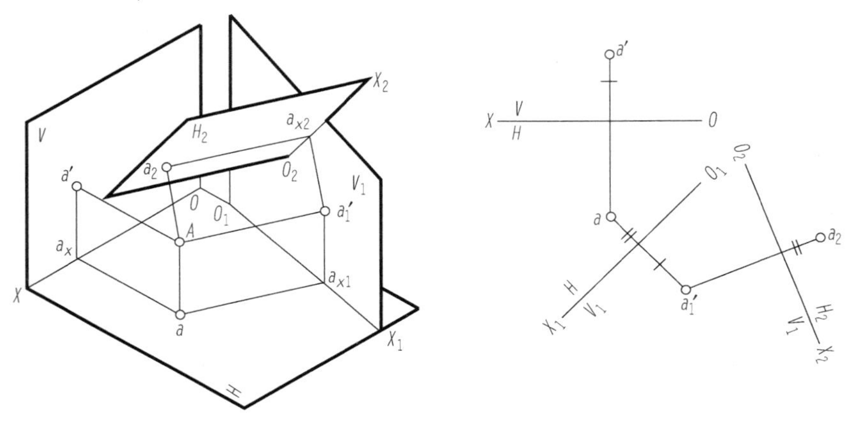

图 4－4 点的二次变换

必须指出：在更换多次投影面时，新投影面的选择除必须符合前述的两个条件外，还必须是在一个投影面更换完以后，在新的两面体系中交替地再更换另一个。即 $V/H \rightarrow V_1/H \rightarrow V_1/H_2 \rightarrow V_3/H_2 \rightarrow \cdots\cdots$，或者是 $V/H \rightarrow V/H_1 \rightarrow V_2/H_1 \rightarrow V_2/H_3 \rightarrow \cdots\cdots$。

三、直线的投影变换规律

空间直线的投影可由直线上的两点的同面投影来确定，因而直线的投影变换即为直线上两点的投影变换。

（一）直线的一次变换

1. 一般位置直线变换成投影面平行线

通过一次换面可将一般位置直线变换成投影面平行线，从而解决求一般位置直线的实长及对某一投影面的倾角问题。要将一般位置直线变换为投影面平行线，只要作一个新的投影面使其平行于已知直线，且垂直于一个原有的投影面即可。此时直线在新投影体系中成为新投影面的平行线，根据投影面平行线的投影特性，新投影轴应平行于已知直线的那个原投影。

如图 4-5（a）所示，为使直线 AB 在 V_1/H 体系中成为 V_1 面的平行线，可设立一个与 AB 平行且垂直于 H 面的 V_1 面，替换 V 面，新投影轴 O_1X_1 平行于原有的 H 投影 ab，作图过程如图 4-5（b）所示：

（1）在适当位置作新投影轴 $O_1X_1 /\!/ ab$，并标注 V_1/H；

（2）按照点的投影变换规律，分别求出 AB 线段两端点的新投影 a_1' 和 b_1'；

（3）连接 $a_1'b_1'$，即为直线 AB 在 V_1 面上的投影。

根据投影面平行线的投影特性可知，AB 的新投影 $a_1'b_1'$ 反映 AB 线段的实长，$a_1'b_1'$ 与 O_1X_1 轴的夹角反映 AB 对 H 面的倾角 α。

假如不更换 V 面，而更换 H 面，同样可以把 AB 变成新投影面的平行线，并得到 AB 的实长及其对 V 面的倾角 β（读者可自行作图）。

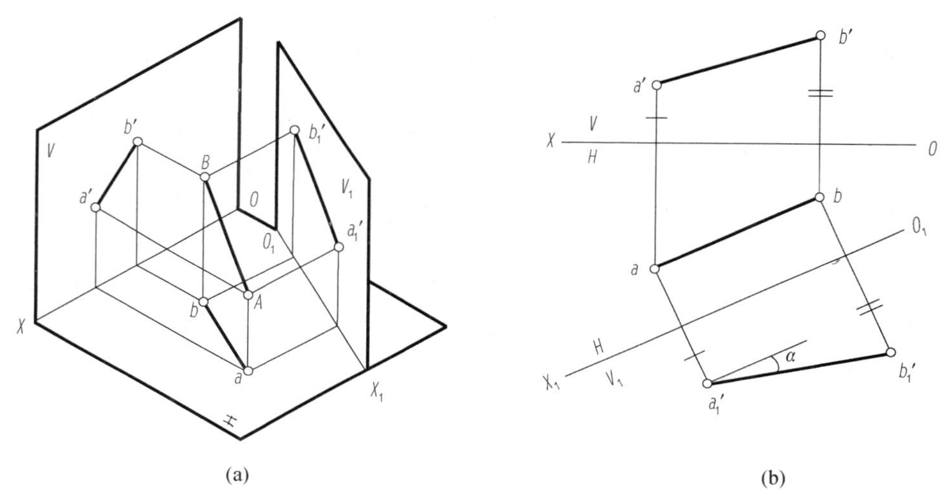

图 4-5　将一般位置直线变换成投影面平行线

（a）空间示意；（b）投影图

2. 投影面平行线变换成投影面垂直线

通过一次换面可将投影面平行线变换成投影面垂直线，从而解决点到投影面平行线的距离和两条平行的投影面平行线的距离等问题。

要将投影面平行线变换为投影面垂直线，只要作一个新的投影面使其垂直于已知直线，且垂直于一个原有的投影面即可。此时，投影面平行线在新投影体系中成为新投影面的垂直线，其新投影积聚为一点，因此投影轴 O_1X_1 应垂直于投影面平行线中反映实长的投影。

如图 4-6（a）所示，在 V/H 体系中，有正平线 AB，因为与 AB 垂直的平面必然垂直于 V 面，故可用 H_1 面来替换 H 面，使 AB 成为 V/H_1 中的 H_1 面垂直线。在 V/H_1 中，按照 H_1 面垂直线的投影特性，新投影轴 O_1X_1 应垂直于 $a'b'$。作图过程如图 4-6（b）所示：

（1）在适当位置作新投影轴 $O_1X_1 \perp a'b'$，并标注 V/H_1；

（2）按照点的投影变换规律，求得 A、B 两点的积聚投影 a_1（b_1），AB 即为 V/H_1 体系中 H_1 面的垂直线。

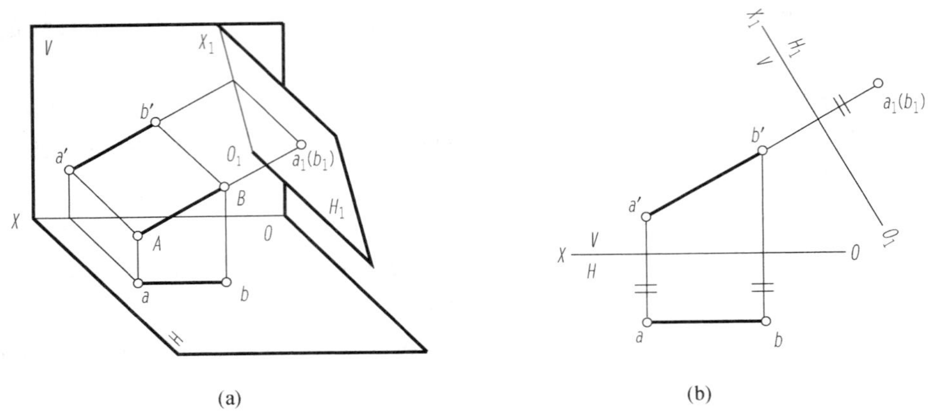

(a) (b)

图 4-6 将投影面平行线变换为投影面垂直线

(a) 空间示意；(b) 投影图

同理，通过一次换面，也可将水平线变换成 V_1 面垂直线（读者可自行作图）。

（二）直线的两次变换

把一般位置直线变为投影面的垂直线，显然，一次换面是不能完成的。因为若选新投影面垂直于已知直线，则新投影面也必定是一般位置平面，它和原投影体系中的两投影面均不垂直，不能构成新的投影面体系。如果所给直线为投影面平行线，要变为投影面垂直线，则经一次换面就可以了。

我们知道，一般位置直线经过一次换面可变换成投影面平行线。因此，要把一般位置直线变成投影面垂直线，可分两步：首先把一般位置直线变为投影面平行线，然后再变成投影面垂直线，如图 4-7 所示。

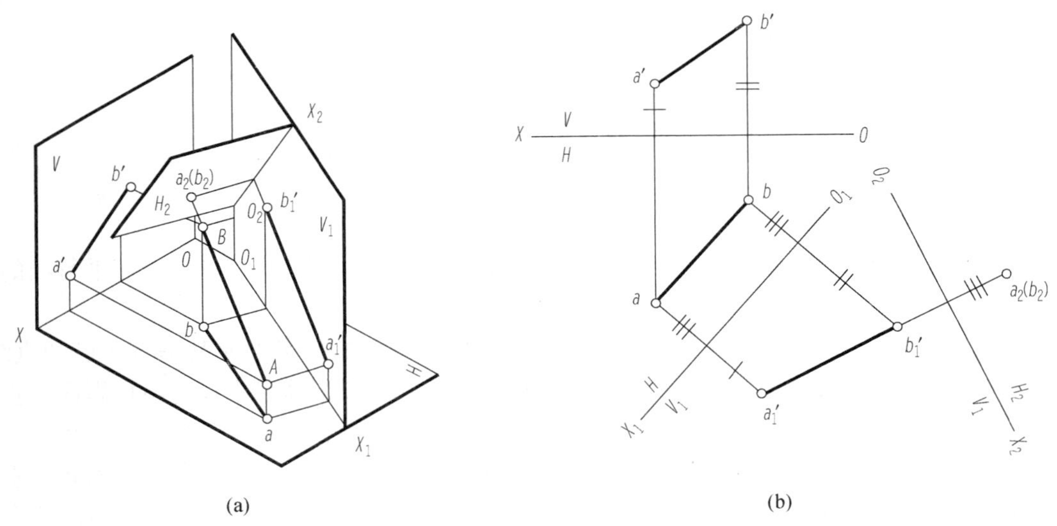

(a) (b)

图 4-7 将一般位置直线变为投影面垂直线

(a) 空间示意；(b) 投影图

首先在 V/H 体系中，用平行于 AB 的 V_1 面替换 V 面，AB 成为 V_1/H 体系中 V_1 面的平行线；再在 V_1/H 体系中，用垂直于 AB 的 H_2 面替换 H 面，使 AB 成为 V_1/H_2 体系中

H_2 面的垂直线。在进行第二次变换时，V_1/H 已成为旧投影体系，新投影面 H_2 垂直于不变投影面 V_1，O_1X_1 为旧投影轴，O_2X_2 为新投影轴。

（1）在适当位置作新投影轴 $O_1X_1 /\!/ ab$，然后按点的投影变换规律求出直线的 V_1 投影 $a_1'b_1'$；在 V_1/H 中，$AB/\!/V_1$，$a_1'b_1'$反映 AB 线段的实长及其对 H 面的倾角 α。

（2）在适当位置作新投影轴 $O_2X_2 \perp a_1'b_1'$，再根据投影变换规律求出积聚投影 a_2（b_2）。

以上是先变换 V 面后变换 H 面，将 AB 直线变成垂直线的，也可根据具体要求先换 H 面后换 V 面，作法与上述类同。

综上所述，通过两次换面，可将一般位置直线变换成投影面垂直线，从而解决点到一般位置直线的距离及两平行的一般位置直线间的距离等。

四、平面的投影变换规律

（一）平面的一次变换

1. 一般位置平面变换成投影面垂直面

通过一次换面可将一般位置平面变换成投影面垂直面，从而解决平面对投影面的倾角、点到平面的距离、两平行平面间的距离、直线与一般面的交点和两平面交线等问题。

根据初等几何原理可知，要将一般位置平面变换成投影面垂直面，只需将平面上的某一直线变成投影面的垂直线即可。但如果在平面上取一条一般位置直线要变成投影面垂直线，必须经过两次换面，而如果在平面上取一条投影面平行线，要变成投影面垂直线只需一次换面。因此，要把一般位置平面变成投影面的垂直面，可分两步进行，先在一般位置平面上取一条投影面平行线，然后再经一次换面将投影面平行线变成投影面垂直线。

如图 4-8（a）所示，△ABC 在 V/H 体系中是一般位置平面，为了把它变成投影面垂直面，先在△ABC 上作一水平线 AD，然后作新投影面 V_1 垂直于 AD，此时△ABC 在 V_1/H 体系中就变成 V_1 面的垂直面了。

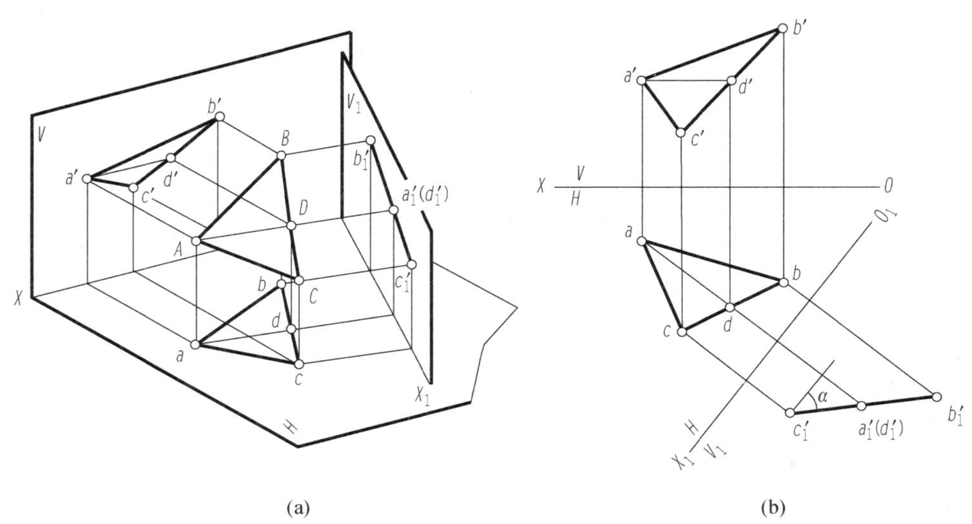

图 4-8 将一般位置平面变成投影面的垂直面

（a）空间示意；（b）投影图

作图过程如图 4-8（b）所示：

（1）在△ABC上取一条水平线AD（$a'd'$，ad）；

（2）在适当位置作新投影轴O_1X_1，垂直于ad；

（3）按点的投影变换规律，求出各点的新投影$a_1'b_1'c_1'$，则$a_1'b_1'c_1'$必然积聚成一条直线。并且$a_1'b_1'c_1'$与O_1X_1轴的夹角即为△ABC与H面的夹角α。

若要求作△ABC与V面的倾角β，应在△ABC上取一条正平线，将这条正平线变成新投影面H_1面的垂直线，△ABC就变成新投影面H_1面的垂直面了，积聚投影$a_1b_1c_1$与O_1X_1轴的夹角即反映△ABC与V面的倾角β。

2. 投影面垂直面变换为投影面平行面

通过一次换面可将投影面垂直面变换为投影面平行面，从而解决求投影面垂直面的实形问题。

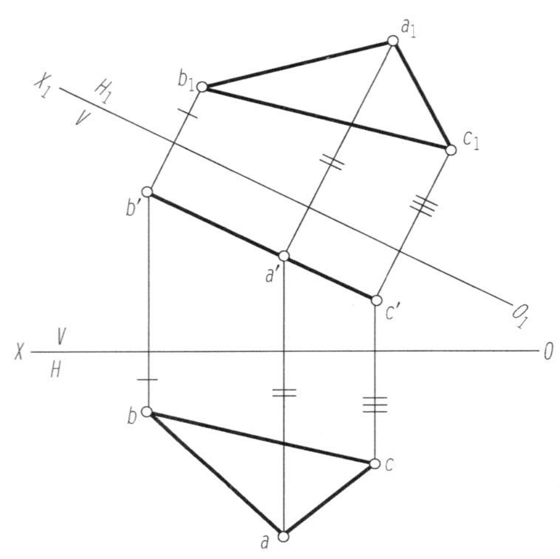

图4-9 将投影面垂直面变为投影面平行面

要将投影面垂直面变换为投影面平行面，应设立一个与已知平面平行，且与V/H投影体系中某一投影面垂直的新投影面。根据投影面平行面的投影特点可知，新投影轴应平行于平面有积聚性的投影。

将正垂面△ABC变换为投影面平行面的作图过程如图4-9所示：

（1）作$O_1X_1 /\!/ a'b'c'$；

（2）在新投影面上求出A、B、C三点的新投影a_1、b_1、c_1，得△$a_1b_1c_1$。△$a_1b_1c_1$即为△ABC的实形。

若要求作处于铅垂位置的平面图形的实形，应使新投影面V_1平行于该平面，新投影轴平行于平面有积聚性的投影。此时，平面在V_1面上的投影反映实形。

（二）平面的二次变换

通过二次换面可将一般位置平面变换为投影面平行面，从而解决求一般位置平面的实形问题。

要将一般位置平面变换为投影面平行面，显然一次换面是不行的。因为若选新投影面平行于一般位置平面，则新投影面也必然是一般位置平面，它与原体系中的两投影面均不垂直，不能构成新的投影面体系。若想达到上述目的应先将一般位置平面变换成投影面垂直面，再将投影面垂直面变换成投影面平行面。

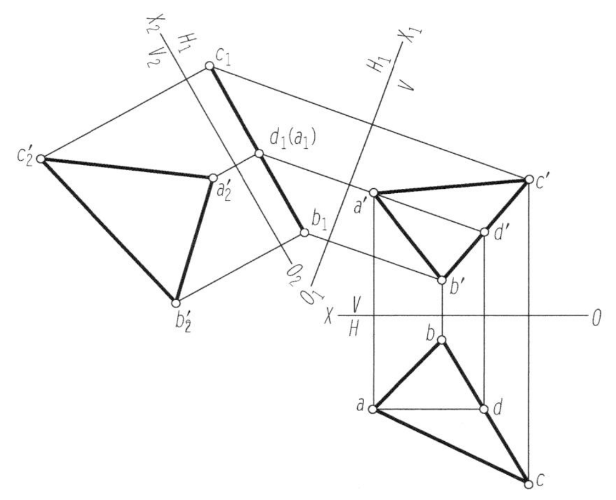

图4-10 将一般位置平面变为投影面平行面

如图4-10所示，要求一般位置平面△ABC的实形，可先将V/H中的一般位置平面△ABC变成H_1/V的H_1面垂直面，再将H_1垂直面变成V_2/H_1中的V_2面的平行面，$\triangle a_2'b_2'c_2'$即为$\triangle ABC$的实形。

(1) 先在V/H中作$\triangle ABC$上的正平线AD的两面投影$a'd'$和ad；

(2) 作$O_1X_1 \perp a'd'$求出点A、B、C的H_1面投影a_1、b_1、c_1；

(3) 作$O_2X_2 // a_1b_1c_1$，在V_2面上作出$\triangle a_2'b_2'c_2'$，即为$\triangle ABC$的实形。

当然也可在$\triangle ABC$上取水平线，先将$\triangle ABC$变成V_1/H中的V_1面垂直面，再将之变成V_1/H_2中的H_2面的平行面，在H_2面上作出$\triangle a_2b_2c_2$即为$\triangle ABC$的实形。

第二节 换面法的应用

用换面法可以较为方便地解决空间几何元素间的定位问题和度量问题。

一、定位问题

【例4-1】 如图4-11(a)所示，求直线EF与$\triangle ABC$的交点。

因$\triangle ABC$和直线EF均为一般位置，所以它们的交点不能直接作出。但当平面为投影面垂直面时，利用积聚性可直接求出直线与平面的交点。因此，采用换面法将$\triangle ABC$变换为投影面垂直面，就可求出直线EF与$\triangle ABC$的交点。作图步骤如图4-11(b)所示：

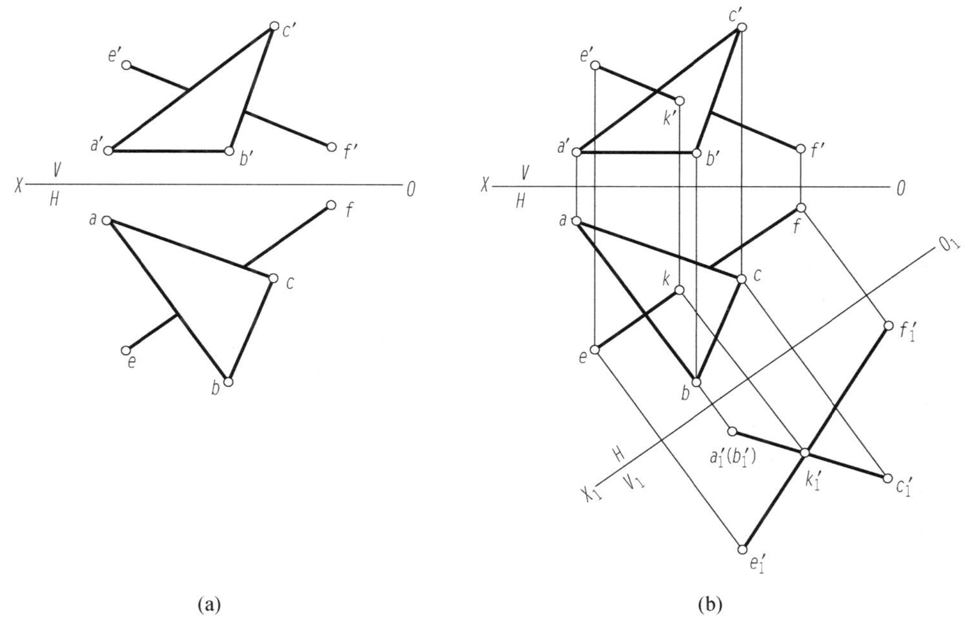

图4-11 求直线与平面的交点

(a) 已知条件；(b) 作图

(1) 作新投影轴$O_1X_1 \perp ab$。因AB为平面上的水平线，故$\triangle ABC$变换为新投影面体系V_1/H中V_1面的垂直面；

(2) 在V_1面上作出直线EF和平面$\triangle ABC$的新投影$e_1'f_1'$和$a_1'b_1'c_1'$，其交点k_1'为所求交点K的新投影；

(3) 由k_1'返回作图得交点K的H、V投影k和k'，返回时$k_1'k \perp O_1X_1$，$kk' \perp OX$；

(4) 判断直线EF的可见性，完成解题。

【例 4-2】 如图 4-12（a）所示，已知线段 $AB/\!/CD$，且相距为 10mm，求 $c'd'$。

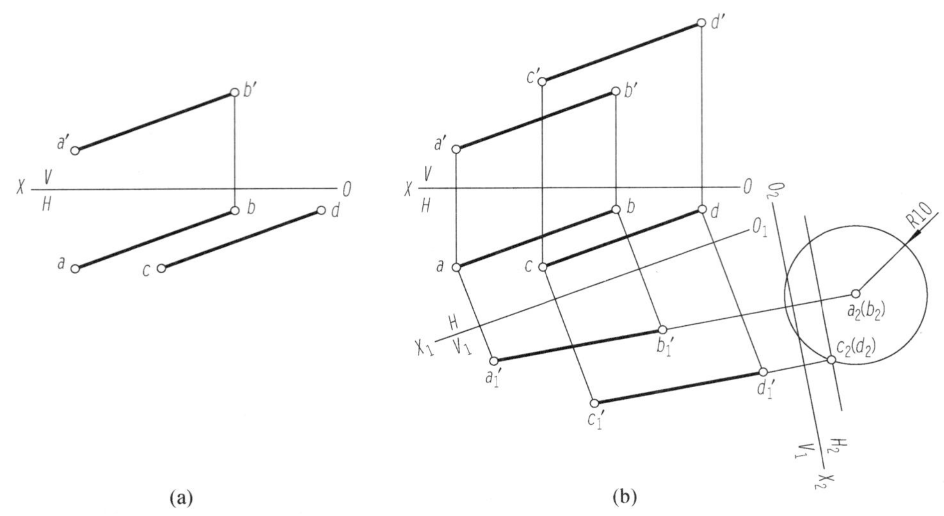

图 4-12 求 CD 的正面投影 $c'd'$

（a）已知条件；（b）作图

$AB/\!/CD$，它们的间距 L 能在垂直于两直线的新投影面上的投影反映出来。因此，要把 AB、CD 变换为新投影面的垂直线，而 AB、CD 为一般位置直线，故需经过两次变换。

作图步骤如图 4-12（b）所示：

（1）作 $O_1X_1/\!/ab$，在 V_1 面上作出 $a_1'b_1'$，$a_1'b_1'=AB$。

（2）作 $O_2X_2\perp a_1'b_1'$，在 H_2 面上作出 $a_2(b_2)$（积聚成一点），此时 CD 在 H_2 面上的投影也为一点，且到 $a_2(b_2)$ 的距离为 L(10mm)。

（3）以 $a_2(b_2)$ 为圆心，以 L(10mm) 为半径画圆弧，则 $c_2(d_2)$ 点必在这个圆弧上。

（4）根据投影变换规律，CD 线的 H 投影 cd 到 O_1X_1 轴的距离等于 CD 线在 H_2 面上的投影 $c_2(d_2)$ 到 O_2X_2 轴的距离，因此在 H_2 面上作 O_2X_2 轴的平行线，距离为 cd 到 O_1X_1 轴的距离，该线与圆弧的交点 $c_2(d_2)$ 即为 CD 线的投影。

（5）过 $c_2(d_2)$ 作 O_2X_2 轴的垂线，过 c、d 分别作 O_1X_1 轴的垂线，交于 c_1'、d_1'，再根据点的投影变换规律，画出 $c'd'$，即为所求。

二、度量问题

【例 4-3】 如图 4-13（a）所示，求△ABC 和 ABD 之间的夹角。

当两三角形平面同时垂直于某一投影面时，它们在该投影面上的投影直接反映两平面夹角的实形，如图 4-13（b）所示。要把两三角形平面同时变成投影面垂直面，只要把它们的交线 AB 变成投影面的垂直线即可。但根据已知条件，交线 AB 为一般位置直线，若变为投影面垂直线则需要换两次投影面，即先变为投影面平行线，再变为投影面垂直线。

作图步骤如图 4-13（c）所示：

（1）作 O_1X_1 轴$/\!/ab$，使交线 AB 在 V_1/H 体系中变为 V_1 面的平行线；

（2）作 O_2X_2 轴$\perp a_1'b_1'$，使交线 AB 在 V_1/H_2 体系中变为 H_2 面的垂直线。这时两三角形在 H_2 面上的投影积聚为两相交直线 $a_2(b_2)$ c_2 和 $a_2(b_2)$ d_2，则$\angle c_2a_2d_2$ 即为两面夹角 θ。

【例 4-4】 如图 4-14（a）所示，求交叉二直线 AB 和 CD 之间的最短距离，并定出它

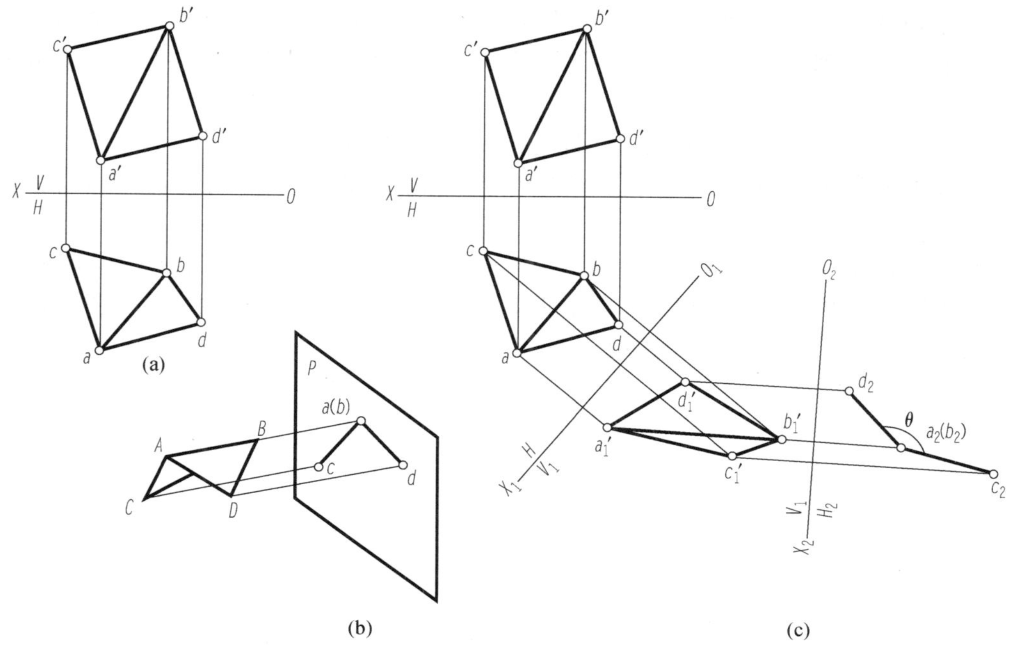

图 4-13　求两平面夹角

(a) 已知条件；(b) 空间示意；(c) 作图

们公垂线的位置。

两交叉直线的最短距离，就是它们公垂线的长度，如果将两交叉直线之一变换成投影面垂直线，则公垂线必成为新投影面的平行线，其新投影就能反映距离的实长，且与另一直线在新投影面上的投影垂直，如图 4-14 (b) 所示。

作图步骤如图 4-14 (c) 所示：

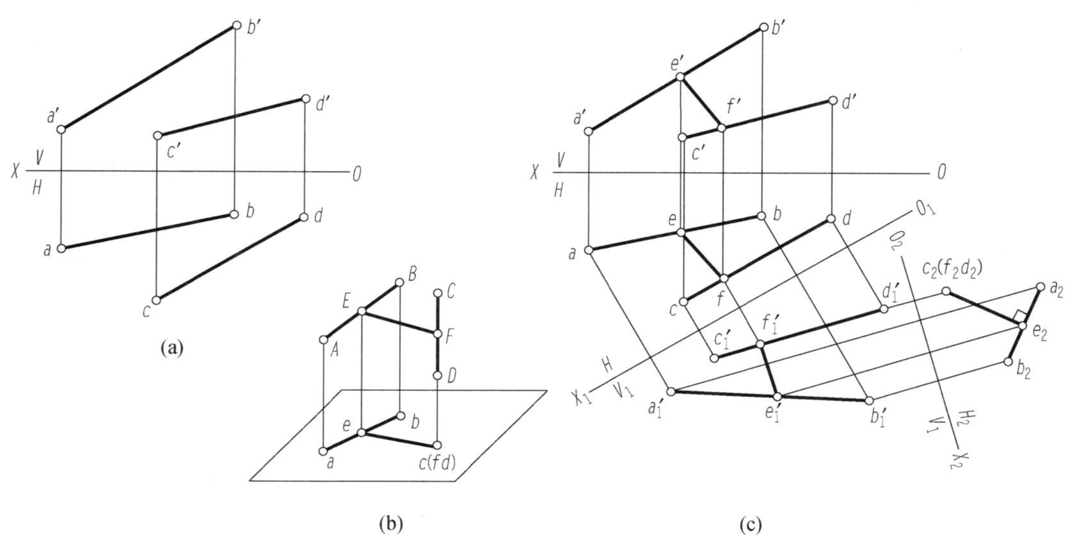

图 4-14　求交叉二直线间的距离

(a) 已知条件；(b) 空间示意；(c) 作图过程

（1）作 O_1X_1 轴 $//cd$，使 CD 变为新投影面 V_1 面的平行线，作出新投影 $a_1'b_1'$，$c_1'd_1'$；

（2）作 O_2X_2 轴 $\perp c_1'd_1'$，使 CD 变为新投影面 H_2 面的垂直线，作出新投影 a_2b_2，$c_2(d_2)$；

（3）过 $c_2(d_2)$ 作 $e_2f_2 \perp a_2b_2$，e_2f_2 即为公垂线 EF 的实长；

（4）按投影变换规律，将 e_2f_2 返回即可作出公垂线的 H、V 投影 ef 和 $e'f'$，其中 $e_1'f_1' // O_2X_2$。

对于点到直线、点到平面、平行两直线、平行两平面及平行的直线与平面间的距离问题，均可仿照上述方法，使二者之一的直线或平面变换成投影面的垂直线或垂直面，这样，所求距离的实长就在所垂直的投影面上反映出来。

第五章　立体的截交与相贯

建筑形体是由柱、锥、球等基本形体构成。常见的基本形体可分为两大类：一类是平面立体，如棱柱、棱锥；另一类是曲面立体，如圆柱、圆锥、球、圆环。本章除了介绍这些基本形体的投影外，将重点阐述立体表面与平面相交后的投影，即立体的截交，以及两个立体相交后的投影，即立体的相贯，本章主要介绍立体的截交线和相贯线的求法。

第一节　平面立体的投影

平面立体是由若干个平面围成的多面体。立体表面上面面相交的交线称为棱线，棱线与棱线的交点称为顶点。求平面立体的投影就是作出组成立体表面的各平面和棱线的投影，看得见的棱线画成实线，看不见的棱线画成虚线。

一、棱柱

（一）棱柱的投影

现以图 5-1 三棱柱为例。

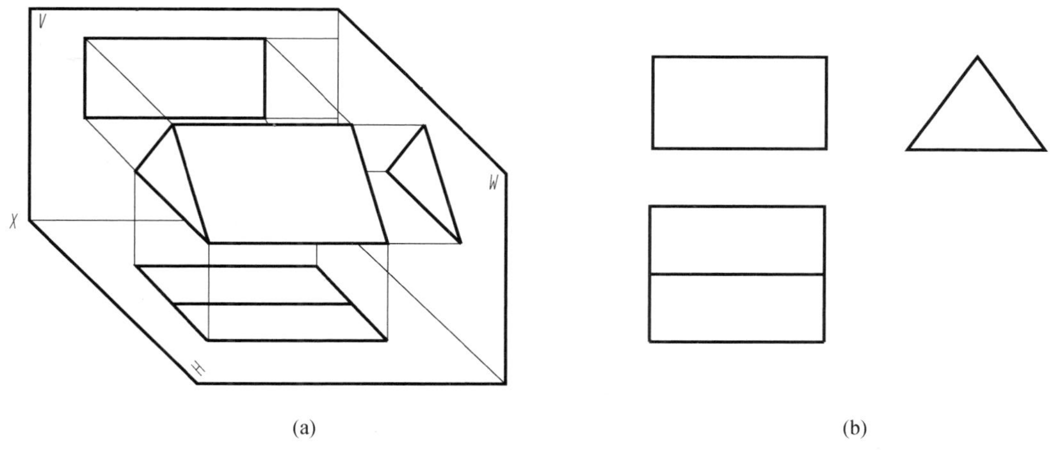

(a)　　(b)

图 5-1　三棱柱的投影

(a) 空间示意；(b) 投影图

1. 形体分析

三棱柱是由两个端面和三个侧面所组成。两个端面为三角形，三个侧面为矩形，三条棱线相互平行。

2. 投影分析

(1) 安放位置。两个端面三角形均为侧平面，底面为水平面，前、后侧面均为侧垂面，长度方向的三条棱线均为侧垂线。

(2) 画投影图。

画出两个端面的三面投影：其 W 投影重合，反映三角形实形，是三棱柱的特征投影。它们的 H 投影和 V 投影均积聚为直线。

画出各棱线的三面投影：W 投影积聚为三角形的三个顶点，其 H 投影和 V 投影均反映实长。

（二）求棱柱体表面上的点和线

由于组成棱柱的各表面都是平面，因此，在平面立体表面上取点、取线的问题，实质上就是在平面上取点、取线的问题，可利用前述在平面上取点、取线的方法求得。解题时应首先确定所给点、线在哪个表面上，再根据表面求点和线的方法，利用平面投影的积聚性或在平面内作辅助线求解。对于棱柱体表面上的点和线，还要考虑它们的可见性，判别立体表面上点和线可见与否的原则是：如果点、线所在表面的投影可见，那么点、线的同面投影可见，即只有位于可见表面上的点、线才是可见的，否则不可见。

【例 5-1】 如图 5-2（a）所示，已知正三棱柱表面上点 M、N 的 V 面投影 m'、(n') 及 K 点的 H 投影 k，求 M、N、K 点的其余两投影。

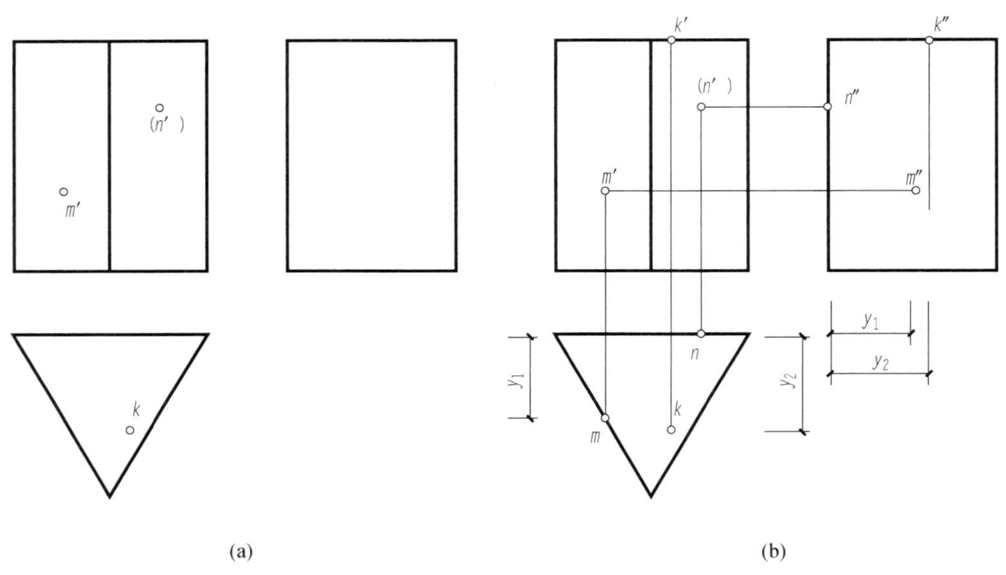

图 5-2 三棱柱表面上取点

（a）已知；（b）作图

分析：三棱柱的两个侧面均为铅垂面，一个为正平面，H 投影都有积聚性，根据 m'、(n') 判断 M 点和 N 点分别位于三棱柱的左前侧面和后侧面上，其 H 投影必在该两侧面的积聚投影上。根据 K 点的 H 投影 k 可判断 K 点位于三棱柱的顶面上，而三棱柱的顶面为水平面，其 V 投影和 W 投影均积聚为直线段，因此 k' 和 k'' 也必然位于其顶面的积聚投影上。

作图过程如图 5-2（b）所示，步骤如下：

（1）分别过 m'、(n') 向下引垂线交积聚投影于 m、n 点。

（2）根据已知点的两面投影求第三投影的方法（二补三）求得 m''、n''。

（3）过 K 点的 H 投影 k 向上引垂线交顶面的积聚投影于 k'。

（4）根据 k、k'（二补三）求得 k''。

（5）判别可见性：因 M 点在左前侧面，则 m'' 可见；而 N 点的 H 投影、W 投影及 K 点的 V 投影、W 投影均在积聚投影上，所以均可见。

二、棱锥

（一）棱锥的投影

现以图 5－3 正三棱锥为例。

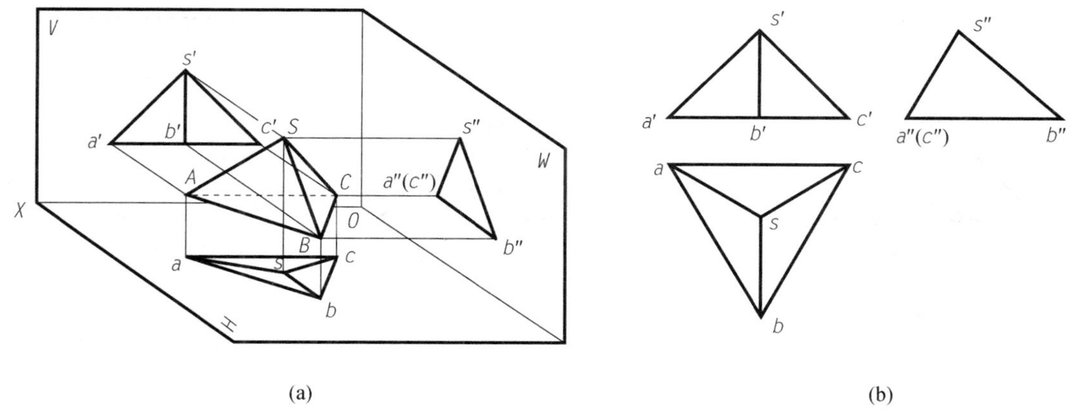

(a)　(b)

图 5－3　三棱锥的投影

（a）空间示意；（b）投影图

1. 形体分析

三棱锥是由一个底面和三个侧面所组成。底面及侧面均为三角形。三条棱线交于一个顶点。

2. 投影分析

（1）安放位置。

三棱锥的底面为水平面，侧面△SAC 为侧垂面。

（2）画投影图。

画出底面△ABC 的三面投影：H 投影反映实形（正三角形），V、W 投影均积聚为直线段。

画出顶点 S 的三面投影，将顶点 S 和底面△ABC 的三个顶点 A、B、C 的同面投影两两连线，即得三条棱线的投影，三条棱线围成三个侧面，完成三棱锥的投影。

（二）求棱锥体表面上的点和线

【例 5－2】 如图 5－4（a）所示，已知正四棱锥表面上折线 $ABCED$ 的 H 面投影 $abced$，求四棱锥的 W 面投影及折线 $ABCED$ 的其余两投影。

分析：正四棱锥的四个侧面均为三角形平面，三个投影均没有积聚性，底面为水平面，在其余两个投影面上的投影积聚为直线，由于该四棱锥左右、前后对称，故其 W 面投影的形状与 V 面投影完全一样。折线 $ABCED$ 共有 4 段，分别位于四个侧面上，只要求出了 A、B、C、E、D 五个点的投影，然后连线即可求出折线的投影。

作图过程如图 5－4（b）所示，步骤如下：

（1）连接 sa 并延长至 mr，且与 mr 相交于点 1，过点 1 向上作垂线与四棱锥底面在 V 面上的积聚投影相交与 $1'$，连接 $s'1'$，然后过点 a 向上作垂线，与 $s'1'$ 相交得 a'，根据 a、a'（二补三）求得 a''。

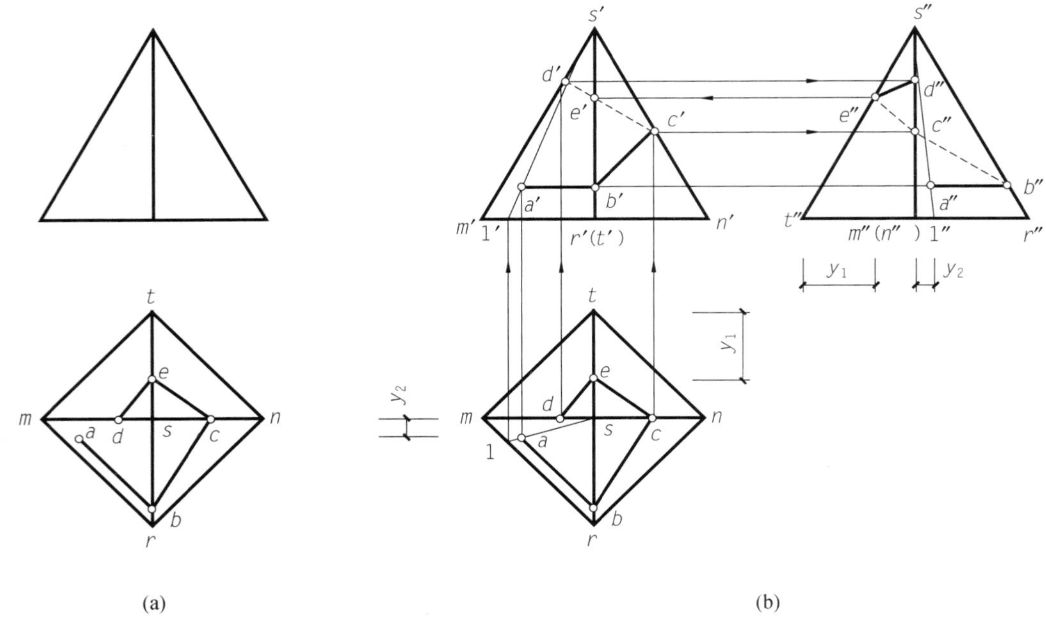

图 5-4 三棱柱表面上取点

(a) 已知；(b) 作图

(2) 由于 AB 平行于 MR，所以可利用平行性求得点 B 的两面投影 b、b'。

(3) 点 D、C 分别在侧棱 SM、SN 上，利用从属性求得点 D 和点 C 的两面投影 d''、d'、c''、c'。

(4) 根据“宽相等”的规律，在 W 投影中求出点 E 的 W 面投影 e''，进而求出 e'。

(5) 在 V 面投影中，依次连接 a'、b'、c'、e'、d'，在 W 面投影中，依次连接 a''、b''、c''、e''、d''。

(6) 判别可见性：因 CED 在后两侧面上，则 $c'e'd'$ 不可见，画成虚线；因 BCE 在右两侧面上，则 $b''c''e''$ 不可见，画成虚线。

第二节 平面立体的截交线

在组合形体的表面上，经常出现一些由平面与立体相交而产生的交线。平面与立体相交，可视为立体被平面所截。截割立体的平面称为截平面；截平面与立体表面的交线称为截交线；由截交线所围成的平面图形称为截面（断面），如图 5-5 所示。

一、平面体截交线的特性

根据截平面的位置和与立体形状的不同，所得截交线的形状也不同，但任何截交线都具有以下基本性质：

(1) 封闭性。立体是由它的表面所围合而成的完整体，所以立体表面上的截交线总是封闭的平面图形。

(2) 共有性（双重性）。截交线既属于截平面，又属于立体的表面，所以截交线是截平面与立体表面的共有线。组成截交线的每一个点，都是立体表面与截平面的共有点。所以，

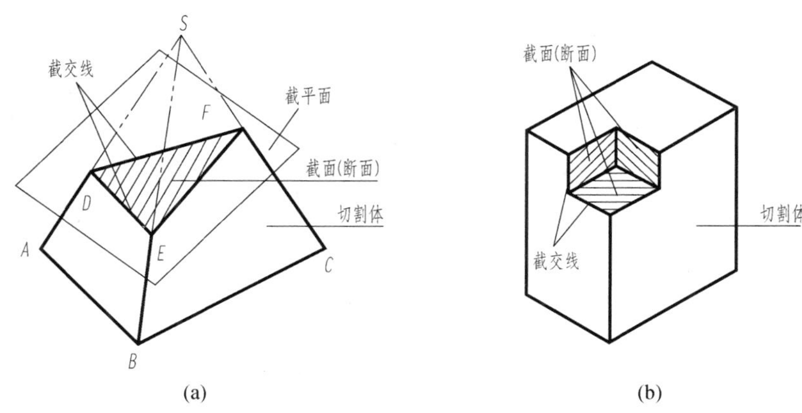

(a) (b)

图 5-5 平面与立体表面相交

求截交线，实质上就是求截平面与立体表面共有点的问题。

截平面与平面立体相交所得的截交线，是一条封闭的平面多边形折线。平面多边形的每一个顶点都是平面体的棱线与截平面的交点，称为折点，每一条边均是平面体表面与截平面的交线。

二、平面体截交线的求法

通过对平面体截交线的形状分析，可得出求截交线的方法。求截交线的方法通常有两种：

（1）折点法——求出平面体的棱线与截平面的交点，再把同一侧面上的各点相连。

（2）交线法——直接求平面体的表面与截平面的交线。

求截交线的步骤：

（1）分析截平面和立体与投影面的相对位置，找出截交线的积聚投影；

（2）求棱线与截平面的交点（即折点）；

（3）连接各折点，注意，必须在同一表面上的相邻两点才能相连；

（4）多个截平面还应求出截平面间的交线；

（5）判别可见性，可见表面上的交线才可见，不可见表面上的交线不可见，用虚线表示。

【例 5-3】 如图 5-6 所示，已知截平面 P 截割四棱锥体的 V 投影，完成截断体的其他两个投影。

分析：由图 5-6（a）可见，截平面 P 与四棱锥的四个侧面都相交，所以截交线为四边形。四边形的四个顶点是四棱锥的四条棱线与截平面的交点。由于截平面 P 为正垂面，故截交线的 V 面投影积聚为直线，可直接确定，然后再由 V 投影求出 H 和 W 投影，最后将截割后保留的棱线投影延长至各折点，从而完成截断体的投影。

作图过程如图 5-6（b）所示，步骤如下：

（1）根据截交线投影的积聚性，在 V 面投影中直接求出截平面 P 与四棱锥四条棱线交点的 V 投影 $1'$、$2'$、$3'$、$4'$。

（2）根据从属性，在四棱锥各条棱线的 H、W 投影上，求出交点的相应投影 1、2、3、4 和 $1''$、$2''$、$3''$、$4''$。

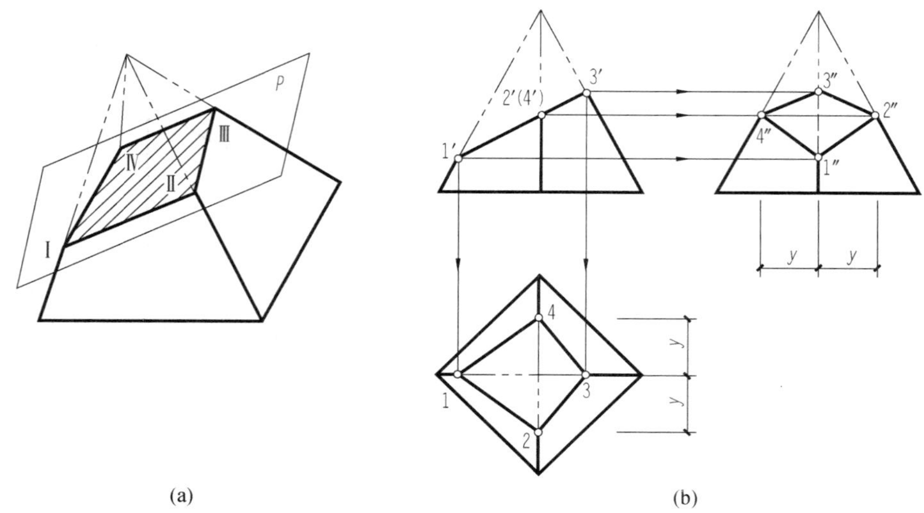

(a) (b)

图 5-6 求四棱锥体截断后的投影
(a) 空间示意；(b) 投影图

(3) 将各点的同面投影依次相连（注意同一侧面上的相邻两点才能相连），即得截交线的各投影。由于四棱锥去掉了被截平面切去的部分，所以截交线的三个投影均为可见。

(4) 将 H、W 投影的各棱线延长至对应的折点，注意 W 投影中的右侧棱为虚线。

图 5-7 (a) 是已知带缺口正四棱锥的 V 投影，要求完成截割体的 H 和 W 投影。

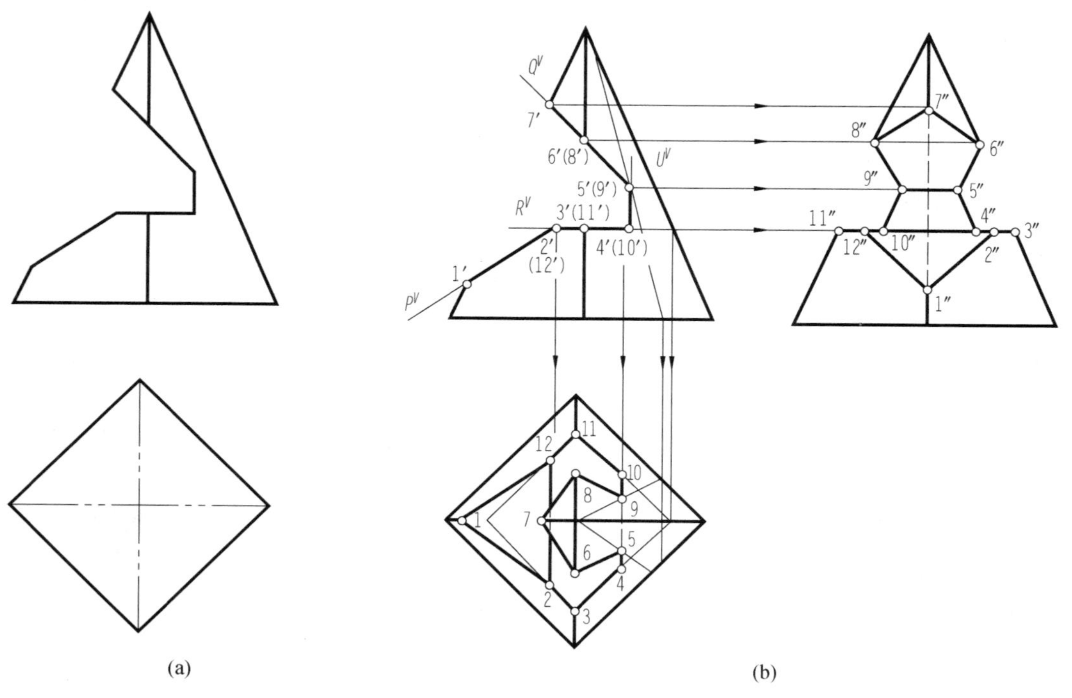

(a) (b)

图 5-7 求带缺口四棱锥体的投影
(a) 已知；(b) 作图

从给出的 V 投影可知，四棱锥的缺口是由水平面 R 和正垂面 Q、P 以及侧平面 U 截割四棱锥而形成的。只要分别求出这四个截平面与四棱锥的截交线Ⅰ～Ⅻ，以及 P、R 两平面的交线ⅡⅫ，U、R 两平面的交线ⅣⅩ，U、Q 两平面的交线ⅤⅨ（H 面投影不可见）即可。注意在 W 投影中，四棱锥最右侧棱是完整的，上、下各有一段与左侧棱的投影重合，中间那一段不可见，画成虚线。具体作图过程如图 5-7（b）所示，不再详述。

第三节 曲面立体的投影

常见的曲面立体是回转体，主要有圆柱、圆锥、球、圆环等。曲面立体是由曲面或曲面与平面围合而成的。

在投影面上表示回转体就是把组成回转体的曲面或曲面与平面表示出来，然后判别其可见性。曲面上可见与不可见的分界线称为回转面对该投影面的转向轮廓线。因为转向轮廓线是对某一投影面而言，所以它们的其他投影不应画出。

曲面立体表面上取点、线，与在平面上取点、线的原理一样，应本着“点在线上，线在面上”的原则。此时的“线”可能是转向轮廓线，也可能是纬圆或棱线。在曲面立体表面上求线（直线、曲线），应先求出该曲面上能确定此线的一系列点的投影，然后将其连接并判别可见性。

一、圆柱体

（一）圆柱体的投影

如图 5-8 所示，圆柱体由圆柱面、顶面、底面围成。圆柱面是由直线绕与其平行的轴线旋转一周形成的。因此圆柱面也可看作是由无数条相互平行且长度相等的素线所围成的。

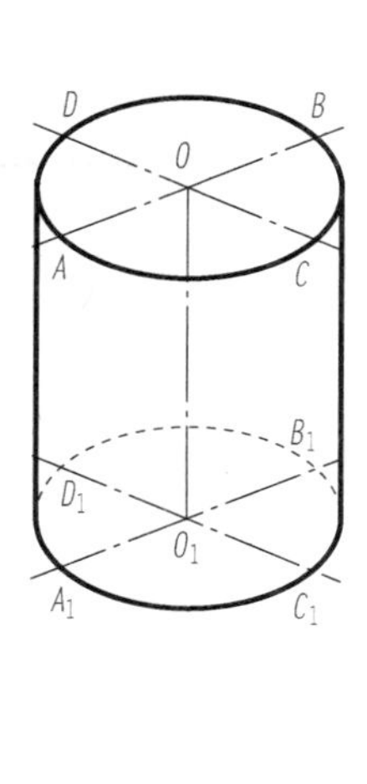

(a)

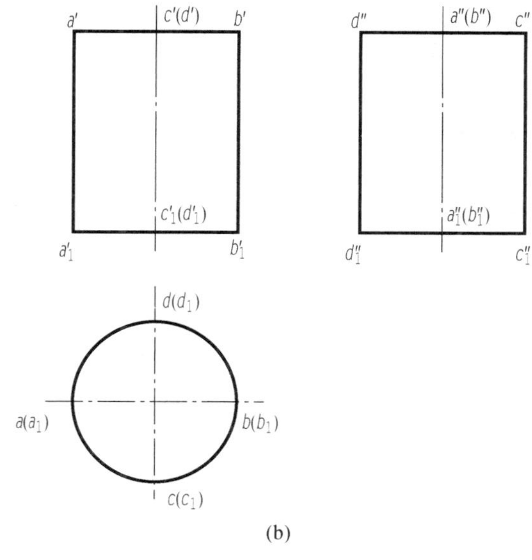

(b)

图 5-8 圆柱体的投影

（a）空间示意；（b）投影图

圆柱轴线垂直于 H 面，底面、顶面为水平面，底面、顶面的水平投影反映圆的实形，其他投影积聚为直线段。

画投影图时应注意以下几点：

（1）用单点长画线画出圆柱体的轴线、中心线（H 投影）；

（2）画出顶面、底面圆的三面投影；

（3）画转向轮廓线的三面投影。该圆柱面对正面的转向轮廓线（正视转向轮廓线）为 AA_1 和 BB_1，其侧面投影与轴线重合，对侧面的转向轮廓线（侧视转向轮廓线）为 DD_1 和 CC_1，其正面投影与轴线重合。

还应注意圆柱体的 H 投影圆是整个圆柱面积聚成的圆周，圆柱面上所有的点和线的 H 投影都重合在该圆周上。圆柱体的三面投影特征为一个圆对应两个矩形。

（二）求圆柱体表面上的点和线

在圆柱体表面上取点，可直接利用圆柱投影的积聚性作图。

【例 5-4】 如图 5-9（a）所示，已知圆柱面上的点 M、N 的正面投影，求其另两个投影。

分析：M 点的正面投影 m' 可见，又在点画线的左面，由此判断 M 点在左、前半圆柱面上。侧面投影可见。N 点的正面投影（n'）不可见，又在点画线的右面，由此判断 N 点在右后半圆柱面上，侧面投影不可见。

作图过程如图 5-9（b）所示，步骤如下：

（1）求 m、m''，过 m' 向下作垂线交于圆周上一点为 m，根据 y_1 坐标求出 m''；

（2）求 n、n''，作法与 M 点相同，注意是 n'' 不可见的。

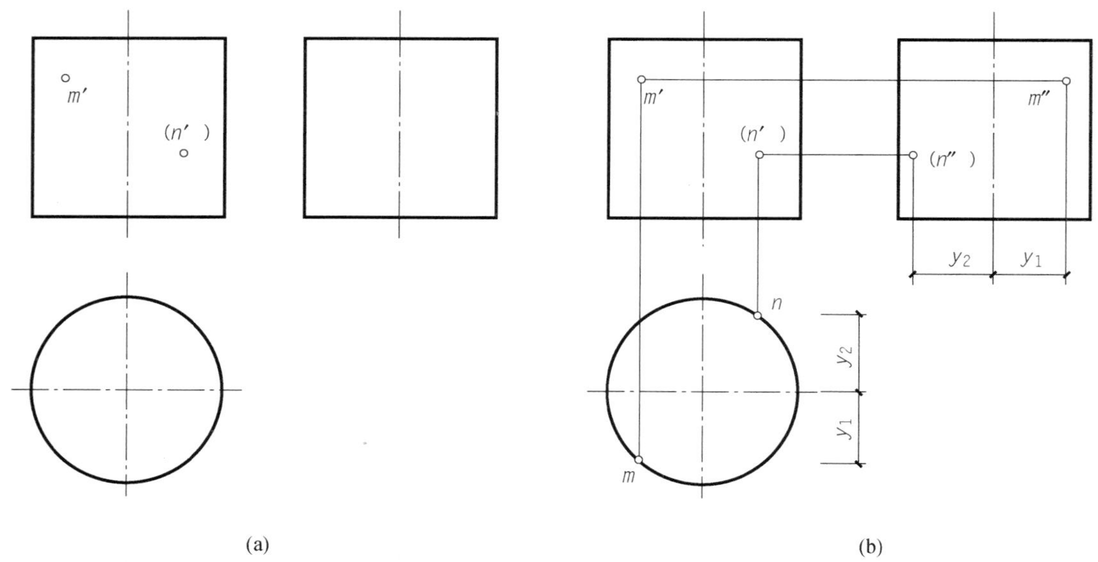

图 5-9 圆柱体表面上取点

（a）已知；（b）作图

【例 5-5】 如图 5-10（a）所示，已知圆柱面上的 $ADCEB$ 线段的正面投影，求其另两个投影。

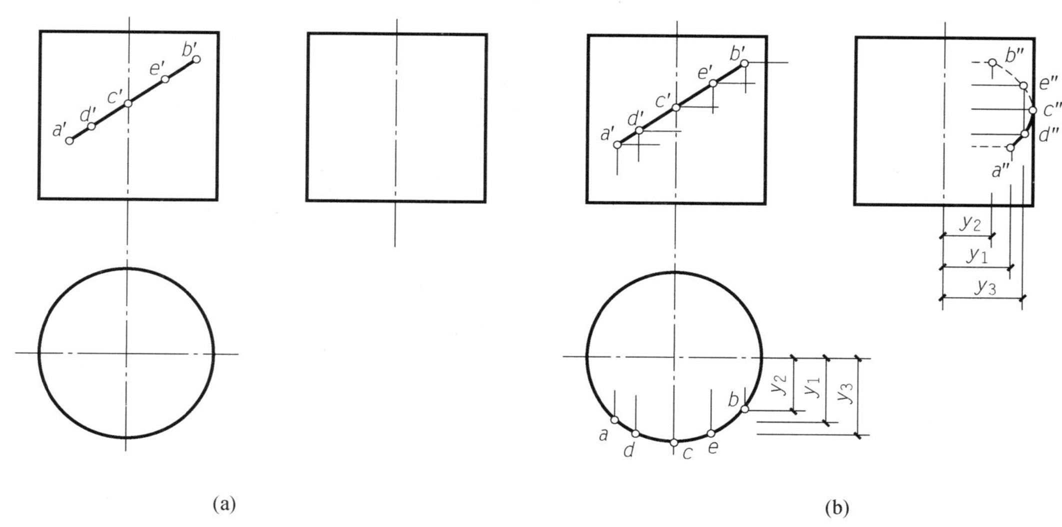

图 5-10　圆柱体表面上取线

(a) 已知；(b) 作图

分析：圆柱面上的线除了素线外均为曲线，由此判断线段 $ADCEB$ 是圆柱面上的一段曲线。又因 $a'd'c'e'b'$ 可见，因此曲线 $ADCEB$ 位于前半圆柱面上。表示曲线的方法是画出曲线上的诸如端点、转向轮廓线上的点、分界点等特殊位置点及适当数量的一般位置点，把它们光滑连接即可。

作图过程如图 5-10（b）所示，步骤如下：

（1）求端点 A、B 的投影：先利用积聚性求得 H 投影 a、b，再根据 y_1、y_2 坐标求得 a''、b''；

（2）求侧视转向轮廓线上的点 C 的投影 c、c''；

（3）求中间点：利用积聚性求出 H 投影 d、e，再根据 y_3 坐标求得 d''、e''；

（4）判别可见性并连线：C 点为侧面投影可见与不可见分界点，曲线的侧面投影 $c''e''b''$ 为不可见，画成虚线。$a''d''c''$ 为可见，画成实线。

二、圆锥体

（一）圆锥体的投影

圆锥体是由圆锥面和底面围合而成。圆锥面可看作一直母线绕与其相交的轴线旋转而成。因此圆锥面可看作是由无数条交于顶点的素线所围成，也可看作是由无数个平行于底面渐变大小的纬圆组成。

图 5-11 所示的圆锥轴线垂直于 H 面，底面为水平面，H 投影反映底面圆的实形，其他两投影均积聚为直线段。

画投影图时应注意以下几点：

（1）用点画线画出圆锥体各投影轴线、中心线；

（2）画出底面圆和锥顶 S 的三面投影；

（3）画出各转向轮廓线的投影，正视转向轮廓线的 V 投影 $s'a'$、$s'b'$，侧视转向轮廓线的 W 投影为 $s''c''$、$s''d''$。

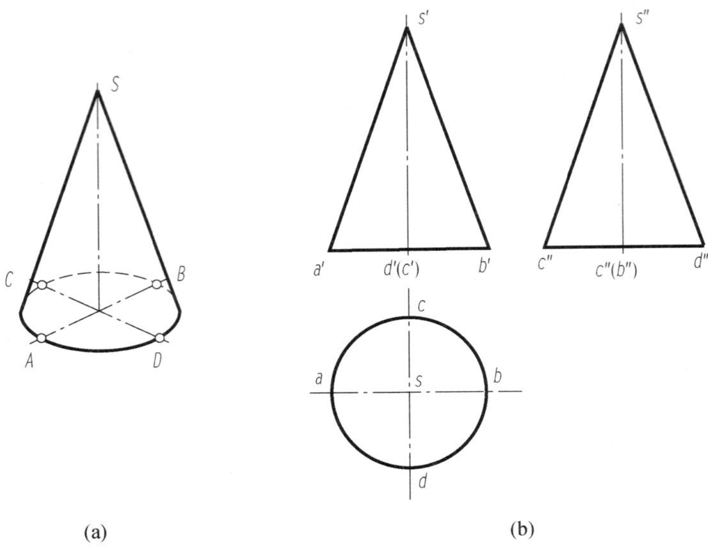

(a)　　(b)

图 5-11　圆锥体的投影

（a）空间示意；（b）投影图

圆锥面的三个投影都没有积聚性。圆锥面三面投影的特征为一个圆对应两个三角形。

（二）求圆锥体表面上的点和线

由于圆锥体的三个投影都没有积聚性，求表面上的点时，需采用辅助线法。为了作图方便，在曲面上作的辅助线应尽可能的是直线（素线）或平行于投影面的圆（纬圆）。因此在圆锥体表面上取点的方法有两种：素线法和纬圆法。

【例 5-6】 如图 5-12 所示，已知圆锥体上点 M 的正面投影 m'，求 m、m''。

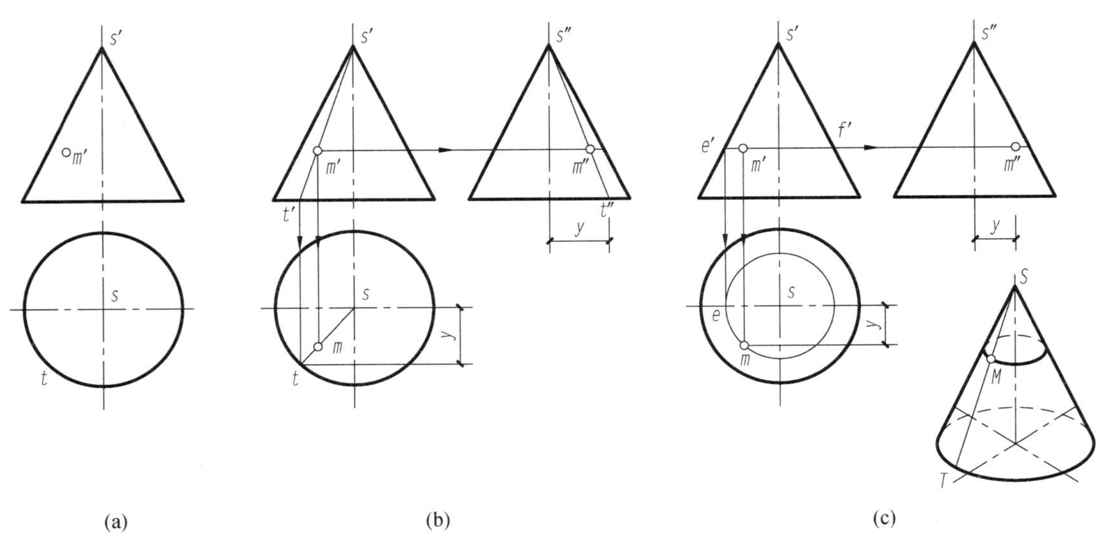

(a)　　(b)　　(c)

图 5-12　圆锥体表面上取点

（a）已知；（b）素线法；（c）纬圆法

解 1. 素线法

如图 5 - 12（a）所示，M 点在圆锥面上，一定在圆锥面的一条素线上，故过锥顶 S 和点 M 作一素线 ST，求出素线 ST 的各投影，根据点线的从属关系，即可求出 m、m''。作图过程如图 5 - 12（b）所示，作图步骤如下：

（1）在图 5 - 12（b）中连接 $s'm'$延长交底圆于 t'，在 H 投影上求出 t 点，根据 t、t'求出 t''，连接 st、$s''t''$即为素线 ST 的 H 投影和 W 投影。

（2）根据点线的从属关系求出 m、m''。

解 2. 纬圆法

过点 M 作一平行于圆锥底面的纬圆，该纬圆的水平投影为圆，正面投影、侧面投影为一直线，M 点的投影一定在该圆的投影上。作图过程如图 5 - 12（c）所示，作图步骤如下：

（1）在图 5 - 12（c）中，过 m'作与圆锥轴线垂直的线 $e'f'$，它的 H 投影为一直径等于 $e'f'$、圆心为 S 的圆，m 点必在此圆周上。

（2）由 m'、m 求出 m''。

【例 5 - 7】 如图 5 - 13（a）所示，已知圆锥面上的线段 CD 的水平面投影，求它的另两个投影。

求圆锥面上线段投影的方法是求出线段上端点、轮廓线上的点、分界点等特殊位置点及适当数量的一般点，依次光滑连接各点的同面投影即可。

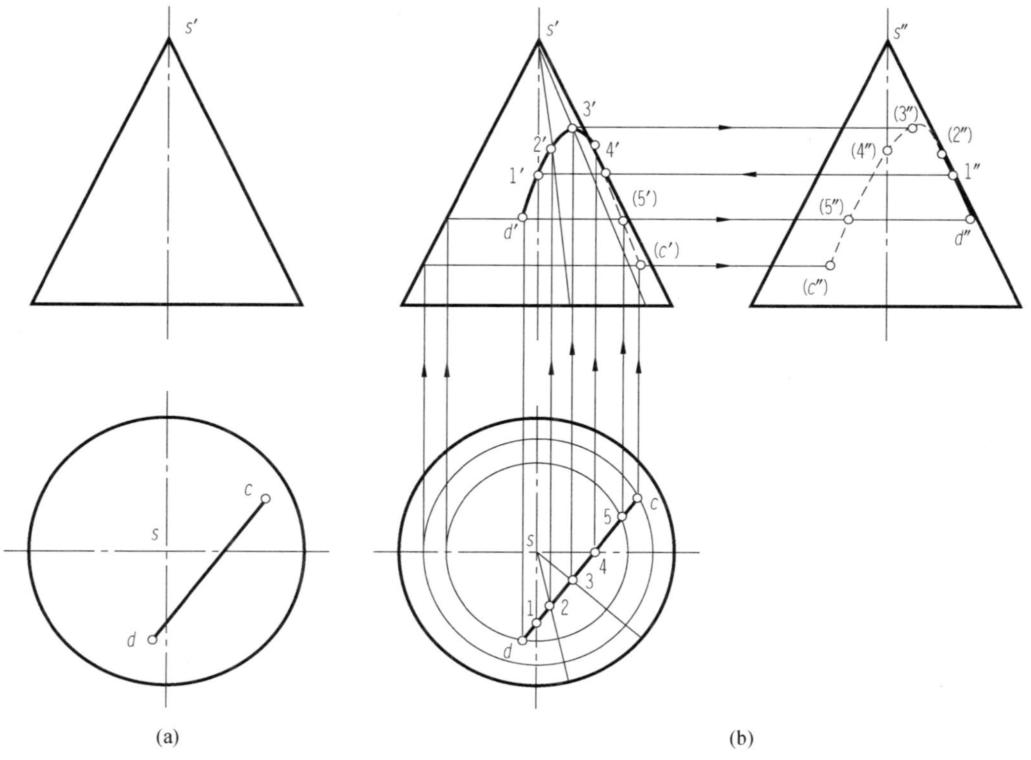

图 5 - 13　圆锥体表面上取线

（a）已知；（b）作图

作图过程如图 5-13（b）所示，步骤如下：

（1）补充圆锥面的 W 投影。

（2）求端点：CD 两点均为一般点，利用纬圆法求出其 V 面投影和 W 投影（也可利用素线法）。

（3）求特殊点：CD 与圆锥的最前最右素线相交，设交点为Ⅰ和Ⅳ，根据Ⅰ点的 H 投影 1 和投影对应关系，很容易利用 y 坐标之差在 W 投影中求出 $1''$；Ⅳ点由其 H 投影 4 先求出 $4'$，再根据投影规律求出 $4''$；对圆锥来讲，点离锥顶越近，就越高。因此在线条离锥顶最近的点就是最高点；在 H 投影中过 s 作 cd 的垂线，垂足为 3，那么Ⅲ点就应该是最高点，图中利用素线法求出 $3'$ 和 $3''$。

（4）求一般点：为保证作图准确，还需要取一定数量的一般点，图中取了Ⅱ、Ⅴ两个一般点。先在线 H 投影中点较稀疏的地方（如 4 和 c 之间）标出一般点的 H 投影 2、5，然后用纬圆法或素线法求出其另外两个投影。

（5）连线：依次光滑连接这些点的同面投影，在连接时，注意可见性，V 面投影 $d'1'2'3'4'$ 可见画成实线；V 面投影 $4'5'c'$ 不可见画成虚线；W 面投影中的 $1''d''$ 可见，画成实线；W 投影中的 $1''2''3''4''5''c''$ 不可见，画成虚线。

三、球体

（一）球体的投影

球体是由圆球面围合而成，圆球面可看作是由半圆绕其直径旋转一周而形成的。

如图 5-14 所示，圆球的三个投影均为大小相等的圆，其直径等于圆球的直径。正面投影圆是前后半球的分界圆，也是球面上最大的正平圆；水平投影圆是上下半球的分界圆，也是球面上最大的水平圆；侧面投影圆是左右半球的分界圆，也是球面上最大的侧平圆。三投影图中的三个圆分别是球面对 V 面、H 面、W 面的转向轮廓线。

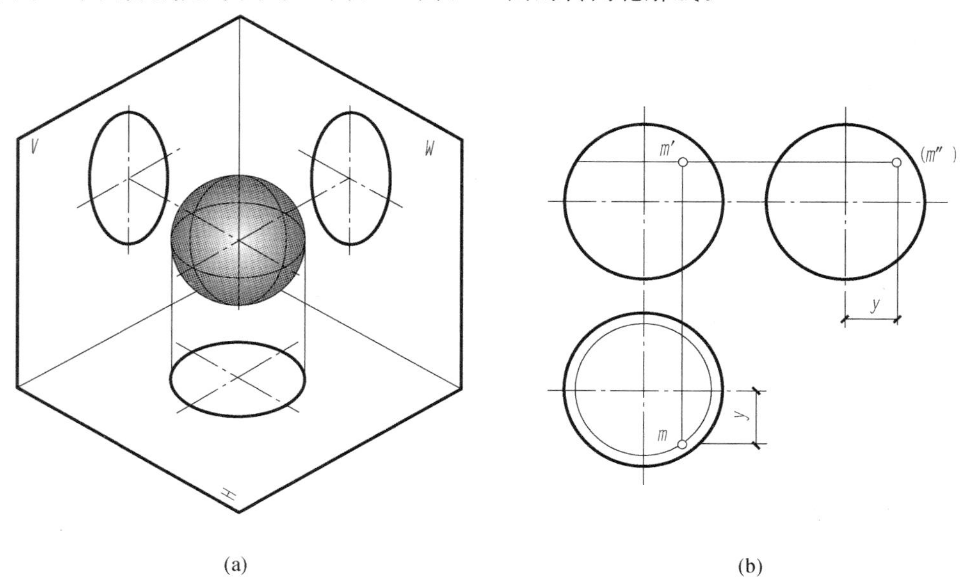

图 5-14　球体的投影及球体表面上取点

（a）空间示意；（b）投影图

画投影图时应注意以下几点：

（1）确定球心位置，并用点画线画出它们的对称中心线，各中心线分别是转向轮廓线投影的位置；

（2）分别画出球面上对三个投影面的转向轮廓线圆的投影。

（二）求球体表面上的点和线

球体的三个投影均无积聚性，为作图方便，球面上取点常用纬圆法。圆球面是比较特殊的回转面，它的特殊性在于过球心的任意一直径都可作为回转轴，过表面上一点，可作属于球面上的无数个纬圆。为作图方便，选用平行于投影面的纬圆作辅助纬圆，即过球面上一点可作正平纬圆、水平纬圆或侧平纬圆。

如图 5-14（b）所示，已知属于球面上的点 M 的正面投影 m'，求其另外两个投影。

根据 m' 的位置和可见性，可判断 M 点在上半球的右前部，因此 M 点的水平投影 m 可见，侧面投影 m'' 不可见。作图时可过 m' 作一水平纬圆，作出水平纬圆的 H、W 投影，从而求得 m、m''。当然，也可采用过 m' 作正平纬圆或侧平纬圆来解决，这里不再详述。

【例 5-8】 如图 5-15（a）所示，已知圆球面上的线段 $CBAFE$ 和 CDE 的正面投影，画出球体的 W 投影，并求出球体表面上曲线 $CBAFE$ 和 CDE 的其余两投影。

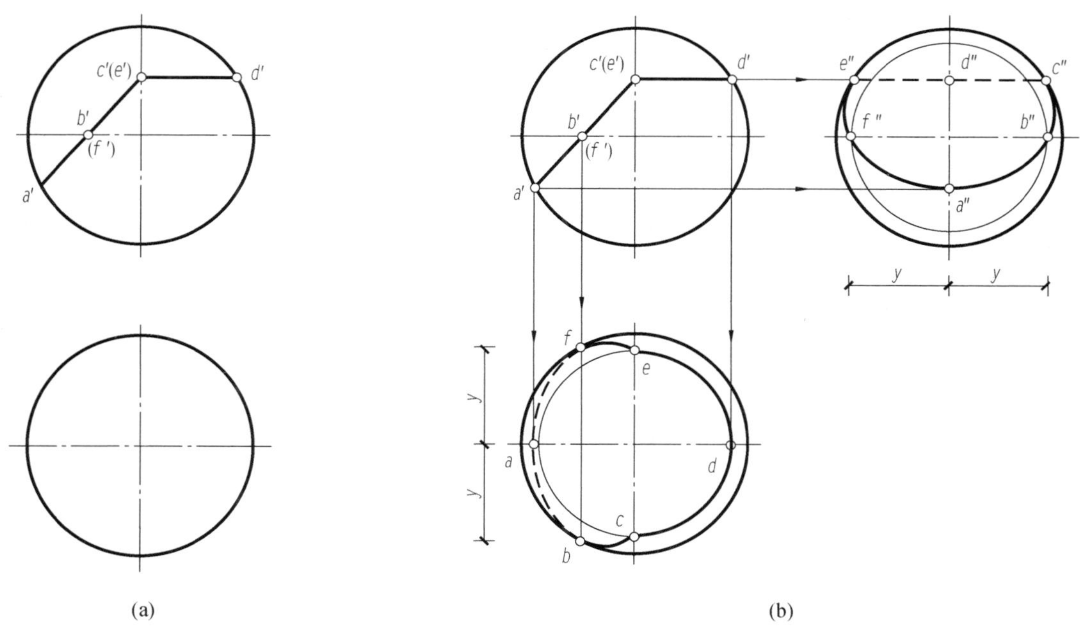

图 5-15　球体表面上取线
（a）已知；（b）作图

作图过程如图 5-15（b）所示，步骤如下：

（1）先画出球体的 W 投影，它是一个与 H、V 面投影相同的圆。

（2）CDE 为圆球表面上平行于 H 投影面的曲线，显然它是一半圆，因此它在 H 投影面上的投影反映实形，在 W 投影面上的投影积聚为直线段（不可见，画成虚线）。

（3）$CBAFE$ 为圆球表面上倾斜于三个投影面的曲线，它在 H、W 投影面上的投影为椭圆的一部分，H 投影面上 b、a、f 三点均为特殊点，先求出它们的 H 投影，再根据点的投

影规律求出 W 面投影 $b''a''f''$。

(4) 依次光滑连接这些点的同面投影，在连接时，注意可见性的判断，H 面投影 $bcdef$ 可见，画成实线；baf 不可见，画成虚线；W 面投影 $e''f''a''b''c''$ 可见，画成实线；$e''d''c''$ 不可见，画成虚线。

第四节 曲面立体的截交线

截平面与曲面立体相交，其截交线一般为封闭的平面曲线，特殊情况为封闭的多边形折线或由直线与曲线组成的平面图形。曲面体截交线的形状取决于曲面体的几何特征，以及截平面与曲面体的相对位置。

曲面体截交线的求法具体如下。

截交线是截平面与曲面立体表面的共有线，求截交线时只需求出若干共有点，然后按顺序光滑连接成封闭的平面图形即可。求曲面体的截交线实质上就是在曲面体表面上取点连线。截交线的任一点都可看作是曲面体（回转体）表面上的某一条线（素线或纬圆）与截平面的交点。因此，只要在曲面上适当地作出一系列的素线或纬圆，并求出它们与截平面的交点即可。交点分为特殊点和一般点，作图时应先作出特殊点，特殊点即为平面图形的控制点，它们能确定截交线的形状和范围，如最高、最低点，最前、最后点，最左、最右点等，这些点一般都在转向轮廓线上，是向某个投影面投影时可见性的分界点。为能较准确地作出截交线的投影，还应在特殊点之间作出一定数量的一般点。

求截交线的一般步骤：

(1) 根据截平面与曲面体的相对位置及投影特点，分析截交线的形状，确定截交线的积聚投影。

(2) 求截交线上的特殊点。先通过分析确定特殊点的数量，注意不要漏掉点，再应用素线法、纬圆法或直接求出它们的投影。

(3) 求截交线上的一般点。应用素线法或纬圆法求出几个一般点的投影。

(4) 顺次将各点光滑连接，并判别其可见性。

(一) 圆柱的截切

平面截切圆柱时，根据截平面与圆柱轴线的相对位置的不同，截交线有三种不同的形状，见表 5-1。

表 5-1 **圆柱体截交线**

	截平面与轴线平行	截平面与轴线垂直	截平面与轴线倾斜
立体图	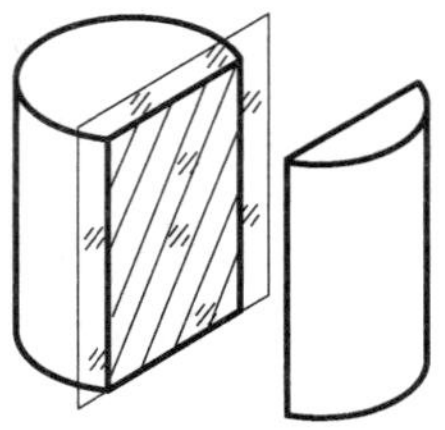	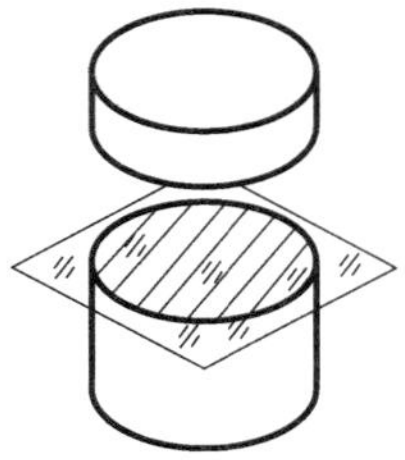	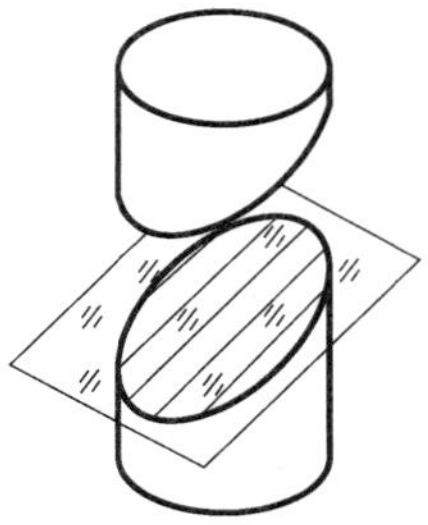

续表

	截平面与轴线平行	截平面与轴线垂直	截平面与轴线倾斜
投影图			
	截交线为矩形	截交线为圆	截交线为椭圆

求圆柱体截交线的方法主要是利用圆柱体的积聚性，下面以斜截圆柱体为例说明截交线的求法及完成截断体投影的步骤。

【例 5-9】 如图 5-16，求解圆柱体被正垂面 P 截切后的投影。

分析：由于正垂面 P 倾斜于圆柱轴线，截交线的形状应为椭圆。平面 P 垂直于 V 面，所以截交线的 V 投影积聚为一段直线。由于圆柱面的水平投影具有积聚性，所以截交线的水平投影也有积聚性，仍为圆，该圆与圆柱面 H 投影重合。截交线的侧面投影仍是一个椭圆，需作图求出。

作图过程见图 5-16 所示，步骤如下：

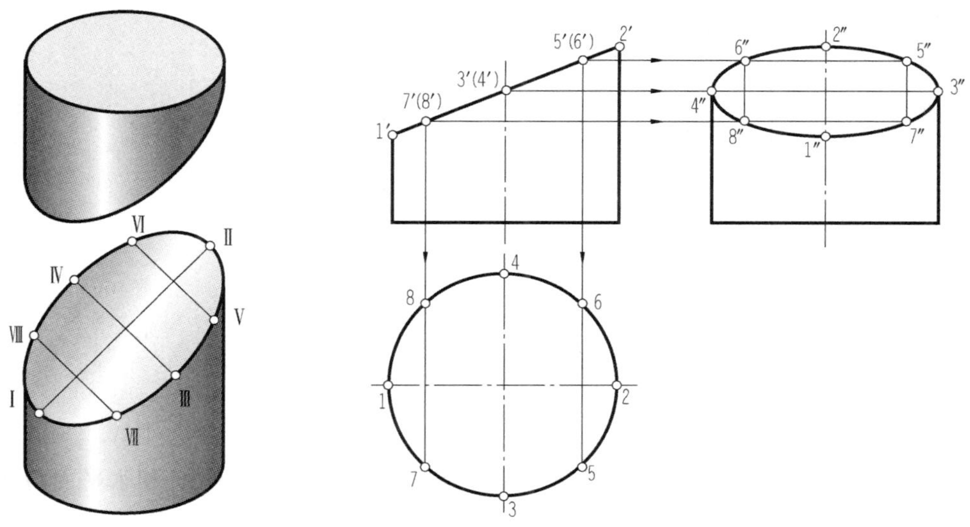

图 5-16　求斜截圆柱体的投影

(1) 求特殊点。要确定椭圆的形状，需找出椭圆的长轴和短轴。椭圆短轴为ⅠⅡ，长轴为ⅢⅣ，其投影分别为 1′2′、3′(4′)。Ⅰ、Ⅱ、Ⅲ、Ⅳ分别为椭圆投影的最低、最高、最前、最后点，由 V 投影 1′、2′、3′、4′可直接求出 H 投影 1、2、3、4 和 W 投影 1″、2″、3″、4″。

（2）求一般点。为作图方便，在 V 投影上根据对称性取 $5'$（$6'$）、$7'$（$8'$）点，H 投影5、6、7、8一定在柱面的积聚投影上，由 H、V 投影再求出其 W 投影 $5''$、$6''$、$7''$、$8''$。取点的多少一般可根据作图准确程度的要求而定。

（3）依次光滑连接 $1''8''4''6''2''5''3''7''1''$ 即得截交线的侧面投影，将不到位的轮廓线延长到 $3''$ 和 $4''$，完成斜截圆柱体的投影。

【例 5-10】 如图 5-17（a）所示，已知截切后圆柱的 V 面投影和 W 投影，补画其 H 投影。

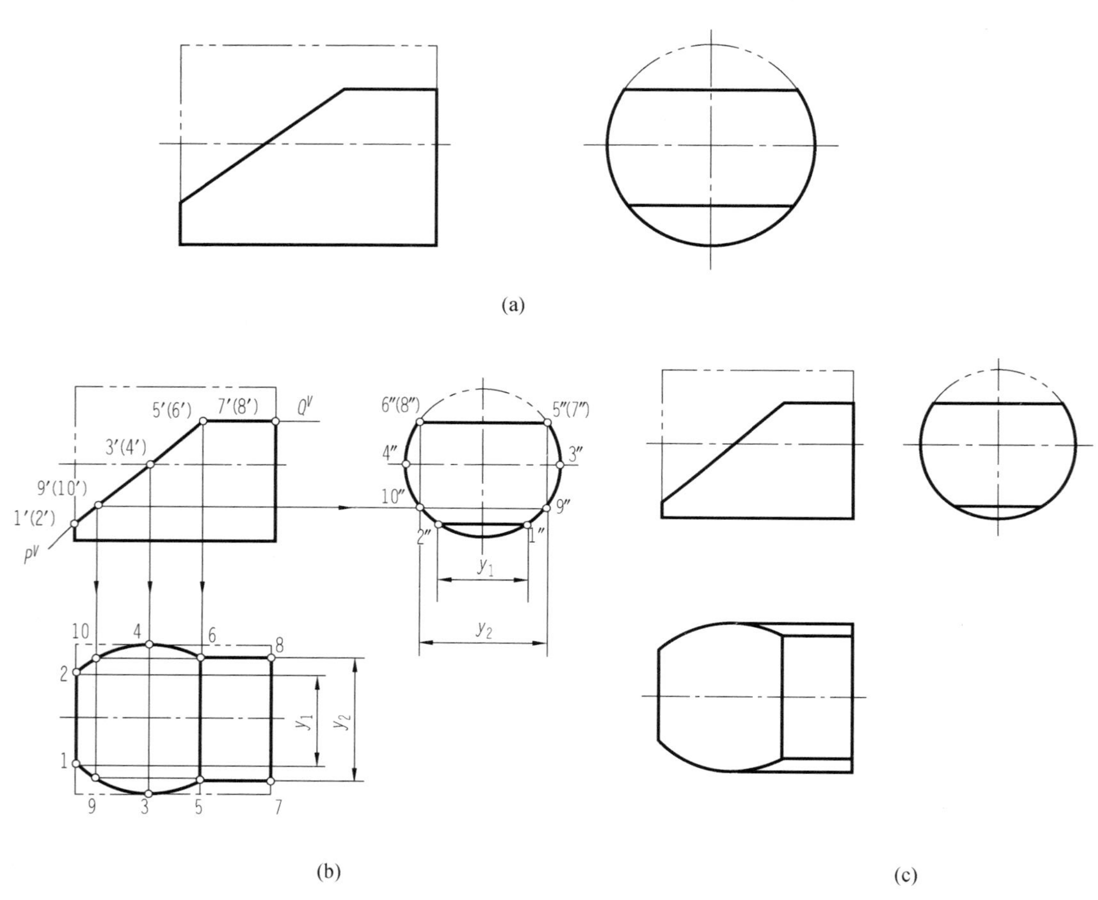

图 5-17　完成圆柱截断体的投影

（a）已知；（b）作图过程；（c）作图结果

分析：该立体可以看作是一个轴线垂直于 W 面的圆柱，被正垂面 P 和水平面 Q 截切所得。正垂面 P 倾斜于圆柱轴线，截交线的形状为椭圆的一部分。水平面 Q 平行于圆柱轴线，截交线为矩形。由于截平面的正面投影有积聚性，圆柱面的侧面投影具有积聚性，所以截交线的正面、侧面投影都有积聚性。

作图过程见图 5-17（b），步骤如下：

（1）作出圆柱的 H 投影，求正垂面 P 截切的特殊点。在 V 面投影中，标出平面 P 截切圆柱的特殊点 $1'$（$2'$）、$3'$（$4'$）、$5'$（$6'$），并根据积聚性找出它们的侧面投影 $1''$、

2″、3″、4″、5″、6″；根据投影对应规律求出 1、2、3、4、5、6。同样，求出 Q 面 7、8 点。

（2）求一般点。为使作图更加准确，又不失一般性，在1′(2′)与3′(4′)之间取一对一般点9′(10′)，为作图方便，本例取的9′(10′)与5′(6′)对应的 W 投影对称，并求出它们的 H 投影 9、10。

（3）求水平面 Q 与圆柱的截交线。截交线为矩形，该矩形两个顶点的 V 面投影应为5′(6′)，另外两个顶点的 V 面投影应为7′(8′)，根据圆柱面 W 投影的积聚性求出 7、8。

（4）顺次连接 1、9、3、5 和 2、10、4、6 成两段椭圆弧，5、7 和 6、8 连成直线；注意两截平面的交线 56 不能遗漏，它们的 H 投影都是可见的，连成粗实线。

（5）将 H 面右侧转向轮廓线延长至 3、4 点，3、4 点左边的转向轮廓线已经被切除，不再画出。作图结果如图 5-17（c）所示。

（二）圆锥的截切

平面截切圆锥时，根据截平面与圆锥相对位置的不同，其截交线有五种不同的情况，见表 5-2。

表 5-2　圆锥体的截交线

	截平面垂直于轴线	截平面倾斜于轴线	截平面平行于一条素线	截平面平行于轴线（或平行于二条素线）	截平面通过锥顶
立体图	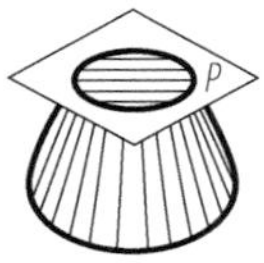 P	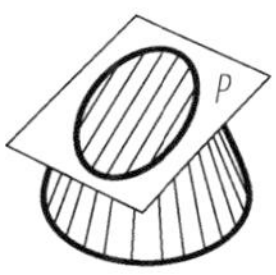 P	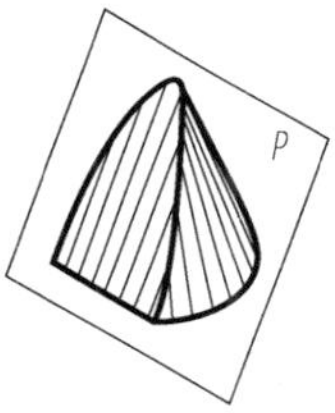 P	 P	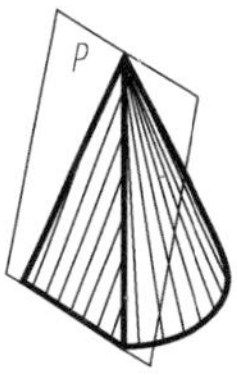 P
投影图	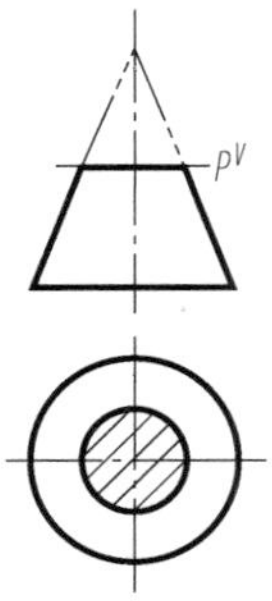 P^V	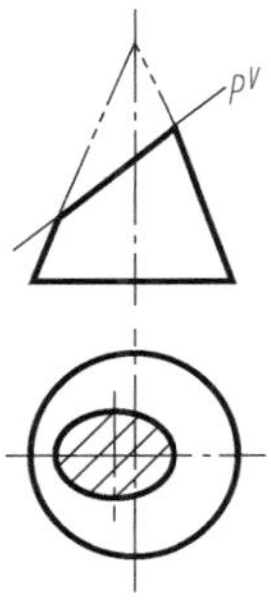 P^V	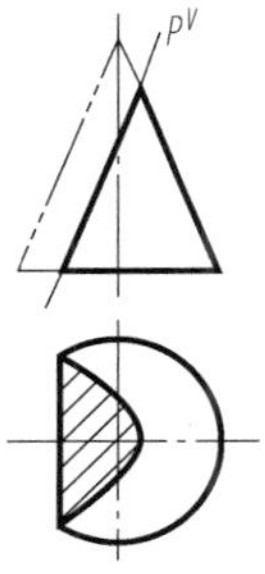 P^V	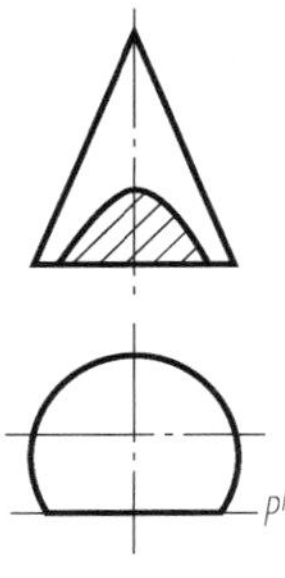 P^H	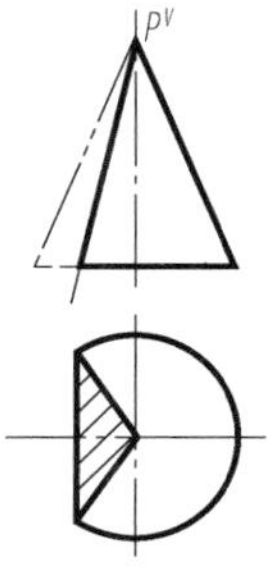 P^V
	截交线为圆	截交线为椭圆	截交线为抛物线	截交线为双曲线	截交线为三角形

用一个不通过锥顶的正垂面（或称斜面）截切圆锥时，得到曲线的规律，在特殊情况下可以从上面的表中查出，而在一般情况下，得到曲线的规律如图 5-18 所示。

一般情况下不通过锥顶的正垂面截切圆锥时，得到曲线的规律分如下三种情况：

（1）当 $\alpha>\theta$ 时，截交线为椭圆；

（2）当 $\alpha=\theta$ 时，截交线为抛物线；

（3）当 $\alpha<\theta$ 时，截交线为双曲线。

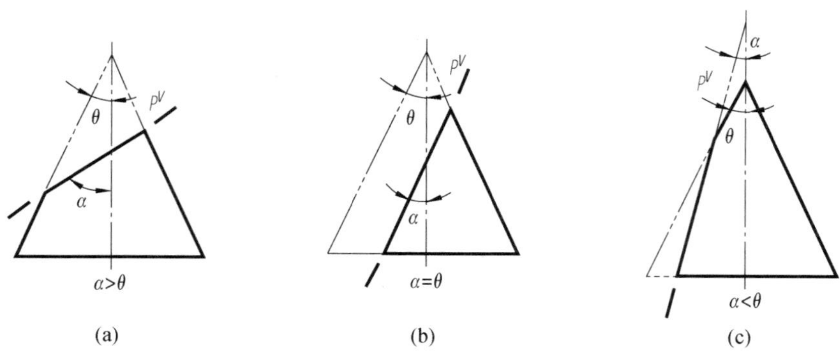

图 5 - 18　正垂面截切圆锥时的三种曲线

（a）椭圆；（b）抛物线；（c）双曲线

【例 5 - 11】 已知如图 5 - 19（a）所示，求截切圆锥体的 V、W 投影。

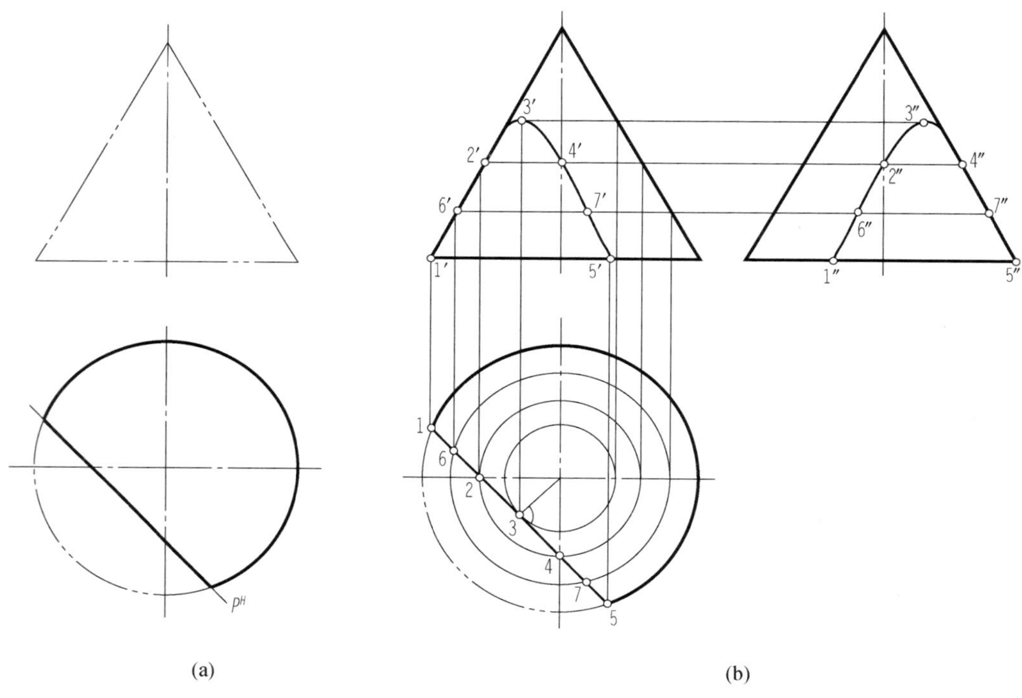

图 5 - 19　单一平面截切圆锥

（a）已知；（b）作图

由图 5 - 19（a）可看出，截平面 P 为平行于圆锥轴线的铅垂面，由表 5 - 2 可知截切后所得的截交线为双曲线。双曲线的 H 投影与铅垂面 P 的 H 投影重合，为一直线段，双曲线的 V 和 W 投影均不反映实形。

作图过程如图 5 - 19（b）所示，步骤如下：

（1）求特殊点。双曲线形状的控制点是顶点和下端点，图 5 - 19（b）中的点Ⅰ和Ⅴ为双曲线的下端点，位于圆锥底面圆周上；在 H 面过圆心作 P 平面的垂线，垂足为Ⅲ，点Ⅲ即为双曲线的顶点（最高点）；点Ⅱ和Ⅳ为圆锥面转向轮廓线上的点。Ⅰ、Ⅴ点的 V、W 投影可直接得到，点Ⅱ和Ⅳ也可直接得到或应用纬圆法求得；点Ⅲ的 V、W 投影可应用素线法或纬圆法求得，如图 5-19（b）所示。

（2）求一般点。根据需要再找出两个一般点Ⅵ、Ⅶ，用以准确地画出双曲线的投影图，Ⅵ、Ⅶ点的 V、W 投影可应用素线法或纬圆法求得，如图 5-19（b）所示。本例共求出截交曲线上七个点的投影，可以画出双曲线。

（3）依次光滑连接 $1'6'2'3'4'7'5'$ 和 $1''6''2''3''4''7''5''$，即得截交线的 V 面投影和 W 面投影。

（4）画出 V、W 面的转向轮廓线。先画出圆锥 V 面投影的右侧转向轮廓线，其左侧转向轮廓线Ⅱ点的右边保留，画成粗实线，Ⅱ点的左边转向轮廓线已被切除，不再画出；再画出圆锥 W 面投影的后侧转向轮廓线，其前侧转向轮廓线Ⅳ点的后边保留，画成粗实线，Ⅳ点的前边转向轮廓线已被切除，不再画出。作图结果如图 5-19（b）所示。

【例 5-12】　如图 5-20（a）所示，求圆锥被平面 P、Q、R 截切后的 H 投影和 W 投影。

分析：由图 5-20 可看出，正垂面 P 过圆锥锥顶，截交线应该为三角形；截平面 Q 为垂直于圆锥轴线的水平面，截交线为水平圆弧；截平面 R 为正垂面，其截交线应为椭圆弧。

作图过程如图 5-20（b）所示，作图步骤如下：

（1）先补画圆锥的 W 投影，求平面 Q 的截交线。平面 Q 截切该圆锥得一水平纬圆，其水平投影为圆，根据投影规律很容易作出来。由于圆锥被三个平面所截切，平面 Q 的截交线 H 投影只是图中 46 和 57 之间一段圆弧，它们的 W 投影积聚为一条线。

（2）求平面 P 的截交线。P 面截切圆锥得到两条素线，这两条素线的一个端点为圆锥顶点 S，另外两个端点的 V 面投影就应该是 $6'7'$，由 $6'7'$ 作垂线，与 H 投影中 Q 面所截水平圆的交点即 6、7，然后求出 $6''7''$。

（3）求平面 R 的截交线。平面 R 截切圆锥后得到椭圆的一部分，这一段椭圆弧的 V 面投影积聚为一条线，作为椭圆一定要先找出长短轴上的控制点，因为它们是椭圆的最长和最宽位置点。据此延长 V 面投影的 $1'6'$ 直线至右侧转向轮廓线，画出该线的垂直平分线，得到中点即为该椭圆的短轴（最宽点），本题正好与圆弧端点 $4'$、$5'$重合；再求出该椭圆的最低点的 H 投影 1 和 W 投影 $1''$，用纬圆法或素线法求出一对一般点ⅡⅢ的各个投影（图中采用纬圆法）。

（4）依次光滑连接 42135 和 $4''2''1''3''5$，注意不要忘了连接切平面之间的交线 45、$4''5''$和 67、$6''7''$，其中 67 不可见，要连成虚线。

（5）整理圆锥体轮廓线。平面 Q 截切到了圆锥的最前最后素线，因此 W 投影中，Q 面以下要画出最前最后轮廓线；V 投影中的右侧转向轮廓线未被切割，画成粗实线；左侧轮廓线自以下保留，画成粗实线，$1'$点上边的转向轮廓线已被切除，不再画出。作图结果如图 5-20（c）所示，立体模型如图 5-20（d）所示。

（三）圆球的截切

平面与球面相交，不管截平面的位置如何，其截交线的实形均为圆。而截交线的投影可分为两种情况，见表 5-3。

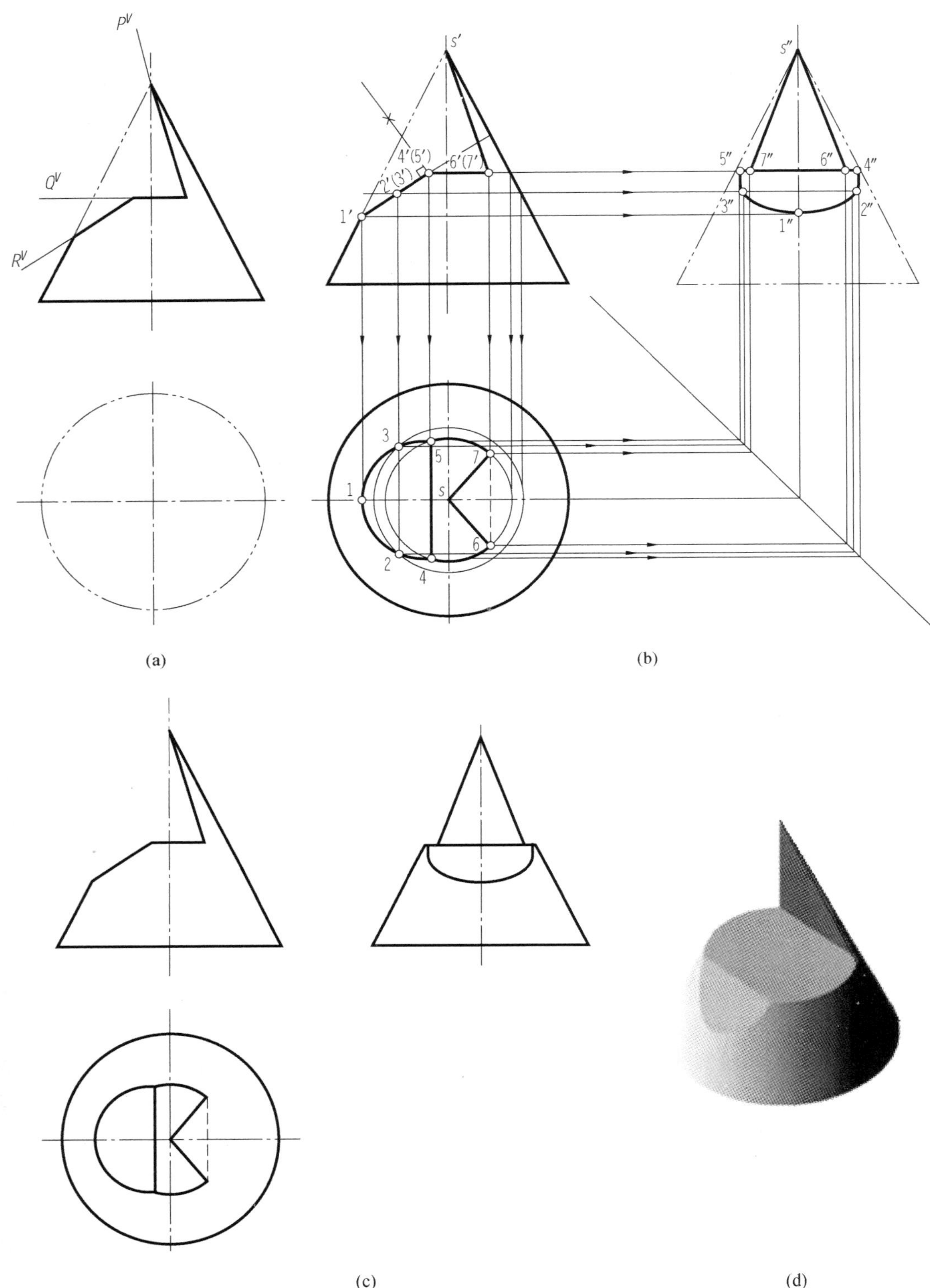

图 5-20 求解多个平面截切圆锥体
（a）已知；（b）作图过程；（c）作图结果；（d）立体模型

表 5-3　**球体的截交线**

截平面位置	与 H 平行	与 V 垂直
轴测图	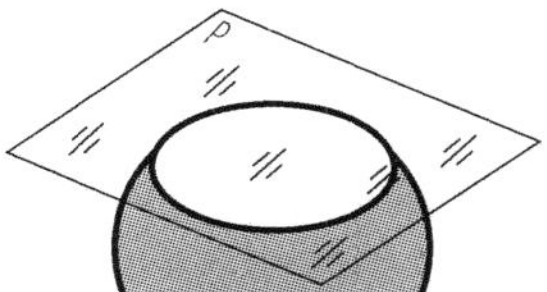	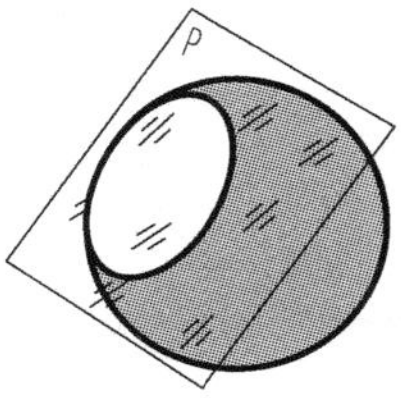
投影图	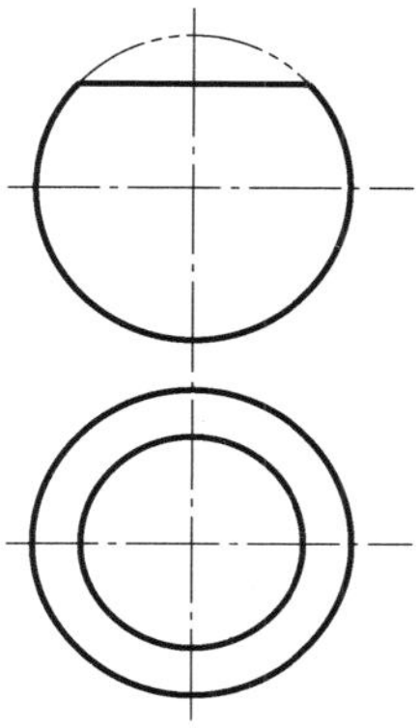	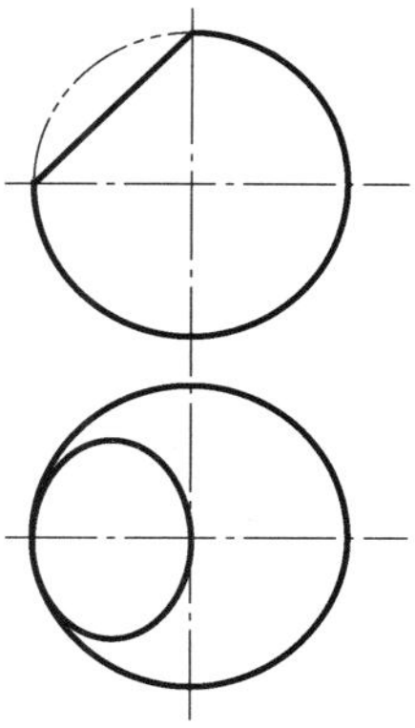
特点	H 投影是反映实形的圆 V 投影是反映圆的直径	V 投影是反映圆的直径 H 投影是椭圆

(1) 当截平面平行于投影面时，截交线在该投影面上的投影反映圆的实形，其余投影积聚为直线段。

(2) 当截平面倾斜于投影面时，截交线在该投影面上的投影积聚为一直线段，其他两投影为椭圆。

下面以求正垂面截切圆球所得截交线的投影为例，说明截断球体的作图方法。

【例 5-13】 已知如图 5-21（a）所示，求正垂面 P 截切圆球后截断球体的投影。

分析：正垂面 P 截切圆球后所得截交线的实形为圆，因为截平面垂直于 V 面，所以截交线的 V 面投影积聚为直线，H 投影和 W 投影均为椭圆。

作图过程如图 5-21（b）所示，作图步骤如下：

(1) 先求特殊点。椭圆短轴的端点为Ⅰ、Ⅱ分别为最低点、最高点，均在球的轮廓线上。根据 V 投影 $1'$、$2'$可定出 H、W 投影 1、2 和 $1''$、$2''$。取 $1'2'$的中点$3'(4')$（过圆心作 $1'2'$线段的垂线，求出中点），用纬圆法求出 34 和 $3''4''$，34 和 $3''4''$分别为 H、W 投影椭圆的长轴，Ⅲ点和Ⅳ点是截交线上的最前、最后点；另外，P 平面与球面水平投影转向轮廓线相交于$5'(6')$点，可直接求出 H 投影 56，并由此求出其 W 投影 $5''6''$；P 平面与球面侧面投影转向轮廓线相交于$7'(8')$，可直接求出 W 投影 $7''8''$，并由此求出其 H 投影 78。

(2) 再求一般点。在截交线的 V 投影 $1'2'$上插入适当数量的一般点（如图中 A、B、C、D 四点），用纬圆法求出 H 和 W 投影 $abcd$ 和 $a''b''c''d''$。

(3) 光滑连接各点的 H 投影和 W 投影，即得截交线椭圆的投影。

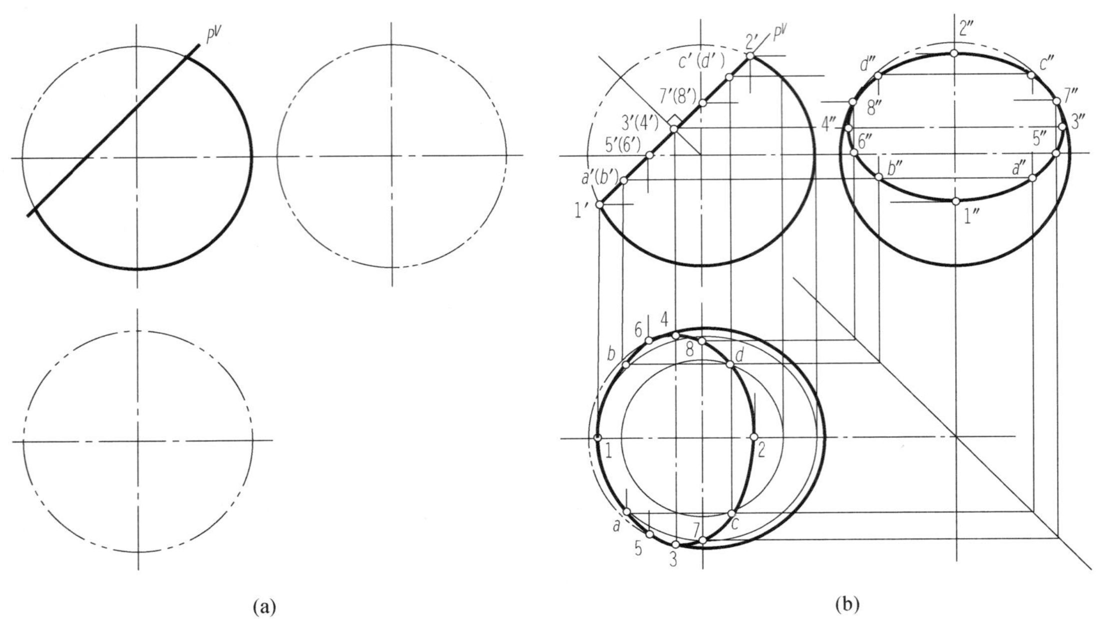

图 5-21 单个平面截切圆球

（a）已知；（b）作图

（4）完成转向轮廓线投影。H 面中的 5、6 点是轮廓线保留与否的分界点，5、6 点的右边保留，画成粗实线，左侧的转向轮廓线已被切除，不再画出。W 面中的 7、8 点是轮廓线保留与否的分界点，7、8 点的以下保留，画成粗实线，7、8 点以上的转向轮廓线已被切除，不再画出。

当圆球被多个平面截切，如图 5-22（a）所示半球被三个平面截切，即两个对称的侧平

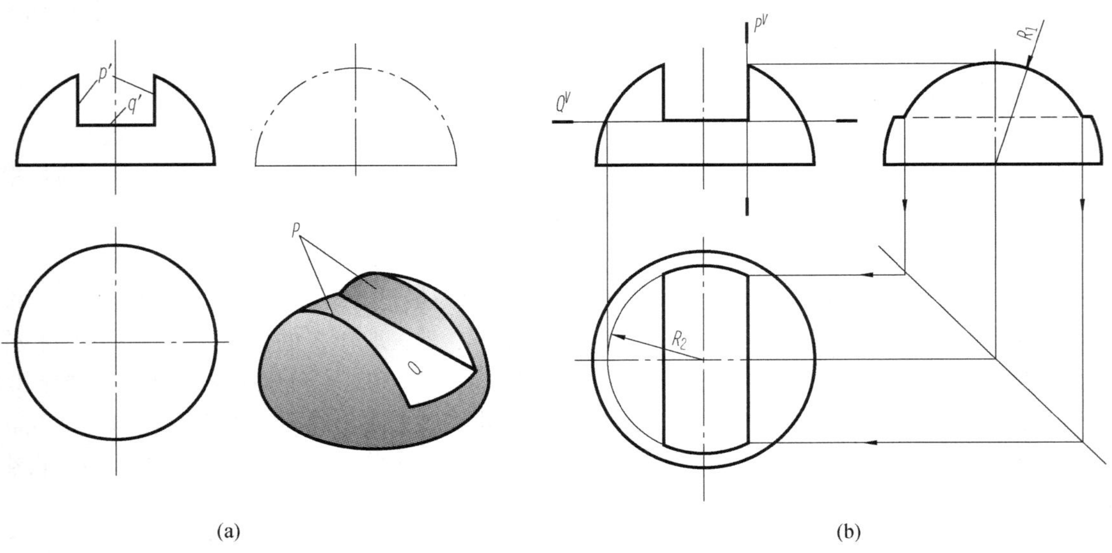

图 5-22 多个平面截切圆球

（a）已知；（b）作图

面和一个水平面截切，截得截交线形状分别为侧平圆的一部分圆弧和水平圆的一部分圆弧。侧平圆的半径应为5-22（b）中的R_1，水平圆的半径应为图5-22（b）中的R_2，分别求出H、W面截交线，并完成截切半球体的投影，作图步骤见图5-22（b）。值得注意的是W投影中的虚线和轮廓线画法，因为半球被三个平面切割后形成的槽口是贯通的，所以W投影应画出虚线；而该槽口造成W面转向轮廓线不再完整，Q面以下应保留，画成粗实线，Q面以上已被切除，不再画出。

第五节　两平面立体的相贯线

两立体相交又称两立体相贯，相交的立体称为相贯体，相贯体表面的交线称为相贯线。工程中常见的三种相贯体如图5-23所示，图5-23（a）是坡屋顶与烟囱相贯，属于平面立体相贯；图5-23（b）是柱子与梁和板相贯，属于平面立体与曲面立体相贯；图5-23（c）是个三通管，属于曲面立体相贯。本章将分别针对平面立体相贯、平面立体与曲面立体相贯和曲面立体相贯三种情况逐一介绍相贯线的求法。

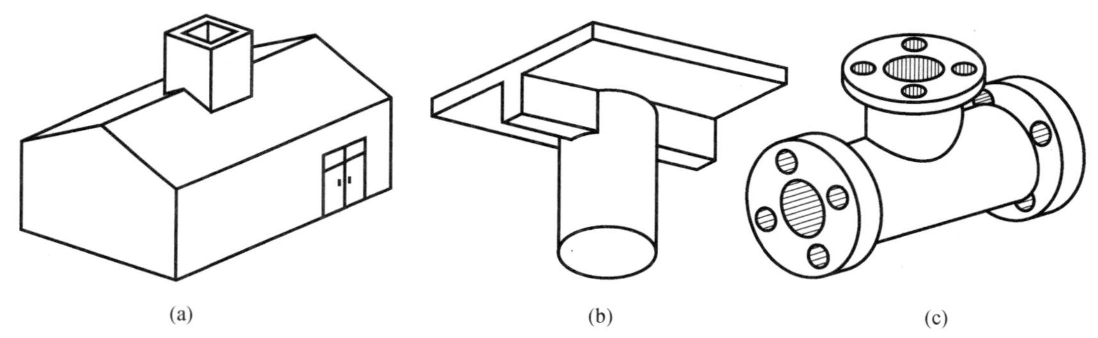

图5-23　工程中常见的相贯体

（a）平面立体相贯；（b）平面立体与曲面立体相贯；（c）曲面立体相贯

两平面立体相交，又称两平面立体相贯。如图5-24所示，一个立体全部贯穿另一个立体的相贯称为全贯，此时的相贯体分别有两条封闭的相贯线；当两个立体有部分相交时，称为互贯，此时的相贯体只有一条封闭的相贯线。

两立体相贯，其相贯线是两立体表面的共有线，相贯线上的点为两立体表面的共有点。两平面体相贯时，相贯线为封闭的空间折线或平面多边形，每一段折线都是两平面立体某两侧面的交线，每一个转折点为一平面体的某棱线与另一平面体体表面的交点（贯穿点）。因此，求两平面立体相贯线，实质上就是求直线与平面的交点或求两平面交线的问题。

（一）相贯线的求法

1. 交点法

依次检查两平面体的各棱线与另一平面体的侧面是否相交，分别求出两平面体各棱线与另一平面体各侧面的交点，即贯穿点，依次连接各相贯点，即得相贯线。

2. 交线法

直接求出两平面体某侧面的交线，即相贯线段。依次检查两平面体上各相交的侧面，求出相交的两侧面的交线（一般可利用积聚投影求交线，参考前面两平面相交求交线的方法），

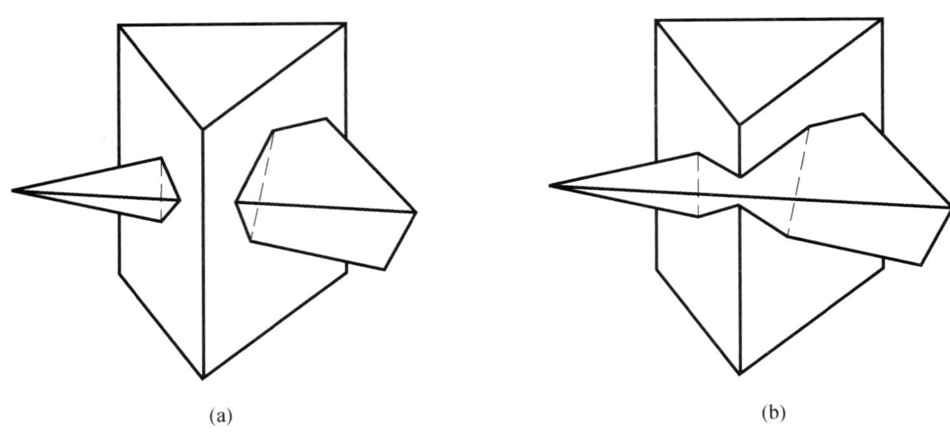

图 5-24 两立体相贯
（a）全贯（有两条相贯线）；（b）互贯（有一条相贯线）

即为相贯线。

求相贯线的作图步骤：

（1）分析两立体表面特征及与投影面的相对位置，确定相贯线的形状及特点，观察相贯线的投影有无积聚性。

（2）求一平面体的棱线与另一平面体侧面的交点（贯穿点）。

（3）再求另一平面体的棱线与该平面体侧面的交点（贯穿点）。

（4）连接各交点。连接时必须注意：

①位于各立体同一侧面上的相邻两点才能相连。

②相贯体在相贯部分是一个整体，不再各自独立，一个立体位于另一立体内部的部分不存在，所以不应画出（即同一棱线上的两点在体内部不能相连）。

③各投影面上点的连接顺序应一致。应用该特性，可以根据已知点的连接顺序求解未知点的连接顺序，以便正确的画出相贯线的投影。

（5）判别可见性。每条相贯线段，只有当其所在的两立体的两个侧面同时可见时，它才是可见的；否则，若其中的一个侧面不可见，或两个侧面均不可见时，该相贯线段不可见。

（6）将相贯的各棱线延长至相贯点（注意：每个贯穿点都是棱的截止点，都与棱线相交），完成两相贯体的投影。

【例 5-14】 如图 5-25 所示，已知两三棱柱相贯的 H 投影，补全 V 投影，并画出相贯体 W 投影。

分析：图中三棱柱 ABC 和三棱柱 EFG 是互贯，相贯线为一条封闭的空间折线。三棱柱 ABC 各个侧面垂直于 W 面，侧面投影有积聚性，相贯线的侧面投影与其重合。三棱柱 EFG 各个侧面都垂直于 H 面，水平投影有积聚性，相贯线的水平投影与其重合。这样相贯线的水平投影与侧面投影都可直接求得，只需作图求其正面投影。

作图过程如图 5-25 所示，步骤如下：

（1）求三棱柱 ABC 的棱线 A 与三棱柱 EFG 的侧面 EF、FG 的贯穿点Ⅰ、Ⅱ、Ⅲ、Ⅳ。在 H 投影上找到 1、2、3、4，从而求出 $1'$、$2'$、$3'$、$4'$。

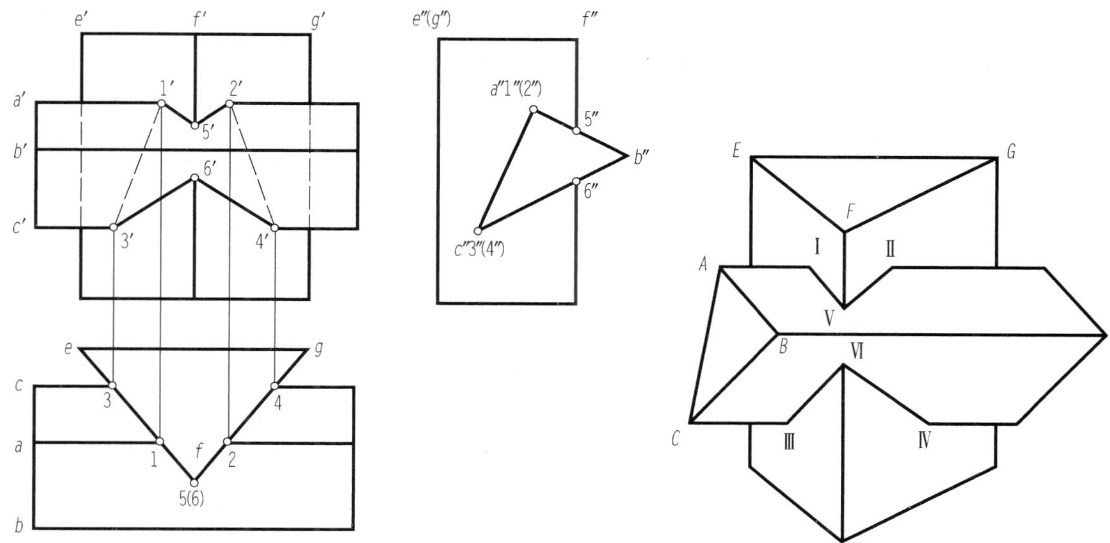

图 5-25　两三棱柱相贯求解相贯线

（2）求三棱柱 EFG 的棱线 F 与三棱柱 ABC 的侧面 AB、BC 的贯穿点Ⅴ、Ⅵ。在 W 投影上找到 5″、6″，从而求出 5′、6′。

（3）判别可见性并连线。根据“位于各形体同一侧面上的两点才能相连”的原则，在 V 投影上连成 1′3′6′4′2′5′1′相贯线。在 V 投影上，根据“当交线所在两立体的侧面同时可见，交线可见”的原则判断：1′5′、2′5′、3′6′、4′6′可见，画成粗实线；1′3′、2′4′不可见，画成虚线。

【例 5-15】　已知如图 5-26（a）所示，补全四棱锥与四棱柱的相贯体的 H 投影。

分析：根据已知的 V 面投影并参照 H 投影可以想象出两立体为全贯，如图 5-26（d）所示。四棱锥的前后侧棱与四棱柱相交，四棱柱的四条棱线都与四棱锥相交，且前后对称。因此，四棱锥两条侧棱交棱柱于四个点，四棱柱的四条侧棱交棱锥于八个点，只要求出这十二个相贯线的转折点（贯穿点），即可求出相贯线的投影。

作图过程如图 5-26（b）所示：

（1）四棱柱的四个侧面有两个水平面、两个侧平面，十二个交点都在这两个水平面与四棱锥体表面的交线上。所以，先在 V 面投影中标出十二个交点（即贯穿点）的投影1′(2′)、3′(4′)、5′(6′)、7′(8′)、9′(10′)、11′(12′)。

（2）然后利用平行性求出四棱柱上下两个水平面与棱锥体表面的交线的 H 投影 1、2、3、4、5、6、7、8、9、10、11、12。

（3）依据 V 面投影中点的连接顺序，H 面投影中连点的顺序是：1→3→5→7→9→11→1，这是第一条相贯线；2→4→6→8→10→12→2，这是第二条相贯线，与第一条对称。在连接过程中，注意可见性的判断：按照“只有当其所在的两立体的两个侧面同时可见时，交线才可见”的原则，1→3→5 与 2→4→6 在四棱柱底部，是不可见的，要画成虚线。

（4）整理立体的轮廓线：四棱锥左右棱线没与棱柱相贯，仍然画成粗实线；前后棱线上部分可见，画成粗实线，中间两段与四棱柱相贯为一体，不再画出，下面两段被四棱柱挡住，画成虚线；四棱锥底面的正方形也有一部分被四棱柱挡住，画成虚线；四棱柱的四条棱线画到贯穿点 11、7、12、8 为止。作图结果如图 5-26（c）所示。

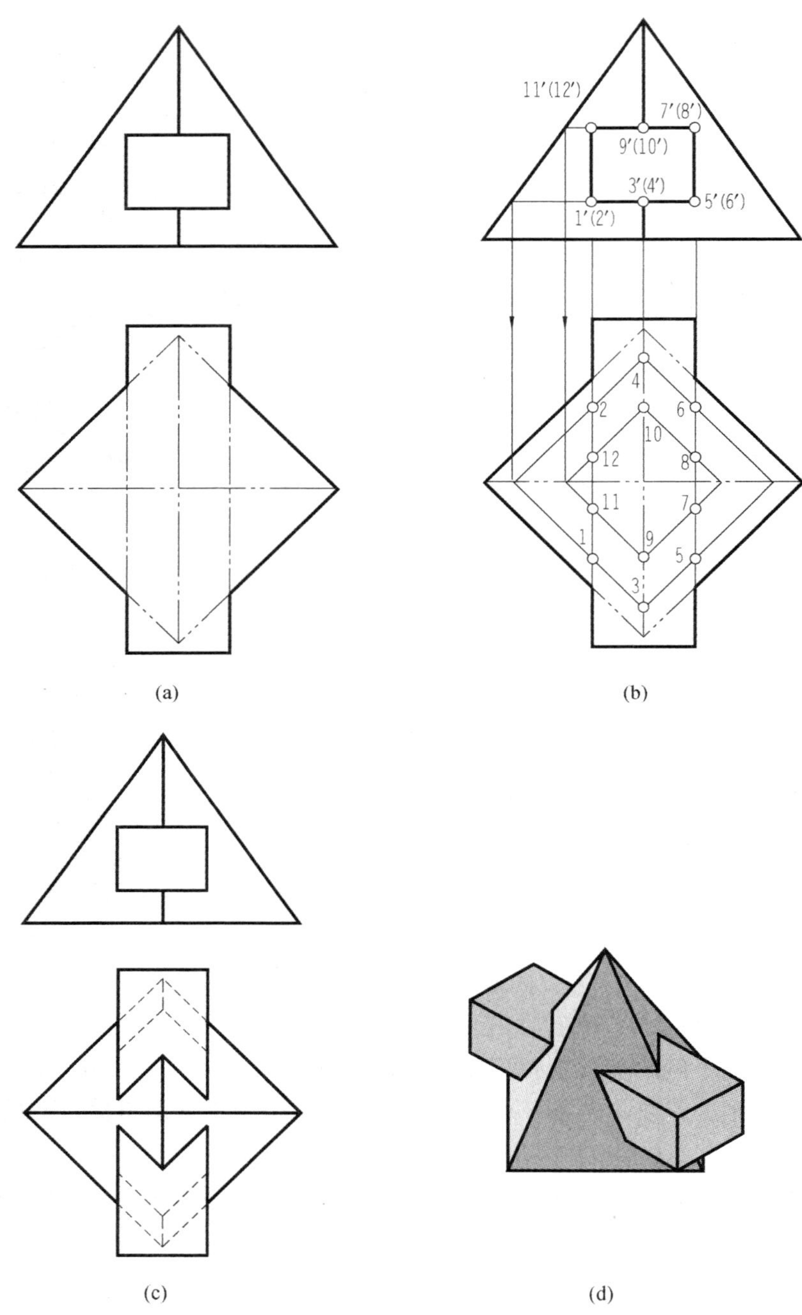

图 5-26 完成四棱锥和四棱柱相贯体的投影
（a）已知；（b）求贯穿点；（c）作图结果；（d）立体

【例 5-16】 求作两垂直相贯房屋的投影，如图 5-27 所示。

分析：高低房屋相交，可看成两个五棱柱相贯，由于两个五棱柱的底面（相当于地面）

在同一平面上，所以相贯线是不封闭的空间折线。两个五棱柱中的一个五棱柱的棱面都垂直于侧面，另一个五棱柱的棱面都垂直于正面，所以相贯线的正面、侧面投影有积聚性，相贯线的投影与五棱柱的投影重合，即两相贯体的正面、侧面投影已完成，下一步只需要根据正面、侧面投影求作相贯体的水平投影。

作图过程如图 5-27 所示。根据积聚性由贯穿点 d'' 求得 d，由 c'、e'、b'、f'、a'、g' 求得 c、e、b、f、a、g；再根据已知贯穿点的连接顺序，画出 H 面的相贯线；最后整理轮廓线，根据“每个贯穿点都是棱的截止点”将棱线延长至贯穿点，完成两垂直相贯房屋的投影。

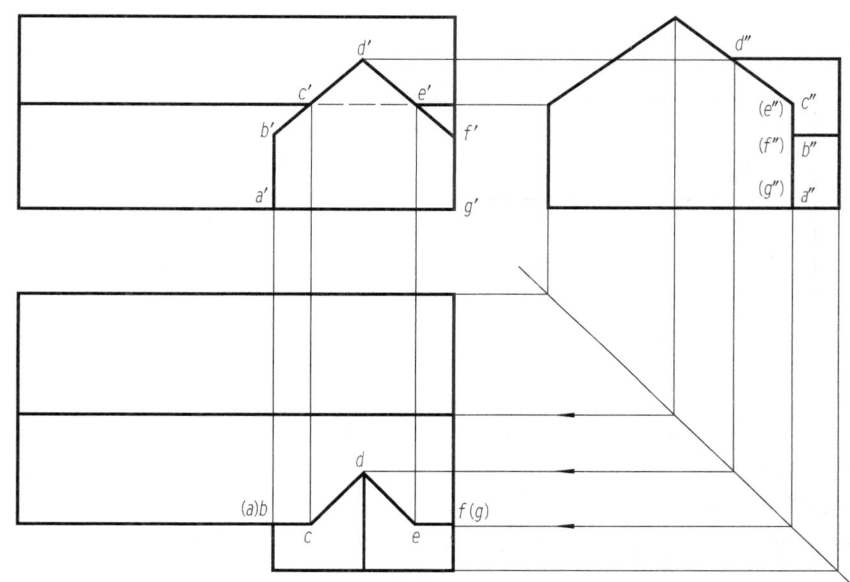

图 5-27　两房屋垂直相贯

（二）同坡屋顶

为了排水需要，建筑屋面均有坡度，当坡度大于 10％时称坡屋面。坡屋面分单坡、双坡和四坡屋面。当各坡面与地面（H 面）倾角都相等时，称同坡屋面。坡屋面的交线是两平面立体相交的工程实例，但因其特性，与前面所述的作图方法有所不同。坡屋面各交线的名称如图 5-28 所示。

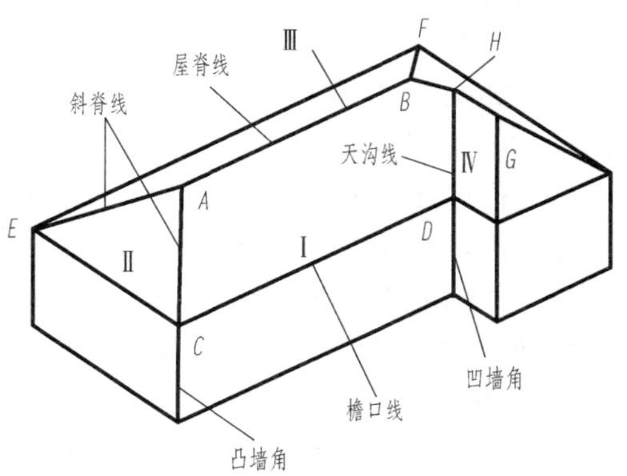

图 5-28　同坡屋面的交线

同坡屋面交线有如下特点：

（1）两坡屋面的檐口线平行且等高时，屋面必交于一条水平屋脊线，屋脊线的 H 投影与该两檐口线的 H 投影平行且等距，即为两檐口线的中线。

（2）相邻两个坡面交成的斜脊线或天沟线，它们的 H 投影为两檐口线 H 投影夹角的平分线。当两檐口相交成直角时，斜脊线或天沟线

在 H 面上的投影与檐口线的投影为45°角。

（3）在屋面上如果有两斜脊、两天沟或一斜脊一天沟相交于一点，则该点上必然有第三条线即屋脊线通过，这个点就是三个相邻屋面的公有点。如图5-28中的 A 点为三个坡屋面Ⅰ、Ⅱ、Ⅲ所共有，两条斜脊 AC、AE 和屋脊 AB 交于该点。这个特性将在 H 面反映并应用，如图5-29所示。

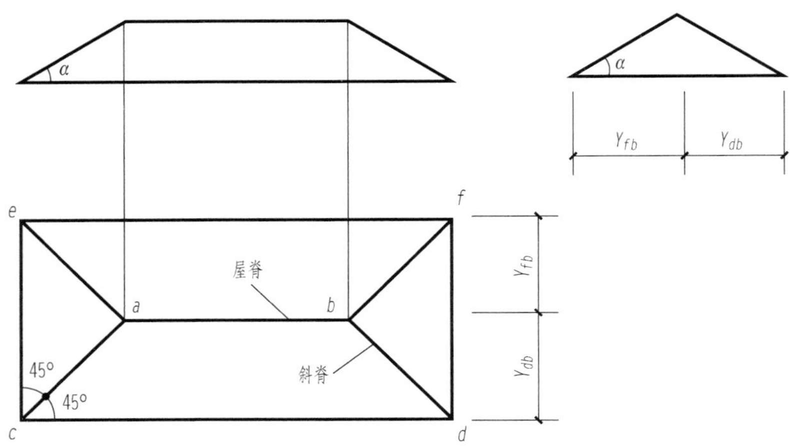

图5-29　同坡屋面的投影

图5-29中四坡屋面的左右两斜面为正垂面，前后两斜面为侧垂面，从 V 和 W 投影上可以看出这些垂直面对 H 面的倾角 α 都相等，这样在 H 面投影上就有：

（1）ab（屋脊）平行于 cd 和 ef（檐口），且 $Y_{db}=Y_{fb}$。

（2）斜脊必为檐口与夹角的角平分线，如么$\angle eca=\angle dca=45°$。

（3）过 a 点有三条脊棱 ab 、ac 和 ae。

【例5-17】 已知如图5-30（a）所示，四坡屋面的倾角 $\alpha=30°$及檐口线的 H 投影，求屋面交线的 H 投影和屋面的 V、W 投影。

作图过程如图5-30所示，步骤如下：

（1）作屋面交线的 H 投影。在屋面的 H 投影上过每一屋角作45°分角线。在凸墙角上作的是斜脊线 ac、ae、mg、ng、bf、bh；在凹墙角上作的是天沟线 dh。其中 bh 是将 cd 延长至 k 点，从 k 点作分角线与天沟线 dh 相交而截取的。也可以按上述屋面交线的第三条特点作出，如图5-30（b）所示。作每一檐口线（前后或左右）的中线，即屋脊线 ab 和 hg，如图5-30（c）所示。

（2）作屋面的 V、W 投影。根据屋面倾角 $\alpha=30°$和投影规律，作出屋面的 V、W 投影。一般先作出具有积聚性斜脊线的 V 投影，再根据 H 投影求出屋脊线的 V 投影；然后，根据投影规律作出屋面的 W 投影，如图5-30（d）所示。

由同坡屋面的檐口尺寸不同，屋面相贯线可以划分为以下四种情况：

（1）$ab<ef$，如图5-31（a）所示。

（2）$ab=ef$，如图5-31（b）所示。

（3）$ab=ac$，如图5-31（c）所示。

（4）$ab>ac$，如图5-31（d）所示。

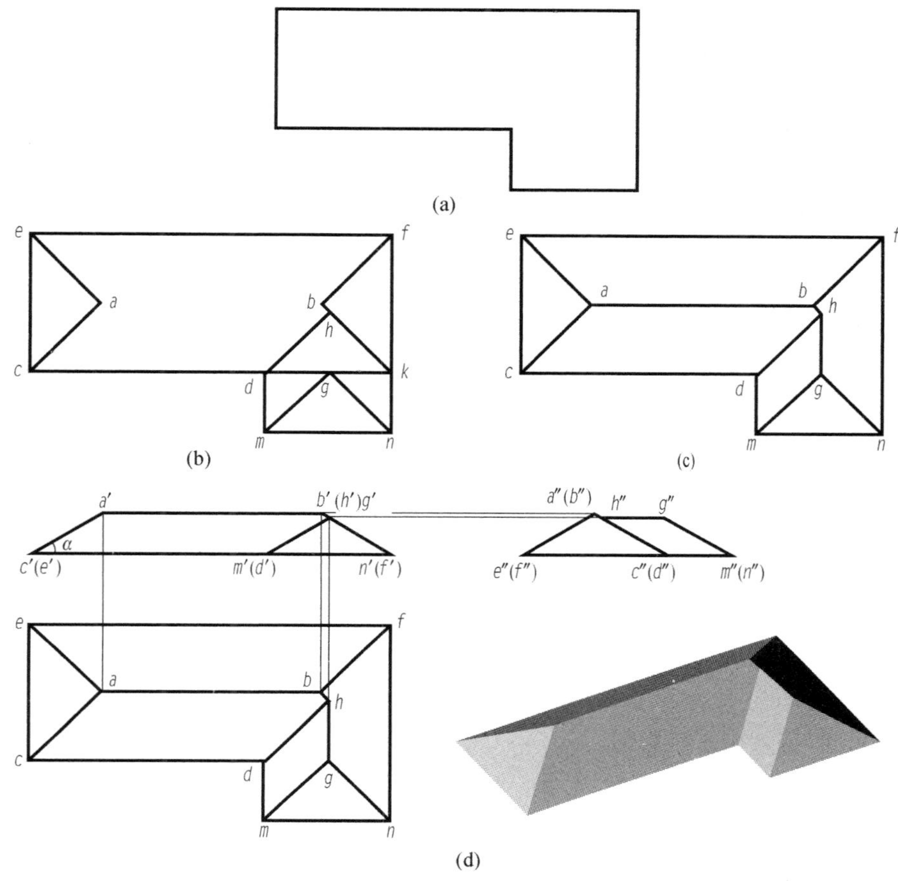

图 5-30　求同坡屋面交线

（a）已知；（b）步骤一；（c）步骤二；（d）作图结果

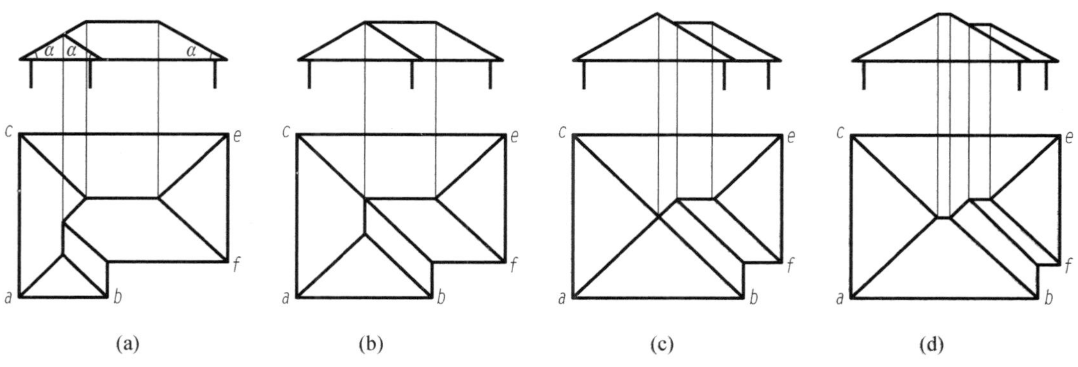

图 5-31　同坡屋面相贯线的四种情况

由上图可见，屋面相贯线的投影随两檐口的宽度变化，结果将不同，屋脊线的高度随着两檐口之间的距离而起变化，平行两檐口屋面的跨度越大，屋脊线就越高。

第六节 平面立体与曲面立体的相贯线

平面立体与曲面立体相交，相贯线一般情况下为若干段平面曲线所组成，特殊情况下，如平面体的表面与曲面体的底面或顶面相交或恰巧交于曲面体的直素线时，相贯线有直线部分。每一段平面曲线或直线均是平面体上各侧面截切曲面体所得的截交线，每一段曲线或直线的转折点，均是平面体上的棱线与曲面体表面的贯穿点。

平面体和曲面体相贯线的求法具体如下。

平面体和曲面体相贯是将平面体分解成几个平面，分别截割曲面体，利用求曲面体截交线的方法求解。它的特点是：在作图之前，通过分析就可以知道相贯线的形状。求平面立体和曲面立体的相贯线可归结为求平面立体的各侧面与曲面体的截交线，或求平面体的棱线与曲面体表面的贯穿点。求平面立体和曲面立体相贯线的投影时，特别要注意一些控制相贯线投影形状的特殊点，如最上、最下、最左、最右、最前、最后点，可见与不可见的分界点等，以便较为准确地画出相贯线的投影形状。然后在特殊点之间插入适当数量的一般点，以便于曲线的光滑连接。连接时应注意，只有在平面立体上处于同一侧面，并在曲面立体上又相邻的相贯点，才能相连。

【例 5-18】 如图 5-32 所示，求四棱柱与圆锥的相贯线。

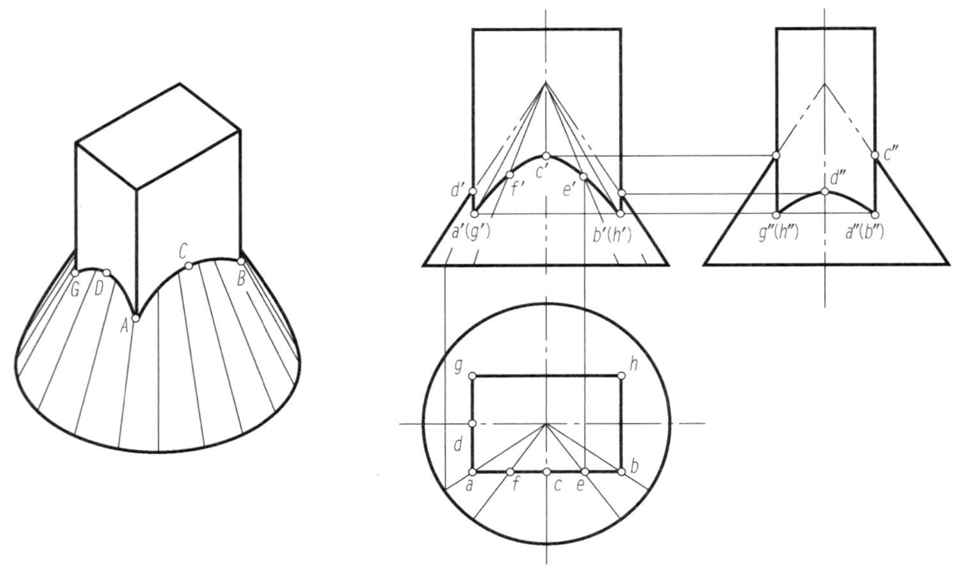

图 5-32 四棱柱与圆锥相贯

分析：四棱柱与圆锥相贯，其相贯线是四棱柱四个侧面截切圆锥所得的截交线，由于截交线为四段双曲线，四段双曲线的转折点，就是四棱柱的四条棱线与圆锥表面的贯穿点。由于四棱柱四个侧面垂直于 H 面，所以相贯线的 H 投影与四棱柱的 H 投影重合，只需作图求相贯线的 V、W 投影。从立体图可看出，相贯线前后、左右对称，作图时，只需作出四棱柱的前侧面、左侧面与圆锥的截交线的投影即可，并且 V、W 投影均反映双曲线实形。

作图过程如图 5-32 所示，步骤如下：

（1）根据三等规律画出四棱柱和圆锥的 W 面投影。由于相贯体是一个实心的整体，在相贯体内部对实际上不存在的圆锥 W 投影轮廓线及未确定长度的四棱柱的棱线的投影，暂时画成用细双点画线表示的假想投影线。

（2）求特殊点。先求相贯线的转折点，即四条双曲线的连接点 A、B、G、H，也是双曲线的最低点。可根据已知的 H 投影，用素线法求出 V、W 投影。再求前面和左面双曲线的最高点 C、D。

（3）用素线法求出两对称的一般点 E、F 的 V 投影 e'、f'。

（4）连点并判别可见性。V 投影连接 $a'\to f'\to c'\to e'\to b'$，$W$ 投影连接 $a''\to d''\to g''$；相贯线的 V、W 投影都可见，相贯线的前后面和左右面投影重合。

（5）补全相贯体的 V、W 投影。圆锥的最左、最右、最前、最后素线均应画到柱棱的贯穿点为；四棱柱四条棱线的 V、W 投影，也均应画到圆锥面的贯穿点为止，如图 5-32 所示。

【例 5-19】 已知如图 5-33（a）所示，补全半球与三棱柱的相贯体的 V、W 面投影。

分析：三棱柱三个棱面与半球相交，交线都是圆弧的一部分。左前棱面、右前棱面为铅垂面，与圆球的交线在 V、W 面的投影为一段椭圆弧，左右对称，其水平投影具有积聚性；后棱面为正平面，与半圆球的交线为一段圆弧，其水平投影和侧面投影具有积聚性，正面投影反映圆弧实形。

作图过程如图 5-33 所示，步骤如下：

（1）分析特殊点：先确定 H 面特殊贯穿点的个数，一共有 8 个，分别为图中的三段圆弧的最低点 1、2、3；三段圆弧的最高点 a、b、c，在 H 面过圆心作 12 线的垂线，得到中点 a，根据对称性求得 b；转向轮廓线与柱面的交点 4、5。

（2）求特殊点：由纬圆法求得最低点 V、W 面投影 $1'$、$2'$、$3'$和 $1''$、$2''$、$3''$，注意该三点的高度相等（见下一步的说明）；求最高点时应注意，因为本题在 H 面正三棱柱的重心（正三角形三边中线的交点）与圆球中心投影重合，所以三段圆弧的最高点应等高，由 c'点求得 a'、b'两点投影，同时求得 a''、b''、c''三点投影；转向轮廓线与柱面的交点可由 4、5 点直接求得正面投影 $4'$、$5'$和侧面投影 $4''$、$5''$。

（3）求一般点：在 14 和 15 之间找出两个一般点的水平投影 6、7，并利用纬圆法求出它们的另外两个投影 $6'$、$7'$和 $6''$、$7''$，求点过程如图 5-33（b）所示。

（4）连线：左前柱面与半球的相贯线的另外两个投影为 $1'6'a'4'2'$和 $1''6''a''4''2''$，将它们顺次连接，注意 V 面投影 $4'2'$线不可见，画成虚线；右前柱面与半球交线连接方法与左边对称相等；后柱面与半球的相贯线的正面投影为过 $2'c'3'$的一段圆弧，因为不可见画成虚线；其 W 投影积聚为一直线 $2''c''3''$。

（5）整理轮廓线：半球的 V 面投影轮廓线应画到 $4'$和 $5'$为止，W 面投影轮廓线应画到 $1''$和 c''为止；三条柱棱的 V 面投影应画到 $1'$、$2'$、$3'$为止，其中通过 $2'$、$3'$点棱线被挡住部分要画成虚线，如图 5-33（c）所示；三条柱棱的 W 面投影应画到 $1''$、$2''$、$3''$为止，根据可见性画成粗实线，最后作图结果如图 5-33（c）所示，考虑到 V 面投影 $3'$、$5'$的连线密集而复杂，特作出局部放大图以便看清连线结果，如图 5-33（d）所示。

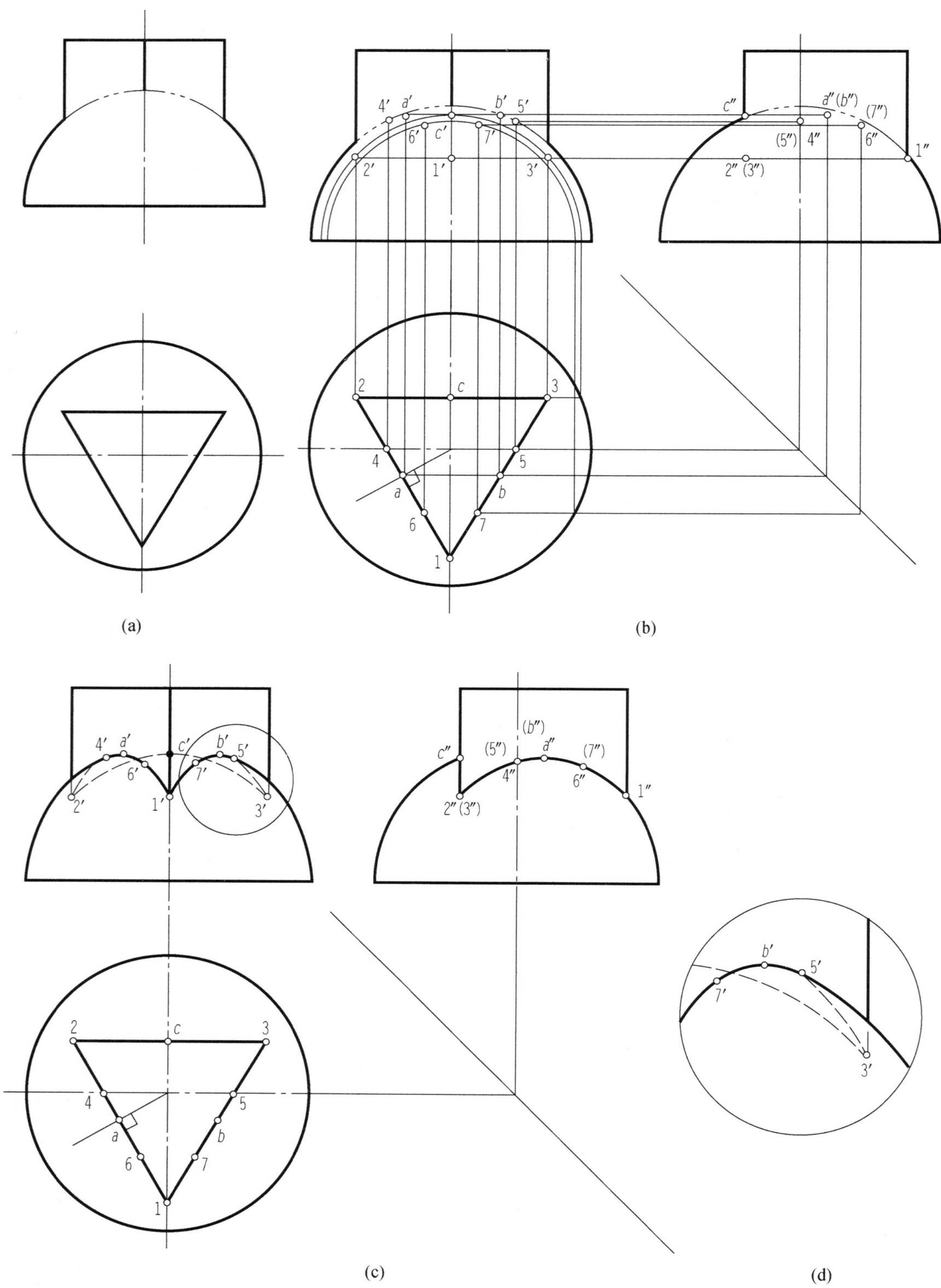

图 5-33 三棱柱与半球相贯

(a) 已知；(b) 求贯穿点；(c) 作图结果；(d) V 面投影局部放大

第七节　两曲面立体的相贯线

两曲面体相贯得到的相贯线更加复杂，一般情况下，相贯线的形状不是通过分析就能知道结果的，只能根据曲面体表面上求点的作图方法，在曲面上找出若干共有点的投影，然后连线求得结果。

一、两曲面体相贯线的求法

（一）两曲面体相贯线的特性

两曲面体相贯线有如下性质。

1. 封闭性

两曲面体的相贯线一般是封闭的空间曲线，特殊情况下为平面曲线或直线段（当两同轴回转体相贯时，相贯线是垂直于轴线的平面纬圆（图 5-39)；当两个轴线平行的圆柱相贯时，其相贯线为直线——圆柱面上的素线（图 5-40)。

2. 共有性

相贯线是两曲面体表面的共有线，相贯线上每一点都是相交两曲面体表面的共有点。

根据相贯线的性质可知，求相贯线实质上就是求两曲面体表面的共有点（在曲面体表面上取点)，将这些点光滑地连接起来即得相贯线。

（二）两曲面体相贯线求法

(1) 利用积聚性求相贯线（也称表面取点法)。

(2) 辅助平面法（三面共点原理)。

(3) 辅助球面法。

下面对这三种方法逐一举例分析。至于用哪种方法求相贯线，要看两相贯体的几何性质、相对位置及投影特点而定。但不论采用哪种方法，均应按以下作图步骤求出相贯线。

求相贯线的步骤：

(1) 分析两曲面体的形状、相对位置及相贯线的空间形状，然后分析相贯线的投影有无积聚性。

(2) 作特殊点。

①相贯线上的对称点（相贯线具有对称面时)。

②曲面体转向轮廓线上的点。

③极限位置点：最高、最低、最前、最后、最左、最右点。

求出相贯线上的这些特殊点，目的是便于确定相贯线的范围和变化趋势。

(3) 作一般点。

为比较准确地作图，需要在特殊点之间插入若干一般点。

(4) 判别可见性。

相贯线上的点只有同时位于两个曲面体的可见表面上时，其投影才是可见的。

(5) 光滑连接。

只有相邻两素线上的点才能相连，连接要光滑，同时注意轮廓线要到位。

(6) 补全相贯体的投影。

（三）求解实例

1. 利用积聚性求相贯线

当两个圆柱正交且轴线分别垂直于投影面时，则圆柱面在该投影上的投影积聚为圆，相贯线的投影重合在圆上，由此可利用已知点的两个投影求第三投影的方法求出相贯线的投影。

【例 5-20】 如图 5-34 所示，利用积聚性求作轴线垂直相交的两圆柱的相贯线。

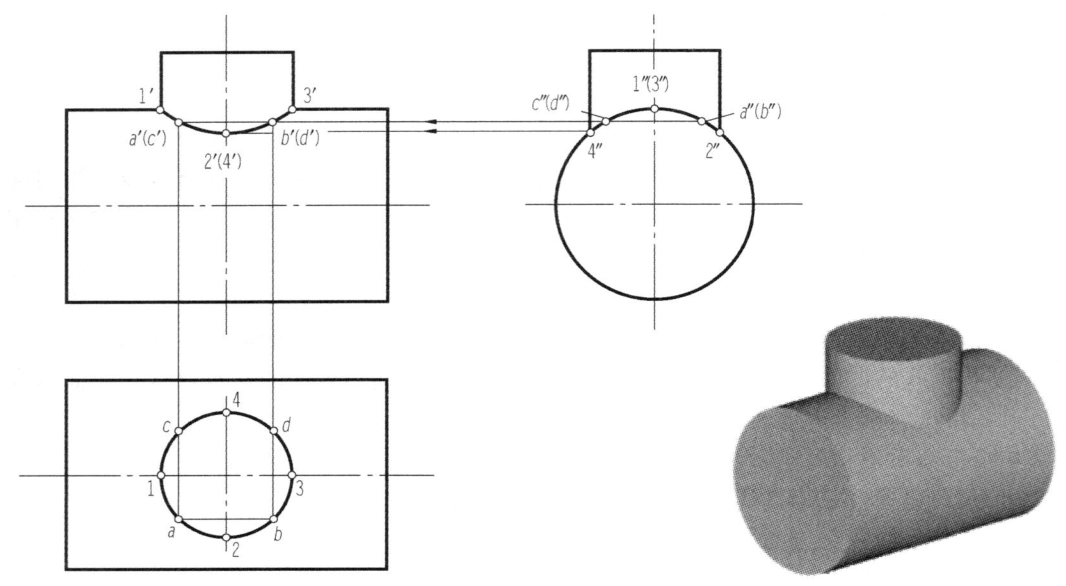

图 5-34　利用积聚性求解两圆柱正交

分析：小圆柱与大圆柱的轴线正交，相贯线是前、后、左、右对称的一条封闭的空间曲线。根据圆柱的积聚性，大圆柱的侧面及小圆柱的水平面都有积聚投影，因此，相贯线的水平投影与小圆柱的水平投影重合，是一个圆；相贯线的侧面投影和大圆柱的侧面投影重合，是一段圆弧。因此通过分析知道需要求的只是相贯线的正面投影。

作图过程如图 5-34 所示，步骤如下：

（1）求特殊点。由于已知相贯线的水平投影和侧面投影，故可直接求出相贯线上的特殊点。由 W 投影可以看出，相贯线的最高点为Ⅰ、Ⅲ，最低点为Ⅱ、Ⅳ；而Ⅰ、Ⅲ同时也是最左、最右点，Ⅱ、Ⅳ也是最前、最后点。由 $1''$、$3''$、$2''$、$4''$可直接求出 H 投影 1、3、2、4；再求出 V 投影 $1'$、$3'$、$2'$、$4'$。

（2）求一般点。

由于相贯线水平投影为已知，所以可直接取 a、b、c、d 四点，求出它们的侧面投影 $a''(b'')$、$c''(d'')$，再由水平、侧面投影求出正面投影 $a'(c')$、$b'(d')$。

（3）判别可见性，光滑连接各点。

相贯线前后对称，后半部与前半部重合，只画前半部相贯线的投影即可，依次光滑连接 $1'$、a'、$2'$、b'、$3'$各点，即为所求。

2. 辅助平面法

辅助平面法就是用辅助平面同时截切相贯的两曲面体，在两曲面体表面得到两条截交线，这两条截交线的交点即为相贯线上的点。这些点既在两形体表面上，又在辅助平面上。因此，辅助平面法就是利用三面共点的原理，用若干个辅助平面求出相贯线上的一系列共有点。

为了作图简便，选择辅助平面时，应使所选择的辅助平面与两曲面体的截交线投影最简单，如直线或圆，如图 5 - 35 所示。同时，辅助平面应位于两曲面体相交的区域内，否则得不到共有点。

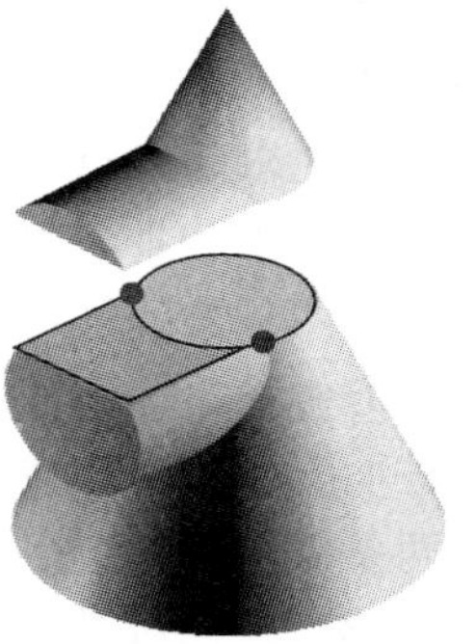

图 5 - 35　辅助平面法求相贯线上的点

【例 5 - 21】　用辅助平面法求图 5 - 36 中圆柱与圆锥的相贯线。

分析：由于圆柱与圆锥轴线正交，并为全贯，因此相贯线为两条闭合的空间曲线，且前后、左右对称。根据圆柱的侧面投影积聚为圆，而相贯线的侧面投影与该圆重合，圆锥的三个投影都无积聚性，所以需求相贯线的正面投影及水平投影。

作图过程如图 5 - 36 所示，步骤如下：

（1）求特殊点。

由相贯线的 W 投影可直接找出相贯线上的最高点Ⅰ、最低点Ⅱ，同时Ⅰ、Ⅱ点也是圆柱和圆锥转向轮廓线上的点。Ⅰ、Ⅱ两点的正面投影 1′、2′也可直接求出，然后求出水平投影 1、2。

由相贯线的 W 投影可直接确定相贯线上的最前、最后点Ⅲ、Ⅳ的 W 投影 3″、4″，同时Ⅲ、Ⅳ点也是圆柱水平转向轮廓线上的点。作辅助水平面 P，它与圆柱交于两水平轮廓线

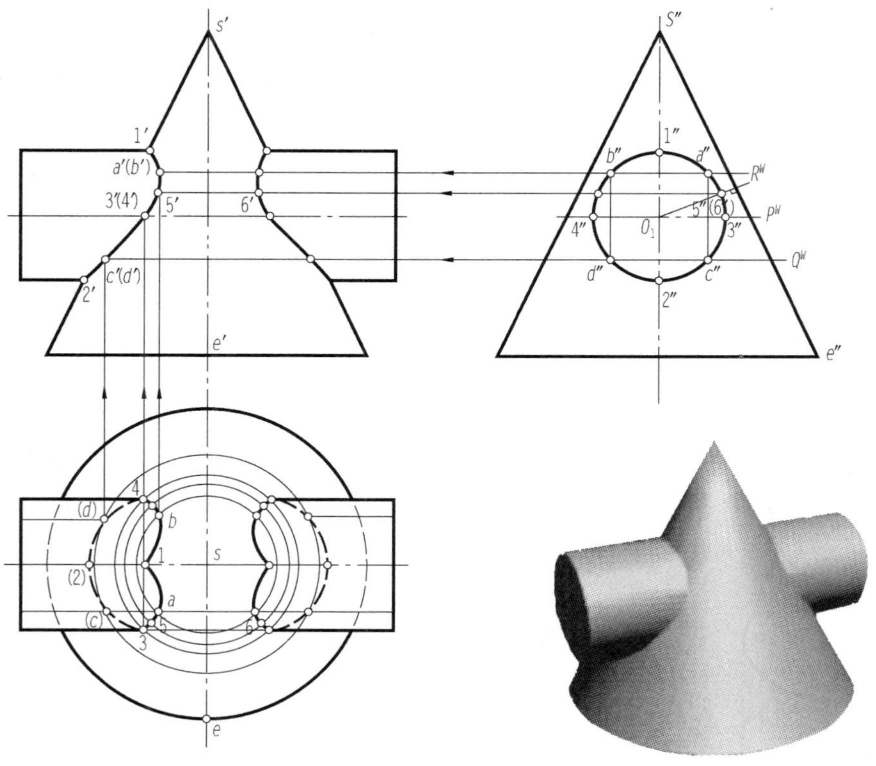

图 5 - 36　辅助平面法求解圆柱与圆锥正交

(圆柱的最大水平矩形)，与圆锥交于一水平纬圆，两者的交点即为Ⅲ、Ⅳ两点。3、4 为其水平投影，根据 3、4 及 3″、4″求出3′(4′)。

由相贯线的 W 投影通过作图来确定相贯线上的最左点Ⅴ、最右点Ⅵ。作图方法见图 5-36中的 W 投影，首先在相贯线的 W 投影上过圆心 o_1'' 作侧面转向轮廓线 $s''e''$ 的垂线，该垂线与圆相交于5″(6″)点，即为相贯线上的最左、最右点Ⅴ、Ⅵ的 W 投影；再应用辅助平面法求出Ⅴ、Ⅵ点的水平投影 5、6 和正面投影 5′、6′。

(2) 求一般点。

在点Ⅰ和Ⅲ之间适当位置，作辅助水平面 R，平面 R 与圆锥面交于一水平纬圆，与圆柱面交于两条素线（一水平矩形），这两条截交线的交点 A、B 两点，即为相贯线上的点。为作图方便，再作一辅助平面 Q 为平面 R 的对称面，平面 Q 与圆锥面交于另一水平纬圆，与圆柱面交于两条素线（与平面 R 与圆柱面相交的两条素线完全相同，所以不用另外作图），这两条截交线的交点 C、D 两点，即为相贯线上的一般点。

(3) 判别可见性，光滑连接。

圆柱面与圆锥面具有公共对称面，相贯线正面投影前后对称，故前后曲线重合，用实线画出。圆锥面的水平投影可见，圆柱面上半部水平投影可见，按可见性原则可知，属于圆柱面上半部的相贯线可见，即 3—5—a—1—b—4 可见，画成粗实线，3—c—2—d—4 不可见，画成虚线。

(4) 补全相贯体的投影。

由图 5-36 可见，两相贯体的正面轮廓线已完整，投影完成。水平投影轮廓线不完整，因此应将圆柱面的水平转向轮廓线延长至 3、4 点，另外圆锥面有部分底圆被圆柱面遮挡，因此其 H 投影也应画成虚线。再根据对称性画出右半边相贯线，完成相贯体的投影图。

3. 辅助球面法

假如两个旋转面具有一公共轴线，则它们的交线一定是圆。如果球心位于某旋转面的轴线上时，球面与该旋转面的交线一定是垂直于旋转轴的圆。当旋转轴平行于某一个投影面，则该圆在该投影面上的投影积聚为一直线段，如图 5-37 所示。

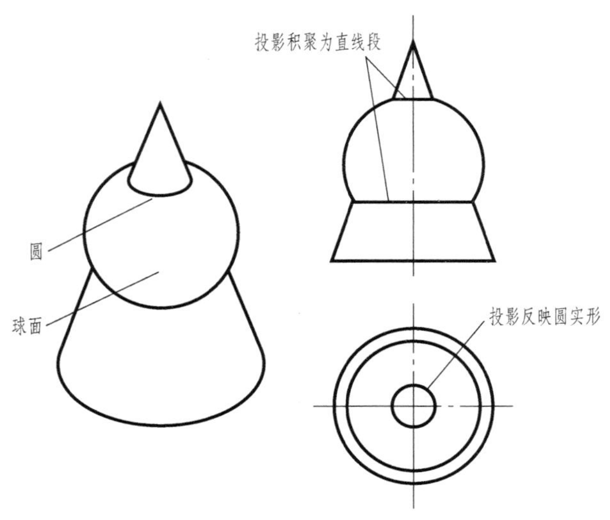

图 5-37 球面法的原理

由此可以看出，轴线相交的两个旋转体，当它们的轴线同时平行于某个投影面时，就可以利用辅助球面法求出它们的相贯线，但是这种方法有时不易准确地作出相贯线上某些特殊的点。

【例 5-22】 用辅助球面法求图 3-38 中倾斜圆柱与直立圆锥的相贯线。

分析：由图可知，圆柱与圆锥的轴线斜交，且圆柱的轴线为正平线，圆锥的轴线为铅垂线。相贯线上的特殊点Ⅰ和Ⅴ可直接确定其两面投影，相贯线上的其他点Ⅱ、Ⅲ、Ⅳ、Ⅵ、Ⅶ、Ⅷ，需要利用辅助球面法进行求解。

作图过程如图 5-38 所示，步骤如下：

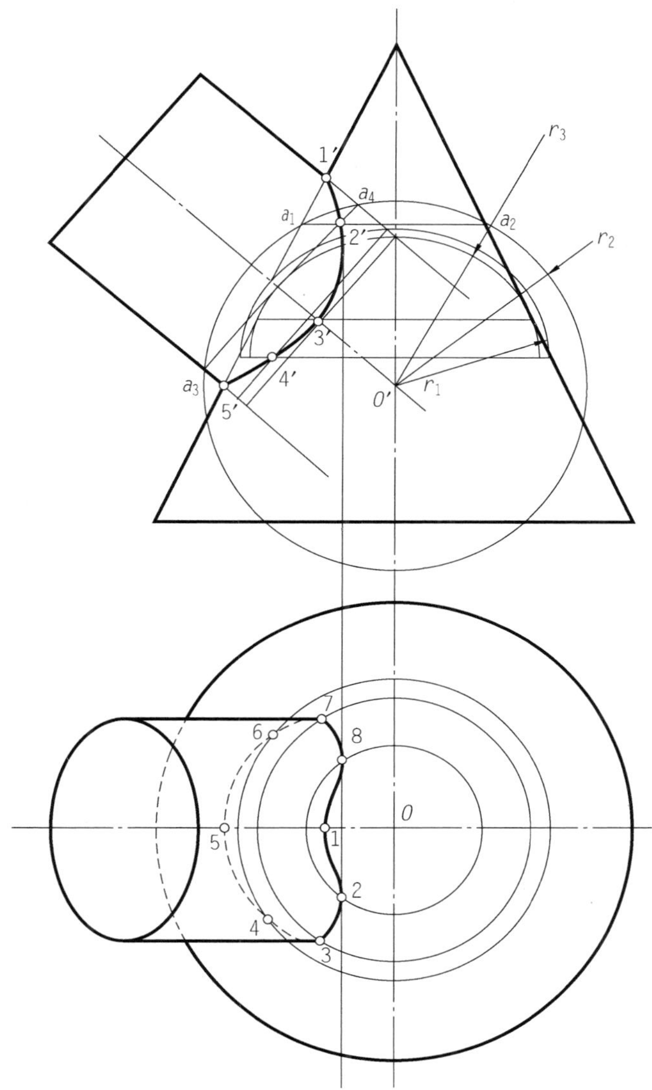

图 5-38　球面法求解圆柱与圆锥斜交

(1) 求特殊点。

由图 5-38 可知，特殊点Ⅰ和Ⅴ位于圆柱和圆锥的正面转向轮廓线上，其 V 投影 1′、5′可以直接找到，并由此求出该两点的 H、W 面投影 1、5 和 1″、5″点。

(2) 求一般点。

以点Ⅱ为例，简要介绍辅助球面法求相贯线的过程：

①点Ⅱ是一个一般点，它位于点Ⅰ以下的某一个位置。在 V 面投影的轮廓线上任意找一点 a_1，并过该点作一条水平线与另一轮廓线相交与 a_2。

②以 o' 为圆心，以 $o'a_1$ (r_2) 为半径画圆，即为所作的辅助球面的正面投影，该圆与圆柱的投影相交于 a_3、a_4，连接 a_3a_4。

③a_3a_4 与 a_1a_2 相交于一点，该点即为点Ⅱ的 V 面投影 2′。

④以 o 为圆心，以 $a_1a_2/2$ 为半径画圆，与过 $2'$ 的竖直线相交于点 2，即为所求。

同理可完成Ⅲ（球面半径为 r_3）、Ⅳ（球面半径为 r_1）两点的投影作图，Ⅵ、Ⅶ、Ⅷ三点与Ⅳ、Ⅲ、Ⅱ前后对称。

（3）光滑连线并判别可见性。

斜交后的圆柱体与圆锥体前后对称，其相贯线的正面投影前后对称，故前后曲线重合，用实线画出。圆锥体的水平投影可见，圆柱面上半部水平投影可见，按可见性原则可知，属于圆柱面上半部的相贯线可见，即 3—2—1—8—7 可见，画成粗实线，3—4—5—6—7 不可见，画成虚线。

（4）补全相贯体的投影。

由图 5-38 可见，两相贯体的正面轮廓线已完整，投影完成。水平投影轮廓线不完整，因此应将圆柱面的水平转向轮廓线延长至 3、7 点，另外圆锥面有部分底圆被圆柱面遮挡，因此其 H 投影也应画成虚线，由此完成相贯体的两面投影图。

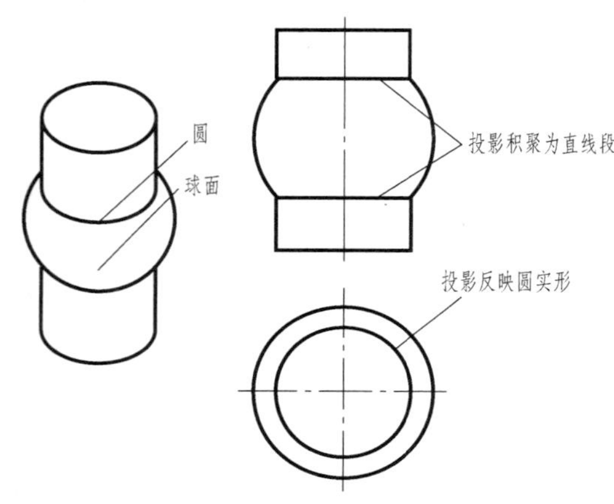

图 5-39　两回转体共轴相贯

二、两曲面立体相贯线的特殊情况

两曲面体（回转体）相交，其相贯线一般为空间曲线，但在特殊情况下，也可能是平面曲线或直线。

（1）当两个回转体具有公共轴线时，相贯线为垂直于轴线的圆，如图 5-39 所示。

（2）当两圆柱轴线平行时，相贯线为两平行直线，如图 5-40 所示。

（3）当两圆锥共锥顶时，相贯线为两相交直线，如图 5-41 所示。

（4）当两圆柱、圆柱与圆锥轴线正交或斜交，并公切于一圆球时，相贯线为椭圆，该椭圆的正面投影为一直线段，水平投影为圆或椭圆，如图 5-42 所示。

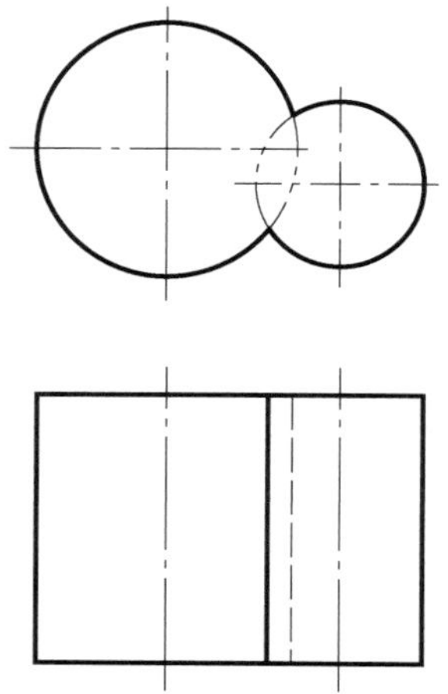

图 5-40　两圆柱轴线平行的相贯线

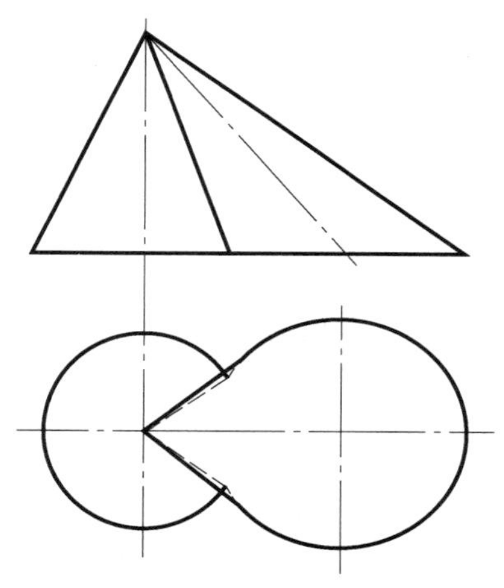

图 5-41　两圆锥共锥顶的相贯线

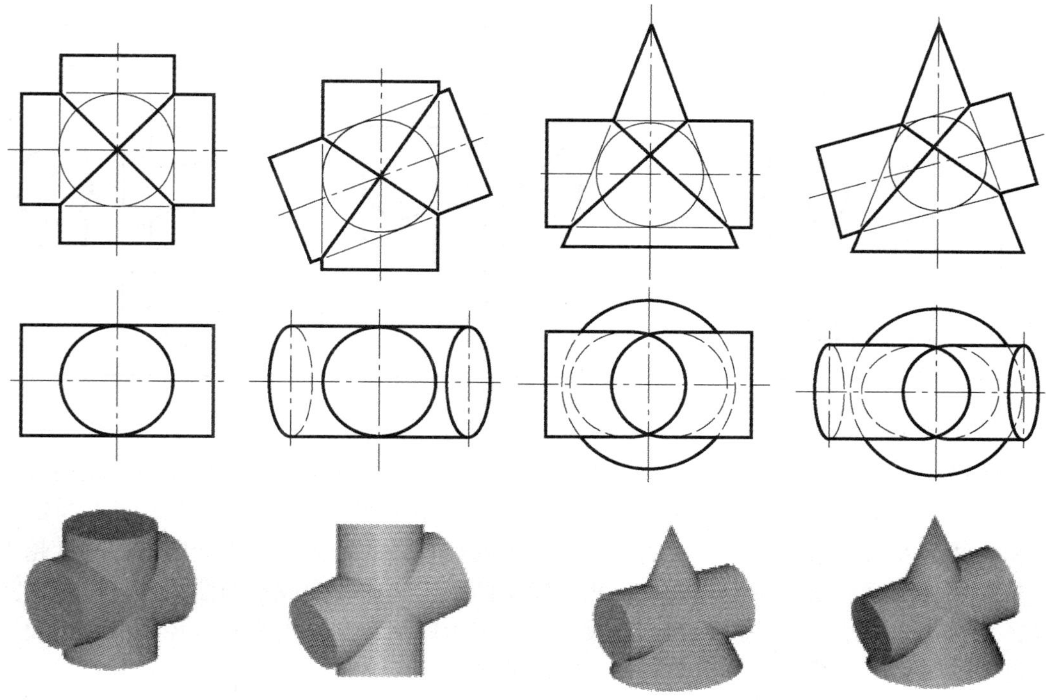

图 5-42　公切于同一个球面的圆柱、圆锥的相贯线

三、圆柱、圆锥相贯线的变化规律

圆柱、圆锥相贯时，其相贯线空间形状和投影形状的变化，取决于其尺寸大小的变化和相对位置的变化。下面分别以圆柱与圆柱相贯、圆柱与圆锥相贯为例说明尺寸变化和相对位置变化对相贯线的影响。

（一）尺寸大小变化对相贯线的影响

1. 两圆柱轴线正交

见表 5-4，当小圆柱穿过大圆柱时，在非积聚性投影上，其相贯线的弯曲趋势总是向大圆柱里弯曲，表中当 $d_1<d_2$ 时，相贯线为左右两条封闭的空间曲线。随着小圆柱直径的不断增大，相贯线的弯曲程度越来越大，当两圆柱直径相等，$d_1=d_2$ 时，则相贯线从两条空间曲线变成两条平面曲线——椭圆，其正面投影为两条相交直线，水平投影和侧面投影均积聚为圆。表中当 $d_1>d_2$ 时，相贯线为上下两条封闭的空间曲线。

表 5-4　　两圆柱相交相贯线变化情况

	$d_1<d_2$	$d_1=d_2$	$d_1>d_2$
立体图			

续表

	$d_1<d_2$	$d_1=d_2$	$d_1>d_2$
投影图	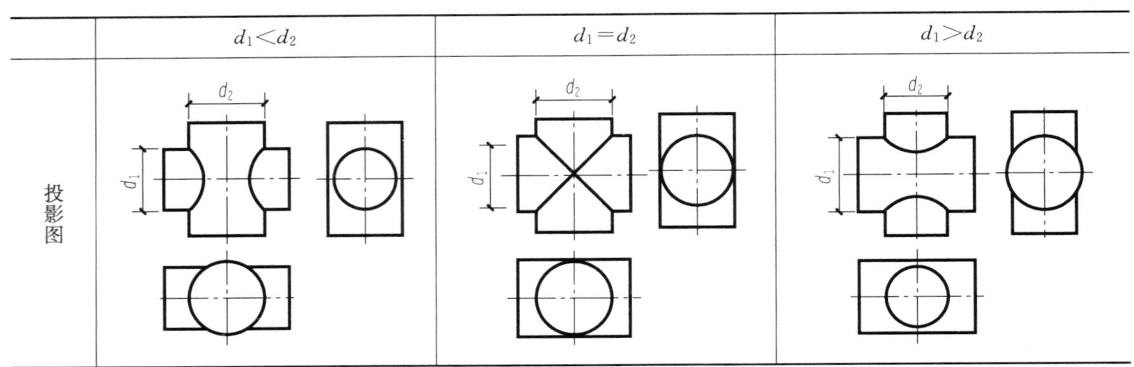		

2. 圆柱与圆锥轴线正交

当圆锥的大小和其轴线的相对位置不变，而圆柱的直径变化时，相贯线的变化情况见表 5-5。当小圆柱穿过大圆锥时，在非积聚性投影上，相贯线的弯曲趋势总是向大圆锥里弯曲，相贯线为左右两条封闭的空间曲线。随着小圆柱直径的增大，相贯线的弯曲程度越来越小，当圆柱与圆锥公切于一个球面时，相贯线从两条空间曲线变成平面曲线——椭圆，其正面投影为两相交直线，水平投影和侧面投影均积聚为椭圆和圆。当圆柱直径再继续增大，圆锥穿过圆柱时，相贯线为上下两条封闭的空间曲线。

表 5-5　圆柱与圆锥相交相贯线的三种情况

	圆柱穿过圆锥	圆柱与圆锥公切于一球	圆锥穿过圆柱
立体图			
投影图			

（二）相对位置变化对相贯线的影响

两相交圆柱直径不变，改变其轴线的相对位置，则相贯线也随之变化。

图 5-43 给出了两相交圆柱，其轴线成交叉垂直，两圆柱轴线的距离变化时，其相贯线的变化情况。图 5-43（a）为直立圆柱全部贯穿水平圆柱，相贯线为上、下两条空间曲线。图 5-43（b）为直立圆柱与水平圆柱互贯，相贯线为一条空间曲线。图 5-43（c）为上述两种情况的极限位置，相贯线由两条变为一条空间曲线，并相交于切点。

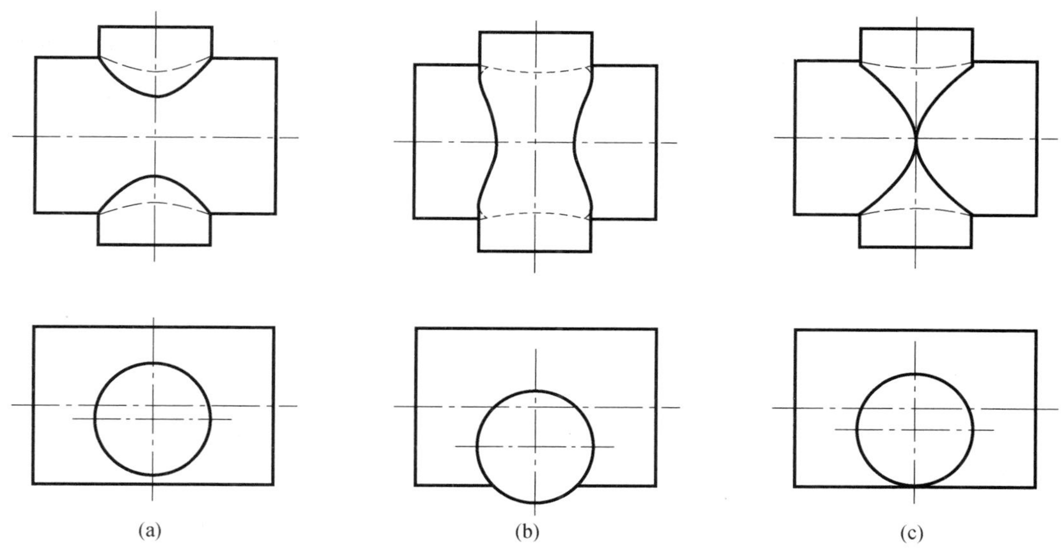

图 5-43　两圆柱轴线垂直交叉时相贯线的变化

四、两圆柱相贯时相贯线的简化画法

（一）两非等径圆柱正交相贯线的近似画法

两圆柱正交直径相差较大时，在与两圆柱轴线所确定的平面平行的投影面上，其相贯线投影可以采用圆弧代替。近似法求解两正交圆柱相贯线的作图方法如图 5-44 所示，图中的 $R=1/2D$。作图时，以较大圆柱的半径 R 为圆弧半径，因其圆心在小圆柱轴线上，先以两圆柱轮廓线的交点为圆心，R 为半径画弧，该弧与小圆柱轴线交点为 O，如图 5-44（a）所示；再画出以 O 为圆心，R 为半径的圆弧即可，此时相贯线弯向较小的圆柱，如图 5-44（b）所示。

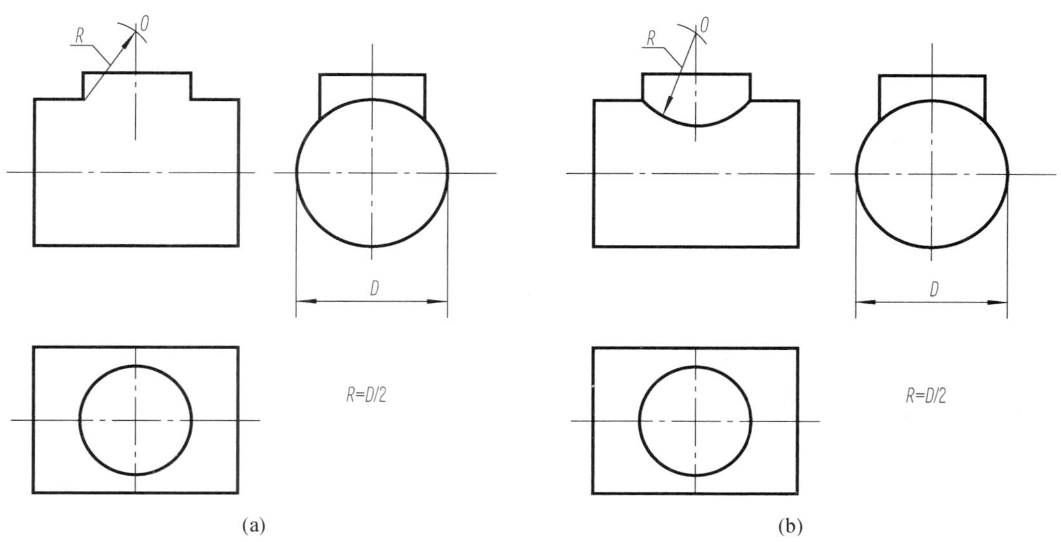

图 5-44　两非等径圆柱正交相贯线的近似画法

（a）第一步；（b）作图结果

（二）两圆柱的直径相差很大时的简化画法

当小圆柱的直径与大圆柱相差很大时，在与两圆柱轴线所确定的平面平行的投影面上的相贯线投影仍为曲线，因曲线的最高和最低点相差小，曲线很平缓，近似直线，因此可以用直线段代替，如图 5-45 所示。

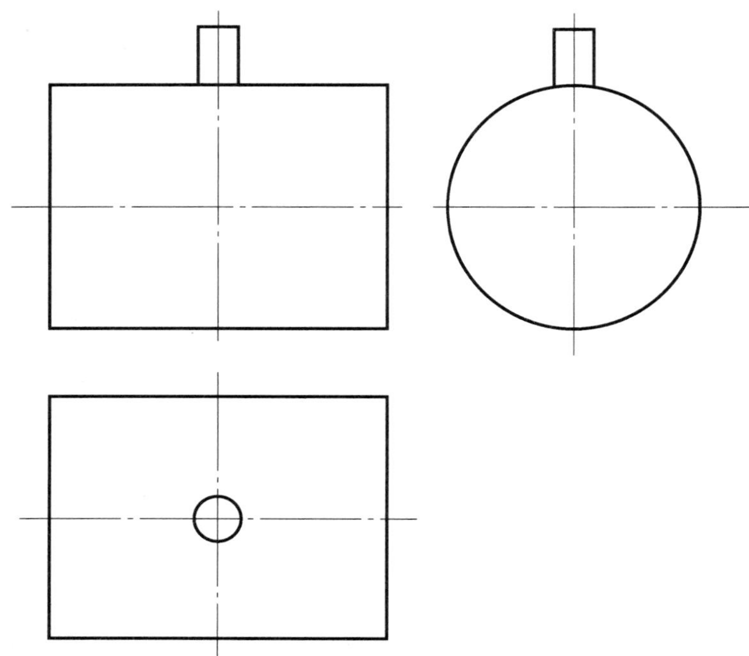

图 5-45　两正交圆柱直径相差很大时相贯线的简化画法

第六章　标　高　投　影

建筑物是建筑在地面上或地下的，地面的形状对建筑群的布置、房屋的施工、设备的安装等都有很大的影响。因此，在建筑总平面图中，除绘有建筑物外形轮廓线、绿化、道路、构筑物、河流、池塘等外，一般还绘有地形。为此产生了一种新的图示方法，称为标高投影法。标高投影法是一种单面的直角投影，在形体的水平投影上，以数字标注出各处的高度来表达形体的形状的一种方法。标高投影法广泛用于工业、桥梁、道路、规划等各种制图中。

第一节　点、直线和平面的标高投影

一、点的标高投影

设立水平投影面 H 为基准面，H 面的标高为零，H 面以上为正，以下为负。如图 6-1（a）所示，设点 A 位于已知水平面 H 的上方 4 个单位，点 B 位于水平面 H 的上方 6 个单位，点 C 位于 H 的下方 3 个单位，点 D 位于水平面 H 上。画 A、B、C、D 四点的标高投影时，只需在该四点水平投影 a、b、c、d 右下角注写相应的高度值是 4、6、−3、0（高度值数字应比点的水平投影字母小 2 号），这时，4、6、−3、0 等高度值，称为各点的标高。

为了实际应用方便，选择基准面时，应使各点的标高都是正的。在标高投影图中，要充分确定形体的空间形状和位置，还必须附有比例尺及其长度单位，如图 6-1（b）中的标有数字的直线即为“比例尺”。由于常用的标高单位为米（m），所以图上的比例尺一般省略单位米（m）。结合到地形测量，我国是以青岛市验潮站所验得的黄海平均海平面作为零标高的基准面，所以得到的标高称为绝对标高（又称绝对高程）。

二、直线的标高投影

（一）直线的标高投影表示法

（1）用直线的两端点的标高投影来表示。图 6-2（a）所示为一般位置直线 AB 和铅垂线 CD 的立体图，A 点标高为 5 单位，B 点标高为 1 单位，连接 a_5 与 b_1，即为直线 AB 的标高投影 a_5b_1；C 点标高为 7 单位，D 点标高为 3 单位，CD 投影积聚为一点，c_7d_3 即为直线 CD 的标高投影。

（2）用直线上一个点的标高投影并加注直线的坡度和指向箭头来表示。箭头表示该直线由高指向低，加注坡度表示，本例坡度 $i=1/2$，如图 6-2 中直线 EF 的标高投影。

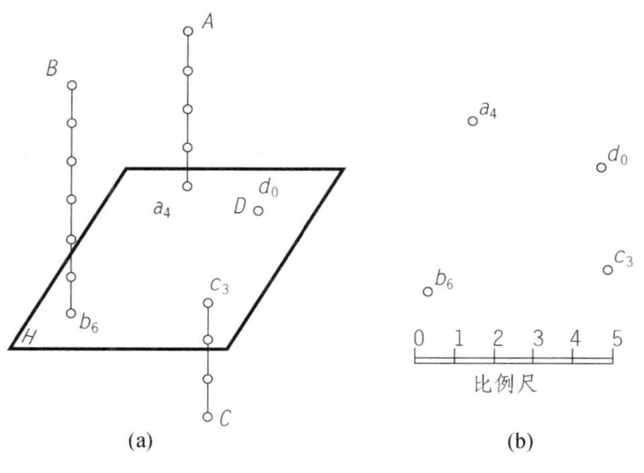

图 6-1　点的标高投影
（a）立体图；（b）标高投影图

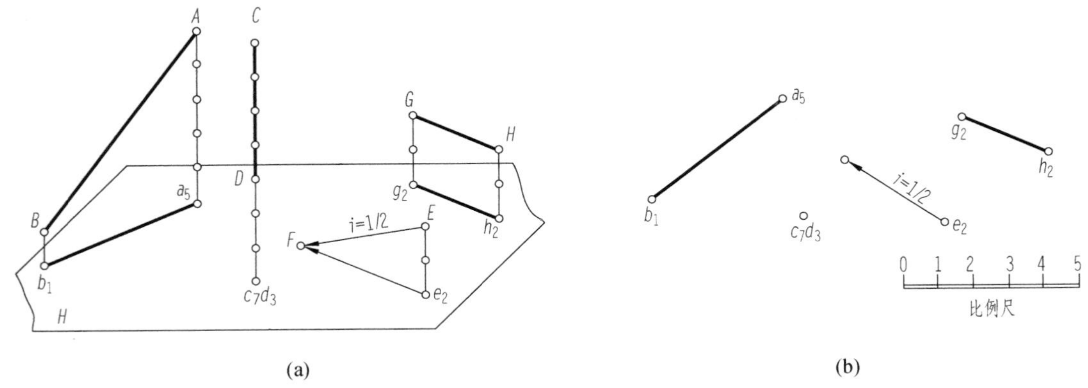

(a)　　(b)

图 6-2　直线的标高投影

（a）立体图；（b）直线的标高投影图

（3）用直线上整数标高的点来表示。如图 6-2 所示的直线 GH 的标高投影。

（二）直线的实长和倾角

在标高投影中求一般位置直线 AB 的实长以及它与基准面的倾角，可用直角三角形法或换面法。

1. 直角三角形法

如图 6-3（a）所示，以线段的水平投影 a_6b_2 为一直角三角形的直角边，另一直角边是两端点距基准面的高度差，作图时，高度差与水平投影应采用同一比例尺，其斜边 AB 即为实长，AB 与 a_6b_2 的夹角即为直线 AB 与基准面的倾角。

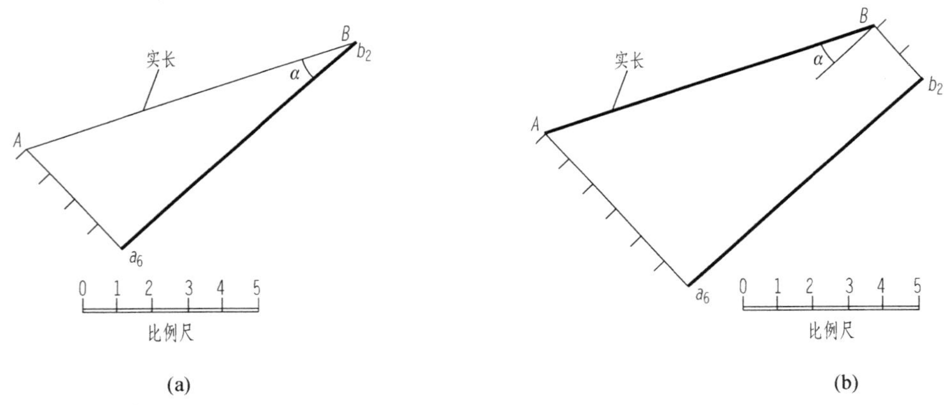

(a)　　(b)

图 6-3　求直线 AB 的实长与倾角

（a）直角三角形法；（b）换面法

2. 换面法

作图时，分别过 a_6 和 b_2 引线垂直于 a_6b_2，并在所引垂直线上，按比例分别截取相应的标高数 6 和 2，得点 A 和 B，则 AB 长度就是所求实长，AB 与 a_6b_2 间的夹角 α，就是所求的倾角，如图 6-3（b）所示。

（三）直线的刻度、坡度和间距

1. 直线的刻度

直线的整数标高点也称为该直线的刻度。求作直线的刻度时，可采用图 6-4 所示的图解法。如图，已知直线的标高投影 $a_{2.8}b_{6.7}$，则在任意位置处，作一组与 $a_{2.8}b_{6.7}$ 平行的等距直线，并把最靠近 $a_{2.8}b_{6.7}$ 的一根平行线作为标高等于 3 的整数标高线，其余顺次为标高等于 4、5、6 的整数标高线。自点 $a_{2.8}$ 和 $b_{6.7}$ 作垂直于 $a_{2.8}b_{6.7}$ 的直线，在所作直线上按比例插值定出 A、B 点，连接 AB，它与整数标高线的交点Ⅲ、Ⅳ、Ⅴ、Ⅵ，就是 AB 上的整数标高点。过这些点再向 $a_{2.8}b_{6.7}$ 作垂线，得垂足 3、4、5、6，即为 $a_{2.8}b_{6.7}$ 的刻度。可以看出，这些刻度之间的距离是相等的。

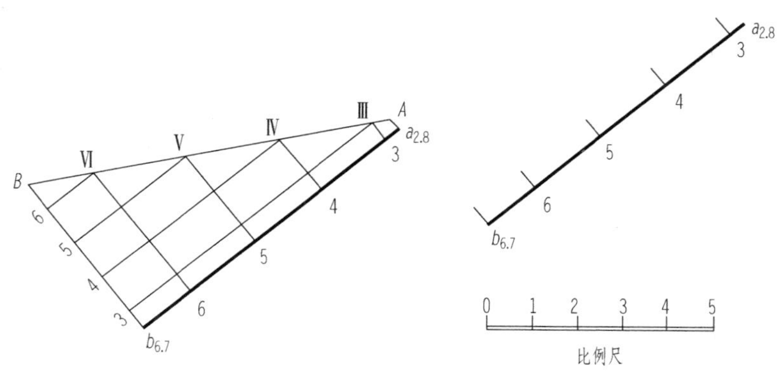

图 6-4　图解法求直线的刻度

2. 直线的坡度 i 和平距 l

直线的坡度，就是当直线上两点的水平距离为一单位时的高差。直线的平距，就是当高差为一单位时的水平距离。如图 6-5 所示，已知直线 AB 的标高投影 a_1b_5，AB 的水平距离为 L，AB 两点间的高差为 I，AB 与 H 面的夹角为 α，则直线的坡度 i、平距 l 和倾角 α 之间存在以下关系

$$坡度\ i=I/L=\tan\alpha$$

$$间距\ l=L/I=\cot\alpha$$

由此可见，坡度与间距互为倒数，即 $i=1/l$，坡度越大，间距越小，坡度越小，间距越大。

【例 6-1】 如图 6-6（a）所示，已知直线 AB 的标高投影 $a_{15}b_6$，求 AB 的坡度 i、间距 l 和直线 AB 上点 C 的标高。

本题可按图 6-4 的图解方法去解，下面只介绍数解法。

（1）求直线 AB 的坡度 i。

按比例尺量得 $a_{15}b_6=L_{AB}=12$，经计算 $I_{AB}=15-6=9$，则

$$i=\frac{I_{AB}}{L_{AB}}=\frac{9}{12}=\frac{3}{4}$$

（2）求直线的平距 l。

$$l=\frac{1}{i}=\frac{4}{3}$$

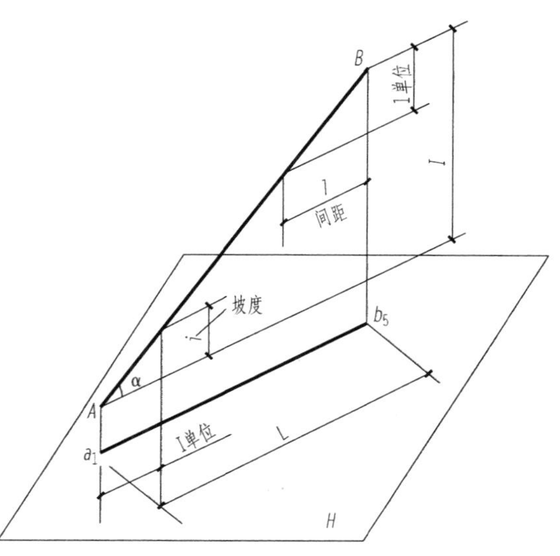

图 6-5　直线的坡度和间距

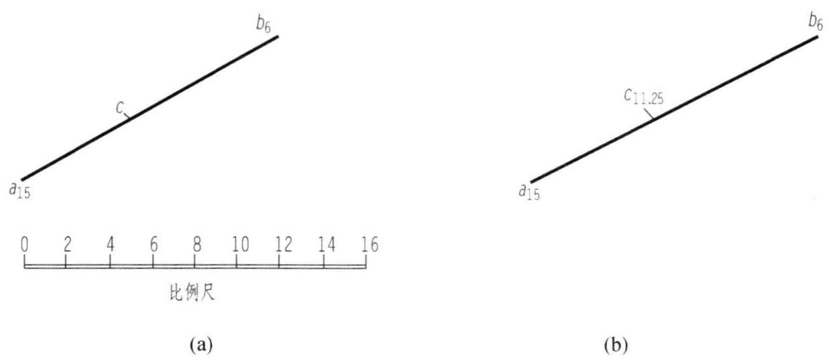

图 6-6 求直线 AB 的坡度 i、间距 l 和点 C 的标高

（a）已知；（b）作图结果

（3）求点 C 的标高。

按比例量得 $L_{AC}=5$，则由 $i=\frac{I_{AC}}{L_{AC}}$ 得 $I_{AC}=i\times L_{AC}=\frac{3}{4}\times 5=3.75$，故点 C 的标高应为 $15-3.75=11.25$。

（四）两直线的相对位置

在标高投影中判断两直线的相对位置，可用换面法解决。如图 6-7 所示，直线 AB 与

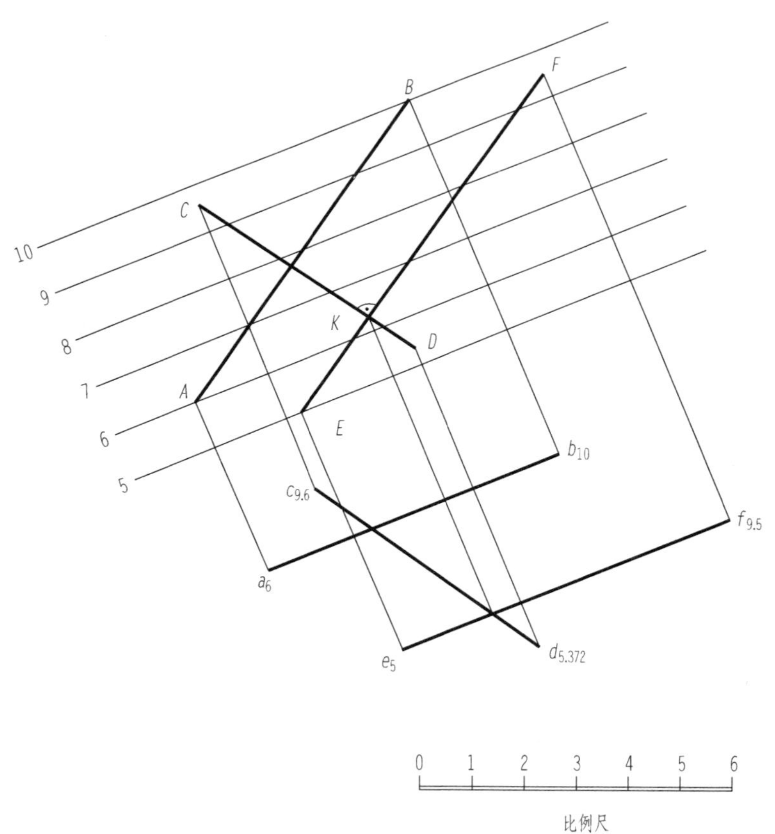

图 6-7 两直线的平行与垂直

EF 的标高投影互相平行，其辅助投影亦保持平行，上升或下降方向一致，且坡度或间距相等。则判断 AB 与 EF 在空间中互相平行，否则不平行。又如直线 AB 与 CD 的标高投影互相垂直，其辅助投影变化保持垂直，则判断 AB 与 CD 在空间中互相垂直，否则不垂直。在判断中，需注意所引的整数标高线，必须按比例尺画出。

如两直线 AB 和 CD 的标高投影相交，经计算知两直线交点处的标高相同，如图 6-8 所示，则两直线相交，否则两直线交叉。

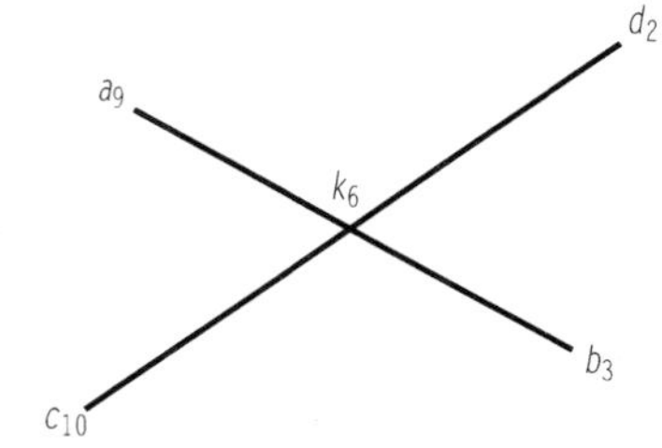

图 6-8　两直线的相交

三、平面的标高投影

（一）平面的标高投影表示法

平面的标高投影，可以用不同在一直线上的三个点、一直线和线外一点、两相交直线或两平行直线等的标高投影来表示。在标高投影中，经常采用下列简化的特殊表示法，如图6-9所示的一等高线与平面坡度、一组等高线和坡度比例尺均可以表示平面 。

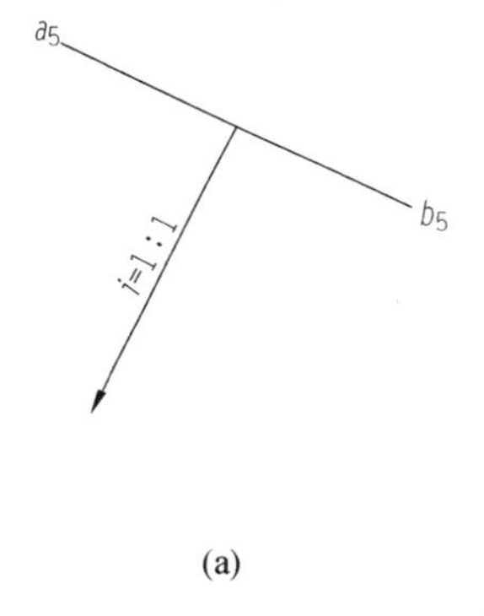

(a)

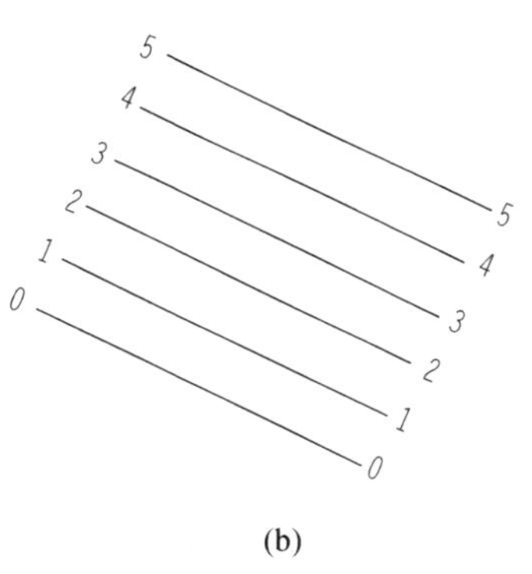

(b)

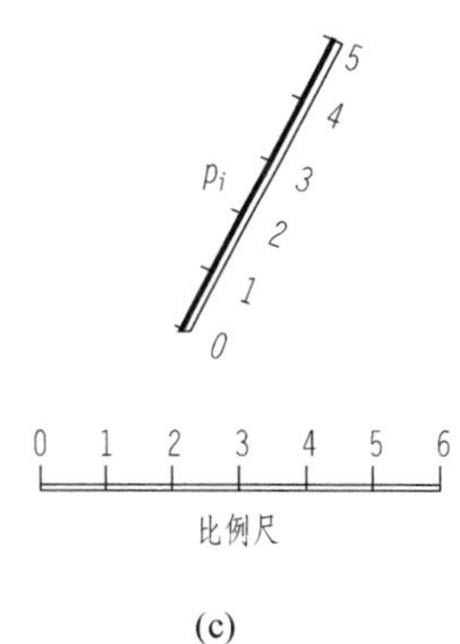

(c)

图 6-9　平面标高投影的表示方法

（a）一等高线与平面坡度；（b）一组等高线；（c）坡度比例尺

（二）平面的坡度、间距和坡度比例尺

如图 6-10 所示，P 平面 $ABCD$ 与 H 面交于 CD，用 P^H 表示，EF 为平面 P 对 H 面的最大斜度线，α 为平面 P 对 H 面的倾角。如用高差为一单位的水平面截割 P 面，可得一组水平线Ⅰ—Ⅰ、Ⅱ—Ⅱ、Ⅲ—Ⅲ，它们的水平投影为 1—1、2—2、3—3，由于在每一条水平线上的各点标高相同，故称等高线，平面 P 上的等高线都平行于平面 P 的 H 面迹线 P^H，各等高线间的间距相等，称为平面的间距。

平面 P 对 H 面的最大斜度线的间距与平面 P 的间距相等，在标高投影中，把画有刻度的 P 面对 H 面的最大斜度线 EF 的 H 投影标注为 p_i，称为平面 P 的坡度比例尺，如图 6-9（c）所示，坡度比例尺垂直于平面的等高线，它的间距等于平面的间距。根据平面的坡度比例尺，可作出平面的等高线，如图 6-11（a）所示。

平面上最大斜度线与它的 H 投影之间的夹角 α，就是平面对 H 面的倾角。如果给出 p_i 和比例尺，就可以用图 6-11（b）的方法求出倾角 α。具体是，先按比例尺作出一组平行于 p_i 的整数标高线，然后在相应的标高线上定出两点 A 和 B，连接 AB，AB 与 p_i 的夹角就是平面 P 的倾角。

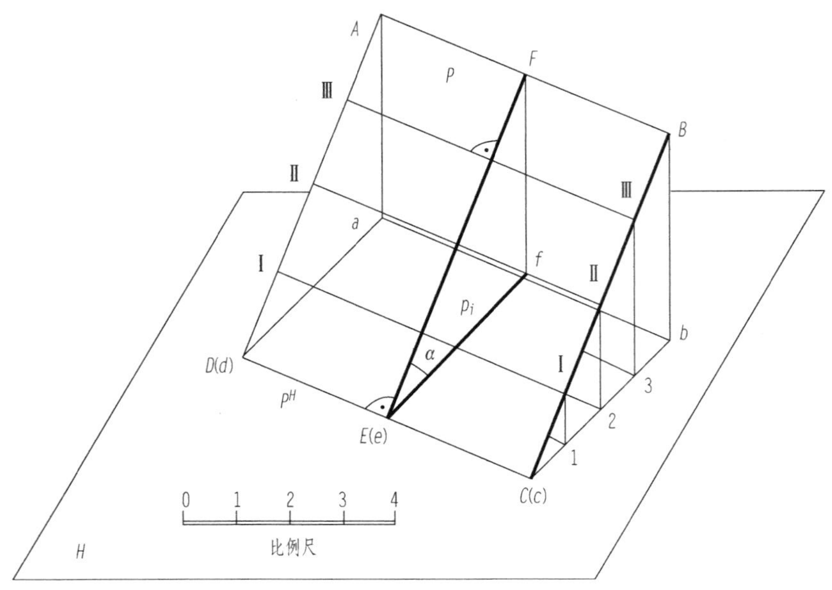

图 6-10　平面的标高投影

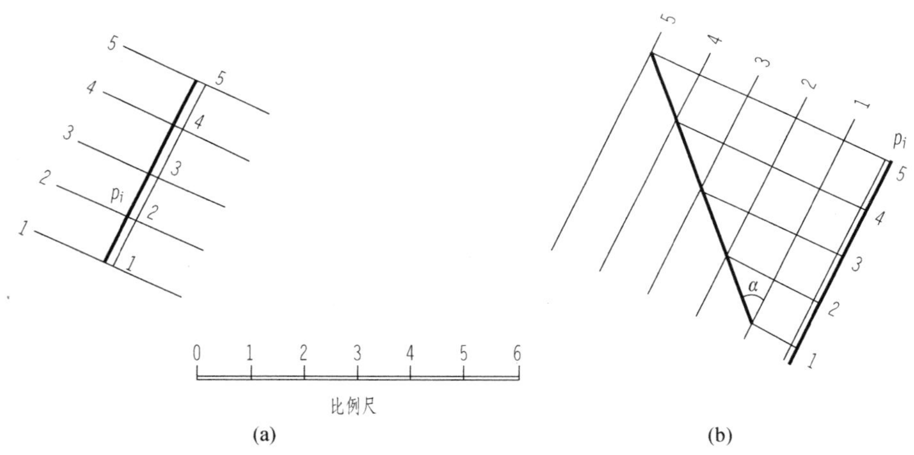

图 6-11　坡度比例尺的应用

（a）由坡度比例尺作等高线；（b）由坡度比例尺求倾角

【例 6-2】 如图 6-12 所示。已知一平面 Q 的标高投影$\triangle a_2b_7c_5$，试求平面 Q 的坡度比例尺 q_i 和平面的倾角 α。

分析：平面的坡度比例尺，就是平面上带有刻度的对 H 面的最大斜度线的标高投影，必垂直于平面上的一组水平线，只要先作出平面的等高线，就可画出 q_i。

作图过程如图 6-12（b）所示：

（1）用换面法求出 AB 和 AC 两邻边同一标高的刻度点，并对两边上相同的刻度点相连，得一组等高线。

（2）作出等高线的垂线，作出 q_i。

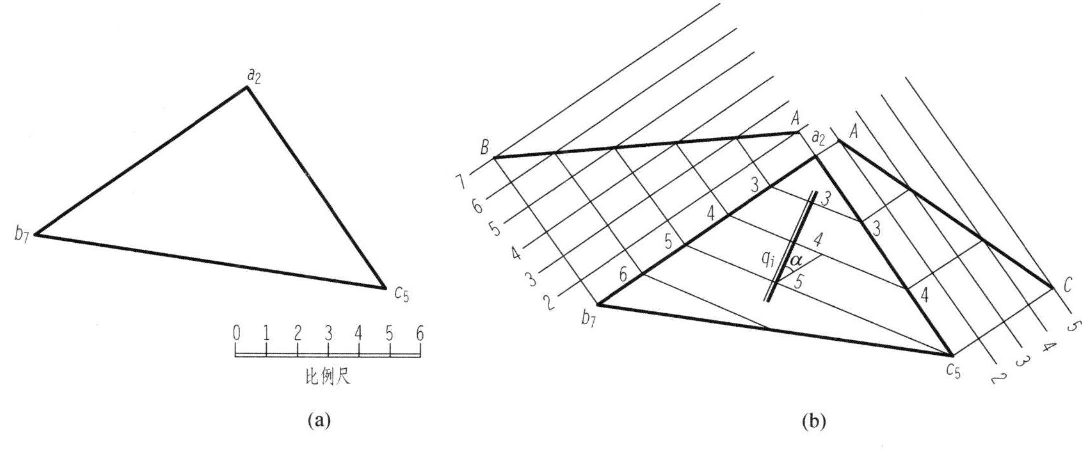

图 6-12　作平面 Q 的坡度比例尺

(a) 已知条件；(b) 作图过程

(3) 以坡度比例尺上的间距为一直角边，以比例尺上一单位长度为另一直角边，斜边与坡度比例尺间的夹角，即为平面的倾角 α。

（三）两平面的相对位置

两平面可能平行或相交。

若两平面 P 和 Q 平行，则它们的坡度比例尺 p_i 和 q_i 平行，间距相等，而且标高数字增大或减小的方向一致，如图 6-13 所示。

若两平面相交，仍用作水平辅助面的方法求它们的交线。在标高投影中所作的水平辅助面的标高最好是整数，如图 6-14 (a) 所示。这时，所作辅助平面与已知平面的交线，分别是两已知平面上相同整数标高的等高线，它们必然相交于一点。作出两个辅助平面，必得两个交点，连接起来，即得交线。

这种求两平面交线的方法，对求两曲面的交线也是适用的，即两曲面上相同标高等高线的交点连线，就是两曲面的交线。

具体作图如图 6-14 (b) 所示，只要在坡度比例尺 p_i 和 q_i 上各作出两条相同标高的等高线，它们的交点 a_{15} 和 b_9 的连线，即为交线的标高投影。

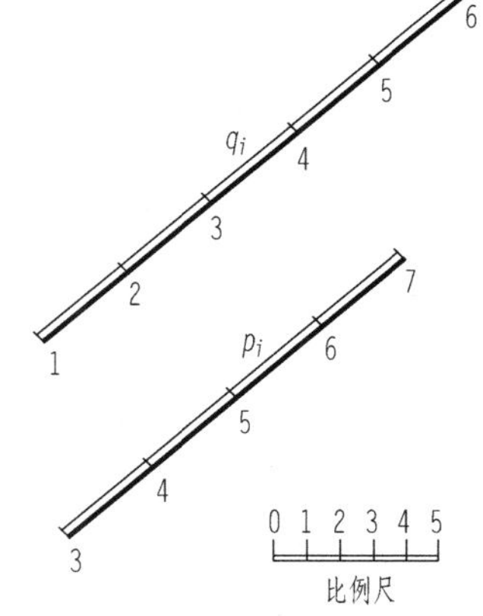

图 6-13　两平面平行

【例 6-3】 如图 6-15 所示，已知地面上梯形平台的标高为 5m，设地面是标高为零的水平面，试作出此梯形平台边坡的标高投影。

此题的关键在于求出各边坡面的间距。只要求出各边坡面的间距，就可确定各边坡的等高线、相邻边坡的交线，以及各边坡与地面的交线。

(1) 求各边坡面的间距（用图解法）：以比例尺上的单位长度作为坐标网格，在此坐标网格上绘出各边坡的坡度线 i_1、i_2、i_3、i_4，各坡度线与高度为五个单位时水平线分别相交于一点，各交点与竖直轴的距离即为相应各边坡面的间距 l_1、l_2、l_3、l_4，如图 6-15 (a) 所示。

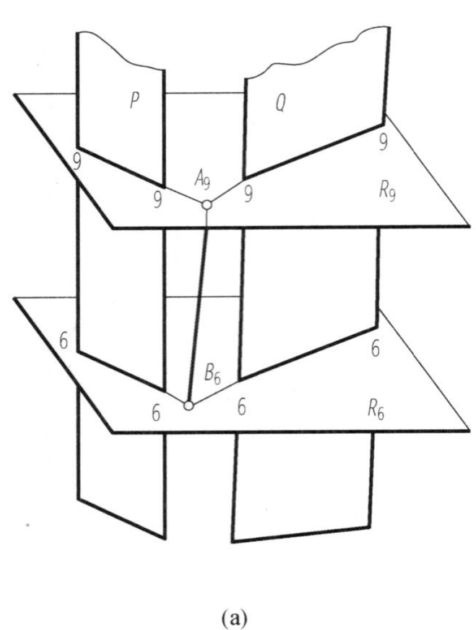

(a)

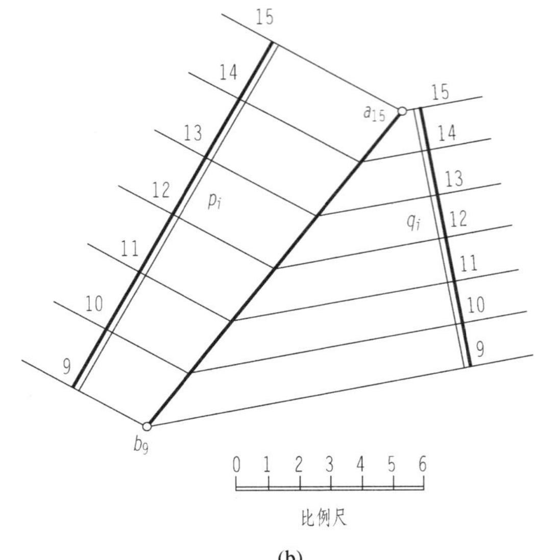

(b)

图 6-14 两平面相交

（a）立体图；（b）作图结果

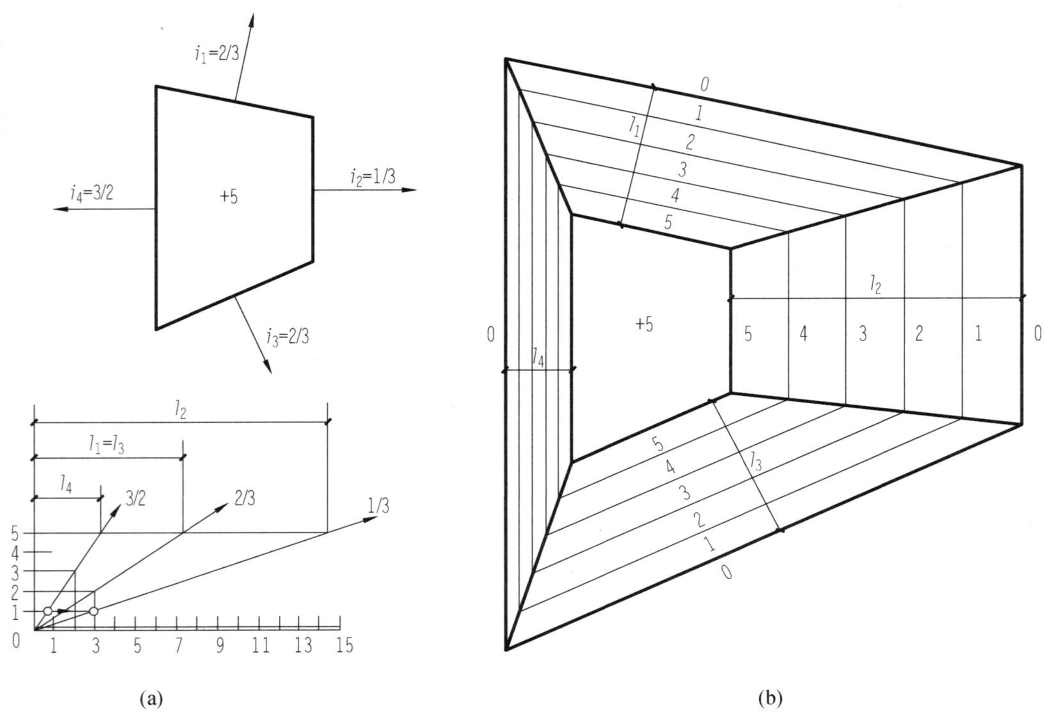

(a) (b)

图 6-15 梯形平台的标高投影

（a）图解边坡宽度；（b）作图结果

（2）作各边坡等高线、各坡面交线、边坡面与地面交线：以 l_1、l_2、l_3、l_4 为间距，作各边坡面的等高线 0—0，相邻两边坡面同标高等高线的交点的连线，即为各边坡面的交线。标高为零的四条等高线，即为各边坡面与地面的交线。过任一坡面的五等分点作线 4—4、3—3、2—2、1—1 平行于 0—0 线，所作各线即为梯形平台的等高线，如图 6-15（b）所示。

图 6-16 是带有斜坡道的一座平台的标高投影。其中，地面为倾斜的平面，由等高线表示；平台顶是一个标高为 40m 的水平矩形平面；前方斜坡道由其等高线 34 至 39 表示；平台四周有边坡，由于平台的右前方高于地面，故边坡为填方；平台的左后方低于地面，故边坡为挖方。填挖方的分界点是标为 40 的平台顶的矩形边线与地面上标高为 40 的等高线的交点。图中还作出了边坡面间的交线，它们均为各面上标高相同的各等高线的交点连线，地面与相邻两坡面的三条交线必交于一点。

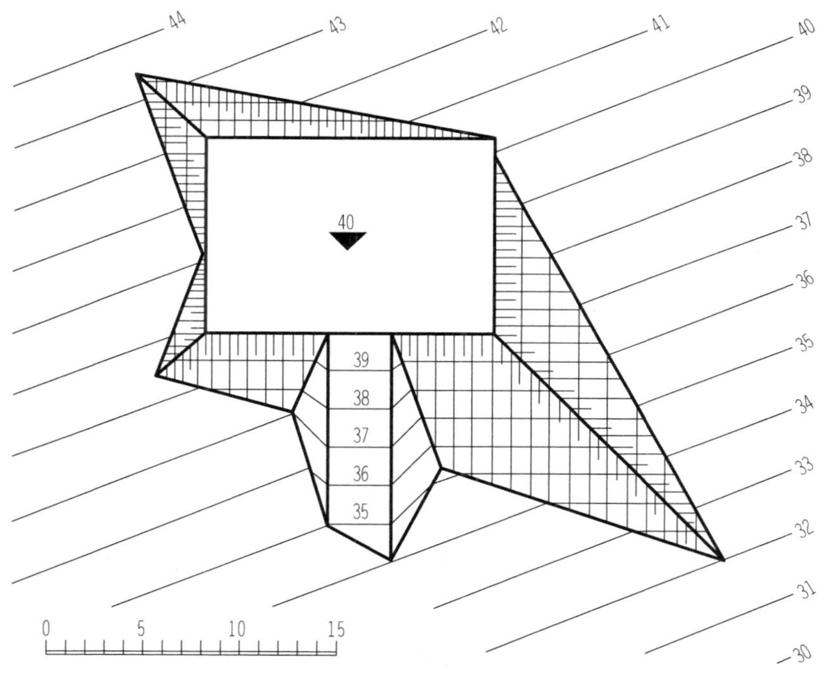

图 6-16　平台的标高投影

设填方坡度为 2/3，挖方坡度为 1，可用图解法作出平台的标高投影（作图方法同［例 6-3］）。

在完成后的图形中，为了加强明显性，可在边坡上，由坡顶开始，画上长短相间的细线，称为示坡线。其方向平行于坡度线，即垂直于其等高线。短线应开始于坡顶线，其间距宜小于坡面上等高线距离，长度一般可取 4～8mm。长线可画到对边，也可只画比短线长一倍左右，当边坡范围较大时，可仅在一侧或两侧局部地画出示坡线。

【例 6-4】　如图 6-17（a）所示，已知两堤顶面的标高及各边坡的坡度，求两堤之间、边坡之间、边坡与地面（标高为零）的交线。

本题用数解法求解比较简单，只要求得各堤顶边线到边坡面与地面交线之间的水平投影长度 L_1、L_2 和 L_3，即可作出各边坡上标高为零的等高线，从而求得各边坡与地面的交线和

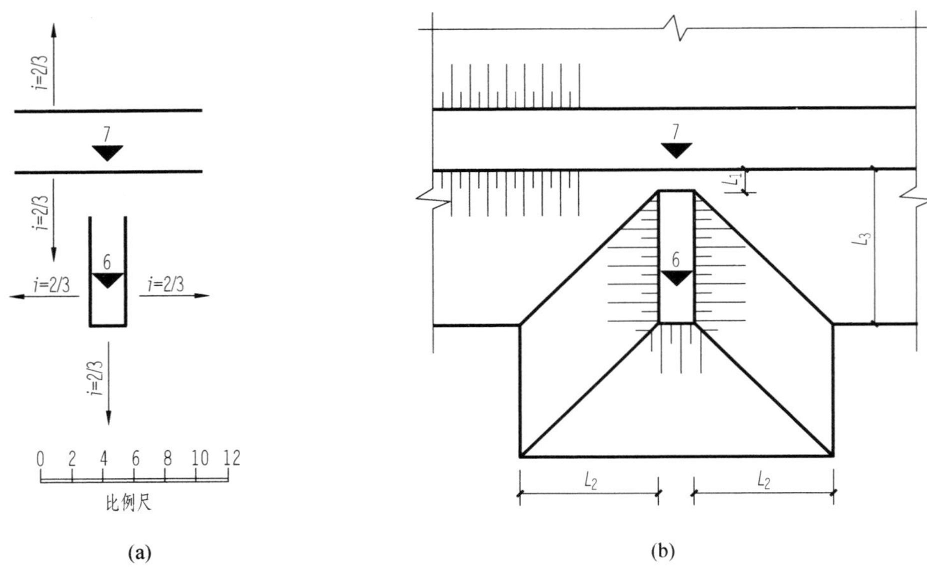

图 6-17　两堤的标高投影

（a）已知；（b）作图结果

相邻边坡的交线。

由 $i=\frac{I}{L}$得，$L=\frac{I}{i}$。故

$$L_1=I_1\frac{1}{i}=(7-6)\times\frac{1}{2/3}=1.5$$

$$L_2=I_2\frac{1}{i}=6\times\frac{1}{2/3}=9$$

$$L_3=I_3\frac{1}{i}=7\times\frac{1}{2/3}=10.5$$

根据 L_1、L_2、L_3 作出各交线，作用结果如图 6-17（b）所示。

第二节　曲面和曲面体的标高投影

一、曲面的标高投影

曲面的标高投影，由曲面上一组等高线表示。这组等高线，相当于一组水平面与曲面的交线。

图 6-18 表示正圆锥面和斜圆锥面的标高投影。它们的锥顶标高都是 5，都是假设用一系列整数标高的水平面切割锥面，画出所有截交线的 H 投影，并注上相应的标高数字。图 6-18（a）是正圆锥面的标高投影，各等高线是同心圆。图 6-18（b）是斜圆锥面的标高投影，各等高线是异心圆。

二、地形图

山地一般为不规则曲面，其标高投影以一系列整数标高的等高线表示。在等高线上标注相应的标高数值，图 6-19 就是一个山地的标高投影图，称为地形图。看地形图时，要注意根据等高线的间距想象地势的陡峭或平顺程度，根据标高的顺序想象地势的升高或下降方向。

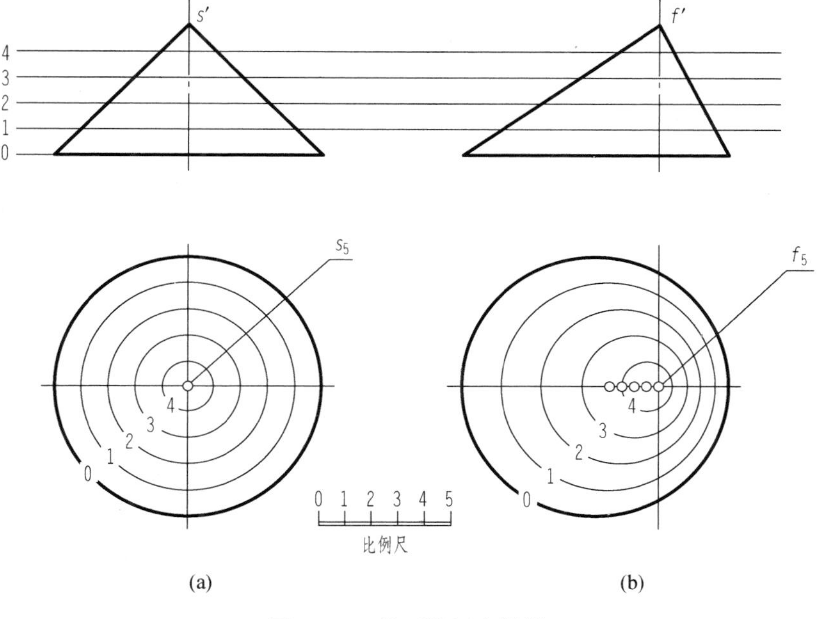

(a)　　(b)

图 6-18　锥面的标高投影
（a）正圆锥面；（b）斜圆锥面

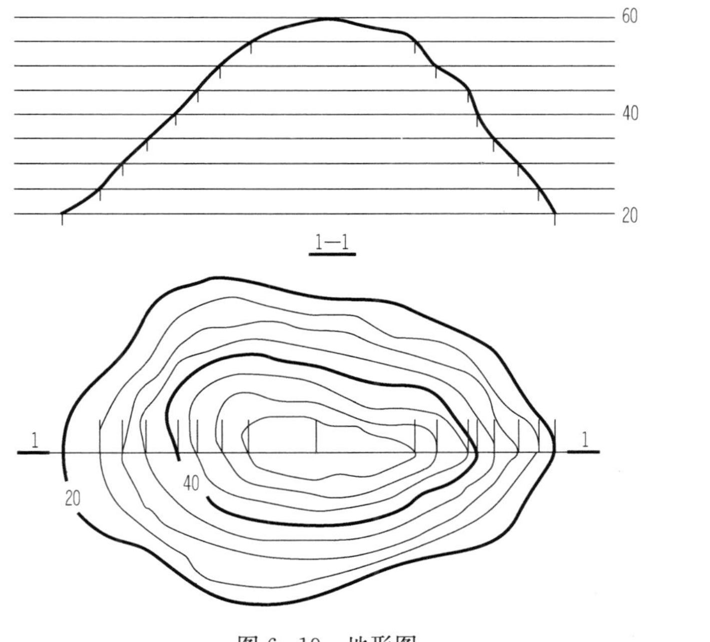

图 6-19　地形图

三、同坡曲面

曲面上各处的坡度相同时，各等高线的间距相同，该曲面称为同坡曲面。正圆锥面、弯的路堤或路堑的边坡面，都是同坡面。

如图 6-20 所示，设通过一条曲线 $a_0b_1c_2d_3e_4$，在右前方有一个坡度为 1/2 的同坡曲面，它可以看作是以曲线上多点为顶点的、坡度相同的各正圆锥面的包络面，如图 6-20（a）所示，因而同坡曲面的各等高线应相切于各正圆锥面上标高相同的等高线，作图方法如图 6-20（b)所示。

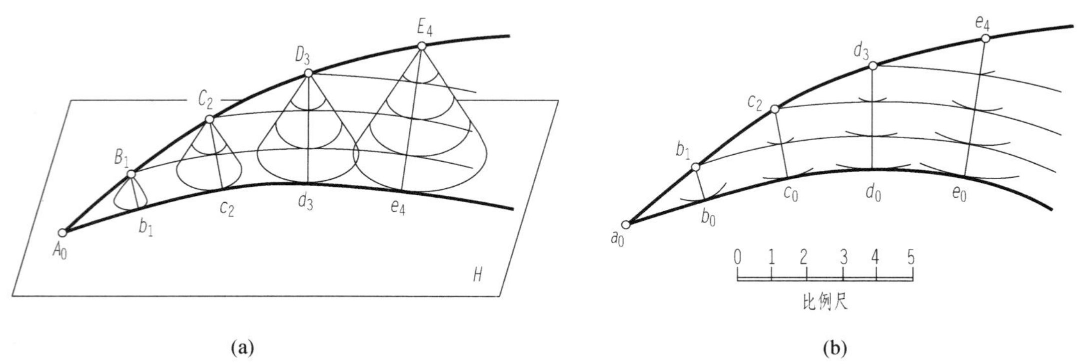

(a)　(b)

图 6-20　同坡曲面的标高投影

（a）立体图；（b）作图方法

图 6-21（a）是需要用一斜弯路面连接标高为 0 的地面和标高为 4 的平路面。斜弯路面的边坡坡度为 1/1，平台路面的边坡坡度为 3/2，路面的中心线是一根正圆柱螺旋线，弯曲半径是 l_0f，弯曲角为$\angle l_0fl_4=90^\circ$，路面宽度为 6 单位，作图方法如图 6-21（b）所示。

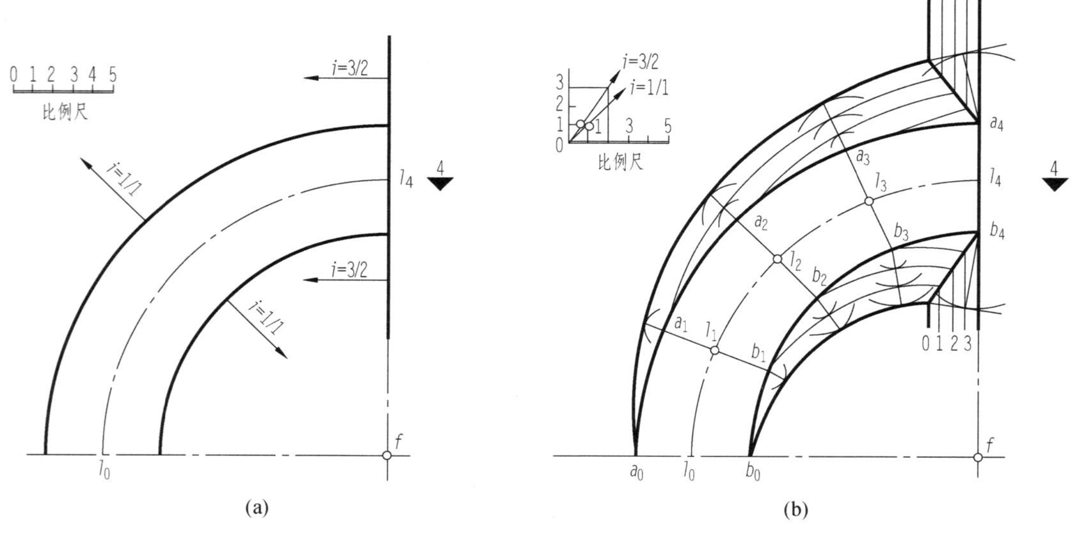

(a)　(b)

图 6-21　斜弯路面的标高投影

（a）已知；（b）作图方法

第三节　工　程　实　例

【例 6-5】　如图 6-22 所示，已知一直线两端的标高投影为 a_{23}、b_{26}，求直线穿过山坡的位置。

把直线 AB 看作是铁路线的中心线，则所求交点就是隧道的进出口，作图过程如下：

(1) 过 AB 作铅垂辅助面 R，$a_{23}b_{26}$ 即为 R^H。

(2) 求 R 面与山地的截交线，即断面轮廓线，并求出 AB 在断面图中的位置。

(3) 求 AB 与断面轮廓线的交点，得交点 C、D、E、F，即为铁路线穿坡点的位置。

(4) 过 C、D、E、F 向下作垂线，与 H 投影中 $a_{23}b_{26}$ 相交，得交点的标高投影，$c_{23.47}$、$d_{24.32}$、$e_{24.94}$、$f_{25.41}$ 即为所求。

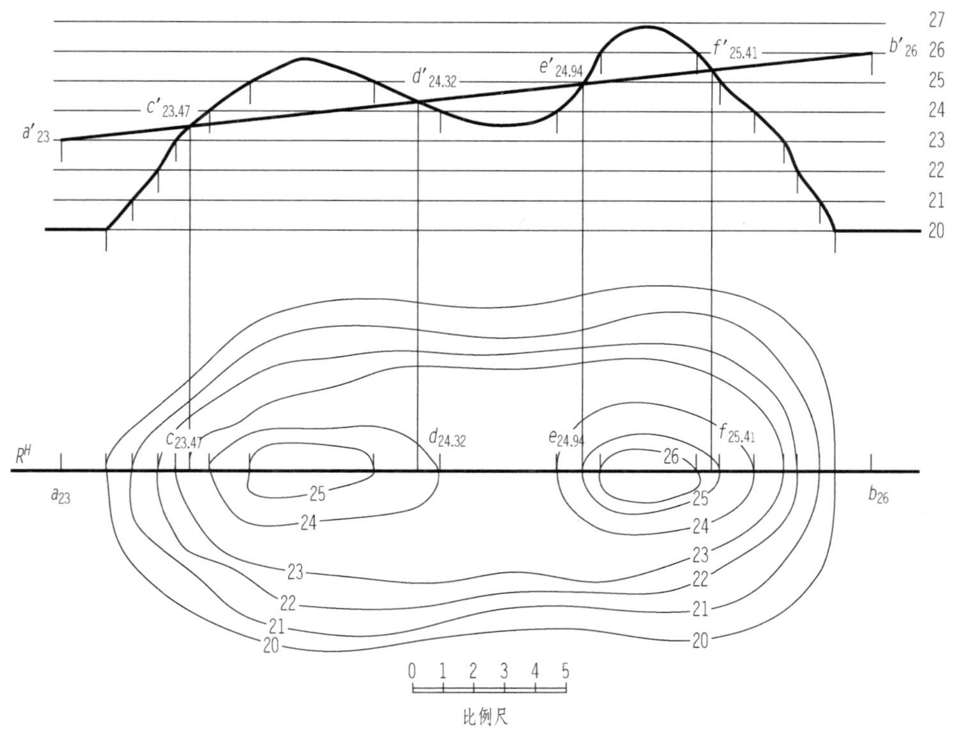

图 6-22　求直线与山坡的交点

【例 6-6】 如图 6-23 (a) 所示，已知平面由直线等高线给出，地面由曲线等高线给出，求平面与地面的交线。

求平面与地面的交线，实质就是求平面与曲面体的截交线的问题。平面与地面的同标高等高线的交点，就是所求截交线上的点，顺次连接这些点，便得交点。

在作图中，标高为 27 的等高线不相交，也就是说，平面的最大标高不大于 27m。为了连接标高为 26 的两个交点，可先作 ab 的断面图，由断面图中 AB 与 CD 的交点 E 确定 e，即为所求两面交线的转向点，作图过程如图 6-23 (b) 所示。

【例 6-7】 如图 6-24 所示，已知一平直路段，标高为 25，通过一山谷，路段南北两侧边坡的坡度为 3/2，试求边坡与山地的交线。

南北边坡都是平面，路段边界就是边坡的一根等高线（标高是 25）。本题实质是求平面与山地的交线，作法与求两曲面的交线相同。

作图时，先求边坡的间距，作出边坡上的整数标高等高线，并注上相应的标高，它们都与标高为 25 的路段边线平行，且间距相等。再求边坡与山地相同标高等高线的交点，一般

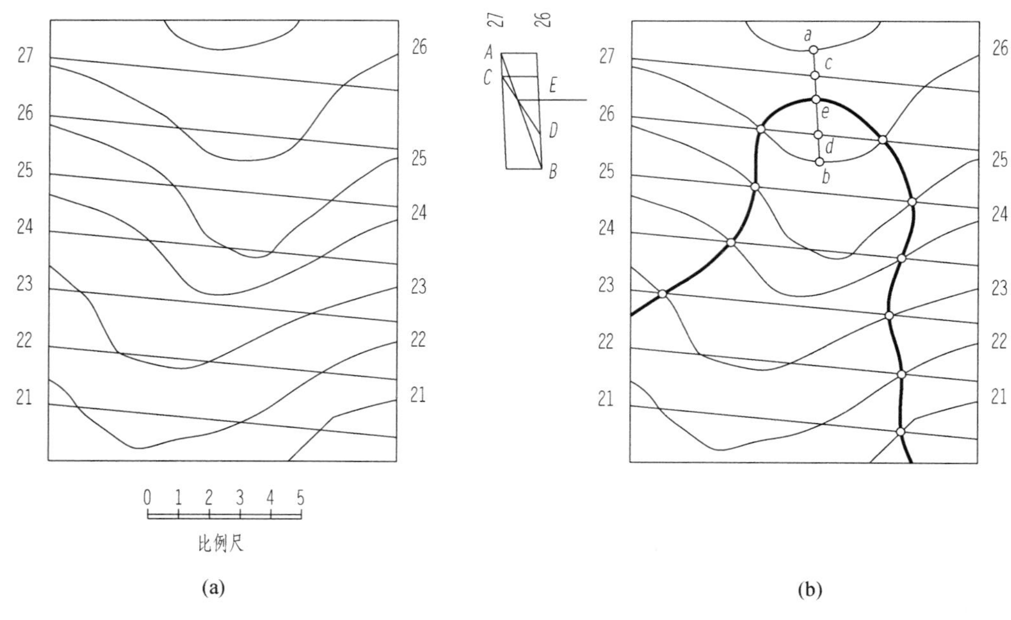

图 6-23 作平面与地面的交线

(a) 已知；(b) 作图过程

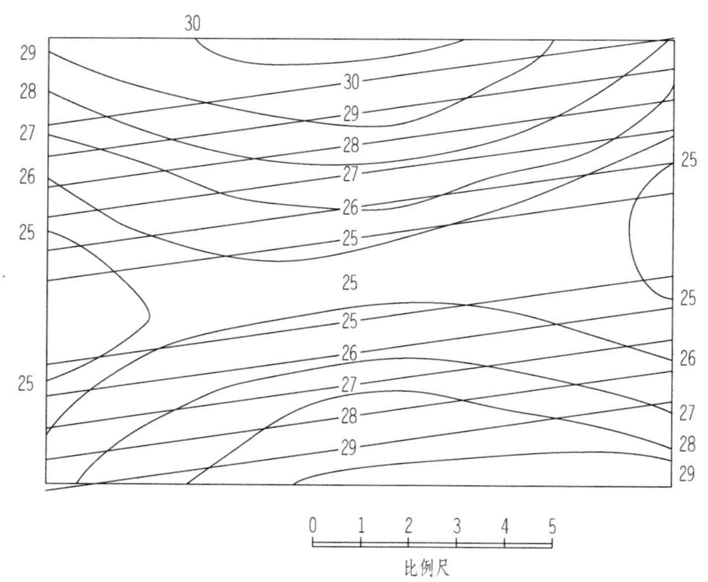

图 6-24 已知路段及山地的标高投影

都有两个交点。最后将所求得的交点按标高的顺序（递增或递减）连接起来。连交线时，要注意北坡标高为 29 的两点之间的交线连法。这一段曲线上转向点 a 至山地等高线 29 和 30 的距离之比，应等于此点至边坡上标高为 29 和 30 两等高线的距离之比。同法求出南坡上的点 b。最后在边坡线上画上示坡线，如图 6-25 所示，完成作图。

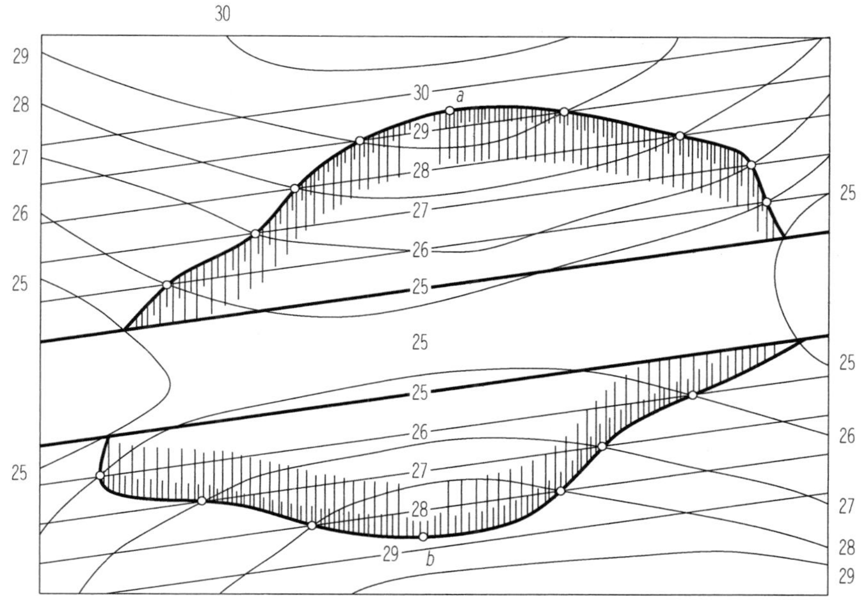

图 6-25　求路段两侧边坡与山地的交线

第七章　轴　测　投　影

形体的多面正投影图，能够完整、准确地表示形体的形状和大小，作图也比较简便。但是，它也有缺点，不能仅凭某一面投影图就判别出物体的长、宽、高三个方向的尺度和形状，如图 7-1（a）所示，必须对照几面投影图并运用正投影原理进行阅读，才能想象出物体的形状。而且这种图立体感不强，没有经过读图训练的人很难看懂。

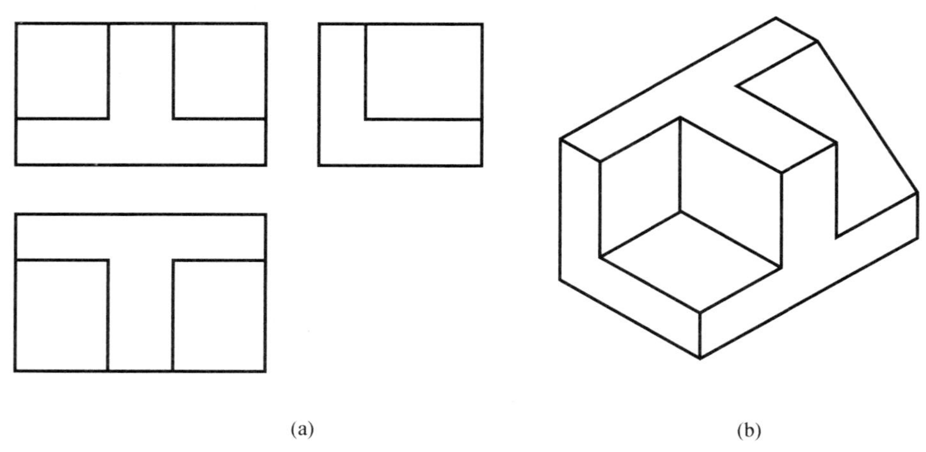

(a)　(b)

图 7-1　立体感的比较
（a）正投影图；（b）轴测图

轴测投影图是形体在平行投影的条件下形成的一种单面投影图，如图 7-1（b）所示。由于投射方向不平行于任一坐标轴和坐标面，所以能在一个投影图中同时反映出物体的长、宽、高和不平行于投射方向的平面，因而轴测投影图具有较强的立体感。缺点是度量性不够理想，有遮挡，作图较复杂繁琐，工程制图中常将轴测投影图作为辅助图样，用以帮助人们阅读正投影图。

第一节　概　　述

一、轴测投影的形成

根据平行投影的原理，将形体的长、宽、高连同确定其空间位置的三条坐标轴 OX、OY、OZ 一起投向一个新投射面，得到的投影称为轴测投影。如图 7-2 的投射方向是沿着由这三条坐标轴组成的坐标面投向新投影面 P。

二、轴测投影的专用术语

（1）轴测投影面：在轴测投影中，同时倾斜于形体的长、宽、高三个向度的投影面称为轴测投影面，如图 7-2 中的 P 面。

（2）轴测轴：三条坐标轴 OX、OY、OZ 在轴测投影面上的投影 O_1X_1、O_1Y_1、O_1Z_1 称

为轴测轴，画图时，规定把 O_1Z_1 轴画成竖直方向，如图 7-2 所示。

（3）轴间角：轴测轴之间的夹角称为轴间角，如 $\angle X_1O_1Z_1$、$\angle X_1O_1Y_1$、$\angle Y_1O_1Z_1$。

（4）轴倾角：轴测轴与水平线的夹角称为轴倾角，其中 O_1X_1 轴的轴倾角用 ϕ 表示，O_1Y_1 轴的轴倾角用 σ 表示。

（5）轴向变形系数：轴向图上长度与轴向实际长度之比，称为轴向变形系数，简称变形系数（或称轴向伸缩系数），按规定：O_1X_1 轴的变形系数用 p 表示（图 7-2 中的 O_1A_1/OA），O_1Y_1 轴的变形系数用 q 表示（图 7-2 中的 O_1B_1/OB），O_1Z_1 轴的变形系数用 r 表示（图 7-2 中的 O_1C_1/OC）。

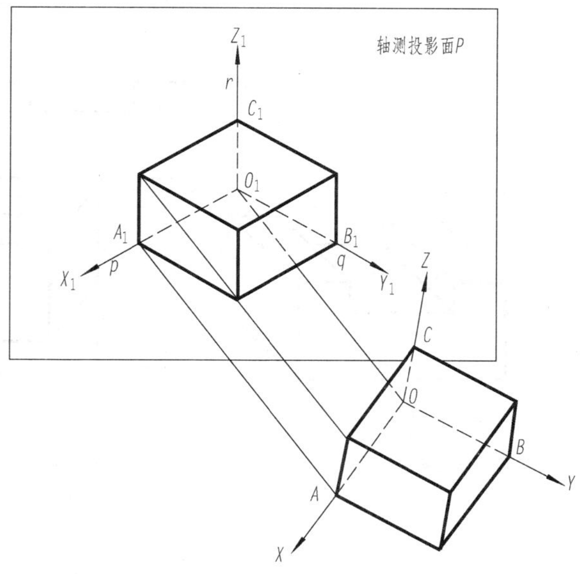

图 7-2　轴测投影的形成

轴间角（或轴倾角）和变形系数是绘制轴测投影时必须具备的要素，对于不同类型的轴测投影，有其不同的轴间角（或轴倾角）和变形系数。

三、轴测投影的特点

由于轴测投影是根据平行投影的原理作出的，所以必然具有平行投影的以下特点：

（1）平行性：空间互相平行的直线，它们的轴测投影仍然互相平行。因此，形体上平行于三个坐标轴的线段，在轴测投影上，都分别平行于相应的轴测轴。

（2）定比性：空间互相平行两线段的长度之比，等于它们轴测投影的长度之比。因此，形体上平行于坐标轴的线段的轴测投影与线段实长之比，等于相应的轴向变形系数。

在画轴测投影之前，必须先确定轴间角以及轴向变形系数，才能确定和量出形体上平行于三条坐标轴的线段在轴测投影上的方向和长度。因此，画轴测投影时，只能沿着平行于轴测轴的方向和按轴向变形系数的大小来确定形体的长、宽、高三个方向的线段。而形体上不平行于坐标轴的线段的轴测投影长度有变化，不能直接量取，只能先定出该线段两端点的轴测投影位置后再连线得到该线段的轴测投影。

四、轴测投影的分类

轴测投影按照投射方向与轴测投影面的相对位置可分为两大类：正轴测投影和斜轴测投影。正轴测投影又分为正等测、正二测、正三测投影；斜轴测投影又分为正面斜二测、正面斜等测、水平面斜等测投影。

（一）正轴测投影

正轴测投影的投射方向 S_1 垂直于轴测投影面 P，所以，正轴测投影图是用平行投影法中的正投影获得，如图 7-3 所示。根据轴向变形系数的不同，具体又分为正等测（$p=q=r$）、正二测（$p=r\neq q$）、正三测（$p\neq q\neq r$）。

（二）斜轴测投影

斜轴测投影的投射方向 S_2 倾斜于轴测投影面 R，所以，斜轴测投影图是用平行投影法

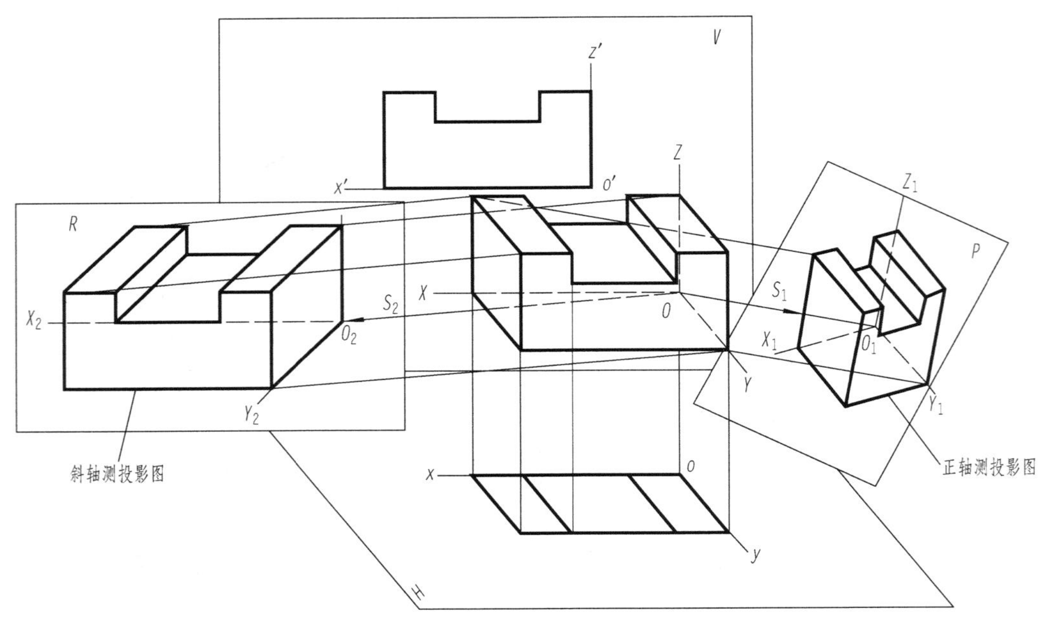

图 7-3 轴测投影的分类

中的斜投影获得，如图 7-3 所示。根据轴向变形系数的不同，具体又分为正面斜等测（$p=q=r$）、正面斜二测（$p=r\neq q$）、水平面斜等测投影（$p=q=r$）。

上述类型中，由于正三测投影作图比较繁琐，所以工程中很少采用，只在正等测和正二测投影无法更好表达形体时才选用。本章将对以上各种轴测投影逐一进行介绍。

五、轴测图的画法

绘制轴测图是一项比较麻烦的工作，无论哪一种轴测图绘制起来都较烦琐，想要快速、准确的画出轴测图，就需要在画图实践中不断探索和总结。下面介绍几种轴测图的画法，在后面的例题中将详细讲解这些画法的具体应用。

（一）坐标法

坐标法就是将正投影图各点的空间坐标根据变形系数直接量到轴测轴上，然后连接完成形体的轴测图。此法适用于所有平行于坐标轴的直线段转化成轴测投影的画法。具体作图方法见本章［例 7-1］、［例 7-2］中的详解。

（二）叠加法

当形体是由几个基本形体组成时，可以应用叠加法画出轴测图。其方法是按组成顺序根据坐标法逐一画出每个基本形体的轴测图，然后整理立体图形，加深图线，完成形体的轴测图。具体作图方法见本章［例 7-1］中上部小长方体的画法。

（三）装箱法

有些形体是由基本形体切割而成，因为对轴测图中不平行于轴测轴的直线段是不可以直接测量的，所以对于空间各种斜面的绘制，应先画出切割前完整的长方体（即箱子），再找出长方体表面（即箱子表面）切除部分的分界线，然后连接各分界线，完成斜面的绘制，即将斜面装进箱子，故称为装箱法。当直线段不平行轴测轴时可用此法画出轴测投影，或者用于绘制空间各种斜面的轴测投影，具体作图方法见本章［例 7-2］中台阶栏板的画法。

(四) 端面法

当形体的两个端面平行且形状复杂，可以先根据坐标法画出它的某个端面的轴测投影，再由端面各折点根据投影关系作出连线。具体作图方法见本章［例 7-2］中台阶踏步的画法。

第二节 正轴测图画法

一、正轴测图的画法步骤

根据形体的正投影图画其轴测图时，一般采用下面的基本作图步骤：

(1) 阅读正投影图，进行形体分析并确定新原点 O_1 和直角坐标轴的位置，一般将新原点 O_1 设在形体的角点或对称中心上。

(2) 选择合适的正轴测图种类和投射方向，根据轴倾角画出轴测轴。

(3) 根据形体特征选择合适的作图方法。常用的作图方法有：坐标法、装箱法、叠加法、端面法等。

(4) 画底稿。

(5) 检查底稿后，加深图线。为保持图形的清晰性，轴测图中的不可见轮廓线（虚线）一般不画。

二、正等测图的画法

(一) 正等测图的轴倾角和变形系数

1. 轴倾角

正等测的轴倾角 $\phi=\sigma=30°$，如图 7-4 (a) 所示，它们的三个轴间角相等均为 120°，即 $\angle X_1O_1Z_1=\angle X_1O_1Y_1=\angle Y_1O_1Z_1=120°$，如图 7-4 (b) 所示。作图时取 O_1Z_1 轴为竖直方向，画出轴倾角 $\phi=\sigma=30°$，如图 7-4 (a) 所示。

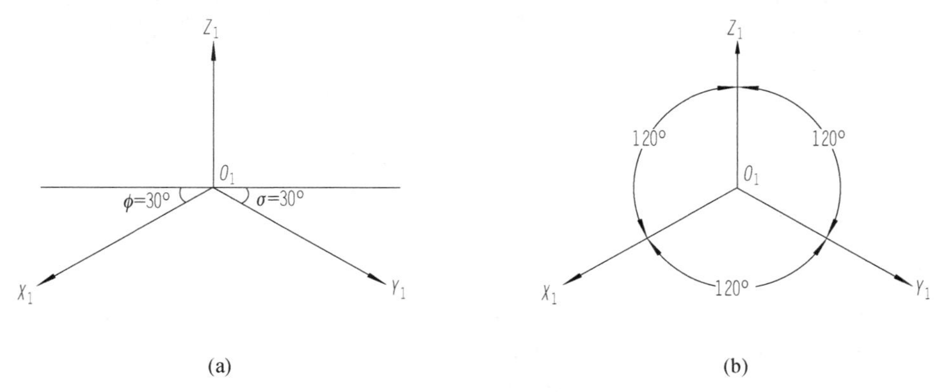

图 7-4 正等测图的轴测轴

(a) 正等测的轴倾角；(b) 正等测的轴间角

2. 轴向变形系数

由数学方程解得轴向变形系数 $p=q=r\approx0.82$，为了作图方便简化为 1，即 $p=q=r=1$，即在作图时沿着形体的长、宽、高方向（即三个轴测轴方向）可以直接截取形体的实长。此时画出来的轴测图比实物放大了 1.22 倍，图 7-5 是分别应用两种轴向变形系数 $p=q=

$r \approx 0.82$ 和 $p=q=r=1$ 画出的正方体的正等测图，显然图（c）的图形大于图（b）。

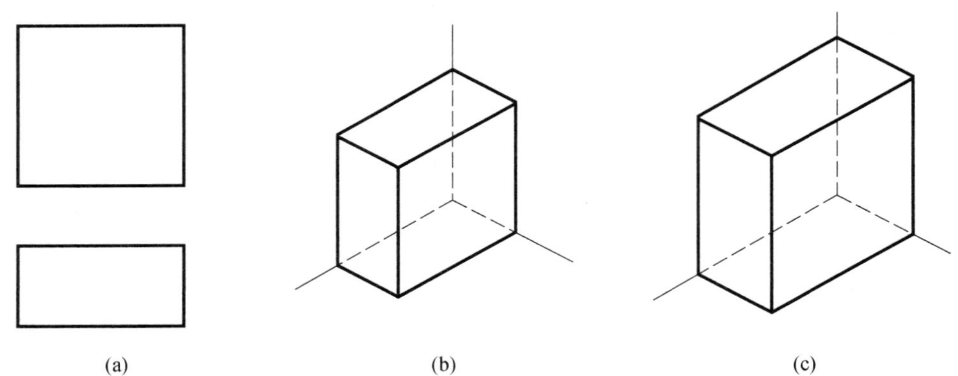

图 7-5 正等测图两种变形系数的作图结果

（a）正方体投影图；（b）$p=q=r=0.82$；（c）$p=q=r=1$

（二）平面体的正等测图画法举例

【例 7-1】 如图 7-6（a）所示，已知形体的正投影图，求作它的正等测投影。

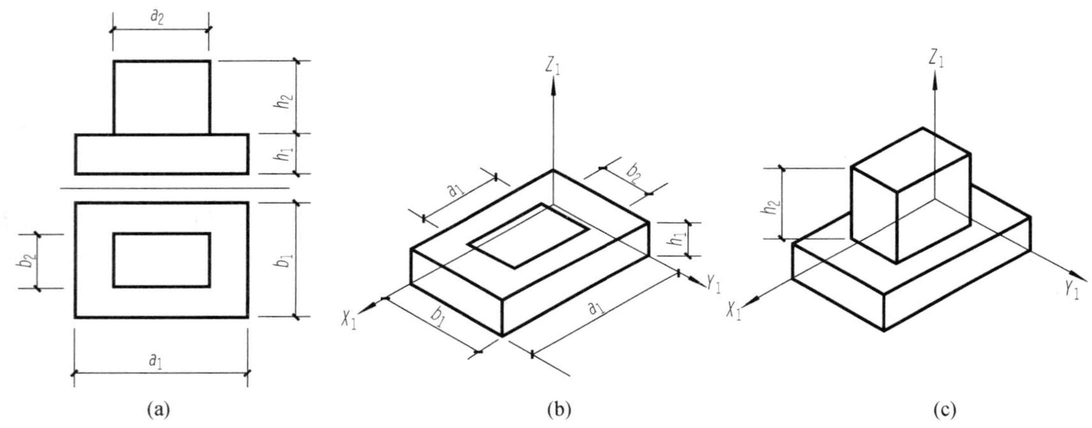

图 7-6 坐标法和叠加法应用举例

（a）已知正投影图；（b）坐标法；（c）叠加法

作图过程如图 7-6 所示，步骤如下：

（1）根据图 7-6（a）的投影图分析可知该形体是由两个长方体堆砌而成的；

（2）选定形体的右后下角点为新原点位置，根据正等测图的轴倾角建立轴测轴；

（3）根据变形系数为 1，将正投影图 H 投影中大长方体的长 a_1 和宽 b_1 应用坐标法量取坐标值后移至轴测图中，再由正投影图 V 投影中大长方体的高 h_1 应用坐标法量取坐标值后移至轴测图中，得到大长方体的轴测图，如图 7-6（b）所示；

（4）在大长方体顶面根据 H 投影应用坐标法和叠加法画出小长方体的长 a_2 和宽 b_2，再由 V 投影应用坐标法和叠加法画出小长方体的高 h_2；

（5）加深可见图线，不可见线（虚线）不画，画图结果如图 7-6（c）所示。

【例 7-2】 如图 7-7（a）所示，已知台阶正投影图，求作它的正等测图。

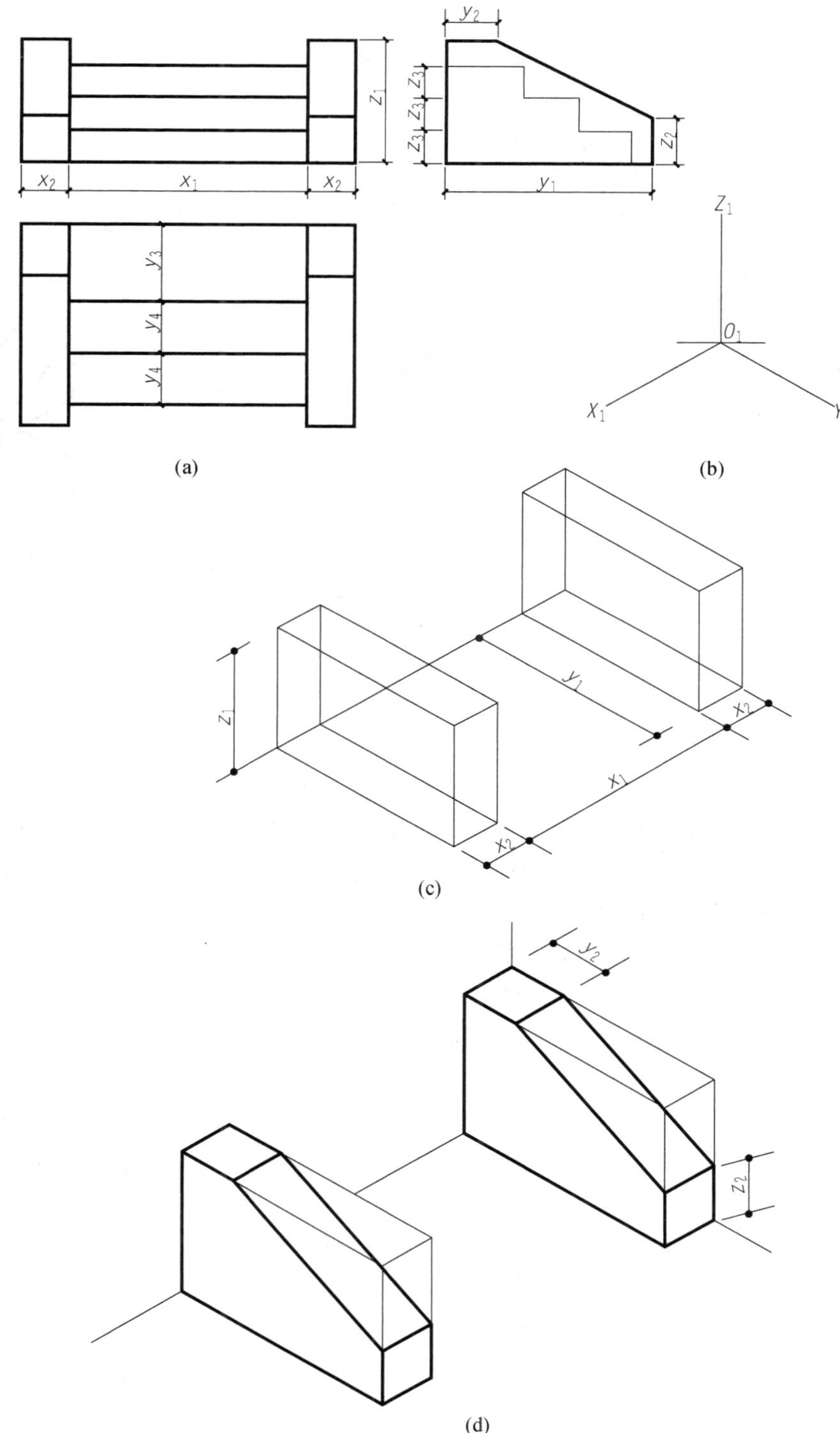

图 7-7 装箱法和端面法绘制台阶的正等测图（一）

（a）已知正投影图；（b）画轴测轴；（c）坐标法画两侧栏板长方体（箱子）；（d）装箱法画两侧栏板斜面

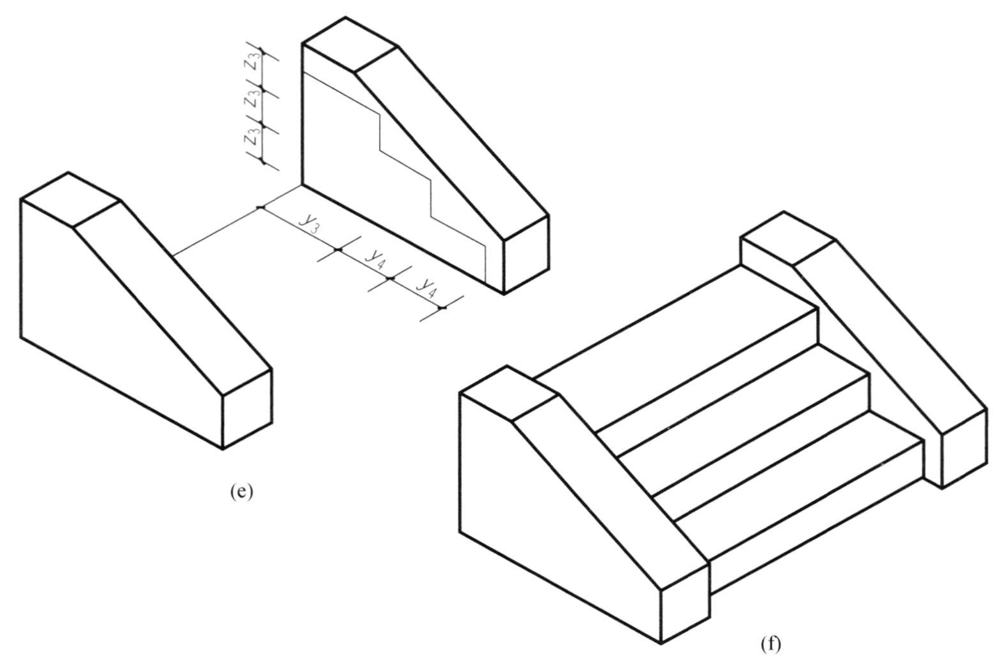

图 7-7 装箱法和端面法绘制台阶的正等测图（二）

（e）端面法画梯段端面；（f）作图结果

作图过程如图 7-7 所示，步骤如下：

（1）形体分析。根据形体分析可知该形体是由三部分组成，两个栏板和一个梯段。

（2）定原点并建立轴测轴。选定形体的右后下角点为新原点位置，根据正等测图的轴倾角建立轴测轴，如图 7-7（b）所示。

（3）应用坐标法绘制长方体栏板。根据变形系数为 1，由已知正投影图 H 投影中两栏板的长 x_2 和宽 y_1 应用坐标法量取坐标值后移至轴测图中，再由已知正投影图 V 投影中两栏板的高 z_1 应用坐标法量取坐标值后移至轴测图中，得到两栏板切割前长方体（即箱子）的正等测图，如图 7-7（c）所示。

（4）应用装箱法绘制出栏板斜面。在箱子的顶面和前面根据已知正投影图分别量取 y_2 和 z_2 得到两条折线，连接两条折线上的折点，求得栏板斜面，完成两栏板的正等测图，如图 7-7（d）所示。

（5）应用端面法绘制梯段端面。根据已知 W 投影梯段的端面，应用坐标法将各踏步宽 y_3、y_4 和踏步高 z_3 量取后移至轴测图中，得到踏步端面的正等测图，如图 7-7（e）所示。

（6）加深图线，完成台阶的正等测图。在轴测图中过梯段端面各折点作 X_1 轴的平行线，完成梯段的绘制；加深可见图线，不可见线（虚线）不画，画图结果如图 7-7（f）所示。

装箱法在轴测图中应用非常广泛，形体的各种空间斜面和斜线都要借助装箱法求解，为了更好地介绍此法，下面再举一例专门讲述装箱法的画法。

【例 7-3】 如图 7-8（a）所示，已知形体的正投影图，求作它的正等测投影。

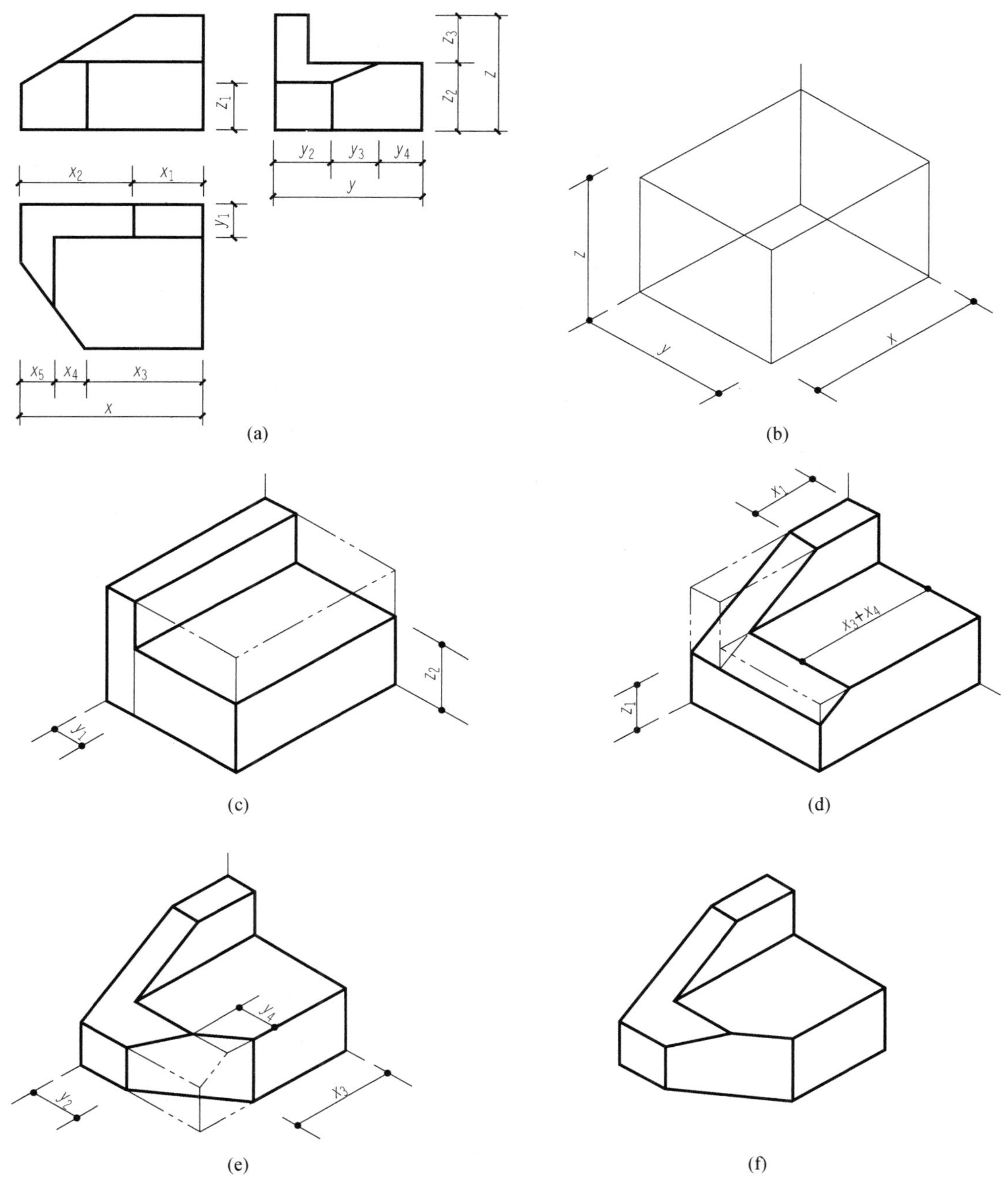

图 7-8　装箱法绘制正等测图

(a) 已知正投影图；(b) 画出长方体（箱子）；(c) 第一次切割（装箱）；
(d) 第二次切割（装箱）；(e) 第三次切割（装箱）；(f) 作图结果

作图过程如图 7-8 所示，作图步骤如下：

(1) 形体分析。由形体分析可知该形体是由一个长方体切割后形成的，因此可采用装箱法求解。

（2）定原点并建立轴测轴。选定形体的右后下角点为新原点位置，根据正等测图的轴倾角建立轴测轴，应用坐标法绘制长方体（即箱子），其长宽高分别为 x、y、z，如图 7-8（b）所示。

（3）应用装箱法将顶面作第一次切割，在箱子的顶面和前面根据已知正投影图分别量取 y_1 和 z_2 连线后得到结果如图 7-8（c）所示。

（4）继续应用装箱法将顶面和左端面作第二次切割，在箱子的顶面和前面根据已知正投影图分别量取 x_1 和 z_1 连线后得到结果如图 7-8（d）所示。

（5）再应用装箱法切除左前角，作第三次切割，在箱子的左面和前面根据已知正投影图分别量取 y_2 和 x_3 连线后得到结果如图 7-8（e）所示。

（6）加深图线，完成形体的正等测图。画图结果如图 7-8（f）所示。

这种画轴测图的方法也称为切割法，主要是依据形体的组成关系，先画出长方体的轴测投影，然后在轴测投影中把应去掉的部分切去，从而得到整个形体的轴测投影。

以上各例题都是绘制的俯视图，仰视图如何绘制呢？值得一提的是仰视图的绘图过程在画底稿线时和俯视图基本相同，只是在加深图线时顺序不同，俯视图是从最上面（即顶面）开始加深，而仰视图是从最下面（即底面）开始加深图线。下面用例题说明仰视正等测图的绘制方法。

【例 7-4】 已知梁板柱节点的正投影图，如图 7-9（a）所示，求作它的仰视正等测图。

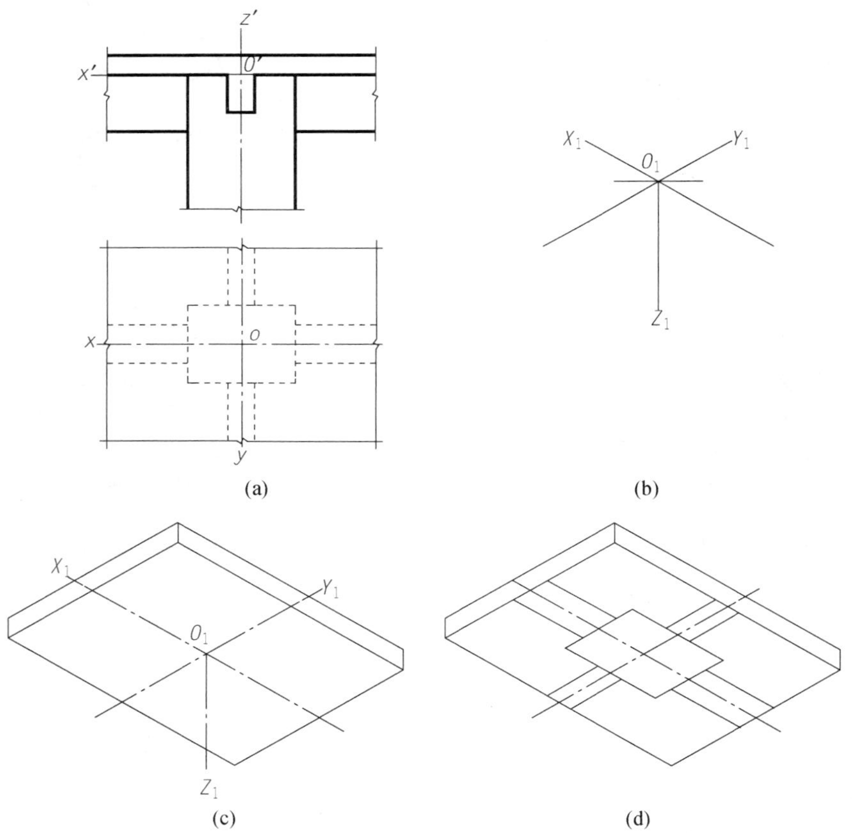

图 7-9 仰视正等测图画法（一）

（a）已知正投影图；（b）画轴测轴；（c）坐标法画楼板；（d）端面法为梁柱定位

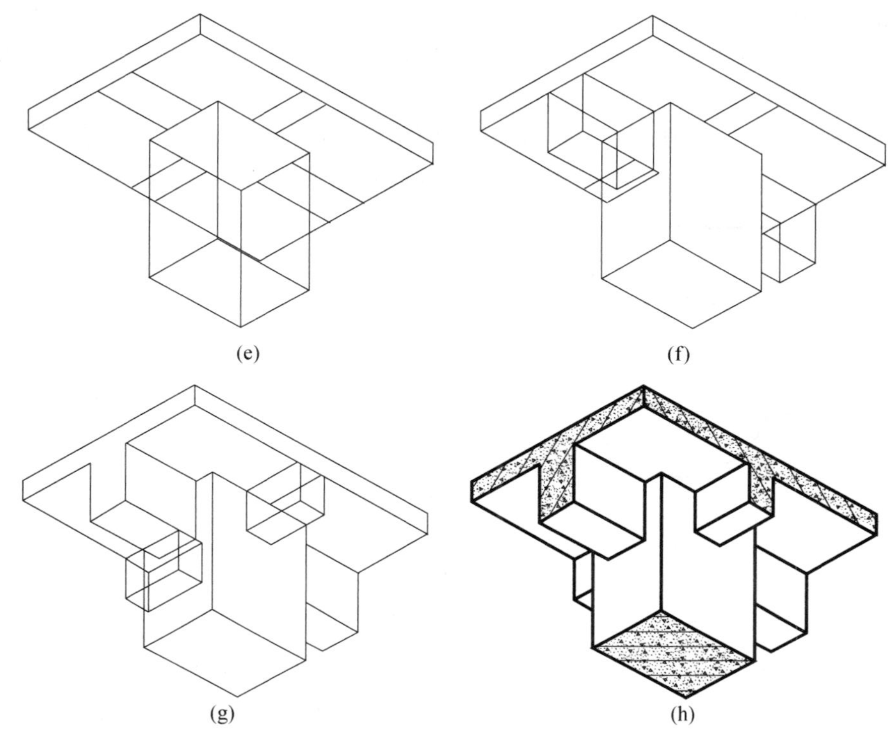

图 7-9 仰视正等测图画法（二）
（e）画柱子；（f）画大梁；（g）画小梁；（h）完成作图

由正投影图可知，梁和柱均在板下部，若画成俯视图，板将会遮挡住梁和柱，看不清形体的下部，或者说整体表达不清楚。为了表达清楚组成梁板柱节点的各基本形体的相互构造关系，应画仰视轴测投影，作图过程如图 7-9 所示，作图步骤如下：

（1）定原点。取正投影图中心点 O 为新原点位置。

（2）画出正等测投影的轴测轴 O_1X_1、O_1Y_1 和 O_1Z_1，轴间角为 120°，如图 7-9（b）所示。

（3）应用坐标法画出楼板的仰视轴测图，如图 7-9（c）所示。

（4）应用端面法在楼板的底部为梁和柱子定位，如图 7-9（d）所示。

（5）应用坐标法根据柱子高度画出柱的轴测图，如图 7-9（e）所示。

（6）应用坐标法根据大梁（主梁）高度画出主梁的轴测图，与柱交接的部位要画出交线，被柱遮挡的部分可以不画，如图 7-9（f）所示。

（7）同样的方法画出小梁（次梁）的轴测图，如图 7-9（g）所示。

（8）加粗可见轮廓线，在断面上画上材料图例，完成全图，如图 7-9（h）所示。

（三）圆的正等测图画法

1. 四心圆法

许多建筑形体上的圆和圆弧，多数平行于某一基本投影面，与轴测投影面却不平行，所以这些圆或圆弧的正等测投影都是椭圆。圆或圆弧的正等测投影，常用四心圆法（四段圆弧连接的近似椭圆）画出。图 7-10（a）是水平圆的投影图，它的正等测图作图步骤如下：

（1）先画出椭圆的中心线及外切正方形的轴测投影（菱形），如图 7-10（b）所示；

（2）连接菱形的对角线及 O_2b_1、O_2c_1，得到交点 O_3、O_4，端点 O_1、O_2，共四个圆心，如图 7-10（c）所示；

（3）先分别以 O_1、O_2 为圆心，以 O_2b_1（或 O_1d_1）长为半径画弧，再先分别以 O_3、O_4 为圆心，以 O_3b_1（或 O_4d_1）长为半径画弧，得到椭圆如图 7-10（d）所示。

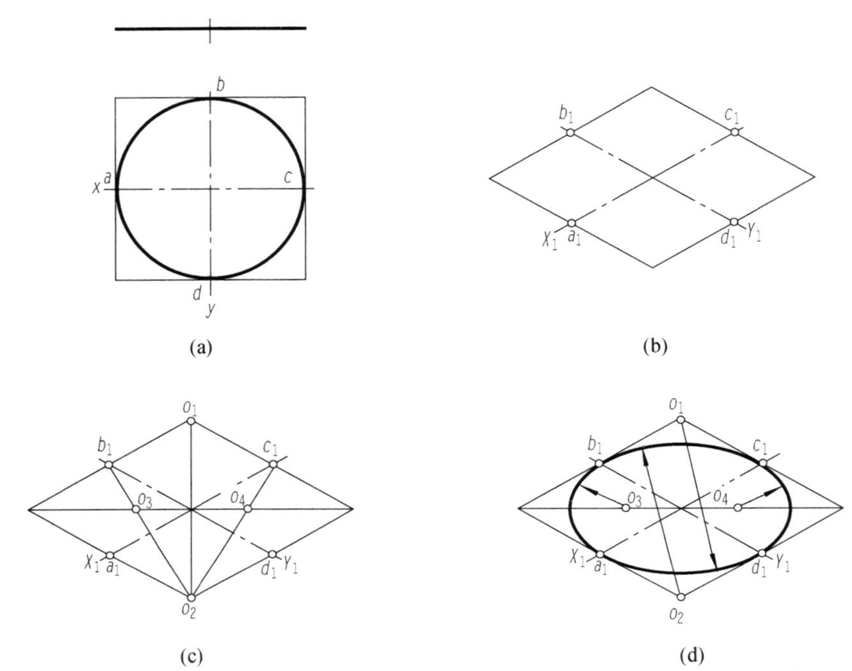

图 7-10 水平圆的正等测图画法——四心圆法

（a）圆的正投影图；（b）画出外切菱形；（c）连线求得四个圆心；（d）画圆弧得椭圆

图 7-10 所示的是水平圆的正等测投影的近似画法，可用同样的方法作出正平圆和侧平圆的正等测投影，如图 7-11 所示。

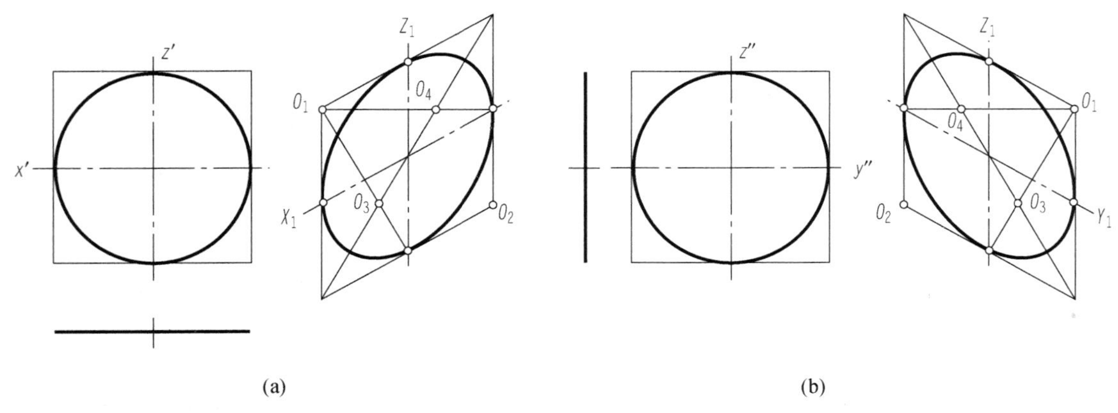

图 7-11 正平圆和侧平圆的正等测图

（a）正平圆；（b）侧平圆

2. 八点法

圆的轴测投影还可用八点法绘出，只要作出了该圆的外切正方形的轴测投影和圆的中心线，得到圆的四个切点，连接外切正方形的对角线，在对角线上对称求得圆弧上另外四个点，光滑地连接以上八个点即可得到圆的轴测投影——椭圆。这种作图方法适用范围广，任一类型画圆的轴测投影都可以采用八点法绘制椭圆。

八点法绘制椭圆的作图过程如图 7 - 12 所示，左图分析了圆上的八个点及其外切正方形平面的特点，右图是该平面连同圆的某一投影，可以看出，圆 o 的一对相互垂直的直径 1—2 和 3—4，在投影中不再相互垂直，这一对直径称为椭圆的共轭直径。5、6、7、8 是位于外切正方形对角线上的点，只要在平行四边形对角线上确定 5、6、7、8，则可通过连接 1、6、4、7、2、8、3、5 八个点，准确地画出椭圆。左图中，$\triangle o3-12$ 是一等腰直角三角形，$o3=3-12=o8=R$，而 $o12=\sqrt{2}R$，作 $8n/\!/34$，则 $3n:3-12=o8:o12=1:\sqrt{2}$。根据平行投影的定比性，在投影图中只要按比例求出点 5、6、7、8 即可。

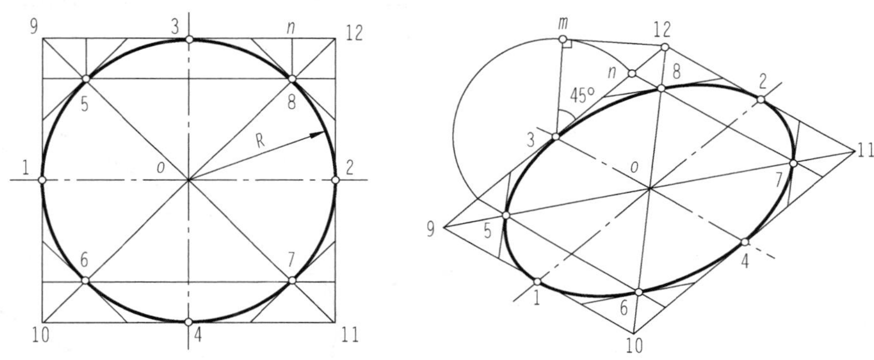

图 7 - 12 八点法作椭圆

3. 近似法

近似法也称为八点近似法。先建立轴测轴，画出圆的外切正方形的轴测投影和圆的中心线，得到圆的四个切点；连接外切正方形的对角线，在对角线上根据对称性近似求得圆弧上另外四个点。取点的方法是：在靠近各角点（如图 7 - 12 中的 9、10、11、12 点）约 1/3 处（自圆心到各角点长度的 1/3 处，）取点，如图 7 - 12 中取线段 95≈（1/3）90，因为图中线段 $50:90=1:\sqrt{2}\approx 2/3$，所以 $95:90\approx 1/3$；光滑地连接以上八个点即可画出圆的轴测投影——椭圆。这种作图方法的特点是作图速度快，绘图过程简便，同样适用任一类型画圆的轴测投影。

（四）曲面立体正等测图画法举例

【例 7 - 5】 如图 7 - 13 所示，已知带斜截面圆柱的正投影图，求作它的正等测投影。

该圆柱带斜截面，作图时应先画出未截之前的圆柱，然后再画斜截面。由于斜截面的轮廓线是非圆曲线，所以应用坐标法（利用形体上各点相对于坐标系的坐标值求作轴测投影的方法）求出截面轮廓上一系列的点，用圆滑曲线依次连接各点即可。

作图步骤如图 7 - 14 所示：

（1）利用四心法或近似法画出圆柱左端面的正等测投影，沿 O_1X_1 方向向右后量取 x，画右端面，作平行于 O_1X_1 轴的直线与两端面相切，得圆柱的正等测图，如图 7 - 14（a）所示。

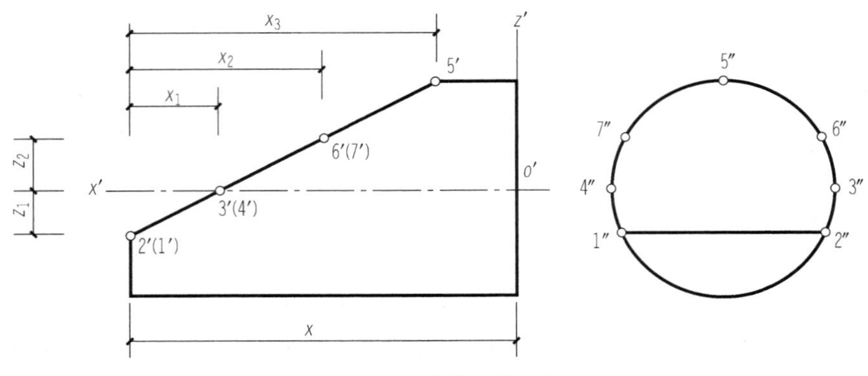

图 7-13　已知正投影图

（2）用坐标法作出斜截面轮廓上的 1、2、3、4、5 点，如图 7-14（b）所示。在左端面上沿 O_1Z_1 轴自 O_1 向下量取 z_1，作平行于 O_1Y_1 轴的直线交椭圆于 1_1、2_1。分别过左端面的中心线与椭圆的交点作平行于 O_1X_1 轴的直线，并在直线上截取 x_1 和 x_3，得 3_1、4_1、5_1。

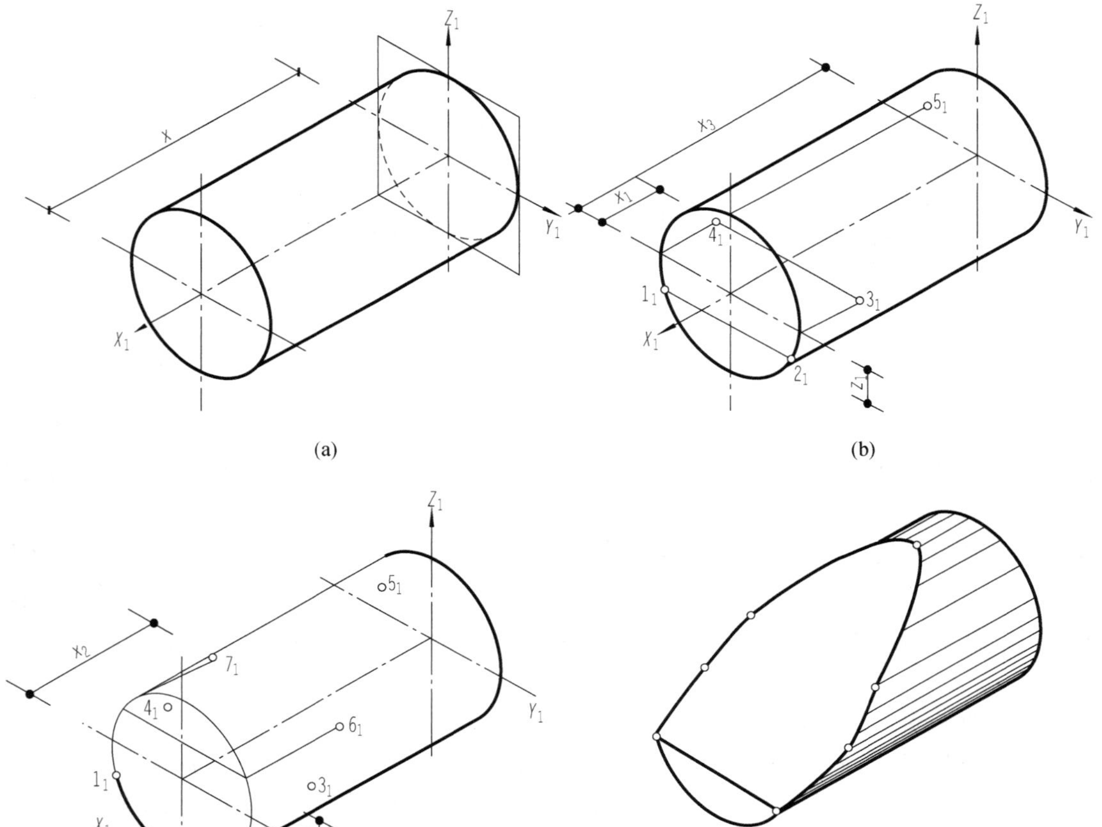

(a)　(b)

(c)　(d)

图 7-14　带斜截面圆柱的正等测投影

（a）画左端面与画右端面，完成圆柱；（b）作点 1、2、3、4、5；（c）作点 6、7；（d）完成作图

(3) 用坐标法作出斜截面轮廓上的6、7点，如图7-14 (c) 所示。在左端面上沿 O_1Z_1 轴自 O_1 向上量取 z_2，作平行于 O_1Y_1 轴的直线与椭圆相交，过交点分别作平行于 O_1X_1 轴的直线，并在直线上截取 x_2，得 6_1、7_1。

(4) 连接直线 1_1、2_1，圆滑地连接曲线 2_1、3_1、6_1、5_1、7_1、4_1、1_1，即为所求，如图7-14 (d) 所示。

【例7-6】 已知图7-15 (a) 为一个圆角平板的两面投影，求作圆角平板的正等测图。

分析：平行于坐标面的圆角是圆的一部分，如图7-15 (a) 所示。特别是常见的四分之一圆周的圆角，其正等测恰好是上述近似椭圆的四段圆弧中的一段。

作图步骤：

(1) 画出平板的轴测图，并根据圆角的半径 R，在平板上底面相应的棱线上作出切点1、2、3、4，如图7-15 (b) 所示。

(2) 过切点1、2分别作相应棱线的垂线，得交点 O_1。同样，过切点3、4作相应棱线的垂线，得交点 O_2。以 O_1 为圆心，O_11 为半径作圆弧12；以 O_2 为圆心，O_23 为半径作圆弧34，即得平板上底面圆角的轴测图，如图7-15 (c) 所示。

(3) 将圆心 O_1、O_2 下移平板的厚度 h，再用与上底面圆弧相同的半径分别画两圆弧，即得平板下底面两个圆角的轴测图。在平板右端作上、下小圆弧的公切线，加深图线，如图7-15 (d) 所示。

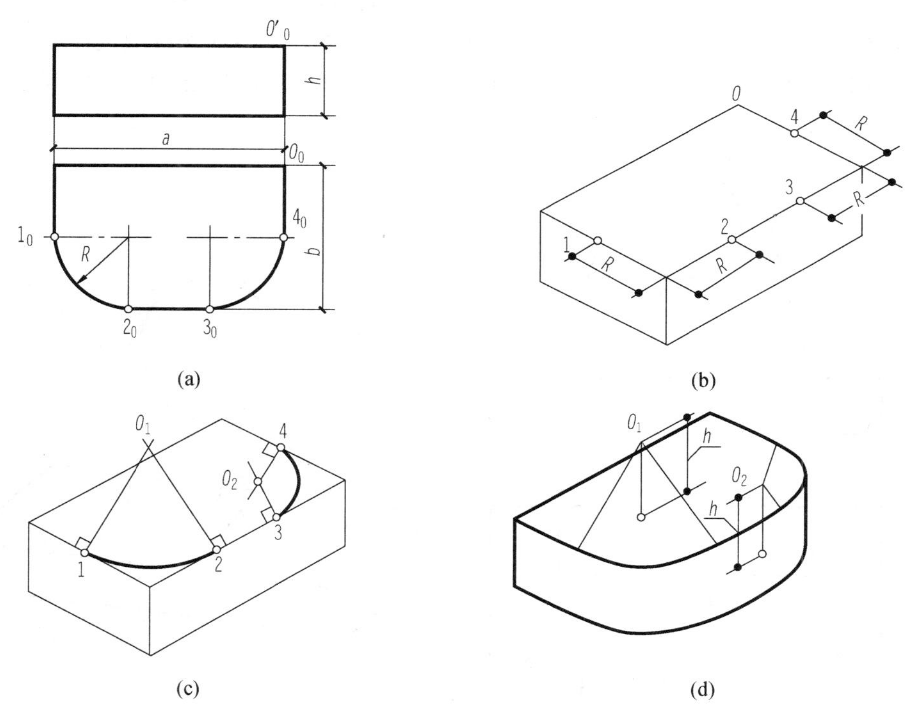

图7-15　平板圆角的正等测画法

三、正二测图画法

(一) 正二测图的轴倾角和变形系数

1. 轴倾角

正二测投影的轴倾角 $\phi = 7°10' \approx 1/8$，即 $\angle X_1O_1Z_1 = 97°10'$，$\sigma = 41°25' \approx 7/8$，即

$\angle X_1O_1Y_1=\angle Y_1O_1Z_1=131°25'$，如图 7-16（a）所示。

2. 轴向变形系数

正二测投影的轴向变形系数 $p=r=0.94\approx1$，$q=0.47\approx0.5$，即习惯上取 $p=r=2q=1$，如图 7-16（b）所示。

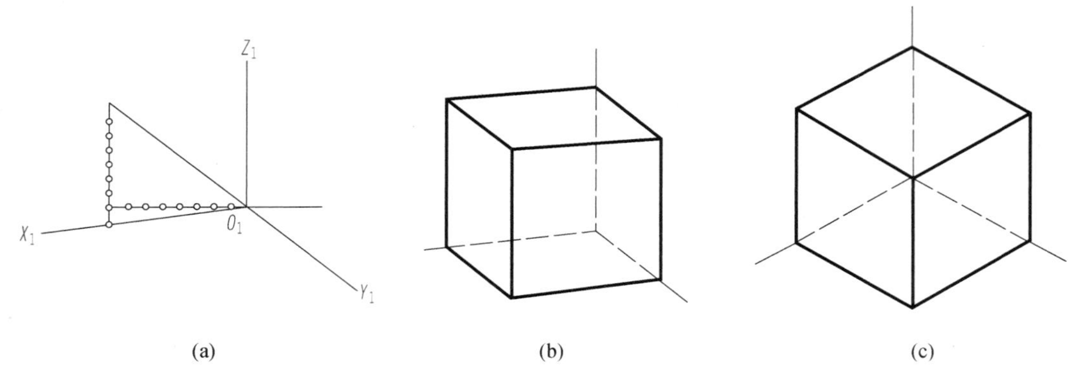

图 7-16　正方体的正轴测图比较

（a）正二测图的轴测轴；（b）正二测图；（c）正等测图

（二）正二测图的画法

当形体为正方体或近似正方体时，得到的正等测图直观性较差，如图 7-16（c）所示，这个图形既像正六边形（平面图形），又像正方体的直观图（立体图），这种情况应选择正二测图。

【例 7-7】 如图 7-17（a）所示，已知支架的正投影图，求作它的正二测投影。

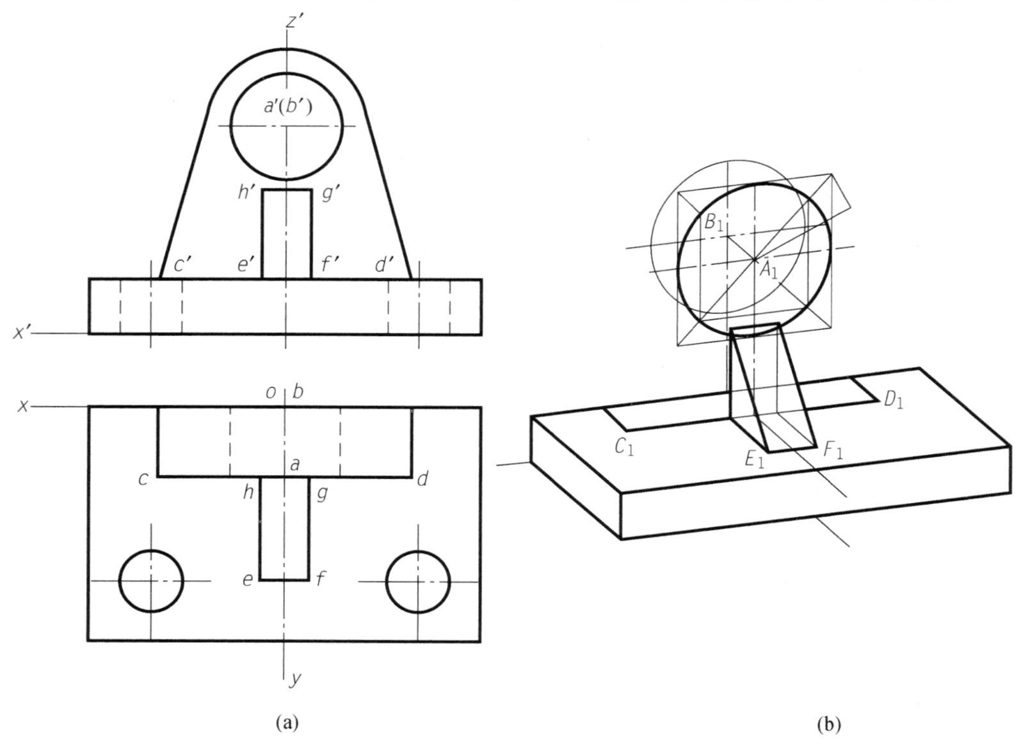

图 7-17　支架的正二测投影（一）

（a）已知正投影图；（b）作竖板、底板、加劲板的主要轮廓

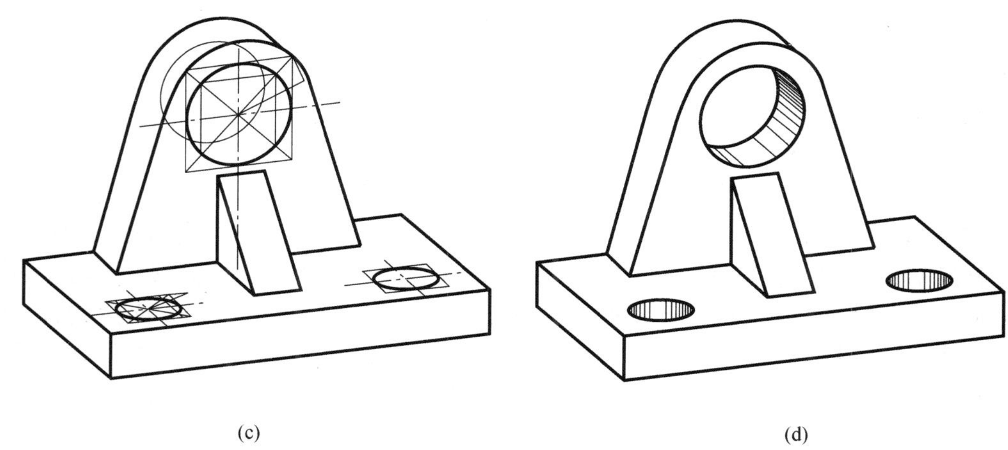

(c)　　(d)

图 7 - 17　支架的正二测投影（二）

(c) 作圆柱孔；(d) 完成作图

支架是由竖板、底板和加强板组成的。竖板顶部是圆柱面，底部两侧面与圆柱面相切，中间有一圆柱孔。底板是一长方形板，已知加强板是一三棱柱，作图时可分别采用叠加法和装箱法作图。

作图过程如图 7 - 17 所示，作图步骤如下：

(1) 根据支架正投影图，画出竖板、底板、加强板的主要轮廓。确定竖板后孔口的圆心 B_1，由 B_1 定出前孔口的圆心 A_1，应用八点法或近似法画出竖板圆柱面的正二测近似椭圆，如图 7 - 17 (b) 所示。

(2) 画出底板、竖板上的圆柱孔的正二测近似椭圆，如图 7 - 17 (c) 所示。

(3) 整理图样，完成作图，如图 7 - 17 (d) 所示。

四、正三测图画法

(一) 正三测图的轴间角和变形系数

1. 轴间角

正三测投影的轴间角$\angle X_1O_1Y_1=99°05'$，$\angle X_1O_1Z_1=145°15'$，$\angle Y_1O_1Z_1=115°40'$，如图 7 - 18 (b) 所示。

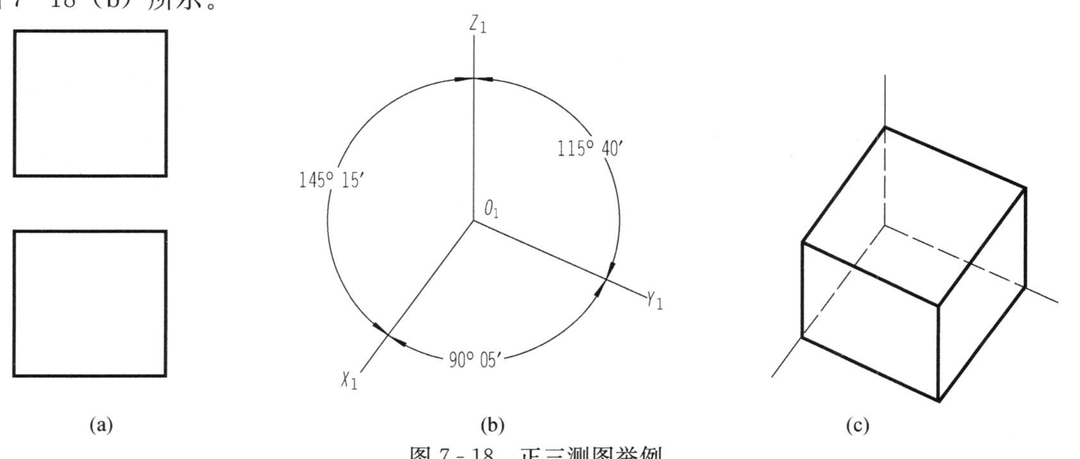

(a)　　(b)　　(c)

图 7 - 18　正三测图举例

(a) 正方体投影图；(b) 正三测轴测轴；(c) 正方体正三测图

2. 轴向变形系数

正三测投影的轴向变形系数 $p=0.871$，$q=0.961$，$r=0.554$，习惯上简化为 $p=0.9$，$q=1$，$r=0.6$。

（二）正三测图的画法

图 7-18（c）是正方体的正三测图画图结果。

【例 7-8】 如图 7-19（a）所示，已知杯形基础的正投影图，求作它的正三测投影。

该杯形基础是由三部分叠加而成的，每一部分均是一个正四棱柱且其在 H 面上的投影为正方形（对角线与投射方向的投影重合）。画出杯形基础的正等测投影，必然使转交处的交线成一直线，且看不清杯口深度，如图 7-19（b）所示。若画出其正二测投影，亦看不清杯口深度，如图 7-19（c）所示。因此，选择作其正三测投影，作图过程如图 7-19 所示，作图步骤如下：

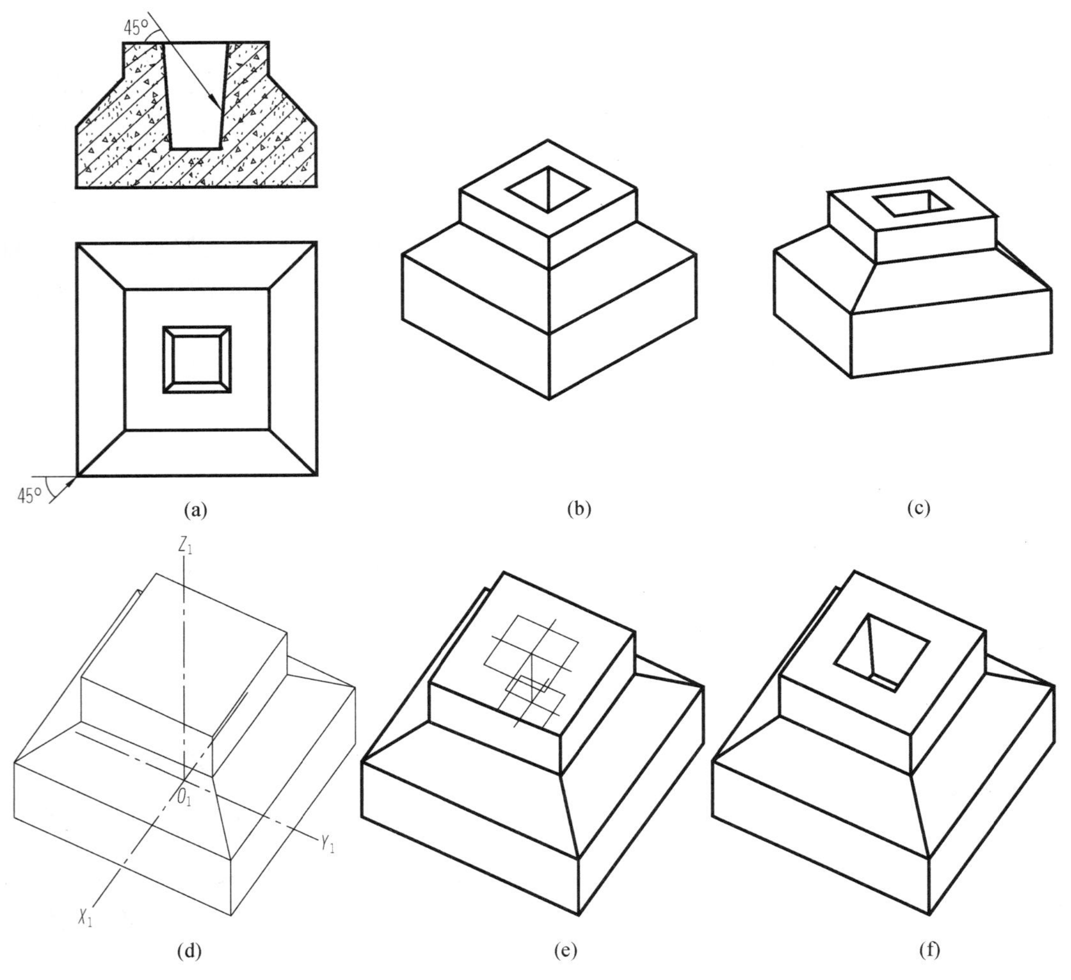

图 7-19 杯形基础正三测图

（a）已知投影图；（b）正等测图；（c）正二测图；（d）正三测画基础外形；（e）画杯口上、下底面；（f）完成作图

(1) 先应用坐标法和装箱法画出基础外形，如图 7-19 (d) 所示；

(2) 再应用端面法画出杯口上、下底面，如图 7-19 (e) 所示；

(3) 连接杯口侧棱，加深图线，完成作图，如图 7-19 (f) 所示。

第三节　斜轴测图画法

一、正面斜二测图

当投射方向倾斜于轴测投影面时所得的投影，称为斜轴测投影。当轴测投影面与正立面（V 面）平行或重合时，所得到的斜轴测投影称为正面斜轴测投影。

(一) 正面斜二测图的轴倾角和变形系数

1. 轴倾角

正面斜二测投影的轴倾角 $\sigma=45°$ (30°、60°)，O_1Y_1 轴的通常选择与水平方向成 45°，投射方向可任意选择，轴间角 $\angle X_1O_1Z_1=90°$，如图 7-20 (a)、(b) 所示。

2. 变形系数

正面斜二测投影的变形系数 $p=r=1$，$q=0.5$，如图 7-20 所示。

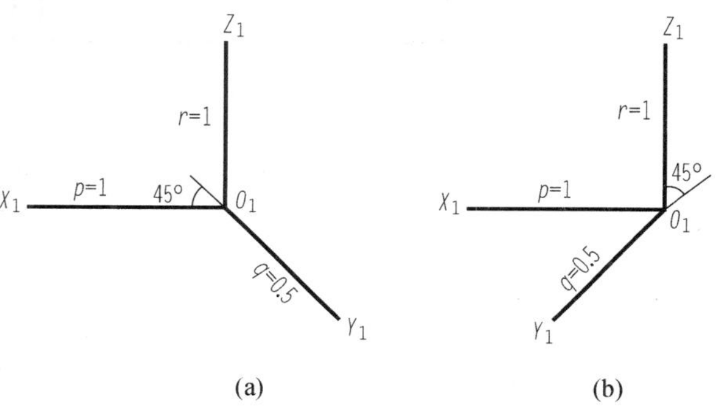

图 7-20　正面斜二测图的轴测轴和变形系数
(a) 轴测轴确立方式一；(b) 轴测轴确立方式二

(二) 正面斜二测图的画法

根据正面斜二测投影的特点，轴间角 $\angle X_1O_1Z_1=90°$ 及 $p=r=1$ 可知，无论投射方向如何选择，平行于轴测投影面的平面，其正面斜二测图均反映实形。因此，正面斜二测图适用于正立面形状较为复杂而厚度方向变化不多或没有变化的形体，这类轴测图会使得正面形状复杂的形体作图简便且美观。如图 7-21 所示涵洞管节的正投影图，该图的正面形状复杂，而另两面投影厚度无变化，所以它适合采用正面斜二测图。

【例 7-9】 已知如图 7-21 涵洞管节的正投影图，求作它的正面斜二轴测图。

作图过程如图 7-22 所示，作图步骤如下：

(1) 先根据正面投影图在轴测轴上画出涵洞管节前面的轴测投影，如图 7-22 (a) 所示；

(2) 由 $q=0.5$ 结合水平投影得到涵洞管节的 y 坐标（厚度值），画出其后面的轴测投影，如图 7-22 (b) 所示；

(3) 连接各折点和切点，加深图线，完成作图，如图 7-22 (c) 所示。

二、正面斜等测图

(一) 正面斜等测图的轴倾角和变形系数

1. 轴倾角

正面斜等测投影的轴倾角 $\sigma=45°$ (30°、60°)，一般常取 45°，投射方向可任意选择，轴间角 $\angle X_1O_1Z_1=90°$，轴测轴如图 7-20 (a)、(b) 所示。

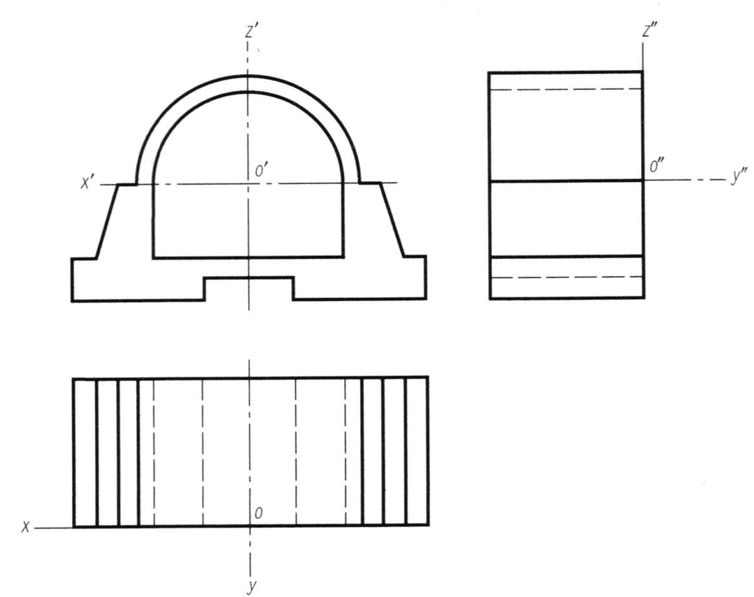

图 7-21 已知涵洞管节的正投影图

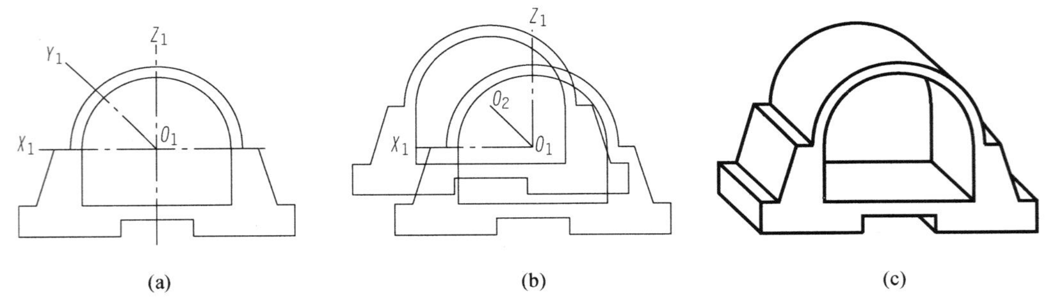

图 7-22 涵洞管节的正面斜二测图画法

（a）绘制涵洞管节的前面；（b）绘制涵洞管节的后面；（c）完成作图

2. 变形系数

正面斜等测投影的变形系数 $p=q=r=1$。

（二）正面斜等测图的画法

根据正面斜等测投影的特点可知，它于正面斜二轴测图的唯一区别是：$q=1$（正面斜二轴测投影 $q=0.5$）。因此，正面斜等测图同正面斜二测图，它适用于正立面形状较为复杂而厚度方向变化不多或没有变化的形体。如图 7-21 所示涵洞管节的正投影图，同样可采用正面斜等轴测图，只是因为厚度加大将会导致后面的洞口被遮挡，不易看清。正面斜等测图的具体画法于正面斜二测图类似，这里不再赘述。

在给排水和暖通专业的施工图中，由于各种管道的设置高低错落变化较多，按设计要求必须绘制管道的正面斜等测图，也称管道系统图，因为正面斜等测的变形系数 $p=q=r=1$，简化了作图过程，便于观察和测量管道的各段长度。

三、水平面斜等测图

（一）水平面斜等测图的轴间角和变形系数

1. 轴间角

水平面斜等测投影的轴间角$\angle X_1O_1Y_1=90°$，$\angle X_1O_1Z_1=120°$，习惯上将Z_1画成竖直方向，由此建立轴测轴如图 7-23 所示。

2. 变形系数

水平面斜轴测投影的变形系数$p=q=r=1$，如图 7-23 所示。

（二）水平面斜等测图的画法

当轴测投影面与水平面（H面）平行或重合时，所得到的斜轴测投影称为水平面斜轴测投影。无论投射方向如何选择，平行于轴测投影面的平面图形，其水平面斜轴测投影反映实形，因为$\angle X_1O_1Y_1=90°$，$p=q=1$，水平面斜轴测投影的形成如图 7-24 所示。

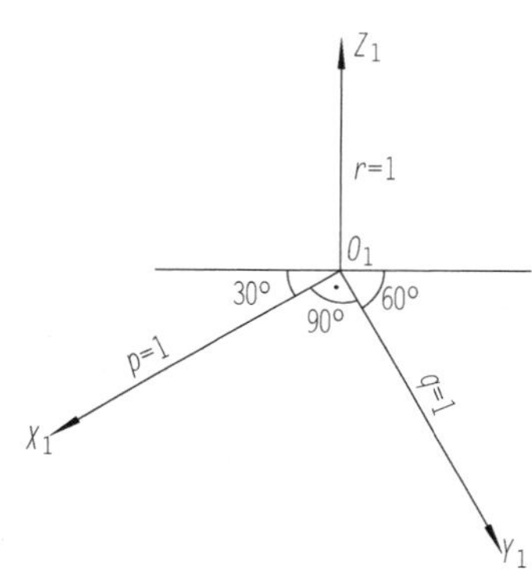

图 7-23　水平面斜等测图的轴测轴及变形系数

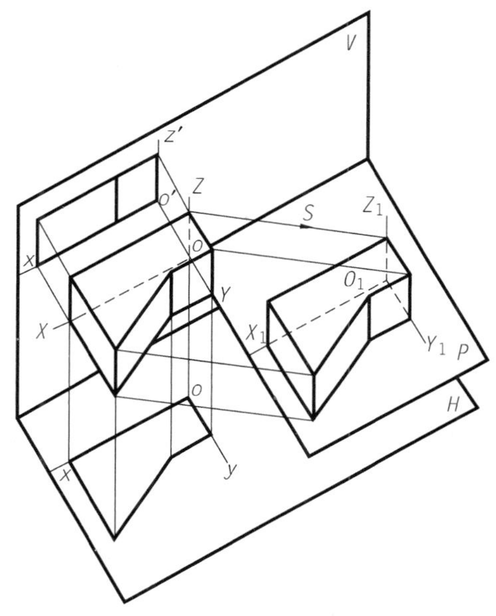

图 7-24　水平面斜轴测投影的形成

水平面斜轴测图，适宜用来绘制一幢房屋建筑的水平剖面或一个区域的总平面，它可以反映房屋内部布置，或一个区域中各建筑物、道路、设施等的平面位置及相互关系，以及建筑物和设施等的实际高度等。

【例 7-10】 已知房屋的平面图和立面图［图 7-25（a）］，试画其水平面斜等测图。作图过程如图 7-25 所示，作图步骤如下：

（1）在水平和正面投影图中设置坐标系［图 7-25（a）］。

（2）画出轴测轴和轴间角，使O_1X_1与水平线成 30°，O_1Y_1与水平线成 60°［图 7-25（b）］，并在$X_1O_1Y_1$平面上画出建筑物的水平投影（反映实形），实际上相当于将平面图中被剖切到的墙体和柱子旋转了 30°。

（3）由各顶点作O_1Z_1轴的平行线，量取高度后相连，加深图线，完成作图［图 7-25（c）］。

【例 7-11】 已知一个区域的总平面［图 7-26（a）］，画出总平面图的水平斜等轴测图。画图步骤如下：

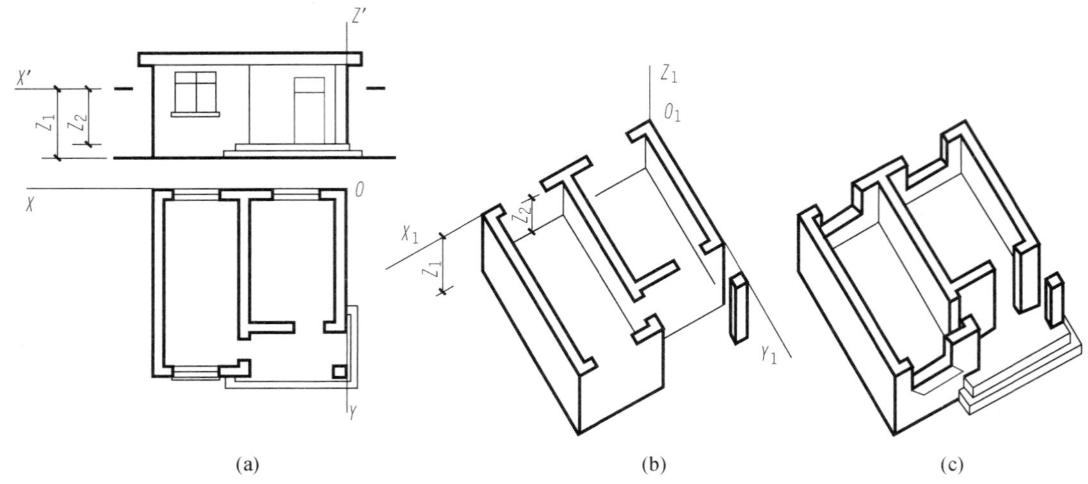

图 7-25　房屋的水平斜等测图

（a）房屋正投影图；（b）墙和柱子的轴测图；（c）完成作图

（1）画出旋转 30°后的总平面图。

（2）过各个角点向上画高度线，作出各建筑物的轴测图［图 7-26（b）］。

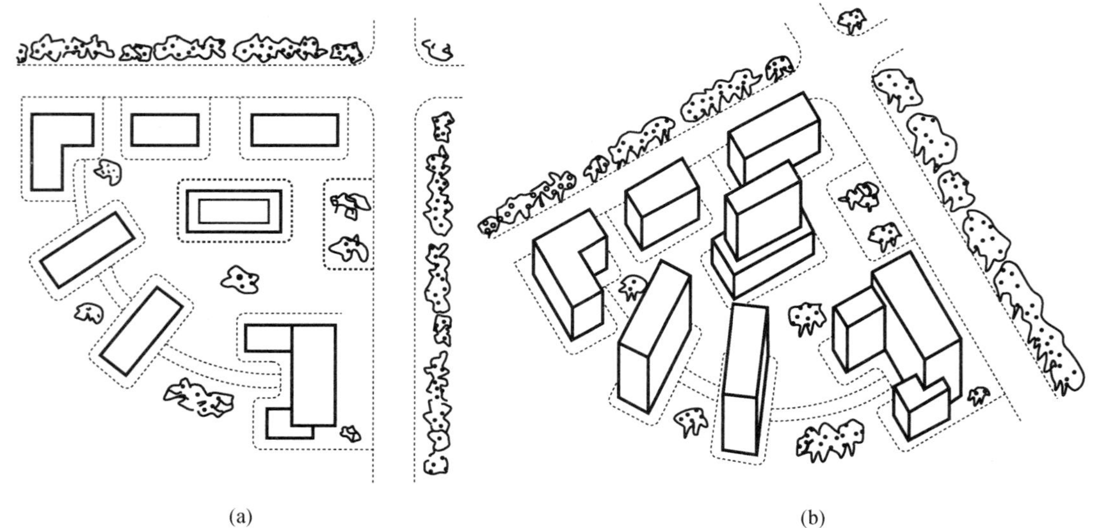

图 7-26　区域总平面的水平斜等测图

第四节　轴 测 图 的 选 择

一、画轴测图的注意事项

轴测图类型的选择直接影响到轴测图的效果。选择时，一般先考虑作图比较简便的正等测图，如果直观性不好，立体感不强，再考虑用正二测图，最后再考虑采用正三测图。必要时可以选用带剖切的轴测图画法。

为使轴测图的直观性好，表达清楚，应注意以下几点：

（1）要避免被遮挡。轴测图上，要尽可能将隐蔽部分表达清楚，要能看通或看到其底面。如图 7-27 中的正等测图效果不好，应采用正二测图。

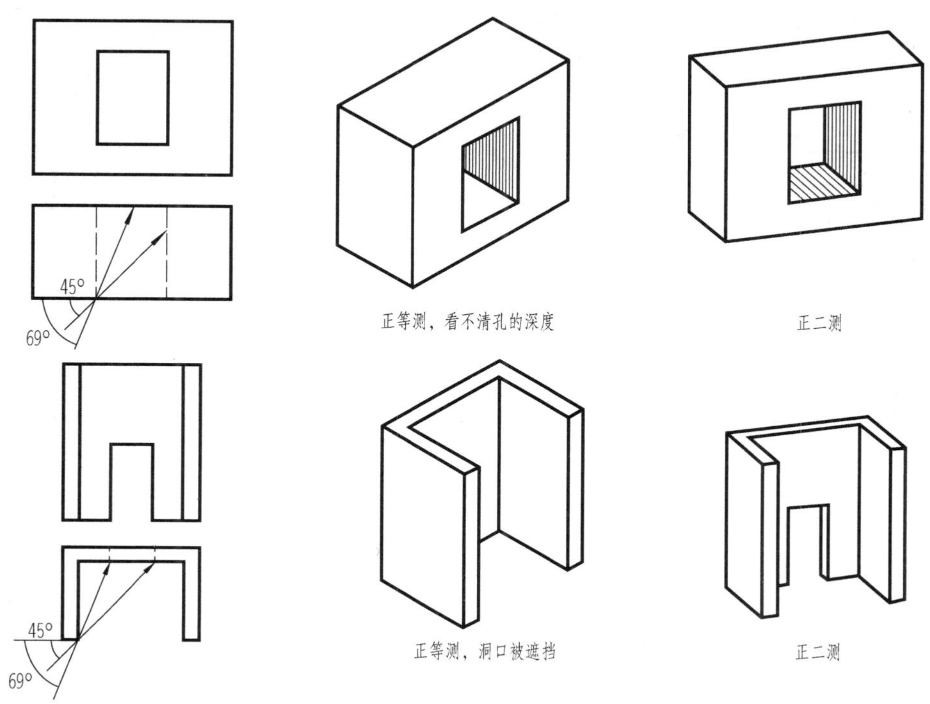

图 7-27 避免被遮挡

（2）要避免转角处交线投影成一直线。如图 7-28 所示的基础的转角处交线，位于与 V 面成 45°倾斜的铅垂面上，这个平面与正等测的投射方向平行，在正等测图中必然投影成一直线，此时应选用正二测图或正三测图。

（3）要避免轴测投影成左右对称图形。如图 7-29 所示的组合体。由于正等测图左右对称，所以显得呆板且直观性不好，应选用正二测图。这一要求只对平面立体适用，而对于圆柱、圆锥、圆球等对称的曲面体，则不适用。

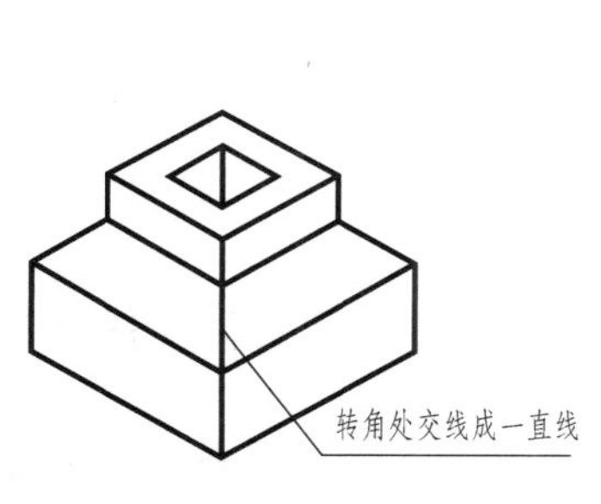

图 7-28 避免转角处交线投影成一直线

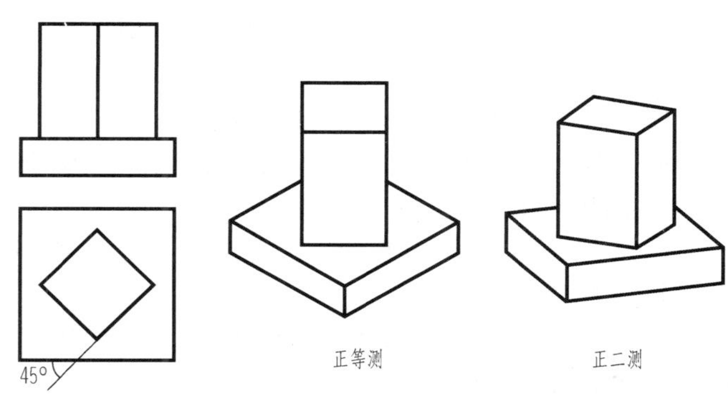

图 7-29 避免轴测投影成左右对称图形

（4）要避免有侧面的投影积聚为直线，此时应选用正三测图，如图 7-30 所示。

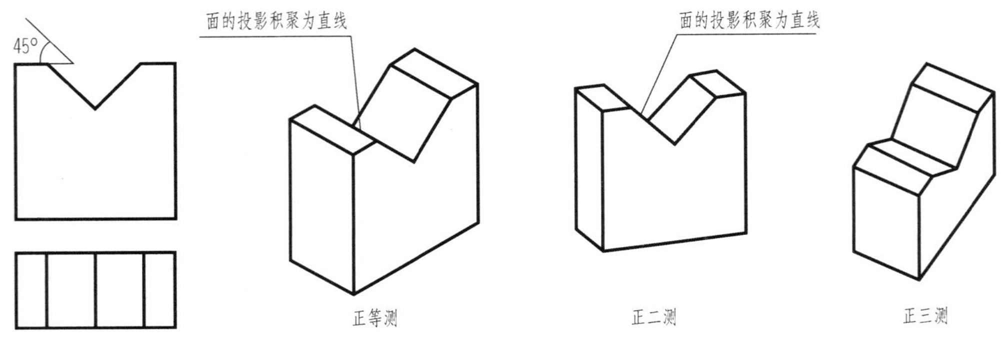

图 7-30　避免有侧面的投影积聚为直线

二、轴测投影的选择

（1）选择轴测投射方向 S 的指向。每一类轴测投影的投射方向的指向有四种情况，如图 7-31 所示。

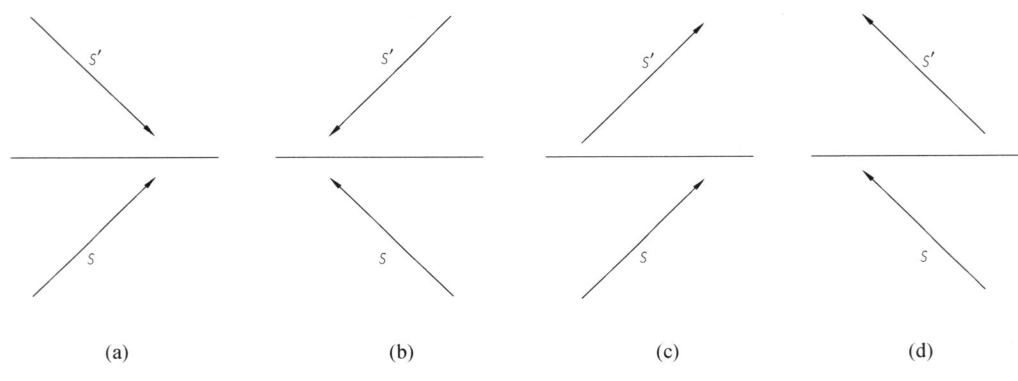

图 7-31　轴测图的四种投射方向

在四种不同的指向下，形体的轴测图会产生不同的效果。图 7-31 中的四种投射方向与图 7-32 中的四种轴测图相对应。图 7-32（b）、（c）得到的是俯视轴测图，投射方向如图 7-31（a）、（b）所示，适用于上小下大的形体；图 7-32（d）、（e）得到的是仰视轴测图，投射方向如图 7-31（c）、（d）所示，适用于上大下小的形体。

（2）要注意表达清楚形体的内部构造。有些形体，内部构造比较复杂，不论选用哪种轴测图的类型，都不能清晰、详尽地表达清楚形体内部构造的形状、大小等，此时可以选用带剖切的轴测图画法，如图 7-33 所示。

（3）当形体的正立面形状较为复杂，或有较多平行于 V 面的圆和圆弧的情况适合于作正面斜轴测图。

（4）当水平面上有复杂图案的形体，如区域的总平面布置或绘制一幢建筑物的水平剖面图时，宜采用水平面斜等测图。

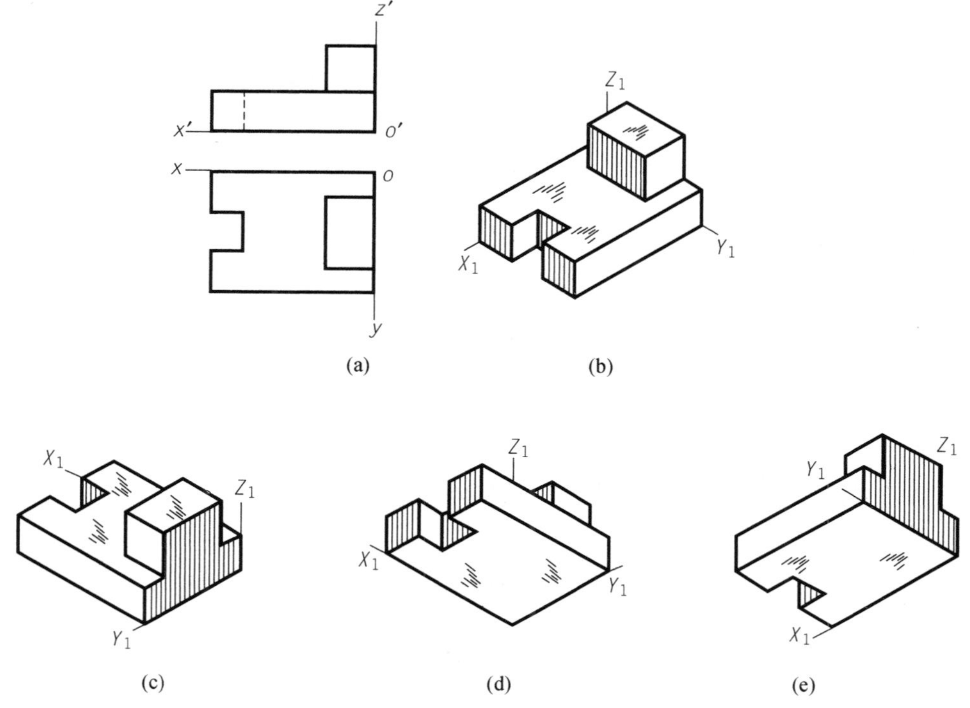

图 7-32 四种投射方向得到的四种轴测图

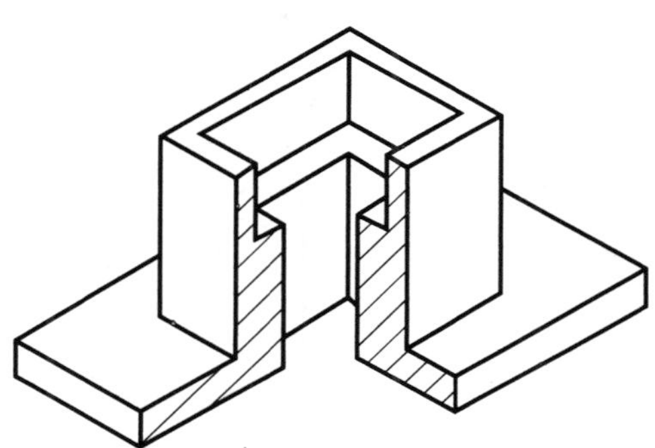

图 7-33 剖切轴测图画法

第八章 组合体的投影图

第一节 投影选择

一、组合体的组合方式

前面已经描述棱柱、棱锥、圆柱、圆锥、球和圆环这些形体被称为基本形体。组合体是指由一个基本形体经过切割或由几个基本形体组合而成的形体。工程建设中一些比较复杂的形体，一般都可看作是由几个基本形体通过叠加、切割、相交等方式组合而成。组合体的组合方式分为以下四种。

1. 叠加型

如图 8-1（a）所示的组合体是由两个长方体（即四棱柱）叠加而成。

2. 切割型

如图 8-1（b）所示的组合体是由一个四棱柱经过两次切割得到的。

3. 相交型

如图 8-1（c）所示的组合体是由一个烟囱和坡屋面相交组成的。

4. 混合型

如图 8-1（d）所示组合体中的栏板是切割型，台阶部分是叠加型，该形体为混合型。

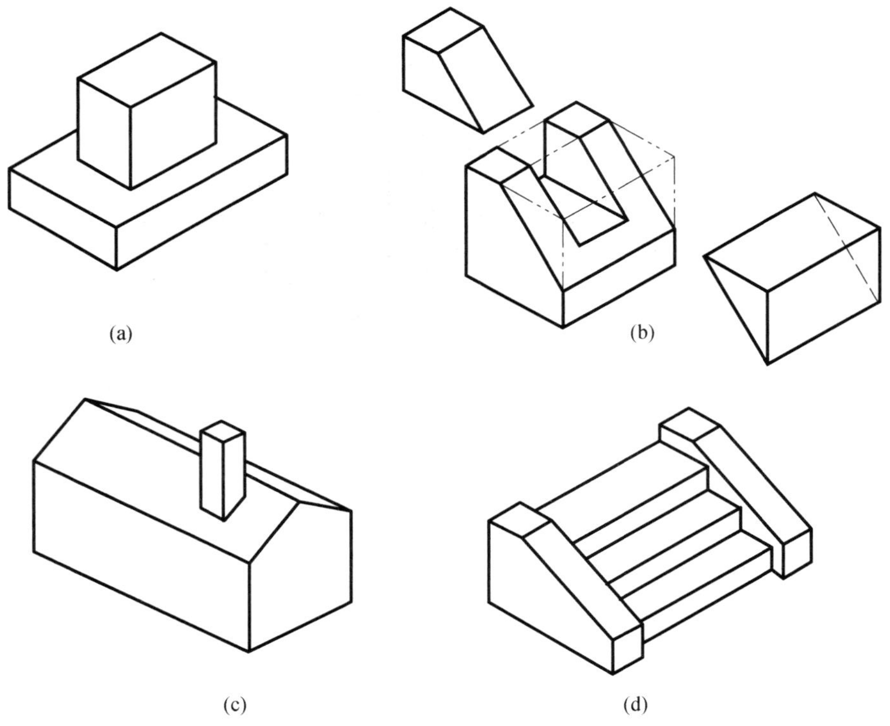

图 8-1 组合体的组合方式

（a）叠加型；（b）切割型；（c）相交型；（d）混合型

二、体的投影规律

根据前面讲述的点的投影规律，可以引导出体的三面投影规律：长对正、高平齐、宽相等。体的投影规律是画法几何部分的核心，一个形体由正投影方法得到的投影图如何阅读，只有根据体的投影规律，图 8-2 所示是根据体的投影规律绘制的正方体的三个投影图。应该指出：体的投影规律适合于所有形体的正投影图，包括平面体、曲面体、基本体和组合体，它是阅读和绘制体的投影图的唯一依据。“长对正、高平齐、宽相等”称为投影图的三等关系，它们的含义如下：

(1)“长对正”是指形体的正面投影和水平投影长度相等，如图 8-2 (b) 所示；

(2)“高平齐”是指形体的正面投影和侧面投影高度相等，如图 8-2 (b) 所示；

(3)“宽相等”是指形体的水平投影和侧面投影宽度相等，如图 8-2 (b) 所示。

三、正立面投影的选择

为了完整地表达出形体，一般的形体需要作三个投影，俗称三视图。同一个形体随着摆放位置（即正立面投影的选择）不同，其投影将不尽相同。如图 8-2 所示正方体的两种不同投影图画法。

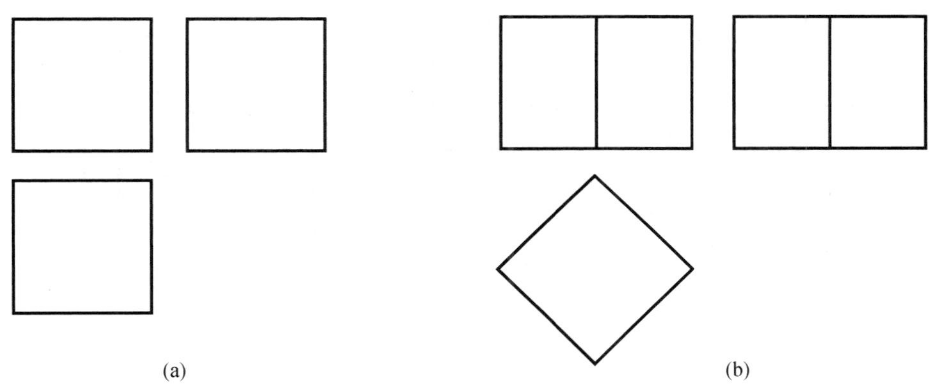

图 8-2 正方体的两种不同投影图画法

(a) 各侧面平行于投影面；(b) 侧面不平行于投影面

作为正方体表达它的投影，以上两种方式是否都合适，哪一种更好呢？这里就存在着对正立面投影的选择问题，需要说明的是，三个投影中只有正立面投影是需要选择的，而水平投影和侧面投影是相应得到的。如何选择正立面投影呢？选择正立面投影应考虑以下四个方面。

（一）形体的工作位置

所谓形体的工作位置是指人们在使用它的时候是如何放置的，这个因素要首先考虑。在确定形体安放位置时，应考虑形体的自然位置和工作位置，要掌握一个平稳的原则。如图 8-3 所示的房屋，人们在使用时放置的方法如图 8-3 (a) 所示，而图 8-3 (b) 虽然从投影角度考虑是正确的，但不符合工作位置，因此，图 8-3 (b) 的画法是错误的。

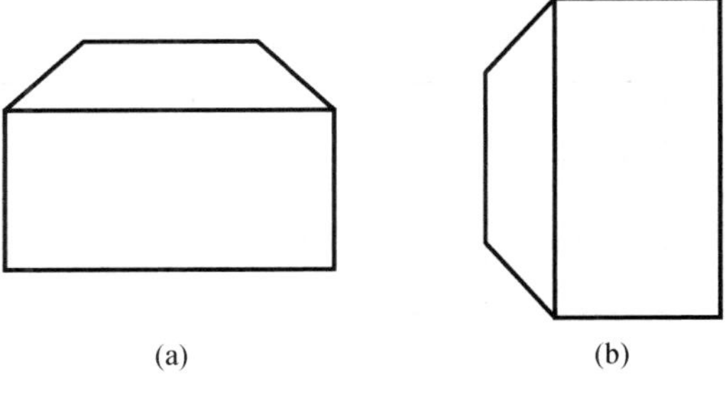

图 8-3 房屋的工作位置

(a) 正确；(b) 错误

（二）使形体的各侧面尽量反映实形

为了读图和施工方便，反映形体的各个面投影应尽量为实形，以免在制作过程中造成误解和费解，带来不必要的麻烦。图 8－2（a）所示为各侧面平行于投影面，其结果使得各侧面的投影均反映实形；图 8－2（b）中的左右两侧面均不平行于投影面，得到的两侧面投影均不反映实形。由此得出结论：图 8－2（a）正立面投影选择适当，而图 8－2（b）的选择不当。

（三）正面投影反映形体特征

在组合体的投影图中，正面投影至关重要，它最先映入眼帘，先入为主，所以正面投影必须反映形体的特征。对房屋而言，一般取沿街立面或朝南的一面及公共建筑主要入口为正立面投影，即房屋的主要立面为正面投影，因为它们最能反映该房屋的特征。那么对于组合体而言，哪个侧面最反映特征呢？答案是：最复杂的侧面。最复杂的面将最能反映形体特征，例如人物的标准照，要求都是正面免冠，因为人们的正面头像最能反映一个人特征，当然人物的头像也是人体成像中最复杂的部分。因此，在选取正面投影时，应选取复杂的面作为正面投影，如图 8－4 所示。

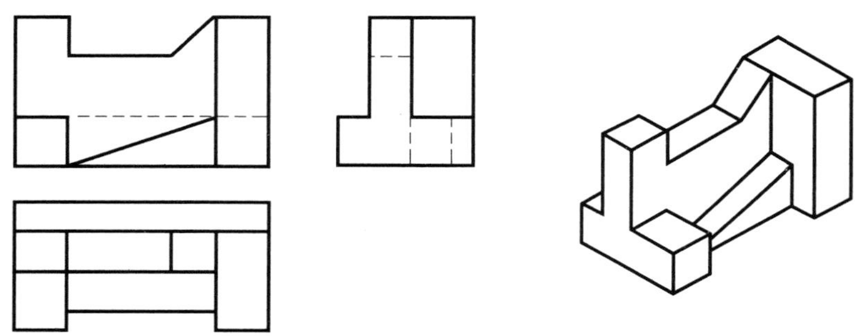

图 8－4 正面投影反映形体特征

（四）尽量避免虚线

在形体投影图中虚线的使用应注意以下两点。

1. 虚线缺少层次感

在形体的投影图中，多条实线呈高低错落时，一定是从高到低排布，即低的在前，高的在后，如图 8－5（a）所示，这种投影形体的层次感明了。当投影图中有虚线时，层次感降低，一条虚线还可以反映层次，两条以上虚线就会造成层次混乱，使人无法理解和把握，如图 8－5（b）所示。这种层次的混乱势必导致形体形状的多样性，而不是唯一。作为施工图答案不确定，不明了，施工结果呈现多样性，这在施工图中是绝对不允许的。

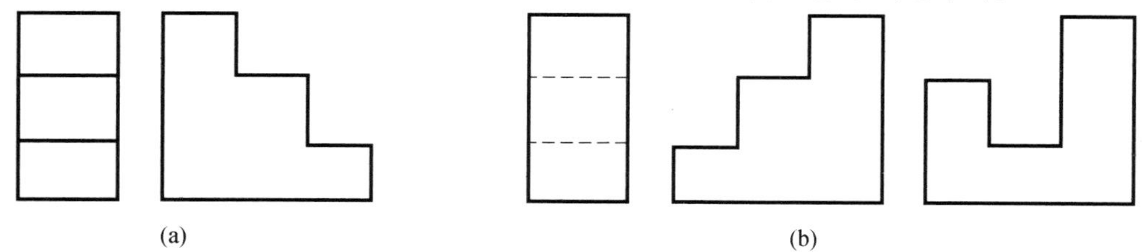

图 8－5 投影图中实虚线对比

（a）实线的层次感；（b）虚线的两种结果

结论：由于虚线的层次不确定性给投影图造成混乱，使人们无法确定形体的形状，因此，在组合体的投影图中应尽量避免虚线。

2. 避免在虚线上标注尺寸

按工程图纸的要求，标注图样的尺寸时应尽量标注在实线上，避免在虚线上标注尺寸，因为虚线上标注尺寸不直观，影响读图效果。遇图样中有较多的虚线时（如孔洞等），另外作出形体的剖面图，即可将虚线变为实线，再进行尺寸标注。

鉴于以上原因，组合体的投影图中应尽量避免虚线。

综上所述，组合体投影图中的正面投影应先考虑它的工作位置，同时要注意它的平稳性；其次要考虑它的各个侧面尽量反映实形（各个侧面平行投影面）；正面投影要反映形体的特征；最后要注意尽量避免虚线。

在这里要注意的问题是：正立面投影是选出来的，其他两个投影（H 和 W 投影）是相应得到的。形体一经安放（即确定了 V 投影）就不得变动，据此画出形体的三面投影。

四、投影图数量的选择

一般的组合体需要画出三个投影图，但并不是所有的形体都要画三个投影，有些特殊形体只需要画出一个投影，就可表达清楚，例如图 8-6 中的回转体圆柱、圆锥、圆台和球，因为加了标注 ϕ 使得它们的投影图减少到一个（注意球体的投影标注时要加注"$S\phi$"）。同样是这些形体，不加标注时需要画出两个投影，例如图 8-7 中的回转体圆柱、圆台、圆锥和球。还有一些形体要画出多个投影，例如房屋投影图，一套房屋施工图多达几十个、几百个或上千个投影，才能表达出房屋的各部分形状和做法。由此可见，究竟用几个投影图表达形体存在一个数量的选择。确定投影图数量的原则是：用最少的投影图表达出完整的形体形状。

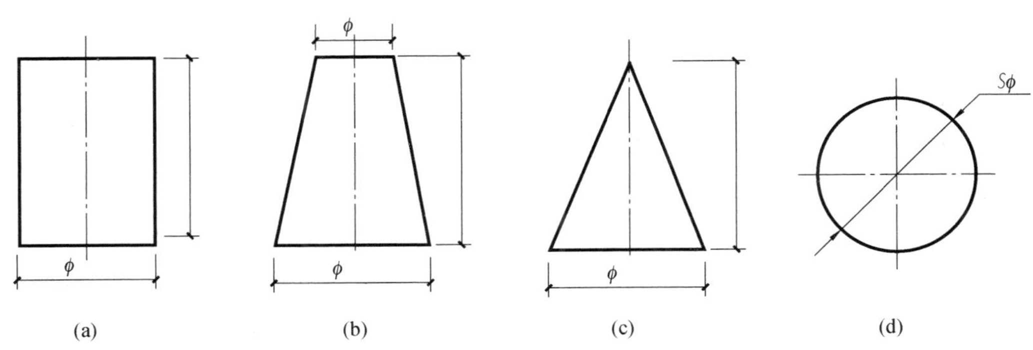

图 8-6　用一个投影图表达形体

(a) 圆柱；(b) 圆台；(c) 圆锥；(d) 球

【例 8-1】 已知如图 8-8（a）所示长方体的 V、H 投影，试问它的 W 投影是否可以不画？

分析：根据已知长方体的 V、H 投影，W 投影应该是矩形，此时的长方体如图 8-8（b）所示。同样是已知如图 8-8（a）所示的 V、H 投影，可以得到的 W 投影还可能是三角形，形体是三棱柱，如图 8-8（c）所示；或得到的 W 投影是曲面体，如图 8-8（d）、（e）、（f）所示。

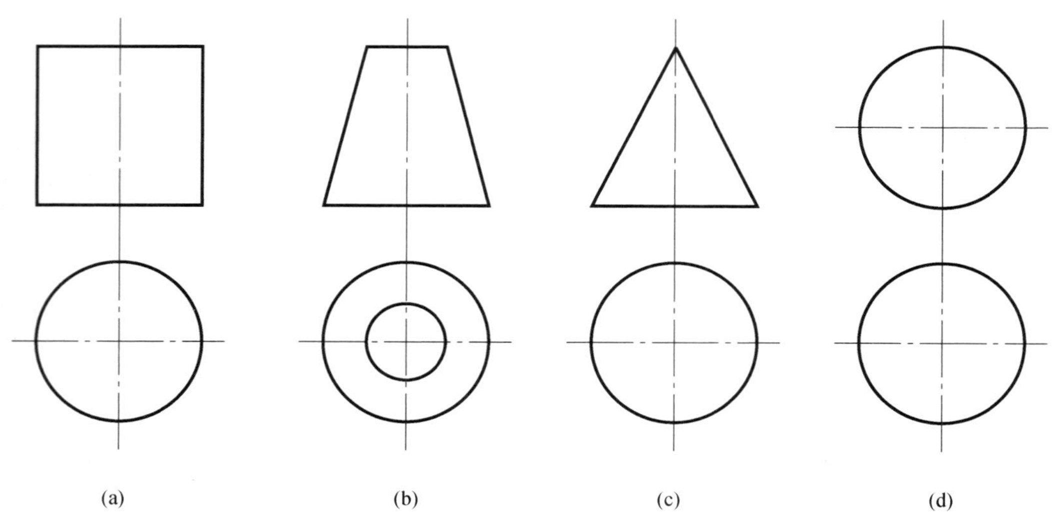

图 8-7 用两个投影图表达形体

（a）圆柱；（b）圆台；（c）圆锥；（d）球

结论：如图 8-8 所示，根据以上分析可知：表达长方体时必须画出三个投影图，用两个投影图是不能确定该形体是长方体的。

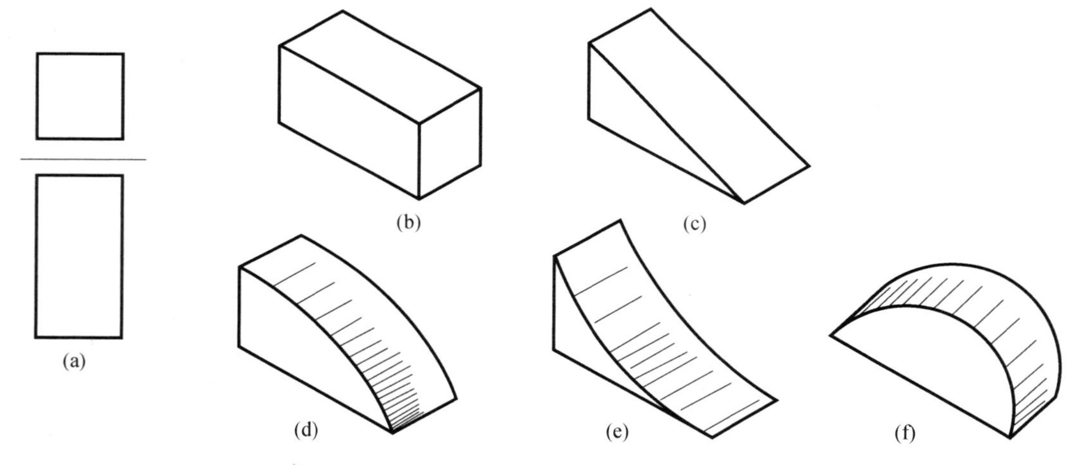

图 8-8 由 V、H 投影得到的不同形体

第二节 组合体投影图的读法

一、画组合体投影图时注意问题

形成组合体的各基本形体之间的表面结合有四种方式：相交、平齐、交错、相切，在画投影图时，应注意这几种结合方式的区别，正确处理两结合表面的线条取舍和画法。

1. 相交

面与面相交时，要画出交线的投影。

两基本形体的表面相交，在相交处必然产生交线，它是两基本形体表面的分界线，必须画出交线的投影。如图 8-9（a）所示，四棱柱底板和四棱柱及三棱柱侧板叠加时，底板上表面与侧板之间的交线，应该画出。

2. 平齐

两形体表面平齐时，不画分界线。

平齐（共面）是指两基本形体的表面位于同一平面上，两表面没有转折和间隔，所以两表面间不画线。如图 8-9（b）所示，两个长方体前表面平齐，底板和竖板之间对齐连接，所以在接缝处不画线。

3. 交错

两形体表面交错开，要画出分界线。

两基本形体的表面错开，在交错处必然产生交线，它既是两基本形体表面的分界线，又是折平面的积聚投影，必须画出分界线的投影。如图 8-9（b）所示，两个长方体左侧面交错，底板和竖板之间错开连接，所以在交错处应画线。

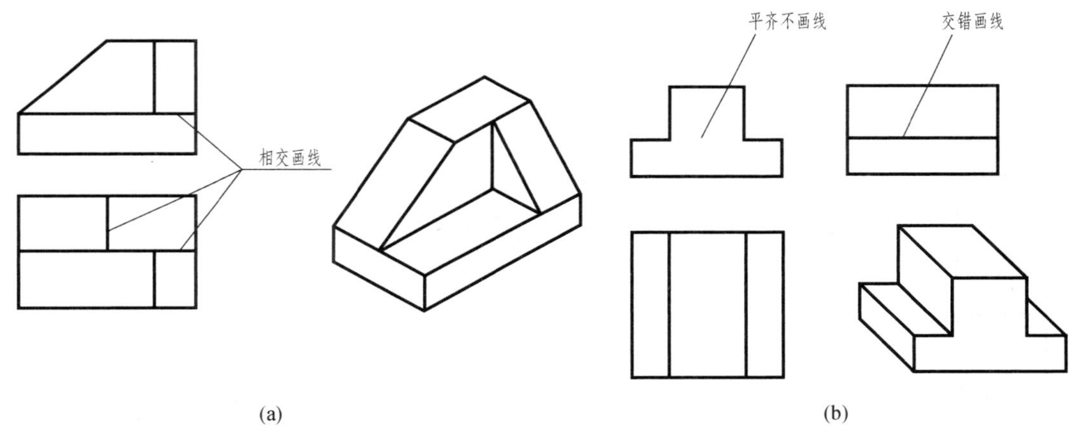

图 8-9 两立体表面相交、平齐和交错

（a）相交；（b）平齐和交错

4. 相切

两表面相切时，相切处不画线。

相切分为平面与曲面相切和曲面与曲面相切，不论哪一种，都是两表面的光滑过渡，不应画线。图 8-10（a）中侧立板中间相切处不画线，此处为平面与曲面相切画法。图 8-10（b）中圆柱与底板侧表面也是相切关系，相切处不画线，其 V 面投影和 W 面投影的水平线只画到切点为止，此处为曲面与曲面相切画法。

二、组合体投影图中线段和线框的意义

（一）线段的意义

阅读组合体投影图时，必须先弄懂每条线段（直线的长度为无限长，有长度的直线称为线段）的含义。在形体投影图中，一条线段表示以下三种含义：一条侧棱的投影；一个面的积聚投影；一个曲面的轮廓线。

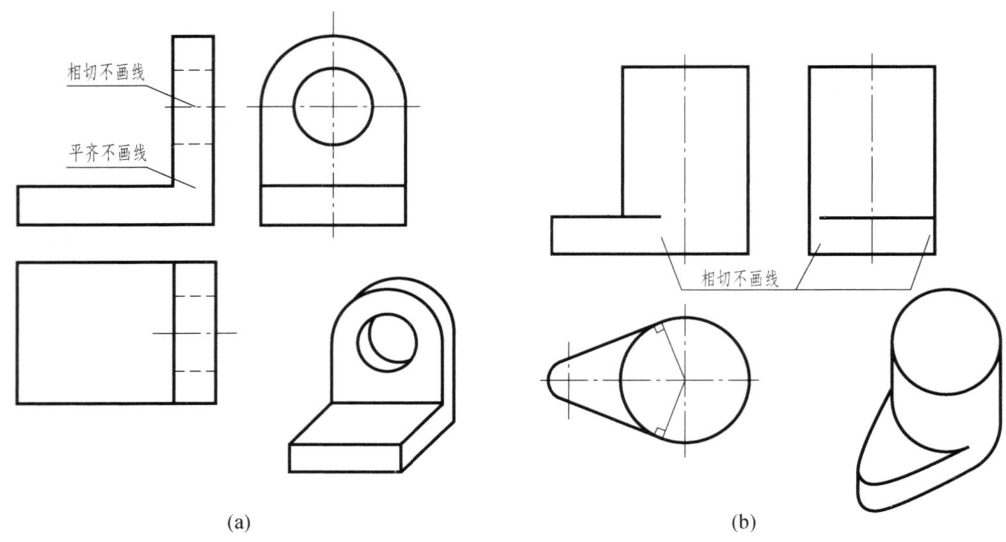

图 8-10 两立体表面相切

（a）平面与曲面相切；（b）曲面与曲面相切

1. 表示一条侧棱的投影

在形体投影图中，一条线段可能是一条侧棱的投影，图 8-11（a）中 V 面投影的上部横线及 H 面投影的后面横线，由于是一条侧棱的投影，得到了如图 8-11（b）、（c）、（d）所示的三种形体。

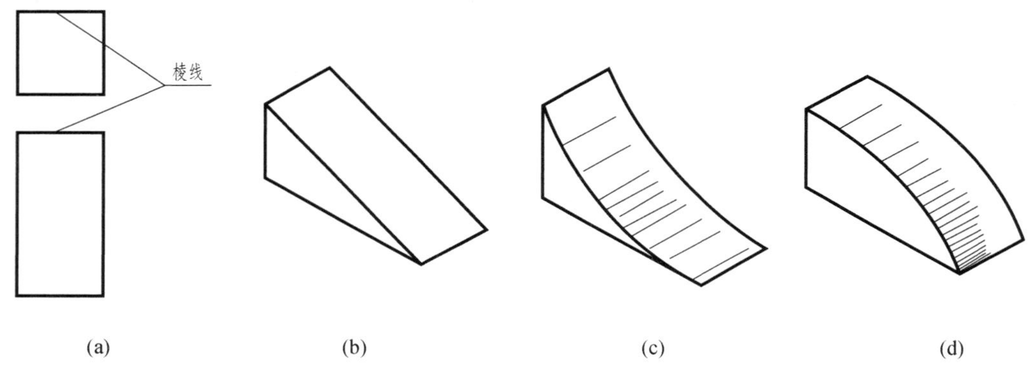

图 8-11 线段意义（一）——侧棱的投影

（a）投影图；（b）三棱柱；（c）曲面体；（d）曲面体

2. 表示一个平面的积聚投影

在形体投影图中，一条线段可能是一个平面的积聚投影，如图 8-12（a）中 V 面投影的上部横线，由于是平面的积聚投影，得到了如图 8-12（b）所示的长方体。

3. 表示一个曲面的轮廓线

在形体投影图中，一条线段可能是一个曲面的轮廓线，如图 8-13（a）中 V 面投影的上部横线，由于是曲面的轮廓线，得到了如图 8-13（b）所示的形体。

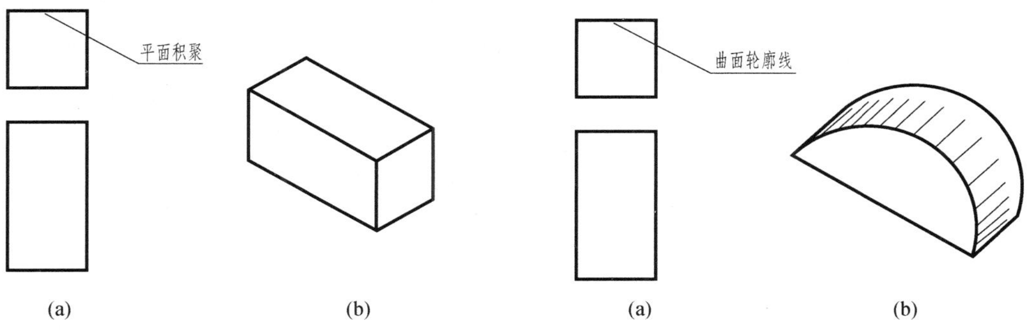

图 8-12　线段意义（二）——平面的积聚投影
（a）投影图；（b）长方体

图 8-13　线段意义（三）——曲面轮廓线
（a）投影图；（b）曲面体

（二）线框的意义

阅读组合体投影图时，还必须弄懂每个线框（平面可以无限扩展，有大小的平面称为线框）的含义。在形体投影图中，一个线框可以表示以下四种含义：一个平面的投影；一个面的斜面投影；一个曲面的投影；一个孔洞的投影。

1. 表示一个平面的投影

图 8-12（a）中 V、H 面投影均为一个线框，当它表示的是一个平面的投影时，得到的是如图 8-12（b）所示的长方体。

2. 表示一个斜面的投影

同样是图 8-12（a）的 V、H 面投影中这个线框，当它表示的是一个斜面的投影时，得到的是如图 8-11（b）所示的三棱柱（或称楔子型）。

3. 表示一个曲面的投影

同样是图 8-12（a）的 V、H 面投影中这个线框，当它表示的是一个曲面的投影时，得到的是如图 8-11（c）、（d）所示两种曲面体。

4. 表示一个孔洞的投影

如图 8-14 所示的 H 投影中间的小正方形是一个封闭的线框，它既不是一个平面和斜面的投影，又不是一个曲面的投影，可见它是一个孔洞的投影。

三、组合体投影图中相邻两线框的含义

前面介绍了一个线框的四种含义，那么两个相邻线框在空间的关系又是如何呢？或者说相邻两个面中间的棱线是如何产生的呢？概括起来有以下两类情况。

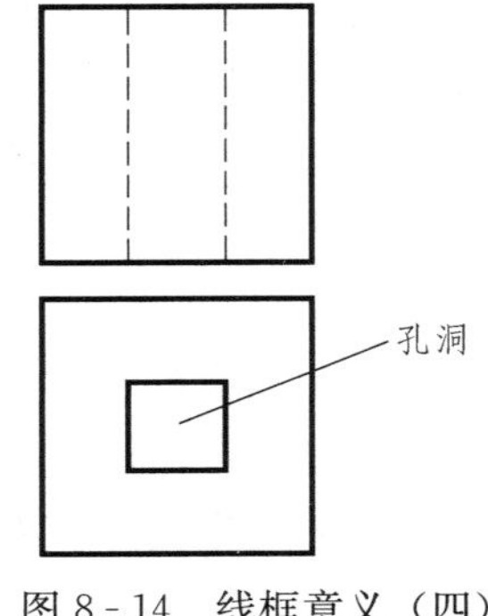

图 8-14　线框意义（四）——一个孔洞的投影

1. 两平面相交

形体投影图中两个相邻的线框的意义有哪些？下面以平面体为例说明它们的意义。图 8-15（a）是两个相邻线框的投影图，由此产生的形体可能是空间两个平面相交，如图 8-15 所示。而相交两平面又分为三种情况：第一种情况是直平面与斜平面相交，图 8-15（b）是左面为斜平面，右面为直平面的两种不同形体；第二种情况也是直平面与斜平面相交，如图 8-15（c）所示，即左面为直平面，右面为斜平面的两种不同形体，可见它们的形状同第一种，只是摆放位置是第一种的镜像；第三种情况是相邻的两个线框在空间为两个斜平面相交的两种不同形体，如图 8-15（d）所示。可见两个斜平面相交可能两个斜平面在外侧相交，也可能在内侧相交。

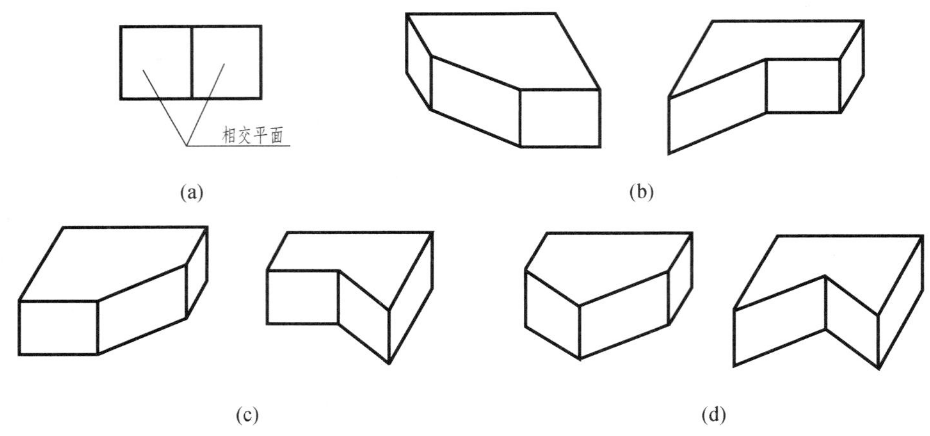

图 8-15　相邻线框意义（一）——两平面相交

（a）投影图；（b）直平面与斜平面相交（一）；

（c）直平面与斜平面相交（二）；（d）两斜平面相交

2. 两平面交错

形体投影图中两个相邻的线框也可能是空间两个平面交错，图 8-16（b）是两个相邻平面前后交错的两种形体，由于摆放位置成镜像，出现了四种空间状况，而其投影图均相同，如图 8-16（a）所示。两平面前后交错时，可能左面在后，右面在前，也可能反之。

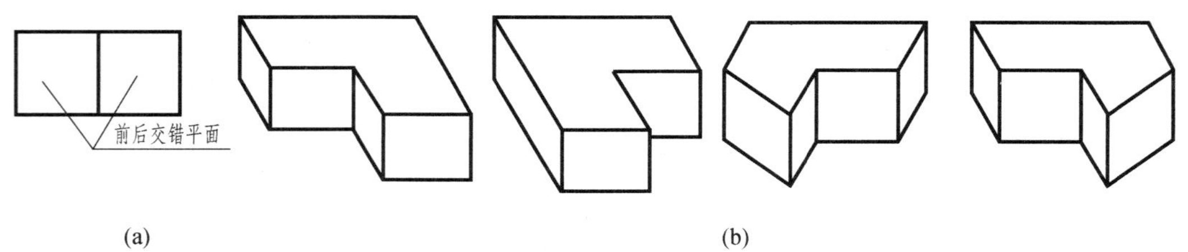

图 8-16　相邻线框意义（二）——两平面交错

（a）投影图；（b）两个面前后交错

图 8-15 和图 8-16 分别阐述了在平面体投影图中相邻两线框的空间意义：相交平面和交错平面，由此可见在形体投影图中每对相邻线框的空间形状和状况都有多种，以上只是列举了平面体的几种情况。根据前面介绍的一个线框意义可知，每个线框还可能是一个空间曲面的投影，因此，相邻两线框可以产生更多种形体，这里不再赘述。

四、组合体投影图的阅读

综上所述，在读形体投影图时，应先对每一条线段和每一个线框及每对相邻线框的意义作综合想象，再结合各线框之间的相互关系和其他投影图进行整体分析，才能确定形体的形状。如图 8-17 所示形体的两面投影图，如果只根据 H 投影图，是不能将形体的空间形状判断清楚的，必须结合 V 投影图才能正确读图。又如图 8-18 所示，必须结合 H、V、W 三面投影才能正确读图。

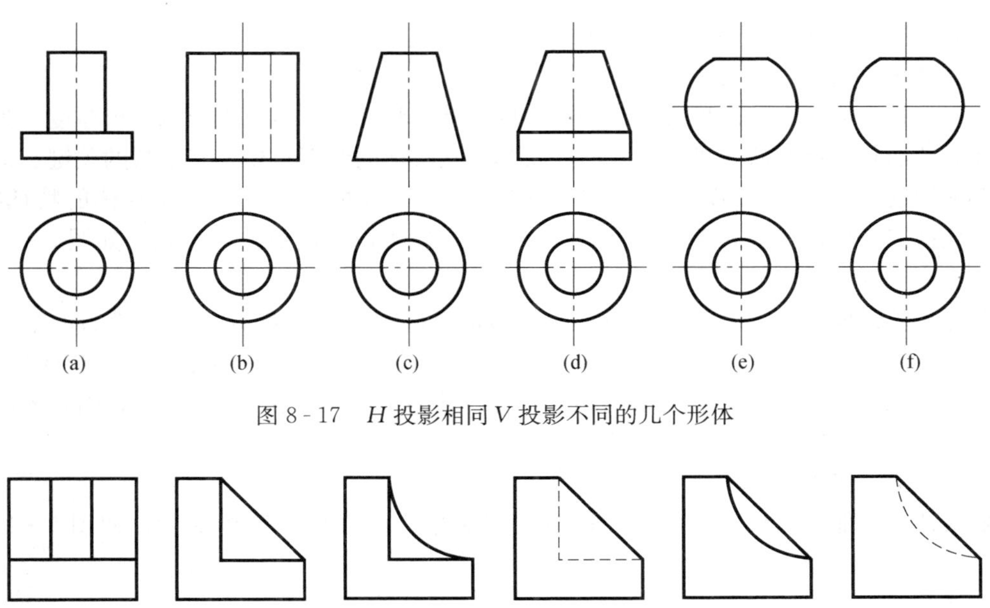

图 8 - 17　*H* 投影相同 *V* 投影不同的几个形体

图 8 - 18　*H* 投影、*V* 投影相同，*W* 投影不同的几个形体

图 8 - 19（a）是组合体的三个投影图，运用形体分析想象出所示组合体的整体形状的过程如图 8 - 19（b）、（c）所示，构思步骤如下。

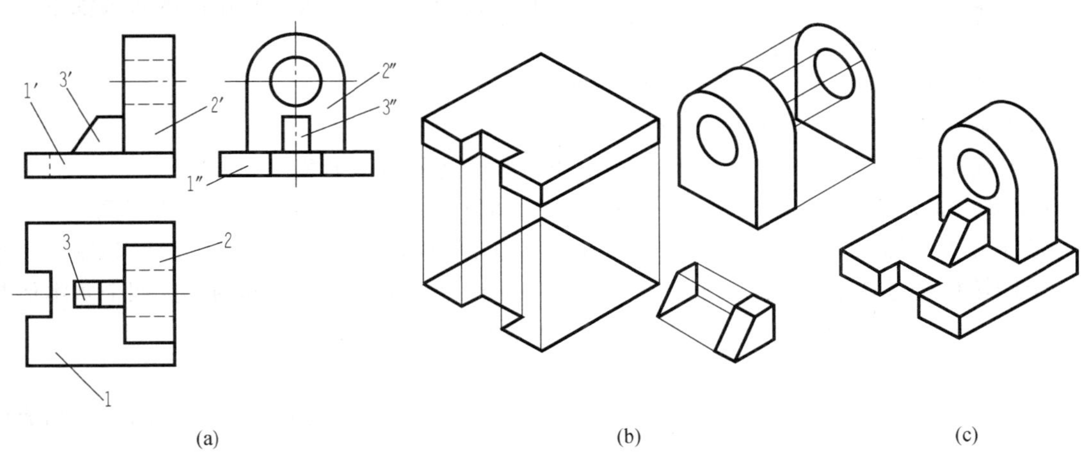

图 8 - 19　由组合体的投影图构思形体

（a）投影图；（b）分解形体；（c）整体形状

1. 根据投影分解线框

一般从最能反映组合体形体特征和相对位置特征的 *V* 面投影入手去分解。图 8 - 19（a）中 *V* 面投影可分为 1′、2′、3′三个线框，根据三等投影规律可在其他两面投影中找到每部分

相对应的投影，由此可知该物体由三个基本形体组成。

2. 逐个构思形体，确定位置

这三个基本体都有一个投影有积聚性并反映其形状特征，另两投影表示出厚度。为想象出各部分的形状，首先从各投影中找出反映其形状特征的线框是想象其形状的关键。该图中 V 面投影的线框 $3'$，H 面投影的线框 1，W 面投影的线框 $2''$分别是三个形体的特征线框。想象时从这三个特征线框入手，结合另两个投影，就可以得出形体的形状，如图 8-19（b）所示。

在确定各组成部分之间的位置时，应从最能反映组合体各部分相对位置的那个投影入手。V 面投影反映形体的上下和左右的位置，H 面投影反映了各部分的左右和前后位置，W 面投影反映各部分的前后和上下的相对位置。该图中 H 面投影、W 面投影则是表示组成物体各部分相对位置最明显的两个投影。

3. 综合起来想象整体

根据各组成部分的形状和相互之间的位置想象出组合体的整体形状，如图 8-19（c）所示。

第三节　组合体投影图的画法

一、组合体投影图的画图步骤

在画组合体的投影图时，经常采用形体分析法。也就是将组合体分解为若干个基本体或部分基本体来考察，并逐个分析它们的空间形状和相互位置关系，进行整体构思，以便将复杂问题简单化。将复杂组合体看作由若干比较简单的形体经叠加或切割所组成的分析方法，称为形体分析法。在画组合体的投影图时，应首先进行形体分析，确定组合体的组成部分，并分析它们之间的结合形式和相对位置，然后画出投影图。画组合体投影图的步骤如下：

（1）先作概略分析，再作细致分析；

（2）先进行形体分析，后进行线面分析；

（3）先作外部分析，后内部分析；

（4）由局部到整体，最后综合起来想象出该组合体的整体形象。

【例 8-2】 已知如图 8-20（a）所示的组合体立体图，求作该组合体的投影图。

形体分析：如图 8-20 所示，该组合体由四部分组成，Ⅰ是组合体最下面的底座，它是由一个四棱柱经过切割形成的，Ⅱ、Ⅲ、Ⅳ均是三棱柱，Ⅲ、Ⅳ是相同的，这四个基本体是以叠加的方式组成组合体，分解过程如图 8-20（b）所示。

画图过程如图 8-21 所示，步骤如下：

（1）先画出基本体Ⅰ的三面投影图，注意 H 和 W 面槽口部分被遮挡，其图线应画成虚线，如图 8-21（a）所示。

（2）画出基本体Ⅱ的三面投影图，此时Ⅰ和Ⅱ的左侧面平齐，在画图时 W 面投影不画线；Ⅰ的右侧面顶端棱线和Ⅱ的棱线重合成为一条，但其投影被遮挡，所以应画成虚线，如图 8-21（b）所示。

（3）画出基本体Ⅲ、Ⅳ的三面投影图，Ⅲ、Ⅳ基本体的形状相同，只是所处位置不同，它们的正面投影重合，如图 8-21（c）所示。

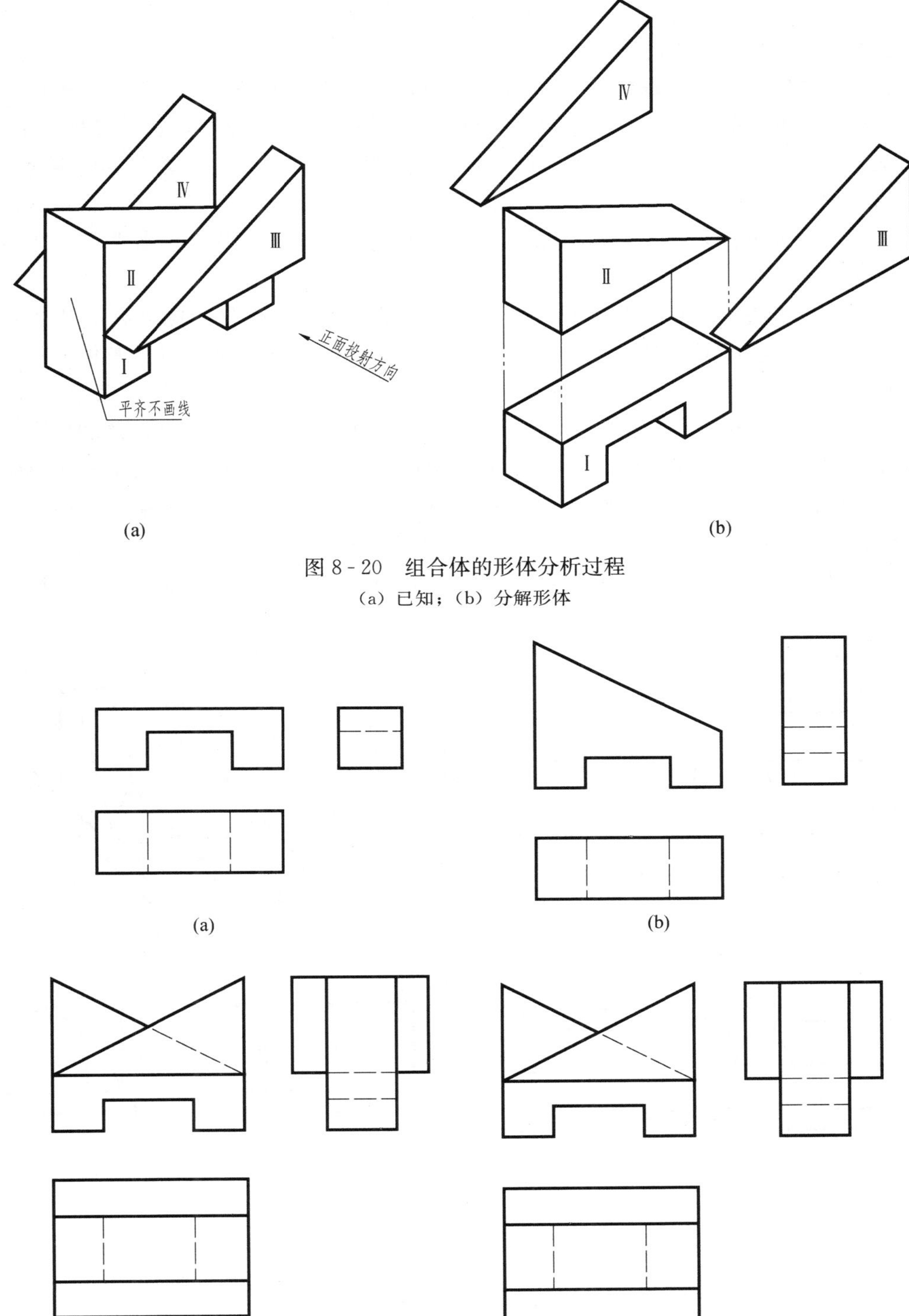

图 8-20 组合体的形体分析过程

(a) 已知；(b) 分解形体

(a) (b)

(c) (d)

图 8-21 组合体的画图步骤

(a) Ⅰ的投影图；(b) Ⅱ的投影图；(c) Ⅲ、Ⅳ的投影图；(d) 加深图线

（4）经检查无误后，按各类线型要求，用铅笔加深图线，完成全图，如图 8-21（d）所示。

二、组合体投影图的画图方法

根据组合体的投影图想象出物体的空间形状和结构，这一过程就是读图。根据已知两投影图，想出形体的空间形状，再由想象中的空间形状画出其第三投影，这一过程就是画图。这种训练是培养和提高读图能力，检验读图效果的一种重要手段，也是培养分析空间问题和解决空间问题能力的一种重要方法。

由两投影补画组合体的第三投影依据的是三等关系，即“长对正、高平齐、宽相等”，画图的方法有：

（1）形体分析法：以基本形体的投影特征为基础，将组合体投影图分解成几个简单形体，通过分析各个组成部分的形状和相对位置，然后综合起来确定组合体的整体形状。

（2）线面分析法：是先运用线、面的投影规律，分析形体上每条线段、每个面（线框）的空间形状，逐一画出它们的投影，再结合各个线、面的关系，完成整个形体的投影图。

在补画组合体的第三投影时，应先使用形体分析法，分解组合体各组成部分，再应用线面分析法帮助读图，构思各组成部分的投影。线面分析是在形体分析的基础上，逐一构思并画出各组成部分的线段和线框，从而把握形体的细部结构。

此外，补画第三投影时也可借助第七章介绍的轴测图来完成形体投影图的画图过程。

（一）形体分析法画图示例

【例 8-3】 如图 8-22（a）所示，已知组合体的 V 投影和 W 投影，补画 H 投影。

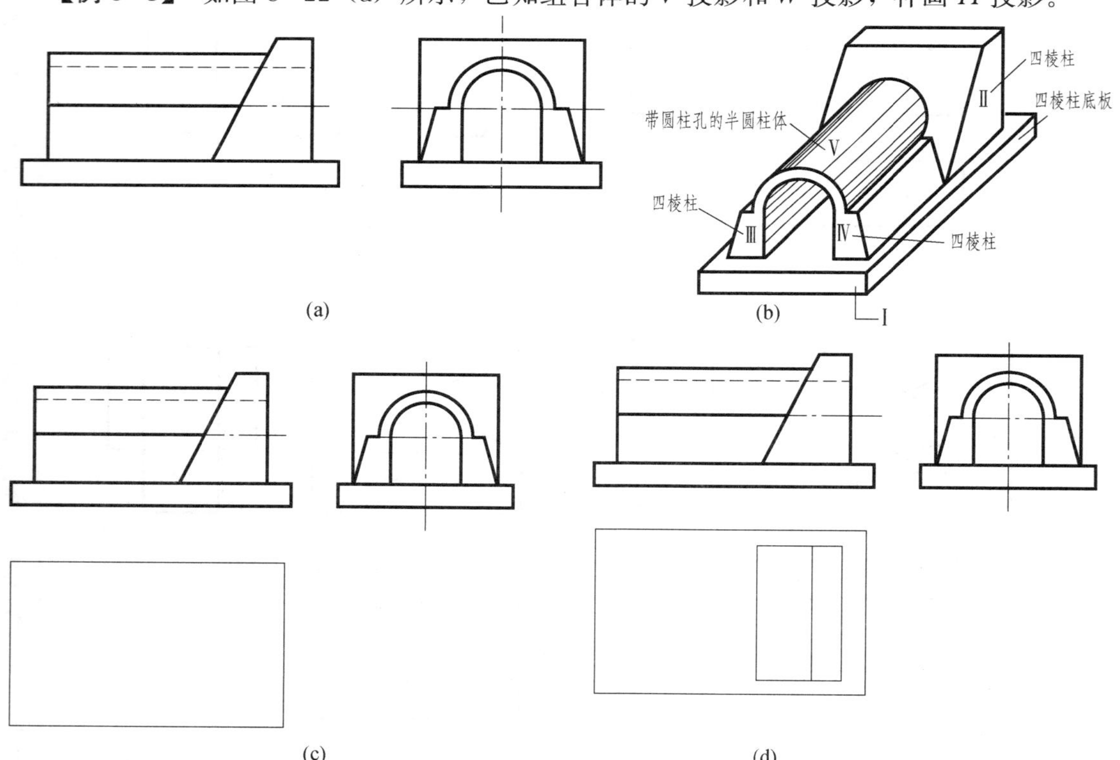

图 8-22 形体分析法补画第三投影示例（一）

（a）已知两投影；（b）形体分析；（c）形体Ⅰ投影图；（d）形体Ⅱ投影图

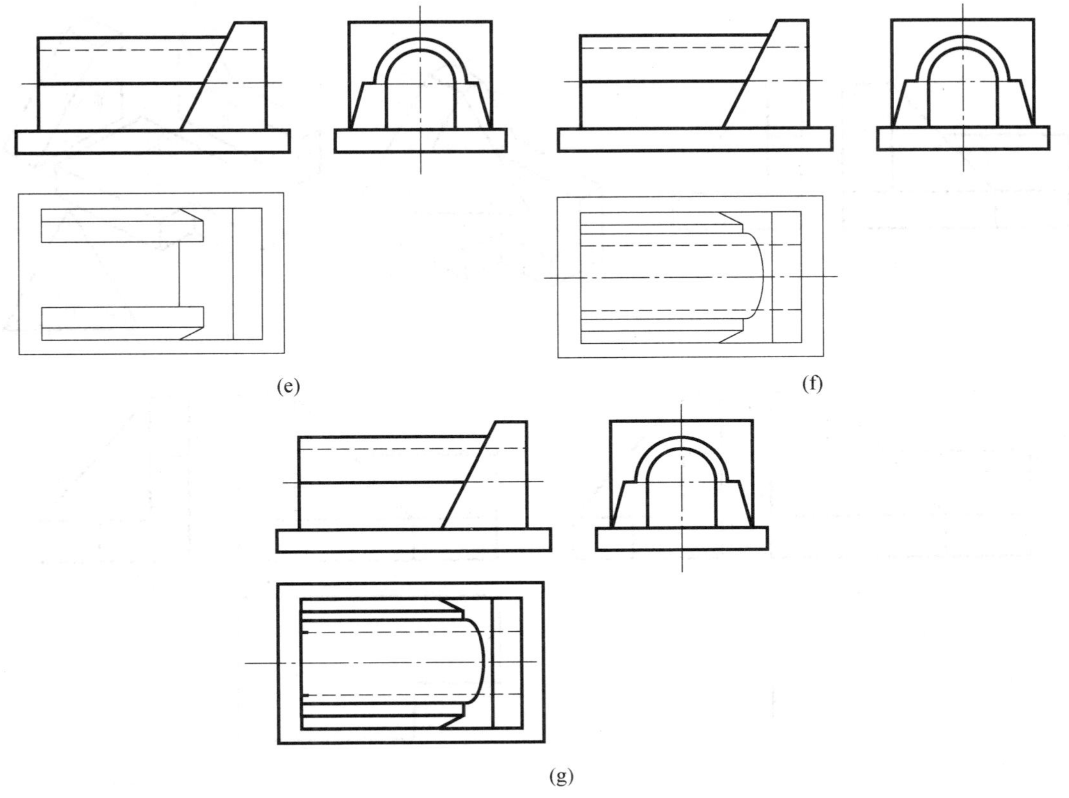

图 8 - 22　形体分析法补画第三投影示例（二）

（e）形体Ⅲ、Ⅳ投影图；（f）形体Ⅴ投影图；（g）加深图线

形体分析：图 8 - 22（a）所示的组合体，可以看作是由 5 部分组成。分别是：下部结构的一四棱柱底板Ⅰ，底板上右侧是一四棱柱Ⅱ，底板上部为两个相同的四棱柱Ⅲ和Ⅳ，之上还有一个带圆柱孔的半圆柱体Ⅴ，如图 8 - 22（b）所示。

作图步骤如下：

（1）应用线面分析法，画出底板Ⅰ的 H 投影，根据“长对正”和“宽相等”，底板的 H 投影为一等于形体总长总宽的矩形，如图 8 - 22（c）所示；

（2）画出底板上右侧四棱柱Ⅱ的 H 投影，为两个相邻的矩形，如图 8 - 22（d）所示；

（3）画出底板上相同的四棱柱Ⅲ和Ⅳ的 H 投影，求出Ⅲ、Ⅳ形体与Ⅱ形体表面的交线，注意其中一般线的画法，应该采用作出一般线两端点的第三投影，然后连线的方法求解，如图 8 - 22（e）所示；

（4）最后画出带圆柱孔的半圆柱体Ⅴ的 H 投影，求出Ⅴ与Ⅱ的表面交线为半椭圆，内部的孔洞左右贯通，因为孔洞被遮挡，所以要画成虚线，如图 8 - 22（f）所示；

（5）检查图稿，加深图线，完成作图，如图 8 - 22（g）所示。

【例 8 - 4】 如图 8 - 23（a）所示，已知组合体的 V 投影和 W 投影，补画 H 投影。

形体分析：图 8 - 23（a）所示的组合体，可以看作由四部分叠加组成。Ⅰ、Ⅱ、Ⅲ均可看作是经过切割而形成的形体，Ⅳ为一个三棱锥体，它有三个表面相互垂直，如图 8 - 23（b）所示。

作图过程如图 8 - 24 所示，步骤如下：

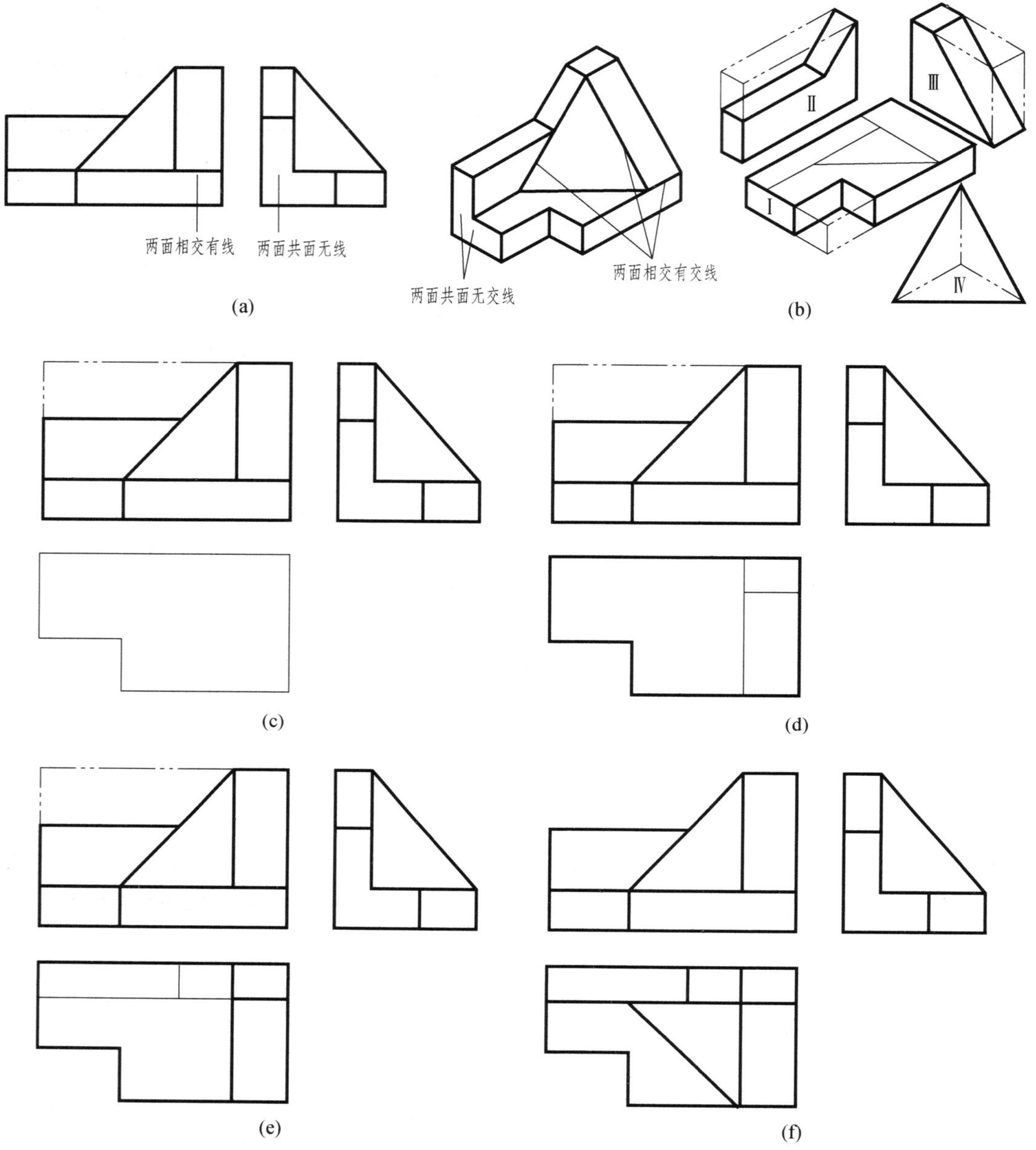

图 8-23 形体分析法补画第三投影示例（三）

（a）已知两投影；（b）形体分析；（c）形体Ⅰ投影图；（d）形体Ⅱ投影图；（e）形体Ⅲ投影图；（f）作图结果

（1）应用线面分析法，画出底板Ⅰ的 H 投影，为一总前角带缺口的矩形，如图 8-23（c）所示；

（2）画出底板上部右侧的四棱柱Ⅲ的 H 投影，为两个相邻的矩形，如图 8-23（d）所示；

（3）画出底板上部后侧的形体Ⅱ的 H 投影，为两个相邻的矩形，如图 8-23（e）所示；

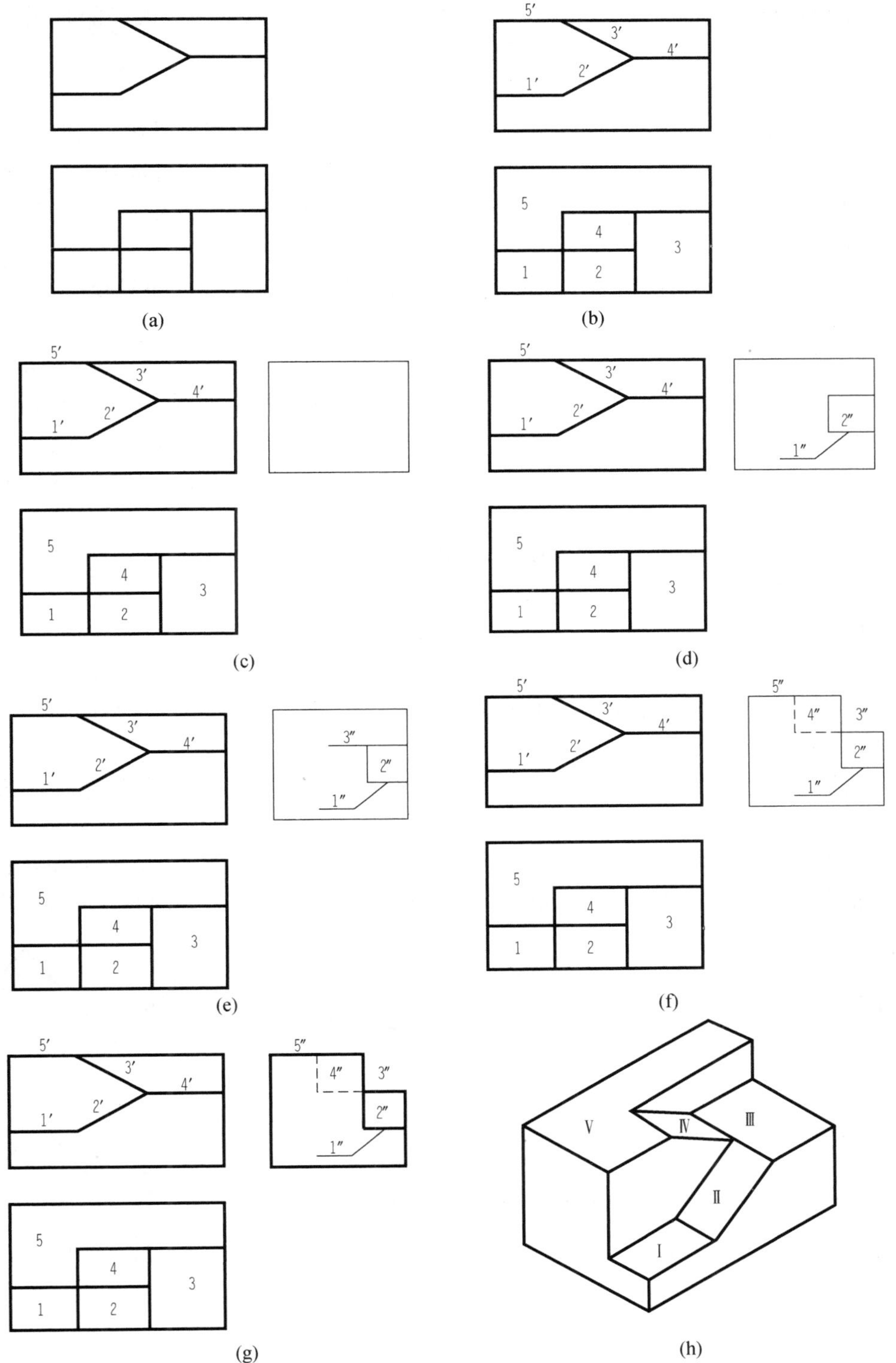

图 8-24　面（线框）分析法补画第三投影示例

(a) 已知；(b) 线框分析编号；(c) 画外框；(d) Ⅰ、Ⅱ线框投影；(e) Ⅲ线框投影；(f) Ⅳ、Ⅴ线框投影；(g) 加深图线；(h) 空间形体

（4）最后画出三棱锥Ⅳ的 H 投影，为一直角三角形，注意其中一般线的画法，求解方法同例题 8-3 第三步，加深图线，完成作图，作图结果如图 8-23（f）所示。

（二）线面分析法画图示例

【例 8-5】 如图 8-24（a）所示，已知建筑坡道的 V、H 投影，补画 W 投影。

线框分析：如图 8-24（a）所示，根据已知 V、H 投影可知该坡道是由一长方体经切割后形成，其 H 投影有多个线框，可以应用面（即线框）分析法求解此题。

作图步骤如下：

（1）将 H 投影五个线框编号，并根据“长对正”找出这五个线框的 V 投影，如图 8-24（b）所示；

（2）本着先整体后局部的原则，画出形体外框的 W 投影，如图 8-24（c）所示；

（3）根据“宽相等、高平齐”求解出Ⅰ、Ⅱ线框的 W 投影，如图 8-24（d）所示；

（4）根据“宽相等、高平齐”求解出Ⅲ线框的 W 投影，如图 8-24（e）所示；

（5）根据“宽相等、高平齐”求解出Ⅳ、Ⅴ线框的 W 投影，注意Ⅳ线框在右侧被遮挡，画成虚线，如图 8-24（f）所示；

（6）检查图稿，加深图线，完成作图，如图 8-24（g）所示；

（7）分析各线框的相互关系，构思出空间形体，如图 8-24（h）所示。

【例 8-6】 如图 8-25（a）所示，已知歇山屋面的 V、W 投影，补画 H 投影。

线段分析：如图 8-25（a）所示，根据已知 V、W 投影可知该屋面是由三棱柱体经切割后形成，其 V 投影为一个线框，该线框有多条线段，可以应用线分析法求解此题。

作图步骤如下：

（1）将组成 V 投影整个线框的六条线段编号，并根据“高平齐”找出这六个线段的 V 投影，如图 8-25（b）所示；

（2）本着先整体后局部的原则，画出形体外框的 H 投影，如图 8-25（c）所示；

（3）根据“长对正、宽相等”求解Ⅰ、Ⅱ、Ⅵ线段的 H 投影，如图 8-25（d）所示；

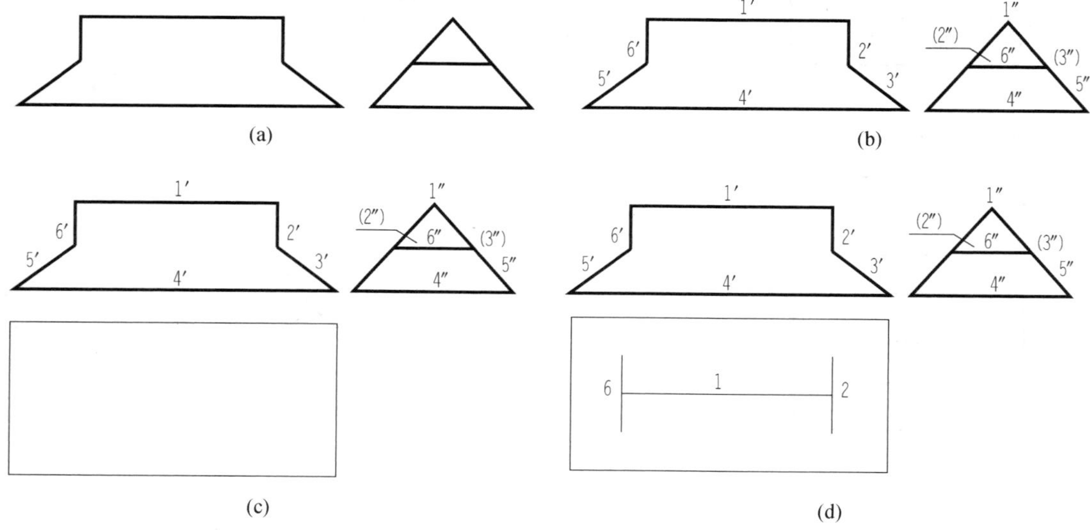

图 8-25 线分析法补画第三投影示例（一）

（a）已知；（b）线段分析编号；（c）画外框；（d）Ⅰ、Ⅱ、Ⅵ线段投影

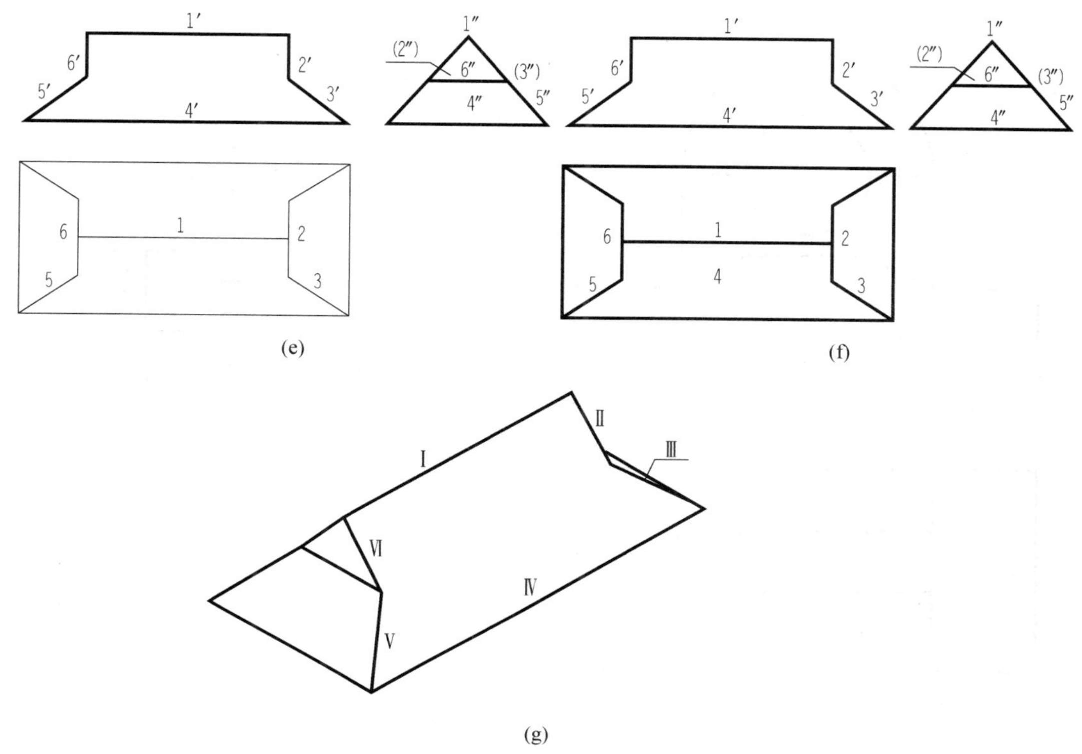

图 8-25　线分析法补画第三投影示例（二）

（e）Ⅲ、Ⅴ线段投影；（f）Ⅳ线段投影，加深图线；（g）空间形体

（4）根据“长对正、宽相等”求解出Ⅲ、Ⅴ线段的 H 投影，如图 8-25（e）所示；

（5）根据“长对正、宽相等”求解出Ⅳ线段的 H 投影，检查图稿，加深图线，完成作图，如图 8-25（f）所示；

（6）分析各线段的相互关系，构思出空间形体，如图 8-25（g）所示。

第四节　组合体的尺寸标注

组合体的投影图，虽然已经清楚地表达出组合体的形状特征和各组成部分的相对位置关系，但不能反映组合体各部分的大小和相对位置。因此，组合体的尺寸标注成为确定组合体的真实大小及各组成部分的相对位置的重要依据。

一、尺寸的种类

组合体的尺寸标注类型有三种：定形尺寸、定位尺寸、总尺寸。

（一）定形尺寸

定形尺寸是确定组合体各组成部分大小和形状的尺寸。如图 8-26 所示，组合体的定形尺寸包括：半圆柱的厚 12，半径 $R24$；圆柱孔的半径 $R12$；底板宽 40，长 88，高 10；底板前部突出形体的 11、16 等。

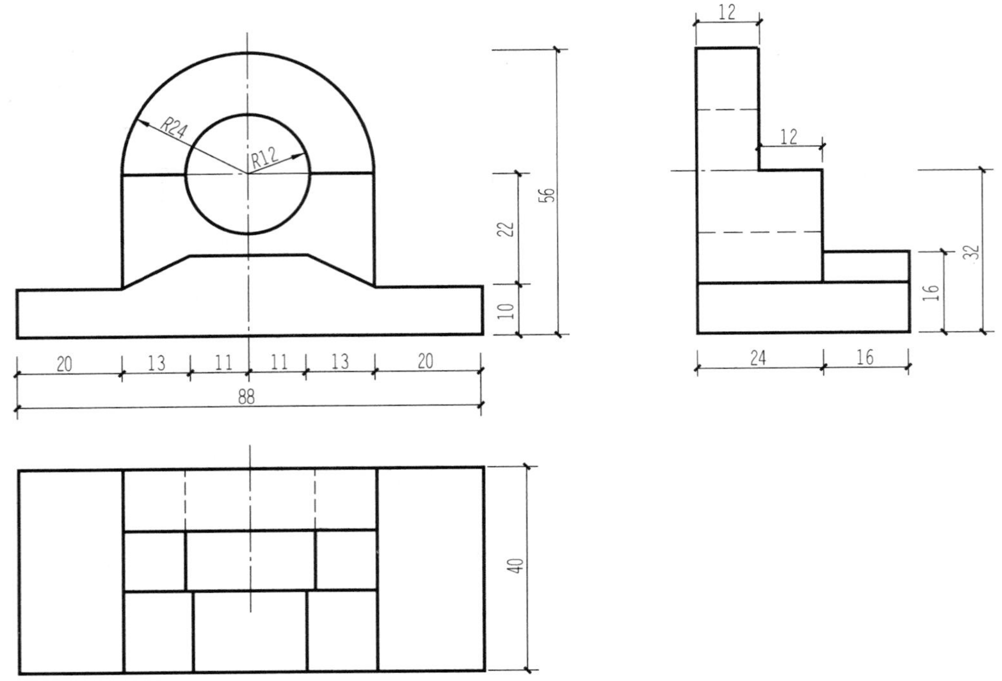

图 8 - 26　组合体的尺寸组成

（二）定位尺寸

定位尺寸是确定组合体各组成部分之间相对位置的尺寸。如图 8 - 26 中确定圆柱孔轴线高度的 22，确定底板中部向前突出宽度的 16 和左右伸出长度的 20 等。有些定位尺寸如高度 22、长度 20 等，也可作为定形尺寸使用。

（三）总尺寸

总尺寸是确定组合体总长、总宽、总高的尺寸。如图 8 - 26 中的 88 是总长尺寸，40 是总宽尺寸，56 是总高尺寸。

二、尺寸的配置要求

确定了应该标注的尺寸之后，还要考虑尺寸如何配置，才能达到清晰、整齐的要求。除遵照“国标”的有关规定之外，还要注意以下几方面：

（1）尺寸标注要齐全，不得遗漏，每一方向的定形尺寸的总和应等于该方向的总尺寸，即定形尺寸和总尺寸要吻合；各个方向的尺寸要整体闭合。

（2）长、宽、高三个方向的定形尺寸、定位尺寸、总尺寸应组合起来，整齐排列，排成几行（一般最多不超过 3 行）。

多道尺寸的配置原则是：小尺寸靠近图形轮廓线，大尺寸远离图形轮廓线。

（3）标注定位尺寸时，对圆形要定圆心的位置，多边形要定边的位置，如图 8 - 26 中的 32 是定半圆柱孔的轴线位置，两个 20 是定底板前部左右突出形体的位置。

（4）为了便于读图，尺寸尽量注写在图形之外，必要时才将定形尺寸注写在图形之内。

（5）尺寸尽量不要标注在虚线上。

三、组合体尺寸标注的步骤

现以图 8-27 所示的组合体为例，说明组合体尺寸标注的步骤。

（一）标注定形尺寸

将组合体用形体分析法分解成若干个基本体，标注各个基本形体的定形尺寸。如图8-28（a)所示，首先标注中柱的定形尺寸，长度方向 26，宽度方向 20，高度方向 65；再标注左、右两肋板的细部尺寸，圆柱面半径 $R16$，高度方向 22、20，长度方向 6、37，宽度方向 6；然后标注前、后两四棱柱的细部尺寸，高度方向 15，长度方向 6，宽度方向 27。

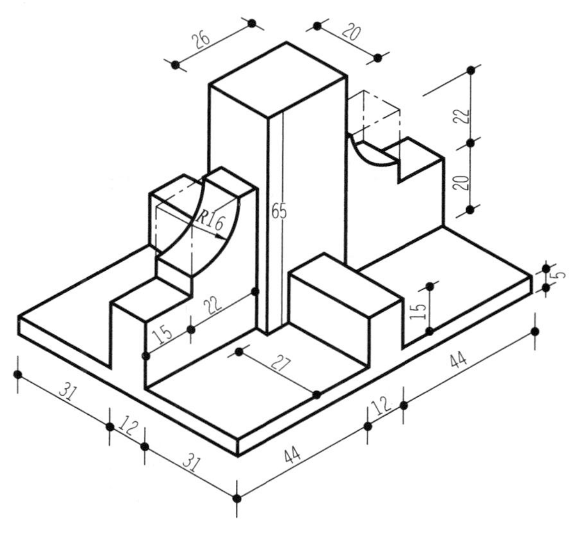

图 8-27　组合体的立体图

（二）标注定位尺寸

再标注定位尺寸。如图 8-28（b）所示，由于该组合体是左、右对称，前、后对称的形体，所以中柱的定位尺寸是 50 和 37，左右两肋板、前后两四棱柱的定位尺寸分别是 37 和 27；左右两肋板上的 1/4 圆柱面的圆心的定位尺寸是 22 等。

（三）标注总尺寸

最后标注组合体的总长和总宽，总长尺寸 100，总宽尺寸 74，总高尺寸 70，完成尺寸标注，如图 8-28（b）所示。

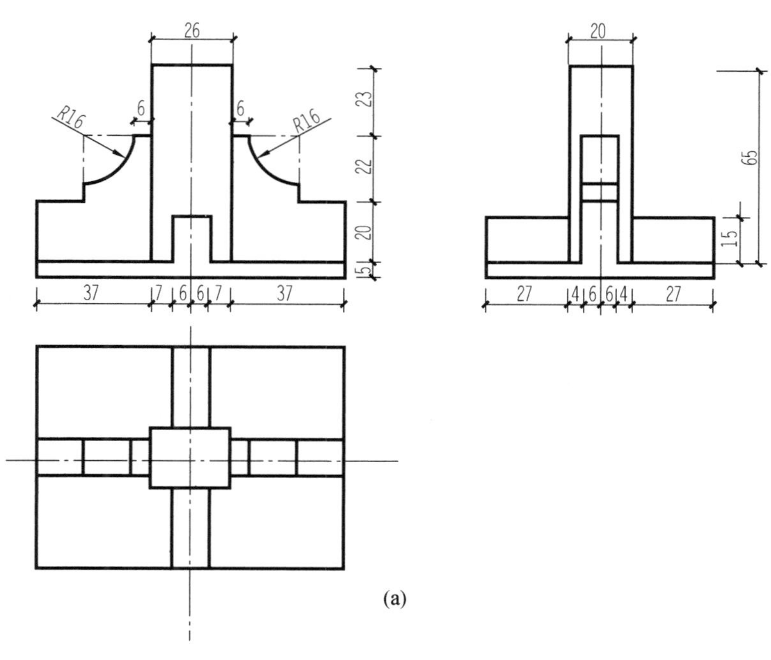

图 8-28　组合体的尺寸标注（一）

（a）标注定形尺寸

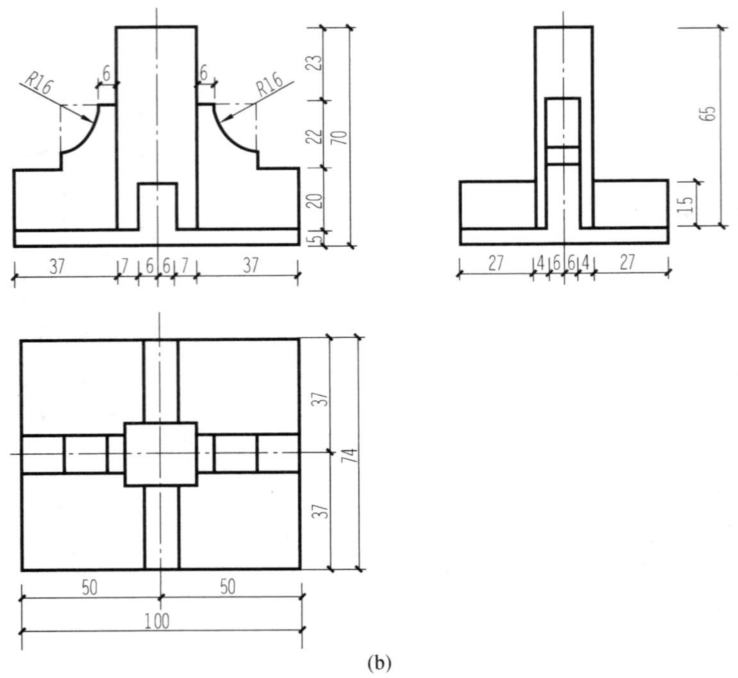

(b)

图 8-28　组合体的尺寸标注（二）

（b）完成尺寸标注

第九章 工程形体的图样画法

工程图作为工程技术语言，是工程施工、工程造价的核算和工程管理等环节最重要的技术文件。它不仅包括按投影原理绘制的表明工程形状的图形，还包括工程的材料、做法、尺寸、有关文字说明等，所有这一切都必须有统一规定，才能使不同岗位的技术人员对工程图有完全一致的理解，从而使工程图真正起到技术语言的作用。

建筑形体的形状和结构是多种多样的，要想把它们表达得既完整、清晰，又便于画图和读图，只用前面介绍的三面投影图难以满足要求。为此，建筑制图标准中规定了一系列的图样表达方法，以供制图时根据形体的具体情况选用。本章将介绍建筑形体的基本表示法、剖面图、断面图的画法和国家规定的一些简化画法，并简单介绍第三角画法。

第一节 建筑形体的基本表示法

一、多面正投影图

对于形状简单的物体，一般用三面投影即三个视图就可以表达清楚。但房屋建筑形体比较复杂，各个方向的外形变化很大，采用三面投影难以表达清楚，需要多个视图才能完整表达其形状和结构。

《房屋建筑制图统一标准》（GB/T 50001—2010）中规定：房屋建筑的视图，应按正投影法并用第一角画法绘制；对某些工程构造，当用第一角画法绘制不宜表达时，可用其他方法绘制。

本书自第二章开始，介绍和使用了三面正投影图，即对空间几何元素分别从上向下、从前向后、从左向右进行投影而得到的投影图。对于复杂的建筑形体，还必须通过从下向上、从后向前、从右向左进行投影，才能详细了解形体的各个表面。为此，假想将形体放置在一个正六面体中，分别向六个投影面进行投影，然后按照图 9 - 1（a）所示方法将六个投影面展开，这样对形体进行投影而得到的六个投影图，就称为形体的基本视图。

当六个视图位于同一张图纸上，并按图 9 - 1（b）所示位置排列时，可以省略各视图的名称。但是多数情况下，复杂形体的视图是根据图纸的大小和空间等因素排列的。因此，必须对每个视图注写图名，图名宜标注在视图的下方或一侧，并在图名下方绘制一条粗横线，其长度以图名文字所占长度为准，基本视图的常用排列方式如图 9 - 2 所示。

如图 9 - 3 所示的房屋形体，可由不同方向投射，从而得到图中的多面正投影图。在表达建筑形体时，根据建筑物的复杂程度，选择视图个数，并不一定要把六个基本视图都画出来，图 9 - 3 中只画了五个基本视图，即可以完整地表达出房屋外形。

二、镜像投影图

在建筑工程图中，有些工程构造在采用第一角画法制图时，不易表达清楚，如板梁柱构

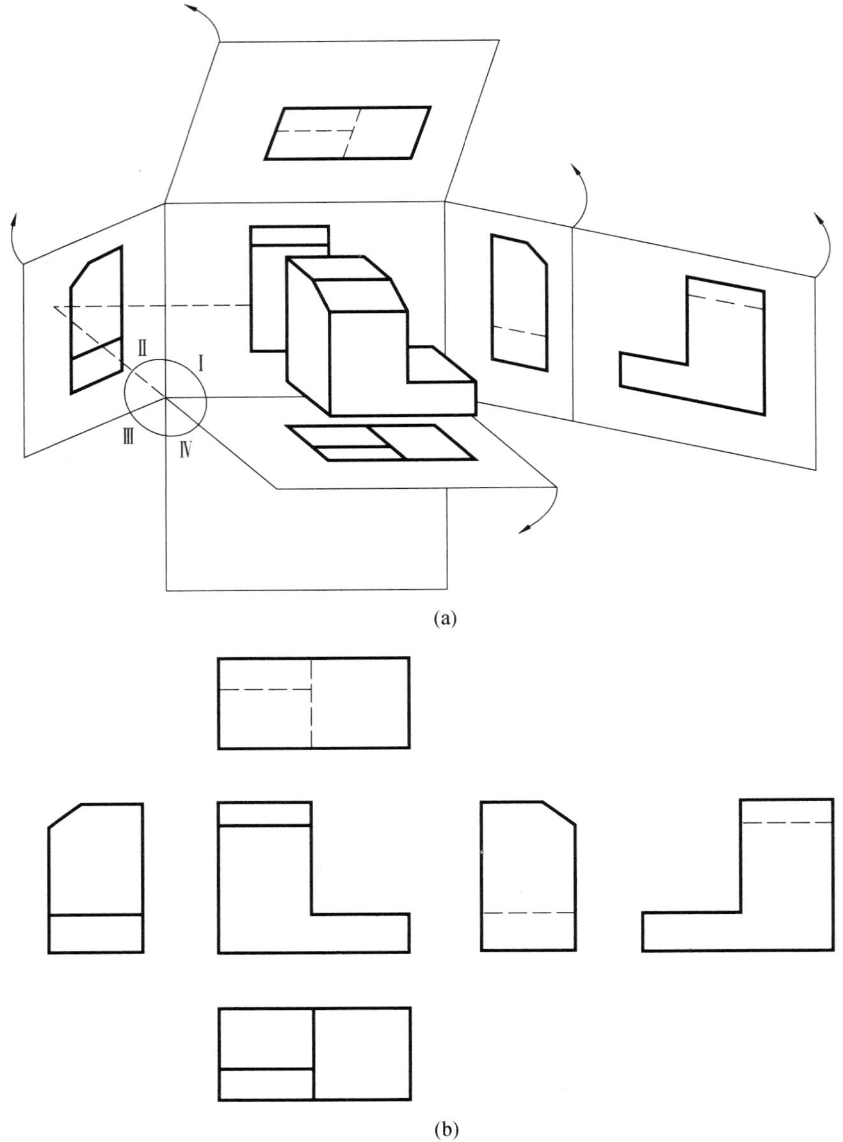

(a)

(b)

图 9-1 形体的基本视图

(a) 基本视图的产生；(b) 基本视图

造节点，如图 9-4（a）所示，因为板在上面，梁、柱在下面，按第一角画法绘制平面图的时候，梁、柱为不可见，要用虚线绘制，这样给读图和尺寸标注带来不便。如果把 H 面当作一个镜面，在镜面中就能得到梁、柱为可见的反射图像，这种投影称为镜像投影。镜像投影是形体在镜面中的反射图形的正投影，该镜面应平行于相应的投影面。用镜像投影法绘图时，应在图名后加注“镜像”二字，如图 9-4（b）所示，必要时可画出镜像投影画法的识别符号，如图 9-4（c）所示。这种图在室内设计中常用来表现吊顶（天花板）的平面布置。

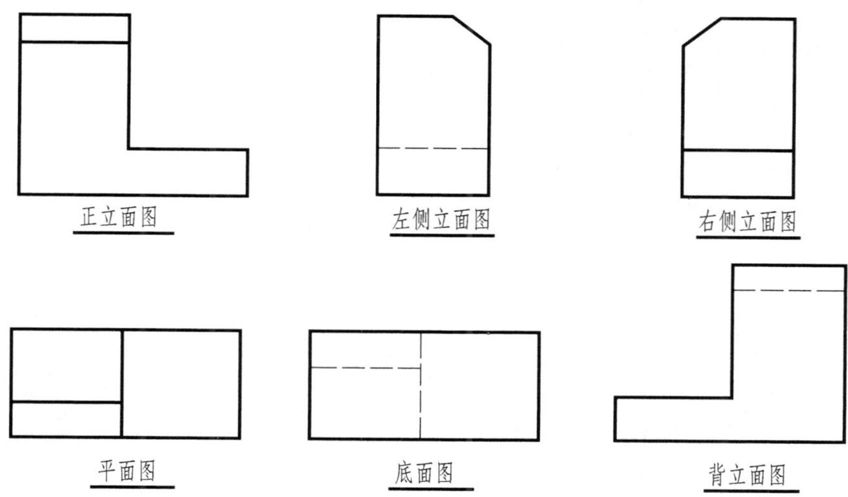

图 9-2　基本视图的常用排列方式

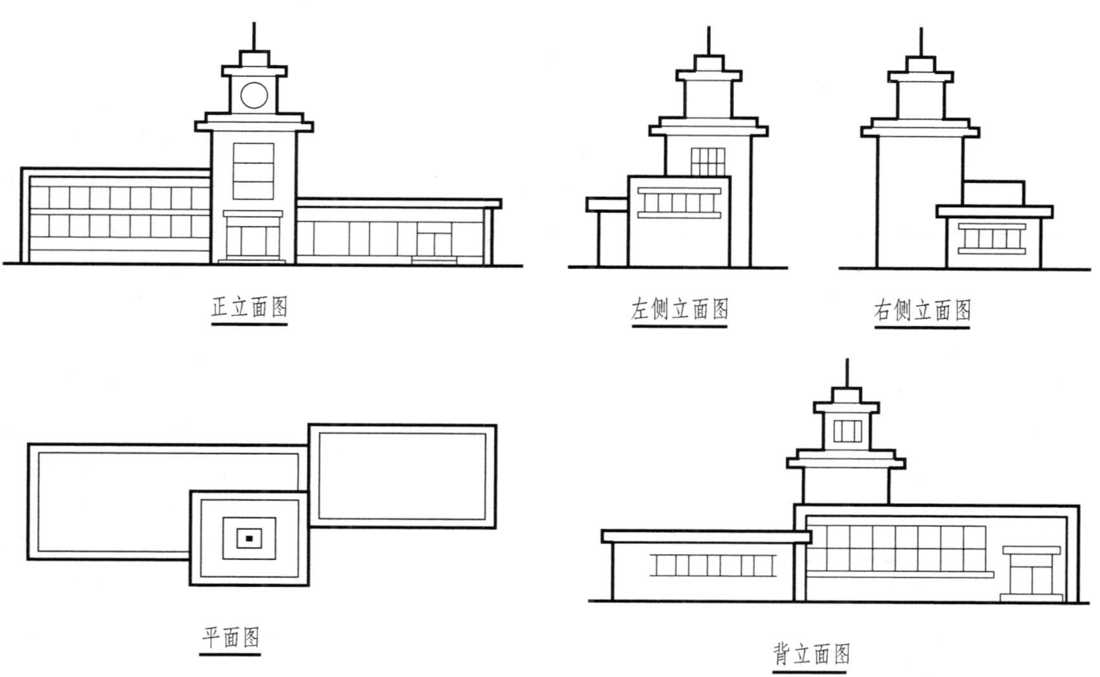

图 9-3　房屋的多面正投影图

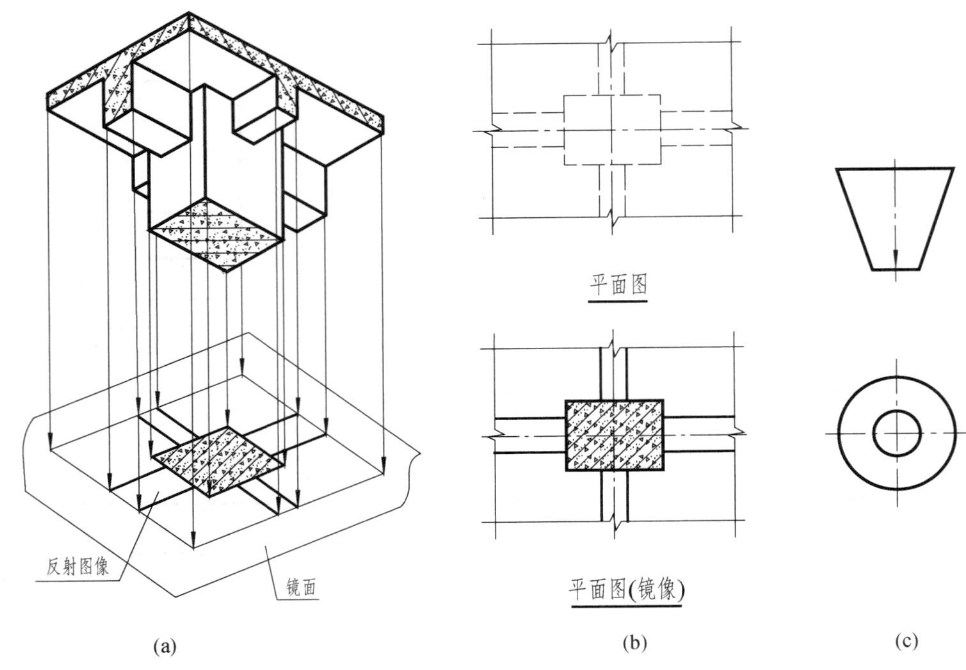

图 9-4 镜像投影
（a）镜像的产生；（b）平面图与镜像平面图；（c）镜像识别符号

第二节 剖 面 图

在画物体的正投影图时，虽然能表达清楚形体的外部形状和大小，但形体内部的孔洞以及被外部遮挡的轮廓线则需要用虚线来表示。如一幢房屋，内部有各种房间、走道、楼梯、门窗、梁、柱等，如果都用虚线表示这些看不见的部分，必然形成图面虚实线相互重叠或交错，混淆不清，既不便看图，又不利于标注尺寸，而且难于表达出形体的材料。所以当形体内部形状比较复杂，在投影中会出现很多虚线，图 9-5 是一水槽的三视图，其三个投影均出现了许多虚线，使图样不清晰，不利于标注尺寸，为了解决这一问题，工程上常采用作剖面图的方法，将投影图中的虚线变为实线。

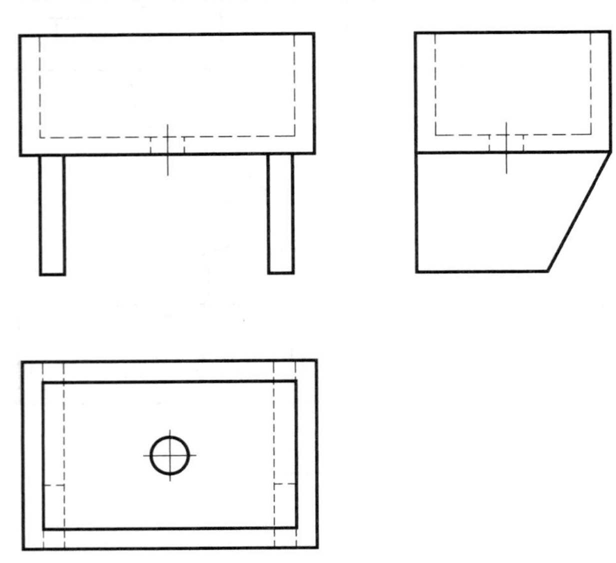

图 9-5 水槽的三视图

一、剖面图的形成

假想一平面将形体剖开，移去一部分，对剩下的部分进行投影得到的投影图称为剖面图。剖面图是通过剖切平面切割让它的内部构造显露出来，使形体不可见的部分变成了可见，然后用实线画出这些内部构造的投影图，同时画出断面的材料图例，如图 9-6 所示。

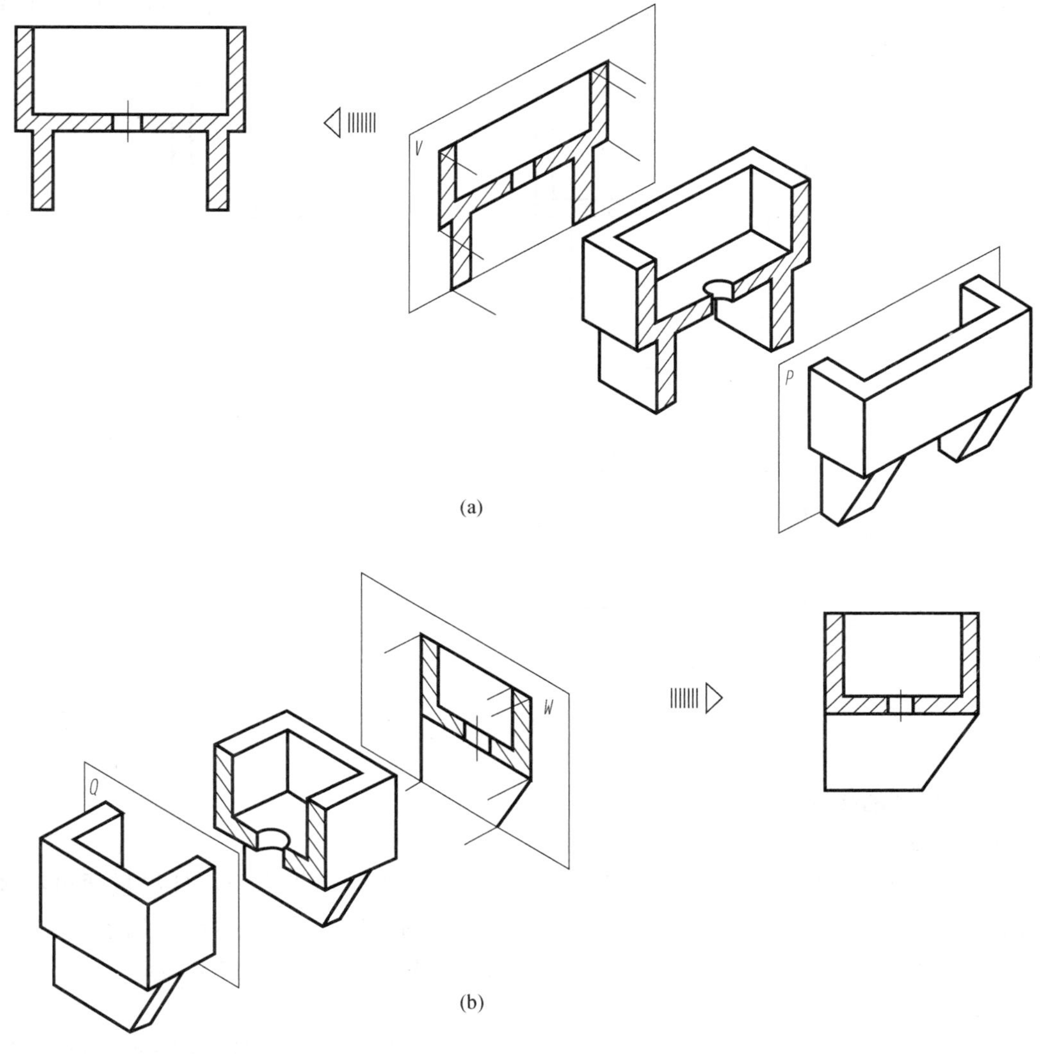

图 9-6　剖面图的产生

(a) 纵剖面图形成；(b) 横剖面图形成

图 9-6 (a) 是假想用一个通过水槽排水孔轴线，且平行于 V 面的剖切面 P，将水槽剖开，移走前半部分，将剩余的部分向 V 面投射，然后在水槽的断面内画上通用材料图例，得到水槽的投影图，称为纵剖面图或正立剖面图。这时水槽的槽壁厚度、槽深、排水孔大小等均被表示得很清楚，又便于标注尺寸。同理，可用一个通过水槽排水孔的轴线，且平行于 W 面的剖切面 Q 剖开水槽，移去 Q 面的左边部分，然后将形体剩余的部分向 W 面投射，所得的投影图，称为横剖面图或侧立剖面图，如图 9-6 (b) 所示。

在形体的投影图中，当形体内部形状比较复杂时，可以用剖面图替代原投影图，即用正立剖面图替代正面投影图，用侧立剖面图替代侧面投影图，此时水平投影的虚线部分，只要在另两个剖面图中已经表达清楚，可以不再画出。如图 9-7 中水槽下部的支座，由于在两个剖面图中已表达清楚，故在平面图中可省去表达支座的虚线。而一般情况下，由于剖切平面是假想的，只有在画剖面图时，才假想将形体切去一部分，在画其他投影时，则仍按完整的形体画出原投影。

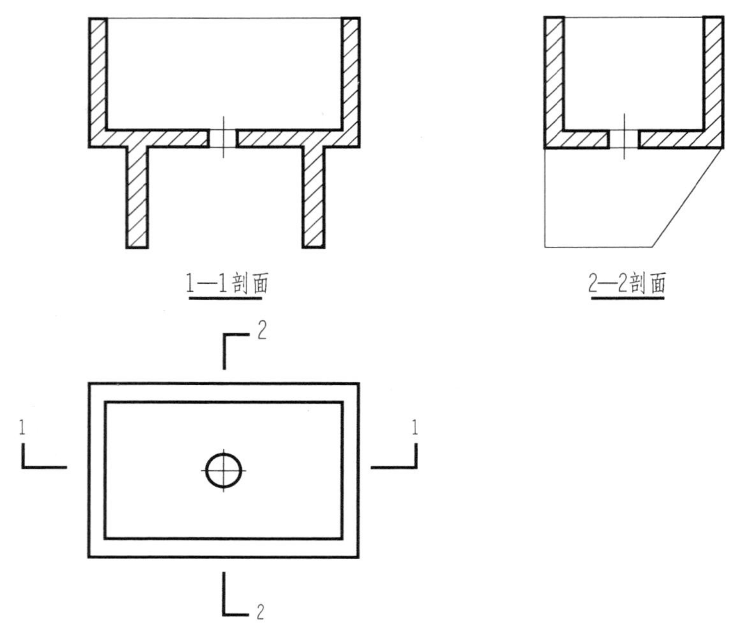

图 9-7 水槽的投影图

二、剖面图的要求

（一）剖切平面的位置

为了使切到的断面反映实形，规定剖切平面一般要平行于投影面，且尽量通过物体的孔、洞、槽的中心线。如要将 V 面投影画成剖面图，则剖切平面应平行于 V 面；如果要将 H 面投影或 W 面投影画成剖面图时，则剖切平面应分别平行于 H 面或 W 面。

（二）剖面图的图线

剖切形体的图线要求：剖到的断面轮廓线，用粗实线绘制；未剖到而看到的轮廓线用中实线绘制；看不见部分的虚线，一般不再画出。

这里要指出的是，剖面图不画虚线的原因是，通过作剖面图已经将内部的虚线变成实线，不应再重复表述，所以在剖面图中对于已经表达清楚的结构不再画虚线的投影。

（三）剖面图的材料图例

为使物体被剖到部分与未剖到部分区别开来，使图形清晰可辨，应在断面轮廓线范围内画上材料图例。当不能确定材料种类时，应在断面轮廓范围内用细实线画上 45°的等距剖面线，同一物体的剖面线应方向一致，间距相等。

建筑工程中常采用一些图例来表示建筑材料，表 9-1 选列了一些常用的建筑材料断面图例，其他的建筑材料图例见《房屋建筑制图统一标准》（GB/T 50001—2010）。

表 9-1　**常用建筑材料图例**

图　例	名称与说明	图　例	名称与说明
	自然土壤		多孔材料 包括水泥珍珠岩、沥青珍珠岩、泡沫混凝土、非承重加气混凝土、软木、蛭石制品等
	素土夯实		木材 左图为垫木、木砖或木龙骨 右图为横断面
	砂、灰土		金属 1. 包括各种金属 2. 图形小时，可涂黑
	普通砖 1. 包括实心砖、多孔砖、砌块等砌体 2. 断面较窄、不易画出图例线时，可涂红		防水材料 构造层次多或比例大时，采用上面图例
	上：混凝土　下：钢筋混凝土 1. 本图例指能承重的混凝土及钢筋混凝土 2. 包括各种强度等级、骨料、添加剂的混凝土 3. 在剖面图上画出钢筋时，不画图例线 4. 断面图形小，不易画出图例线时，可涂黑		饰面砖 包括铺地砖、马赛克、陶瓷锦砖、人造大理石等
			石材

三、剖面图的标注

为了看图时便于了解剖切位置和投射方向，寻找投影的对应关系，还应对剖面图进行标注。标注方法如下。

（一）剖切符号

剖面的剖切符号，应由剖切位置线及剖视方向线组成，均应以粗实线绘制。剖切位置线表示剖切平面的位置，在图形外部用长度为 6～10mm 的粗实线表示；剖视方向线表示剖切后的投射方向，应垂直于剖切位置线，长度为 4～6mm。绘图时，剖面剖切符号不宜与图面上的图线相接触。

（二）剖面编号

对剖面的编号，一般用阿拉伯数字，按由左至右，由下至上的顺序编排，并注写在剖视方向线的端部，1—1、2—2、3—3 等。如剖切位置线需转折时，在转折处一般不再加注编号。但是，如果剖切位置线在转折处与其他图线发生混淆，则应在转角的外侧加注与该符号相同的编号，如图 9-8 所示。

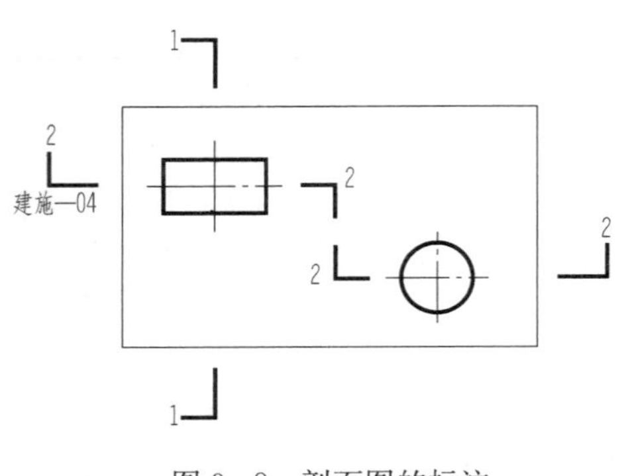

图 9-8　剖面图的标注

（三）图名

在剖面图的下方正中分别注写与剖面编号相应的 1—1 剖面图、2—2 剖面图、3—3 剖面图……以表示图名。图名下方还应画上粗实线，粗实线的长度与图名字体的长度相等，如图 9-7 所示。

（四）注写方法

剖面图如与被剖切图样不在同一张图纸内，可在剖切位置线的另一侧注明其所在图纸的图纸编号，如图 9-8 中 2—2 剖切位置线下侧注写的“建施—04”，即表示 2—2 剖面图在“建施”第 4 张图纸上。

（五）说明

剖切平面是假想的，其目的是为了表达出物体内部形状，故除了剖面图和断面图外，其他各投影图均按原来未剖时画出，如图 9-7 中的 H 投影。一个物体无论被剖切几次，每次剖切均按完整的物体进行。

四、剖面图的画法

（一）全剖面图

用一个剖切平面将形体全部剖开后得到的剖面图，称为全剖面图。全剖面图一般用于不对称的建筑形体，或者内部构造复杂但外形比较简单对称的建筑形体。图 9-9 是一个传达室的正立面投影图和水平剖面图（建筑图中称为平面图）及侧立剖面图（横剖面图），因为该房屋不是对称形体，所以采用全剖面图。剖到的断面内画上 45°斜线（因材料不确定），剖到的门窗部分用四条细实线表示（建筑制图标准规定画法），另外门前还有一步台阶被剖到，靠右面的侧窗看到了，在 1—1 剖面图中应画出侧窗的投影图，画图结果如图 9-9 所示。

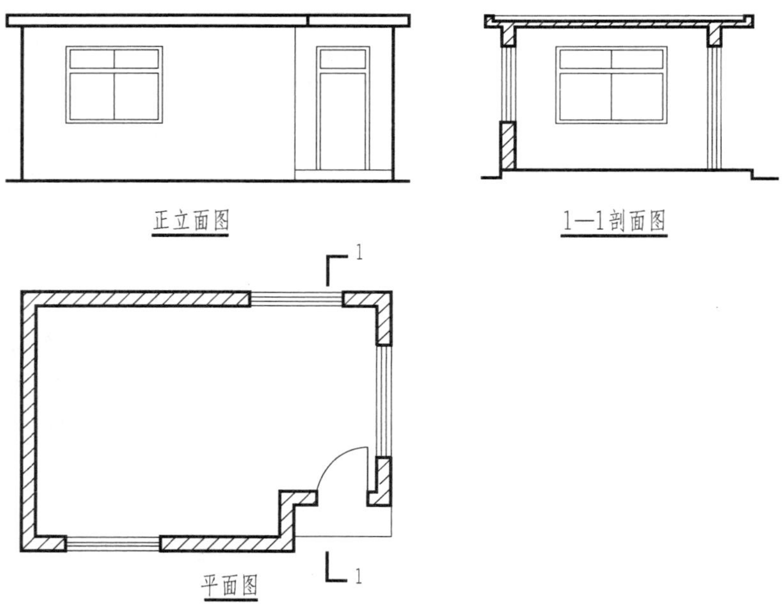

图 9-9　房屋的全剖面图

（二）半剖面图

半剖面图是指由半个投影图和半个剖面图所拼成的图形。半剖面图适用于对称形体。对于对称形体，可以选择两个相互垂直的剖切面，其中的一个剖切面必须与形体的对称平面重合，另一剖切面通过形体内部构造比较复杂或典型的部位，如图 9-10 所示的形体。

图 9-10　半剖面图的产生

半剖面图特点是简化了投影图的表达方法，因为是对称形体，用一半表示形体的外形，另一半表示形体的内部构造，不用另外绘制剖面图，图形的数量少了，用半剖面图替代投影图，表达形体的内外关系更加清晰明了。图 9-11（b）的 V、H、W 投影分别是半个外形投影图和半个剖面图拼成的图形，这个图形就是半剖面图，工程中可以用它们分别替代原来的 V、H、W 三个投影图。

半剖面图的画法要求：

（1）在半剖面图中，规定用形体的对称中心线（细单点长画线）为剖面图和投影图之间分界线，在图形外侧画出对称符号，如图 9-11（b）所示。

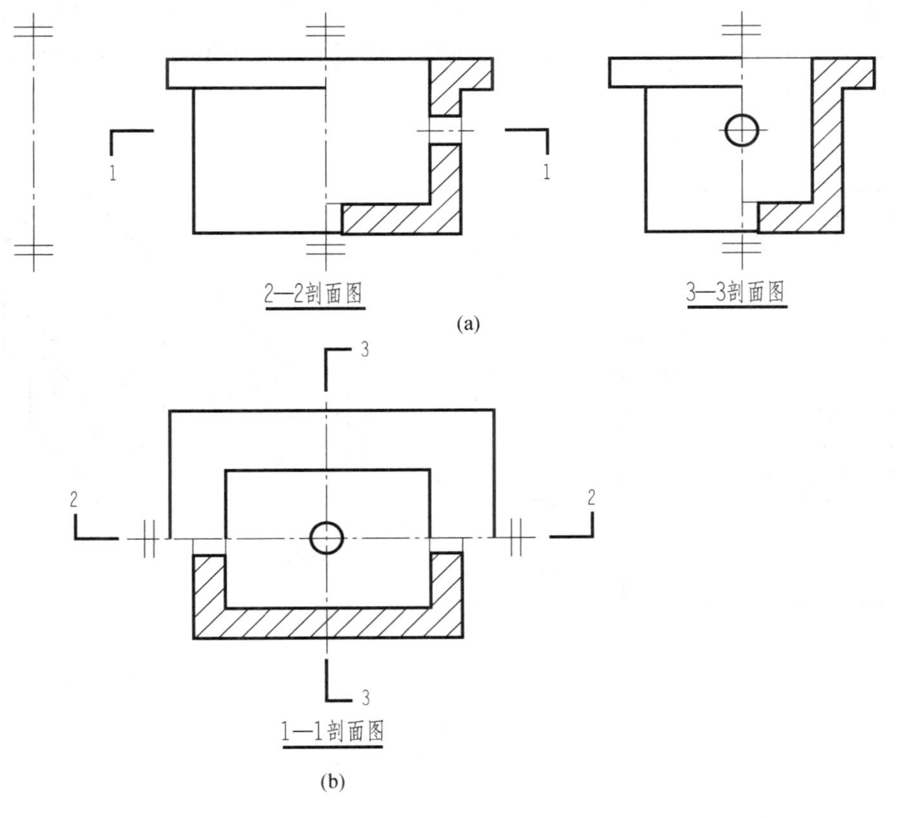

图 9-11　半剖面图

（a）对称符号；（b）半剖面图画法

关于对称符号的画法，“国标”规定：对称符号由对称线和两端的两对平行线组成。对称线用细单点长画线绘制；平行线用细实线绘制，其长度宜为 6～10mm，每对的间距宜为2～3mm；对称线垂直平分于两对平行线，两端超出平行线宜为 2～3mm，如图 9 - 11（a）所示。

（2）在半剖面图中，半个投影图和半个剖面图的摆放位置是一定的，一般不互换。当对称中心线为铅直线时，即对正立剖面图和侧立剖面图，按规定半剖面图的左侧画投影图，右侧画剖面图；当对称中心线为水平线时，即对水平剖面图，规定半剖面图的上方画投影图，下方画剖面图。

（3）半剖面图的标注同全剖面图，即要求画出剖切符号和图名，另外还要加注对称符号，如图 9 - 11（b）所示。

（三）阶梯剖面图

如果一个剖切平面不能将形体上需要表达的内部构造一齐剖开，可以将剖切平面转折成两个互相平行的平面，将形体沿着需要表达的地方剖开，得到的剖面图，称为阶梯剖面图。“国标”规定在转折处不应画出两剖切平面的转折线，而看成全剖面图来画。因为这条线是人为造成的，不是形体自身的，而且这条线的位置是不确定的。图 9 - 12 是采用阶梯剖面表达组合体内部不同深度孔洞的例子。该形体共有两个孔，圆孔在后，方孔在前，用一个剖切平面不能将两个孔同时剖到，采用阶梯剖，将剖切平面 P 通过 Q 面转折成 P、R 两个互相平行的平面，将形体剖开，同时剖到了两个孔洞，如图 9 - 12（b）所示。阶梯剖面图的画法如图 9 - 12（a）所示，注意其中剖切符号的画法，剖切平面要画出转折线，且各短线之间应对齐，并不得穿越图线。

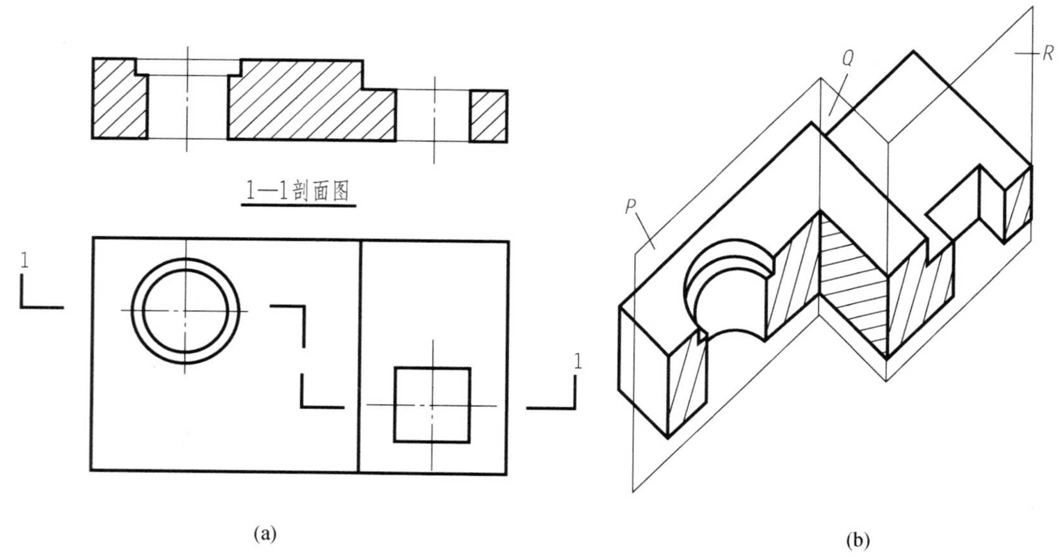

图 9 - 12 阶梯剖面图

（a）阶梯剖面图画法；（b）阶梯剖面图的产生

（四）旋转剖面图

当形体需要表达的部位形成钝角，可用两个相交平面将形体剖开，并将倾斜于投影面的剖切平面连同断面一起绕剖切面的交线（投影面垂直线）旋转至与投影面平行后再进行投射，这样得到的剖面图称为旋转剖面图。旋转剖适用于内外主要结构具有理想的回转轴线的形体，而轴线恰好又是两剖切面的交线，且两剖切面一个是投影面的平行面，另一个是投影面的垂直面。

旋转剖面图的画法：

（1）旋转剖面图剖切符号画法，应在剖切平面的起始及相交处，用粗短线表示剖切位置，用垂直于剖切线的粗短线表示投射方向，如图 9-13 中 H 投影的 2—2。

（2）旋转剖面图的图名应在原图名后加注“展开”二字，如图 9-13 中的正立剖面图的图名“2—2（展开）”。

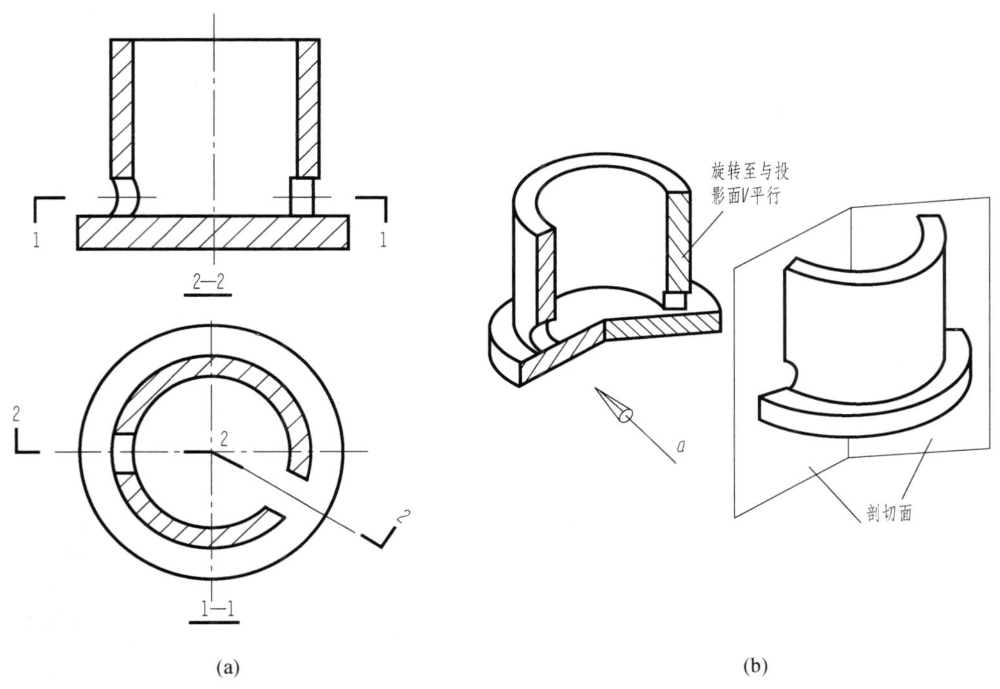

图 9-13　旋转剖面图

（a）旋转剖面图画法；（b）旋转剖面图的产生

（五）局部剖面图

当建筑形体的外形比较复杂，内部又有局部结构需要表达时，可以保留原投影图的大部分，而只将形体的局部剖开，这样所得到的剖面图，称为局部剖面图，如图 9-14 所示。显然，局部剖面图适用于内外结构都需要表达，且又不具备对称条件或仅局部需要剖切的形体。

局部剖面图一般不需标注。按“国标”规定，投影图与局部剖面之间，画上波浪线作为分界线即可。换言之局部剖面图不需画剖切符号，也不用注写图名，只需画出波浪线。如图 9-14所示的杯形基础投影图，为了表示基础内部钢筋的布置，在不影响外形表达的情况下，将杯形基础水平投影的一个角画成剖面图。从图中还可看出，正立剖面图为全剖面图，按《建筑结构制图标准》（GB/T 50105—2010）的规定，在断面上已画出钢筋的布置时，就不必再画钢筋混凝土的材料图例。钢筋的画法规定：平行于投影面的钢筋用粗实线，垂直于投影面的钢筋用黑圆点。

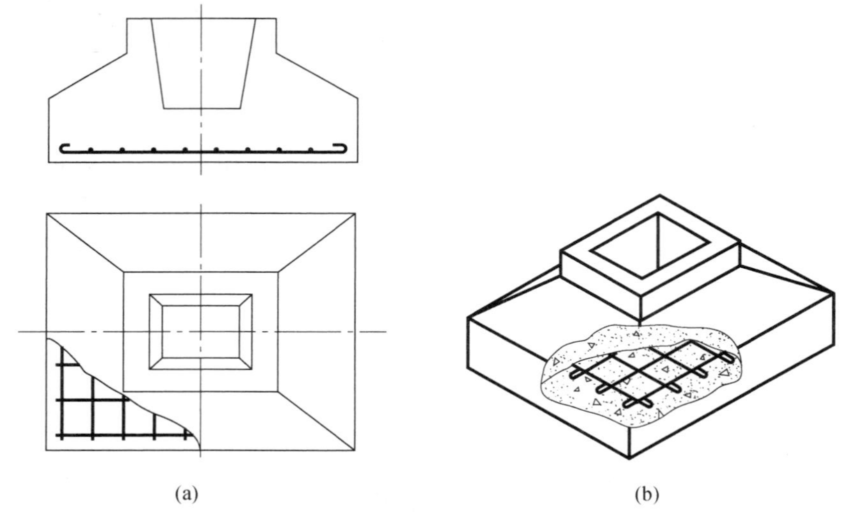

图 9-14 杯形基础的局部剖面
（a）局部剖面图画法；（b）局部剖面图的产生

图 9-15 是局部剖面图在建筑工程中另一个实例，它主要表达楼面各层所用的材料和构造做法，这种剖面图多用于表达楼面、地面、屋面和墙面等的内部层次构造做法。

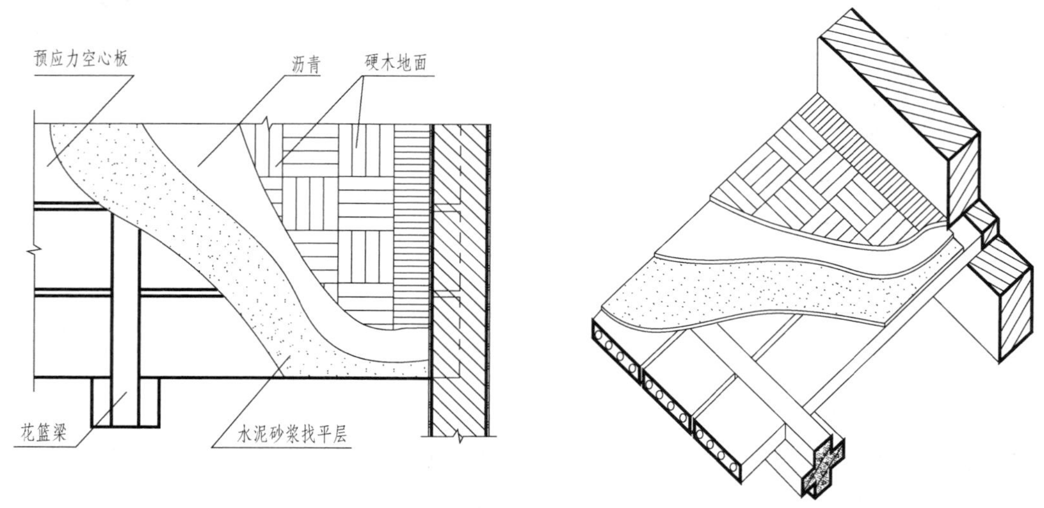

图 9-15 分层局部剖面

第三节 断 面 图

一、断面图的形成和要求

当剖切平面剖开物体后，截交线所围成的图形称为截断面，也称断面。断面图即截断面的投影图。断面图也是用来表示形体的内部形状的，如图 9-16（d）所示。

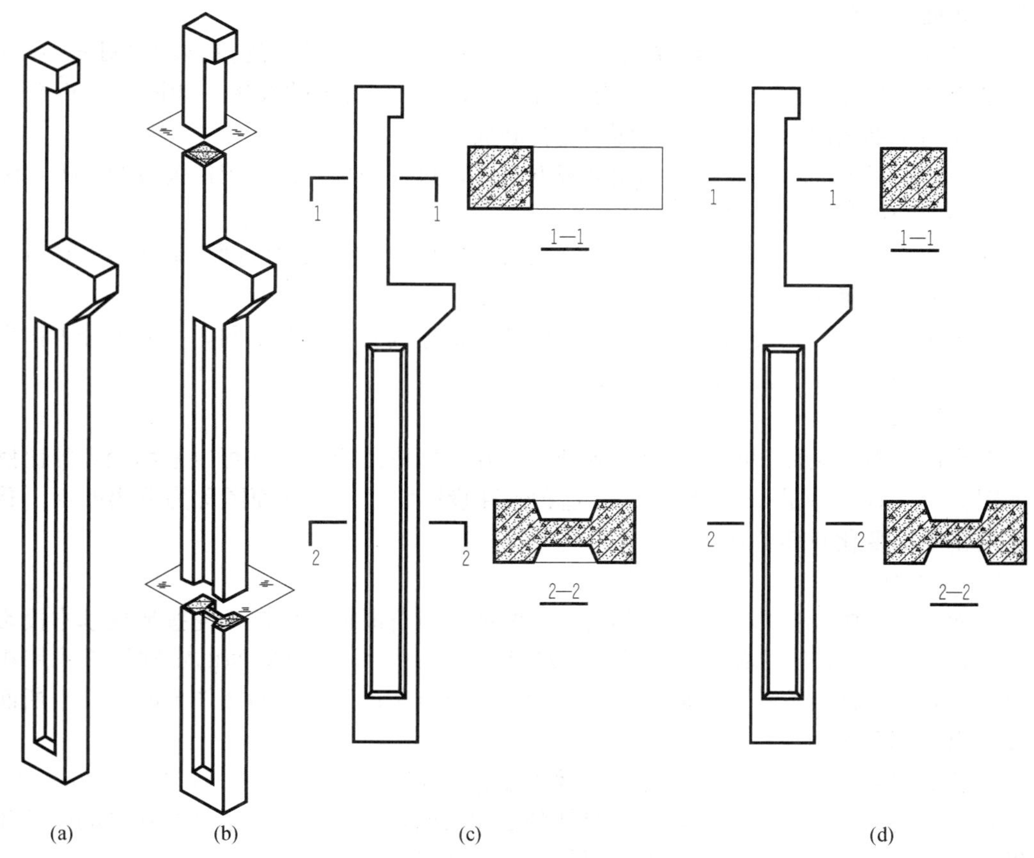

图 9-16　剖面图与断面图的对比

(a) 工字柱；(b) 剖开后；(c) 剖面图；(d) 断面图

（一）断面图的画法要求

1. 剖切平面的位置

为了使切到的断面反映实形，规定剖切平面一般要平行于投影面。

2. 断面图的图线

剖到的断面轮廓线，用粗实线绘制。

3. 断面图的材料图例

按规定应在断面轮廓线范围内画上材料图例，当不能确定材料种类时，应在断面轮廓范围内用细实线画上45°的等距剖面线，同一物体的剖面线应方向一致，间距相等。

（二）断面图的剖切符号

断面的剖切符号，应由剖切位置线和编号组成，剖切位置线表示剖切平面的位置，在图形外部用长度为6～10mm的粗实线表示；编号一般用阿拉伯数字，注写在剖视方向线的端部，如图9-16（d）所示。

（三）图名

在断面图的下方正中分别注写与断面编号相应的1—1、2—2、3—3……以表示图名。图名下方还应画上粗实线，粗实线的长度与图名字体的长度相等，如图9-16（d）所示。

二、断面图与剖面图的区别

（1）投影不同：断面图是形体被剖开后截断面的投影，它是面的投影，如图 9-16（d）所示；剖面图是形体被剖开后产生的剩余形体的投影，它是体的投影，如图 9-16（c）所示。即断面图是剖面图的一部分，剖面图包含断面图。

（2）剖切符号不同：断面图不标注剖视方向线，只将编号写在剖切位置线的一侧，编号所在的一侧即为该断面的投射方向。

（3）剖切平面不同：剖面图中的剖切平面可以转折，断面图中的剖切平面不能转折。

三、断面图的画法

断面图主要用于表达形体或构件的断面形状，根据其安放位置不同，一般可分为移出断面图、重合断面图和断开断面图三种形式。

（一）移出断面

一个形体有多个断面图时，可以整齐地排列在投影图的附近，并可以采用较大的比例画出，如图 9-16（d）中的 1—1 和 2—2，这种画在投影图之外的断面图称为移出断面。移出断面适用于断面变化较多的构件。

（二）重合断面

将断面图直接画在投影图之内，称为重合断面。重合断面是将断面先按形成基本投影图的方向旋转 90°，再重合到基本投影图上，如图 9-17 所示。重合断面的轮廓线应采用粗实线画出，以表示与建筑形体投影轮廓线的区别，当重合断面不画成封闭图形时，应沿断面的轮廓线画出一部分剖面线，如图 9-17（b）所示。

重合断面常用来表示屋面形状与坡度及外墙面的装饰线，如图 9-17（a）、（b）所示。图 9-17（a）是屋盖的平面图，其中涂黑部分是屋盖的横断面，表示了结构找坡的屋盖和外天沟做法，涂黑代表屋盖的材料为钢筋混凝土；图 9-17（b）是外墙面做法，表示外墙面饰线有凹凸，较宽的面为凸面，较窄的面为凹面。

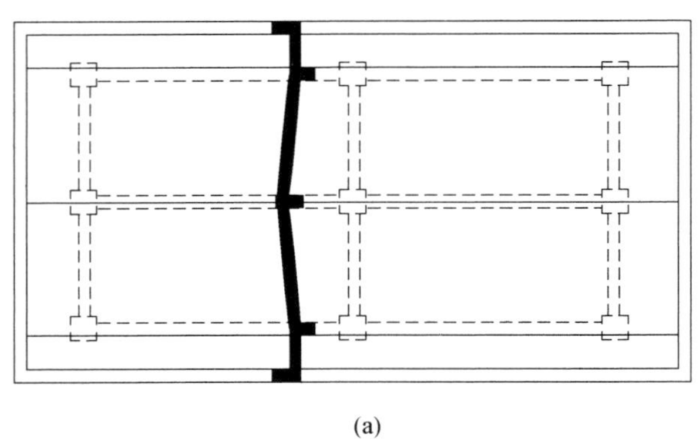

(a)

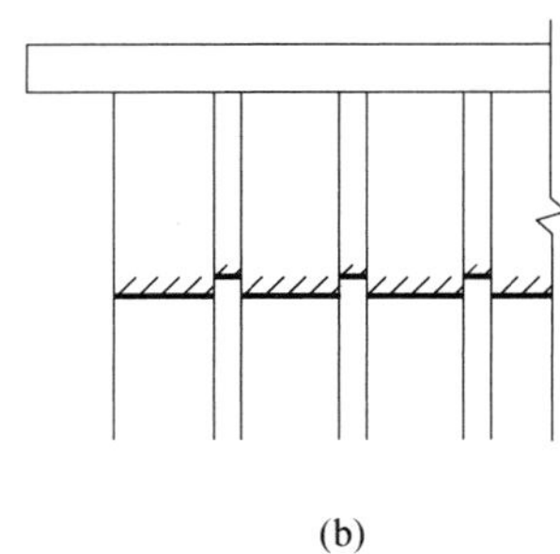

(b)

图 9-17 重合断面

（a）屋面结构平面；（b）外墙面装饰

（三）断开断面

将断面图直接画在投影图的断开处，称为断开断面。这种断面图，主要用于一些较长且均匀变化的单一构件，图 9-18 所示为槽钢的断开断面图，其画法是在构件投影图的某一处用折断线或波浪线断开，然后将断面图画在当中。画断开断面图时，原投影长度可缩短，但尺寸应完整地标注。画断面图的比例与投影图相同，也无需标注剖切位置线和编号。

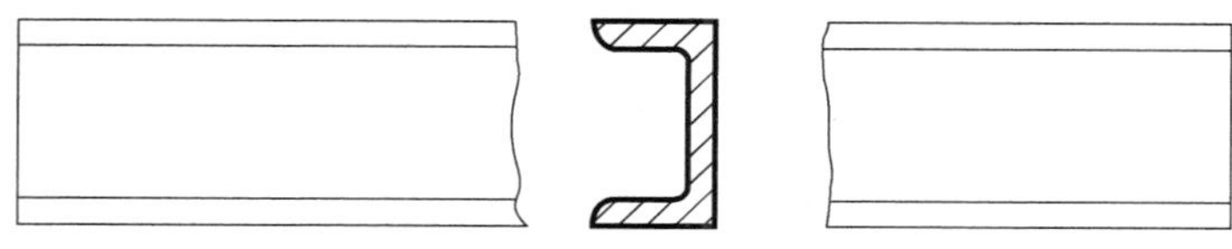

图 9-18　断开断面

第四节　简　化　画　法

采用简化画法，可适当提高绘图效率，节省图纸。《房屋建筑制图统一标准》（GB/T 50001—2010）规定了以下几种简化画法。

一、对称视图的画法

当构配件为对称形体时，构配件的视图有 1 条对称线，可只画该视图的一半；视图有两条对称线，可只画该视图的 1/4，并画出对称符号，如图 9-19（a）所示。对称符号的画法在本章第二节的半剖面图中已作介绍，这里不再赘述。

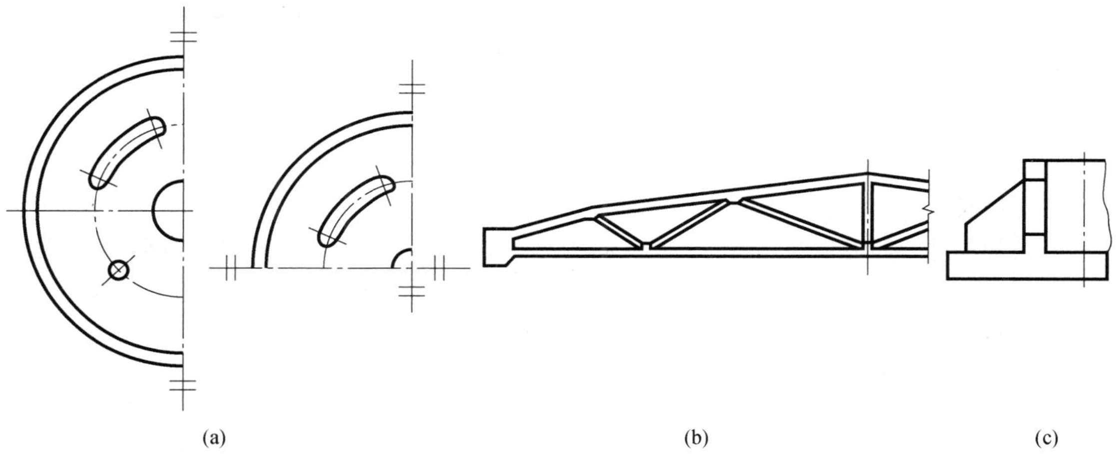

图 9-19　对称画法

对称的构件画一半时，可以稍稍超出对称线之外，然后加上用细实线画出折断线或波浪线，此时不宜画对称符号，如图 9-19（b）、（c）所示。

二、相同构造要素的画法

构配件内多个完全相同而连续排列的构造要素，可仅在两端或适当位置画出其完整形状，其余部分以中心线或中心线交点表示，如图 9-20（a）、（b）、（c）所示。如相同构造要素少于中心线交点，则其余部分应在相同构造要素位置的中心线交点处用小圆点表示，如图 9-20（d）所示。

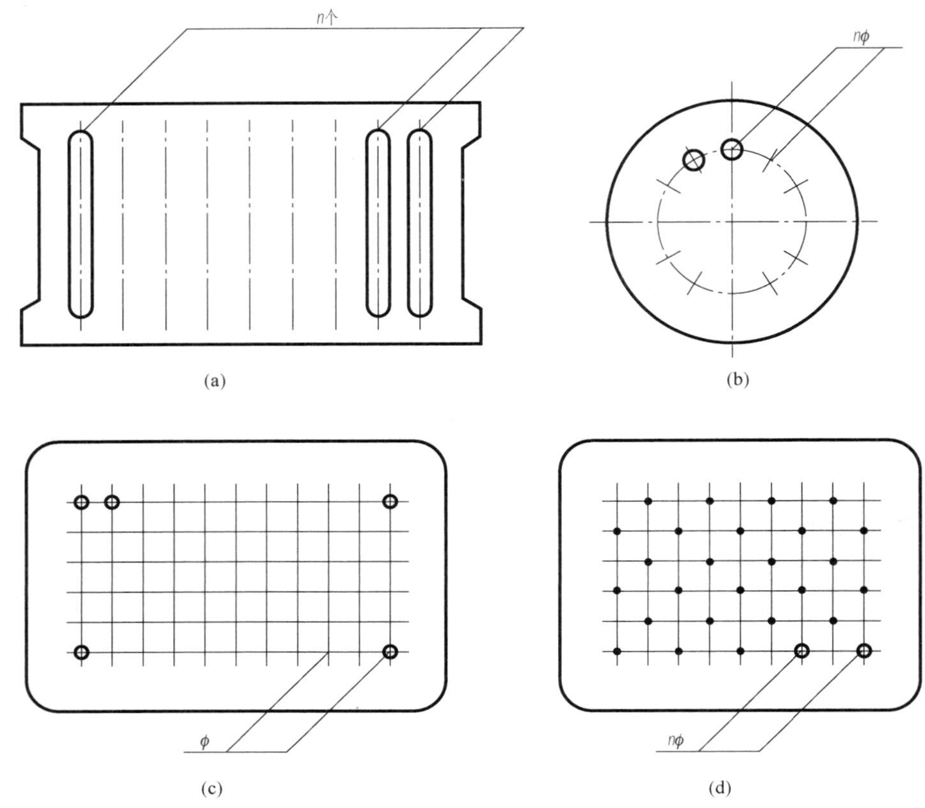

图 9 - 20　相同要素简化画法

三、较长构件的画法

较长的构件，如沿长度方向的形状相同或按一定规律变化，可断开省略绘制，断开处应以折断线表示，如图 9 - 21 所示。当在用折断省略画法所画出的较长构件的图形上标注尺寸时，尺寸数值应标注构件的全部长度。

四、构配件局部不同的画法

一个构配件如与另一个构配件仅部分不同，该构配件可只画不同部分，但应在两个构配件的相同部分与不同部分的分界线处，分别绘制连接符号，两个连接符号应对准在同一线上，如图 9 - 22 所示。

图 9 - 21　折断简化画法

图 9 - 22　构件局部不同的简化画法

第五节　第三角画法简介

《技术制图　投影法》(GB/T 14692—2008) 规定："技术图样应采用正投影法绘制，并优先采用第一角画法。""必要时才允许使用第三角画法"。国际上有些国家采用第一角画法，例如中国、俄罗斯、韩国等国，而有些国家则采用第三角画法，如美国、加拿大、日本等国。为了有效地进行国际间的技术交流和协作，本节通过对第三角投影法与第一角投影法的比较，对第三角投影的画法作简单介绍。

在本书第二章介绍过，三个互相垂直的投影面将空间分为八个分角，依次为第一角、第二角、第三角、…、第八角，如图 2-10 所示。将形体放在第一角（H 面之上、V 面之前、W 面之左）进行投射而得到的投影，称为第一角画法。第一角画法是将物体置于观察者与投影面之间，它们的关系是：观察者——形体——投影面，如图 9-23 所示。

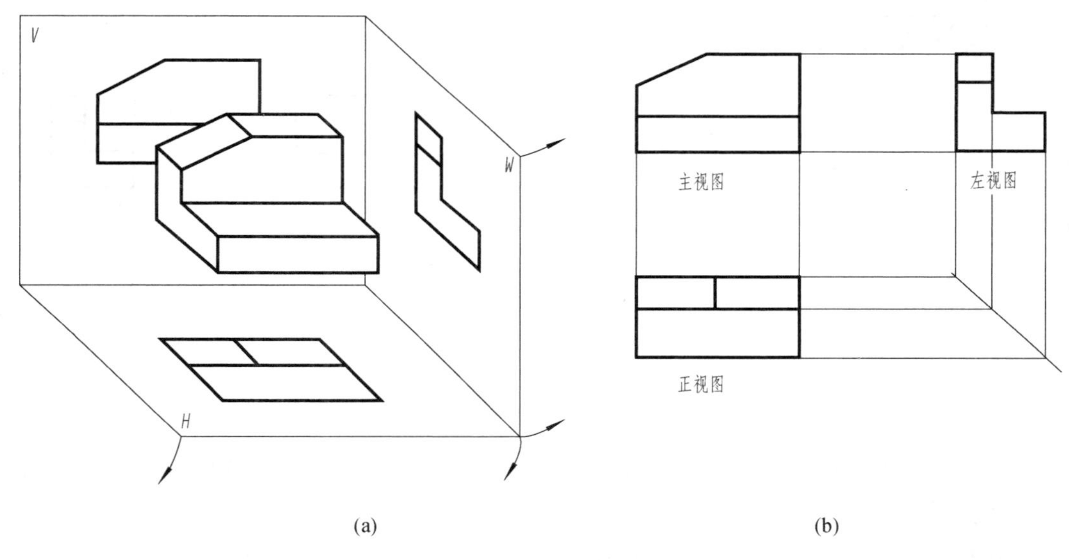

(a)　(b)

图 9-23　第一角画法

(a) 投影的形成；(b) 投影图

采用第三角画法时，将形体放在第三角内（H 面之下、V 面之后、W 面之左）进行投射而得到的投影，称为第三角画法。第三角画法是将物体置于投影面后面，它们的关系是：观察者——投影面——形体，假设投影面是透明的，在投影面上得到置于投影面后面的形体的投影，如图 9-24 (a) 所示。

第三角画法所得到的各投影图，仍具有"长对正、宽相等、高平齐"的投影关系。同第一角画法一样按规定展开投影面，即 V 面不动，H、W 面分别向上、向右旋转至与 V 面共面，得到形体的第三角投影图，如图 9-24 (b) 所示。

第一角画法和第三角画法的主要区别有以下几点。

（一）W 投影不同

由于产生投影时，投影面所处的位置不同，在三个投影元素（观察者、形体、投影面）中，第一角画法投影面位于后面，而第三角画法投影面位于中间，由此得到的 V、H 投影相同，但 W 投影为右视图（第一角画法 W 投影为左视图）。

（二）三个投影图的位置不同

第三角画法的投影产生后，将投影面展开，三个投影面与 V 面展开成同一平面，此时，H 投影在上，V 投影在下，W 投影在右下方，如图 9 - 24（b）所示（第一角画法 V 投影在上），H 投影在下，W 投影在右上方，如图 9 - 23（b）所示。

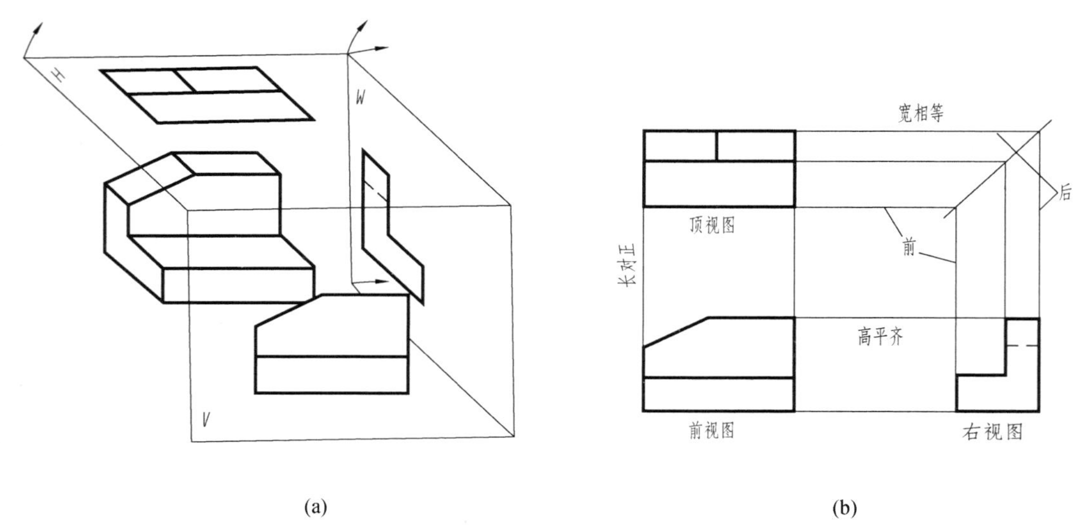

图 9 - 24　第三角画法

（a）投影的形成；（b）投影图

（三）投影图中“宽相等”的画法不同

如图 9 - 24（b）所示，由于 H 投影位于上部，W 投影在右下方，作图时体现“宽相等”的 45°辅助线位置改在右上侧（第一角画法在右下侧）。

采用第三角画法时，必须在图样中画出第三角画法的识别符号，如图 9 - 25 所示。

图 9 - 26 是形体第三角投影图画法举例（主视图、俯视图和右视图），注意其中的第三角画法识别符号。该投影的形成过程如图 9 - 27 所示。

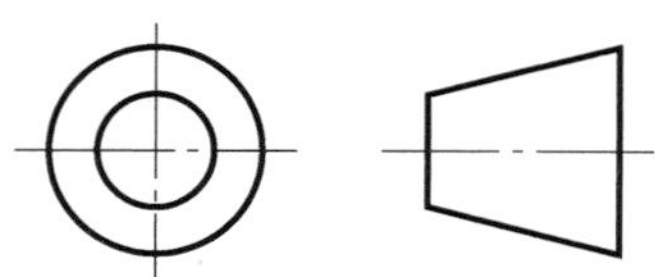

图 9 - 25　第三角画法的识别符号

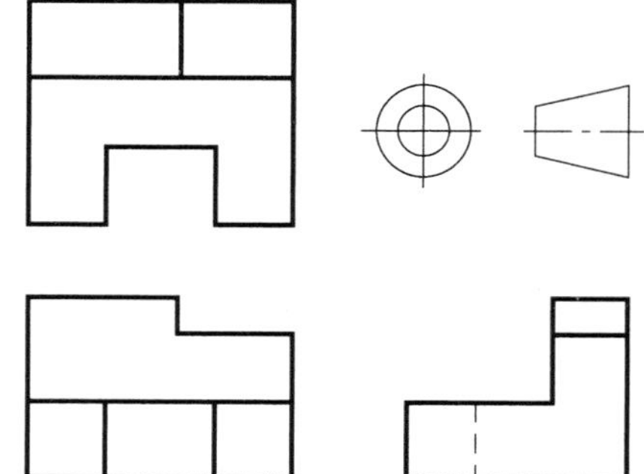

图 9 - 26　第三角投影图画法举例

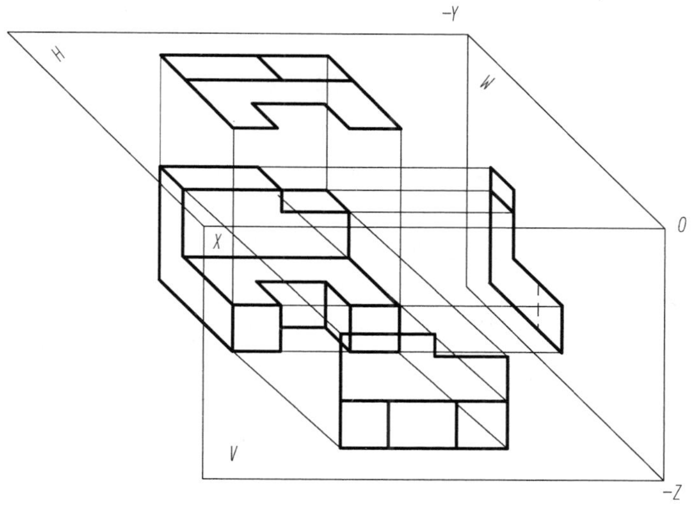

图 9-27　第三角投影图的形成过程

第十章 建筑施工图

第一节 概 述

建筑施工图是表示房屋总体布局、外部造型、内部布置以及建筑细部构造的图样。它是用以指导施工的一套图纸，所以又称为"施工图"。一套房屋施工图中，建筑施工图是基本的，它是各个专业的龙头，结构和设备施工图要以它为依据，进行配套设计。建筑施工图包括总平面图、建筑平面图、建筑立面图、建筑剖面图及建筑详图。本章以教师公寓为例，介绍建筑施工图的内容和读图方法。

一、房屋组成及其作用

房屋按功能可分为工业建筑（如厂房）、农业建筑（如饲养场）和民用建筑（如住宅、学校等）。而民用建筑一般都是由基础、墙（柱）、楼（地）面、楼梯、屋顶、门窗等基本部分组成，另外还有阳台、雨篷、散水以及其他一些构配件和设施，如图 10 - 1 所示。

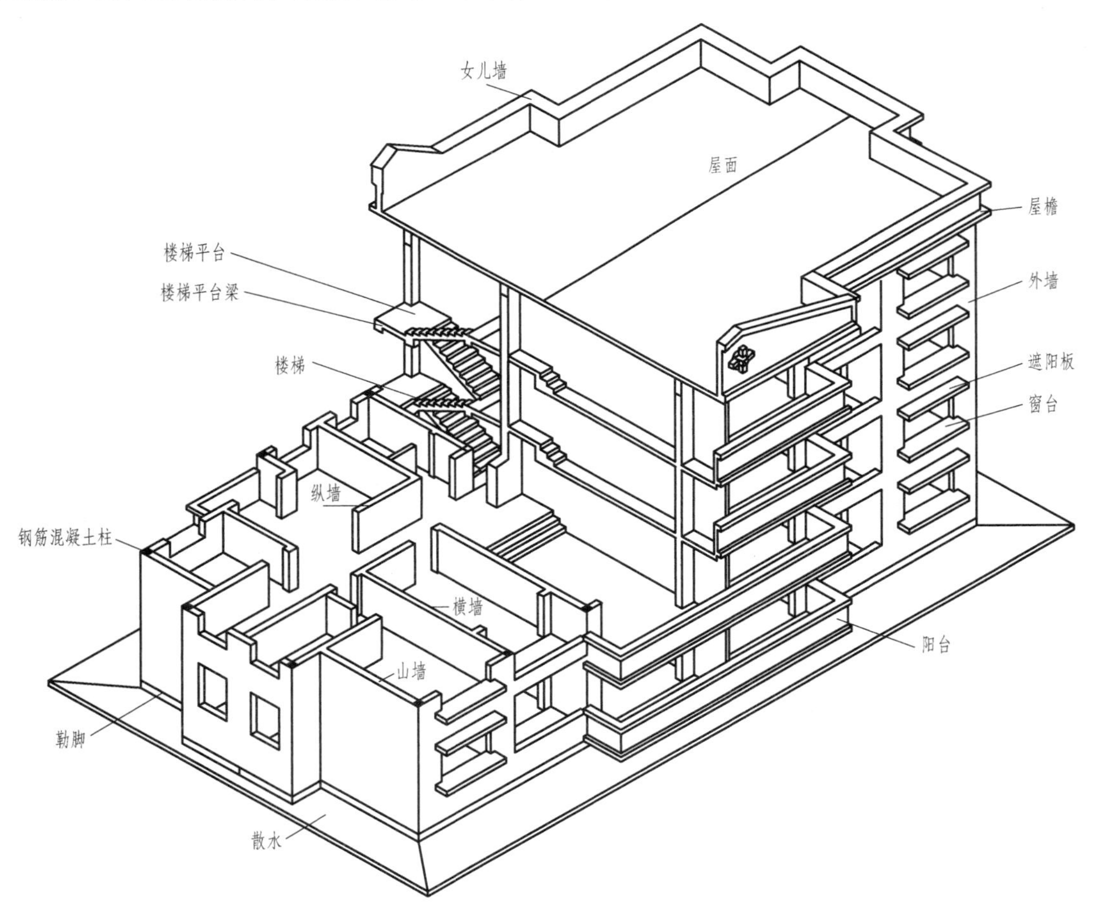

图 10 - 1 房屋的组成

基础位于墙或柱的最下部，是房屋与地基接触的部分。基础承受建筑物的全部荷载，并将全部荷载传递给地基。基础是建筑物最重要的组成部分，它必须坚固、耐久、稳定，能经受地下水及土壤中所含化学物质的侵蚀。

墙在建筑物中起着承重和分割的作用，作为承重构件，承受着建筑物由屋顶或楼板层传来的荷载，并将这些荷载再传给基础；作为围护和水平分割构件，外墙起着抵御自然界各种因素对室内的侵袭作用，内墙起着水平分隔空间、组成房间、隔声、遮挡视线以及保证室内环境舒适的作用。墙体要有足够的强度、稳定性以及良好的保温、隔热、隔声、防火等能力。

柱是框架或排架结构的主要承重构件，和承重墙一样承受楼板层、屋顶以及吊车梁传来的荷载，必须具有足够的强度和刚度。

楼板层是水平方向的承重构件，并用来沿竖向分隔楼层之间的空间。它承受人和家具设备的荷载，并将这些荷载传递给墙或梁，应有足够的强度和刚度，有良好的隔声、防火、防水、防潮等能力。

楼梯是房屋的垂直交通设施，供人们上下楼层使用。楼梯应有足够的通行能力，应做到坚固和安全。

屋顶是房屋顶部的围护构件，抵抗风、雨、雪的侵袭和太阳辐射热的影响。屋顶又是房屋的承重构件，承受风、雪和施工期间的各种荷载等。屋顶应坚固耐久，具有防水、保温、隔热等性能。

门的主要功能是通行和通风，窗的主要功能是采光、通风和观瞻。

二、房屋建筑的设计程序

房屋的建造一般经过设计和施工两个过程，而设计工作一般又分为三个阶段：方案设计、初步设计和施工图设计。对于技术要求简单的民用建筑工程，经有关主管部门同意，并且合同中有不做初步设计的约定，可在方案设计审批后直接进入施工图设计。

方案设计是供主管部门审批而提供的文件，也是初步设计和施工图设计的依据。

建筑设计人员根据建设单位提出的设计任务和要求，进行调查研究，收集必要的设计资料，提出多种设计方案供建设单位选择，并做出概算书，通过招投标，确定总平面图；然后进行单体方案设计，再通过招投标，确定单体房屋的主要平面、立面、剖面图样。为了更好地展示设计意图，方案设计时常配置透视图，俗称效果图，并画上阴影和配景，以便直观地理解设计意图，作出选择和判断。方案设计的方案图需送交有关主管部门审批，批准后方可进行初步设计。

初步设计是经建设单位同意和主管部门批准后，进一步去解决构件的选型、布置，以及建筑、结构、设备等各工种之间的配合等技术问题，从而对方案图作进一步的修改。初步设计是方案设计具体化的阶段，也是各种技术问题的定案阶段，主要任务是在方案设计的基础上进一步解决各种技术问题，协调各工种之间的技术矛盾，为绘制施工图做准备，同时要编制设计预算书。初步设计图应报上级主管有关部门审批。

施工图设计是在初步设计的基础上，按建筑、结构、设备（水、暖、电）各专业分别完整详细地绘制所设计的全套房屋施工图，设计说明书，结构和设备计算书。房屋施工图是施工单位的施工依据，整套图纸应完整统一、尺寸齐全、正确无误，将施工的具体要求，都明确地反映在这套图纸中。房屋施工图同样需报有关部门审批和备案。

三、施工图的分类和编排顺序

施工图由于专业分工的不同，可分为建筑施工图、结构施工图和设备施工图。

一套简单的房屋施工图有几十张图纸，一套大型复杂的建筑物甚至有几百张图纸。为了便于看图，根据专业内容或作用的不同，一般应将这些图纸进行排序。

1. 图纸目录

图纸目录又称标题页，说明该套图纸有几类，各类图纸分别有几张，每张图纸的图号、图名、图幅大小；如采用标准图，应写出所使用标准图的名称。图纸目录中应先列新绘制图纸，后列选用的标准图或重复利用的图纸。

2. 设计总说明（即首页）

主要介绍工程概况、设计依据、施工及建造时应注意的事项。内容一般包括：本工程施工图设计的依据；本工程的建筑概况，如建筑名称、建设地点、建筑面积、建筑等级、建筑层数、人防工程等级、主要结构类型、抗震设防烈度等；对采用新技术、新材料的做法说明；室内室外工程的用料说明，如墙身防潮层、楼面、屋面、勒脚、散水、内外墙面面层做法等。

3. 建筑施工图（简称建施）

主要表示建筑物的总体布局、外部造型、内部布置、细部构造、内外装饰的图样。一般包括总平面图、建筑平面图、建筑立面图、建筑剖面图、门窗表和建筑详图等。

4. 结构施工图（简称结施）

主要表示房屋的结构设计内容，如房屋承重构件的布置、形状、大小、材料以及连接情况的图样。一般包括结构平面布置图和各构件详图等。

5. 设备施工图（简称设施）

包括给水排水、采暖通风、电气照明等设备的平面布置图、系统图和详图。表示上、下水及暖气管道管线布置，卫生设备及通风设备等的布置，电气线路的走向和安装要求等。

四、施工图设计的特点

1. 施工图设计的严肃性

施工图是设计单位最终的“技术产品”，是进行建筑施工的依据，对建设项目建成后的质量及效果，负有相应的技术与法律责任。未经原设计单位的同意，任何个人和部门不得修改施工图纸。经协商或要求后，同意修改的，也应由原设计单位编制补充设计文件，如变更通知单、变更图、修改图等，与原施工图一起形成完整的施工图设计文件，并归档备查。在建筑物竣工投入使用后，施工图也是对该建筑进行维护、修缮、更新、改建、扩建的基础资料。

2. 施工图设计的承前性

方案设计、初步设计和施工图设计是建筑工程设计的三个阶段。其实质可以认为是从宏观到微观、从定性到定量、从决策到实施逐步深化的进程。施工图设计必须以方案图为依据，忠实于既定的基本构思和设计原则。如有重大修改变化，应对施工草图进行重新审定确认或者调整初步设计，甚至重新进行方案设计。

3. 施工图设计的复杂性

建筑施工图的优劣，不仅取决于处理好建筑工种本身的技术问题，同时更取决于各工种之间的配合协作。建筑的总体布局、平面构成、空间处理、立面造型、色彩用料、细部构造及功能、防火、节能等关键设计内容是要在建筑施工图中表达的，并成为其他工种设计的基础资料。但是，一个工种认为最合理的设计措施，对另一工种或其他工种，都可能造成技术上的不合理甚至不可行。所以，必须通过各工种之间反复磋商、讨论，才能形成一套在总平面、建筑、结构、设备等各项技术上都比较先进、可靠、经济，而且施工方便的施工图纸。以保证建成后的建筑物，在安全、适用、经济、美观等各方面均得到业主乃至社会的认可与好评。

4. 施工图设计的精确性

作为建筑工程设计最后阶段的施工图设计，是从事相对微观、定量和实施性的设计。如果说初步设计的重心在于确定做什么，那么施工图设计的重心则在于如何做。逻辑不清、交代不详、错漏百出的施工图，必然将导致施工费时费力，反复修改，对某些工种的设计无法合理使用或留下隐患，经济上造成损失，甚至发生工程事故。

五、标准图集的应用

为了加快设计和施工速度，提高设计和施工的质量，将各种大量常用的建筑物及其构配件，按照国家标准规定的不同规格标准，设计编绘出成套的施工图，以供设计和施工时选用，这种图样称为标准图或通用图。将其装订成册即为标准图集或通用图集。

标准图集分为两个层次，一是国家标准图集，经国家部、委批准，可以在全国范围内使用；二是地方标准图集，经各省、市、自治区有关部门批准，可以在相应地区范围内使用。

标准图有两种，一种是整幢建筑的标准设计（定型设计）图集；另一种是目前大量使用的建筑构配件标准图集，以代号“G”（或“结”）表示建筑构件图集，以代号“J”（或“建”）表示建筑配件图集。

六、阅读施工图的方法

施工图的阅读是前述各章投影理论和图示方法及有关专业知识的综合应用。阅读施工图，必须做到以下几点：

（1）掌握投影原理和形体的各种图样方法。

（2）了解房屋的组成及其基本构造。

（3）熟识施工图中常用的图例、符号、线型、尺寸和比例的意义。

（4）熟悉有关的国家标准。

阅读施工图时，应先整体后局部，先文字说明后图样，先图形后尺寸。按目录顺序通读一遍，对工程对象的建设地点、周围环境、建筑物的大小及形状、结构形式和建筑关键部位等情况先有概括的了解。然后，不同工种的技术人员，根据不同要求，重点深入地看不同类别的图纸。阅读时注意各类图纸的联系，互相对照，避免发生矛盾而造成质量事故或经济损失。

七、施工图中常用的符号

一张完整的施工图大体可以分为实体元素和符号元素两部分（文字说明除外）。实体元素如墙体、门窗、楼梯、房间、走道、阳台等，基本都是反映了建筑物组成部分的投影关系；符号元素如定位轴线、尺寸标注、标高符号、索引符号、详图符号、指北针等，则是为了说明建筑物承重构件的定位、各部分的关系、标高、建筑的朝向或是图样之间的联系等。在这里首先对常用的符号元素进行详解，在后续的几节里再了解实体元素的识读。

在建筑施工图中经常会用到一些符号和图例，“国标”规定了常用图例符号的画法，了解它们的画法和作用是阅读和绘制建筑施工图的必备知识，表 10 - 1 列举了建筑施工图中常用符号的规定画法和用途。

表 10 - 1 **建筑施工图中的常用符号**

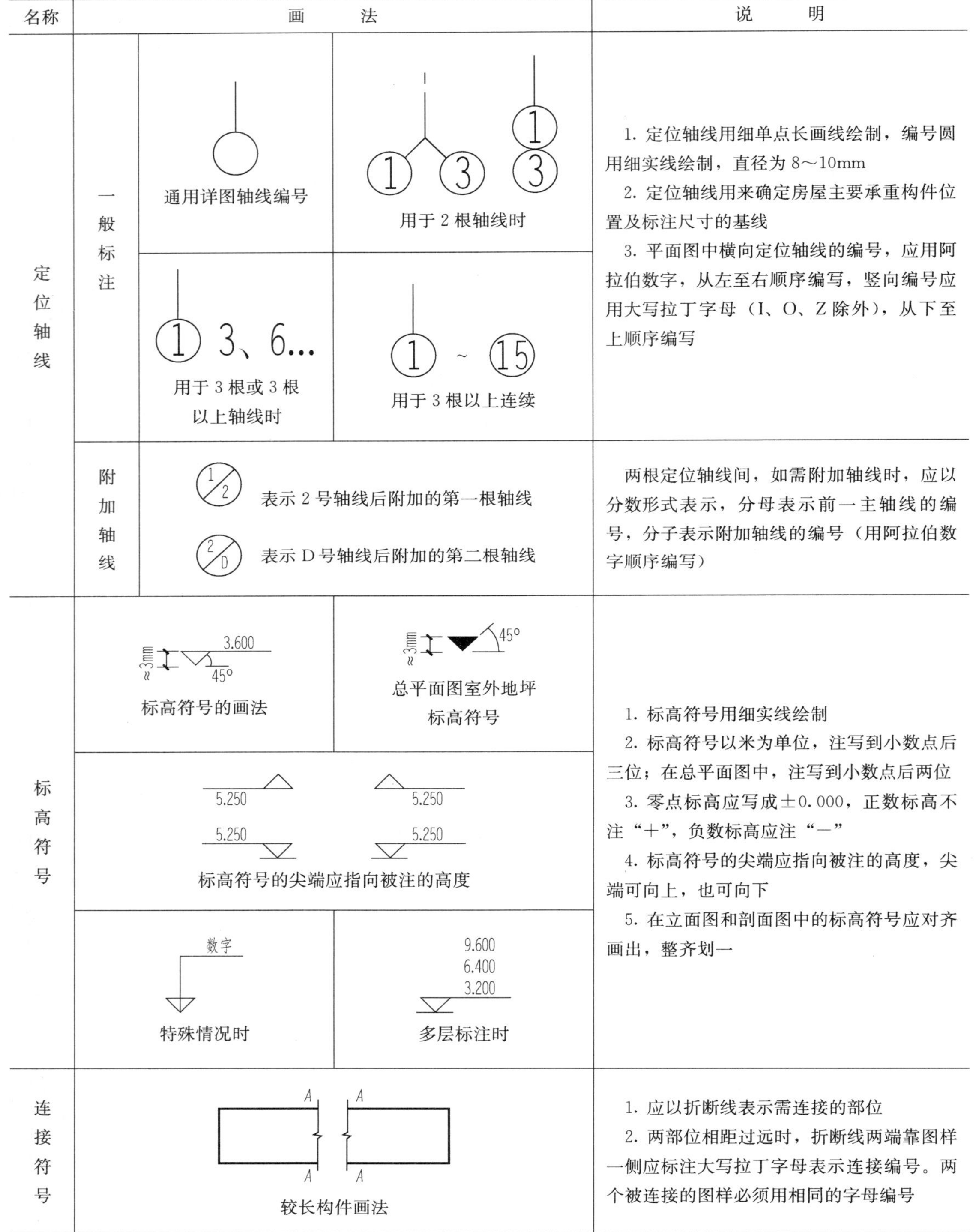

名称		画法		说明
定位轴线	一般标注	通用详图轴线编号	1 3 1 3 用于 2 根轴线时	1. 定位轴线用细单点长画线绘制，编号圆用细实线绘制，直径为 8～10mm 2. 定位轴线用来确定房屋主要承重构件位置及标注尺寸的基线 3. 平面图中横向定位轴线的编号，应用阿拉伯数字，从左至右顺序编写，竖向编号应用大写拉丁字母（I、O、Z 除外），从下至上顺序编写
		1 3、6… 用于 3 根或 3 根以上轴线时	1 ～ 15 用于 3 根以上连续	
	附加轴线	1/2 表示 2 号轴线后附加的第一根轴线 2/D 表示 D 号轴线后附加的第二根轴线		两根定位轴线间，如需附加轴线时，应以分数形式表示，分母表示前一主轴线的编号，分子表示附加轴线的编号（用阿拉伯数字顺序编写）
标高符号		≈3mm 3.600 45° 标高符号的画法	≈3mm 45° 总平面图室外地坪标高符号	1. 标高符号用细实线绘制 2. 标高符号以米为单位，注写到小数点后三位；在总平面图中，注写到小数点后两位 3. 零点标高应写成±0.000，正数标高不注“＋”，负数标高应注“－” 4. 标高符号的尖端应指向被注的高度，尖端可向上，也可向下 5. 在立面图和剖面图中的标高符号应对齐画出，整齐划一
		5.250 5.250 5.250 5.250 标高符号的尖端应指向被注的高度		
		数字 特殊情况时	9.600 6.400 3.200 多层标注时	
连接符号		A A A A 较长构件画法		1. 应以折断线表示需连接的部位 2. 两部位相距过远时，折断线两端靠图样一侧应标注大写拉丁字母表示连接编号。两个被连接的图样必须用相同的字母编号

续表

名称	画法	说明
索引符号	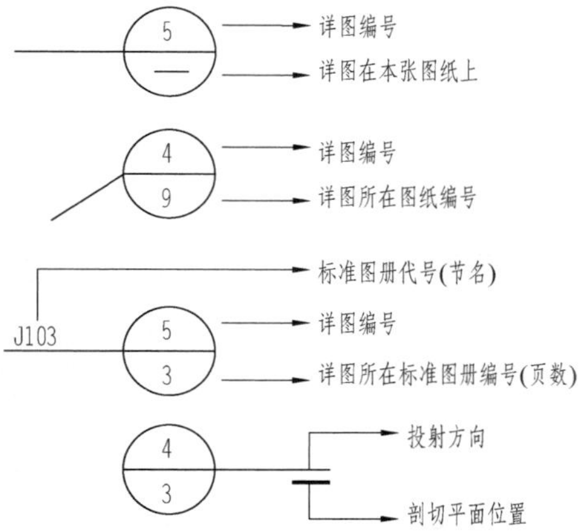 5 详图编号 — 详图在本张图纸上 4 详图编号 9 详图所在图纸编号 标准图册代号(节名) J103 5 详图编号 3 详图所在标准图册编号(页数) 4 3 投射方向 剖切平面位置	1. 符号用细实线绘制，圆的直径为 8～10mm 2. 上半圆用阿拉伯数字注明详图编号，下半圆用阿拉伯数字注明详图所在图纸编号（当详图与被索引的图样在一张图纸上时，在下半圆画一段水平细实线） 3. 引出线宜采用水平方向的直线，或与水平方向成 30°、45°、60°、90°的细实线，且应对准索引符号的圆心 4. 画局部剖面图时，应在被剖切的部位绘制剖切位置线，引出线所在一侧表示剖视方向
详图符号	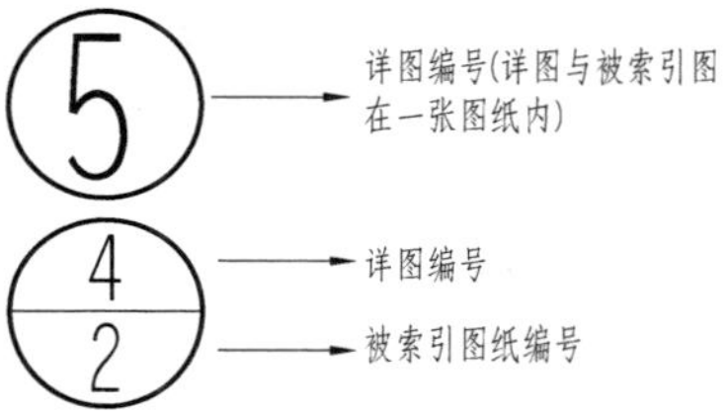 5 详图编号(详图与被索引图在一张图纸内) 4 详图编号 2 被索引图纸编号	1. 详图符号用粗实线绘制，圆的直径为 14mm 2. 半圆注明详图编号，下半圆注明被索引图纸的编号（当详图与被索引的图样在一张图纸上时，只注明详图编号）
指北针	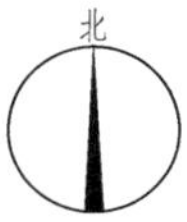 北	用细实线绘制，圆的直径宜为 24mm，指针尾部的宽度宜为 3mm，针尖方向为北向
风向频率玫瑰图	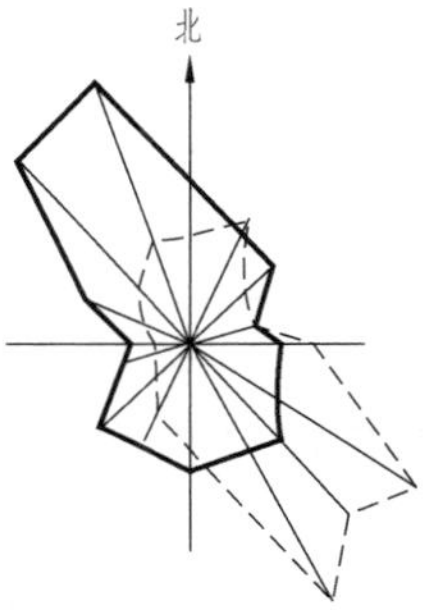 北	风向频率玫瑰图（简称风玫瑰图）是根据该地区多年平均统计的各个方向吹风次数的百分率，以端点到中心的距离按一定比例绘制，风的吹向是指从外吹向中心，粗实线范围表示全年风向频率，细虚线范围表示夏季风向频率
零件、钢筋编号	⑥	零件、钢筋、构件、设备等的编号，以直径为 5～6mm（同一图样应保持一致）的细实线圆表示，其编号应用阿拉伯数字按顺序编写

在较复杂的平面图中定位轴线也可采用分区编号，编号的注写形式应为“分区号—该分区编号”。分区号采用阿拉伯数字或大写拉丁字母表示，如图 10 - 2 所示。

在立面图和剖面图中，标高符号的尖端应指至被注高度的位置。应当注意：当标高符号在图形的外部时，在标高符号的尖端位置必须增加一条引出线指向所注写标高的位置，如图 10 - 3 所示；当标高符号在图形的内部直接指至被注高度的位置时，在标高符号的尖端位置

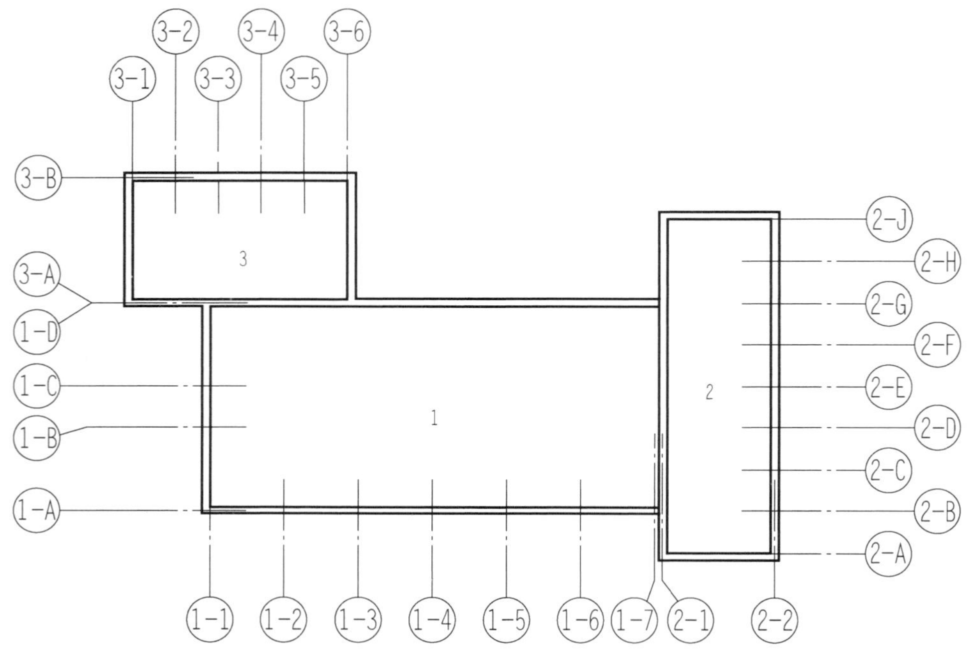

图 10-2　定位轴线的分区编号

就不必再增加一条引出线了，如图 10-4 所示。标高符号的尖端应指至被注高度的位置，尖端一般应向下，也可向上。在立面图和剖面图中，应注意当标高符号在图形的左侧时，标高数字按图 10-3 中左侧方式注写，当标高符号位于图形右侧时，标高数字按图 10-3 中右侧方式注写。

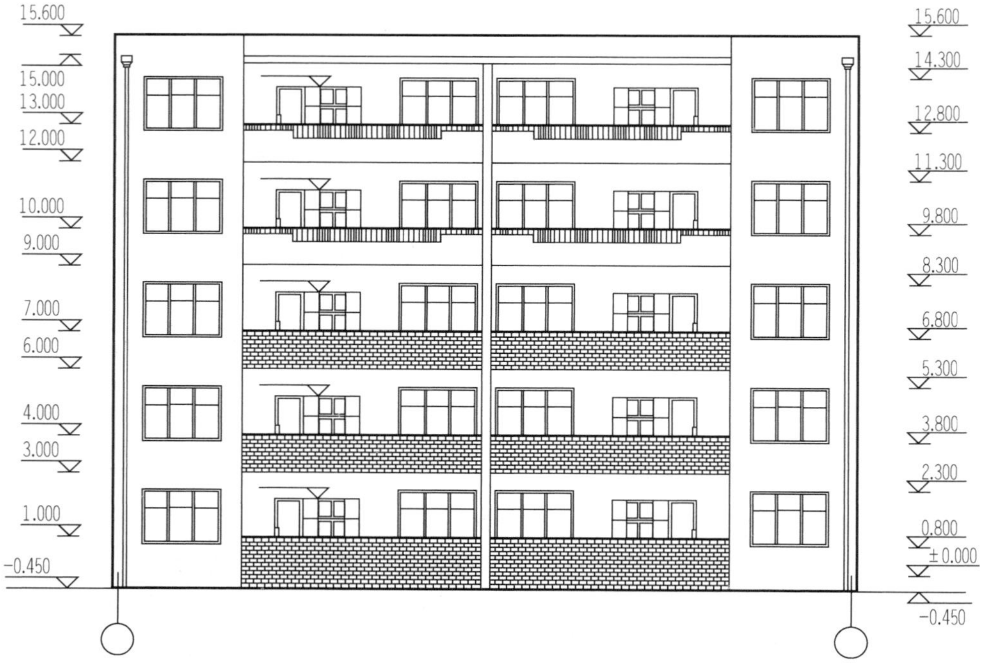

图 10-3　立面图标高符号注法

在图样的同一位置需表示几个不同标高时，标高数字应按图 10-4 的形式注写，注意括号外的数字是现有值，括号内的数值是替换值。

标高有绝对标高和相对标高之分。绝对标高是以青岛附近的黄海平均海平面为零点，以此为基准的标高。在实际设计和施工中，用绝对标高不方便，因此习惯上常以建筑物室内底层主要地坪为零点，以此为基准点的标高，称为相对标高。比零点高的为“＋”，比零点低的为“－”。在设计总说明中，应注明相对标高与绝对标高的关系。

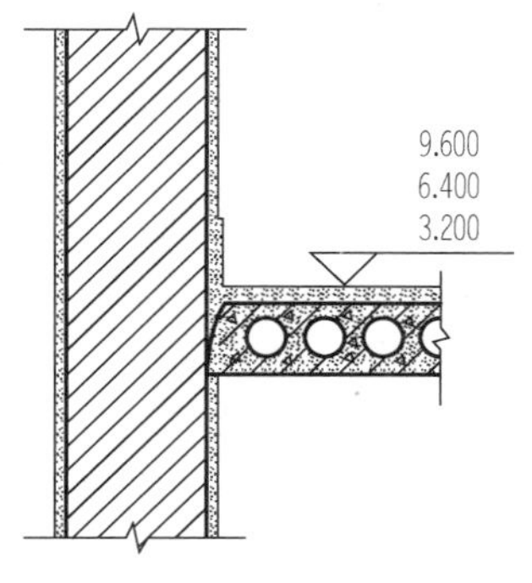

图 10-4　室内标高符号注法

建筑物的标高，还可以分为建筑标高和结构标高。建筑标高是构件包括粉饰层在内的、装修完成后的标高（或者说是使用阶段的标高）；结构标高则不包括构件表面的粉饰层厚度，是构件的毛面标高。

八、引出线画法与注写

引出线是对建筑工程的构造或处理使用文字说明的一种方式，引出线应以细实线绘制，宜采用水平方向的直线，与水平方向成 30°、45°、60°、90°的直线，或经上述角度再折为水平线。文字注明宜注写在水平线的上方，如图 10-5（a）所示，也可注写在水平线的端部，如图 10-5（b）所示。同时引出几个相同部分的引出线，宜互相平行，如图10-5（c）所示，也可画成集中于一点的放射线，如图 10-5（d）所示。

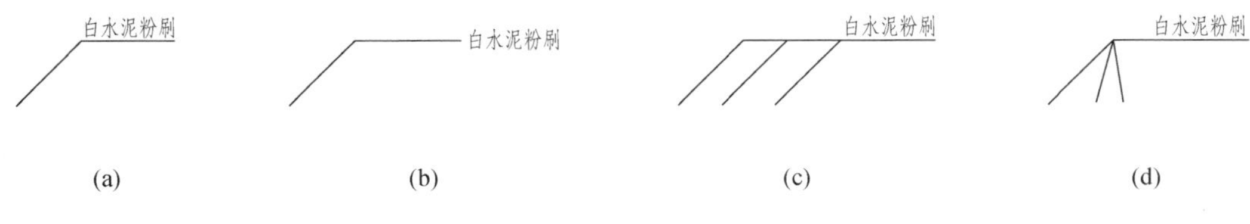

图 10-5　引出线画法与注写

多层构造或多层管道共用引出线，应通过被引出的各层。文字说明宜注写在水平线的上方，或注写在水平线的端部，说明的顺序由上至下，并应与被说明的层次相互一致；如层次为横向排序，则由上至下的说明顺序应与左至右的层次相互一致，如图 10-6 所示。

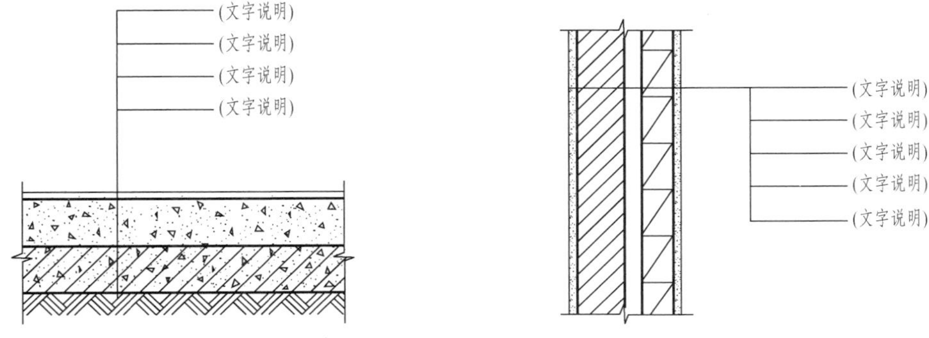

图 10-6　多层构造引出线

第二节　总　平　面　图

总平面图是在地形图上画出接近地面处±0.00标高的新建、拟建、原有和拆除建筑物的水平外轮廓线，及周围环境的图样。它表明新建房屋的平面轮廓形状和层数、与原有建筑的相对位置、地貌地形、道路和绿化的布置等情况，是新建房屋及其他设施的施工定位、施工总平面设计以及水、暖、电、燃气等管线总平面图设计的依据。

一、总平面图的图示内容及要求

1. 图示内容

（1）测量坐标网或自设坐标网；

（2）新建建筑的定位尺寸、名称（编号）、层数及室内外标高；

（3）原有建筑和拆除建筑的位置；

（4）指北针或风向频率玫瑰图，用来标明各建筑的朝向；

（5）新建道路、明沟等的起点、变坡点、终点的标高与坡向箭头；

（6）附近的地形地物，如等高线、道路、水沟、河流、池塘、土坡等；

（7）用地范围内的绿化以及管道布置。

2. 比例、图线和图例

总平面图一般常采用1∶500、1∶1000、1∶2000的比例。由于绘图比例较小，在总平面图中所表达的对象，要用《总图制图标准》（GB/T 50103—2010）中所规定的图例来表示。常用的总平面图例见表10-2。

表10-2　　总平面图例（部分）

序号	名　称	图　例	附　注
1	新建建筑物	X= Y= ① 12F/2D H=59.00m	1. 用粗实线表示，建筑物外形与室外地坪相接处±0.00外墙定位轮廓线 2. 根据不同设计阶段标注建筑编号，地上、地下层数，建筑高度，建筑出入口位置（两种表示方法均可） 3. 建筑物一般以±0.00高度处的外墙定位轴线交叉点坐标定位。轴线用细实线表示，并标明轴线号 4. 地下建筑物以粗虚线表示其轮廓 5. 建筑上部（±0.00以上）外挑建筑用细实线表示 6. 建筑物上部连廊用细虚线表示并标注位置
2	原有建筑物		用细实线表示
3	计划扩建的预留地或建筑物		用中粗虚线表示

续表

序号	名　称	图　例	附　注
4	拆除的建筑物	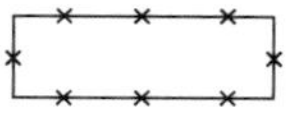	用细实线表示
5	铺砌场地	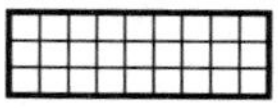	
6	敞棚或敞廊	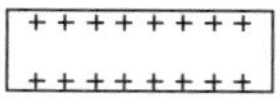	
7	围墙及大门	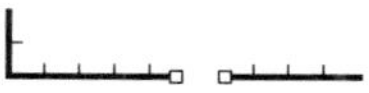	
8	挡土墙	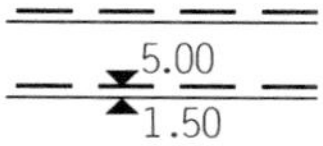 5.00 1.50	挡土墙根据不同设计阶段的需要标注 墙顶标高/墙底标高
9	填挖边坡	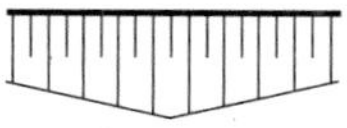	
10	拦水（闸）坝	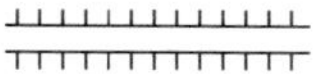	
11	室内标高	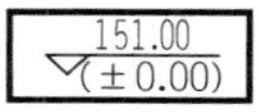 151.00 (±0.00)	数字平行于建筑物书写
12	室外设计标高	 143.00	室外标高也可以采用等高线表示
13	新建的道路	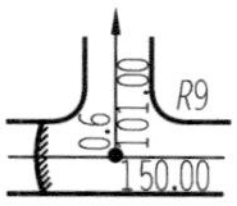 R9 101.00 0.6 150.00	“R9”表示道路转弯半径为9m，“150.00”为道路中心线交叉点设计标高，“0.6”表示0.6%的道路坡度，“101.00”表示变坡点间距
14	原有道路		
15	计划扩建的道路		
16	拆除的道路	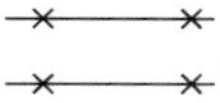	
17	桥梁	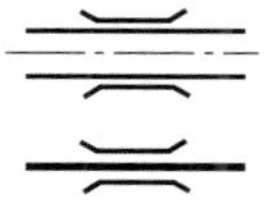	上图为公路桥 下图为铁路桥
18	坐标	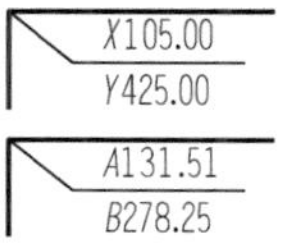 X105.00 Y425.00 A131.51 B278.25	上图表示测量坐标系 下图表示自设坐标系

3. 坐标网格和标高

在大范围地域或新开辟的区域及复杂地形的总平面图中，为了准确地确定新建建筑位置，保证施工放线的正确，往往将新建建筑、道路和管线的投影画在坐标网格内，用坐标值表明它们的位置。坐标分为测量坐标与自设坐标两种，测量坐标网成交叉十字线，坐标代号宜用“X、Y”表示，朝向为正南正北；自设坐标网应画成网格通线，坐标代号宜用“A、B”表示，朝向与新建房屋相同，如图 10-7 所示。坐标网格应以细实线表示，一般应画成 $100\times100\text{m}^2$ 或 $50\times50\text{m}^2$ 的方格网。坐标值为负数时，应注“－”号，为正数时，“＋”号可省略。

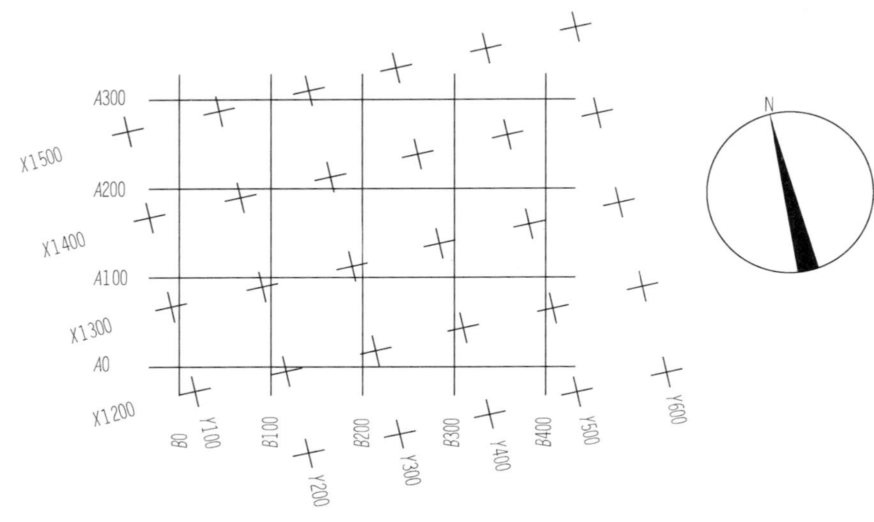

图 10-7　坐标网格

总平面图上有测量坐标和自设坐标两种坐标系统时，应在附注中注明两种坐标系统的换算公式。表示建筑物、构筑物位置的坐标，宜注其三个角的坐标，若建筑物、构筑物与坐标轴线平行，可注其对角坐标。新建筑的定位可以用坐标，也可采用相对尺寸，即通过表述新建建筑和原有建筑或道路的相对位置关系，标明新建建筑的定位。一般新区的主要建筑物、构筑物常用坐标定位，旧区的建筑物、构筑物常用相对尺寸定位。

总平面图中所注尺寸以米为单位，注写至小数点后两位，不足时以“0”补齐。总图中标注的标高应为绝对标高，如标注相对标高，则应注明相对标高与绝对标高的换算关系。总图中标高数字同样是以米为单位，注写至小数点后两位，这一点特别要注意，“国标”规定标高数字除总平面图外，一律注写到小数点后三位。也就是说，总平面图中所有的尺寸和标高数字均注写到小数点后两位。

当地形起伏较大时，常用等高线来表示地面的自然状态和起伏情况。

二、识读总平面图示例

图 10-8 是某学校的总平面图，图样是按 1∶500 的比例绘制的。它表明该学校在靠近湖边的围墙内，要新建两幢 4 层教师公寓。

1. 明确新建教师公寓的位置、大小和朝向

新建教师公寓的位置是用相对尺寸定位的。北幢二号楼与浴室相距 18.50m，与西侧道路中心线相距 6.00m，两幢教师公寓相距 18m。新建公寓的形状如图所示，图形左右对称，东西向总长 26.64m，南北向总宽 13.14m，南北朝向。

2. 新建教师公寓周围的环境

从图中可看出，该学校的地势是自西北向东南倾斜。学校的最北向是一栋一层食堂；食堂南面有两个篮球场，球场的东面有二层浴室和一个一层的锅炉房；球场的西面为一幢三层实验楼，南面有一幢六层教学楼，以上房屋和球场均为已经建好的。在新建教师公寓东南角有一即将拆除的建筑物，该校的西南角还有一幢拟建的综合楼和部分道路；学校最南面有收发室和门卫室，此处还设有电动大门。学校的外围四面均设有围墙，如图 10-8 所示。

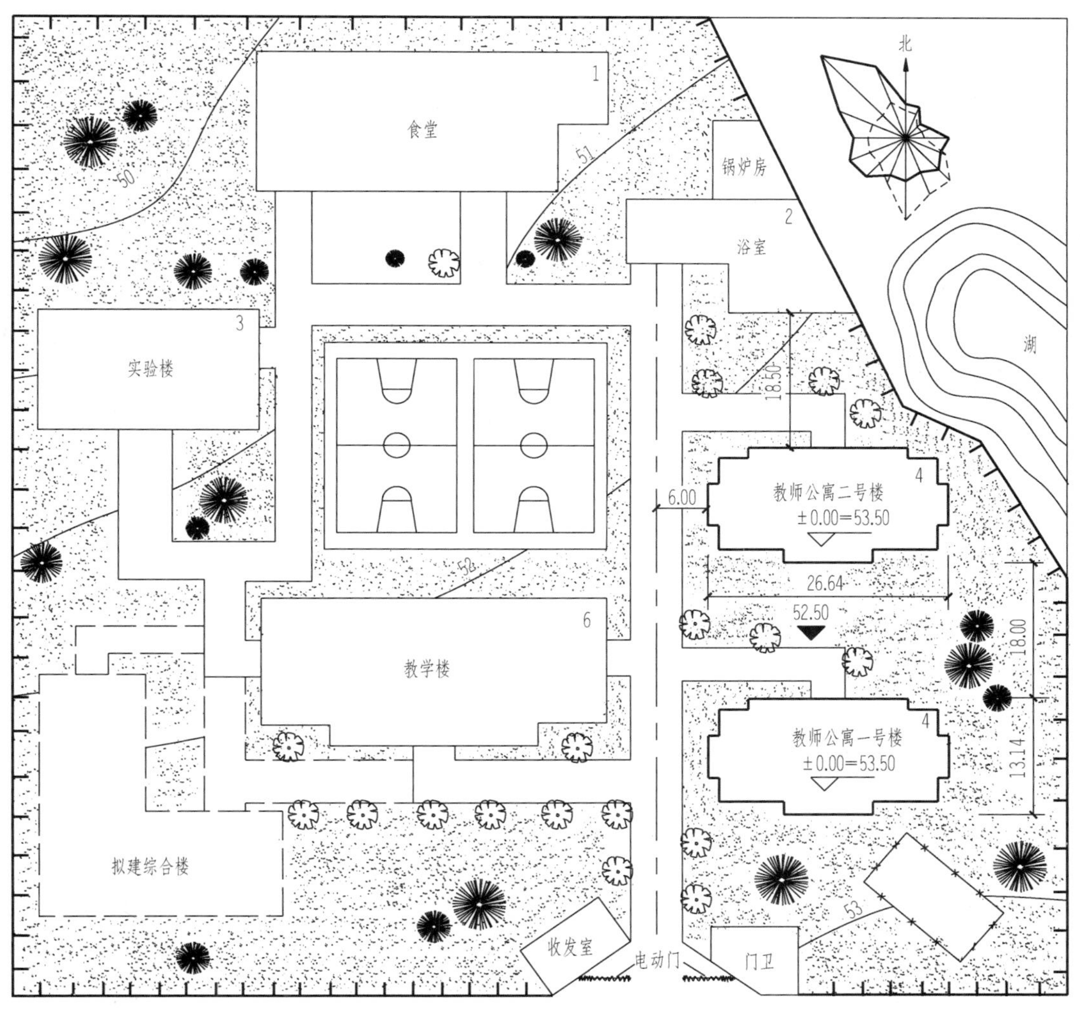

总平面图 1：500

图 10-8 总平面图

第三节 建筑平面图

一、概述

假想用一水平的剖切面沿门窗洞口的位置将房屋剖切后，对剖切面以下部分房屋所作出的水平剖面图，称为建筑平面图，简称平面图。它反映出房屋的平面形状、大小和房间的布置，墙（或柱）的位置、厚度和材料，门窗的类型和位置等情况。

平面图是建筑专业施工图中最主要、最基本的图纸，其他图纸（如立面图、剖面图及某些详图）多是以它为依据派生和深化而成的。建筑平面图也是其他工种（如结构、设备、装修）进行相关设计与制图的主要依据，其他工种（特别是结构与设备）对建筑的技术要求也主要在平面图中表示，如墙厚、柱子断面尺寸、管道竖井、留洞、地沟、地坑、明沟等。因此，平面图与建筑施工图其他图样相比，较为复杂，绘图也要求全面、准确、简明。

建筑平面图通常是以层数来命名的，若一幢多层房屋的各层平面布置都不相同，应画出各层的建筑平面图，并在每个图的下方注明相应的图名和比例。各层的房间数量、大小和布置都相同时，至少要画出四个平面图，即底层平面图、标准层平面图、顶层平面图、屋顶平面图（其中标准层平面图是指中间各层相同的楼层可用一个平面图表示，称为标准层平面图）。若建筑平面图左右对称，则习惯上也可将两层平面图合并画在同一个图上，左边画出一层的一半，右边画出另一层的一半，中间用对称线分界，在对称线两端画上对称符号，并在各图的下方分别注明它们的图名或者在图的正下方合并注写一个图名，用“/”将其分开，如“底层平面图/标准层平面图”。

平面较大的建筑物，可分区绘制平面图，但每张平面图均应绘制组合示意图，如图 10 - 9所示。各区应分别用大写拉丁字母编号。在组合示意图要提示的分区，应采用阴影线或填充的方式表示。

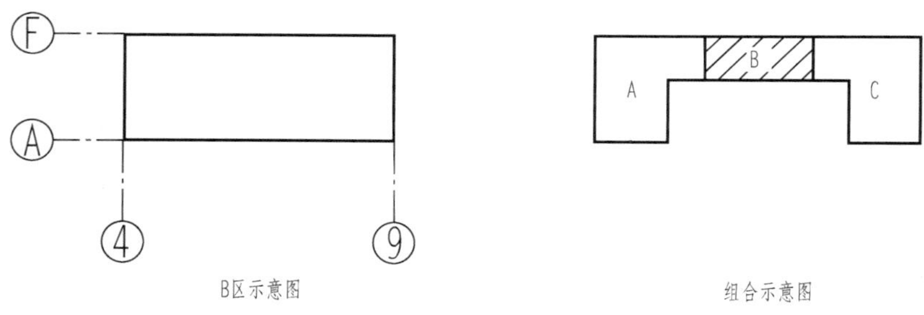

图 10 - 9 平面组合示意图

屋顶平面图是房屋顶部按俯视方向在水平投影面上所得到的正投影图，常采用 1∶100 比例，由于屋顶平面图比较简单，也可采用较小的比例（1∶200）绘制。在屋顶平面图中应详细表示有关定位轴线、屋顶的形状、女儿墙（或檐口）、天沟、变形缝、天窗、详图索引符号、分水线、上人孔、屋面、水箱、屋面的排水方向与坡度、雨水口的位置等。此外，还应画出顶层平面图中未表明的顶层阳台雨篷、遮阳板等构件。

对于某些房屋内部有固定设施在平面图中表达不清的，可以采用局部平面图，如卫生间、厨房、楼梯间等。局部平面图可以用来将平面图中某个局部以较大的比例另外画出，以便能较为清晰地表示出室内的一些固定设施的形状和标注它们的细部尺寸和定位尺寸，也可以用于表示两层或两层以上合用平面图中的局部不同处。

二、常用建筑配件和装饰平面图例

为了方便绘图和读图，“国标”规定了一些常用建筑配件图例。

1. 门窗图例

“国标”规定建筑构配件代号一律用汉语拼音的第一个字母大写来表示，即门的代号用M表示，如果按材质或功能编排，则可有以下代号：木门—MM；钢门—GM；塑钢门—SGM；铝合金门—LM；卷帘门—JM。窗的代号用C表示，同门一样，也可以有以下代号：木窗—MC；钢窗—GC；铝合金窗—LC；木百叶窗—MBC。在门窗的代号后面写上编号，如M1、M2和C1、C2等，门窗编号表示门窗的种类，同一编号表示同一类型的门窗，即它们的构造与尺寸都相同。

图10-10画出了一些常用门窗的图例，门窗洞的大小及其形式都应按投影关系画出。门窗立面图例中的斜线是门窗扇的开启符号，实线为外开，虚线为内开，开启方向线交角的一侧为铰链，即安装合页的一侧，一般设计图中可不表示，在详图及室内设计图上应表示。门的平面图上门扇可绘成90°或30°、45°、60°的特殊斜线，开启弧线宜绘出。

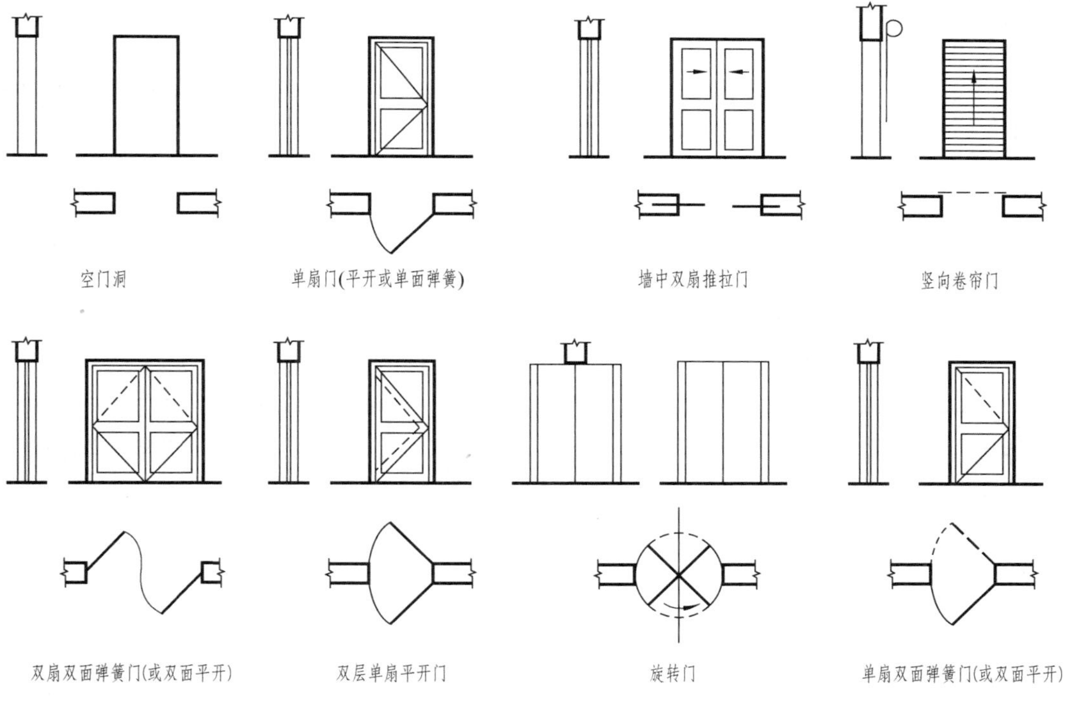

图10-10 常用门窗图例（一）

（a）门图例

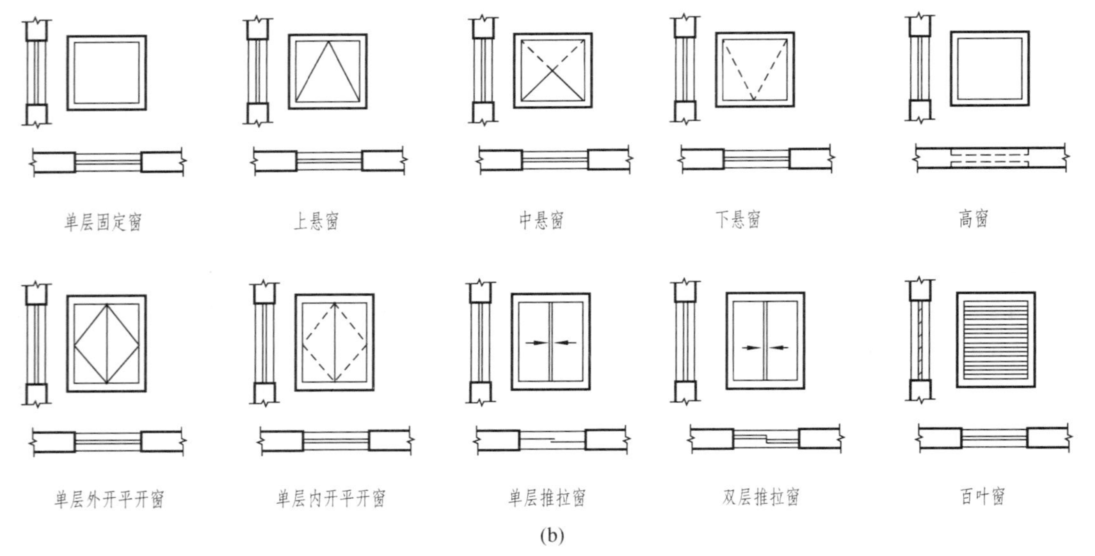

图 10-10　常用门窗图例（二）
（b）窗图例

2. 常用其他配件平面图例

图 10-11 是"国标"规定的常用建筑配件的部分平面图例，手工绘图和计算机绘图均可采用。

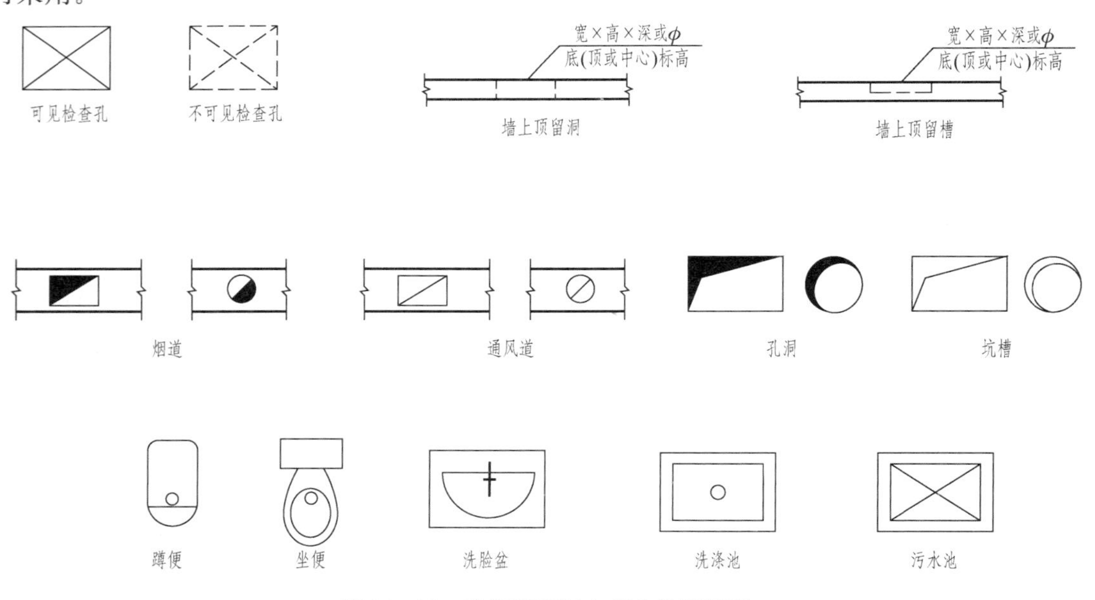

图 10-11　建筑平面图中部分常用图例

3. 常用建筑装饰平面图例

表 10-3 是《建筑设计资料集》中规定的部分常用建筑装饰平面图例，由于现在的计算机绘图基本替代了手工绘图，所以有些图例是根据实物的投影绘制的，对原先的图例略做了一些修改，见表中附注说明。

表 10-3 常用建筑装饰平面图例

名　称	图　例	附　注	名　称	图　例	附　注
各类椅子	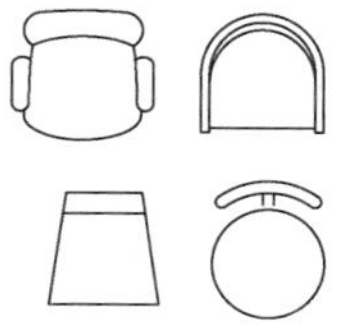		餐桌椅	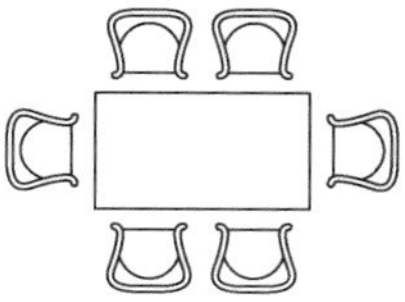	
单人床及床头柜	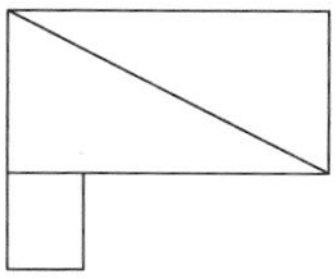		双人床及床头柜	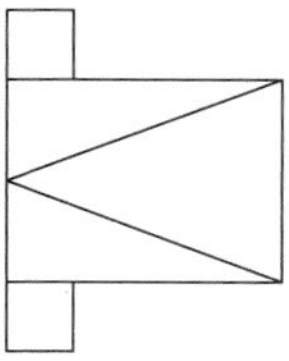	
电脑	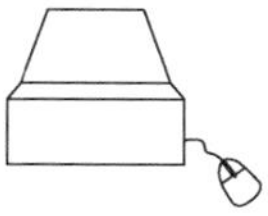	可不画鼠标	洗衣机		机绘图画法
电视机	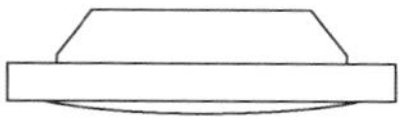		台灯或落地灯		
三人沙发	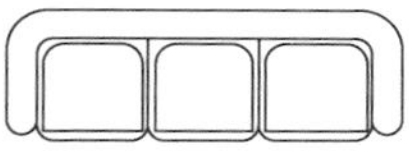		健身器	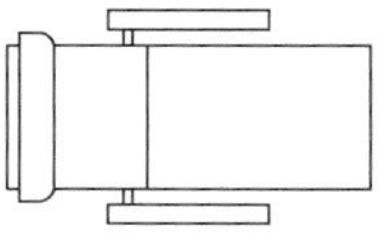	
坐便	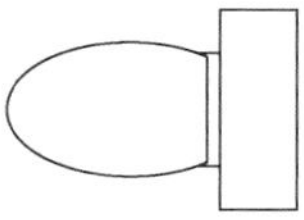	机绘图画法	洗菜池	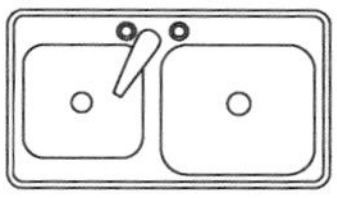	机绘图画法
钢琴	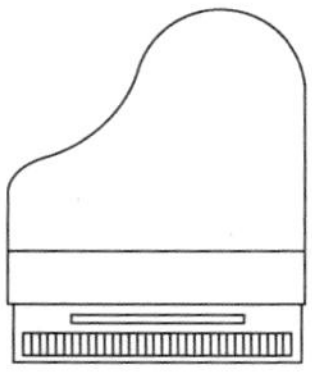	机绘图画法	淋浴房	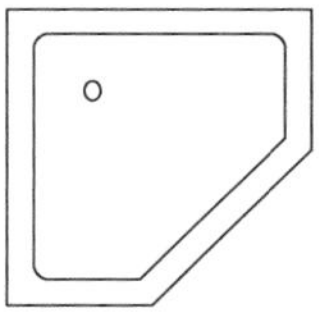	
挂衣橱	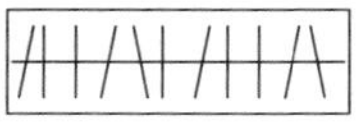		洗漱台	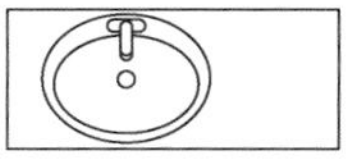	机绘图画法
煤气灶	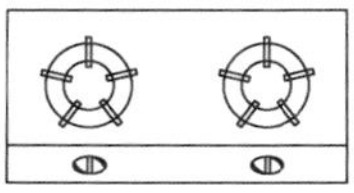	机绘图画法	盆花		机绘图画法
抱枕	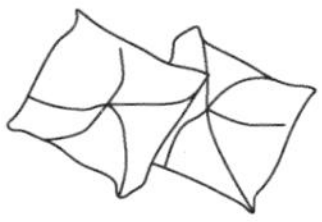		地毯		

三、建筑平面图的图示内容

建筑平面图的图示内容有：

（1）墙体、柱、墩、内外门窗位置及编号。

（2）注写房间的名称或编号。编号注写在直径为 6mm 细实线绘制的圆圈内，并在同张图纸上列出房间名称表。

（3）注写有关尺寸，建筑平面图标注的尺寸有三类：外部尺寸、内部尺寸及标高。

建筑平面图的外部尺寸共有三道，由外向内，第一道为总尺寸，表示房屋的总长、总宽；第二道为轴线尺寸，表示定位轴线之间的距离；第三道为细部尺寸，表示外部门窗洞口的宽度和定位尺寸。三道尺寸线之间应留有适当距离（一般为 7～10mm，但第三道尺寸线应距图形最外轮廓线 15～20mm），以便注写数字。

建筑平面图的内部尺寸表示内墙上门窗洞口和某些构配件的尺寸和定位。

建筑平面图常以一层主要房屋的室内地坪为零点（标记为±0.000），分别标注出各房间楼地面的标高。

（4）表示电梯、楼梯位置及楼梯上下方向、踏步数及主要尺寸。

（5）表示阳台、雨篷、窗台、通风道、烟道、管道井、雨水管、坡道、散水、排水沟、花池等位置及尺寸。

（6）表示固定的卫生器具、水池、工作台、橱柜、隔断等设施及重要设备位置。

（7）表示地下室、地坑、检查孔、墙上预留洞、高窗等位置与标高。如不可见，则应用细虚线画出。

（8）底层平面图中应画出剖面图的剖切符号，并在底层平面图附近画出指北针（注：指北针、散水、明沟、花池等在其他楼层平面图中不再重复画出）。

（9）标注有关部位上节点详图的索引符号。

（10）注写图名和比例。

四、读图示例

现以某教师公寓为例，说明平面图的内容及其阅读方法，如图 10-12、图 10-13 所示。

（一）图示内容

图 10-12 是该公寓的首层平面图。从图中可以看出，室外地面标高为-1.000，该层室内主要房间的地面标高为±0.000，说明室内主要房间地面相比室外地面高出 1000mm。

该公寓沿横向共有 17 条定位轴线，沿纵向共有 8 条定位轴线。底层共有两户，呈对称布置，一梯两户。每户有 3 间卧室，其中两间为南向一间为北向，主卧室带卫生间，另设有一间书房，一个带阳台的南向起居厅；两个卫生间都设有外窗，即均为明卫，厨房为开敞式紧邻餐厅，没有用墙体隔开；每户共设置了三个阳台，两个南向阳台和一个北向阳台，阳台门均采用推拉门，采光效果好。

厨房、卫生间地面标高为-0.020，这是由于厨房与卫生间的地面上经常有水存在，为防止水从厨房与卫生间内流入客厅或其他房间，故有水房间地面应低于主要地面 20mm。阳台地面标高分别为-0.500 和-0.050，均较室内地面标高-0.450 和±0.000 低 50mm，以防止雨水倒流进室内，因此这样的房间门在图样中都会增加一条细线表示门口线。另外在厨房和卫生间内还画出了部分卫生设备。

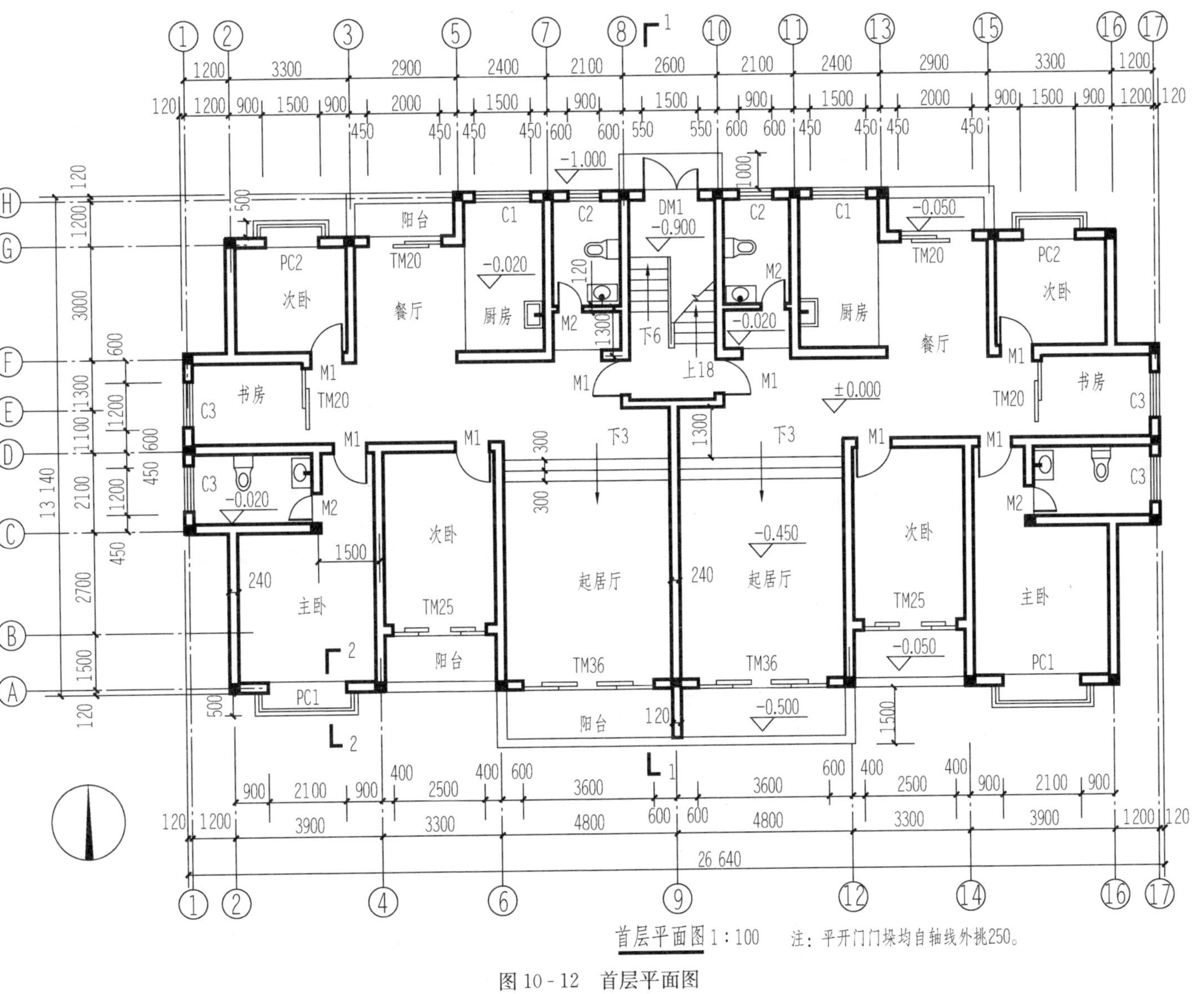

图 10-12 首层平面图

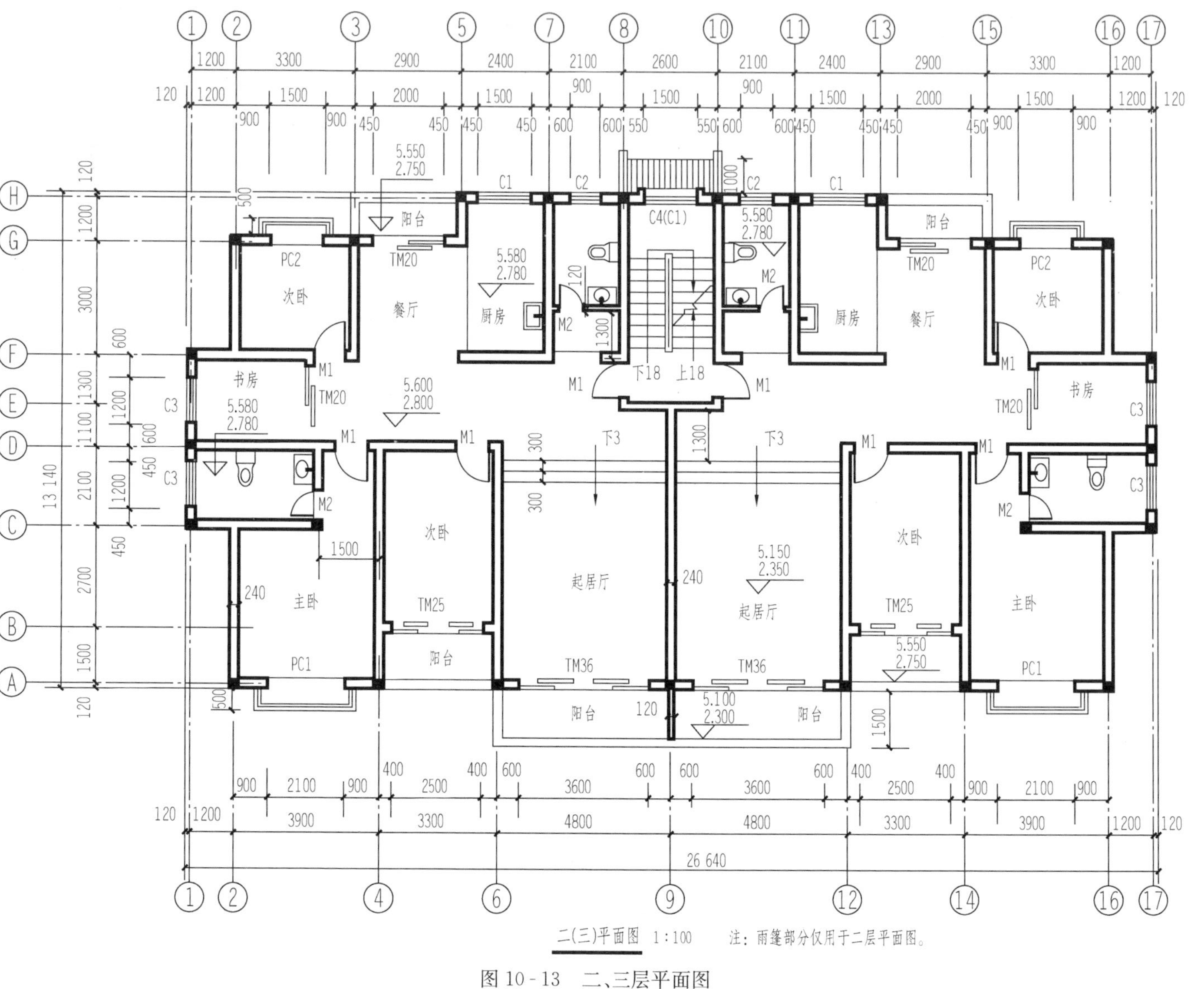

图 10-13 二、三层平面图

起居厅地面采用错层式，通过主要房间地面下三步台阶进入起居厅，起居厅地面标高为－0.450，比主要房间地面±0.000 低 450mm。这种处理方法使室内空间的视觉丰富，高低错落有致，进入室内主要房间地面可俯视起居厅，使起居厅的家具布置及其设施尽收眼底。

楼梯间的开间为 2600mm，所画出的那部分梯段是沿单元入口通向底层地面的第一个梯段，“下 6”指的是该梯段共有 6 级踏步；“上 18”是指自一楼到二楼需要上 18 级踏步，注意不是每一个梯段 18 步，而是两层楼之间一共相差 18 步。

底层平面中共有六种类型的门：M1、M2、DM1（单元门）、TM20（推拉门宽 2000）、TM25、TM36，宽度分别为 900mm、800mm、1500mm、2000mm、2500mm、3600mm；窗户的类型也有五种：C1、C2、C3、PC1（飘窗）、PC2，关于这些门窗的具体情况，可通过门窗表进行查阅，见表 10 - 5。

图 10 - 13 是该公寓的二、三层平面图，它与底层平面图相比，平面布局完全一样，不同处主要有四点，一是各楼面标高不同，二层各房间楼面标高均在一层基础上增加 2.8m，即主要房间地面标高为 2.800m，起居厅地面标高为 2.350m，厨房和卫生间地面标高 2.780m，阳台地面标高 2.750m 和 2.300m；三层各房间楼面标高均在一层基础上增加 5.6m（即层高为 2.8m），这里不再赘述。其次是楼梯间部分内容不同，底层门口处为一步台阶和双扇外开门 DM1（单元门），二层此处为雨篷和窗户 C4，三层此处只画窗户 C1 不画雨篷，因为此处的雨篷只有一个，在单元门的上部，二层已经表达三层就不再画出；另外楼梯间的两个梯段均绘制了 8 个踏面，其标注分别为“上 18”和“下 18”，即从二（三）层到一（二）层需要下 18 级踏步，而从二（三）层到三（四）层需要上 18 级踏步，因为它们的层高均为 2.8m；再者是二、三层平面图中不再绘制剖切符号，因为“国标”规定只在底层平面图上绘制剖切符号。

图 10 - 14 是该公寓的四层平面图，内容基本同三层平面图，只是其各房间楼面标高在三层基础上再增加 2.8m。另外，楼梯间处有几处不同，首先是增设了安全栏板；其次是梯段处没有折断线，因为顶层楼梯处不再有通向屋顶的梯段，只有下行的梯段，因此图中只标注“下 18”；另外，在楼梯间顶棚处设置了通向屋面的人孔（虚线部分）。楼梯间画法详见本章第六节中的楼梯详图。

以上各层平面图的外墙转角，以及外墙与内墙交接的丁字口处均设置了构造柱（涂黑处），以满足抗震设防要求。

图 10 - 15 是屋顶平面图，该屋顶为女儿墙平屋顶，双坡内天沟排水，南北两面墙上共设置了四根落水管，屋面排水坡度为 2%，天沟内排水坡度为 0.5%，南向和北向阳台雨篷顶的排水坡度均为 1%；图中带箭头的线为流水线，表示水流方向；与Ⓓ轴线对齐的直线和各斜线均为分水线，表示各水流的分水岭；另外，图中还设置了一个上屋面的人孔，其规格为 800×800。屋顶平面图仅标注了两道尺寸，即轴线尺寸和总尺寸，因为在该房屋各层平面图中其内外尺寸已经标注完整，而房屋的建造过程是从底部开始，当建造到屋顶时，不再需要各房间的细部尺寸，故对屋顶平面图的尺寸做了简化处理，只标注两道尺寸。

（二）平面图线型

平面图的线型一般有五种：剖到的墙柱断面轮廓用粗实线；剖到的门扇用中实线（单线）或细实线（双线）；定位轴线用细单点长画线；看到的构配件轮廓和剖到的窗扇及其尺寸线用细实线；被挡住的构配件轮廓用细虚线。

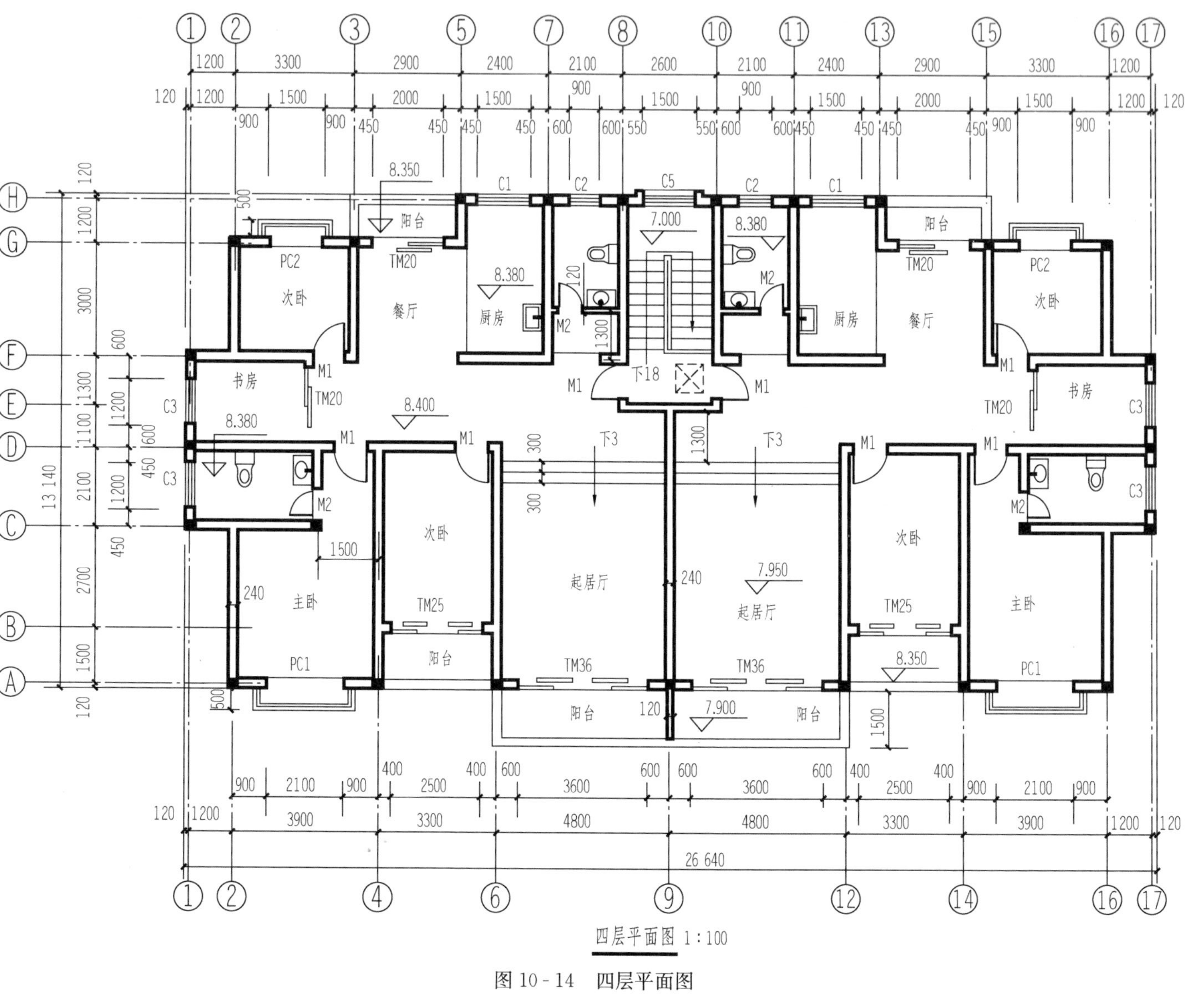

图 10-14 四层平面图

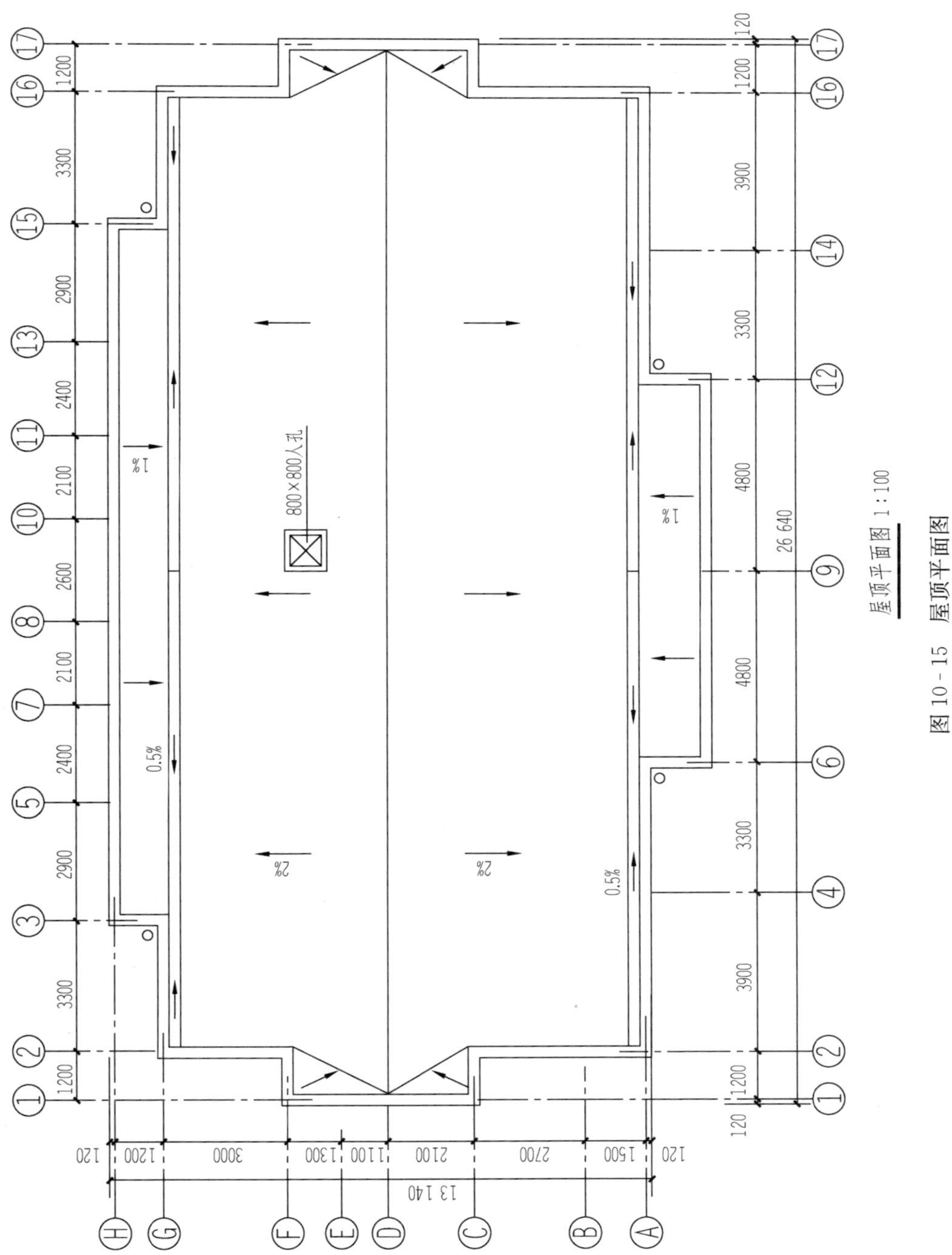

图 10－15　屋顶平面图

（三）定位轴线

从图中定位轴线的编号及其间距，可了解到各承重构件的位置及房间的大小。本例房屋的横向定位轴线为①～⑰，纵向定位轴线为Ⓐ～Ⓗ。

（四）墙、柱的断面画法

平面图中墙、柱的断面应根据平面图不同的比例，按《建筑制图标准》（GB/T 50104—2010）中的规定绘制，这些规定也适用于本章第五节的建筑剖面图。

（1）比例大于1∶50的平面图、剖面图，应画出抹灰层与楼地面、屋面的面层线，并宜画出材料图例。

（2）比例较小断面较窄时，可采用简化的材料图例。如比例小于等于1∶50时，习惯上将砌体墙断面内不画材料图例，而采用在断面内涂红（或空白）表示砌体材料；比例小于等于1∶100时，混凝土和钢筋混凝土墙或柱的断面内一般采用涂黑表示其材料。如本案例各层平面图中在外墙转角以及外墙与内墙交接的丁字口处均有一涂黑的小方块，这是依据现行结构规范设置的构造柱，作为混合结构的一种抗震措施。

（五）尺寸标注

在平面图中标注的尺寸，有外部标注、内部标注和标高标注。

1. 外部标注

为了便于读图和施工，当图形对称时，一般在图形的下方和左侧注写三道尺寸，图形不对称时，四面都要标注。下面以图10-12为例按尺寸由外到内的顺序说明这三道尺寸。

第一道尺寸，是建筑总尺寸，是指从一端外墙边到另一端外墙边的总长和总宽的尺寸。一般在底层平面图中标注外包总尺寸，在其他各层平面中可以省略。本例建筑外包总尺寸为26 640mm和13 140mm，在每个平面图中都进行了标注。

第二道尺寸，是表示轴线间距离的尺寸，用以说明房间的开间及进深。如②～④、⑭～⑯轴线间的房间开间均为3.9m，④～⑥、⑫～⑭轴线间的房间开间也均为3.3m，⑥～⑨、⑨～⑫轴线间的房间开间也均为4.8m，Ⓐ～Ⓒ轴线间的房间进深为4.2m，Ⓕ～Ⓖ轴线间的房间进深为3m等等。第三道尺寸，是表示沿外墙门窗洞口的定位尺寸和宽度尺寸。如②～④轴线间的飘窗PC1，其宽度为2100mm，窗洞边距离两侧轴线均为900mm；又如⑤～⑦轴线间的窗C1，宽度为1500mm，窗洞边距离两侧轴线均为450mm；⑥～⑨轴线间的推拉门TM36，宽度为3600mm，门洞边距离两侧轴线均为600mm。

应该注意，门窗洞口尺寸不要与其他实体的尺寸混行标注，墙厚、雨篷宽度、台阶踏步宽度、花池宽等应就近实体另行标注。

2. 内部标注

为了说明房间的净空大小和室内的门窗洞、孔洞、墙厚和固定设备（如厕所、工作台、搁板、厨房等）的大小与位置，在平面图上应清楚地注写出有关的内部尺寸。如主卧室内的“1500”、卫生间前室的“1300”及起居厅台阶部分的“300”、“1300”均是平面图的内部尺寸，是用来确定各内墙和室内台阶位置的尺寸。相同的内部构造或设备尺寸，可省略或简化标注，如“未注明之墙身厚度均为240”、“平开门门垛均自轴线外挑250”等。

3. 标高标注

楼地面标高是表明主要房间的楼地面对标高零点（±0.000）的相对高度。本例一层主要房间地面定为标高零点，厨房、卫生间地面标高是－0.020，说明这些地面比主要房间地面低 20mm；阳台地面标高为－0.050 和－0.500，均比其室内地面低 50mm；起居厅地面标高为－0.450，比主要房间地面低 450mm。

（六）建筑面层做法表和门窗表

在建筑施工图的首页图中，一般常包含建筑设计总说明、建筑面层做法表和门窗表。建筑面层做法表是设计师将该房屋所有的室内外面层做法、选用的标准图集、选用的面层做法代号及其各部分的说明汇总成表格，本例的部分建筑面层做法见表 10-4。

表 10-4　　建筑面层做法表（部分）

建筑部位		面层做法	备注
散水	混凝土散水	散 2	宽 700
地面	住宅现浇地面	地 2	
楼面	住宅现浇楼面楼梯间踏步、平台	楼 1	
	卫生间、厨房	楼 17	取消铺地砖面层
屋面	住宅平屋面	屋 3	
内墙	起居厅、卧室	内墙 6	
	卫生间、厨房	内墙 31	高度至楼板底，取消面层
外墙	女儿墙外墙	外墙 23	
	女儿墙以下外墙	外墙 32	
顶棚	抹灰顶棚	棚 9	
踢脚	水泥踢脚	踢 2	高 150
油漆	木门	油漆 2	刷白色油漆
	金属栏杆	油漆 39	刷黑色油漆

注　表中的具体做法参见省标 L06J002。

在建筑各层平面图中标注了所有门和窗的代号，设计师通常将门窗代号、洞口尺寸、数量、选用标准图集的编号等内容列入门窗表中，本住宅的门窗表见表 10-5。

表 10-5　　门　窗　表

序号	名称编号	洞口尺寸（mm）		数量	备注
		宽	高		
1	DM1	1500	2100	1	可视电控防盗门
2	M1	900	2000	32	木制夹板门
3	M2	800	2000	16	木制夹板门
4	TM20	2000	2400	16	推拉门甲方定
5	TM25	2500	2400	8	推拉门甲方定
6	TM36	3600	2400	8	推拉门甲方定
7	C1	1500	1500	9	塑钢推拉窗
8	C2	900	1500	8	塑钢推拉窗
9	C3	1200	1500	16	塑钢推拉窗
10	C4	1500	600	1	塑钢推拉窗（楼梯间窗）
11	C5	1500	2250	1	塑钢推拉窗带亮子（楼梯间窗）
12	PC1	2100	1500	16	塑钢推拉窗（飘窗）
13	PC2	1500	1500	16	塑钢推拉窗（飘窗）

注　门窗具体做法详见厂家图集。

第四节　建筑立面图

一、概述

建筑立面图是房屋外表面的正投影图，简称立面图。立面图主要是用来表达建筑物的外形艺术效果，在施工图中，它主要反映房屋外貌和立面的装修做法。立面图内容应包括建筑的外轮廓线和室外地坪线、勒脚、阳台、雨篷、门窗、檐口、女儿墙（或坡屋面）、外墙面做法及各部位标高，外加必要的尺寸。

1. 立面图的命名方法

“国标”规定，立面图的命名方法有三种：当房屋为正朝向时，可按朝向命名为东（南、西、北）立面图；当房屋朝向不正时，可按投影（或按立面的主次）命名为正立面图、背立面图、左侧立面图、右侧立面图；房屋朝向不正时，也可按轴线编号命名，如①～⑨立面图、⑨～①立面图、Ⓐ～Ⓖ立面图、Ⓖ～Ⓐ立面图。

2. 图示内容

按正投影原理，立面图上应将立面上所有看得见的细部都表示出来。但由于立面图的比例较小，如门窗扇、檐口构造、阳台栏杆和墙面的装修等细部构造和做法，都另有详图或文字说明。因此，立面图上相同的门窗、阳台、外檐装修、构造做法等可在局部重点表示，绘出其完整图形，其余部分都可简化，只画出轮廓线。

较简单的对称式建筑物或对称的构配件等，在不影响构造处理和施工的情况下，立面图可绘制一半，并在对称轴线处画对称符号。这种画法，由于建筑物的外形不完整，故较少采用。左右完全相同的两个侧立面，可以只画出一个。

3. 标高与尺寸标注

建筑立面图宜标注室外地坪、入口地面、雨篷底、门窗上下坪、檐口、女儿墙顶及屋顶最高处部位的标高。标高一般注在图形外，并做到符号上下对齐，大小一致，必要时，可标注在图内，如本例中的±0.000和－0.450。除了标高外，有时还需注出一些并无详图的局部尺寸，用以补充建筑构造、设施或构配件的定位尺寸和细部尺寸。

4. 图线

在绘制建筑立面图时，为了加强图面效果，使外形清晰、重点突出和层次分明，按要求立面图线型分为五种：室外地坪线用线宽为 $4/3b$ 的特粗实线绘制；房屋立面的外墙轮廓线用线宽为 b（b 的取值按国家标准，常取 b＝0.7mm 或 1.0mm）的粗实线绘制；在外轮廓线之内的凹进或凸出墙面的轮廓线，用线宽为 $0.5b$ 的中实线画，如窗台、门窗洞、檐口、阳台、雨篷、柱子、台阶等构配件的轮廓线；门窗扇、栏杆、雨水管和墙面分格线等均用线宽为 $0.25b$ 的细实线绘制；房屋两端的轴线用细单点长画线绘制。

二、建筑立面图的图示内容

建筑立面图的图示内容包括：

（1）建筑物两端或分段的定位轴线及编号。

（2）女儿墙顶、檐口、柱、室外楼梯和消防梯、烟囱、雨篷、阳台、门窗、门斗、勒脚、雨水管、台阶、坡道、花池的正面投影，其他装饰构件和粉刷分格线示意等；外墙的留洞应注尺寸与标高（宽×高×深及关系尺寸）。

（3）在平面图上表示不出的窗编号，应在立面图上标注。平、剖面图未能表示出来的屋顶、檐口、女儿墙、窗台等标高或高度，应在立面图上分别注明。

（4）各部分构造、装饰节点详图索引符号。用文字或列表说明外墙面的装饰材料和做法。

三、读图示例

现以图 10 - 16～图 10 - 21 所示的立面图为例，说明立面图的内容及其阅读方法。

从图名或轴线编号可知这三个立面图分别是表示房屋的南向、北向及西向的立面图，比例与平面图一样，为了绘图和阅读方便，常将建筑平、立、剖面图（或平、立、侧面图）画在一张图纸上，也可只将建筑平、立面图画在一张图纸上，以便对照阅读。当然，也可分别绘制各图。本例因为房屋进深较大，采用竖版 2 号图纸将房屋平、立面图绘制在一起，以方便阅读，其比例均为 1：100，如图 10 - 16、图 10 - 17 所示。

图 10 - 18～图 10 - 20 分别绘制了教师公寓南、北、西立面图。从这三个立面图中可看出：外轮廓线所包围的范围显示出这幢房屋的总长、总宽、总高，图中按实际情况画出了女儿墙、门窗、雨篷、阳台等的细部形式和位置，屋顶采用的是女儿墙平屋顶，为了丰富立面效果，在女儿墙和各阳台上下部分均设置了一个凸出的挑檐，从图中可看出该房屋为 4 层公寓。

图 10 - 18 是公寓的南立面图，从图中可以看出：由于起居室较主要房间地面下落 450mm，在南立面图上显示有错层，起居厅的阳台为挑阳台，阳台门为四扇推拉门，门的下半部分被阳台栏板遮挡，顶层阳台上部设有雨篷；南向次卧室的阳台为凹阳台，所有阳台上下部都设置了两条通长的凸檐，主卧室的窗户为飘窗。

图 10 - 19 是公寓的北立面图，从图中可以看出：为了突出入口，在单元入口门洞上方的雨篷设有带贴瓦的帽头，雨篷上方的楼梯间窗户在外墙面上设有一个整体连通的窗套，窗套顶部为半圆形；餐厅的阳台为挑阳台，北阳台上下部设置了两条通长的凸檐；北向次卧室的窗户为飘窗，另外还绘制了北向厨房和卫生间的外窗。

图 10 - 20 是公寓的西立面图，可以看出：西立面由近向远分四个层次，首先是位于最西面的书房和卫生间外窗及山墙，其次是卧室西山墙，再者是南、北向飘窗及挑阳台的轮廓线，最后是单元入口处的台阶和雨篷轮廓线。另外，还可以看出南北纵墙上部高出女儿墙部分的轮廓线。

在各立面图的两侧分别标注了室内外标高，南北立面图的左侧标注的是外部标高，从下至上分别是：室外地坪标高、外窗上下坪（含推拉门上坪）标高、女儿墙挑檐及女儿墙顶和屋顶最高处标高。南北立面图的右侧标注的是内部各层楼地面标高，可见该住宅的层高是 2.8m。西立面的左侧是外部标高，从下至上分别是：室外地坪标高、入口地面标高、单元门洞上部雨篷侧板（也是门洞顶面）的底面标高以及女儿墙顶的标高和北向屋顶最高处标高；西立面的右侧从下至上分别是：室外地坪标高、底层阳台挑檐的顶面标高、起居厅阳台上面雨篷的底部标高以及女儿墙顶的标高和南向屋顶最高处标高。另外，为了方便阅读和施工，在西立面图下方还标注了部分尺寸。

房屋外墙面装修的做法可以查阅表 10 - 4 建筑面层做法表。

教师公寓的立体造型如图 10 - 21 所示。

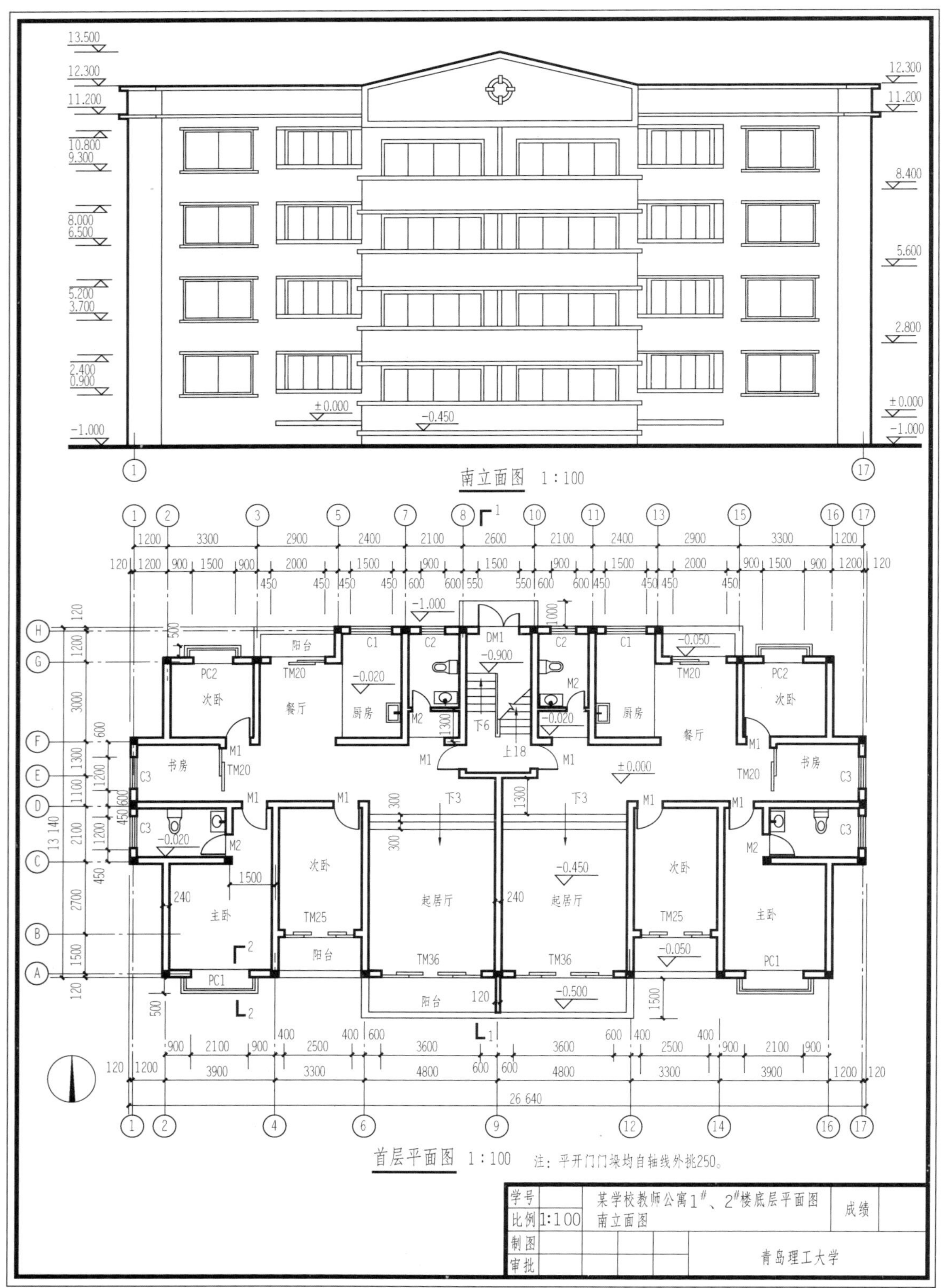

图 10-16 建筑平面图、立面图（一）

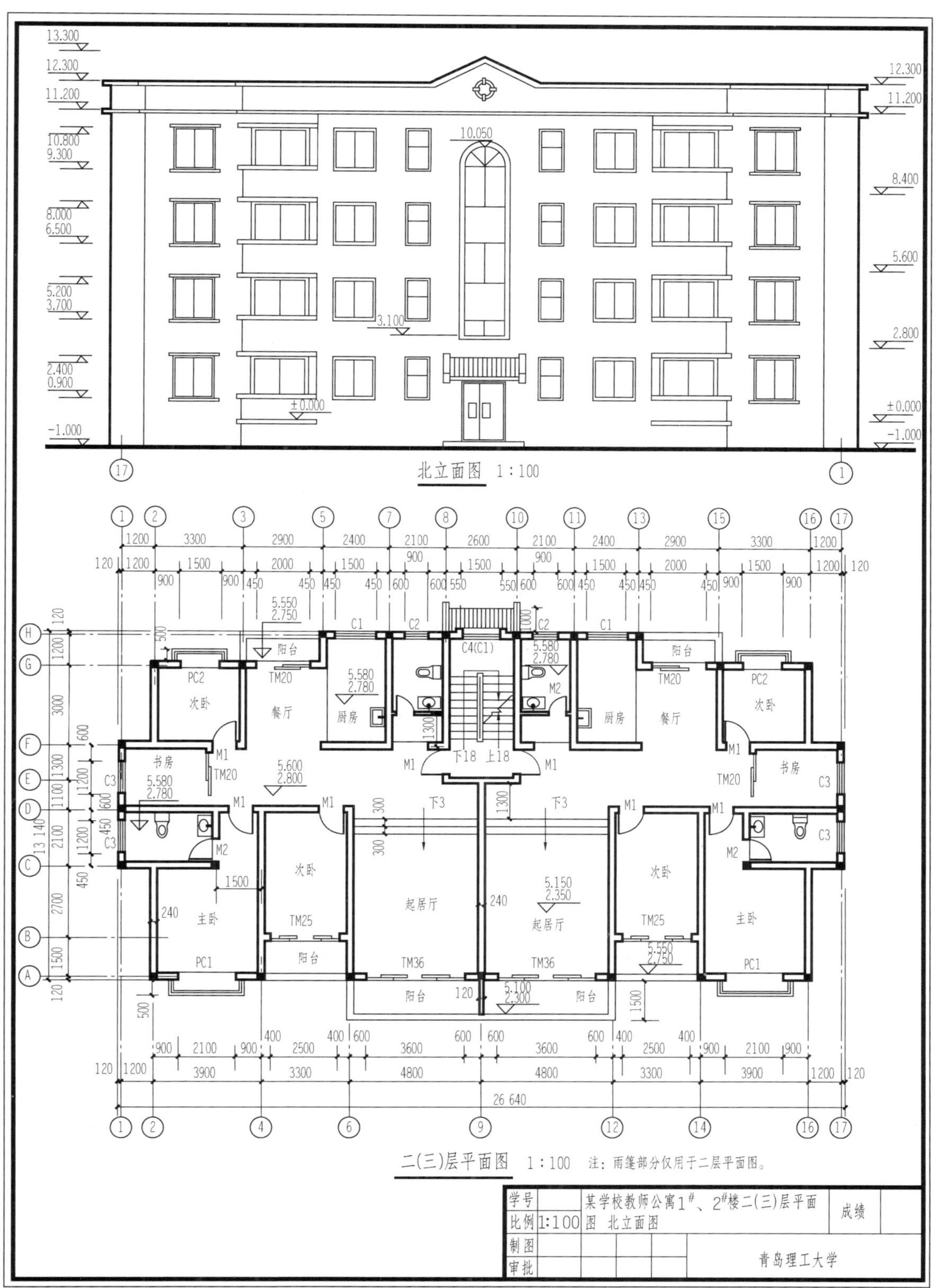

图 10-17 建筑平面图、立面图（二）

13.500
12.300
11.200
10.800
9.300
8.000
6.500
5.200
3.700
2.400
0.900
-1.000
12.300
11.200
8.400
5.600
2.800
±0.000
-1.000
±0.000
-0.450
1
17
南立面图 1:100

图10-18 南立面图

13.300
12.300
11.200
10.800
9.300
8.000
6.500
5.200
3.700
2.400
0.900
-1.000
10.050
3.100
±0.000
12.300
11.200
8.400
5.600
2.800
±0.000
-1.000
17
1
北立面图 1:100

图 10-19 北立面图

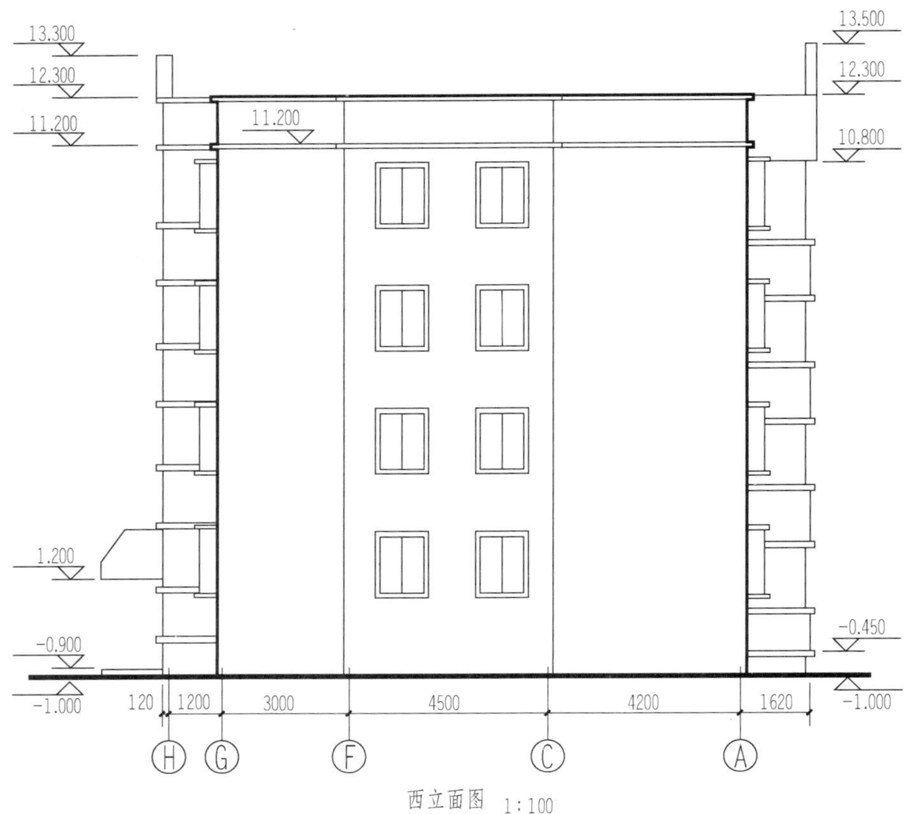

图 10-20　西立面图

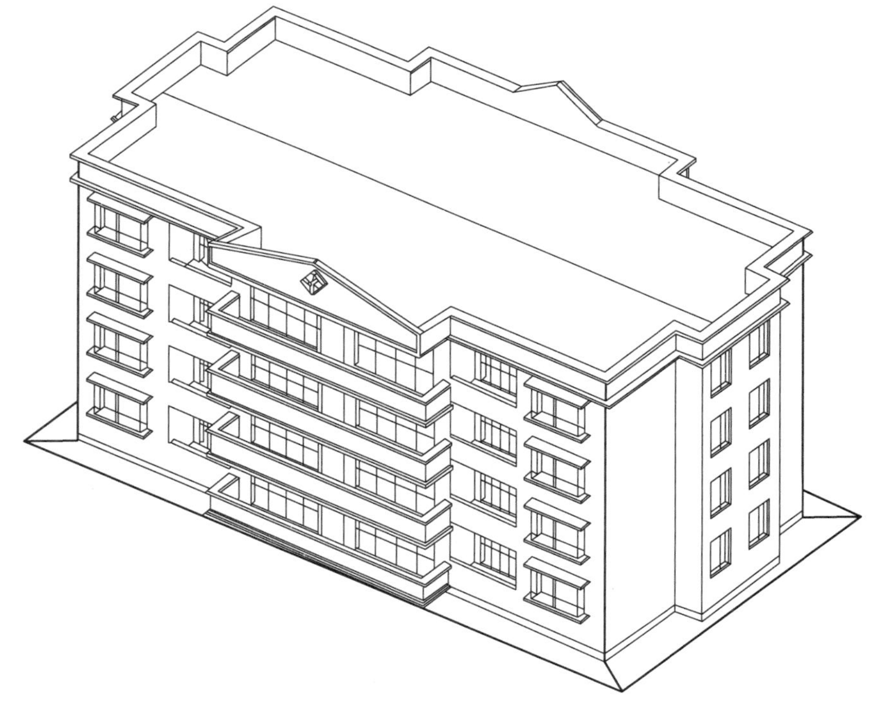

图 10-21　教师公寓外形

第五节 建筑剖面图

一、概述

建筑剖面图是房屋的竖直剖面图。是用一个或多个假想的平行于正立投影面或侧立投影面的竖直剖切面将房屋剖开成两部分，移去一部分，对留下的部分按剖视方向向投影面作正投影所得的图样。画建筑剖面图时，常用全剖面图和阶梯剖面图的形式。

剖面图的数量是根据房屋的具体情况和施工实际需要而决定的。剖切面的位置一般常选用平行于侧立面方位剖切，称为横剖面图，必要时选用平行于正立面方位剖切，称为纵剖面图。较简单的房屋一般只画一个横剖面图即可，复杂的房屋可以画多个横剖面图，如果仍然不能表达清楚房屋内部的布局，可以再增加纵剖面图。

除此之外，剖切平面的位置还应根据图纸的用途或设计深度，选择房屋内部构造复杂而又典型的部位，并应尽量通过门窗洞剖切。

建筑剖面图应表示剖切断面和投射方向可见的建筑构配件轮廓线，剖面图中断面的材料图例与平面图相同。剖切符号一般应画在底层平面图内，剖面图的图名与平面图上所标注剖切符号的编号一致，如 1—1 剖面图、2—2 剖面图等。

建筑剖面图的尺寸包含两大部分，既包括外部尺寸与标高，又包括内部楼地面标高与内部门窗洞尺寸。为了方便绘图和读图，房屋的立面图和剖面图宜绘制在同一水平线上，各图内相关的尺寸及标高宜标注在同一竖直线上，如图 10 - 22 所示。

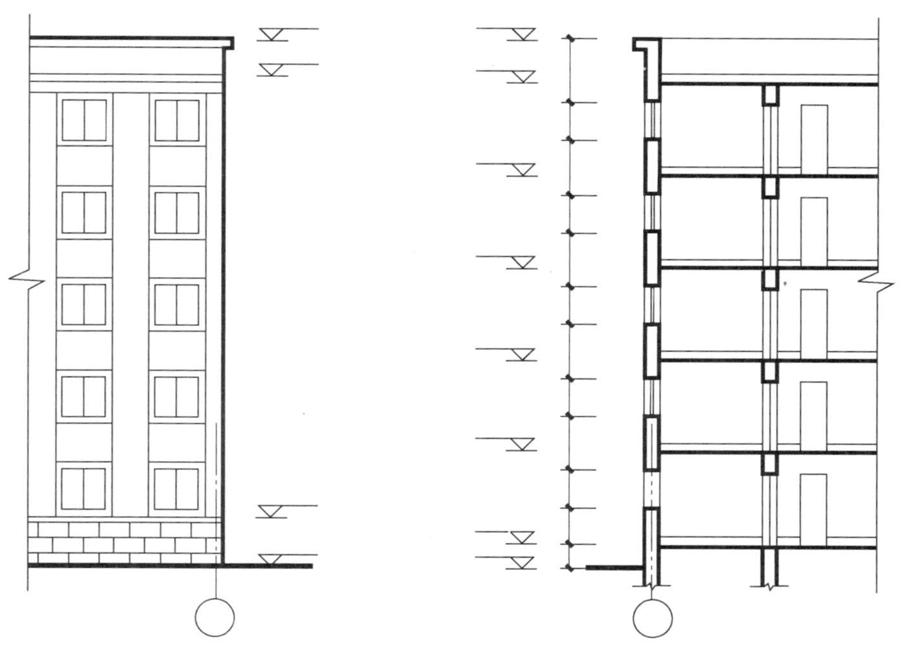

图 10 - 22 立面图、剖面图的位置关系

习惯上，剖面图不画出基础的大放脚，墙的断面只需画到地坪线以下适当的地方，画折断线断开就可以了，断开以下的部分将由房屋结构施工图的基础图表明。

二、建筑剖面图的图示内容

建筑剖面图如图 10-23 所示，其内容如下：

（1）墙、柱、轴线及轴线编号。

（2）剖到和看到的室内外构配件：室外地面、底层地面、各层楼板、屋顶（包括檐口、烟囱、天窗、女儿墙等）、门、窗、梁、楼梯、台阶、坡道、散水、平台、阳台、雨篷、洞口、及其他装修可见的内容。

（3）尺寸与标高。

剖面图和立面图一样，宜标注室内外地坪、入口地面、门窗上下坪、雨篷、楼地面、阳台、平台、檐口、屋脊、女儿墙等处完成面的标高，称为建筑标高。平屋面等不易标明建筑标高的部位可标注结构标高（不含面层），并予以说明。

高度方向上的尺寸包括外部尺寸和内部尺寸。

外部尺寸应标注：室外地坪、入口地面、外门窗上下坪、雨篷、阳台、檐口、女儿墙、屋脊、屋顶最高处等部位的尺寸与标高。如图 10-23 建筑剖面图中左右两侧的外部尺寸与标高的标注方法，从图中可以看出在每两个标高之间都要有一道尺寸与之对应，这是建筑剖面图和建筑立面图尺寸标注的区别，即建筑立面图只需标注外部标高，而剖面图既要标注外部标高，又要标注与之对应的外部尺寸。

内部尺寸主要标注：地坑深度、搁板高度、休息平台、各层楼地面、阳台、屋顶等处的标高；室内门、窗、搁板、台阶等的高度尺寸。

（4）表示楼地面各层的构造，可用引出线说明；若另画有详图，在剖面图中可用索引符号引出说明；若已有“面层做法表”时，在剖面图上不再作任何标注。

（5）画出节点构造详图索引符号，如图 10-23 中的索引符号$\frac{1}{18}$。

（6）线型和材料图例。

剖面图的线型主要有四种：室外地坪线用特粗实线（4/3b），剖到的构件（如墙、柱、梁、板、踏步等）轮廓线用粗实线，剖到的门窗和看到的构配件轮廓线用细实线，轴线应用细单点长画线。剖面图的材料图例同平面图。涂黑部分的构件材料为混凝土或者钢筋混凝土。

三、读图示例

现以图 10-23 所示的剖面图为例，说明剖面图的内容及其阅读方法。

图中标高都表示与±0.000 的相对尺寸。可以看出，各层的层高为 2.8m；各层楼地面的构造做法，因在设计说明中已有“建筑面层做法表”（见表 10-4），故在剖面图上不再作任何标注。

根据图名和轴线编号与平面图上的剖切符号和轴线编号相对照，可知 1—1 剖面图是通过南向的⑥～⑨轴线和北向的⑧～⑩轴线间横穿起居室和楼梯间的全剖面图，剖切后向右侧投影得到的横向剖面图，绘图比例为 1∶100。图中画出了屋顶的结构形式以及房屋室内外地坪以上各部位被剖切到和看到的构配件轮廓线。其中剖到的建筑构配件有：室内外地面、楼地面、内外墙及外部门窗、梁、梯段及休息平台、雨篷、室内台阶、屋面、女儿墙及屋面最高处等；看到建筑构配件的有：分户门、楼梯栏杆及扶手、阳台隔墙、女儿墙等。

在图 10-23 建筑剖面图中分别标注了公寓的外部尺寸和内部尺寸。外部尺寸指的是图形外侧的尺寸，包括墙体的定位和外墙各部位的标高与尺寸。为了更方便地确定梯段和墙体

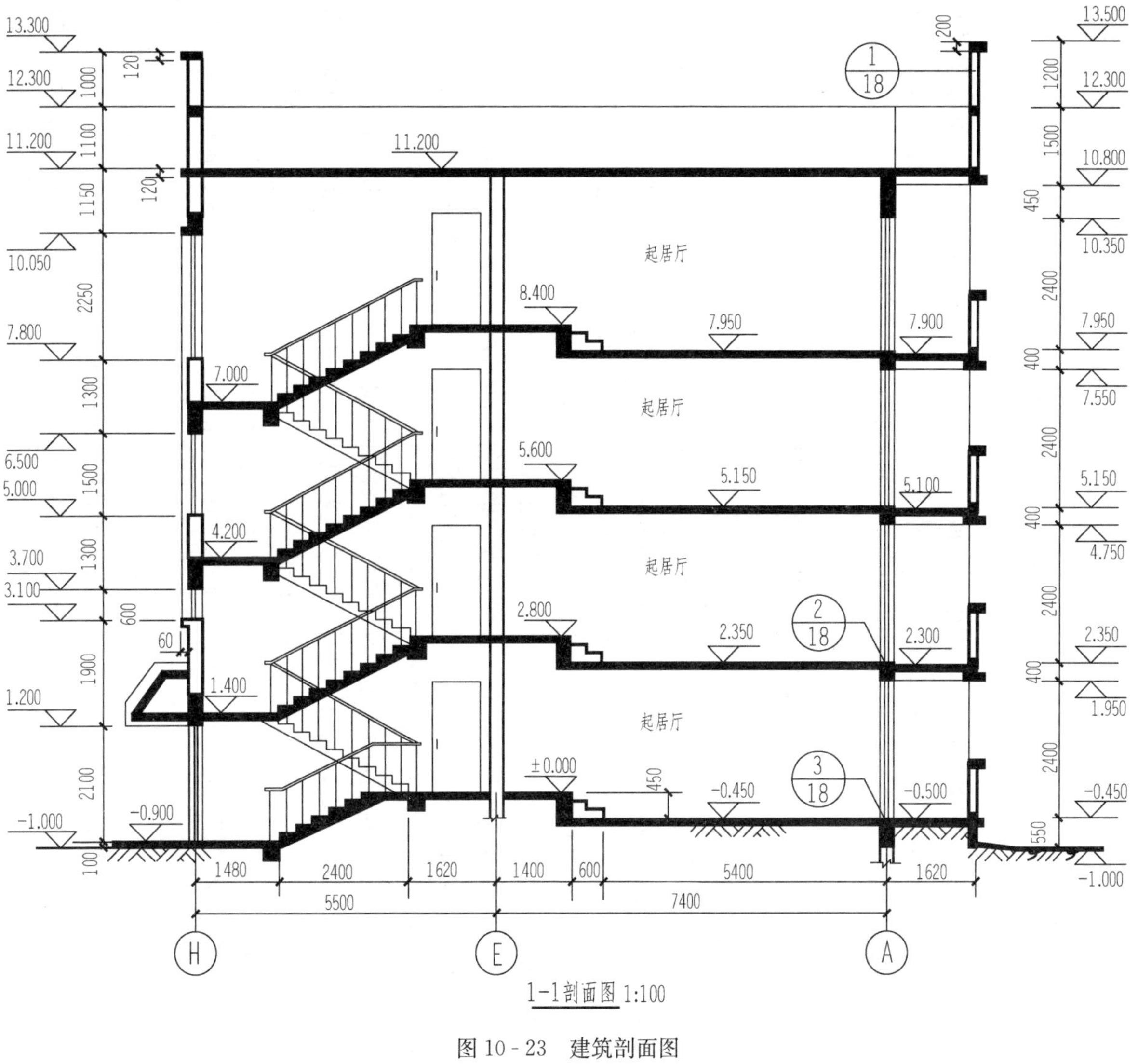

1-1剖面图 1:100

图 10-23　建筑剖面图

的水平方向位置，在图的下方分别标注了细部尺寸和轴线尺寸。图的左侧从下至上分别标注的是：室外地坪、单元门洞上部雨篷侧挡板底面（也是门洞顶面）、楼梯间外窗上下坪、屋面、女儿墙顶和北向屋顶最高处的标高与尺寸；图的右侧从下至上标注的分别是：室外地坪、阳台推拉门上下坪及上面雨篷梁的底部、女儿墙顶及南向屋顶最高处的标高与尺寸。

内部尺寸是指在剖面图的内部标注的尺寸，它包括内部标高和内部尺寸，内部标高主要有：入口地面、底层地面、各层楼面、楼梯平台、阳台地面、屋面等部位标高，由图中可以看出该公寓的层高是 2.8m。

综合上述该公寓的平、立、剖面整套图纸，可知公寓由内到外的空间样式如图 10 - 1 所示。

为了详尽地表述外墙身的做法，图中在屋顶、二楼阳台门下部和底层阳台门下部分别画出了索引符号，由此可知，这些部位的详细做法后面均有详图，即Ⓐ轴线墙体画出了大样图，具体做法参见本章第六节建筑详图中的图 10 - 25 外墙身详图。

第六节　建　筑　详　图

由于建筑平面图、立面图、剖面图一般采用较小的比例（常用 1∶100），在这些图样上难以表示清楚建筑物某些局部构造或建筑装饰，必须专门绘制比例较大的详图。类似这些将建筑的局部放大，尺寸标注齐全，注明材料和做法的图样称为建筑详图，简称详图，也可称为大样图。建筑详图是整套施工图中不可缺少的部分，是施工时准确地完成设计意图的重要依据之一。详图常采用的比例为：1∶1、1∶2、1∶5、1∶10、1∶20、1∶30、1∶50。

在建筑平面图、立面图和剖面图中，凡需绘制详图的部位均应画上索引符号，而在所画出的详图上应注明相应的详图符号。详图符号与索引符号必须对应一致，以便看图时查找相互有关的图纸。对于选用标准图或通用图的建筑构配件和剖面节点，只要注明所套用图集的名称、编号和页次，就不必另画详图。

建筑详图可分为构造详图、配件及设施详图和装饰详图三大类。构造详图是指屋面、墙身、墙身内外饰面、吊顶、地面、地沟、地下工程防水、楼梯等建筑部位的用料和构造做法。配件及设施详图是指门、窗、幕墙、浴厕设施、固定的台、柜、架、桌、椅、池、箱等的用料、形式、尺寸和构造，大多可以直接或参见选用标准图或厂家样本（如门、窗）。装饰详图是指为视觉效果在建筑物上所作的艺术处理，如花格窗、柱头、壁饰、地面图案的纹样、用材、尺寸和构造等。

详图的图示方法，根据细部构造和构配件的复杂程度，按清晰表达的要求来确定，例如墙身节点图只需一个剖面详图来表达，楼梯间宜用几个平面详图和一个剖面详图、几个节点详图表达，门窗则常用立面详图和若干个剖面或断面详图表达。若需要表达构配件外形或局部构造的立体图时，宜按轴测图绘制。详图的数量，与房屋的复杂程度及平、立、剖面图的内容及比例有关。详图的特点，一是用较大的比例绘制，二是尺寸标注齐全，三是构造、做法、用料等详尽清楚。现以墙身大样和楼梯详图为例来说明。

一、墙身大样

墙身大样实际是在指定剖面上的典型部位从上至下连续的放大节点详图。一般多取建筑物内外的交界面——外墙部位，以便完整、系统、清楚的表达房屋的屋面、楼层、地面和檐口构造、楼板与墙面的连接、门窗上下部位的构造、勒脚及散水等处做法等情况，因此，墙身大样也称为外墙身详图。

墙身大样实际上是建筑剖面图的局部放大图，常采用 1∶20 的比例绘制，墙身大样不能用以代替表达建筑整体关系的剖面图。画墙身大样时，常由剖面图直接索引出，将各个节点剖面连在一起，中间用折断线断开，各个节点详图都分别注明详图符号和比例，如图 10－25 所示。也可在底层平面图中通过剖切符号引出墙身详图，如图 10－24 所示。下面以图10－24和图 10－25 所示的教师公寓外墙身详图为例，作简要的介绍。

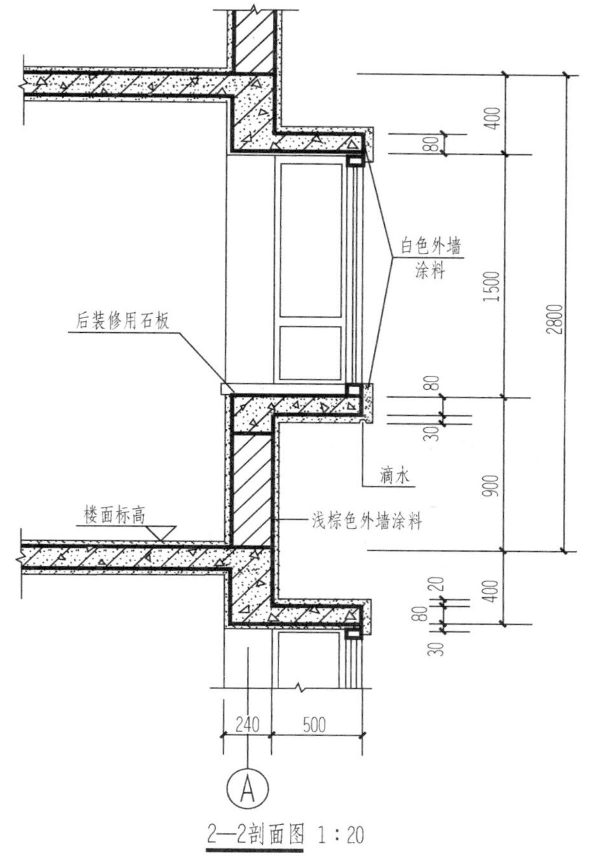

图 10－24　外墙身详图（一）

图 10－24 是外墙身详图，主要表达Ⓐ轴线墙身上飘窗窗台和窗顶部分的节点构造，以及窗台下部外墙身的做法。该房屋窗台的材料为钢筋混凝土板，形状为倒 L 形，自外墙面出挑 500mm，厚 80mm，外墙面是浅棕色外墙涂料面层，窗户上下挑檐部分采用白色外墙涂料面层，并设有滴水，内窗台面层可在后面装修时使用大理石板或水磨石板。该详图的中部表达的是飘窗的侧剖面图，从图中可以看出，飘窗为直角折线形三面环窗，侧窗为单扇固定窗。该房屋窗顶做法为 L 形的钢筋混凝土过梁兼遮阳板，自外墙面出挑 500mm，同窗台平齐，厚 80mm，同样设有滴水。

图 10－25 同样是外墙身详图，它主要表达Ⓐ轴线墙身带阳台部分的节点剖面详图，从下至上分别画出了底层阳台及起居厅地面、楼层阳台剖面及楼面、阳台上部雨篷、女儿墙及屋面等处的构造做法，并使用了文字分层说明各层做法，详细注解了细部尺寸，在各断面内绘制了不同的材料图例。

图名为$\left(\frac{1}{3}\right)$的节点详图主要表达屋顶节点剖面。从图中可以看出：顶层阳台上部雨篷、女儿墙及屋顶最高处的断面做法，女儿墙及屋顶最高处的压顶采用的是钢筋混凝土材料，压顶顶面标高分别为 12.3m 和 13.5m，砖砌女儿墙厚度 120mm，其上下部均有 200mm 厚的凸沿，出挑 100mm，钢筋混凝土雨篷梁底部标高为 10.8m，雨篷板从外墙面出挑 1500mm，同下部阳台平齐，在屋顶和雨篷顶之间设置了矩形天沟，天沟宽度为 220mm，阳台顶面的雨篷设 1%坡度排水，将雨水引向天沟；因该房屋位于青岛，屋面需做保温处理，保温层采用水泥膨胀珍珠岩找坡，最薄处厚度为 80mm，屋面的排水坡度为 2%，将雨水引向天沟，

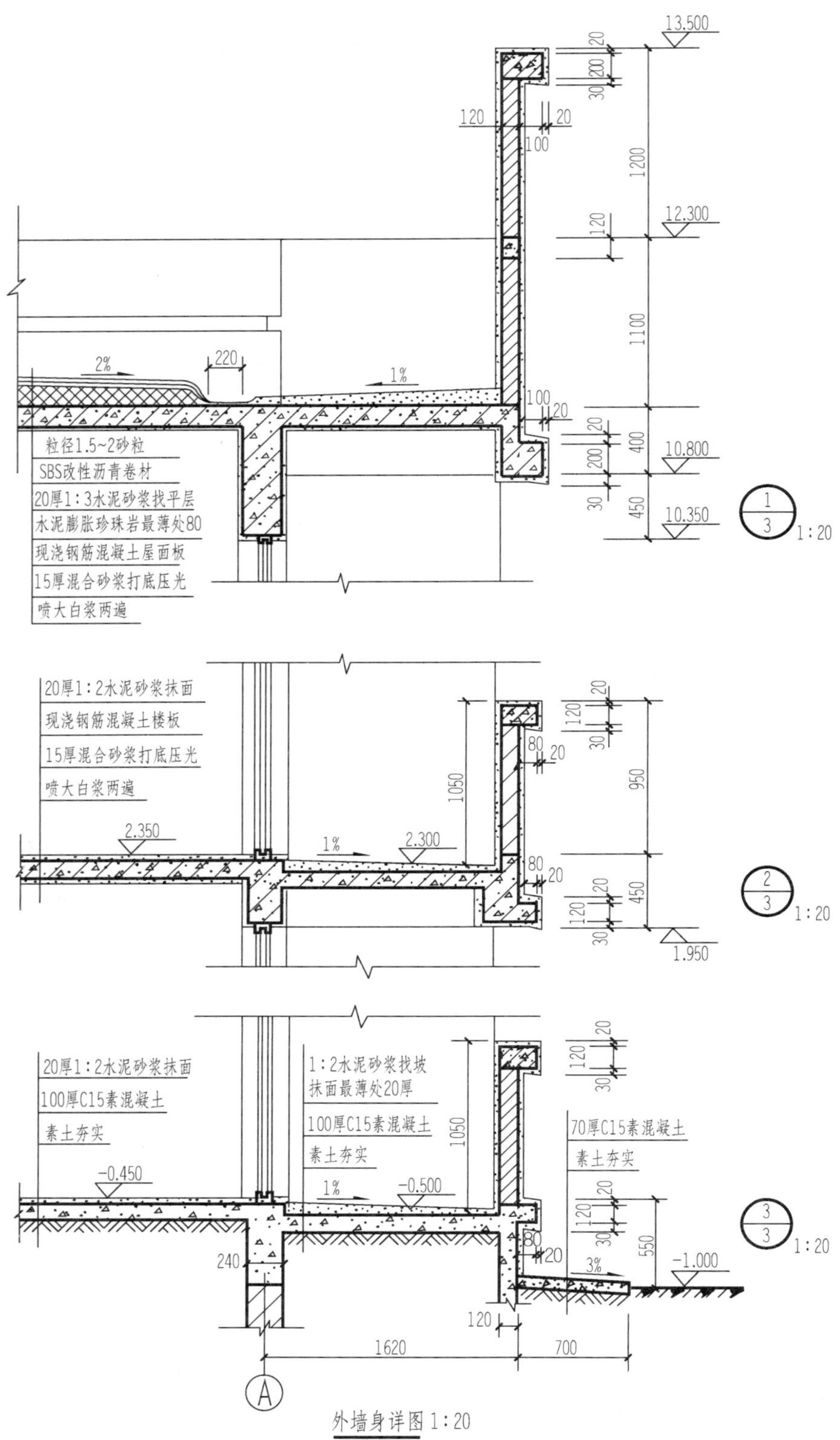

图 10-25 外墙身详图（二）

如图 10 - 15 屋顶平面图所示；屋面的构造做法共分七层（见图中文字说明）。另外，该图中还标注了一些细部尺寸，针对女儿墙各部位尺寸做了详细注解。

图名为$\frac{2}{3}$的节点详图主要表达楼层及阳台部位的节点剖面。从图中可以看出：阳台栏板采用砖砌栏板，高度 1050mm，上部扶手为钢筋混凝土材料，阳台上下部均有 120mm 厚的凸沿，出挑 80mm，阳台地面高度较室内地面高度低 50mm，并设有 1%的坡度排水，以防止雨水倒流，该阳台为悬挑式双阳台（或称组合阳台），两阳台之间设有隔墙；楼面的构造做法共分四层（见图中文字说明），二层阳台底部即一层阳台门顶标高为 1.95m。另外，该图中还标注了一些细部尺寸，针对二层阳台栏板各部位尺寸做了详细注解。

图名为$\frac{3}{3}$的节点详图主要表达一层地面及阳台、散水部分的节点剖面。从图中可以看出：散水采用素混凝土材料，宽度 700mm，厚度 70mm，其构造做法分两层（见图中文字说明），坡度为 3%；一层阳台栏板做法基本同二层阳台，不同处有两点，一是阳台地面做法与二层阳台不同，共分三层，具体做法见图中文字说明，二是阳台栏板下部采用素混凝土设一步凸沿，其厚度为 120mm，挑出长度为 80mm。室内底层地面的构造做法分三层，具体做法见图中文字说明，该房屋室外地坪标高为－1m，说明其室内外地面高差为 1000mm，由于该室内地面为起居厅，错层后其地面下落 450mm，阳台地面标高为－0.5m，较起居室地面低 50mm。另外，该图中还标注了一些细部尺寸，如Ⓐ轴线墙厚 240mm 且轴线居中，并针对底层阳台栏板和散水各部位尺寸做了详细注解。

二、楼梯详图

楼梯是多层房屋上下联系的主要交通设施，它除了要满足行走方便和人流疏散畅通外，还应有足够的坚固耐久性。在房屋建筑中最广泛应用的是预制或现浇的钢筋混凝土楼梯。楼梯通常由楼梯段（简称梯段，分为板式梯段和梁板式梯段）、楼梯平台（分楼层平台和休息平台）、栏杆（或栏板）和扶手组成。图 10 - 26 是楼梯的组成。楼梯的结构形式有板式和梁板式两种，其组成如图 10 - 27 所示。

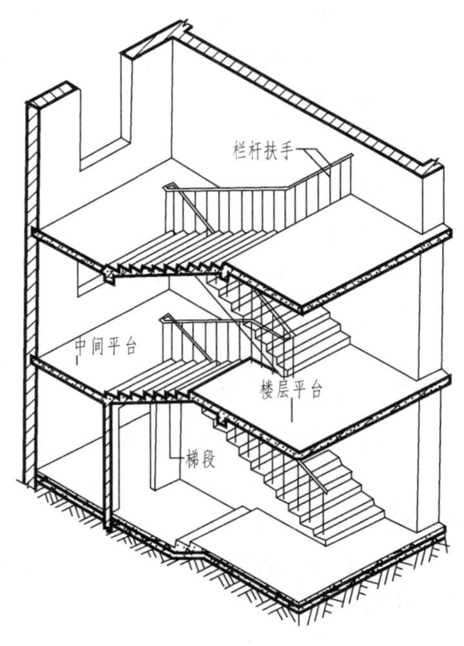

图 10 - 26　楼梯的组成

楼梯的构造比较复杂，需要画出它的详图。楼梯详图主要表达楼梯的类型、结构形式、各部位的尺寸及装修做法，是楼梯施工放样的主要依据。楼梯详图一般包括平面图、剖面图及踏步、栏杆详图等，并尽可能画在同一张图纸内。平、剖面图比例要一致，以便对照阅读。踏步、栏杆详图比例要大些，以便表达清楚该部分的构造情况。楼梯详图一般分建筑详图和结构详图，并分别绘制，编入“建施”和“结施”中。对于一些构造和装修较简单的现浇钢筋混凝土楼梯，其建筑和结构详图可合并绘制，编入“建施”或“结施”均可。

下面介绍楼梯的内容及其图示方法。

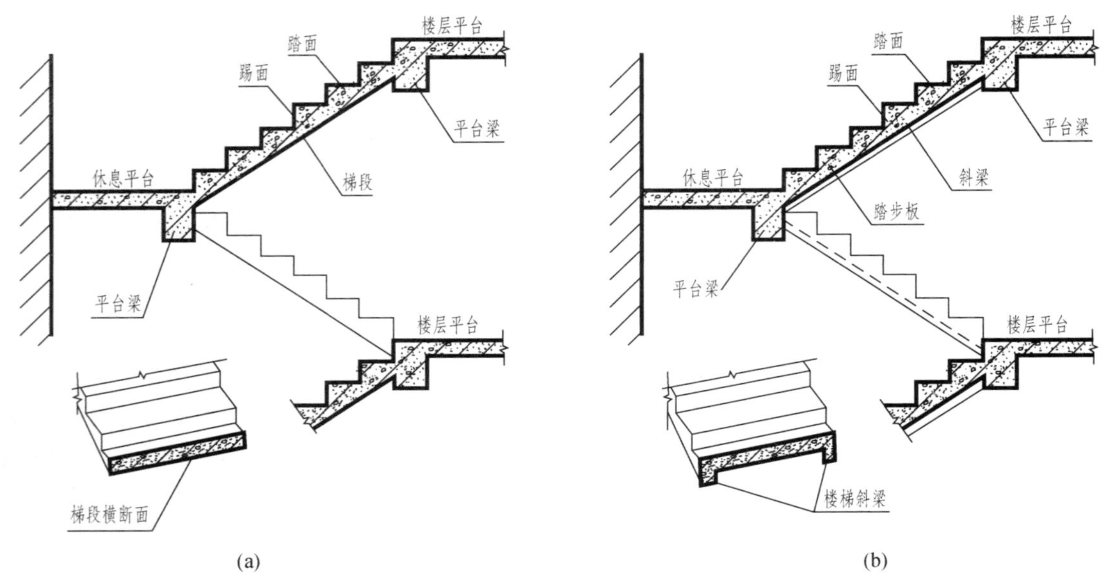

图 10 - 27 两种结构形式楼梯的组成
（a）板式楼梯；（b）梁板式楼梯

（一）楼梯平面图

与建筑平面图相同，一般每一层楼梯都要画一个楼梯平面图。三层以上的房屋，当底层与顶层之间的中间各层布置相同时，通常只画底层、中间层和顶层三个平面图。

楼梯平面图的剖切位置，同房屋平面图一样，是剖在窗台以上（窗洞之间），所以它的位置一般是在该层往上走的第一梯段（休息平台下）的任一处，且通过楼梯间的窗洞口。各层被剖切到的梯段，按“国标”规定，均在平面图中以一根 45°（30°、60°）的折断线表示剖切位置。在每一梯段处以各层楼面为基准绘制一带箭头的指向线，分别注写“上”和“下”及每层楼的踏步数，表明从该层楼（地）面往上或往下走多少步级可到达上（或下）一层的楼（地）面。例如在图 10 - 28 的首层平面图中，注有“上 18”的箭头表示从一层地面向上走 18 步级可达二层楼面，一层平面图中注有“下 6”的箭头表示从一层地面向下走 6 步级可到达入口地面等。

图 10 - 28 是与本例教师公寓配套的楼梯平面图，共画出了三个平面图，即首层平面图、二、三层平面图、顶层平面图。习惯上将楼梯各平面图并排画在同一张图纸内，轴线对齐，以便于阅读，绘图时也可以省略一些重复的尺寸标注。

各层楼梯平面图都应标出该楼梯间的轴线尺寸，以便了解楼梯间的开间和进深。从楼梯平面图的尺寸标注中，可以了解楼地面和休息平台的标高以及楼梯各组成部分的详细尺寸。通常把梯段长度与踏面数、踏面宽的尺寸合并写在一起，如底层平面图中的 8×300＝2400，表示该梯段有 8 个踏面，每一踏面宽 300mm，梯段长为 2400mm。

从图 10 - 28 中还可以看出，每一梯段的长度是 8 个踏步的宽度之和（8×300＝2400），而每一梯段的步级数是 9(18/2)，为什么呢？这是因为每一梯段最高一级的踏面与休息平台

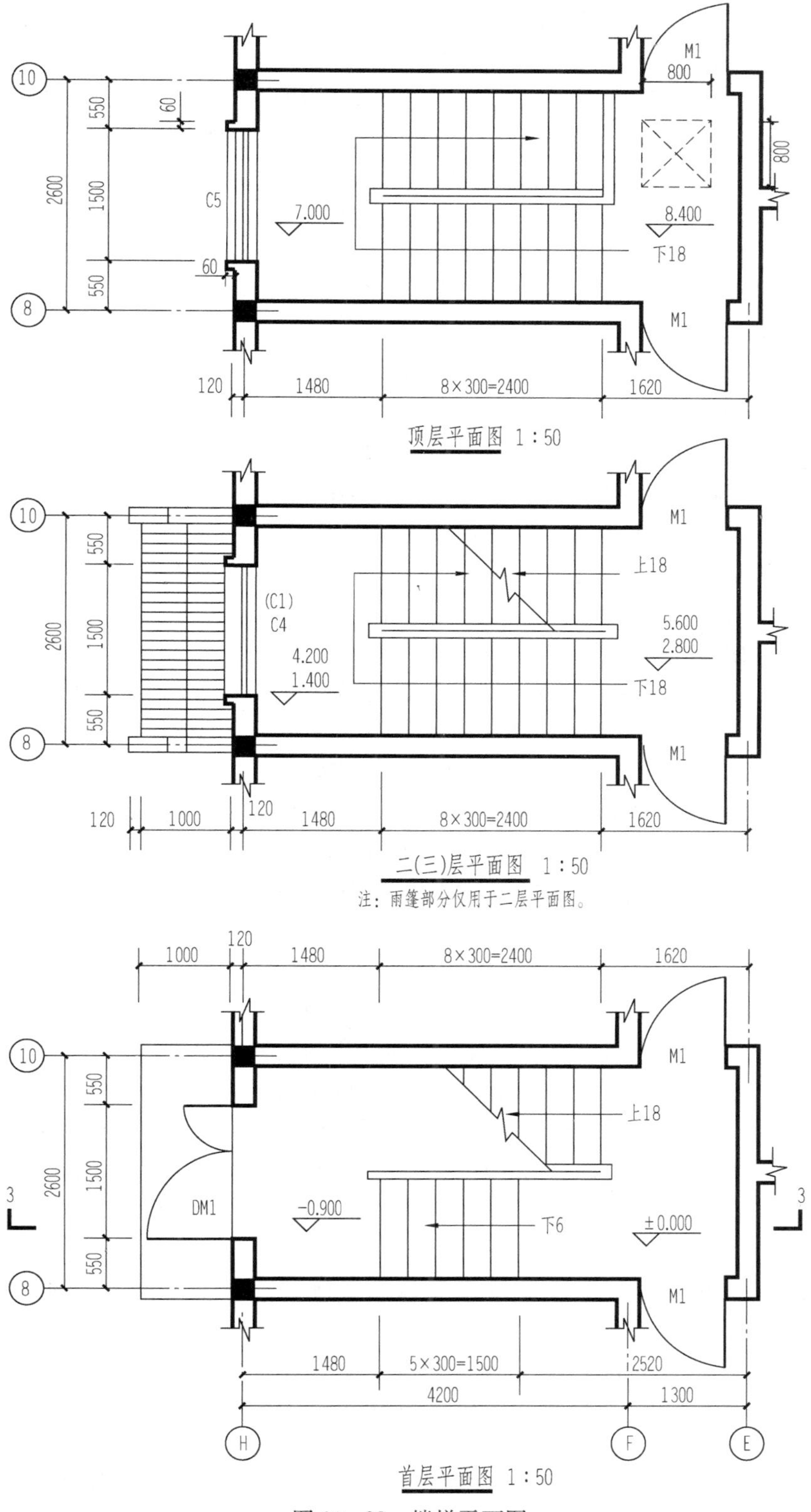

10
8
550
1500
550
2600
60
60
C5
7.000
8.400
下18
M1
800
800
120
1480
8×300=2400
1620
顶层平面图 1:50
(C1)
C4
4.200
1.400
5.600
2.800
上18
下18
120
1000
二(三)层平面图 1:50
注：雨篷部分仅用于二层平面图。
DM1
−0.900
±0.000
下6
5×300=1500
2520
4200
1300
H
F
E
3
首层平面图 1:50

图 10-28　楼梯平面图

面或楼面重合（即将最高一级踏面做平台面或楼面），因此，平面图中每一梯段画出的踏面（格）数，总比踏步数少一，即踏面数＝踏步数－1。

楼梯底层平面图包含的内容有：室外台阶（或坡道）、入口单元门及其地面、入口地面与室内地坪联系的一段踏步（本例为六步）、室内地坪以及以此为基准的上下楼踏步数、分户门等；另外，在图形的外侧注写了两道尺寸（细部尺寸和轴线尺寸），通过轴线尺寸可以知道该楼梯间开间为 2.6m，进深为 5.5m，轴线居中，墙厚 240mm，在外墙与内横墙交接的丁字口处设置了构造柱（涂黑处），图形的内侧还注写了各地面标高。因为楼梯详图中包含楼梯剖面图，所以必须在楼梯底层平面图中注明楼梯剖面图的剖切符号，如本例首层平面图中的 3—3。

楼梯二、三层平面即标准层平面包含的内容有：单元门上部的雨篷样式、楼梯间窗宽和窗套做法、休息平台和二（三）层楼面标高与尺寸、以楼面高度为基准的上下楼踏步数、分户门等；另外，在图形的左侧注写了两道尺寸（细部尺寸和轴线尺寸），图形的下部注写了一道细部尺寸（因两个平面图上下对齐，底层平面图中已标注的轴线尺寸，标准层平面图中可省略），同样，在外墙与内墙交接的丁字口处设置了构造柱（涂黑处）。在标准层平面图中各层平面图不同处应加以说明或注写，如本例二、三层平面图的不同处有两点，一是二层平面要画出雨篷，三层则不画（见二、三层平面图下部注写）；再者二、三层平面图中各楼面高度不同，括号内的数值为三层楼面标高。

楼梯顶层平面图包含的内容基本同二、三层平面图，不同之处是：顶层楼面和休息平台的标高在三层基础上增加了 2.8m；楼梯的两个梯段均为完整的梯段，不再有折断线；以顶层楼面为基准只注写出“下 18”；顶层平面图要画出安全栏板的水平投影；另外，在楼梯间的顶棚处设有通往屋面的人孔（虚线部分）。注意在楼梯顶层平面图中仍然有窗套的断面，与二层平面图不同处是此处的外窗台线同外墙面平齐，而二层平面图的外窗台线同凸出墙面的窗套平齐。这是因为楼梯间的窗套是自二层到四层合并为一个整体，如图 10 - 19 所示的北立面图。

（二）楼梯剖面图

假想用一个竖直的剖切平面沿梯段的长度方向并通过各层的门窗洞和一个梯段，将楼梯间剖开，然后向另一梯段方向投影所得到的剖面图称为楼梯剖面图。

楼梯剖面图应能完整地、清晰地表明楼梯梯段的结构形式、踏步的踏面宽、踢面高、级数及楼地面、休息平台、栏杆（或栏板）的构造及它们的相互关系。本例楼梯，每层只有两个平行的梯段，称为双跑式楼梯。由于楼梯间的屋面与其他位置的屋面相同，所以，在楼梯剖面图中可不画出楼梯间的屋面，一般用折断线将梯段以上部分略去不画，如图 10 - 29 所示。

在多层建筑中，若中间层楼梯完全相同时，可只画出底层、中间层、顶层的楼梯剖面，中间用折断线分开，并在中间层的楼面和楼梯平台面上注写适用于其他中间层楼面和平台面的标高。因本例共四层，中间层不必省略，为此，画出了完整的楼梯剖面图。

从图 10 - 29 可以看出，楼梯剖面图包含的内容有：楼梯间的进深尺寸和轴线编号，地面、休息平台面、楼面等的标高，梯段、栏杆扶手（或栏板）的高度尺寸（建筑设计规范规定：楼梯扶手高度应自踏步前缘量至扶手顶面的垂直距离，其高度不得小于 900mm），其中梯段的高度尺寸与踢面高和踏步数合并书写，如 6×150＝900，表示有 6 个踢面，每个踢面

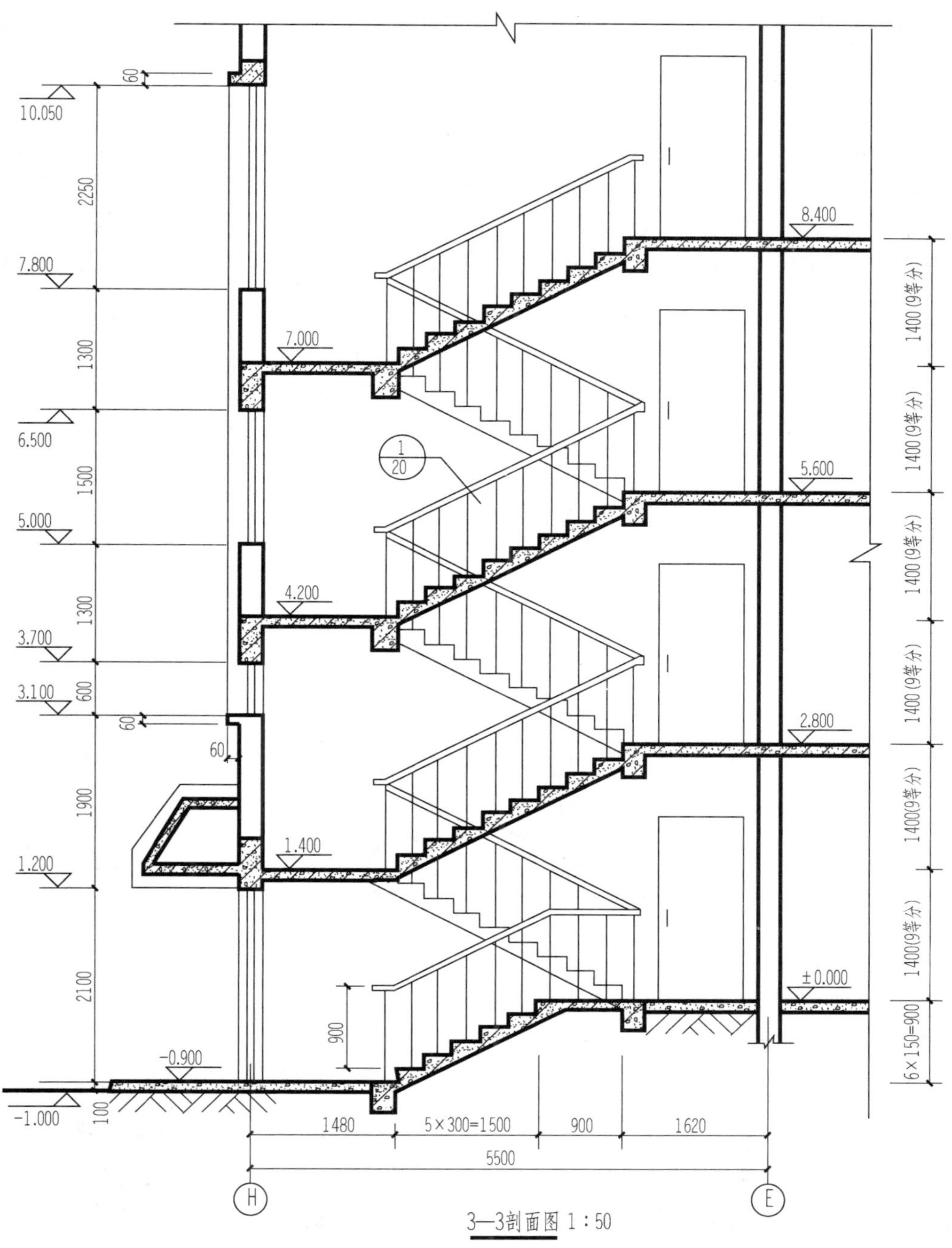

图 10 - 29　楼梯剖面图

高度为 150mm，梯段高度为 900mm，或 1400（9 等分），表示有 9 个踢面，梯段高度为 1400mm，每个踢面高度为 1400mm 的九分之一；此外，还应注出楼梯间外墙上门、窗洞口、雨篷的尺寸与标高。

在楼梯剖面图中，需要画详图的部位，应画上索引符号，另采用更大的比例画出它们的详图，如本例中的索引符号 $\frac{1}{20}$，说明楼梯栏杆和梯段的形式可参照在本套图纸中编号为20的图纸的第一个大样的做法。

（三）楼梯节点详图

在楼梯剖面图中，由于比例较小（常用1∶50），有些部位需要画出详图，通过索引符号引出，采用更大的比例说明各节点形式、大小、材料以及构造情况。本例在楼梯剖面图中只有一个索引符号，在图10-30中用1∶20的比例画出了楼梯栏杆和梯段的形式，同时在1号节点详图上有两个索引符号，用以引出扶手和踏面的节点详图，采用更大的比例画出它们的细部构造。

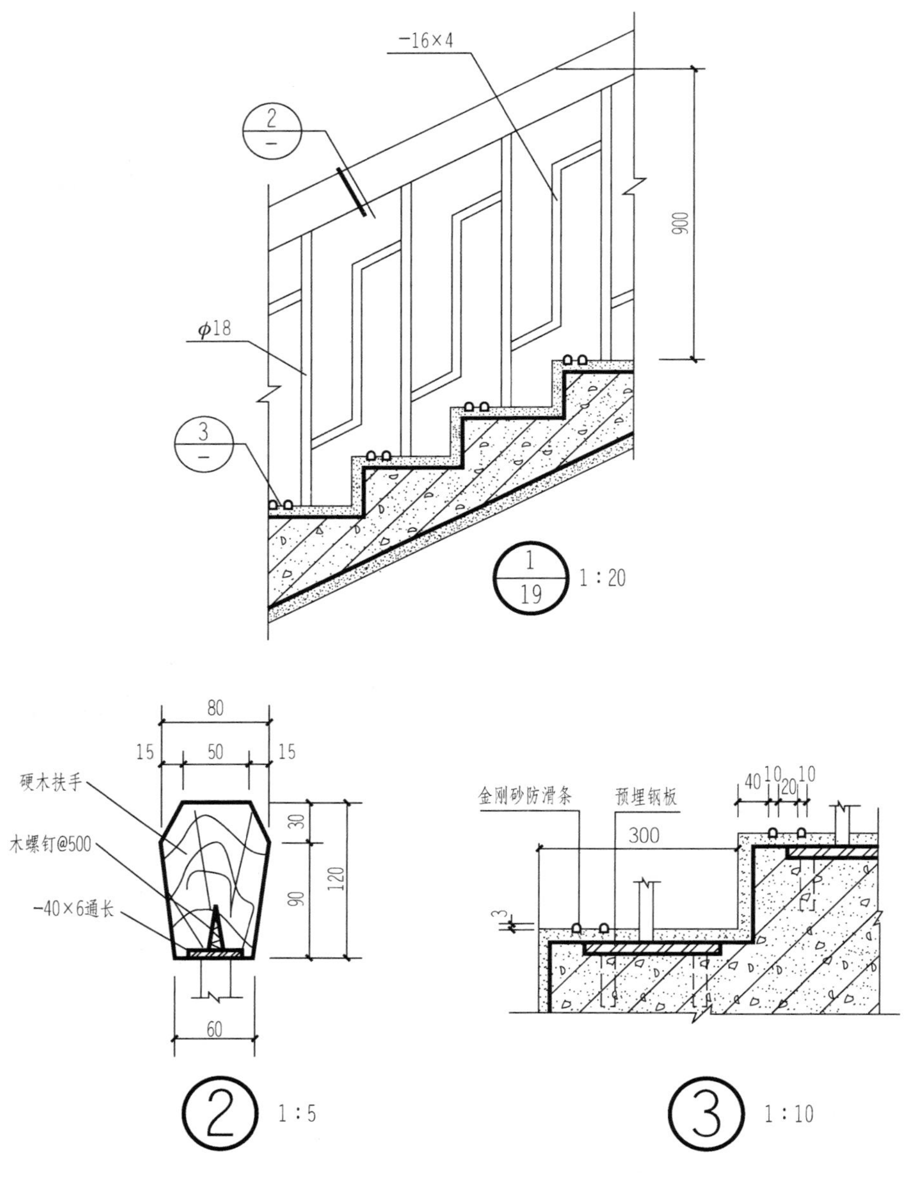

图10-30 楼梯踏步、栏杆、扶手详图

1 号节点详图取楼梯栏杆和梯段一部分局部放大到 1∶20 的比例，详细画出了踏面、踢面的做法，楼梯栏杆的样式，从图中看出栏杆的竖杆采用圆钢 ϕ18，折线杆采用扁钢－16×4，扶手高度为 900mm。由于该图中踏面上的防滑条较小不能表示清楚，所以在 1 号详图防滑条位置处加注了一个索引符号，引出 3 号节点详图。另外，为了表明楼梯扶手的材料和形状，在 1 号节点详图中加注了一个索引剖面详图符号，引出 2 号节点详图。

2 号节点详图是该楼梯扶手的断面图，从图中可以看出：楼梯扶手是硬木的，规格形状见图中尺寸，楼梯扶手与栏杆的连接方式，是用木螺钉通过统长扁铁相连接。这种连接方式是先将竖杆与扁铁焊接起来，扁铁上每隔 500mm 预留一个孔，再将木扶手放在扁铁上面（扁铁应卡在木扶手下部凹槽内），通过木螺钉连接起来。

3 号节点详图是该楼梯踏面的节点详图，从图中可以看出：每个踏面上均设置了两个防滑条，防滑条材料为金刚砂，规格和位置见图中尺寸；图中还表明了楼梯栏杆下端与踏步的连接方式，本例采用的是先在钢筋混凝土踏步板内预埋钢板，后将栏杆与钢板焊接的形式来固定楼梯栏杆下端。

第七节　建筑施工图的画法

一、绘制建筑施工图的步骤

在绘图过程中，要始终保持高度的责任感和严谨细致的工作作风。绘图力求投影正确、尺寸齐全、内容正确、字体工整、图面整洁、布置均匀。

（一）选定比例和图幅

根据房屋的外形、平面布置和构造的复杂程度，以及施工的具体要求，选定比例，进而由房屋的大小以及选定的比例，估算图形大小及注写尺寸、符号及说明所需的幅面，选定标准图幅。

（二）进行合理的图面布置

图面布置（包括图样、图名、尺寸、文字说明及表格等）要主次分明、排列均匀紧凑、表达清晰。尽量保持各图之间的投影关系，或将同类型的、内容关系密切的图样，集中在一张或顺序连续的几张图纸上，以便对照查阅。若画在同一张图纸上时，应注意平面图、立面图、剖面图三者之间的关系，做到平面图与立面图（或剖面图）长对正，平面图与剖面图（或立面图）宽相等，立面图（或剖面图）与剖面图（或立面图）高平齐。

（三）用较硬的铅笔画底稿

先画图框和标题栏，均匀布置图面；再按平→立→剖→详图的顺序画出各图样的底稿。

（四）加深（或上墨）

底稿经检查无误后，按“国标”规定选用不同线型，进行加深（或上墨）。画线时，要注意粗细分明，以增强图面的效果。加深（或上墨）的顺序一般是：先从上到下画水平线，后从左到右画铅直线或斜线；先画直线，后画曲线；先画细线，后画粗线；先画图，后注写尺寸及文字说明。

二、建筑平面图的画法举例

现以图 10－12 所示的教师公寓首层平面图为例，说明建筑平面图的画法。

（1）根据轴线尺寸画出定位轴线，形成轴线网格，如图 10－31（a）所示。

（2）根据轴线到墙边的距离画出墙身，即放墙宽，如图 10-31（b）所示。

（3）根据细部尺寸确定各门窗洞口位置，如图 10-31（c）所示。

（4）画细部，如门窗洞、楼梯、台阶、厨房、卫生间及其卫生设施等，如图 10-31（d）所示。

（5）加深图线。检查无误后，擦去多余的作图线，按线型要求加深图线，如图 10-31（e）所示。

建筑平面图的常用五种线型，具体要求是：剖到的墙柱断面的轮廓线，用粗实线；剖到的门扇，用的中实线（单线）或细实线（双线）；看到的构配件轮廓线及剖到的窗扇和尺寸线均用细实线；不可见构配件的轮廓用细虚线；定位轴线用细单点长画线，如图 10-31（e）所示。

（6）标注尺寸填写文字。标注外部尺寸和内部尺寸，注写门窗编号、房间名称、剖切符号、图名、比例及其他文字说明，如图 10-31（f）所示。

三、建筑立面图的画法举例

现以图 10-19 所示的教师公寓北立面图为例，说明建筑立面图的画法。

（1）先定室外地坪线和房屋最外轮廓线，如图 10-32（a）所示。

（2）绘制门窗洞口的方格网线。根据立面图的标高，画出门窗洞上下坪的高度水平线，再由平面图根据“长对正”，画出各门窗洞的宽度线，如图 10-32（b）所示。

（3）绘制门窗洞口、阳台及挑檐等。在上一步门窗洞口方格网线的基础上，擦去多余的线，画出阳台、挑檐、窗套、雨篷、台阶等，如图 10-32（c）所示。

（4）画细部。画出门窗扇、雨篷贴瓦饰面及屋面装饰等，如图 10-32（d）所示。

（5）加深图线、标注标高。经检查无误后，擦去多余的作图线，按施工图的要求加深图线，注写标高，填写图名、比例及有关文字说明，如图 10-32（e）所示。

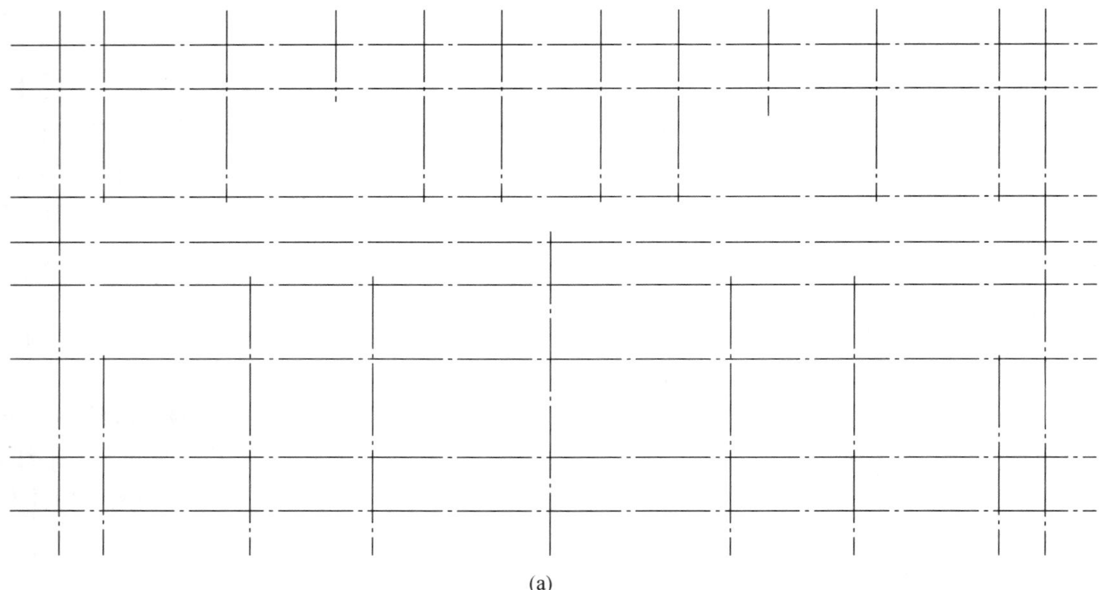

(a)

图 10-31　平面图画图步骤（一）

（a）第一步画轴线网

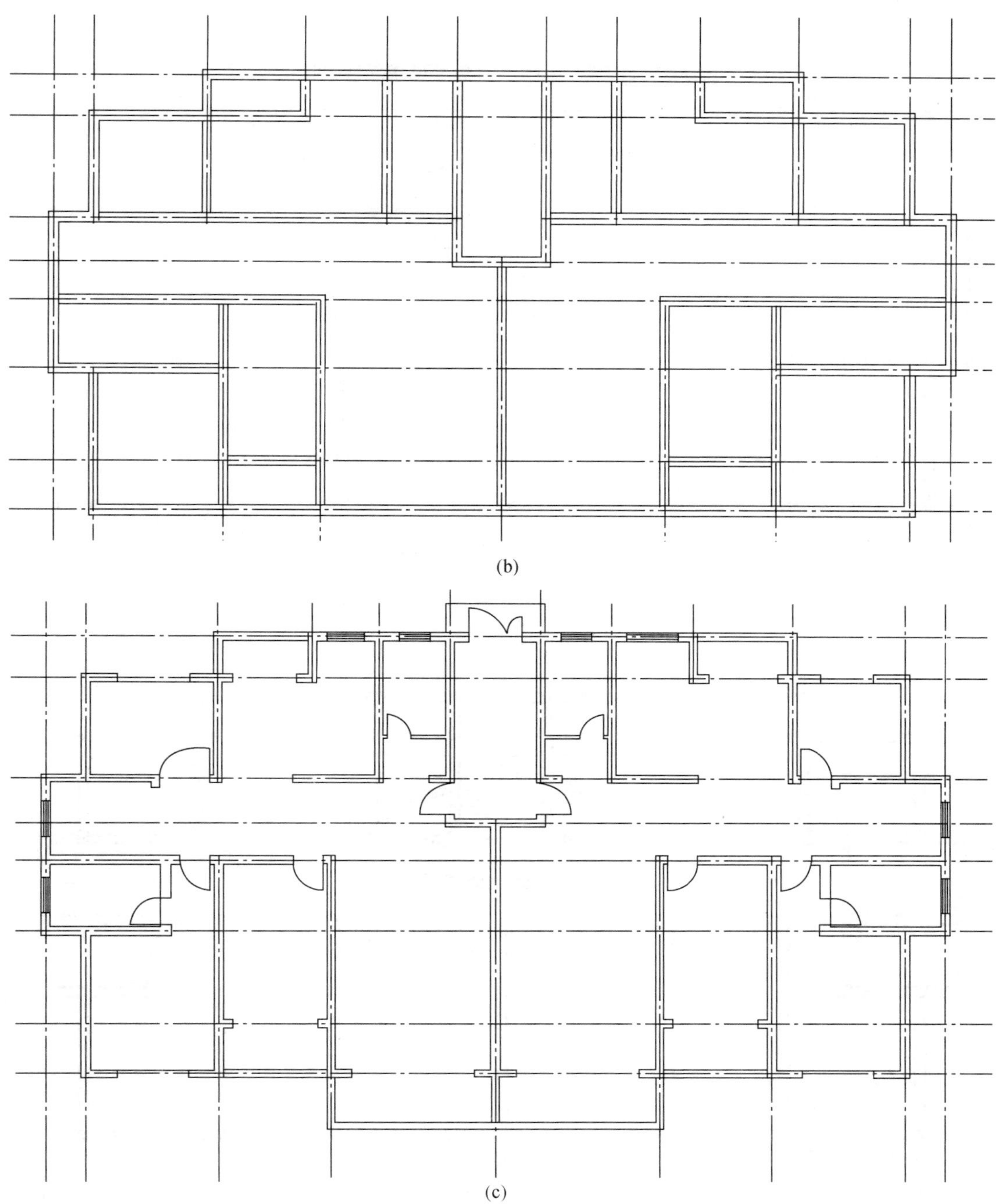

图 10-31　平面图画图步骤（二）

（b）第二步放墙宽；（c）第三步确定门窗洞口位置

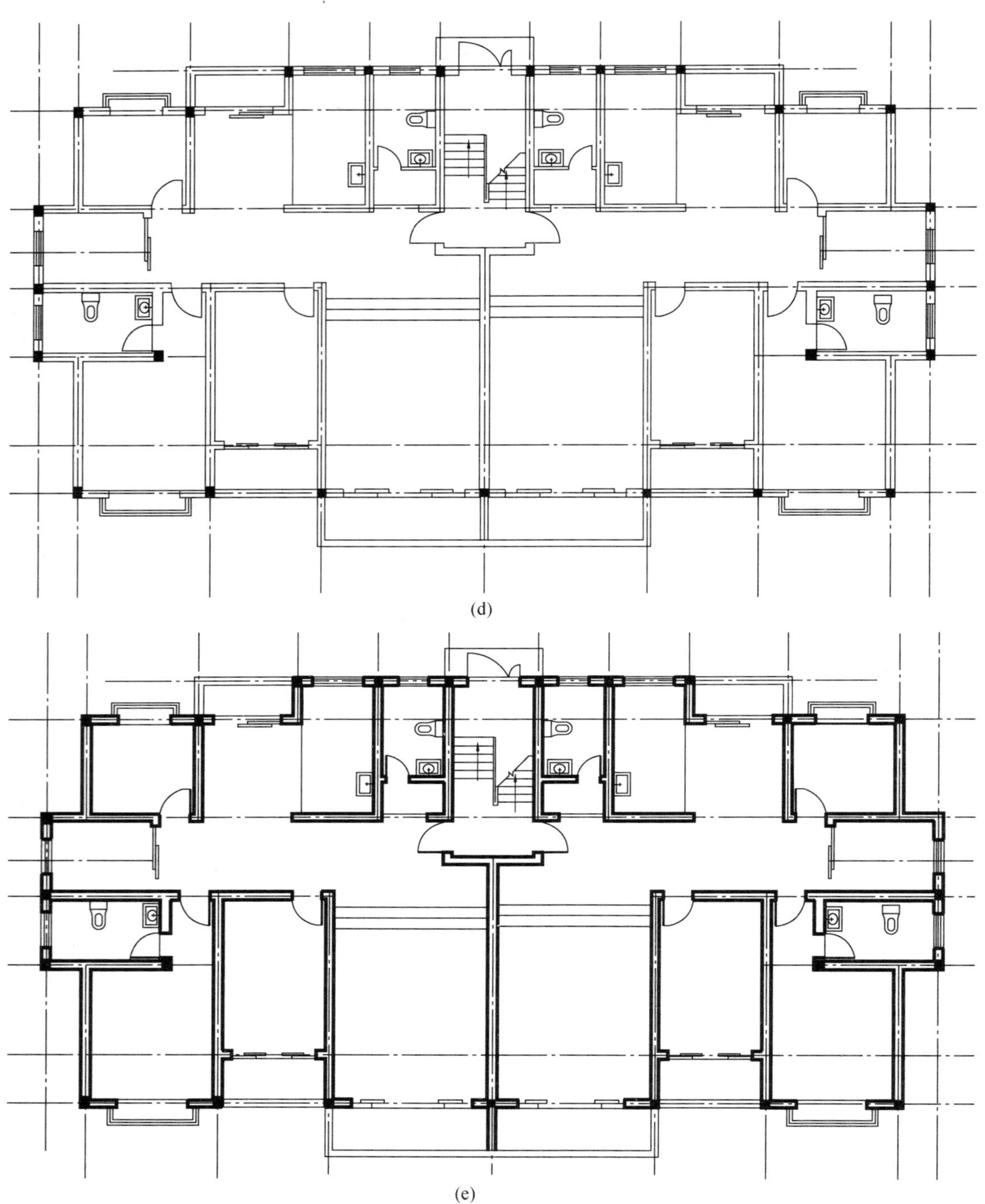

(d)

(e)

图 10-31 平面图画图步骤（三）

（d）第四步画细部；（e）第五步加深图线

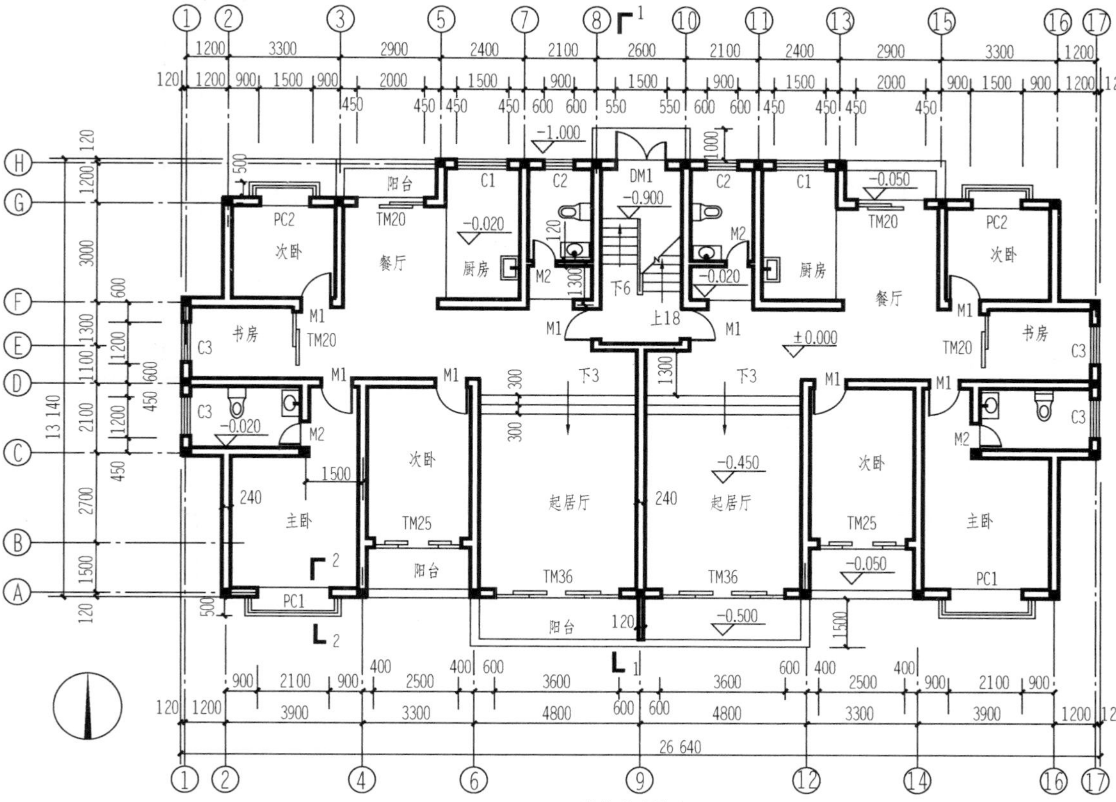

首层平面图 1:100 注：平开门门垛均自轴线外挑250。

(f)

图 10-31 平面图画图步骤（四）

(f) 第六步标注尺寸填写文字

(a)

图 10-32 立面图画图步骤（一）

(a) 第一步画地面线和房屋最外轮廓线

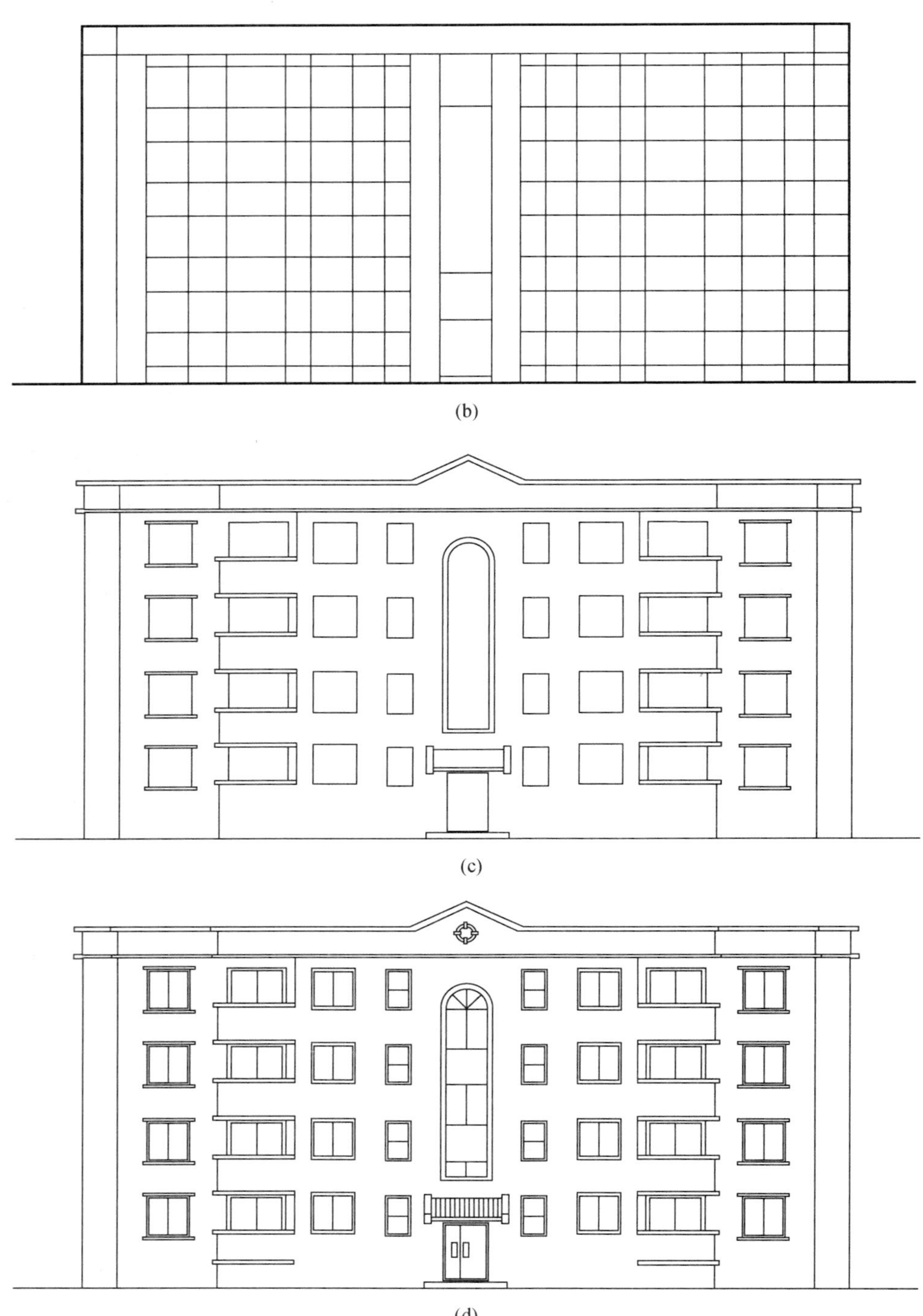

(b)

(c)

(d)

图 10-32 立面图画图步骤（二）

（b）第二步绘制门窗洞口的方格网线；（c）第三步绘制门窗洞口、阳台及挑檐等；（d）第四步画细部

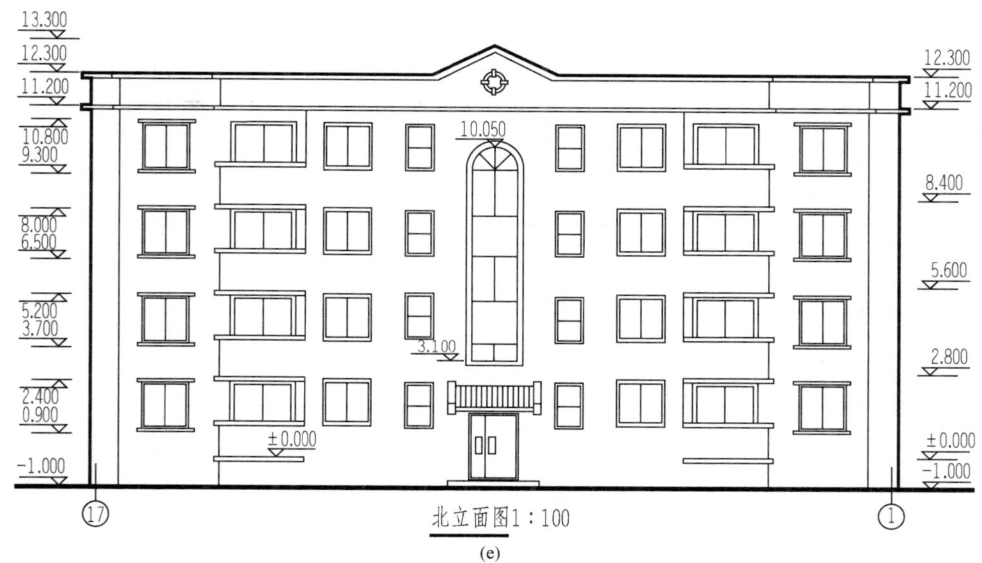

(e)

图 10-32 立面图画图步骤（三）

(e) 第五步加深图线、标注标高

绘制立面图时常使用以下五种线型：地坪线采用线宽为 4/3b 的特粗实线；房屋立面的外墙轮廓线采用线宽为 b 的粗实线；在外墙轮廓线之内的凹进或凸出墙面的轮廓线，如凸窗台、门窗洞、檐口、阳台、雨篷、柱、台阶等构配件的轮廓线，画成线宽为 0.5b 的中实线；一些较小的构配件和细部的轮廓线，如门窗扇、栏杆、雨水管和墙面分格线等均可画线宽为 0.25b 的细实线；定位轴线采用线宽为 0.25b 的细单点长画线。

四、建筑剖面图的画法

现以图 10-23 所示的教师公寓 1—1 剖面图为例，说明建筑剖面图的画法。

(1) 定轴线、画墙身、定各主要楼地面高度线。先画出定位轴线和墙身，再定室内外地坪线、主要楼地面及屋顶的上表面高度线，如图 10-33 (a) 所示。

(2) 确定各梯段起止点，画出各楼板厚度线，如图 10-33 (b) 所示。

(3) 确定门窗位置、画出梯段、阳台及雨篷。根据细部尺寸确定门窗洞的高度位置，参照图 10-28 楼梯平面图、图 10-30 楼梯详图尺寸画出各梯段踏步，由图 10-25 外墙身详图画出阳台及雨篷、天沟等构配件轮廓线，如图 10-33 (c) 所示。

(4) 画细部。画出剖到的门窗扇、室内台阶、阳台上下凸沿和看到的户门、楼梯栏杆扶手等，如图 10-33 (d) 所示。

(5) 画材料图例。在剖到的屋面板、楼板、踏步、雨篷、阳台板、压顶和梁等断面内涂黑，用以表示钢筋混凝土材料；另画出地面垫层素土夯实和自然土壤的材料图例，如图 10-33 (e) 所示。

(6) 标注尺寸和标高、注写文字。按施工图要求加深图线，注写标高、尺寸、图名、比例及有关文字说明，如图 10-33 (f) 所示。

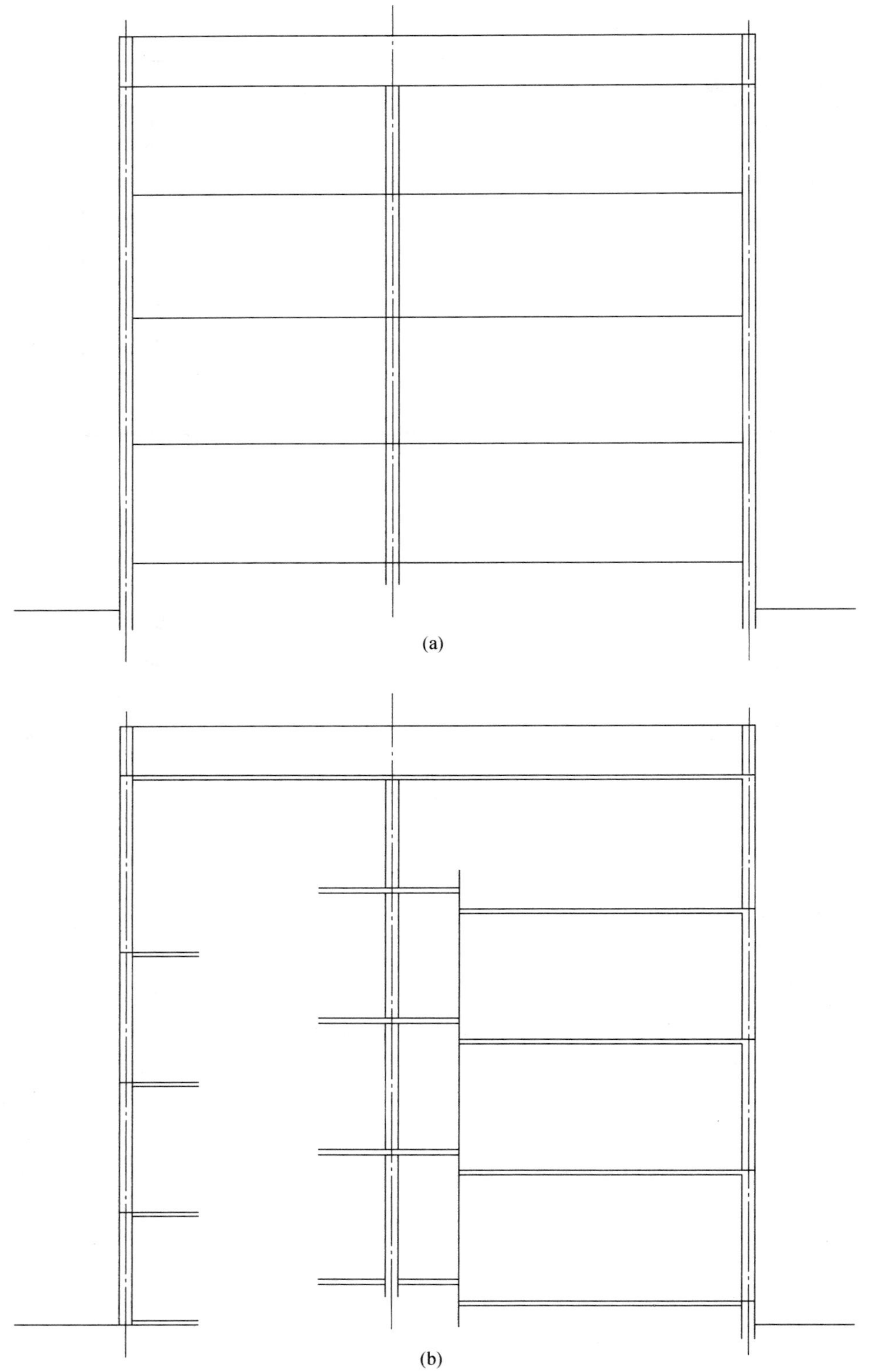

图 10-33 剖面图画图步骤（一）
（a）第一步定轴线、画墙身、定各主要楼地面高度线；（b）第二步确定各梯段起止点、画出各楼板厚度线

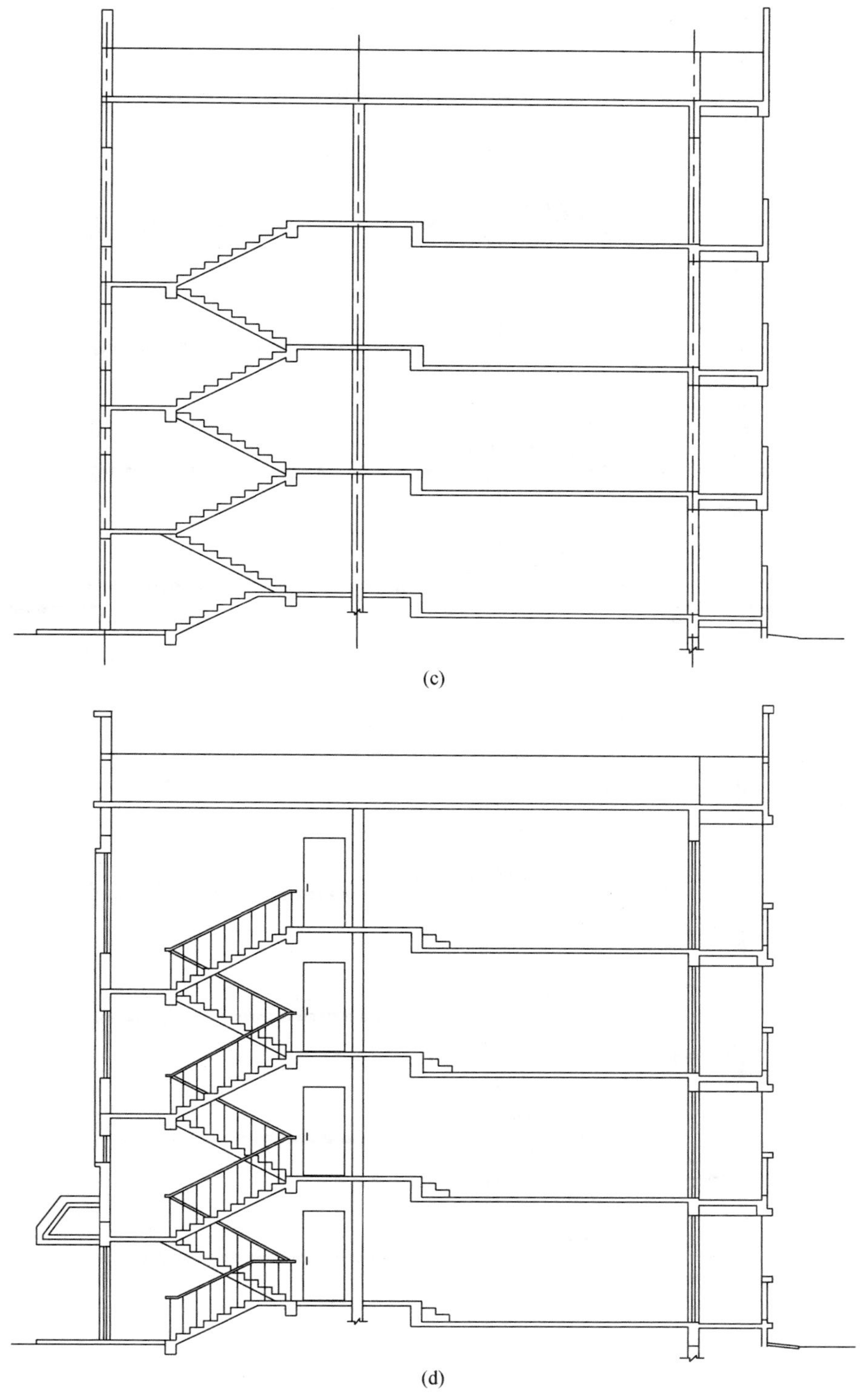

图 10 - 33 剖面图画图步骤（二）

（c）第三步确定门窗位置、画出梯段和阳台；（d）第四步画细部

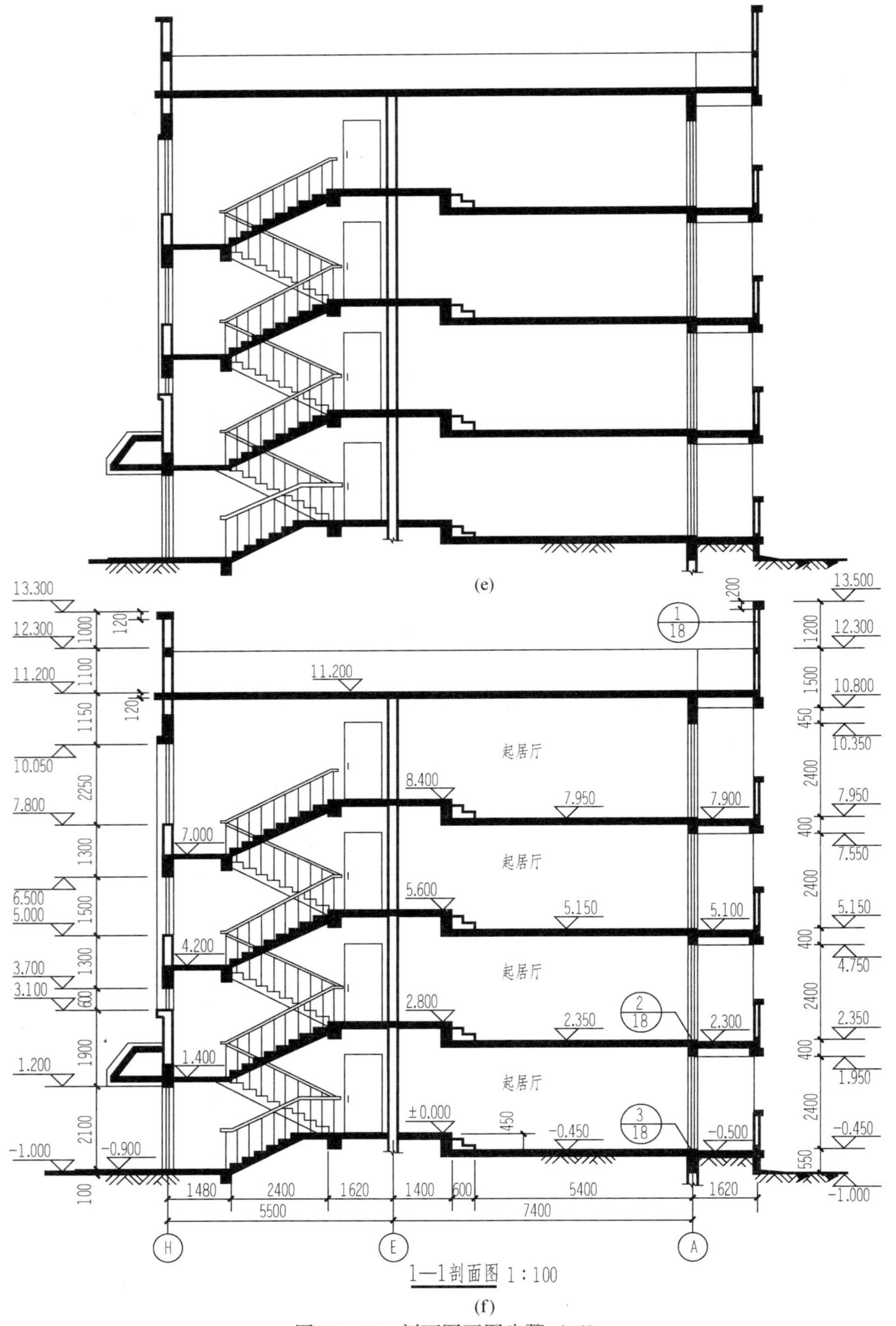

图 10-33　剖面图画图步骤（三）

(e) 第五步加深图线、画材料图例；(f) 第六步标注尺寸和标高、注写文字

剖面图的线型主要有四种：室外地坪线用特粗实线（线宽 4/3b），剖到的构件（如墙、柱、梁、板、踏步等）轮廓线用粗实线（线宽 b），剖到的门窗和看到的构配件轮廓线用细实线（线宽 0.25b），轴线应用细单点长画线（线宽 0.25b）。

五、楼梯详图的画法

（一）楼梯平面图的画法

现以本章教师公寓的顶层楼梯平面图为例，说明其绘图方法。

（1）定轴线、画墙身。确定楼梯间的轴线位置，并根据轴线与墙身的关系画出墙身厚度，如图 10－34（a）所示。

（2）画细部。画出看到的楼梯栏杆、平台和踏面的水平投影，剖到的门窗扇，并画出带箭头的指向线，如图 10－34（b）所示。

（3）加深图线、标注尺寸。按平面图要求加深图线，标注标高、尺寸、轴线、图名、比例等，如图 10－34（c）所示。

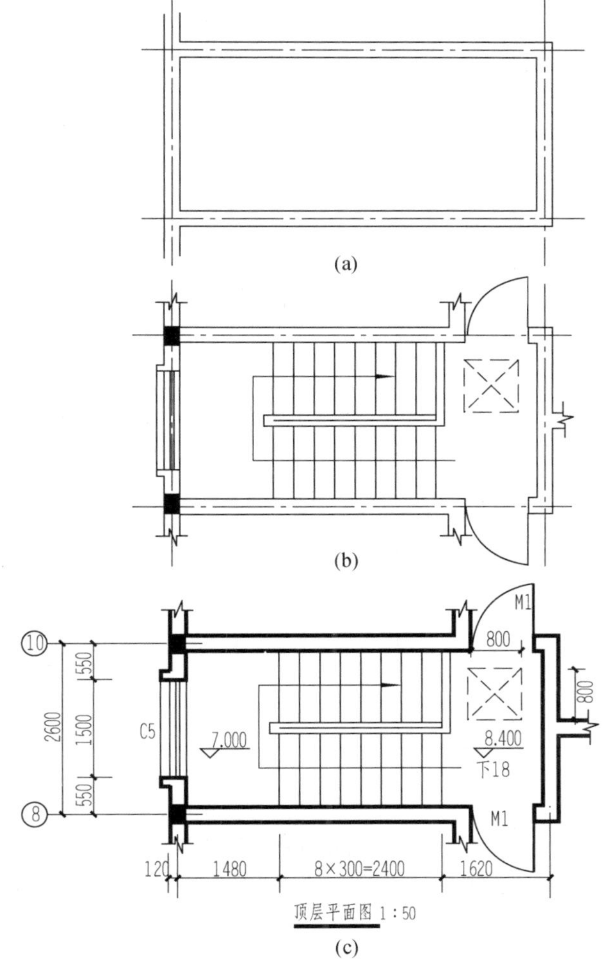

图 10－34　楼梯平面图画图步骤

（a）第一步定轴线、画墙身；（b）第二步画细部；（c）第三步加深图线、标注尺寸

（二）楼梯剖面图的画法

绘制楼梯剖面图时，注意图形比例应与楼梯平面图一致；画栏杆（或栏板）时，其坡度应与梯段一致。

（1）定轴线、画墙身、确定楼地面高度线和梯段的起止点。确定楼梯间的轴线位置，根据轴线与墙身关系画出墙身厚度，再确定楼地面、休息平台面高度线和各梯段的起止点位置，如图 10-35（a）所示。

（2）画出门窗洞、楼板和梯段踏步。根据细部尺寸和楼地面高度画出门窗洞，并画出楼板厚度和楼梯踏步，如图 10-35（b）所示。

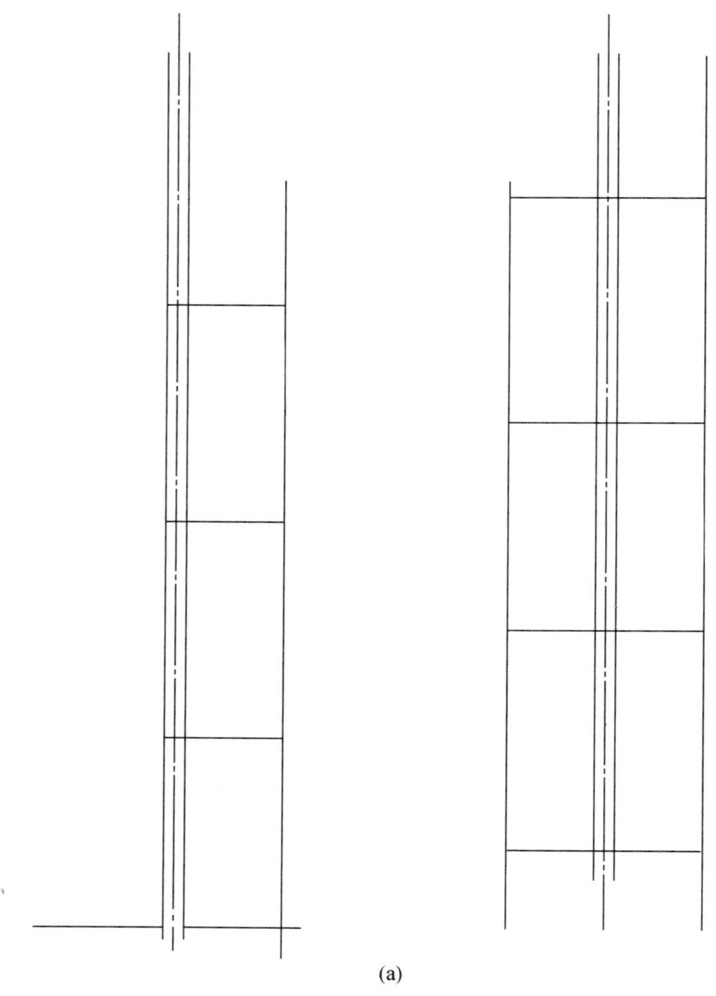

(a)

图 10-35　楼梯剖面图画图步骤（一）

（a）第一步定轴线、画墙身、确定楼地面高度线和梯段的起止点楼梯踏步的画法可应用“斜线法”或“方格网法”，如图 10-36 所示。一般手工绘图常用“斜线法”，计算机绘图可用“方格网法”。其中的“斜线法”是采用先分别作出整个梯段踏步最高一级和最低一级的顶面连线及底面连线，再根据踏面宽度和踏步数作出等距的竖向分格，连接两条斜线与各条竖线的交点即为各踏步的踏面，两斜线之间的每小段竖线均为各踏步的踢面，由此画出整个梯段踏步，如图 10-36（a）所示。因为“斜线法”作图底稿线少，画图速度快，图面清晰，所以在手工绘图时经常使用；“方格网法”是分别根据踏步的踏面宽度画出竖线和踢面高度画出横线形成方格网，然后根据各踏步的位置在方格网中有选择地绘制各踏步，如图 10-36（b）所示。“方格网法”作图底稿线多，画图速度慢，图面不清晰，所以在手工绘图时较少采用。

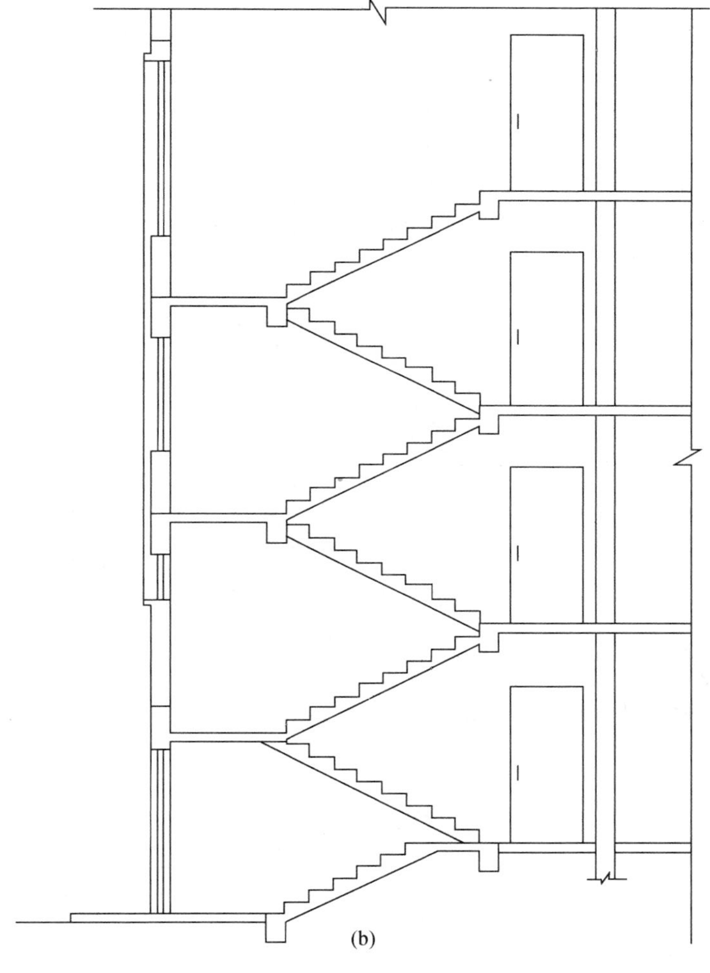

图 10-35　楼梯剖面图画图步骤（二）

（b）第二步画出门窗洞、楼板和梯段踏步

（3）画细部及材料图例。画出楼梯栏杆、雨篷和钢筋混凝土材料图例，如图 10 - 35（c）所示。

（4）加深图线、标注尺寸和标高。按剖面图要求加深图线，标注标高、尺寸、轴线、图名、比例等，如图 10 - 35（d）所示。

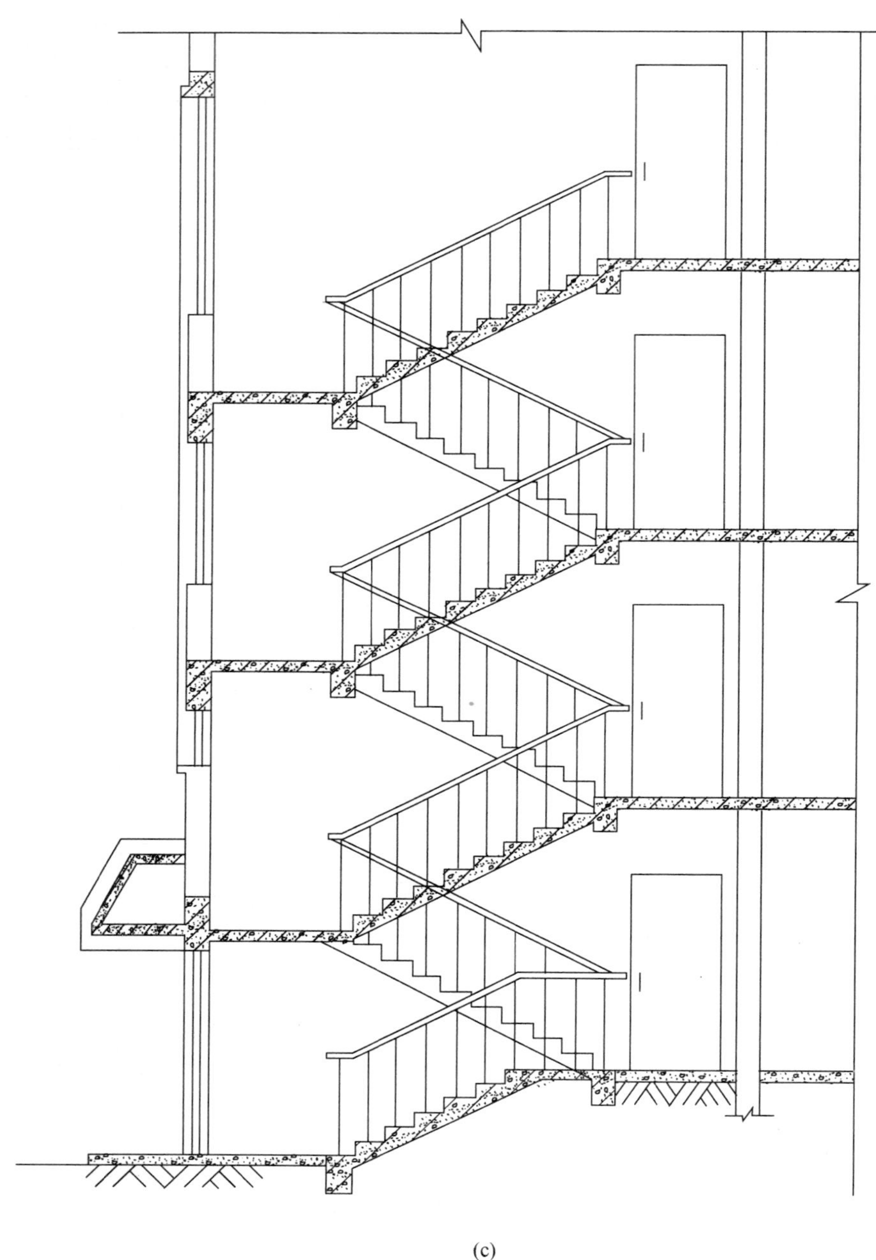

(c)

图 10 - 35　楼梯剖面图画图步骤（三）

（c）第三步画细部及材料图例

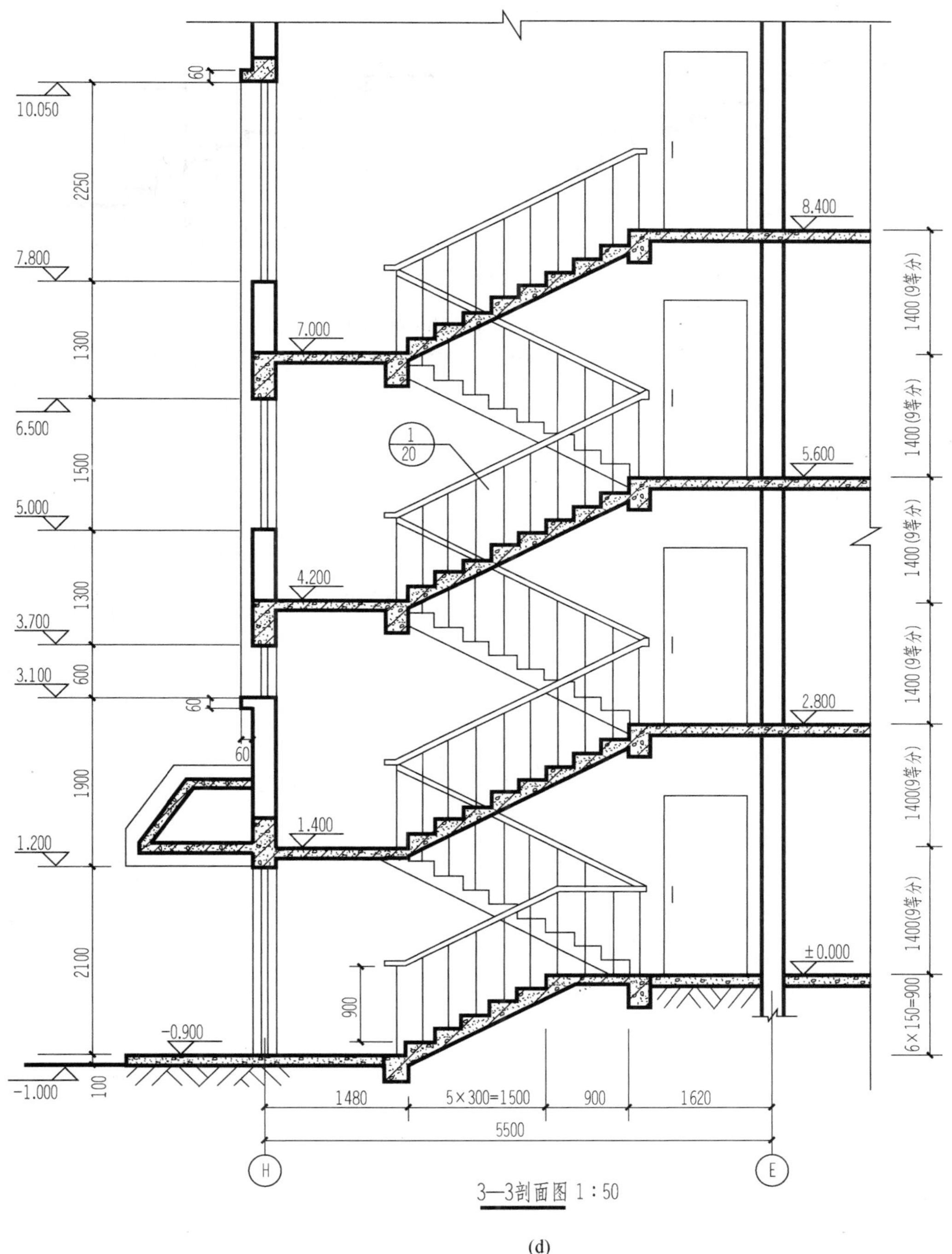

(d)

图 10-35　楼梯剖面图画图步骤（四）

(d) 第四步加深图线、标注尺寸和标高

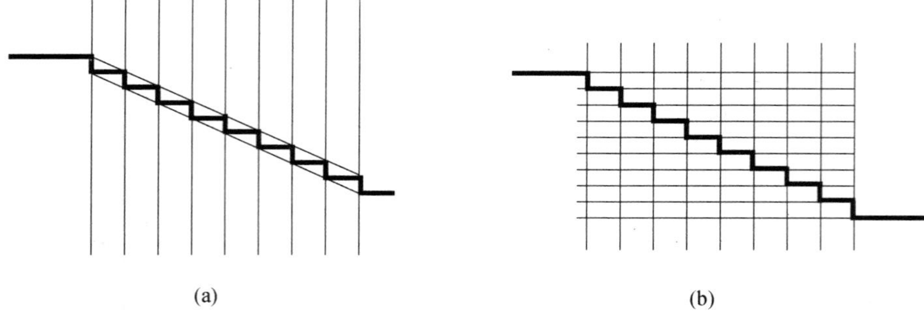

图 10 - 36　楼梯踏步的画法

（a）“斜线法”；（b）“方格网法”

第十一章 结构施工图

第一节 概 述

建筑施工图主要表达出了房屋的外形、内部布局、建筑细部构造和内外装修等内容，而房屋各承重构件的布置、形式、大小以及连接情况等内容都没有表达出来，这些内容即为结构施工图。因此，在房屋设计中，除了进行建筑设计，画出建筑施工图外，还要进行结构设计，画出结构施工图。

结构设计是根据建筑各方面的要求，进行结构选型和构件布置，再通过力学计算，决定房屋各承重构件的材料、形状、大小，以及内部构造等，并将设计结果按正投影法绘成图样以指导施工，这种图样称为结构施工图，简称"结施"。

房屋结构按承重构件的材料可分为：

（1）砖混结构——承重墙用砖或砌块砌筑，梁、楼板和楼梯等承重构件都是钢筋混凝土构件。

（2）钢筋混凝土结构——承重的柱、梁、楼板和屋面都是钢筋混凝土构件。

（3）砖木结构——墙用砖砌筑，梁、楼板和屋架都是木构件。

（4）钢结构——承重构件全部为钢材。

（5）木结构——承重构件全部为木材。

本章将主要以第十章所述某教师公寓为例，介绍结构施工图的阅读与绘图，简要介绍钢结构施工图的阅读，同时，对于近年来广泛应用于各设计和施工单位的混凝土结构施工图平面整体表示方法（简称平法），进行了详细介绍。

结构施工图应包括以下内容：

（1）结构设计说明，包括选用结构材料的类型、规格、强度等级；地基情况；施工注意事项；选用的标准图集等。

（2）结构平面图，包括基础平面图；楼层结构平面图；屋面结构平面图。

（3）结构构件详图，包括梁、板、柱及基础结构详图；楼梯结构详图；屋架结构详图；其他详图，如支撑详图等。

为了绘图和施工方便，结构构件的名称应用代号来表示，为此"国标"中规定了常用的构件代号，见表 11-1。

表 11-1　　常用构件代号（部分）

名　称	代　号	名　称	代　号	名　称	代　号
板	B	圈梁	QL	桩	ZH
屋面板	WB	过梁	GL	挡土墙	DQ
墙板	QB	屋架	WJ	梯	T
楼板	LB	框架	KJ	雨篷	YP
天沟板	TGB	柱	Z	阳台	YT
梁	L	框架柱	KZ	预埋件	M
屋面梁	WL	构造柱	GZ	基础	J

注　预应力钢筋混凝土构件的代号，应在构件代号前加注"Y－"，如 Y－KB 表示预应力钢筋混凝土空心板。

第二节　钢筋混凝土结构图

一、钢筋混凝土构件的基本知识

1. 钢筋混凝土构件的组成和混凝土的强度等级

钢筋混凝土构件由钢筋和混凝土两种材料组成。混凝土是由水泥、砂子（细骨料）、石子（粗骨料）和水按一定的比例拌和硬化而成。混凝土的抗压强度高，但抗拉强度低，一般仅为抗压强度的1/20～1/10。因此，混凝土构件容易在受拉或受弯时断裂。混凝土的强度等级应按立方体抗压强度标准值确定，分为14个等级，C15、C20、C25、C30、C35、C40、C45、C50、C55、C60、C65、C70、C75、C80，数字越大，表示混凝土的抗压强度越高。

为了提高混凝土构件的抗拉能力，常在混凝土构件受拉区域或相应部位加入一定数量的钢筋，如图11-1所示。钢筋不但具有良好的抗拉强度，而且与混凝土有良好的黏结力，其热膨胀系数与混凝土也相近。因此，钢筋与混凝土可以结合成一个整体，共同承受外力。这种配有钢筋的混凝土，称为钢筋混凝土，配有钢筋的混凝土构件，称为钢筋混凝土构件。

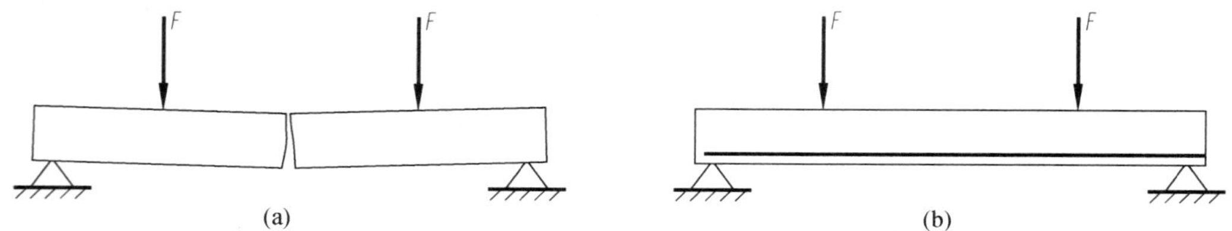

图11-1　钢筋混凝土梁受力示意图

（a）混凝土构件；（b）钢筋混凝土构件

钢筋混凝土构件有现浇和预制两种。现浇是指在建筑工地现场浇制，预制是指在预制品工厂或现场先浇制好，然后运到工地或直接进行吊装。此外，在制作构件时，通过张拉钢筋对混凝土预加一定的压力，可以提高构件的抗拉和抗裂性能，这种构件称为预应力钢筋混凝土构件。

2. 钢筋混凝土构件中钢筋的名称和作用

配置在钢筋混凝土构件中的钢筋，按其作用可分为下列几种，如图11-2所示。

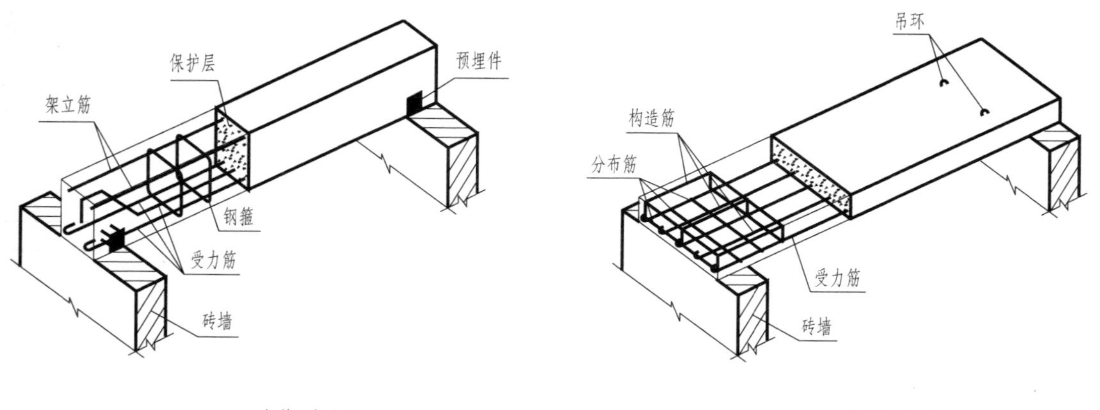

图11-2　钢筋的分类

（1）受力筋：也称主筋，主要承受拉、压应力的钢筋，用于梁、板、柱、墙等钢筋混凝土构件受力区域中。

（2）箍筋：也称钢箍，用以固定受力筋的位置，并受一部分斜拉应力，多用于梁和柱内。

（3）架立筋：用以固定梁内箍筋位置，与受力筋、箍筋一起形成钢筋骨架，一般只在梁内使用。

（4）分布筋：用于板或墙内，与板内受力筋垂直布置，用以固定受力筋的位置，并将承受的重量均匀地传给受力筋，同时抵抗热胀冷缩所引起的温度变形。

（5）构造筋：构件因在构造上的要求或施工安装需要而配置的钢筋，如预埋锚固筋、吊环等。

3. 钢筋的种类与代号

混凝土构件中配置的钢筋分普通钢筋和预应力钢筋，普通钢筋常采用 HPB300、HRB335、HRBF335 级和 HRB400、HRBF400、HRB500、HRBF500 级钢筋，钢筋名称中 H（Hot 缩写）表示热轧，P（Polishing 缩写）表示光圆，R（Ribbed 缩写）表示带肋，B（Bars 缩写）表示钢筋，F（Fine 缩写）表示细晶粒钢筋，各数字代表钢筋的抗拉强度标准值，也可采用余热处理 RRB400 级钢筋。在混凝土结构设计规范中，对国产建筑用钢筋，按其产品种类和强度值等级不同，分别给予不同代号，以便标注和识别，表 11-2 是普通钢筋代号及强度标准值，从表中可看出，钢筋有光圆钢筋和带肋钢筋（表面上有人字纹或螺旋纹等）。

表 11-2　　普通钢筋代号及强度标准值

种　类	代号	直径 d（mm）	强度标准值 f_{yk}（N/mm^2）	备　　注
HPB300	Φ	6～22	300	光圆钢筋（Ⅰ级热轧钢筋）
HRB335(20MnSi)	Φ	6～50	335	带肋钢筋（Ⅱ级热轧钢筋）
HRBF335	Φ^{F}	6～50	335	带肋钢筋（Ⅱ级细晶粒热轧钢筋）
HRB400(20MnSiV)	Φ	6～50	400	带肋钢筋（Ⅲ级热轧钢筋）
HRBF400	Φ^{F}	6～50	400	带肋钢筋（Ⅲ级细晶粒热轧钢筋）
RRB400(K20MnSi)	Φ^{R}	6～50	400	带肋钢筋（新Ⅲ级热处理钢筋）
HRB500	Φ	6～50	500	带肋钢筋（Ⅳ级热轧钢筋）
HRBF500	Φ^{F}	6～50	500	带肋钢筋（Ⅳ级细晶粒热轧钢筋）

4. 钢筋的保护层

为了保护钢筋、防腐蚀、防火以及加强钢筋与混凝土的黏结力，在构件中钢筋外边缘至构件表面之间应留有一定厚度的混凝土保护层。根据《混凝土结构设计规范》（GB 50010—2010）规定，混凝土保护层厚度不应小于钢筋的公称直径，且应符合表 11-3 混凝土保护层最小厚度的规定要求。

表 11-3　　混凝土保护层的最小厚度　　mm

环境类别	板、墙	梁、柱
一	15	20
二 a	20	25

续表

环境类别	板、墙	梁、柱
二 b	25	35
三 a	30	40
三 b	40	50

注 1. 表中混凝土保护层厚度指最外层钢筋外边缘至混凝土表面的距离，适用于设计使用年限为 50 年的混凝土结构。

2. 混凝土等级不大于 C25 时，表中保护层厚度数值应增加 5。

3. 基础底面钢筋保护层厚度，有混凝土垫层时应从垫层顶面算起，且不应小于 40mm。

4. 设计使用年限为 100 年的混凝土结构，一类环境中，最外层钢筋的保护层厚度不应小于表中数值的 1.4 倍；二、三类环境中，应采取专门的有效措施。

室内正常环境为一类环境，室内潮湿环境为二 a 类环境，严寒和寒冷地区的露天环境为二 b 类环境，使用除冰盐或海风环境为三 a 类环境，盐渍土或海岸环境为三 b 类环境。

5. 钢筋的弯钩

为了使钢筋和混凝土具有良好的黏结力，避免钢筋在受拉时滑动，应对光圆钢筋的两端进行弯钩处理，弯钩常做成半圆弯钩或直弯钩，如图 11－3（a）、（b）所示。钢箍常采用光圆钢筋，故两端处也要做出弯钩，一般分别在两端各伸长 50mm 左右，将弯钩常做成 135°或 90°，如图 11－3（c）所示。

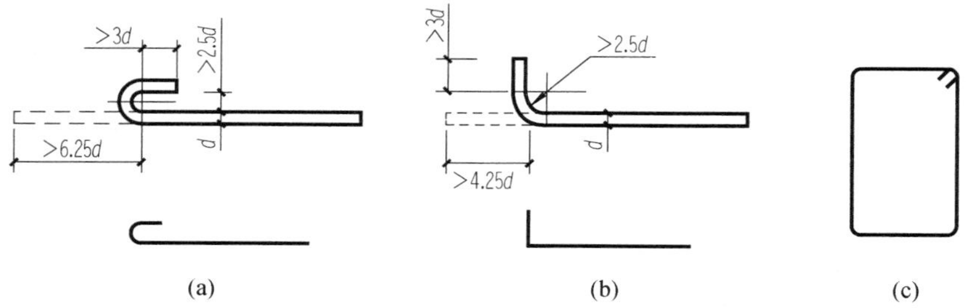

图 11－3 钢筋和钢箍的弯钩和简化画法

（a）钢筋的半圆弯钩；（b）钢筋的直弯钩；（c）钢箍的弯钩

带肋钢筋由于与混凝土的黏结力强，所以两端不必加弯钩。

二、钢筋混凝土结构图的图示特点

（1）为了突出表示钢筋的配置情况，在钢筋混凝土构件结构图中，将混凝土看成透明体，把钢筋画成粗实线，构件的外形轮廓线画成细实线；在构件断面图中，不画材料图例，钢筋断面用黑圆点表示。钢筋常用的表示方法见表 11－4。

表 11－4　钢筋的一般表示方法

名　称	图　例	说　明
钢筋横断面	●	
无弯钩的钢筋端部	———	下图表示长、短钢筋投影重叠时，短钢筋的端部用 45°斜画线表示
带半圆形弯钩的钢筋端部	⊂———	

续表

名　　称	图　　例	说　　明
带直钩的钢筋端部		
带丝扣的钢筋端部		
无弯钩的钢筋搭接		
带半圆弯钩的钢筋搭接		
带直钩的钢筋搭接		
预应力钢筋或钢绞线		
单根预应力钢筋横断面	+	

(2) 钢筋的标注应给出钢筋的代号、直径、数量、间距、编号及所在位置，如图 11－4 所示。钢筋说明应沿钢筋的长度标注或标注在相关钢筋的引出线上。

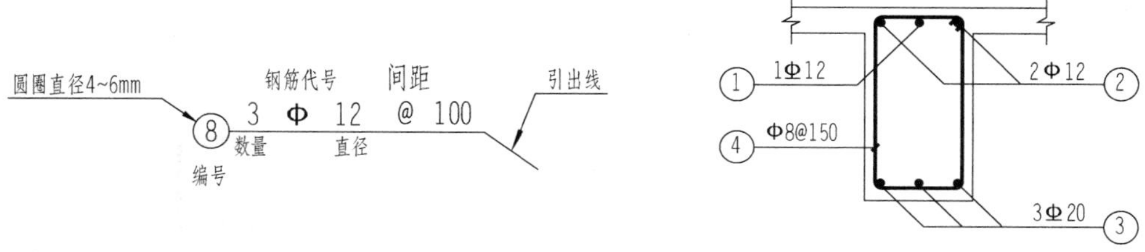

图 11－4　钢筋的标注

(3) 构件配筋图中箍筋的长度尺寸，应指箍筋的里皮尺寸；受力钢筋的尺寸应指钢筋的外皮尺寸，如图 11－5 所示。

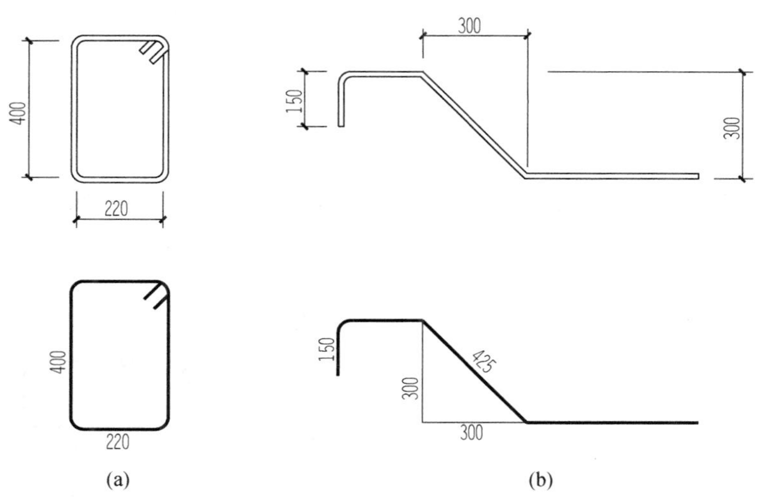

图 11－5　箍筋、受力筋的尺寸注法

(a) 箍筋；(b) 受力钢筋

(4) 在结构平面图中配置双层钢筋时，底层钢筋的弯钩应向上或向左画出，顶层钢筋的弯钩则向下或向右画出，如图 11－6 所示。

图中每组相同的钢筋、箍筋或环筋，可用一根粗实线表示，同时用一两端带斜短画线的横穿细线，表示其余钢筋起止范围，如图 11-7 所示。

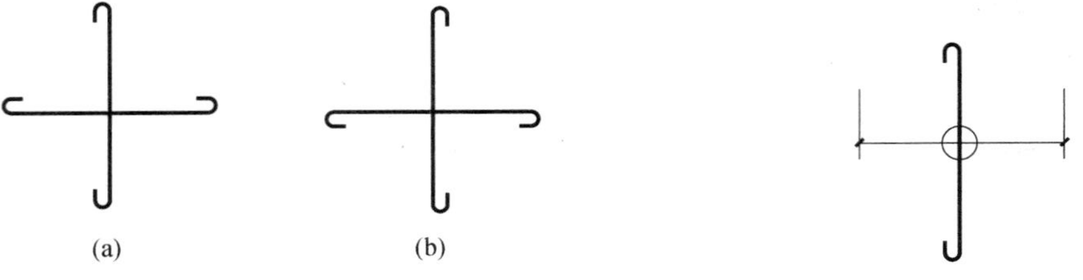

图 11-6 双层钢筋画法

(a) 底层钢筋；(b) 顶层钢筋

图 11-7 每组相同钢筋的画法

(5) 钢筋的标注应正确、规范，引出线可转折，但要避免交叉，方向及长短要整齐，如图 11-8 所示。

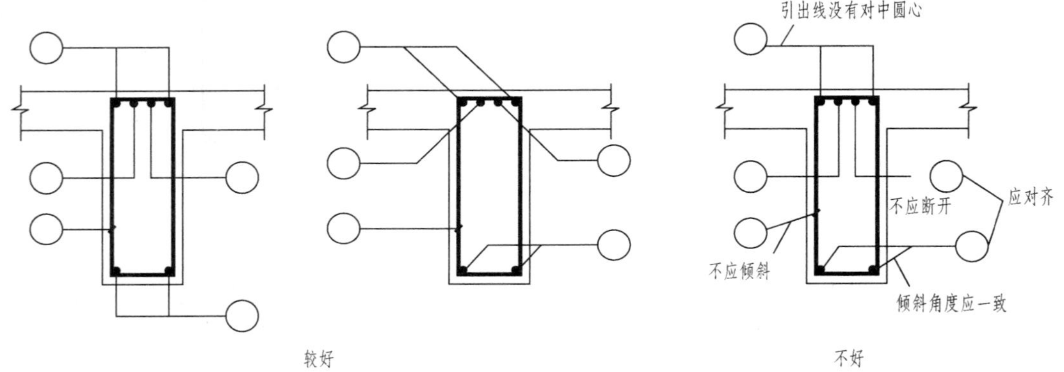

图 11-8 钢筋的标注

(6) 当配筋较复杂时，若在断面图中不能表达清楚钢筋的布置，应在断面图外增加钢筋大样图，如图 11-9 所示。

若断面图中表示的箍筋布置复杂时，也应加画箍筋大样及说明，如图 11-10 所示。

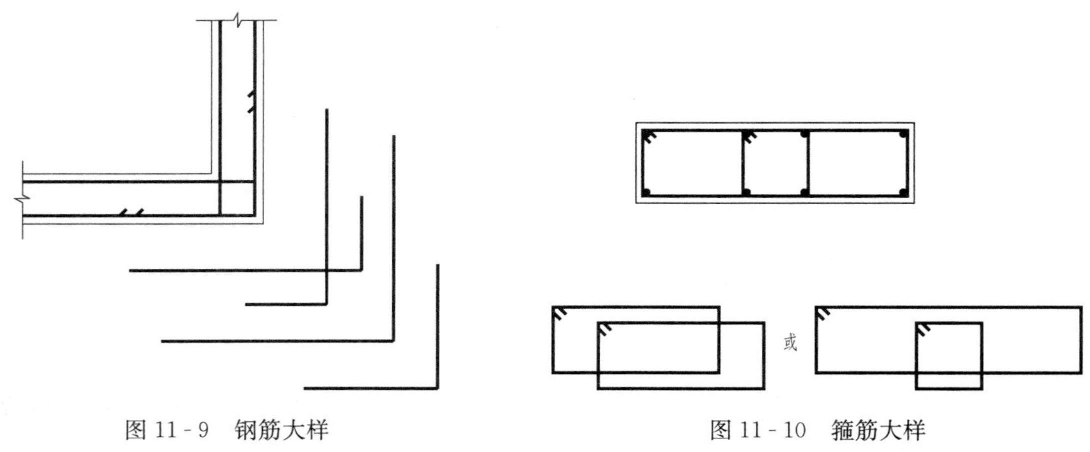

图 11-9 钢筋大样

图 11-10 箍筋大样

三、结构平面图的一般画法

对于多层建筑，一般应分层绘制结构平面图。若各层楼面结构布置情况相同时，可只画出一个楼层结构平面图，并注明应用各层的层数和各层的结构标高。

在结构平面图中，构件（如梁、屋架、支撑等）可采用单线或双线表示，能用单线表示清楚时，可用粗单点画线表示其中心位置；采用双线表示时，可见的构件轮廓线用中粗实线表示，不可见构件的轮廓线用中虚线表示，门窗洞一般不再画出，如图 11 - 11 所示。

在楼层结构平面图中，如果有相同的结构布置时，可只绘制一部分，并用大写的拉丁字母外加细实线圆圈表示相同部分的分类符号，其他相同部分仅标注分类符号。分类符号圆圈直径为 4～6mm，如图 11 - 11 所示中的Ⓐ、Ⓑ。

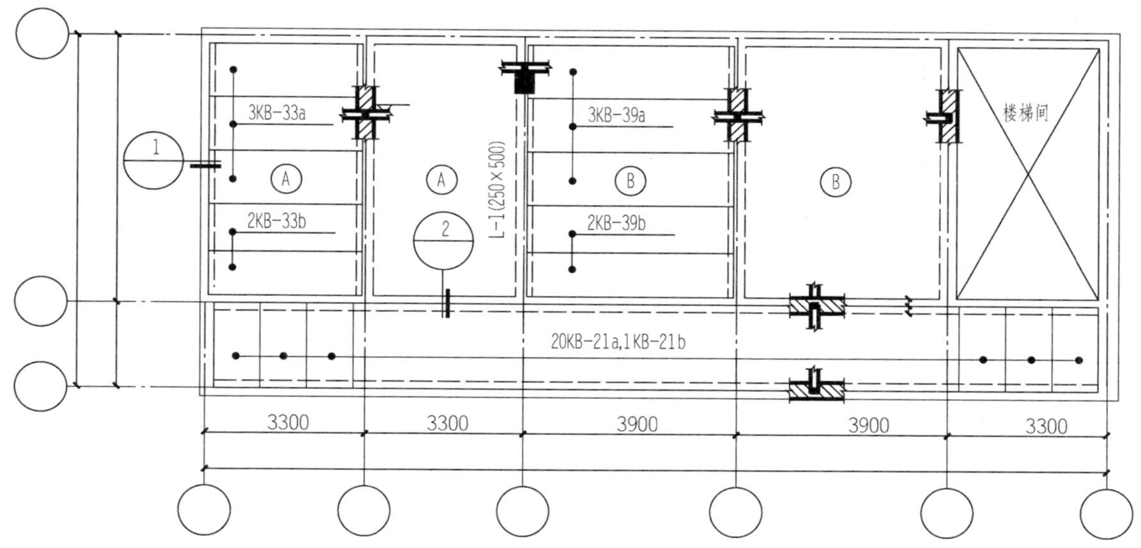

图 11 - 11 结构平面图示例

在楼层结构平面图中，定位轴线应与建筑平面图保持一致，并标注结构标高。

结构平面图中的剖面图、断面详图的编号顺序宜按下列规定编排：

(1) 外墙按顺时针方向从左下角开始编号；

(2) 内横墙从左至右，从上至下编号；

(3) 内纵墙从上至下，从左至右编号。

对于现浇楼板来说，每种规格的钢筋只画一根，并注明其编号、规格、直径、间距或数量等，与受力筋垂直的分布筋不必画出，但要在附注中或钢筋表中说明其级别、直径、间距（或数量）及长度等，如图 11 - 12 所示。

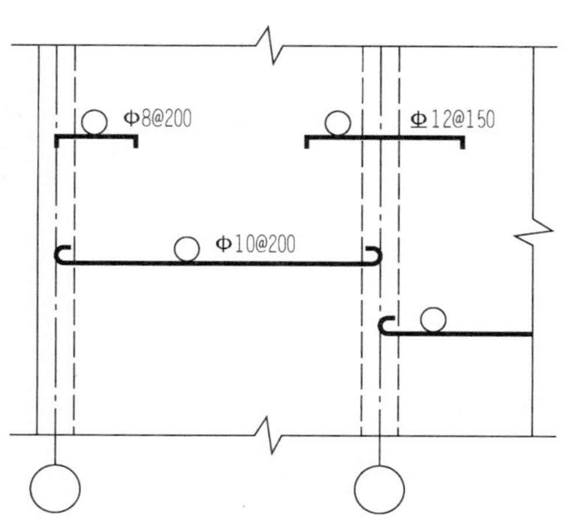

图 11 - 12 现浇钢筋混凝土板结构平面图示例

四、读图示例

1. 钢筋混凝土现浇板

现以第十章教师公寓的楼层结构平面图为例，说明结构平面图的内容和读图方法，如图 11 - 13 所示。

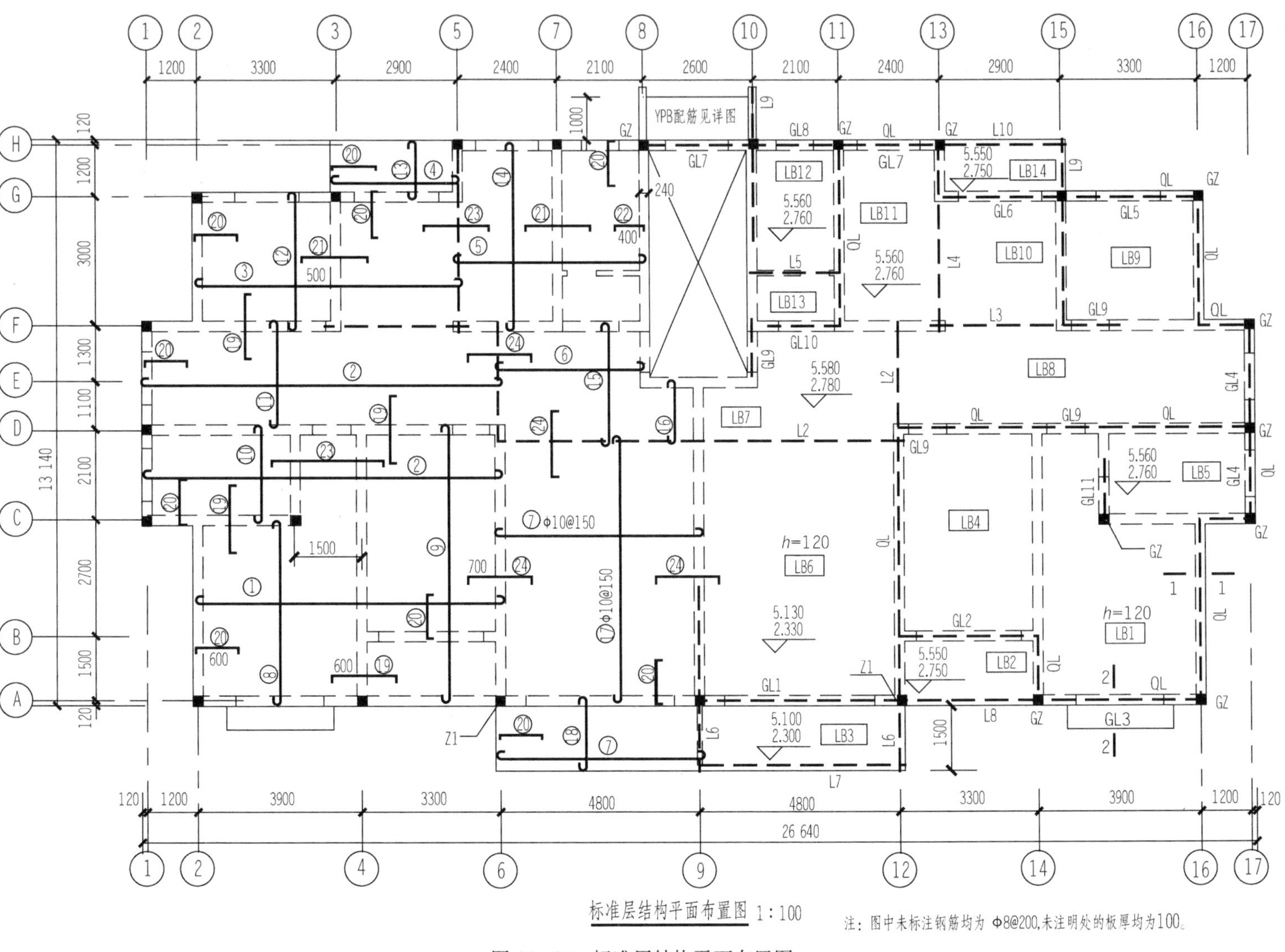

图 11-13 标准层结构平面布置图

图中墙体各转角处涂黑的为钢筋混凝土柱，从构件代号可知这些柱有些是构造柱(GZ)，有些是承重柱（Z1)。图中虚线为不可见的构件轮廓线，即被楼板挡住的墙体。本例中各种梁均使用的是单线表示法，即用粗虚线表示各梁的中心位置，从梁的代号可以看出本例共有九种单跨梁，代号分别为L1、L2、L3、L4、…、L10；门窗过梁共有十一种，代号分别为GL1、GL2、GL3、GL4、…、GL11；另外，沿外墙四周及部分内墙设置了圈梁，代号为QL。图11-14中的1—1是圈梁QL的配筋详图，2—2是飘窗上部过梁GL3的配筋详图。

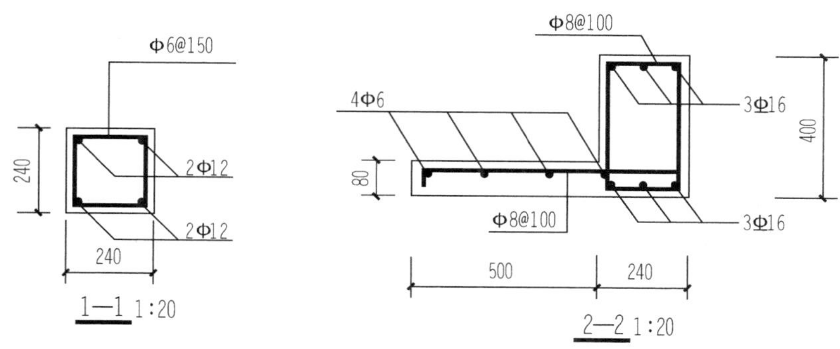

图11-14 圈梁和过梁的配筋详图

该住宅楼板全部采用整体钢筋混凝土现浇板，板的类型共有14种，编号分别为：LB1、LB2、LB3、…、LB14，LB1和LB6的板厚为120mm，根据说明可知其板厚均为100mm。对于现浇楼板来说，每种规格的钢筋只画一根，并注明其编号、规格、直径、间距或数量等。由于该住宅楼是左右对称的结构布置，因此只画出了左半部分的现浇楼板内部配筋及其代号，右边的一半则标注了梁、板、柱的代号和板顶标高。

楼梯部分由于比例较小，图形不能清楚表达楼梯结构的平面布置，故需另外画出楼梯结构详图，在本章第五节楼梯结构详图中有详尽介绍，这里只需用细实线画出两条对角线即可。

2. 钢筋混凝土梁

图11-15为一个钢筋混凝土梁的构件详图，包括配筋立面图、配筋断面图和钢筋表。梁的两端搁置在砖墙上，是一个简支梁。

梁内钢筋根据所起的作用不同，主要分为三类，有受拉筋（包括直筋和弯筋）、架立筋和箍筋。在梁的底部配有三根φ16的受拉筋，其中有两根是直筋，编号是①，另有一根是弯筋，编号是②。弯筋在接近梁的两端支座处弯起45°。

在梁中的1—1断面图中下方有三个黑圆点，分别是两根①号直筋和一根②号弯筋的横断面。在梁端的2—2断面图中，②号弯筋伸到了梁的上方。

梁的上部两角各配有一根φ10的架立钢筋，编号为③。沿着梁的长度范围内配置编号为④的箍筋，箍筋的中心距为200mm。

下方的钢筋表中列出了这个梁中每种钢筋的编号、简图、直径、长度和根数。通过梁的立面图、断面图和钢筋表，可以清楚地表达出这根钢筋混凝土梁的配筋情况。

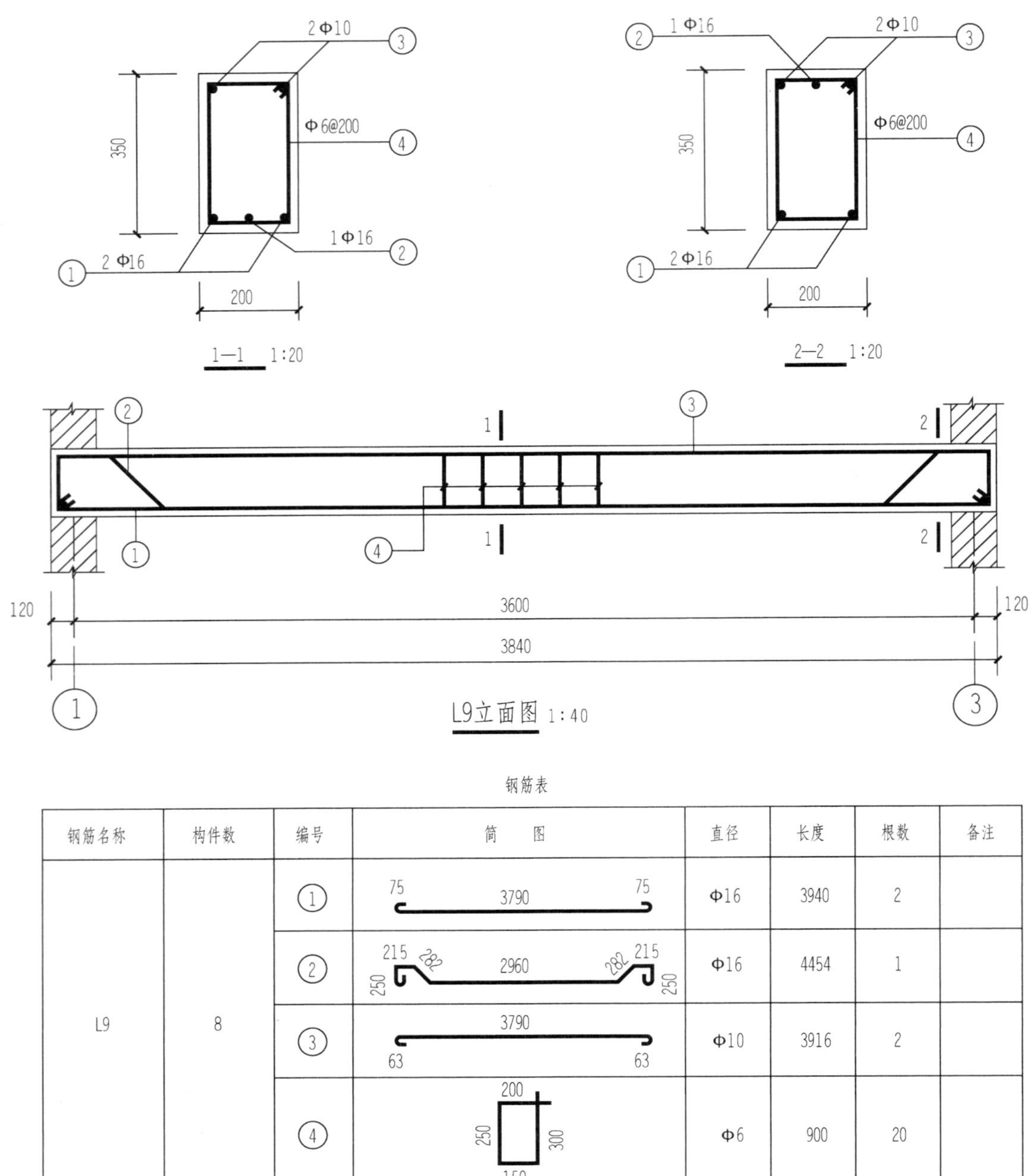

钢筋名称	构件数	编号	简图	直径	长度	根数	备注
L9	8	①	75 3790 75	Φ16	3940	2	
		②	215 282 2960 282 215 250 250	Φ16	4454	1	
		③	3790 63 63	Φ10	3916	2	
		④	200 250 300 150	Φ6	900	20	

图 11-15 钢筋混凝土梁

3. 钢筋混凝土柱

下面以工业厂房常用的预制钢筋混凝土牛腿柱为例来说明其结构详图的特点。

对于工业厂房的钢筋混凝土柱等复杂的构件，除画出其配筋图外，还要画出其模板图和预埋件详图，如图 11-16 所示。

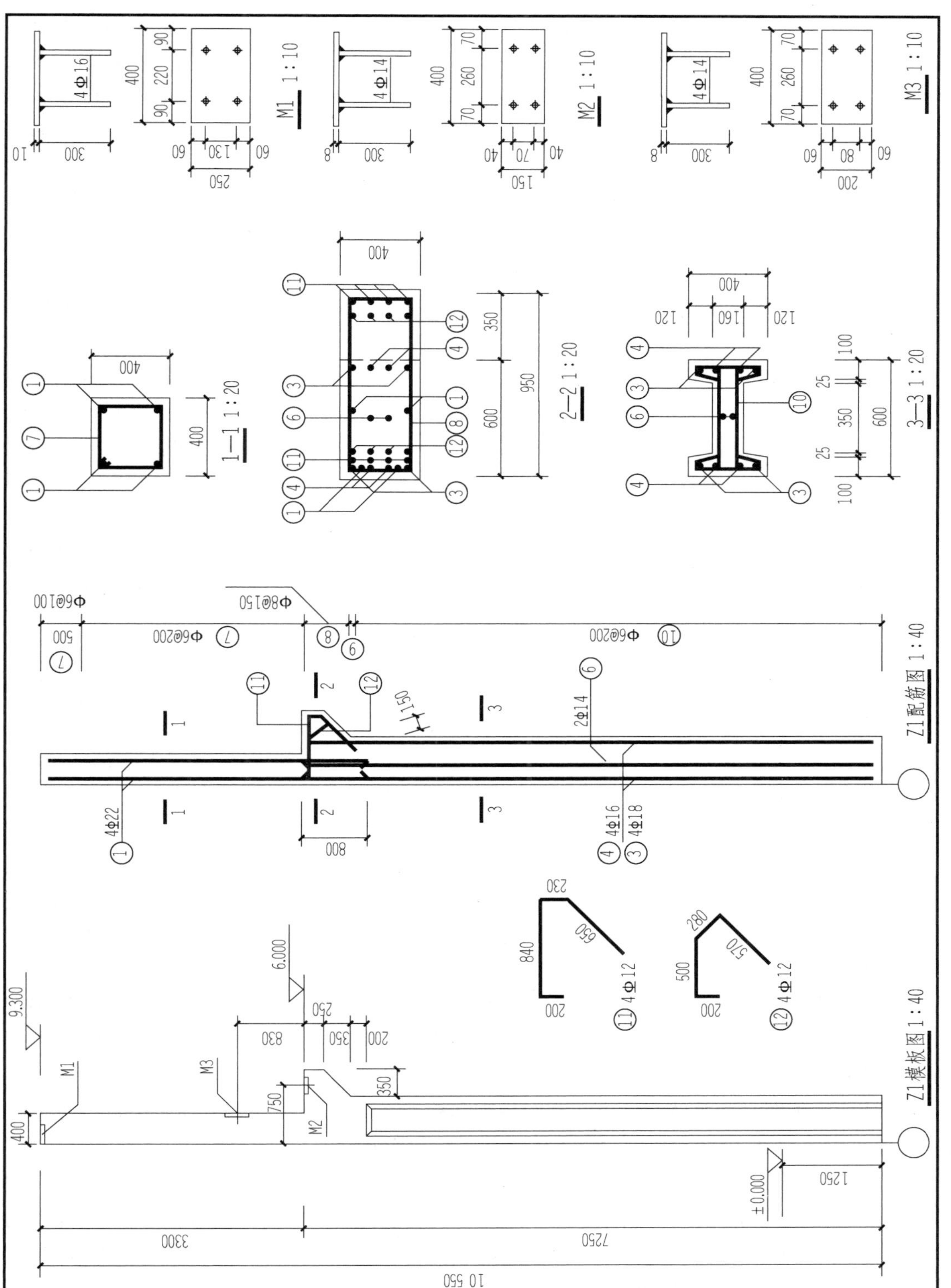

图 11-16 钢筋混凝土柱配筋图

（1）模板图。

从图 11 - 16 模板图中可以看出，该柱分为上柱和下柱两部分，上柱是主要用来支撑屋架的，断面较小，上下柱之间突出的部分是牛腿，用来支承吊车梁，下柱受力大，故断面较大。与断面图对照，可以看出上柱是方形实心柱，其断面尺寸是为 400×400，下柱是工字形柱，其断面尺寸为 400×600。牛腿的 2—2 断面处的尺寸为 400×950，柱总高为 10 550。柱顶标高为 9.300，牛腿面标高为 6.000。柱顶处的 M1 表示 1 号预埋件与屋架焊接。牛腿顶面处的 M2 和在上柱离牛腿面 830 处的 M3 预埋件，与吊车梁焊接。预埋件的构造做法，另用详图表示。

（2）配筋图。

根据图 11 - 16 牛腿柱的立面和断面配筋图可看出，上柱的①号钢筋是 4 根直径为 22 的 HRB335 级钢筋，分别放在柱的四角，从柱顶一直伸入牛腿内 800。下柱的③号钢筋是 4 根直径为 18 的 HRB335 级钢筋，也是放在柱的四角。下柱左、右两侧中间各安放 2 根编号为④、直径为 16 的 HRB335 级钢筋，下柱中间，配有 2 根编号为⑥直径为 14 的 HRB335 级钢筋。③、④、⑥号筋都从柱底一直伸到牛腿顶部。柱左边的①号和③号钢筋在牛腿处搭接成一整体。牛腿处配置编号为⑪和⑫的弯筋，都是 4 根直径为 12 的 HRB335 级钢筋，其弯曲形状与各段长度尺寸详见钢筋详图。

牛腿柱的箍筋由于间距不同，应在立面图的尺寸线上标注其编号和起始位置，上柱部分是⑦号箍筋，下柱部分是⑨和⑩号箍筋。牛腿部分是⑧号箍筋。注意牛腿断面有变化部分的箍筋，其周长要随牛腿断面的变化逐个计算。

（3）预埋件详图。

在图 11 - 15 M1、M2 及 M3 预埋件详图中，分别表示了预埋钢板的形状和尺寸，图中还表示了各预埋件的锚固钢筋的位置、数量、规格以及锚固长度等。

第三节　钢筋混凝土结构施工图平面整体表示方法

前面介绍的图 11 - 15 钢筋混凝土梁的配筋详图，是 2003 年以前的传统表示方法，目前已被广泛应用于各设计单位和建设单位的“平法”取代，“平法”是对我国混凝土结构施工图传统表示方法的重大改革。2003 年我国初次颁布了《混凝土结构施工图平面整体表示方法制图规则和构造详图》（03G 101—1）标准设计图集，自 2003 年 2 月 15 日起开始执行。

2011 年建设部颁布了修编后的系列新版本，分别为：《混凝土结构施工图平面整体表示方法制图规则和构造详图》（现浇混凝土框架、剪力墙、梁、板）（11G101—1），《混凝土结构施工图平面整体表示方法制图规则和构造详图》（现浇混凝土板式楼梯）（11G101—2），《混凝土结构施工图平面整体表示方法制图规则和构造详图》（独立基础、条形基础、筏形基础及桩基承台）（11G101—3），自 2011 年 9 月 1 日起实施。

混凝土结构施工图平面整体表示方法（简称平法），是把结构构件的尺寸和配筋等，按照平面整体表示方法制图规则，整体直接表达在各类构件的结构平面布置图上，再与标准构造详图相配合，即构成一套新型完整的结构设计。平法改变了传统的将构件从结构平面布置图中索引出来，再逐个绘制配筋详图的烦琐方法，因此，平法的作图简单，表达清晰，适合于常用的现浇钢筋混凝土柱、剪力墙、梁、板、楼梯、基础等。

按平法设计绘制的施工图，是由各类结构构件的平法施工图和标准构造详图两大部分构成。平法施工图包括构件平面布置图和用表格表示的建筑物各层层号、标高、层高表，标准构造详图一般采用图集。在平面布置图上表示各构件尺寸和配筋的方式，有平面注写（标注梁）、列表注写（标注柱和剪力墙）和截面注写（标注柱和剪力墙和梁）三种形式。下面以柱和梁为例，简单介绍“平法”中平面注写、列表注写和截面注写方式的表达方法。

一、柱平法施工图的表示方法

柱平法施工图是在绘出柱的平面布置图的基础上，采用列表注写方式或截面注写方式来表示柱的截面尺寸和钢筋配置的结构工程图。

1. 柱列表注写方式

在以适当比例绘制出的柱平面布置图（包括框架柱、框支柱、芯柱、梁上柱和剪力墙上柱）上，标注出柱的轴线编号、轴线间尺寸，并将所有柱进行编号（由类型代号和序号组成），分别在同一编号的柱中选择一个或几个柱的截面，以轴线为界标注柱的相关尺寸，并列出柱表。在柱表中注写柱号、柱段起止标高、几何尺寸（含柱截面对轴线的偏心情况）与配筋的具体数值，并配以各种柱截面形状及其箍筋类型图。

各段柱的起止标高，是自柱根部往上以变截面位置或截面未变但配筋改变处为界分段注写的。其中，框架柱（KZ）和框支柱（KZZ）的根部标高是指基础顶面标高；芯柱（XZ）的根部标高是指根据结构实际需要而定的起始位置标高；梁上柱（LZ）的根部标高是指梁顶面标高；剪力墙上柱（QZ）的根部标高分两种：当柱与剪力墙重叠一层时，其根部标高为墙顶面往下一层的结构层楼面标高；当柱纵筋锚固在墙顶部时，其根部标高为墙顶面标高。

现以图 11 - 17 为例进行说明。图 11 - 17（a）中有 KZ1（框架柱）、XZ1（芯柱）、LZ1（梁上柱）三种柱，对于矩形柱，在平面图中应注写截面尺寸 $b\times h$ 及轴线关系的几何参数代号 b_1、b_2 和 h_1、h_2 的具体数值，须对应于各段柱分别注写，其中 $b=b_1+b_2$，$h=h_1+h_2$，如图 11 - 17（a）所示。当截面的某一边收缩变化至与轴线重合或偏到轴线的另一侧时，b_1、b_2、h_1、h_2 中的某项为零或负值。对于圆柱，柱表中 $b\times h$ 一栏须该用在圆柱直径数字前加 d 表示。为了表达简单，圆柱截面与轴线的关系也用 b_1、b_2 和 h_1、h_2 表示，并使 $d=b_1+b_2=h_1+h_2$。

具体工程所设计的各种箍筋类型，要在图中的适当位置画出箍筋类型图，并注写类型号。图 11 - 17（b）中共有 7 种类型的箍筋，其中类型 1 又有多种组合，如 4×3、4×4、5×4等，柱表中“箍筋类型号”一栏的 1(5×4)、1(4×4) 表示箍筋为类型 1 的 5(列)×(4 行) 或 4(列)×(4 行) 组合箍筋。

图 11 - 17（c）的柱表为框架柱 KZ1 和芯柱 XZ1 的配筋情况，它分别注写了 KZ1 和 XZ1 不同标高部分的截面尺寸和配筋，如在标高 19.470～37.47m 这段，KZ1 的截面尺寸为 650mm×600mm，柱边离垂直轴线距离左右相等，均为 325mm，柱边离水平轴线距离一边为 150mm，另一边为 450mm。配置的角筋为直径 22mm 的 HRB335 钢筋，b 边一侧中部配置了 5 根直径为 22mm 的 HRB335 级钢筋，h 边一侧中部配置了 4 根直径为 20mm 的 HRB335 级钢筋，箍筋为直径 10mm 的 HPB300 钢筋，其中的斜线“/”区分柱端箍筋加密区与柱身非加密区长度范围内箍筋的不同间距（100/200），当圆柱采用螺旋箍筋时，需要在箍筋前加“L”。

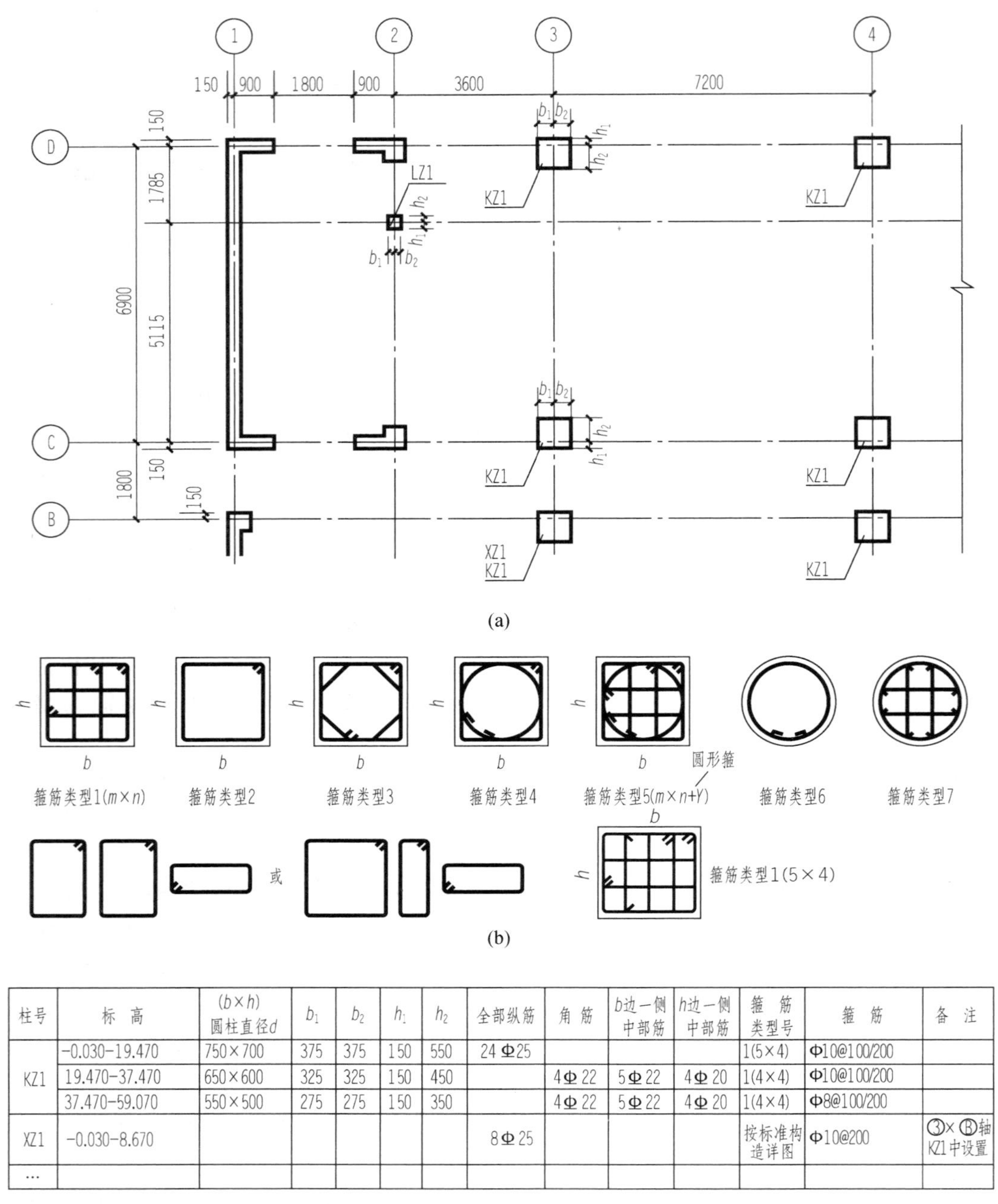

柱号	标　高	(b×h) 圆柱直径d	b_1	b_2	h_1	h_2	全部纵筋	角　筋	b边一侧中部筋	h边一侧中部筋	箍　筋类型号	箍　筋	备　注
KZ1	−0.030–19.470	750×700	375	375	150	550	24Φ25				1(5×4)	Φ10@100/200	
	19.470–37.470	650×600	325	325	150	450		4Φ22	5Φ22	4Φ20	1(4×4)	Φ10@100/200	
	37.470–59.070	550×500	275	275	150	350		4Φ22	5Φ22	4Φ20	1(4×4)	Φ8@100/200	
XZ1	−0.030–8.670						8Φ25				按标准构造详图	Φ10@200	③×Ⓑ轴KZ1中设置
…													

(c)

图 11 - 17　柱平法施工图列表注写方式

（a）柱平面布置图；（b）箍筋类型图；（c）柱表

图中出现的芯柱（只在③×Ⓑ轴线 KZ1 中设置），其截面尺寸按构造确定，并按标准构造图施工，设计不注；当设计者采用与标准构造详图不同的做法时，应进行注明。芯柱定位随框架柱，不需要注写其与轴线的几何关系。

当柱纵筋直径相同，各边根数也相同时，将纵筋注写在“全部纵筋”一栏中。此外，柱纵筋分角筋、截面 b 边中部筋和截面 h 边中部筋三项，应分别注写在柱表中的对应位置，对于采用对称配筋的矩形截面柱，可以仅注写一侧中部筋，对称边省略不注。

2. 柱截面注写方式

截面注写方式，是在柱平面布置图上，分别在同一编号的柱中选择一个截面，以直接注写截面尺寸和配筋具体数值的方式来表达柱平法施工图。

截面注写方式，要求从相同编号的柱中选择一个截面，按另一种比例原位放大绘制柱截面配筋图，并在各配筋图上的编号后继续注写截面尺寸 $b \times h$、角筋或全部纵筋（当纵筋采用一种直径并且能够图示清楚时）、箍筋的具体数值以及在柱截面配筋图上标注柱截面与轴线关系 b_1、b_2、h_1、h_2 的具体数值。

当纵筋采用两种直径时，须再注写截面各边中部筋的具体数值，对于采用对称配筋的矩形截面柱，可仅在一侧注写中部筋，对称边省略不注。

在某些框架柱的一定高度范围内，在其内部的中心位置设置芯柱时，应编号，并在其编号后注写芯柱的起止标高、全部纵筋及箍筋的具体数值。对于芯柱的其他要求，同“列表注写方式”。

应注意，在截面注写方式中，如果柱的分段截面尺寸和配筋均相同，仅分段截面与轴线的关系不同时，可以将它们编为同一柱号，但此时应在没有画出配筋的截面上注写该柱截面与轴线关系的具体尺寸。

图 11 - 18 分别表示了标高为 19.47～37.47m 高度内框架柱、梁上柱的截面尺寸和配筋。图中编号 KZ1 柱的截面图旁所标注的“650×600”表示柱的截面尺寸，“4 Φ 22”表示角筋为 4 根直径为 22mm 的 HRB335 级钢筋，“Φ10@100/200”表示所配置的箍筋；截面上方标注的“5 Φ 22”，表示 b 边一侧配置的中部筋，截面左侧标注的“4 Φ 20”，表示 h 边一侧配置的中部筋，由于柱截面配筋对称，所以在柱截面图的下方和右侧的标注省略。编号 LZ1 柱的截面图旁所标注的“250×300”表示该柱的截面尺寸，纵筋为 6 根直径为 16mm 的 HRB335 级钢筋，箍筋为直径 8mm 的 HPB300 级钢筋，间距为 200mm。

二、梁平法施工图的表示方法

（一）梁配筋详图传统表示法

图 11 - 19 所示是传统表达方式画出的一根双跨钢筋混凝土框架梁的配筋图（为简化起见，图中只画出立面图和断面图），从图中可以看出该框架梁为等跨连续梁，跨度为 6.9m，梁的支座处为柱子，柱子与梁整体现浇，梁的断面尺寸为 300×550，梁与楼板整体现浇。从梁配筋立面图和断面图中可以看出，梁的上部配有两根通长的直径为 25mmHRB335 钢筋；在靠近左右支座处配有四根 HRB335 钢筋，其中两根直径为 25mm 的通长筋，另两根是直径为 20mm 支座筋；在中间支座处配有六根 HRB335 钢筋，其中两根直径为 25mm 的通长筋，另外四根是直径为 25mm 支座筋；此外，沿梁高度方向的中部根据构造要求（当梁腹板高度 $h_w \geqslant 450$mm 时，需配置纵向构造钢筋），设置了 2 Φ12 构造筋（腰筋）。

图 11 - 19 的配筋过程除了进行结构计算外，还要遵循结构设计规范中的构造要求对梁进行配筋，图 11 - 20 为二级抗震等级楼层双跨框架梁的标准构造详图，图 11 - 19 就是参照该标准构造详图的配筋结果。

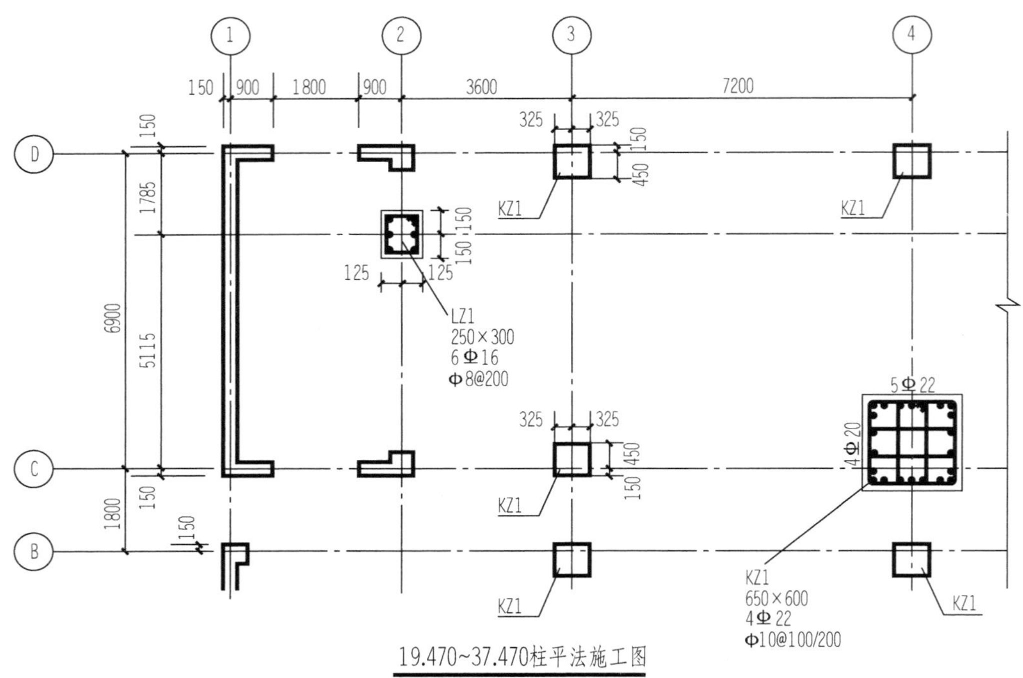

图 11-18 柱平法施工图截面注写方式

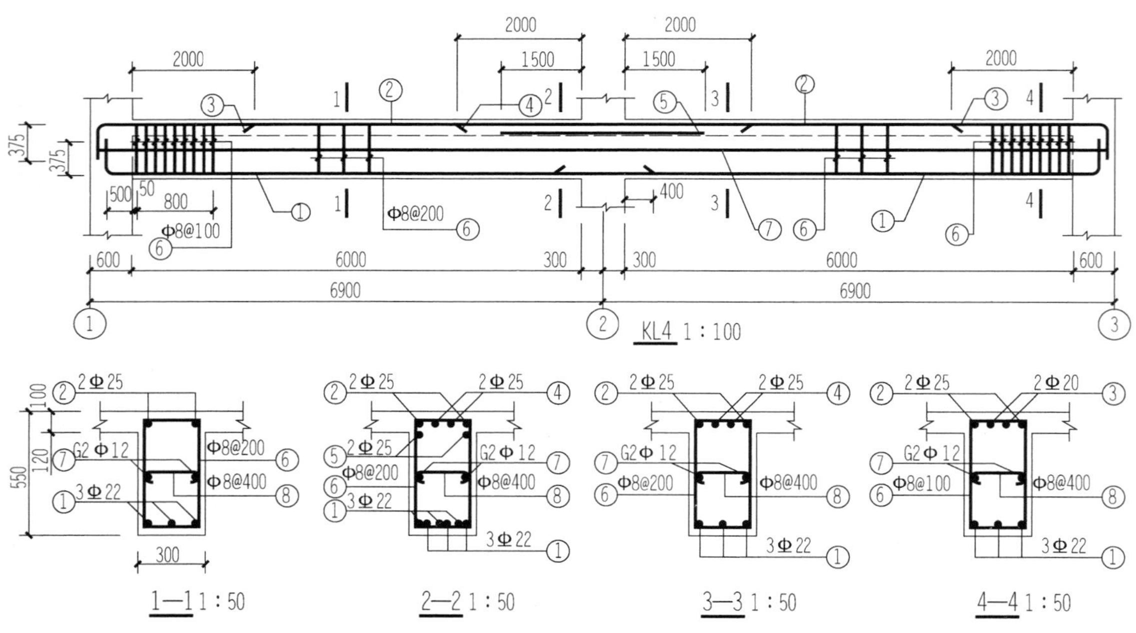

图 11-19 双跨框架梁配筋详图传统表示法

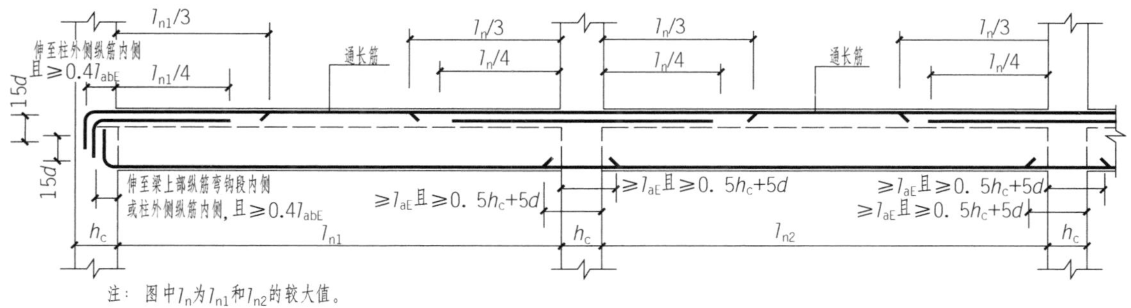

图 11-20 抗震楼层框架梁标准构造详图

（二）梁平面注写方式

梁的平面注写方式，是在梁平面布置图上，分别注写截面尺寸和配筋具体数值的方式，来表达梁平法施工图。如果采用平面注写方式表达图 11-19 所示的两跨框架梁，可参见图 11-23 所示，通过两图对比，可以进一步了解和掌握“平法”的标注含义。

平面注写包括集中标注和原位标注两种方式。集中标注写梁的通用数值，原位标注注写梁的特殊数值。注写前应对所有梁进行编号，梁的编号由梁的代号、序号、跨数及有无悬挑代号几项组成，如 KL7(5A) 表示第 7 号框架梁，5 跨，一端有悬挑；L9(3) 表示第 9 号非框架梁，共 3 跨，无悬挑。

1. 集中标注

当采用集中标注时，有五项必须标注的内容及一项选择标注的内容。这五项必须标注的内容是：梁编号、梁的截面尺寸、梁的箍筋、梁上部通长筋或架立筋、梁侧面纵向构造钢筋或受扭钢筋。当集中标注中的某项数值不适用于梁的某部位时，则将该项数值原位标注，施工时，原位标注取值优先。一项选择标注的内容是：表示梁顶面标高相对于楼层结构标高的高差值，需写在括号内，梁顶面高于楼层结构标高时，高差为正值，反之为负值。

(1) 梁的截面，如果为等截面时，用 $b \times h$（宽×高）表示；如果为加腋梁时，用 $b \times h \mathrm{Y} c_1 \times c_2$ 表示，Y 表示加腋，c_1 为腋长，c_2 为腋高，如图 11-21 所示；如果有悬挑梁且根部和端部的高度不同时，用斜线分隔根部与端部的高度值，即为 $b \times h_1/h_2$，如图 11-22 所示。

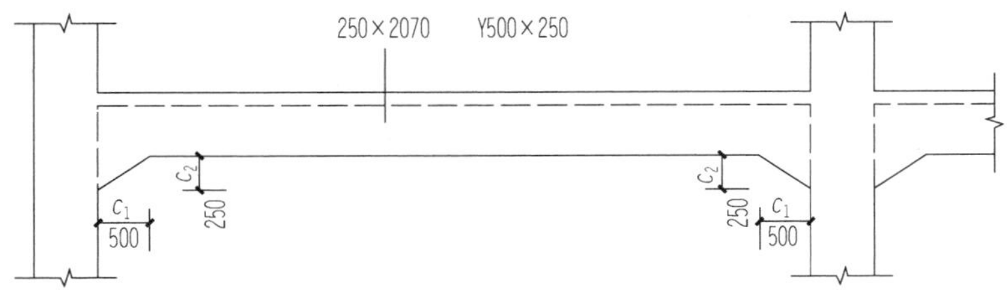

图 11-21 加腋梁截面尺寸注写示意

(2) 梁的箍筋，包括钢筋级别、直径、加密区与非加密区间距及肢数等。箍筋加密区与非加密区的不同间距及肢数应用“/”分隔，当箍筋为同一种间距及肢数时，不用“/”，当加密区与非加密区的箍筋肢数相同时，则将肢数注写一次，箍筋肢数应写在括号内。例如：

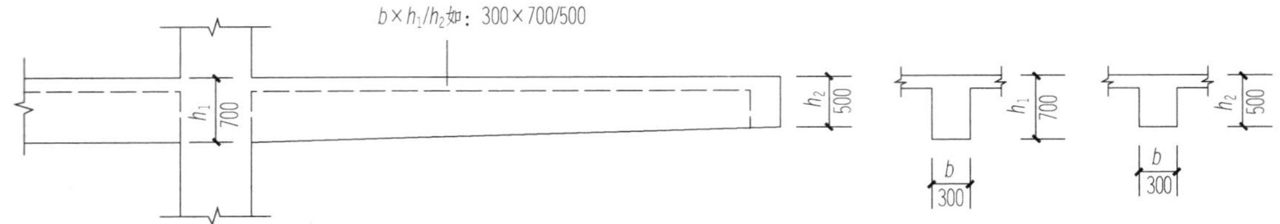

图 11-22　悬挑梁不等高截面尺寸标注

ф10@100/200(4) 表示箍筋为 HPB300 级钢筋，直径为 10mm，加密区间距为 100mm，非加密区间距为 200mm，均为四肢箍；又如，ф8@100(4)/150(2) 表示箍筋为 HPB300 钢筋，直径为 8mm，加密区间距为 100mm 四肢箍，非加密区间距为 150mm，两肢箍。

（3）梁上部的通长筋及架立筋，当它们在同一排时，应用加号“＋”将通长筋与架立筋连接，注写时应将角部纵筋写在加号的前面，架立筋写在加号后面的括号内。当梁的上部纵筋和下部纵筋为全跨相同，且多数跨配筋相同时，该项可以加注下部纵筋的配筋值，用分号“;”将上部与下部纵筋的配筋值分隔开，例如：

2 Φ 25＋（2 Φ 22）　表示梁的上部配置了 2 Φ 25 的通长钢筋，同时配置了 2 Φ 22 的架立筋。

3 Φ 22；3 Φ 20　表示梁的上部配置了 3 Φ 22 的通长钢筋，下部配置了 3 Φ 20 的通长钢筋。

（4）梁侧面纵向构造钢筋或受扭钢筋配置的注写，应按以下要求进行：当梁腹板高度 $h_w \geqslant 450$mm 时，须配置纵向构造钢筋，在配筋数量前加“G”，注写的钢筋数量为梁两个侧面的总配筋值，为对称配置，如 G4 ф12 表示梁的两个侧面共配置了 4 根直径为 12mm 的 HPB300 钢筋，每侧各配置 2 根；当梁侧面配置受扭纵向钢筋时，在配筋数量前加“N”，注写的钢筋数量为梁两个侧面的总配筋值，为对称配置，如 N2 ф14 表示梁的两个侧面共配置了 2 根直径为 14mm 的 HPB300 钢筋，每侧各配置 1 根。

2. 原位标注

原位标注通常主要标注梁支座上部纵筋（指该部位含通长筋在内的所有纵筋）及梁下部纵筋，或当梁的集中标注内容不适用于等跨梁或某悬挑部分时，则以不同数值标注在其附近。

对于梁支座上部的纵筋，当多于一排时，用斜线“/”将各排纵筋自上而下分开，如图 11-23 所示；当同排钢筋有两种直径时，用加号“＋”将两种直径的纵筋相连，注写时将角部纵筋写在前面；当梁中间支座两边的上部纵筋不同时，须在支座两边分别标注，当梁中间支座两边的上部纵筋相同时，可仅在支座一边标注配筋值，另一边省略不注。

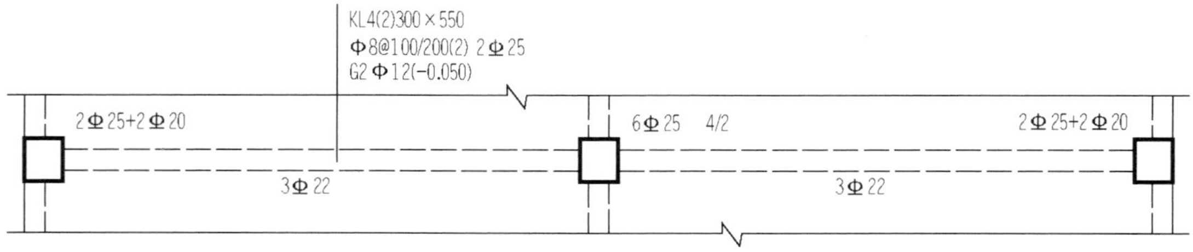

图 11-23　框架梁的平面注写示例

对于梁下部纵筋，当多于一排时，用斜线“/”将各排纵筋自上而下分开；当同排钢筋有两种直径时，用加号“+”将两种直径的纵筋相连，注写时将角部纵筋写在前面；当梁下部纵筋不全伸入支座时，将梁支座下部纵筋减少的数量写在括号内，例如：

6 Φ 25 2(−2)/4 表示上排纵筋为 2 Φ 25，且不伸入支座；下排纵筋为 4 Φ 25，全部伸入支座

2 Φ 25+3 Φ 22(−3)/5 Φ 25 表示上排纵筋为 2 Φ 25 和 3 Φ 22，其中 3 Φ 22 不伸入支座；下排纵筋为 5 Φ 25，全部伸入座

对于梁中的附加箍筋或吊筋，应将其画在平面图中的主梁上，用线引注总配筋值（附加箍筋的肢数注在括号内），如图 11 - 24 所示。当多数附加箍筋或吊筋相同时，可以在梁平法施工图上统一注明，少数与统一注明值不同时，再原位引注。

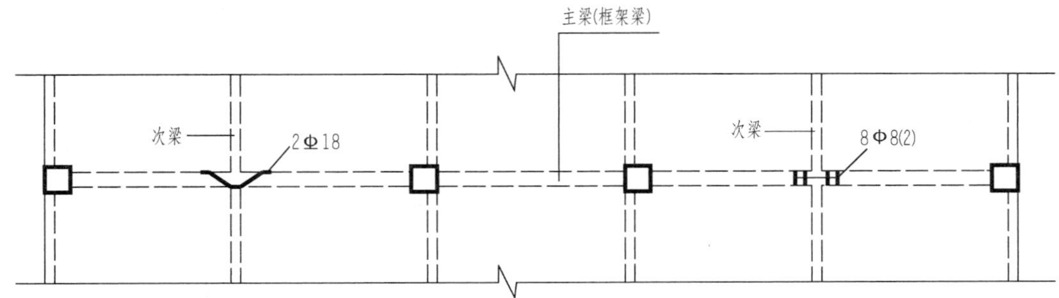

图 11 - 24　附加箍筋和吊筋的画法

3. 梁平面注写综合示例

图 11 - 25 是采用平面注写方式画出的某建筑结构的一部分梁平法施工图。从图中可知，该图中共有 KL1、KL2、KL5 三种楼层框架梁，有 L1、L3、L5 三种非框架梁。

KL1 的截面为 300×700，箍筋为Φ10@100/200(2)，双肢箍，4 跨，梁上部和下部均有两排纵向钢筋，梁上部第一排为 4 根直径为 25mm 的 HRB335 钢筋，第二排也为 4 根直径为 25mm 的 HRB335 钢筋，共 8 根；梁下部第一排为 2 根直径为 25mm 的 HRB335 钢筋，第二排为 5 根直径为 25mm 的 HRB335 钢筋，共 7 根。KL1 两侧各配置了 2 Φ 10 的构造钢筋，在 KL1 与 L5 的连接处，KL1 两侧还分别配置了 2 根直径为 16mm 的受扭钢筋。

KL2 的截面为 300×700，箍筋为Φ10@100/200(2)，4 跨，梁上部和下部均有两排纵向钢筋，梁上部第一排为 4 根直径为 25mm 的 HRB335 钢筋，第二排为 4 根直径为 25mm 的 HRB335 钢筋，共 8 根；梁下部第一排为 2 根直径为 25mm 的 HRB335 钢筋，第二排为 5 根直径为 25mm 的 HRB335 钢筋，共 7 根。KL2 两侧各配置了 1 Φ 10 的构造钢筋。

KL5 的截面为 250×700，箍筋为Φ10@100/200(2)，3 跨，梁上部和下部也均有两排纵向钢筋，梁上部第一排为 4 根直径为 22mm 的 HRB335 钢筋，第二排为 2 根直径为 22mm 的 HRB335 钢筋，共 6 根；梁下部第三跨跨中第一排为 3 根直径为 20mm 的 HRB335 钢筋，第二排为 4 根直径为 20mm 的 HRB335 钢筋，共 7 根。KL5 两侧各配置了 2 Φ 10 的构造钢筋。

L1、L3、L5 均为单跨非框架梁，其内部的钢筋配置情况参见图中注写阅读。

（三）梁截面注写方式

梁的截面注写方式是在梁平面布置图上，分别于不同编号的梁中各选择一根梁用剖面号（单边截面号）引出配筋图，并在其上注写截面尺寸和配筋具体数值的方式来表达梁平法施

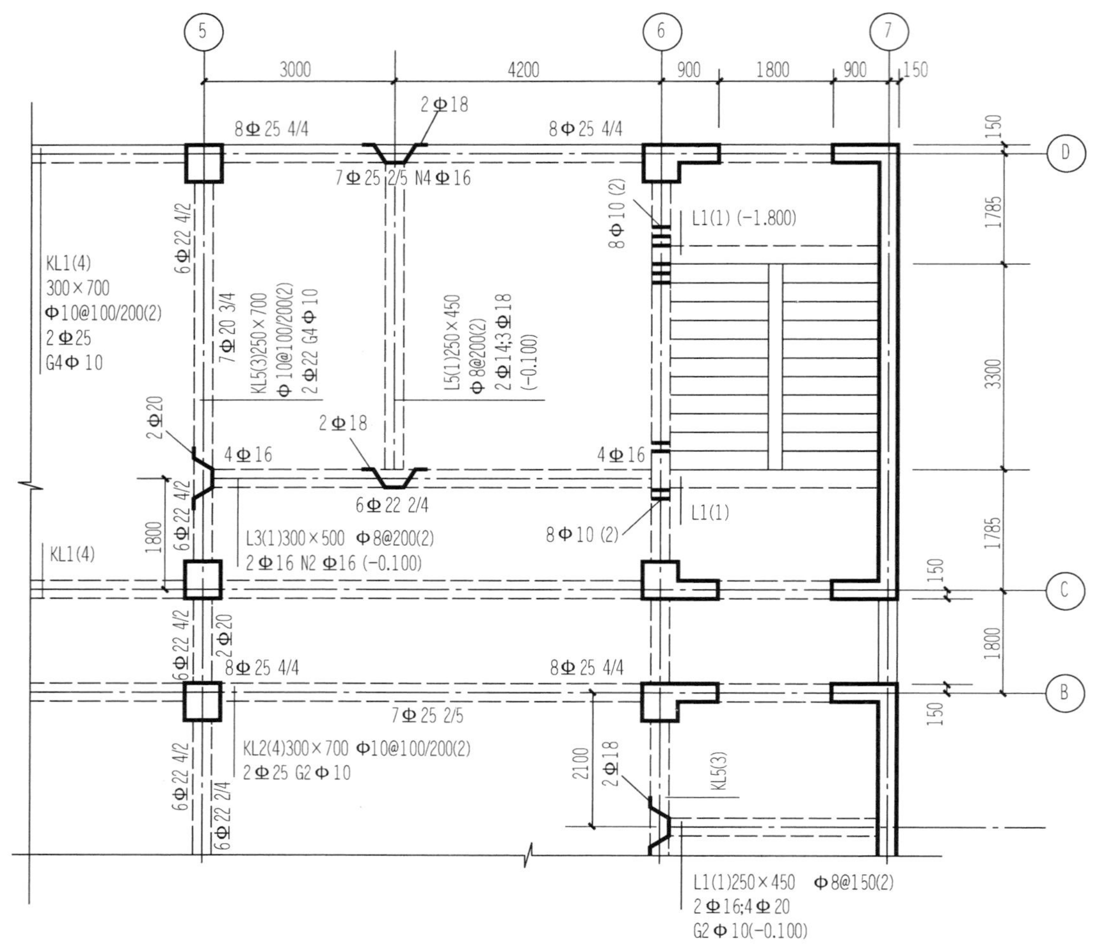

图 11-25　梁的平面注写方式综合示例

工图，如图 11-26 所示。在画出的截面配筋详图上应注写截面尺寸 $b\times h$、上部筋、下部筋、侧面构造筋或受扭筋，以及箍筋的具体数值，表达形式同“平面注写方式”。

梁的截面注写方式可以单独使用，也可以与平面注写方式结合使用。

在梁平法施工图的平面图中，当局部区域的梁布置过密时，除了采用截面注写方式表达外，也可以将过密区用虚线框出，适当放大比例后再用平面注写方式表示。

当表达异型截面梁的尺寸与配筋时，用截面注写方式相对比较方便。

从平面布置图上分别引出了 3 个不同配筋的截面图，各图中表示了梁的截面尺寸和配筋情况。从 1—1 截面图中可知，该截面尺寸为 300×550，梁上部配置了 4 根直径为 16mm 的 HRB335 钢筋，下部配置了双排钢筋，上边一排为 2 根直径为 22mm 的 HRB335 钢筋，下边一排为 4 根直径为 22mm 的 HRB335 钢筋，该梁还配置了 2 根直径为 16mm 的受扭钢筋，梁内的箍筋为φ8@200。从 2—2 截面图中可知，该截面配筋中除梁上部的配筋变为 2 根直径为 16mm 的 HRB335 钢筋外，其余均与 1—1 截面配筋相同。从 3—3 截面图中可知，该截面尺寸为 250×450，梁上部配置了 2 根直径为 14mm 的 HRB335 钢筋，梁下部配置了 3 根直径为 18mm 的 HRB335 钢筋，梁内的箍筋为φ8@200。

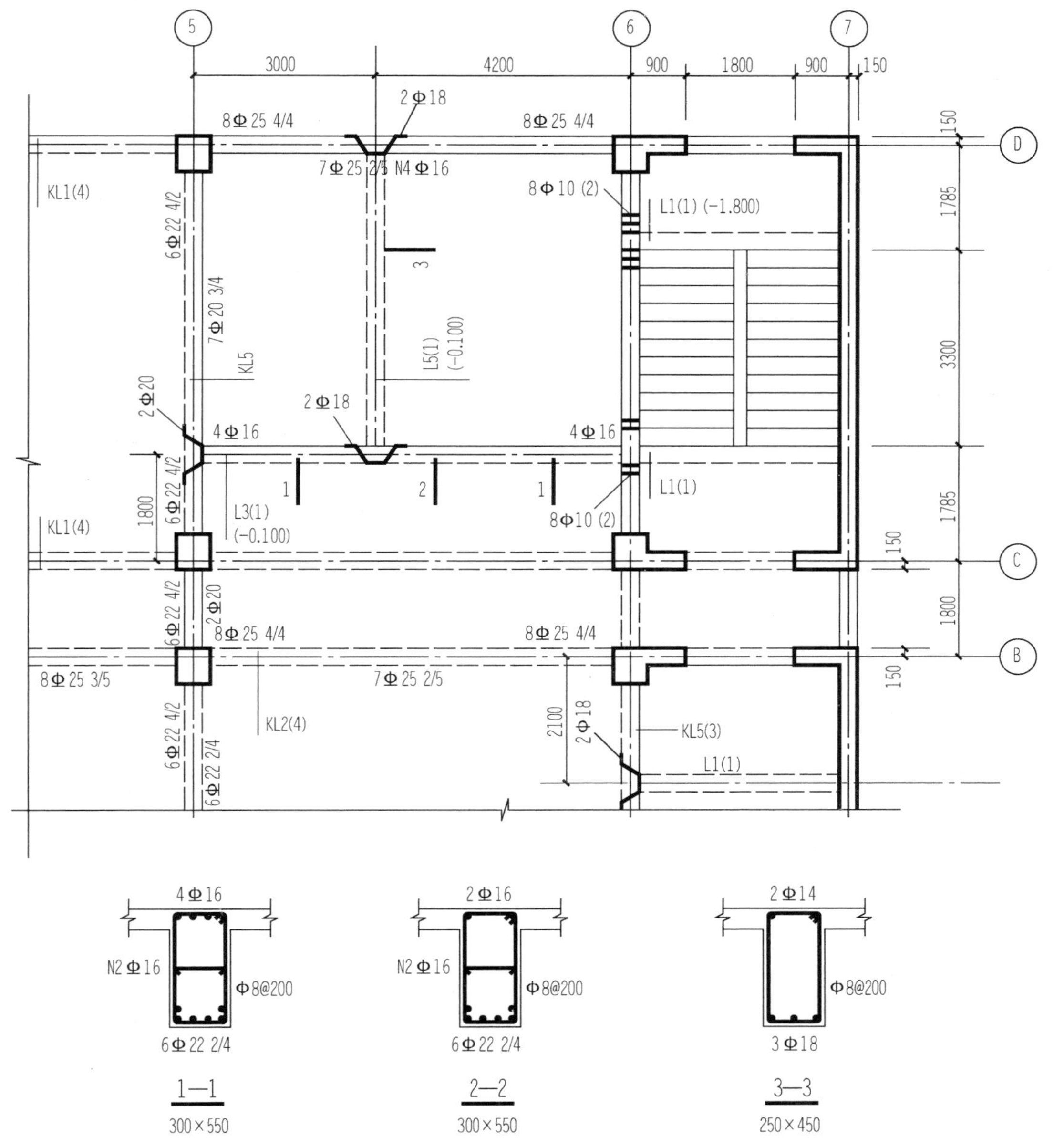

图 11 - 26　梁的截面注写方式示例

第四节　基础平面图与基础详图

基础是房屋底部埋在地下与地基接触的承重构件，它承受房屋的全部荷载，并传给基础下面的地基。根据上部结构的形式和地基承载能力的不同，基础可分为条形基础、独立基础、片筏基础和箱形基础等。如图 11 - 27 所示是最常见的条形基础和独立基础，条形基础一般用作承重墙的基础，独立基础通常为承重柱的基础。图 11 - 28 是以条形基础为例，介绍与基础有关的一些知识。基础下部的土壤称为地基；为基础施工而开挖的土坑称为基坑；基坑边线就是施工放线的灰线；从室内地面到基础顶面的墙称为基础墙；从室外设计地面到基础底面的垂直距离称为埋置深度；基础墙下部做成阶梯形的砌体称为大放脚；防潮层是防止地潮对墙体侵蚀保持墙身干燥的一种防潮做法。

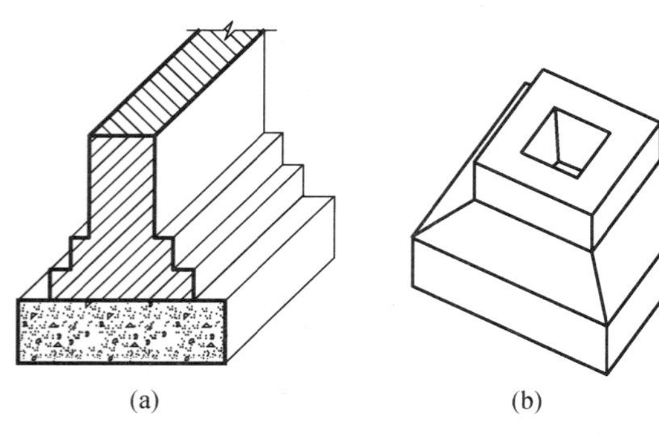

图 11-27 常见的基础形式
（a）条形基础；（b）独立基础

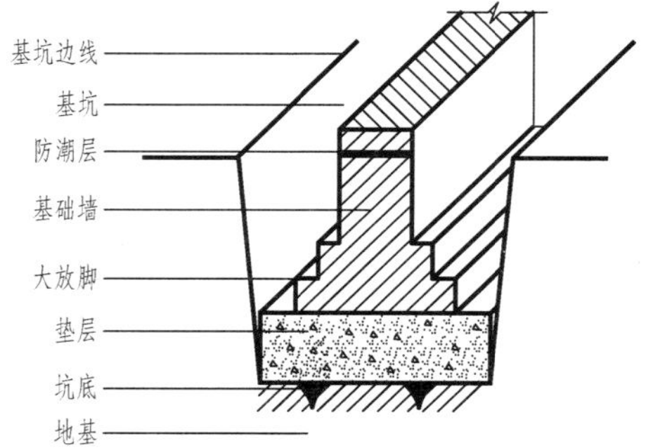

图 11-28 基础的有关知识

基础结构图由基础平面图和基础详图组成。

一、基础平面图

1. 基础平面图的产生和画法

基础平面图是表示基坑在未回填土时基础平面布置的图样，它是假想用一个水平面沿基础墙顶部剖切后所作出的水平投影图。基础平面图通常只画出基础墙、柱的截面及基础底面的轮廓线，基础的大放脚等细部的可见轮廓线都省略不画，这些细部的形状和尺寸用基础详图表示。

基础平面图的比例、轴线及轴线尺寸与建筑平面图一致。其图线要求是：剖切到的基础墙轮廓线画粗实线，基础底面的轮廓线画细实线，可见的梁画中粗实线，剖切到的钢筋混凝土柱断面，由于绘图比例较小，在断面内用涂黑表示钢筋混凝土材料。

在基础平面图中，应注明基础的大小尺寸和定位尺寸。大小尺寸是指基础墙断面尺寸、柱断面尺寸以及基础底面宽度尺寸；定位尺寸是指基础墙、柱以及基础底面与轴线的联系尺寸。图中还应注明剖切符号。基础的断面形状与埋置深度要根据上部的荷载以及地基承载力而定，同一幢房屋由于各处有不同的荷载和不同的地基承载力，所以下面有不同的基础断面。对每一种不同的基础，都要画出它的断面图，并在基础平面图上用 1—1、2—2……剖切符号表明该断面的位置。应当指出，基础平面图中，各断面数字代号表明的是基础断面的种类，如图 11-29 中的有 1—1～5—5，说明该房屋共有五种基础断面。

2. 基础平面图实例

图 11-29 是第十章所述教师公寓的基础平面图，下面以此图为例说明基础平面图的内容和阅读。

从图 11-29 中可以看出，该房屋采用了独立基础和条形基础两种基础形式。剖切到的柱断面由于比例较小，均涂黑表示。其中，J1 为楼层平面布置图中 Z1 柱的柱下独立基础，另有详图表示其尺寸和构造；而其他柱均为构造柱，不设置基础。

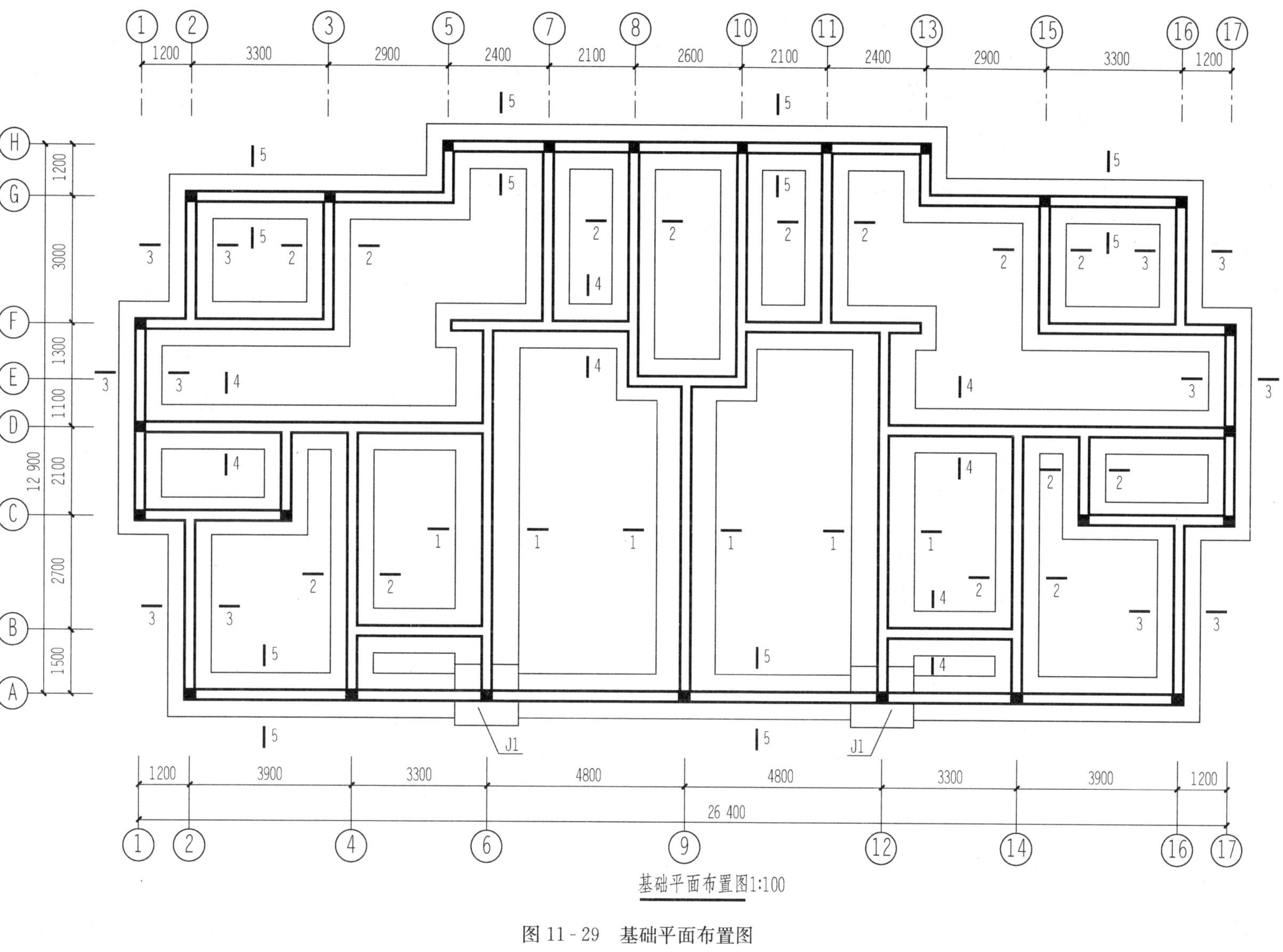

图 11-29 基础平面布置图

基础平面图的线型有三种：首先是轴线用细单点长画线表示，轴线两侧的粗实线表示剖切到的基础墙断面轮廓线，细实线表示向下投影时看到的基础底边线。可见该房屋主要采用的是条形基础，从断面符号 1—1～5—5 可知，该条形基础共有五种断面形式。对每一种不同的基础，都要画出它的断面图，并在基础平面图上用 1—1、2—2……剖切符号表明该断面的位置。

二、基础详图

在基础平面图中只表明了基础的平面布置，而基础的形状、大小、构造、材料及埋置深度均未表明，所以在结构施工图中还需要画出基础详图。基础详图是垂直剖切的断面图。

图 11-30 是该公寓墙下条形基础的结构详图。从图中可以看出，1—1 断面图中基础的底面宽度为 1200mm，基础的下面有 100mm 厚的 C15 素混凝土垫层；基础的主体为 350mm 高的钢筋混凝土，其内配置双向钢筋，分别是φ6@200 和φ10@150；基础大放脚上部材料为砖，一步高度（即起台）240mm，外挑宽度（即收台）65mm，基础墙厚为 240mm，内设有一基础圈梁。基础圈梁的断面尺寸为 240mm×240mm，内部配筋沿梁纵向上下各 4 根直径为 12mm 的 HPB300 钢筋，箍筋为φ6@150，如图 11-30 所示。

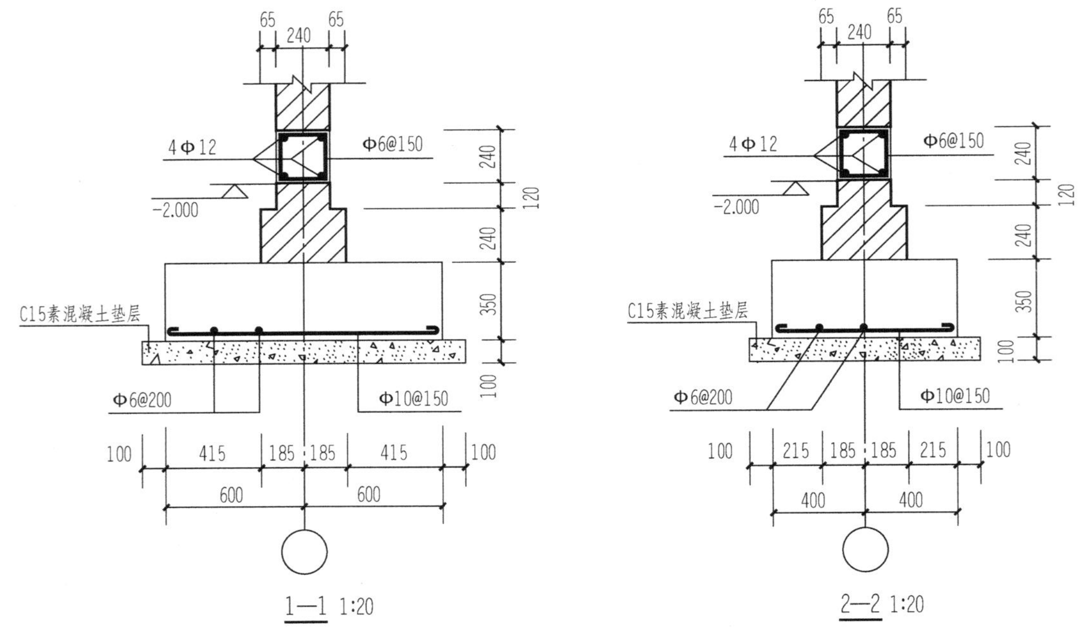

图 11-30 条形基础断面图

从图 11-30 可以看出，1—1 和 2—2 断面图的配筋及构造做法基本相同，不同处是基础的底面宽度分别为 1200mm 和 800mm。

图 11-31 是该公寓柱下独立基础的结构详图，由全剖面图和局部剖面图组成。

基础详图中的局部剖面图表示了基础大放脚、垫层和柱的平面尺寸，在左下角用局部剖面图表示了基础底部钢筋网的配置情况，双向配筋直径均为φ10，间距为 150mm。平面图的中部表示了剖切到的上部柱子在基础中预留插筋的配置情况，柱子在基础内的预留插筋为 4 根直径为 16mm 的 HRB335 钢筋。

基础详图中的全剖面图，即 A—A 剖面图，是沿柱子中心线处做出的纵向剖切后得到的正剖面图，按照投影关系应位于平面图的上方。基础剖面图表示了基础垫层厚度为 100mm，采用 C15 混凝土；大放脚的每阶高度尺寸，均为 350mm；标注了基础顶面和基础底面的相对标高，分别为－2m 和－2.8m；另外，还表示了基础底部钢筋网的配置情况，以便与基础详图中的平面图对照阅读，如图 11－31 所示。

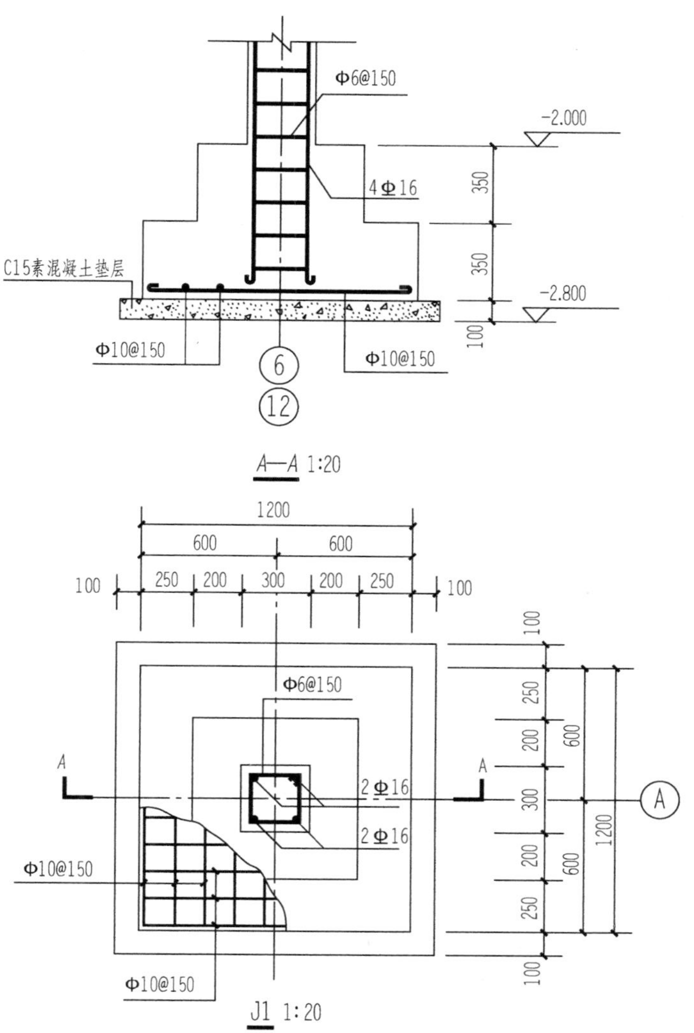

图 11－31　独立基础详图

第五节　楼梯结构详图

楼梯结构详图包括楼梯结构平面图、楼梯剖面图和配筋图。本节以前述教师公寓的楼梯结构详图为例，说明楼梯结构详图的图示特点。

一、楼梯结构平面图

楼梯结构平面图表示了楼梯板和楼梯梁的平面布置、代号、尺寸及结构标高。一般包括地下层平面图、底层平面图、标准层平面图和顶层平面图，常用 1∶50 的比例绘制。楼梯结构平面图和楼层结构平面图一样，都是水平剖面图，只是水平剖切位置不同。通常把剖切位置选择在每层楼层平台的楼梯梁顶面，以表示平台、梯段和楼梯梁的结构布置。

楼梯结构平面图中对各承重构件，如楼梯梁（TL）、楼梯板（TB）、平台板（PB）等进行了标注，梯段的长度标注采用“踏面宽×(步级数－1)＝梯段长度”的方式。楼梯结构平面图的轴线编号应与建筑施工图一致，剖切符号一般只在底层楼梯结构平面图中表示。

图 11 - 32 所示的楼梯结构平面图共有 3 个，分别是底层平面图、标准层平面图和顶层平面图，比例为 1∶50。楼梯平台板、楼梯梁和楼梯板都采用现浇钢筋混凝土，图中画出了现浇楼梯平台板内的配筋，楼梯梁（TL2）的配筋采用了“平法”中的平面注写方式，楼梯板另有详图画出，故只注明其代号和编号。从图中可知：楼梯板共有 4 种（TB1、TB2、TB3、TB4），楼梯梁共有 4 种（TL1、TL2、TL3、TL4）。

二、楼梯结构剖面图

楼梯结构剖面图表示楼梯承重构件的竖向布置、各部构造和连接情况，比例与楼梯结构平面图相同。图 11 - 33 所示的 1—1 剖面图是与图 11 - 32 楼梯结构平面图配套的楼梯结构剖面图，其剖切位置和剖视方向参见图 11 - 32 楼梯底层结构平面图中的剖切符号 1—1。在 1—1 楼梯剖面图中画出了剖到的楼梯板、楼梯平台、楼梯梁（粗实线）和未剖切到而可见的楼梯板（细实线）的形状和连接情况；另外，在图中还分别标注了踏步尺寸（踏面宽 300，踢面高 1400/9）、梯段的高度尺寸（1400）、楼层平台和休息平台的结构标高。

三、楼梯配筋图

绘制楼梯结构剖面图时，由于选用的比例较小（1∶50），不能详细地表示楼梯板和楼梯梁的配筋，需另外用较大的比例（如 1∶30、1∶25、1∶20）画出楼梯的配筋图。楼梯配筋图主要由楼梯板的配筋断面图组成。如图 11 - 34 所示，梯段板 TB1 是一个折板式楼梯，其形式为上折式，TL1 和 TL2 为该梯段的支座；楼梯板 TB4 是一个板式楼梯，TL4 为该梯段的支座。TB1 和 TB4 的板厚均为 100mm，板底布置的受力筋是直径为 12 的 HPB300 钢筋，间距 100；支座处板顶的受力筋是直径为 12 的 HPB300 钢筋，间距 100；板中的分布筋直径为 6 的 HPB300 钢筋，间距 250。如在配筋图中不能清楚表示钢筋布置，或是对看图易产生混淆的钢筋，应在附近画出其钢筋详图（比例可以缩小）作为参考。

由于楼梯平台板的配筋已在楼梯结构平面图中画出，楼梯梁也有配筋标注，故在楼梯板配筋图中楼梯梁和平台板的配筋不必画出，图中只要画出与楼梯板相连的楼梯梁、一段楼梯平台的外形线（细实线）即可。如果采用较大比例（1∶30、1∶25）绘制楼梯结构剖面图，可把楼梯板的配筋图与楼梯结构剖面图结合，从而可以减少绘图的数量。

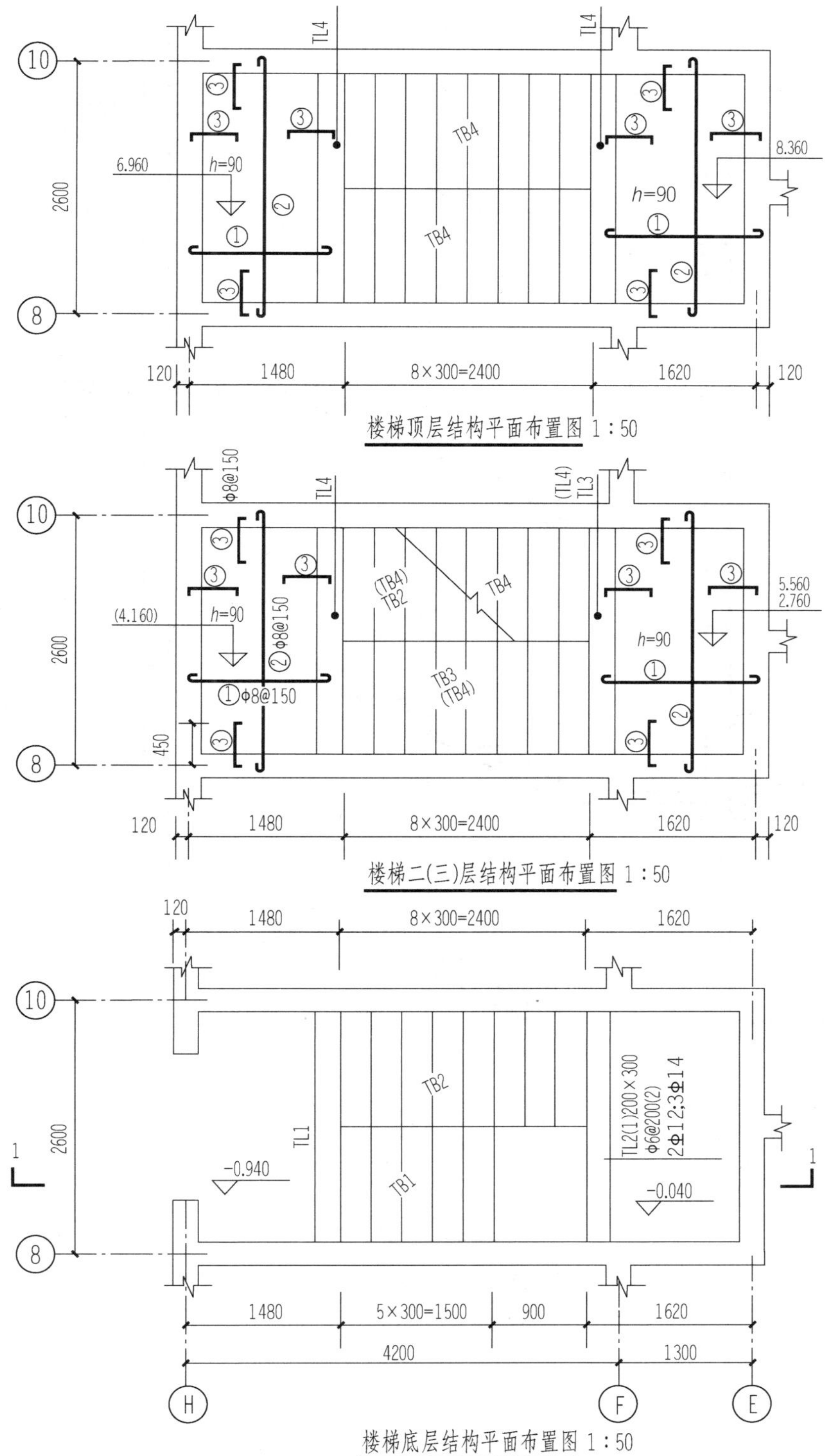

图 11-32 楼梯结构平面图

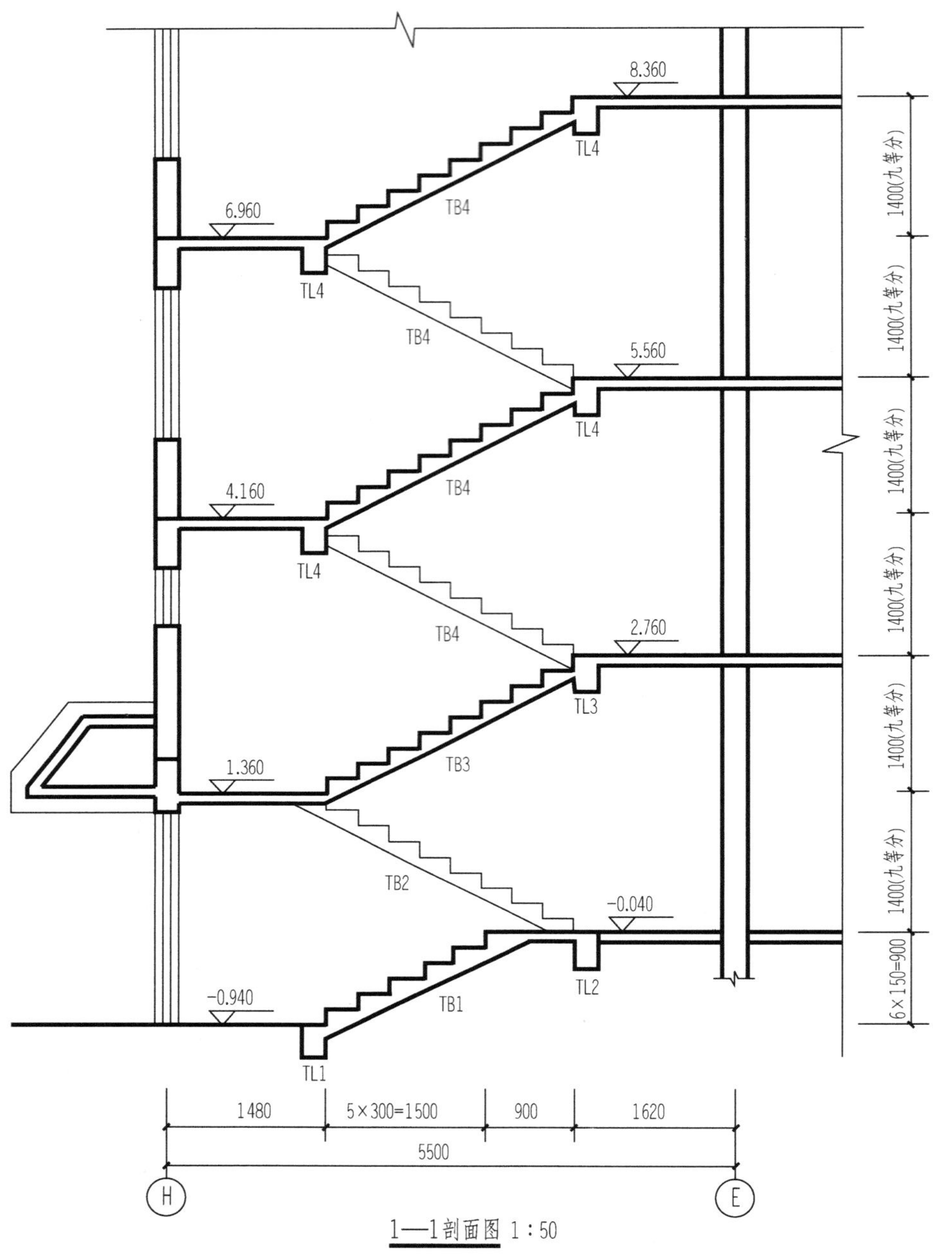

图 11-33 楼梯结构剖面图

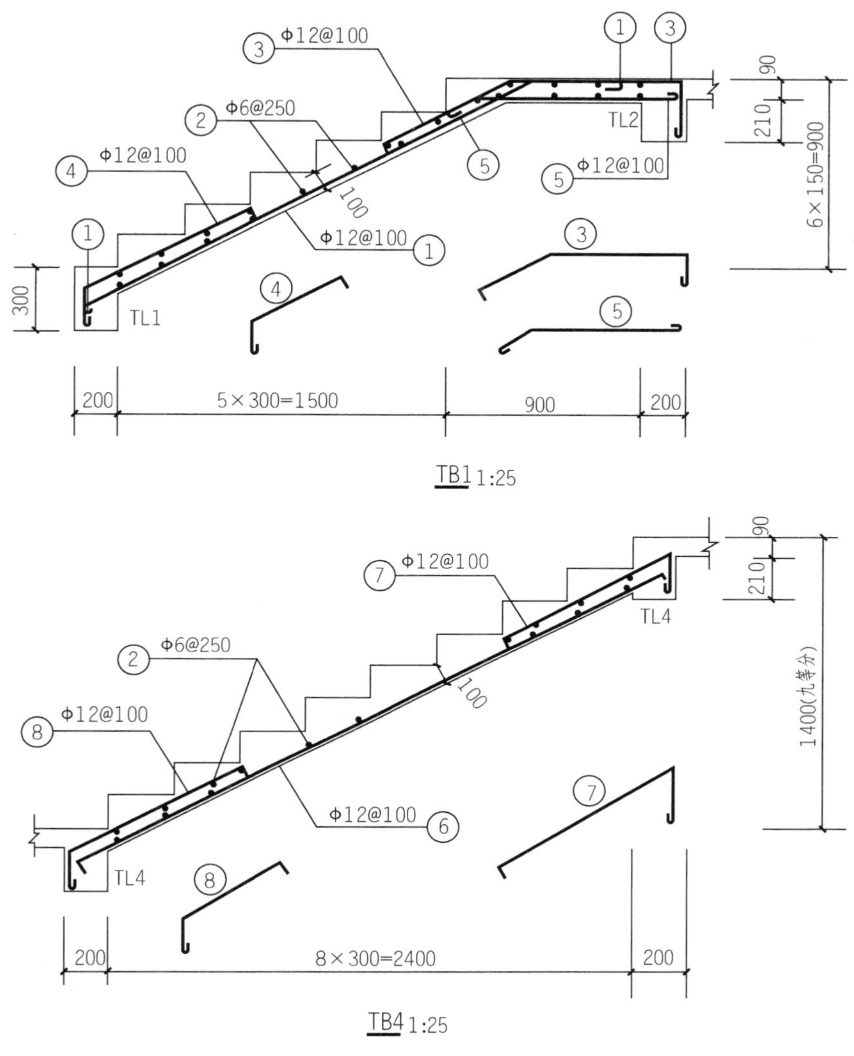

图 11-34 楼梯板配筋图

第六节 钢 结 构 图

钢结构是由各种形状的型钢组合连接而成的结构物。由于钢结构承载力大，所以常用于包括高层和超高层建筑、大跨度单体建筑（如体育场馆、会展中心等）、工业厂房、大跨度桥梁等。钢结构与其他材料建造的结构相比，具有重量轻、强度高、可靠性高、抗震性能好以及有利于工厂化生产和缩短建设工期等优点。

钢结构图包括构件的总体布置图和钢结构节点详图。总体布置图表示整个钢结构构件的布置情况，一般用单线条绘制并标注几何中心线尺寸；钢结构节点详图包括构件的断面尺寸、类型以及节点的连接方式等。

本节主要介绍钢结构图的图示方法及标注规定，并结合工程实例来说明钢结构图的特点和内容。

一、常用型钢的标注方法

钢结构的钢材是由轧钢厂按标准规格（型号）轧制而成，通称型钢。表 11-5 列出了一些常用的型钢及其标注方法。

表 11-5 常用型钢的标注方法

名称	截面	标注	说明
等边角钢		∟$b\times t$	b 为肢宽 t 为肢厚
不等边角钢		∟$B\times b\times t$	B 为长肢宽　b 为短肢宽　t 为肢厚
工字钢		IN　Q IN	N 为工字钢的型号 轻型工字钢加注 Q 字
槽钢		[N　Q [N	N 为槽钢的型号 轻型槽钢加注 Q 字
方钢		□b	
扁钢		$-b\times t$	
钢板		$\frac{-b\times t}{l}$	
圆钢		ϕ	
钢管		$d\times t$	外径×壁厚
T 型钢		TW TM TN	TW 为宽翼缘 T 型钢 TM 为中翼缘 T 型钢 TN 为窄翼缘 T 型钢
H 型钢		HW HM HN	HW 为宽翼缘 H 型钢 HM 为中翼缘 H 型钢 HN 为窄翼缘 H 型钢

二、型钢的连接方法

在钢结构施工中，常用一些方法将型钢构件连接成整体结构来承受建筑的荷载，连接包括焊接、螺栓连接、铆接等方式。

1. 焊缝

焊接是较常见的型钢连接方法。在有焊接的钢结构图纸上，必须把焊缝的位置、形式和尺寸标注清楚。焊缝应按现行的国家标准《焊缝符号表示法》（GB/T 324—2008）中的规定标注。焊缝符号主要由图形符号、补充符号和引出线等部分组成，如图 11-35 所示。图形符号表示焊缝断面和基本形式，补充符号表示焊缝某些特征的辅助要求，引出线则表示焊缝的位置。图 11-36 表示的是同类焊缝符号，即燕尾符号。

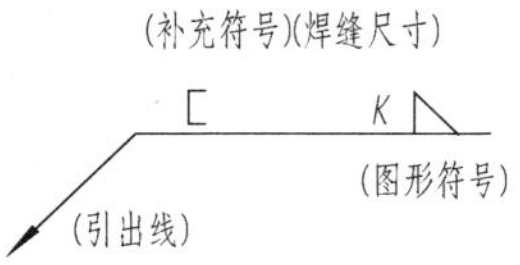

图 11 - 35 焊缝符号

图 11 - 36 同类焊缝的表示方法

表 11 - 6 列出了几种常用的图形符号和补充符号。

表 11 - 6 **图形符号和补充符号**

焊缝名称	示意图	图形符号	符号名称	示意图	补充符号	标注方法
V 形焊缝	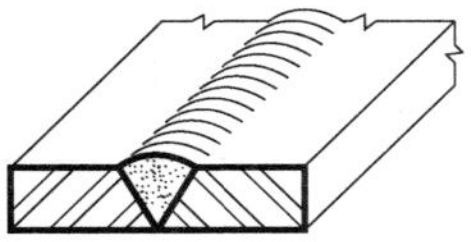		围焊焊缝符号	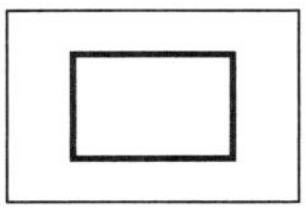		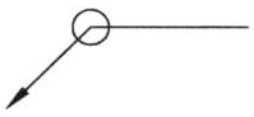
单边 V 形焊缝	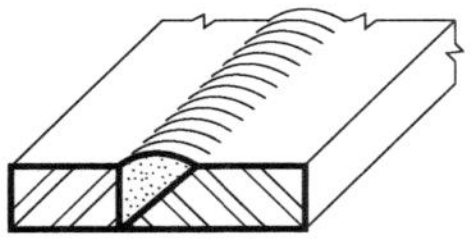		三面焊缝符号	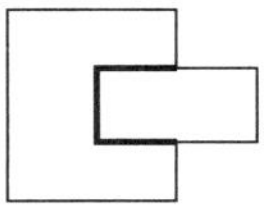		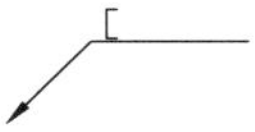
角焊缝	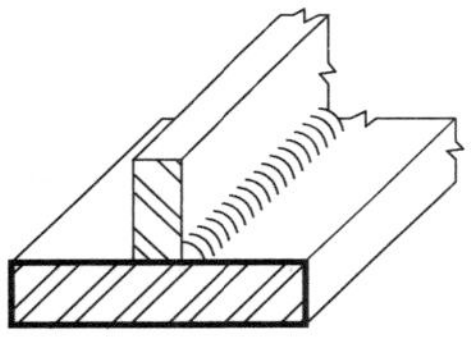	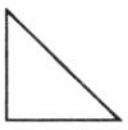	带垫板符号	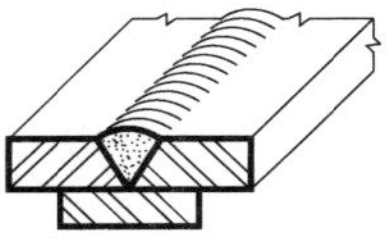		
I 形焊缝	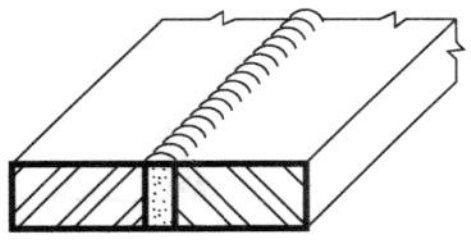	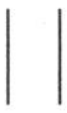	现场焊缝符号			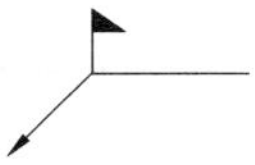
点焊缝	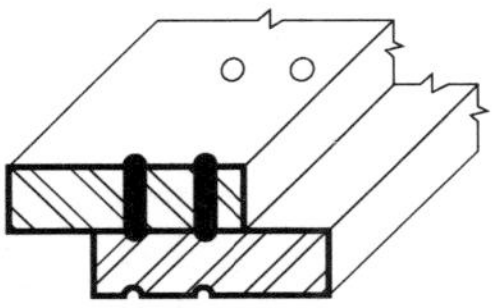		相同焊接符号			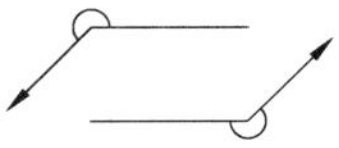
塞焊	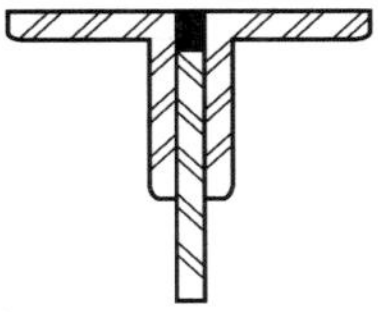		尾部符号			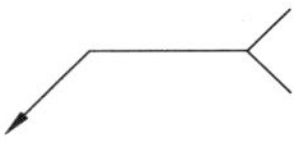

焊缝的标注还应符合下列规定：

（1）在同一图形上，当焊缝形式、断面尺寸和辅助要求均相同时，可只选择一处标注焊缝的符号和尺寸，并加注“相同焊缝符号”。相同焊缝符号为 3/4 圆弧，绘在引出线的转折处（参见表 11 - 6）；当有数种相同的焊缝时，可将焊缝分类编号标注，在同一类焊缝中也可选择一处标注焊缝的符号和尺寸，分类编号采用大写的拉丁字母 A、B、C 等，注写在尾部符号内，如图 11 - 36 所示。

（2）标注单面焊缝时，当箭头指向焊缝所在的一面时，应将图形符号和尺寸标注在横线的上方，如图 11 - 37 左上图所示；当箭头指向焊缝所在另一面（相对的那面）时，应将图形符号和尺寸标注在横线的下方，如图 11 - 37 左下图所示；表示环绕工作件周围的焊缝时，可按图 11 - 37 右图所示的方法标注。

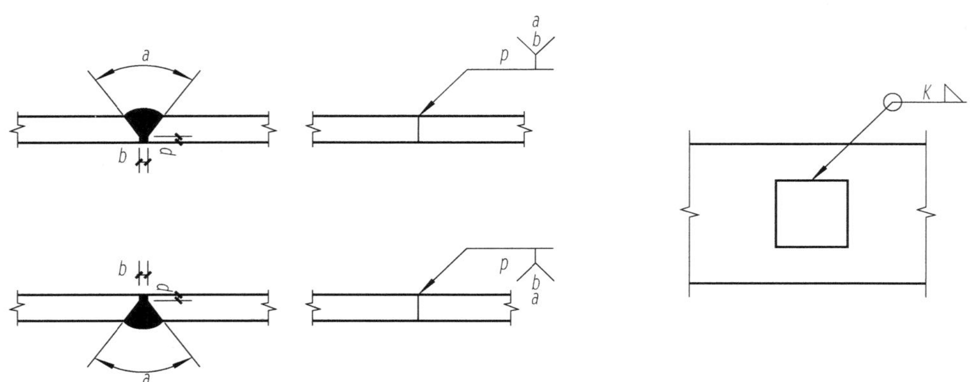

图 11 - 37 单面焊缝的标注方法

p—钝边；a—坡口角度；b—根部间隙；K—焊角高度

（3）标注双面焊缝时，应在横线的上、下都标注符号和尺寸。上方表示箭头一面的符号和尺寸，下方表示另一面的符号和尺寸，如图 11 - 38（a）所示；当两面的焊缝尺寸相同时，只需在横线上方标注焊缝的符号和尺寸，如图 11 - 38（b）、（c）、（d）所示。

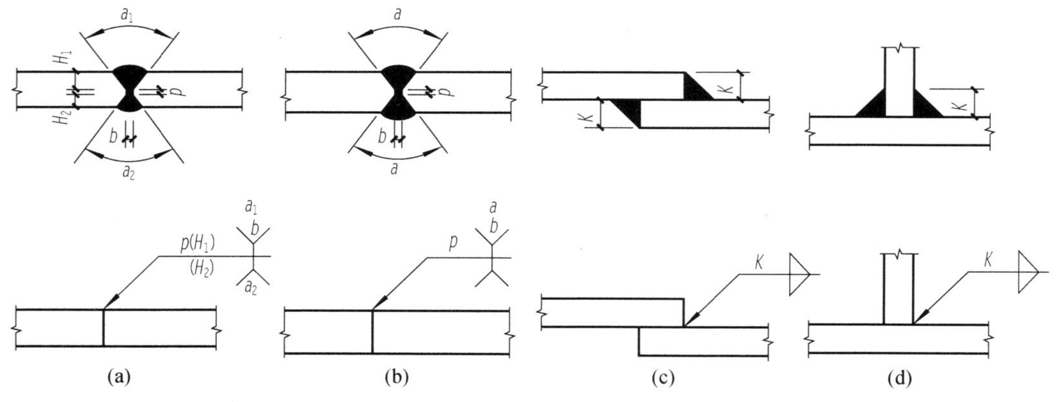

图 11 - 38 双面焊缝的标注方法

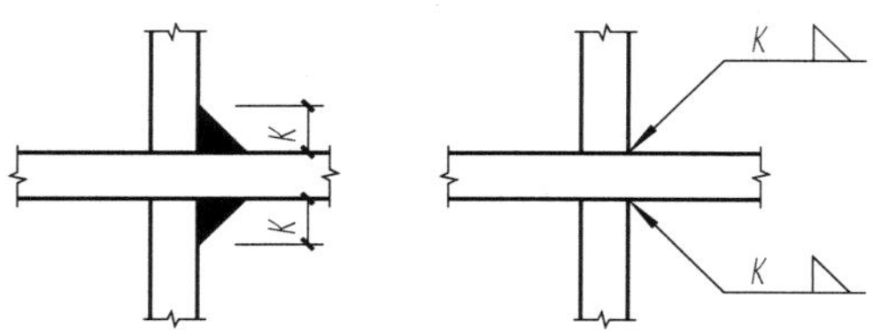

图 11 - 39 3 个以上焊件的焊缝标注方法

（4）3 个和 3 个以上的焊件相互焊接的焊缝，不得作为双面焊缝标注。其焊缝符号和尺寸应分别标注，如图 11 - 39 所示。

（5）相互焊接的 2 个焊件中，当只有 1 个焊件带坡口时，引出线箭头必须指向带坡口的焊件，如图 11 - 40（a）所示；当为单面带双边不对称坡口焊缝时，引出线箭头必须指向较大坡口的焊件，如图 11-40（b）所示。

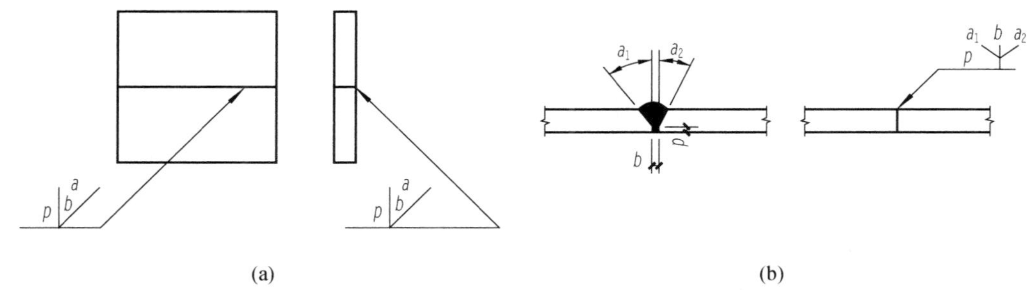

图 11-40　单坡口及不对称坡口焊缝的标注方法

（6）当焊缝分布不规则时，在标注焊缝符号的同时，宜在焊缝处加实线（表示可见焊缝），或加细栅线（表示不可见焊缝），如图 11-41 所示。

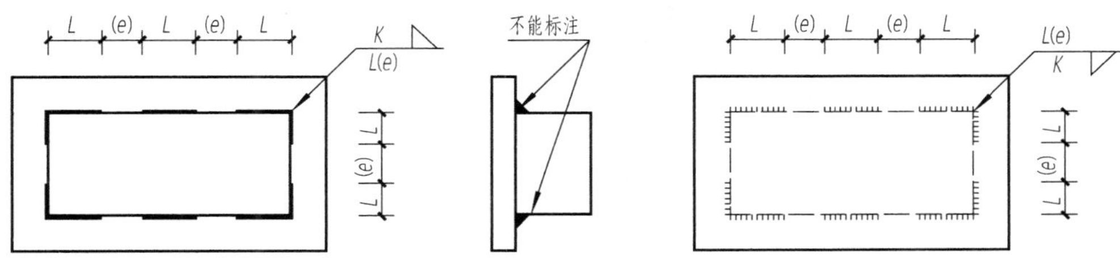

图 11-41　不规则焊缝的标注方法

（7）剖口角焊缝的符号为涂黑的圆圈，绘在引出线的转折处，如图 11-42 所示。

（8）图样中较长的角焊缝，可不用引出线标注，而直接在角焊缝旁标注焊缝尺寸值 K，如图 11-43 所示。

（9）局部焊缝应按图 11-44 所示的方法标注。

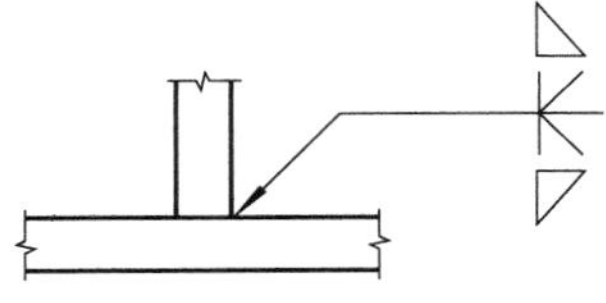

图 11-42　剖口角焊缝的标注方法

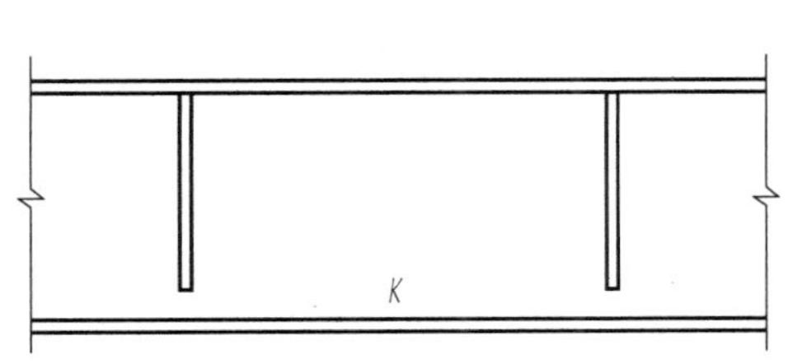

图 11-43　较长焊缝的标注方法

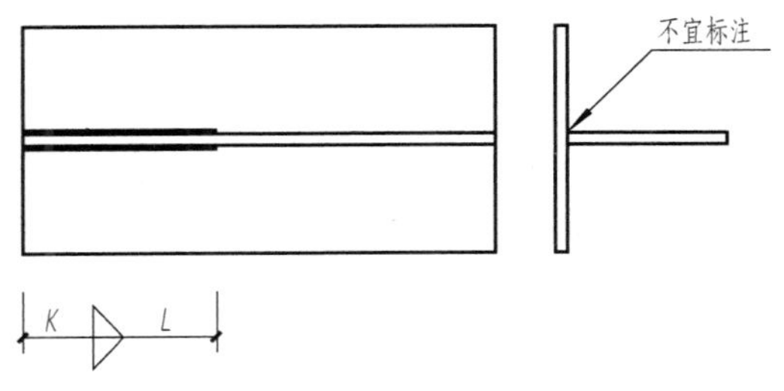

图 11-44　局部焊缝的标注方法

2. 螺栓、孔、电焊铆钉的表示方法

螺栓、孔、电焊铆钉的表示方法见表 11-7。

表 11-7　　螺栓、孔、电焊铆钉的表示方法

名　称	图　例	说　明
永久螺栓		1. 细“+”线表示定位线 2. M 表示螺栓型号 3. ϕ 表示螺栓孔直径 4. d 表示膨胀螺栓、电焊缝铆钉直径 5. 采用引出线标注螺栓时，横线上表示螺栓规格，横线下表示螺栓孔直径
高强螺栓		
安装螺栓		
胀锚螺栓		1. 细“+”线表示定位线 2. M 表示螺栓型号 3. ϕ 表示螺栓孔直径 4. d 表示膨胀螺栓、电焊缝铆钉直径 5. 采用引出线标注螺栓时，横线上表示螺栓规格，横线下表示螺栓孔直径
圆形螺栓孔		
长圆形螺栓孔		
电焊铆钉		

三、钢屋架结构详图

钢屋架结构详图是表示钢屋架的形式、大小、型钢的规格、杆件的组合和连接情况的图样，其主要内容包括屋架简图、屋架详图、杆件详图、连接板详图、预埋件详图以及钢材用料表等。本节主要介绍屋架详图的内容和绘制。

图 11-45 中画出了用单线表示的钢屋架简图，用以表达屋架的结构形式，各杆件的计算长度，作为放样的一种依据。该梯形屋架由于左右对称，故可采用对称画法只画出一半多一点，用折断线断开。屋架简图的比例用 1∶100 或 1∶200。习惯上放在图纸的左上角或右上角。图中要注明屋架的跨度（24 000）、高度（3190），以及节点之间杆件的长度尺寸等。

屋架详图是用较大的比例画出的屋架立面图。应与屋架简图相一致。本例只是为了说明钢屋架结构详图的内容和绘制，故只选取了左端一小部分。

在同一钢屋架详图中，因杆件长度与断面尺寸相差较大，故绘图时经常采用两种比例。屋架轴线长度采用较小的比例，而杆件的断面则采用较大的比例。这样既可节省图纸，又能把细部表示清楚。

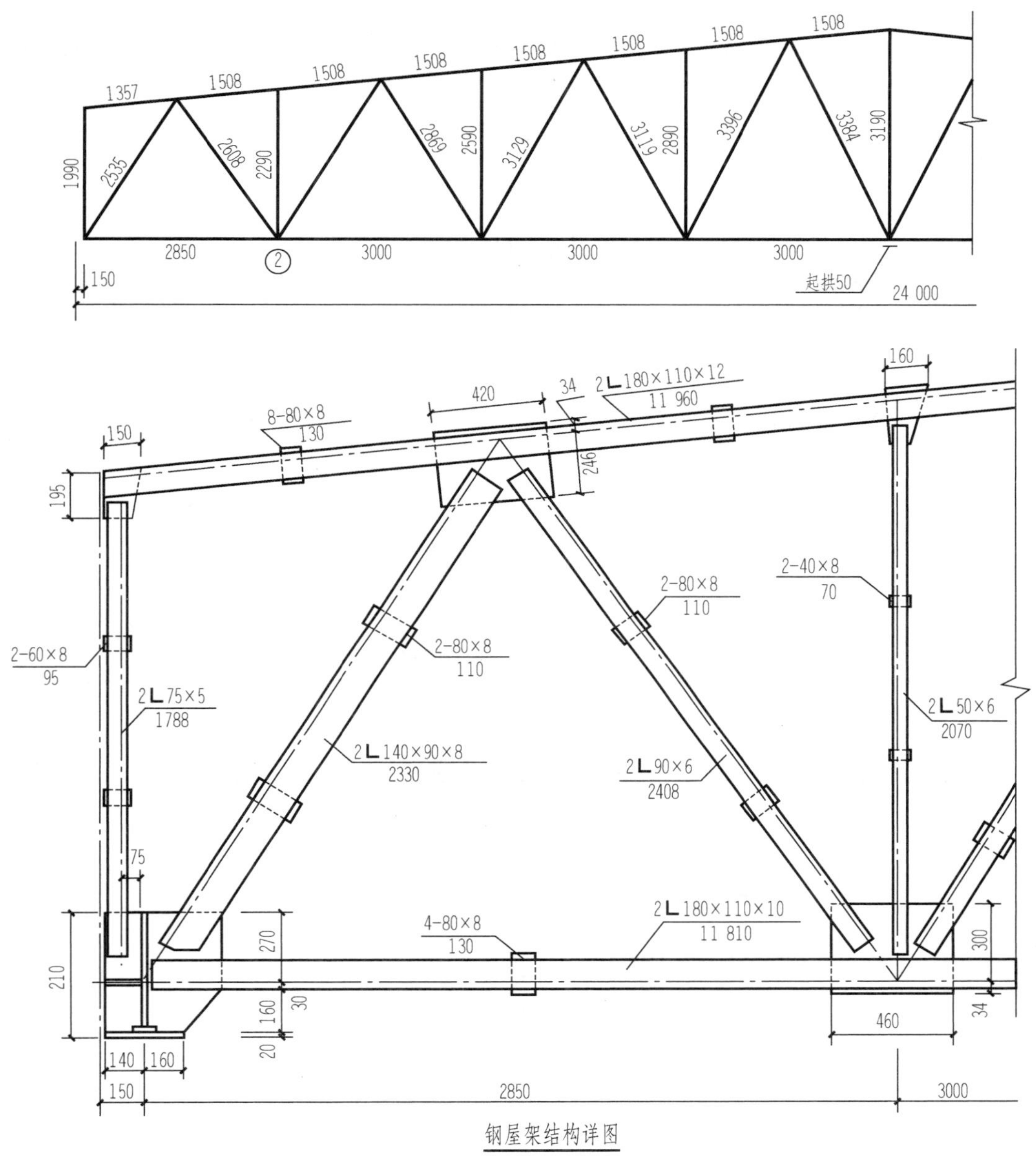

图 11-45 钢屋架结构详图示例

图 11-46 是屋架简图中编号为 2 的一个下弦节点详图。这个节点是由两根斜腹杆和一根竖腹杆通过节点板和下弦杆焊接而形成的。两根斜腹杆都分别用两根等边角钢（90×6）组成；竖腹杆由两根等边角钢（50×6）组成；下弦杆由两根不等边角钢（180×110×10）组成，由于每根杆件都由两根角钢所组成，所以在两角钢间有连接板，也称为缀条，它的作用是将腹杆的两个角钢局部相连，图中画出了斜腹杆和竖腹杆的扁钢连接板，且注明了它们的宽度、厚度和长度尺寸，如图中⑦、⑧、⑨号板。图中的⑥号板为节点板，节点板的形状为一矩形板，大小如图所示，根据每个节点杆件的位置和计算焊缝的长度来确定。图中注明

了各杆件（角钢）的长度尺寸，如 2408、2070、2550、11 800。除了连接板按图上所标明的块数沿杆件的长度均匀分布外，还注明了各杆件的定位尺寸（如 105、190、165）和节点板的定位尺寸（如 250、210、34、300）。图中还对各种杆件、节点板、连接板编绘了零件编号，标注了焊缝符号，从图中可以看出，所有焊缝均为贴角焊，焊缝种类分为 A、B 两种。

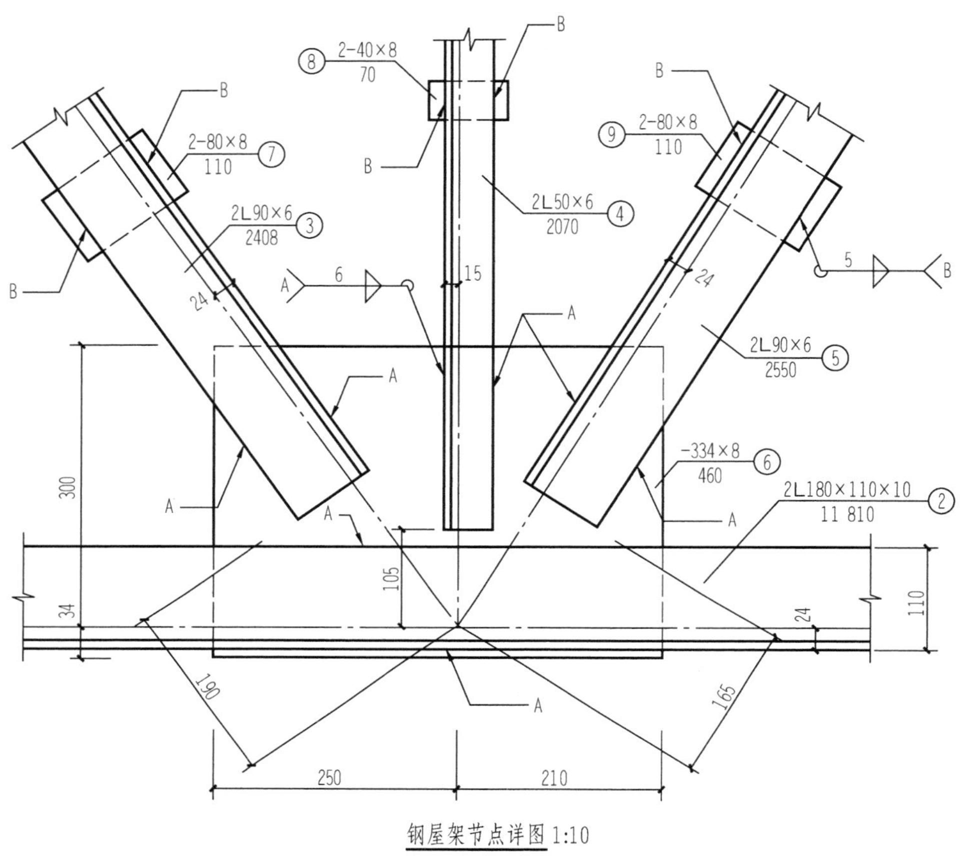

图 11-46 钢屋架节点详图

第十二章　设 备 施 工 图

一套完整的房屋施工图除建筑施工图、结构施工图外，还应包括设备施工图。设备施工图包括：给水排水施工图、采暖与通风施工图、电气施工图，简称“水施”、“暖施”、“电施”，统称“设施”。本章将重点介绍给水排水施工图和采暖施工图，即“水施”和“暖施”。

第一节　给水排水施工图概述

给水排水工程是现代化城市及工矿建设中必要的市政基础工程。给水工程是指水源取水、水质净化、净水输送、配水使用等工程；排水工程是指污水（生活、生产等污水）排放、污水处理、处理后的污水最终排入江河湖泊等工程。

给水排水工程图按其内容的不同，大致可以分为：室内给水排水施工图、室外管道及附属设备图、水处理工艺设备图。本章主要介绍室内给水排水施工图和室外管网布置图。

给水排水施工图的有关制图规定如下。

给水排水施工图除了要遵循《房屋建筑制图统一标准》（GB/T 50001—2010）中的规定外，还应符合《给水排水制图标准》（GB/T 50106—2010）的有关规定。

1. 图线

给水排水施工图中对于图线的运用应符合表 12 - 1 中的规定。

表 12 - 1　　给水排水施工图中常用图线

名称	线型	线宽	主要用途
粗实线	━━━━━━━━	b	新建各种给水管道线
中粗实线	────────	$0.5b$	1. 原有给水管道线 2. 给水排水设备配件的可见轮廓线 3. 新建建筑物、构筑物的可见轮廓线
细实线	────────	$0.25b$	1. 原有建筑物和道路的轮廓线 2. 图例线、尺寸线、尺寸界线、引出线、标高符号
粗虚线	━ ━ ━ ━ ━ ━	b	新建各种排水管道线
中粗虚线	─ ─ ─ ─ ─ ─	$0.5b$	1. 原有排水管道线 2. 给水排水设备配件的不可见轮廓线 3. 新建建筑物、构筑物的不可见轮廓线
细虚线	─ ─ ─ ─ ─ ─ ─	$0.25b$	原有建筑物、构筑物的不可见轮廓线
粗单点长画线	━━ · ━━ · ━━	b	新建各种雨水管道
细单点长画线	── · ── · ──	$0.25b$	中心线、对称线、定位轴线

2. 标高

给水排水施工图中的标高均以米为单位，一般保留至小数点后三位。对于给水管道（压力管）宜标注管中心标高，对于排水管道（重力管）宜标注管内底标高。

3. 管径

管径应以毫米为单位进行标注。对于水煤气输送钢管、铸铁管宜用公称直径 DN 表示（如 DN50）；对于无缝钢管、焊接钢管等管材宜用外径 $D\times$壁厚表示（如 $D108\times4$）；对于铜管、薄壁不锈钢管宜用公称外径 Dw 表示（如 Dw18）；对于 PVC 管宜用公称内径 Dn 表示（如 Dn63）；对于钢筋混凝土管、混凝土管等管材宜用内径 d 表示（如 $d230$）。

4. 图例

表 12 - 2 中列出了给水排水施工图中常用的图例。

表 12 - 2　　给水排水施工图中常用图例

名称	图例	备注	名称	图例	备注
生活给水管	—J—		存水弯		左图为S形 右图为P形
污水管	—W—		多孔管		
通气管	—T—		截止阀		左图为平面 右图为系统
止回阀			水嘴		左图为平面 右图为系统
管道立管	XL-1　XL-1 X:管道类别　L:立管 1:编号	左图为平面 右图为系统	淋浴喷头		左图为平面 右图为系统
立管检查口			自动冲洗水箱		左图为平面 右图为系统
清扫口		左图为平面 右图为系统	室外消火栓		
通气帽	成品　蘑菇形		室内消火栓（单口）	平面　系统	白色为开启面
圆形地漏		左图为平面 右图为系统	室内消火栓（双口）	平面　系统	
水表井			雨水口		
阀门井 检查井			矩形化粪池	HC	

第二节　室内给水工程图

室内给水工程图包括室内给水平面图、室内给水系统图、管道安装详图、施工说明。本节将重点介绍室内给水平面图和室内给水系统图。

一、室内给水平面图

（一）室内给水系统的组成

民用建筑室内给水系统按供水对象及要求不同，可分为生活用水系统和消防用水系统。对于一般的民用建筑，可以只设生活用水系统。室内给水系统一般由以下主要部分组成（图 12-1）。

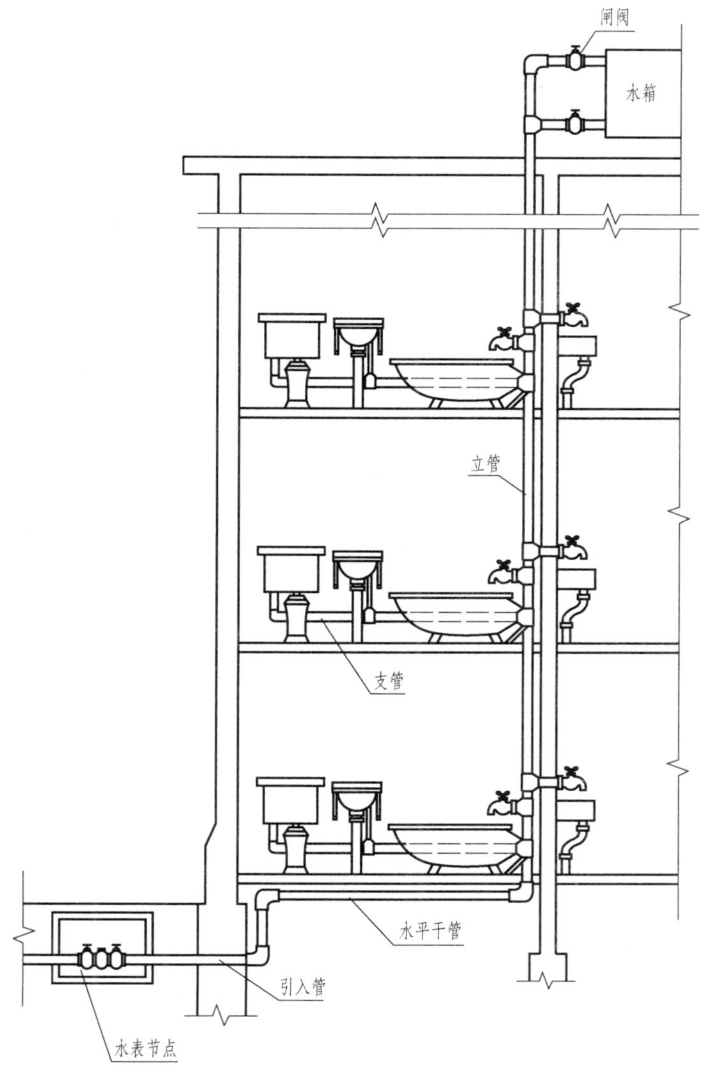

图 12-1　室内给水系统的组成

（1）引入管。自室外管网引入房屋内部的一段水平管道。

（2）水表节点。安装在引入管上的水表及前后阀门等装置的总称。在引入管上安装的水表、阀门、防水口等装置都应设置在水表井中。

（3）室内配水管网。包括水平干管、立管、支管。

（4）配水器具及附件。包括各种配水龙头、闸阀等。

（5）升压及储水设备。当用水量大或水压不足时，需要设置水泵和水箱等设备。

根据给水干管敷设位置的不同，给水管网系统可分为下行上给式（图 12-2）、上行下给式（图 12-3）及中分式（图 12-4）三种。

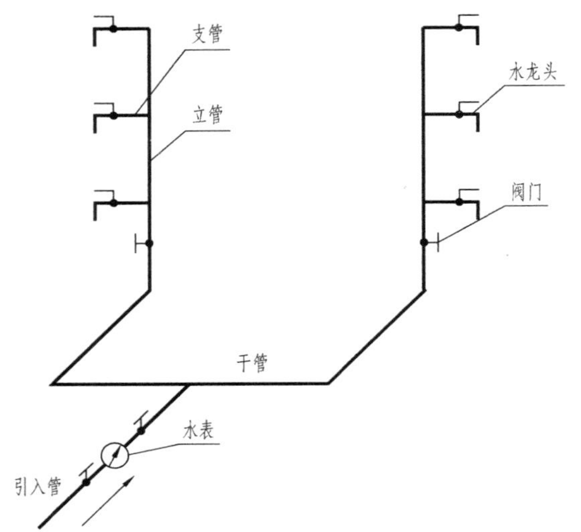

图 12-2　下行上给式给水系统

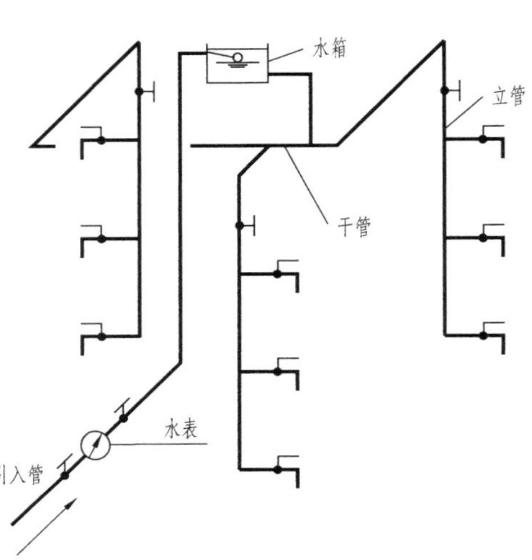

图 12-3　上行下给式给水系统

布置室内给水管网时应尽量注意：管系的选择应使管道最短并与墙、梁、柱平行敷设，同时便于检查；给水立管应靠近用水房间和用水点。

（二）室内给水平面图的有关规定和图示方法

1. 比例

室内给水平面图主要反映卫生设备、管道及其附件的平面布置情况。它是在简化的建筑平面图基础上绘制出室内给水管网及卫生设备的平面布置。通常，室内给水平面图采用与建筑平面图相同的比例绘制，一般为 1∶100 或 1∶50，当所选比例表达不清楚时，可以采用 1∶25的比例绘制。

2. 平面图的数量

室内给水平面图的数量根据各层管网的布置情况而定。对于多层房屋，底层的给水平面图应单独绘制；楼层平面的管道布置若相同，可绘制一个标准层给水平面图；当屋顶设有水箱及管道布置时，应单独绘制顶层给水平面图。

3. 线型

在给水平面图中，墙身、柱、门和窗、楼梯、台阶等主要建筑构件的轮廓线用细实线绘制，由于房屋的建筑平面图只是作为管道系统水平布局和定位的基准，所以房屋的细部及门窗代号均可省略。洗涤池、洗脸盆、浴盆、坐便器等卫生设备和器具以图例的形式用中粗实线绘制，给水管道用粗实线。

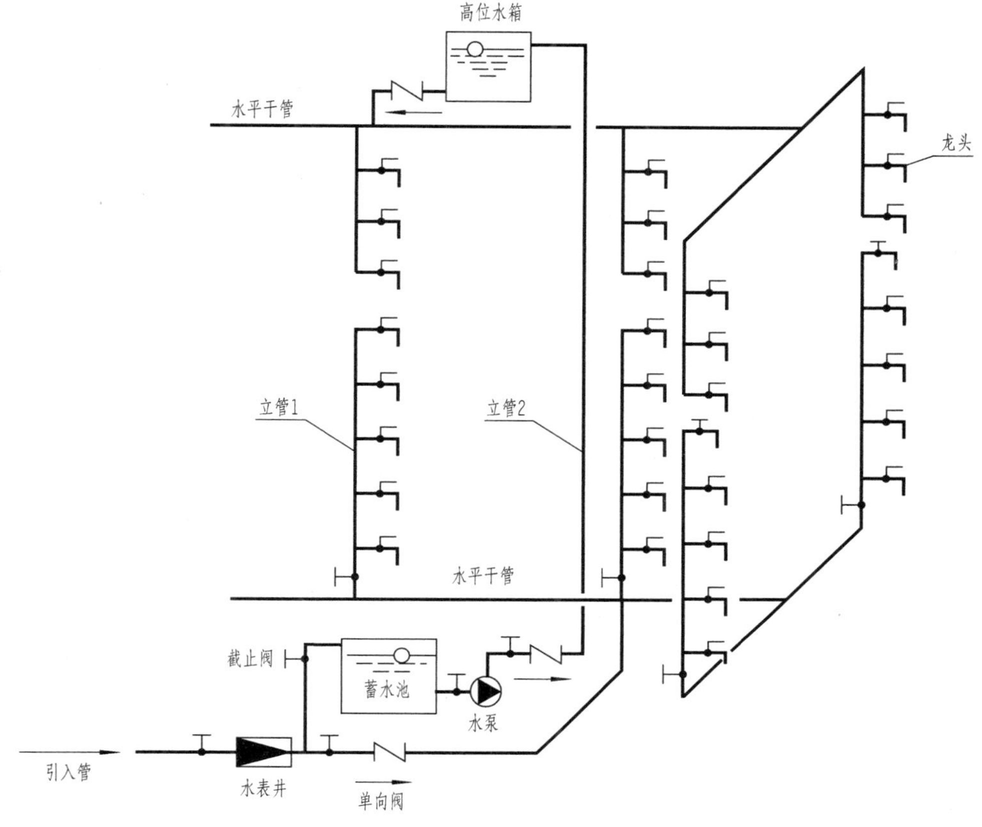

图 12-4 中分式给水系统

4. 图示方法

为了方便读图，在底层给水平面图中各种管道应按系统予以编号。一般给水管可以每根室外引入管（即从室外给水干管引入室内给水管网的水平进户管）为一系统，系统编号的表示方法如图 12-5 所示，其中圆的直径为 10mm，用细实线绘制；分子用相应的字母代号表示管道的类别，例如“J”表示给水；分母用阿拉伯数字表示系统的编号。

在给水平面图中，用直径 3mm（3 倍基本线宽）的圆表示立管的断面，如图12-6所示。其中左图为平面图的表示方法，右图为系统图的表示方法；J 表示给水管道，L 表示立管，阿拉伯数字表示立管的编号。当多根管道在平面图中重影时，可以平行排列绘制。管道不论敷设在楼面（地面）之上或之下，均不考虑其可见性，应按规定的线型绘制。

图 12-5 给水系统编号表示方法　　图 12-6 给水立管表示方法

（三）阅读室内给水平面图

对于一般的中小型民用建筑，室内给排水管网布置不太复杂，通常将室内给水、排水平面图绘制在同一张图纸上。对于复杂的高层建筑或大型建筑，可以将室内给水、排水平面图分开绘制。

以前面介绍的教师公寓为例，因为其属于小型建筑，可以将室内给水、排水平面图合并绘制，但为了表述清楚，采取了分别绘制的方法。图 12 - 7～图 12 - 11 分别为前面所述教师公寓的底层给水平面图和二、三层给水平面图及用水房间给水平面图，图中粗实线表示给水管道。

从底层给水平面图（图 12 - 7）可以看出该单元设有两个给水系统，即给水系统 $\frac{J}{1}$ 和 $\frac{J}{2}$ 。它是从建筑物北面室外的 1 号水表井和 2 号水表井通过给水引入管进入房屋内部。因为该单元分为东西两家用户，每户设有独立的一套给水系统，现以西侧用户说明给水平面图的设置。

从图 12 - 7～图 12 - 9 可以看出，西侧住户由给水系统 $\frac{J}{1}$ 从建筑物北面室外的 1 号水表井通过给水引入管进入房屋内部，再由水平干管由北向南行至Ⓔ轴线墙体到达给水立管 JL-1，由立管 JL-1 向上先给底层用水房间送水，先沿东西向水平干管经过截止阀和水表节点后，行至⑧轴线墙体处分成南北两路，南向一侧由北向南行至Ⓓ轴线墙体转向东西向水平干管，再由东向西通过水平干管和支管为南向卧室卫生间内的洗脸盆水龙头和坐便器提供用水；北向一侧由南向北行至Ⓕ轴线墙体后又分成两路，其中东西向水平干管由东向西行至⑦轴线墙体后折向北，进入厨房通过支管为厨房内洗涤池水龙头提供用水，另一侧南北向水平干管由南向北依次为北向卫生间内的洗脸盆水龙头和坐便器提供用水。

由于图 12 - 7 的图幅所限，图面中图线过密，不易看出给水系统的图例和符号，为此，本书增加了在图 12 - 7 基础上，采用较大比例针对用水房间绘制了底层局部给水平面图，如图 12 - 8、图 12 - 9 所示。使用大比例绘制的用水房间局部给水平面图中的图线清晰，可以与图 12 - 7 对照阅读，同时，又为学生绘图提供了方便。

在二、三层给水平面图（图 12 - 10、图 12 - 11）中，同样以西侧用户为例，可以看出二、三层给水是从⑨轴线墙体转角处的立管 JL-1 开始，由东西向水平干管经过截止阀和水表节点后，行至⑧轴线墙体处分成南北两路，南向一侧由北向南行至Ⓓ轴线墙体转向东西向水平干管，再由东向西通过水平干管和支管为南向卧室卫生间内的洗脸盆水龙头和坐便器提供用水；北向一侧由南向北行至Ⓑ轴线墙体后又分成两路，其中东西向水平干管由东向西行至⑦轴线墙体后折向北，进入厨房通过支管为厨房内洗涤池水龙头提供用水，另一侧南北向水平干管由南向北依次为北向卫生间内的洗脸盆水龙头和坐便器提供用水。

从图 12 - 7 和图 12 - 10 可以看出，立管 JL-2 的布置与立管 JL-1 完全对称。而立管 JL-1 和立管 JL-2 沿竖向从一层一直延伸到四层，向每层用户供水，一～四层的室内给水管网的平面布局完全一致。

同样，本书在图 12 - 10 基础上，采用较大比例针对用水房间绘制了二、三层局部给水平面图，如图 12 - 11 所示，使用大比例绘制的用水房间局部给水平面图可以清晰地看出给水系统的图例和符号，以便与图 12 - 10 对照阅读。

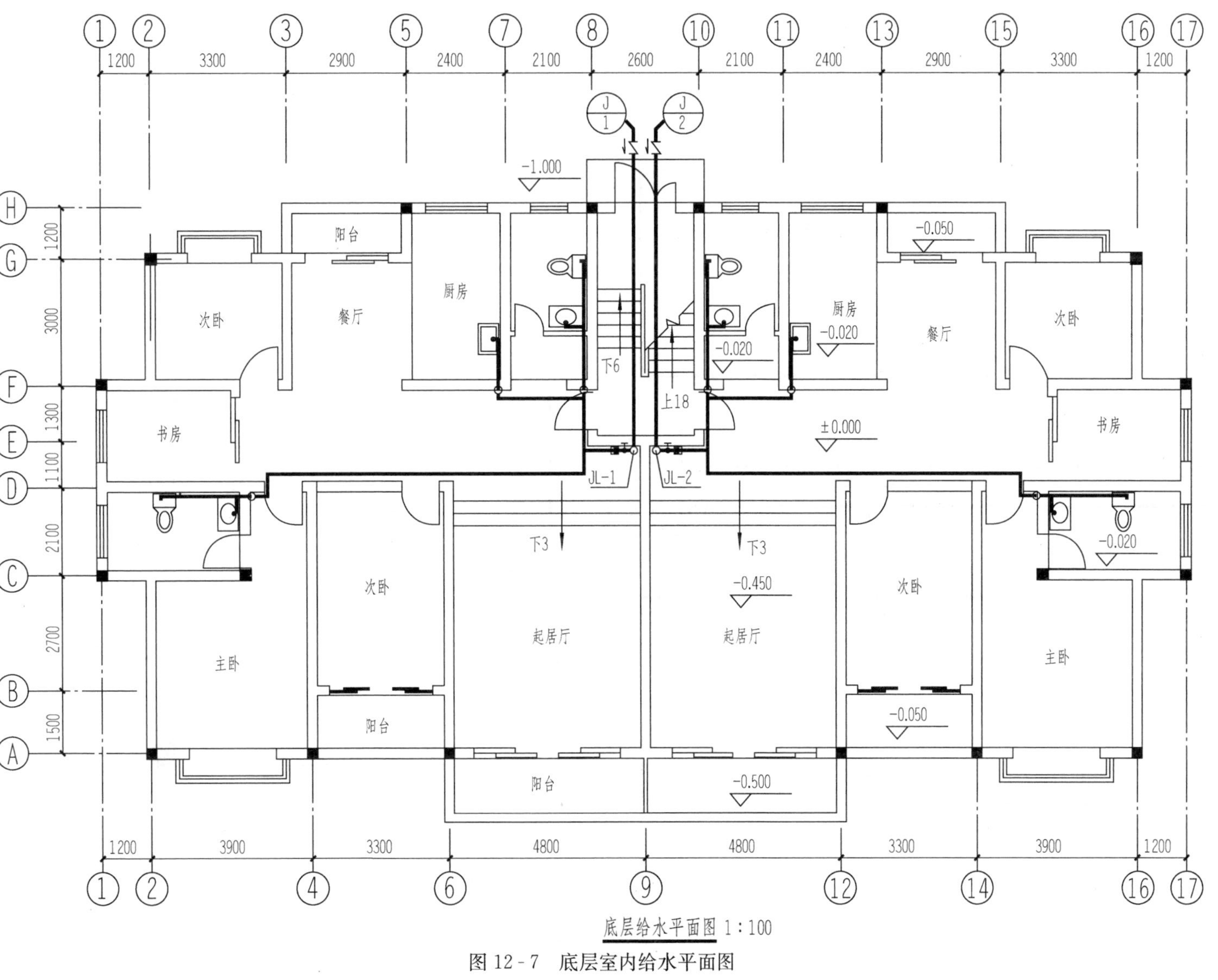

底层给水平面图 1:100

图 12-7 底层室内给水平面图

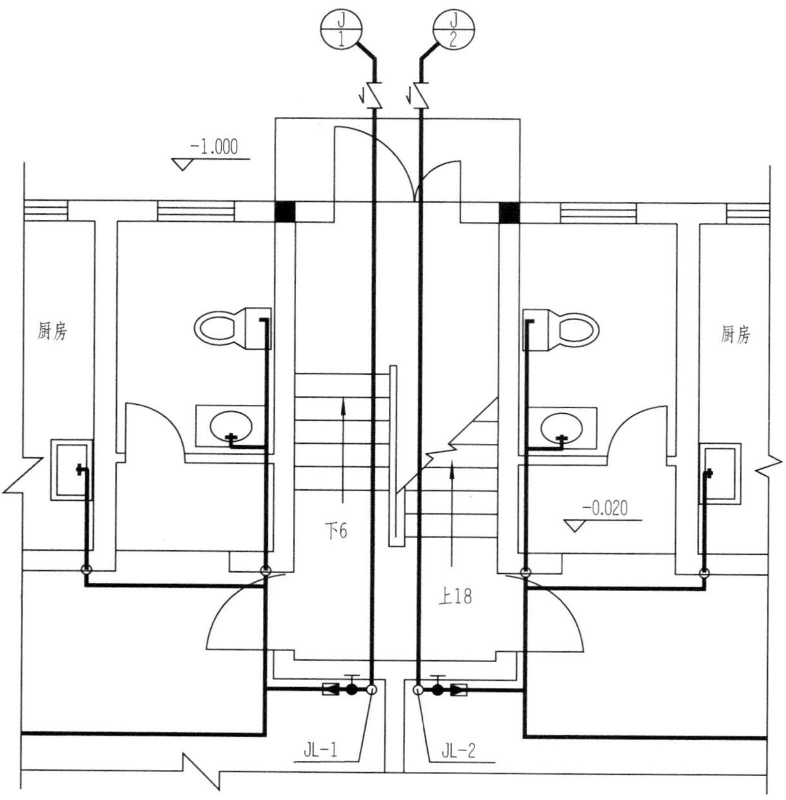

图 12-8 用水房间局部给水平面图（一）

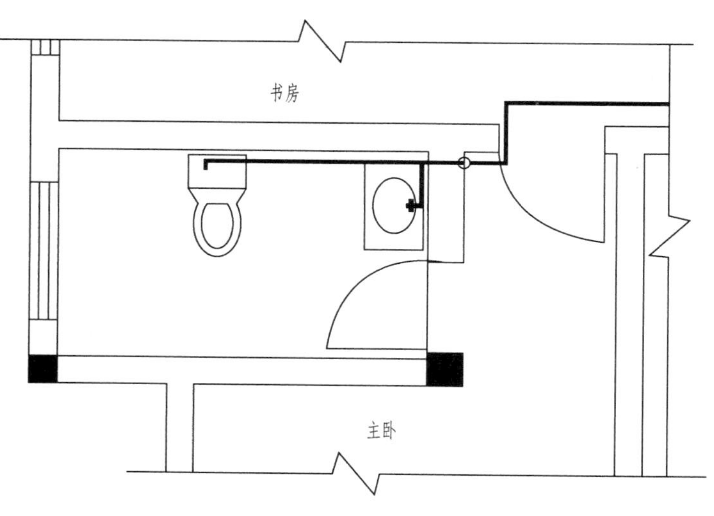

图 12-9 用水房间局部给水平面图（二）

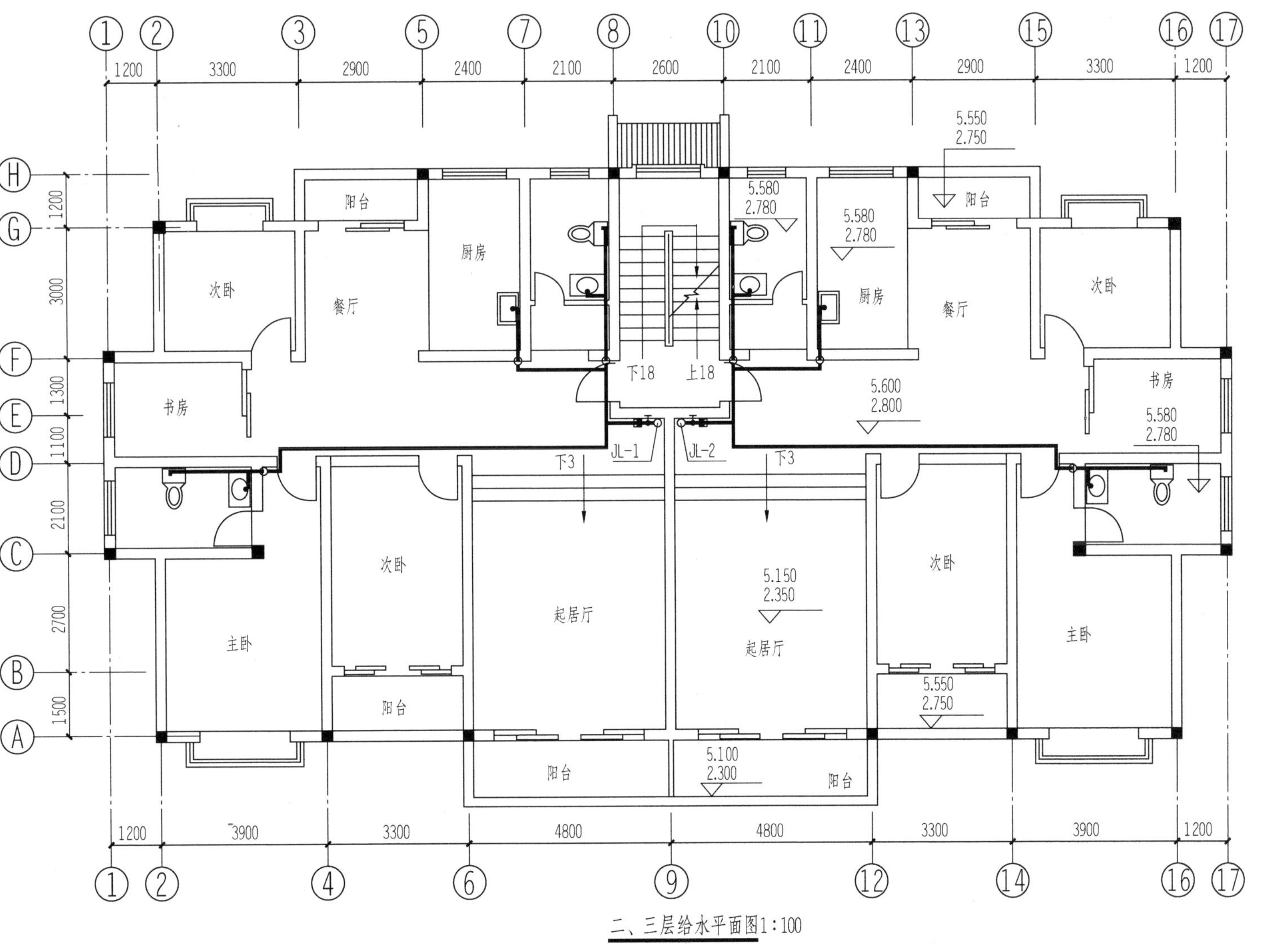

二、三层给水平面图1:100

图 12-10　楼层室内给水平面图

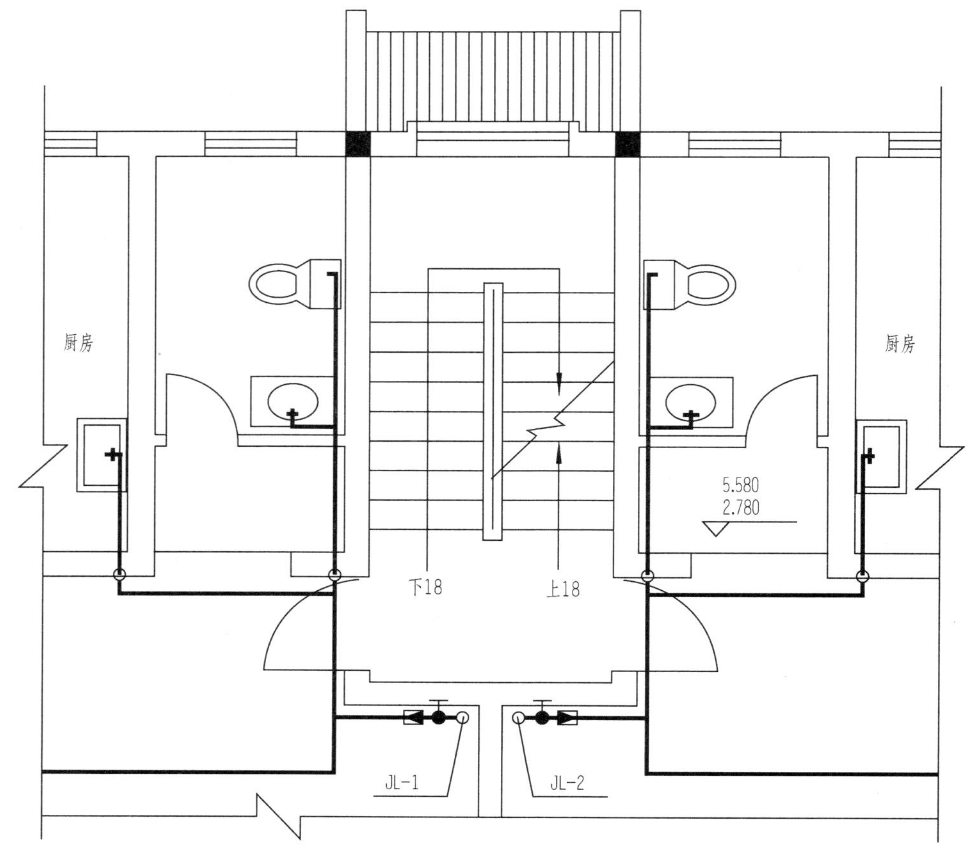

图 12-11 用水房间局部给水平面图（三）

二、室内给水系统图

给水系统图用来表达各管道的空间布置和连接情况，同时反映了各管段的管径、坡度、标高及附件在管道上的位置。因为给水管道在空间往往有转折、延伸、重叠及交叉的情况，所以为了清楚地表现管道的空间布局、走向及连接情况，系统图根据轴测投影原理，绘制出管道系统的正面斜等轴测图。

（一）室内给水系统图的有关规定和图示方法

1. 比例

室内给水平面图是绘制室内给水系统图的基础图样。通常，系统图采用与平面图相同的比例绘制，一般为 1∶100 或 1∶50，当局部管道按比例不易表示清楚时，可以不按比例绘制。

2. 线型

给水系统图中的管道依然用粗实线表示，管道的配件或附件（如阀门、水表、龙头等）图例用中粗实线表示。卫生器具（如洗涤池、坐便器、浴盆等）不再绘制，只是用粗实线画出相应卫生器具下面的存水弯或连接的横支管。

3. 图示方法

系统图习惯上采用 45°正面斜等轴测投影绘制。通常把高度方向作为 OZ 轴，OX 和 OY

轴则以能使图上管道简单明了，避免管道过多地交错为原则。三个方向的轴向伸缩系数相等均取 1。当系统图与平面图采用相同的比例绘制时，OX、OY 轴方向的尺寸可以直接在相应的平面图上量取，OZ 轴方向的尺寸按照配水器具的习惯安装高度量取。

室内给水主要表现给水系统的空间枝状结构，即系统图通常按独立的给水系统来绘制，每一个系统图的编号应与给水平面图中的编号一致。

为了使系统图的图面清晰，对于用水器具和管道布置完全相同的楼层，可以只画一层完整的配置，其他楼层省略，在省略处用 S 形折断符号表示，并注写“同底层”的字样。

当管道的轴测投影相交时，位于上方或前方的管道连续绘制，位于下方或后方的管道则在交叉处断开，如图 12 - 12 所示。

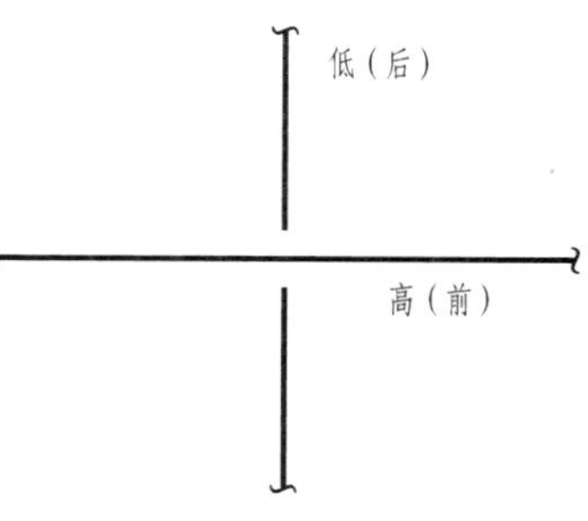

图 12 - 12　管道交叉表示方法

在给水系统图中，应对所有管段的直径和标高进行标注。管段的直径可以直接标注在管段的旁边或引出线引出。给水管为压力管，不需要设置坡度。给水系统一般要求标注楼（地）面、屋面、引入管、支管水平段、阀门、水龙头、水箱等部位的标高，给水管道的标高以管中心标高为准，标高数字以米为单位。图中的“＝”表示楼地面。

（二）阅读室内给水系统图

阅读系统图时，应与给水平面布置图对照阅读。图 12 - 13 为前面介绍的教师公寓给水系统图，因为其卫生器具是沿房屋纵向布置的，所以选择房屋纵向为 OX 轴，横向为 OY 轴。

从图 12 - 7 所示的底层给水平面图可以看出，由给水系统 $\frac{\mathrm{J}}{1}$ 和 $\frac{\mathrm{J}}{2}$ 引入的两根立管 JL-1 和 JL-2 是对称布置的，所以本例只绘制了给水系统 $\frac{\mathrm{J}}{1}$ 中给水立管 JL-1 的系统图。

如图 12 - 13 所示，给水系统 $\frac{\mathrm{J}}{1}$ 是将生活用水通过引入管从室外水表井引入室内，然后由水平干管送至西侧住户墙角处立管 JL-1，其中干管的埋设高度为－1.7m。从图 12 - 13 可见，一～四层的给水系统配置是完全相同的，本例仅绘制出了二、四层完整的给水配置，而一、三层采用的是省略画法，即在管道截断处注明“同顶层”。

因给水系统的配置各层相同，现以图 12 - 13 中的二层为例，说明给水管道的走向和给水系统的配置。图中的给水立管 JL-1 除了为一层供水外，还要继续由一层上升至二层，穿过二层楼面后在 3.1m 高处设置水平给水支管，经截止阀和水表后支管下降至楼面以下高度，由东向西后一段后管道分成南北两路，南向一侧通过敷设在面层内的水平干管，又由南转向西折向南，在靠近卫生间内墙转角处支管上升至 3.1m 高处，然后通过水平支管，由东向西依次将水送至南卧室卫生间内的洗脸盆、水龙头和坐便器。通往北向一侧的管道，在楼梯间墙角处又分成西、北两路，北向在靠近卫生间墙角处水平干管由二层楼面上升至 3.1m 高度，再由水平干管和支管由南向北，依次为卫生间内的洗脸盆、水龙头和坐便器提供用水。西向管道由东向西在厨房墙角处由二层楼面上升至 3.1m 高度，再由南向北送水至洗涤池水龙头。

立管 JL-1 从底层到顶层管径由 32mm 至 25mm 逐渐减小。

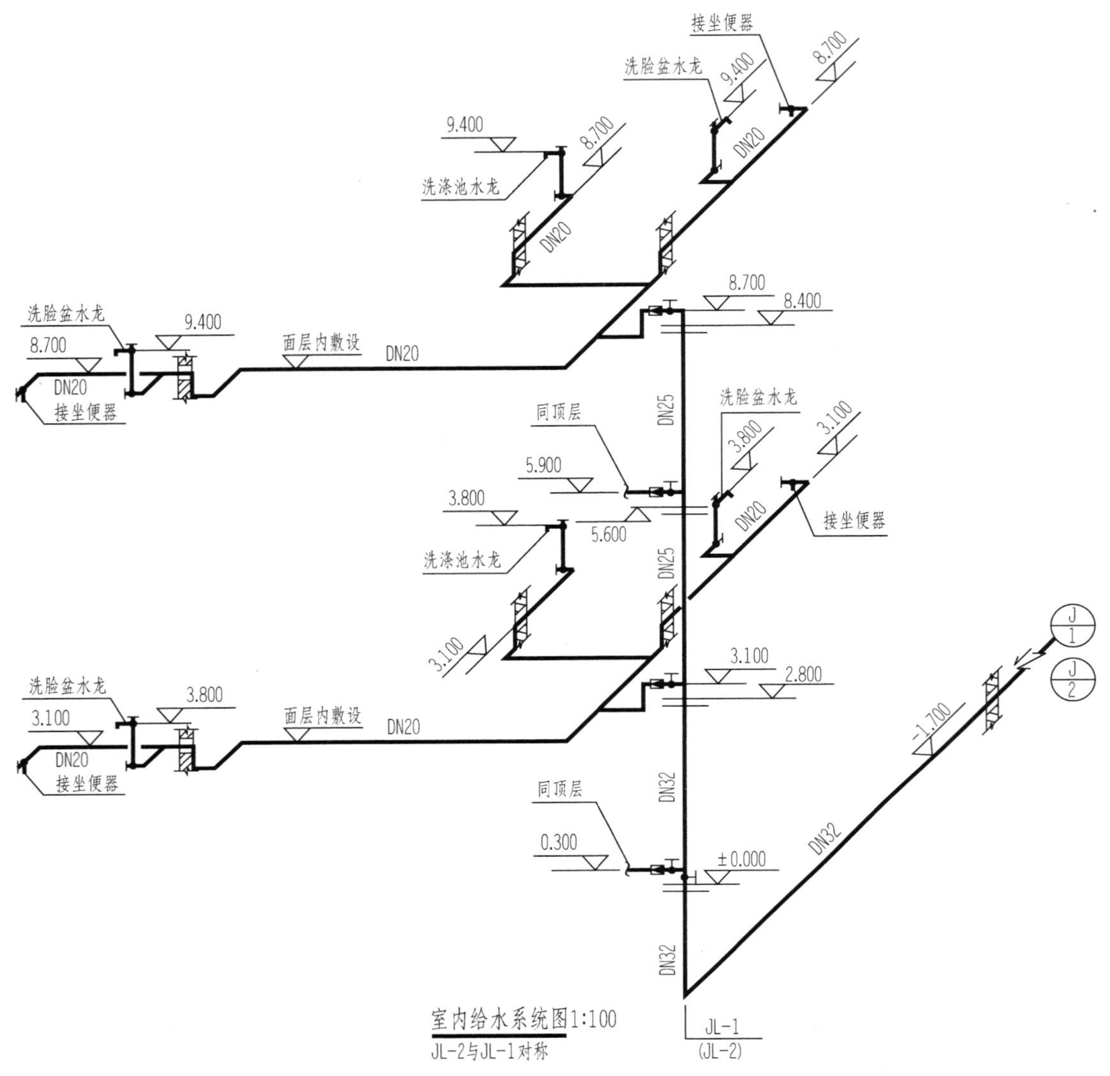

图 12-13　室内给水系统图

第三节　室内排水工程图

一、室内排水平面图

（一）室内排水系统的组成

民用建筑室内排水系统的主要任务是排除生活污水和废水。一般室内排水系统由以下主要部分组成，如图 12-14 所示。

1. 排水横管

连接卫生器具的水平管段。排水横管应沿水流方向设 1%～2%的坡度。当卫生器具较多时，应在排水横管的末端设置清扫口。

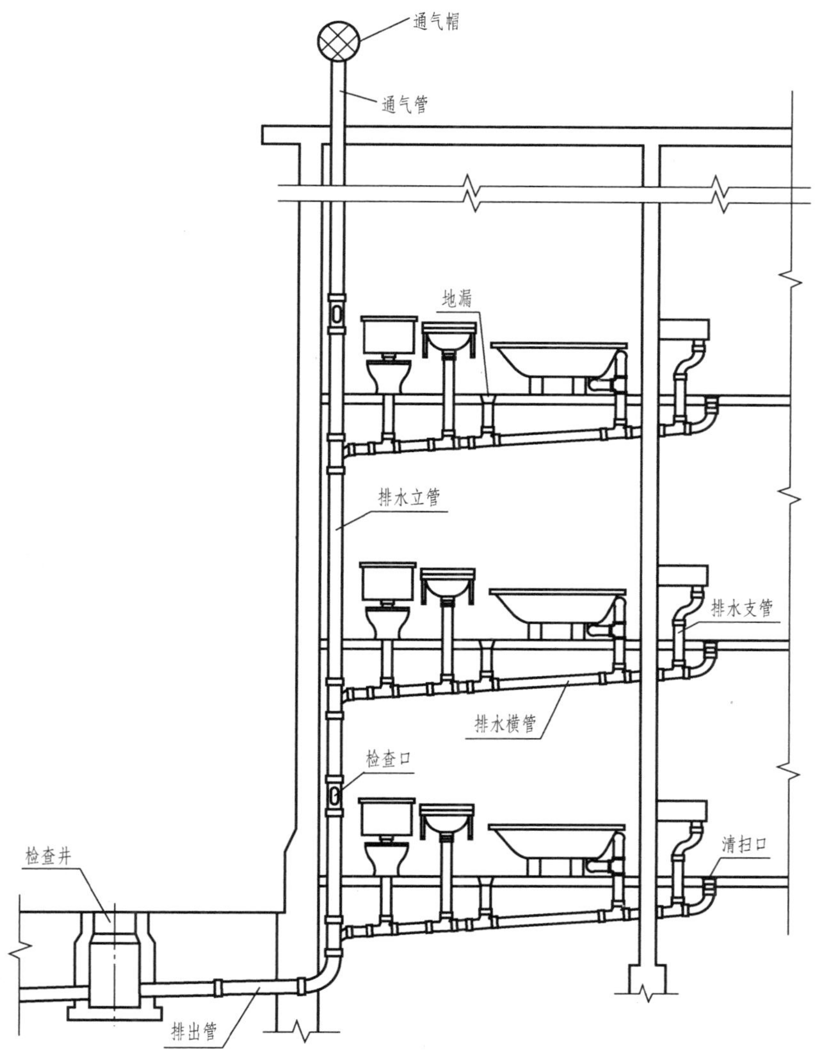

图 12-14 室内排水系统的组成

2. 排水立管

连接各楼层排水横管的竖直管道，它汇集各横管的污水，将其排至建筑物底层的排出管。立管在首层和顶层应设有检查口，多层建筑则每隔一层设一个检查口，通常检查口的高度距室内地面为 1.00m。

3. 排出管

将排水立管中的污水排至室外检查井的水平横管。其管径应大于或等于连接的立管，且设有 1%～2%坡向检查井的坡度。

4. 通气管

顶层检查口以上的一段立管称为通气管，用来排除臭气、平衡气压。通气管应高出屋面 300～700mm，且在管顶设置网罩以防杂物落入。

布置室内排水管网时应尽量考虑：立管的布置要便于安装和检修；立管应尽量靠近污物、杂质最多的卫生设备，横管设有斜向立管的坡度；排出管应以最短的途径与室外管道连接，并在连接处设检查井。

（二）室内排水平面图的有关规定和图示方法

1. 比例

室内排水平面图的比例同给水平面图。

2. 线型

排水管道用粗虚线绘制；洗涤池、洗脸盆、浴盆、坐便器等卫生设备和器具以图例的形式用中实线绘制；墙身、柱、门和窗、楼梯、台阶等主要建筑构配件的轮廓线用细实线绘制。

3. 图示方法

为了方便读图，在底层排水平面图中各种管道应按系统予以编号。一般排水管是以每一根承接室外检查井的排出管为一系统。系统编号的表示方法如图 12-15 所示，其中圆的直径为 10mm，用细实线绘制；分子用相应的字母代号表示管道的类别，例如“W”表示污水，“P”表示排水；分母用阿拉伯数字表示系统的编号。

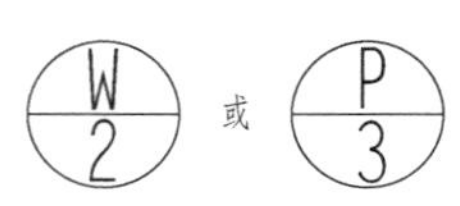

图 12-15 排水系统编号表示方法

（三）阅读室内排水平面图

图 12-16～图 12-19 中的粗虚线表示排水管道。排水系统的排水过程为：水经过用水设备后由排水横管进入排水立管，再由排水立管汇集到排出管，最后由排出管排入室外的检查井。在阅读室内排水平面图时，应从顶层排水平面图开始看起。

从二、三层排水平面图（图 12-16、图 12-18、图 12-19）可以看出，单元内两侧用户排水系统的配置是完全相同且对称的，各楼层卫生间的洗脸盆、地漏和坐便器的生活污水分别排入 PL-1、PL-3、PL-4 和 PL-6 四根排水立管。厨房洗涤池和地漏的生活污水分别排入排水立管 PL-2 和 PL-5。

从一层排水平面图（图 12-17、图 12-18、图 12-20）可以看出，该楼层东西两个住户共有六个排水系统，呈对称布置。以西侧住户为例，该住户共有三个用水房间，分别设立了三个独立的排水系统，有三个排水立管，分别为排水立管 PL-1～PL-3。“P”为排水系统代号。

在一层排水平面图中，楼层卫生间的洗脸盆、地漏和坐便器的生活污水分别排入 PL-1、PL-3，排水立管 PL-1 和 PL-3 中的污水再分别经各自的排出管汇集到室外位于西侧的 1 号和位于北侧的 3 号检查井；厨房洗涤池和地漏的生活污水分别排入排水立管 PL-2，排水立管 PL-2 由一根排出管排入室外位于北侧的 2 号检查井。排出管均设有朝向检查井方向的坡度。

由于图 12-16 和图 12-17 的图幅所限，图面中图线过密，不易看出排水系统的图例和符号，为此，本书增加了在图 12-16 和图 12-17 基础上，采用较大比例针对用水房间绘制了局部排水平面图，如图 12-18～图 12-20 所示。使用大比例绘制的用水房间局部排水平面图中的图线清晰，可以与图 12-16 和图 12-17 对照阅读，同时，又为学生绘图提供了方便。

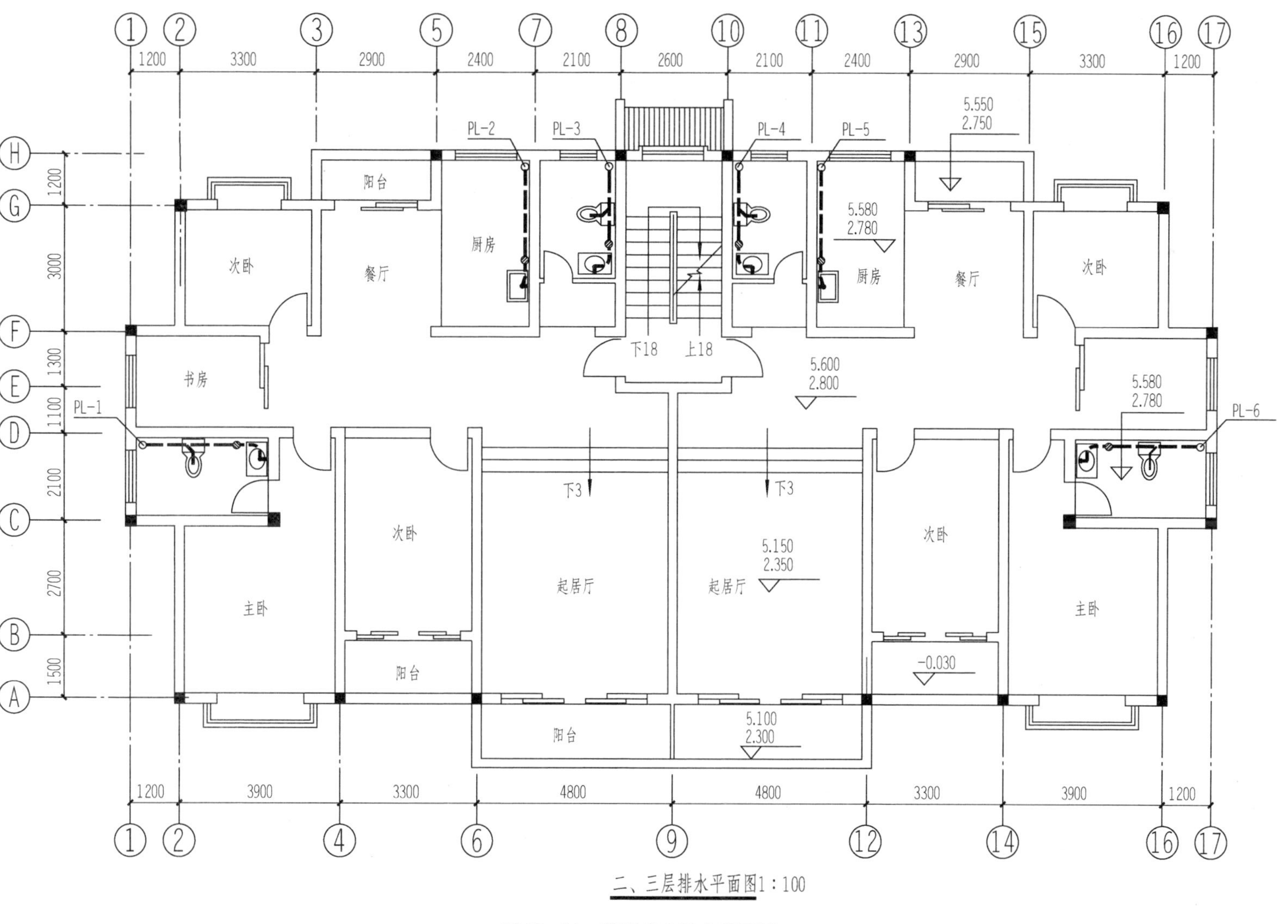

图 12-16 楼层室内排水平面图

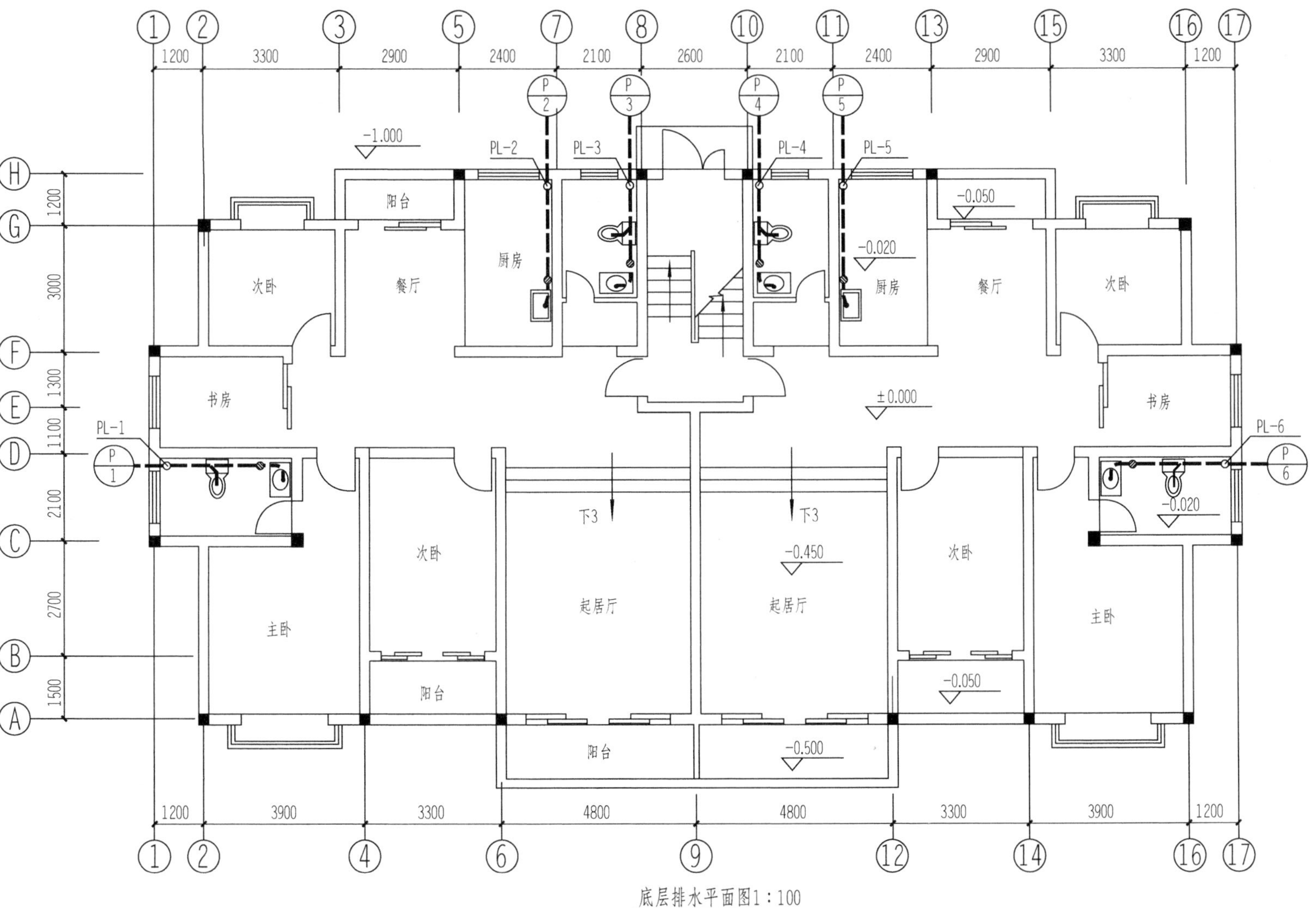

图 12-17 底层室内排水平面图

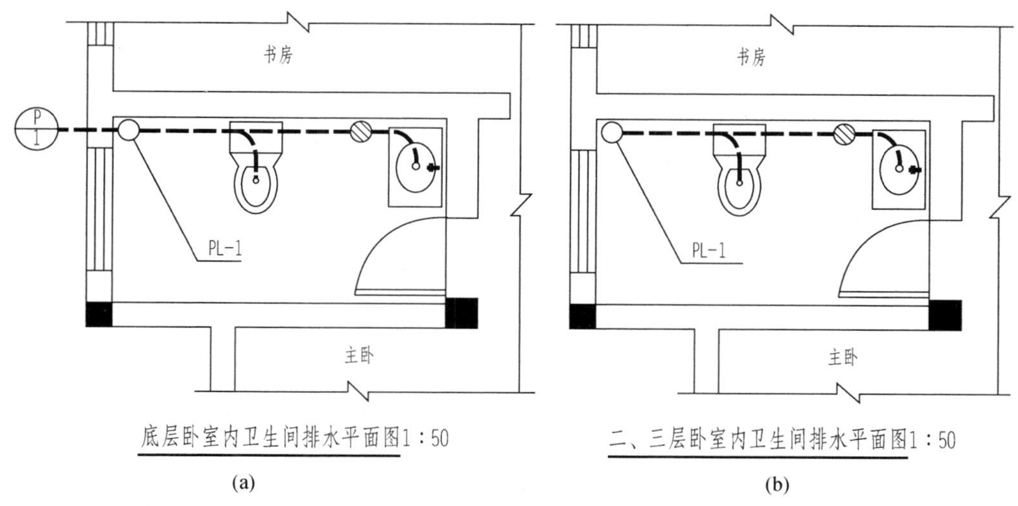

图 12-18 用水房间排水平面图（一）

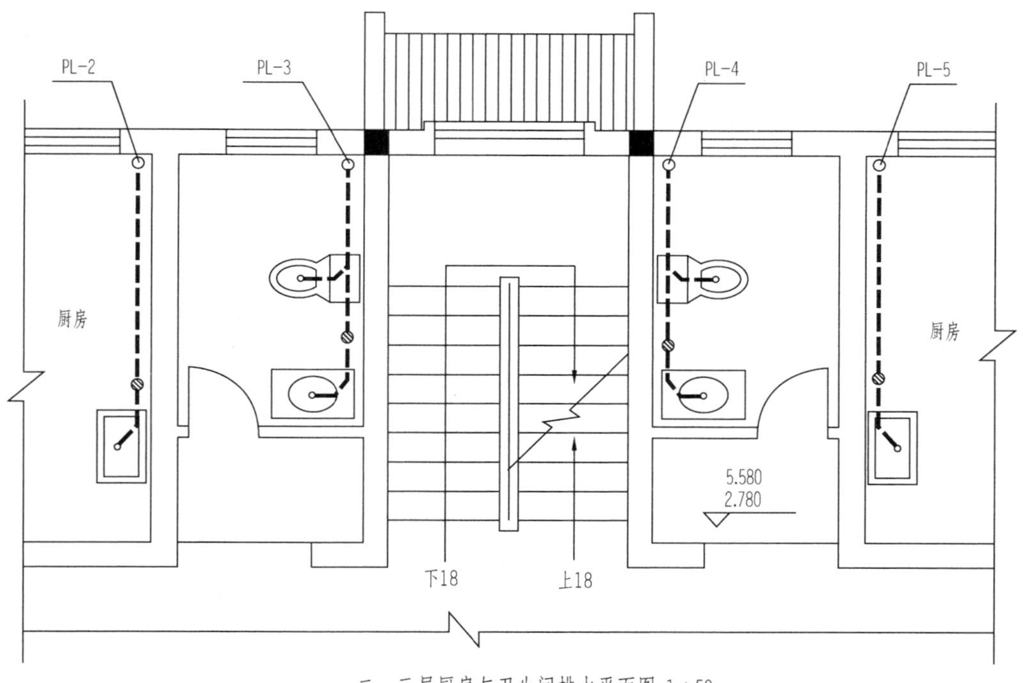

图 12-19 用水房间排水平面图（二）

二、室内排水系统图

（一）室内排水系统图的有关规定和图示方法

1. 比例

室内排水系统图的比例同室内排水平面图。

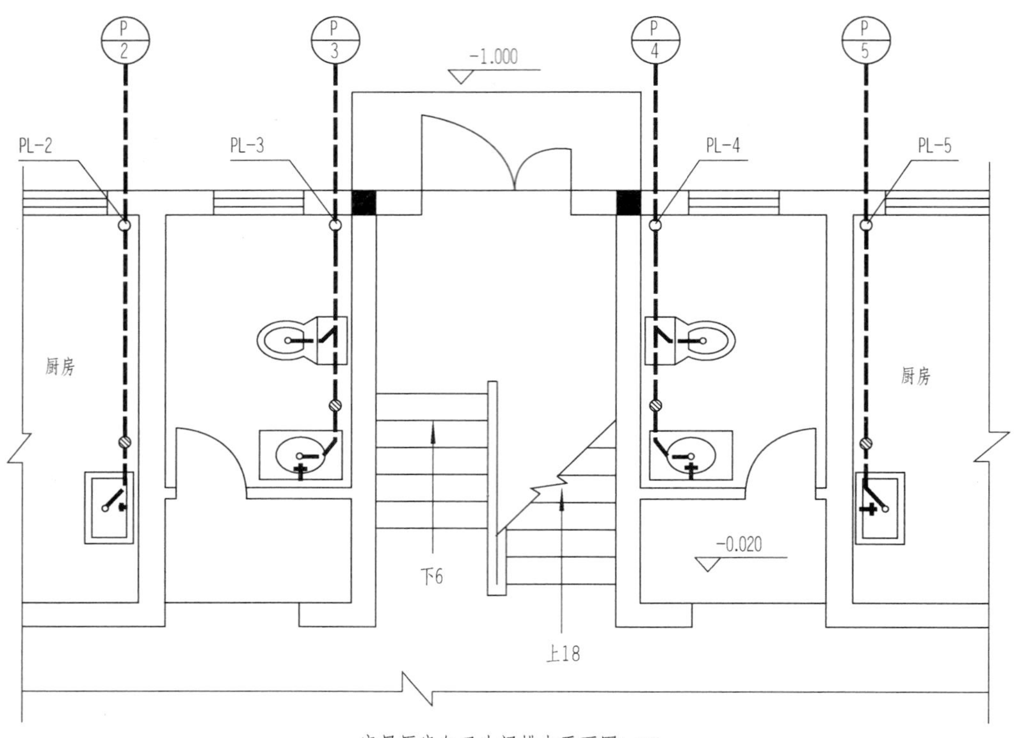

图 12-20　用水房间排水平面图（三）

2. 线型

排水管（包括排出管、排水立管和排水横管）用粗实线绘制；通气管用粗虚线绘制；图中的“＝”表示楼地面。

3. 图示方法

室内排水系统图表达方法同室内给水系统图，即同样采用正面斜等测图，排水管是以每一根承接室外检查井的排出管为一系统。

由于排水管为重力管，应在排水横管旁边标注坡度，如“$i=0.02$”，箭头表示坡向，当排水横管采用标准坡度时，可省略坡度标注，在施工说明中写明即可。

排水系统一般要求标注楼（地）面、屋面、主要的排水横管、立管上的检查口、通气帽及排出管的起点等部位的标高，管道的标高以管内底标高为准。

（二）阅读室内排水系统图

图 12-17 所示的一层排水平面图可以看出，东西两侧住户的六个排水系统 $\frac{P}{1}$ 和 $\frac{P}{6}$、$\frac{P}{2}$ 和 $\frac{P}{5}$、 $\frac{P}{3}$ 和 $\frac{P}{5}$ 是对称设置的，所以只绘制了 $\frac{P}{1}$、 $\frac{P}{2}$、 $\frac{P}{3}$ 排水系统的系统图。

从一～四层排水系统图（图 12-21 和图 12-22）可以看出，整个排水系统由底层的排出管、排水立管 PL-1、PL-2 、PL-3 及与其相连的各层排水横管和卫生器具组成。

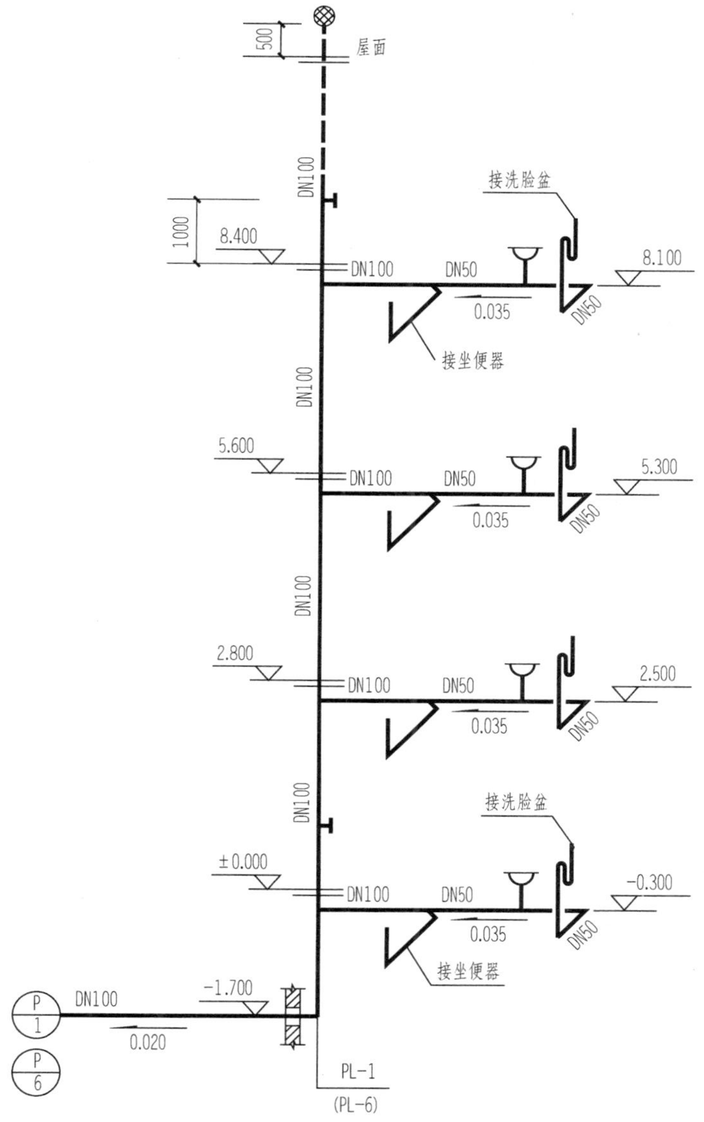

图 12-21 室内排水系统图（一）

如图 12-21 所示，排水系统 $\frac{P}{1}$ 用来收集西侧用户内南卧室内卫生间的生活污水，一～四层排水横管的布局相同，即在管径为 50mm 的横管上各连接一个厨房洗脸盆下的 S 形存水弯（管径为 50mm）和地漏以及连接坐便器。再通过排水横管将污水排入排水立管 PL-1，PL-1 管径为 100mm，在立管 PL-1 上设有距楼面高度为 1m 检查口，分别设置在一层和四层，按要求检查口应隔层设置。在四层检查口以上的立管称为通气管（粗虚线部分），通气管高出屋面 500mm，并在顶端设有通气帽，防止杂物落入。立管下端的排出管管径为

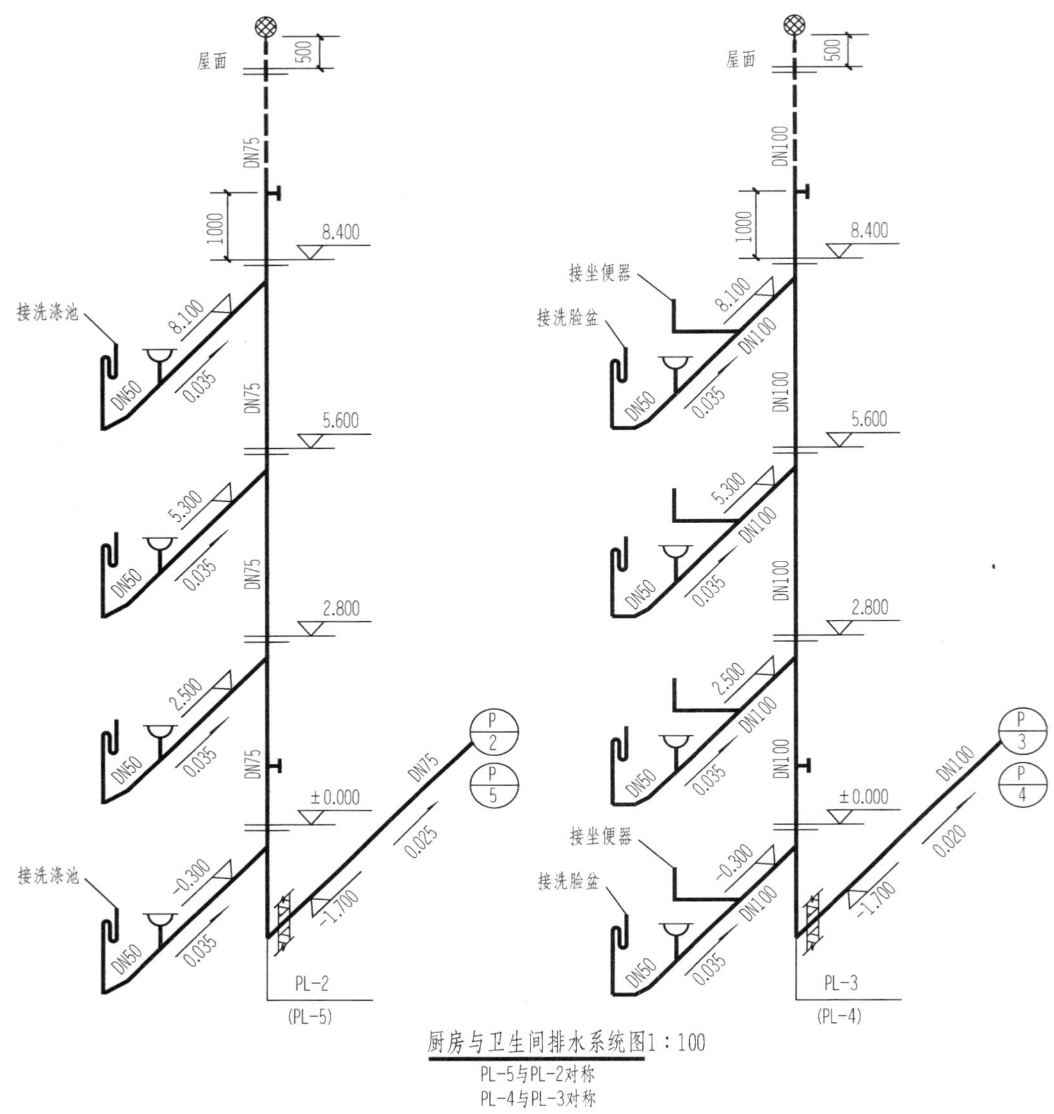

图 12-22　室内排水系统图（二）

100mm，起点的标高为−1.700m，并按 0.020 的坡度坡向室外检查井。

如图 12-22 所示，排水系统$\frac{P}{2}$和$\frac{P}{3}$用来收集西侧用户内北向厨房和卫生间的生活污水。立管 PL-2 与立管 PL-5 的布局对称，同样，立管 PL-3 与 PL-4 的布局对称，因此，省略了立管 PL-5 和 PL-4 有关排水系统图的绘制。一～四层楼西侧用户内北向厨房和卫生间排水横管的布局各层相同。在立管上端虚线部分为通气管，通气管高出屋面 500mm，并分别设有通气帽。排水立管 PL-2 和 PL-3 上均设有距楼面高度为 1m 的检查口，分别设置在一层和四层。

排水系统$\frac{P}{2}$在管径为 50mm 的横管上依次连接厨房内洗涤池下的 S 形存水弯和地漏，

排水立管 PL-2 的管径为 75mm，立管下端排出管的管径为 75mm，排出管的起点标高为 −1.700m，排出管汇集立管 PL-2 的生活污水，并按 0.025 的坡度排向室外检查井。

排水系统 $\left(\frac{P}{3}\right)$ 在管径为 50mm 的横管上依次连接北向卫生间内洗手盆下的 S 形存水弯、地漏和坐便器。排水立管 PL-3 的管径为 100mm，排水立管下端排出管的管径为 100mm，排出管的起点标高为 −1.700m，排出管汇集立管 PL-3 中的生活污水，并按 0.020 的坡度排向室外检查井。

三、给水排水工程图画法

（一）室内给水排水平面图的画图步骤

绘制室内给水（排水）平面图时，一般先绘制首层给水（排水）平面图，再绘制其他各楼层（或标准层）的给水（排水）平面图，各层平面图的绘图步骤如下：

（1）绘制该楼层的建筑平面图。只绘制主要建筑构件及配件轮廓线（细实线），其方法同建筑平面图。

（2）按图例绘制卫生器具（中粗实线）。

（3）绘制管道（粗实线或粗虚线）的平面布置。凡是连接某楼层卫生设备的管道，不论安装在楼板上面或下面，均应画在该楼层的给水排水平面图上。给水系统的引入管和排水系统的排出管只需出现在底层给水和排水平面图中。绘制管道布置时，一般先画立管，再画引入管或排出管，最后按水流方向画出各支管及管道附件。

（4）标注建筑平面图的轴线尺寸，标注管径、标高、坡度、系统编号，书写文字说明。

（二）室内给水排水系统图的画图步骤

室内给水（排水）系统图应按系统的编号分别绘制。系统布置完全相同或对称的可以只画一个，各楼层管网上下布局相同的只画一层。

（1）确定轴测轴的方向。为了使图面上管道清晰易读，避免出现管道过多交叉的现象，选择出 *OX* 轴和 *OY* 轴，高度方向作为 *OZ* 轴。

（2）绘制各系统的立管，定出室内地面线、楼面线和屋面线。

（3）从立管引画各楼层的横向管段。对于给水系统，先画引入管，再画与立管相连的横向支管。对于排水系统，先画排出管，再画与立管相连的排水横管。

（4）绘制管道附件（阀门、截止阀、水表、检查口、通气管、通气帽等）、配水器具的存水弯及地漏等，这些都采用相应的图例绘制。

应该注意，在管道系统图中，与管道走向有关的各墙体，要分别画出墙体的一段竖向断面，作为管道转折或确定位置的标志，以方便阅读和施工时确定各管段的位置。

第四节　室外管网布置图

一、室外管网布置图

为了说明新建房屋室内给水排水管道与室外管网的连接情况，通常还要用较小比例（1：500、1：1000）画出室外管网的平面布置图。在此图中，只画出局部室外管网的干管，说明与给水引入管和污水排出管的连接情况。图 12 - 23（a）是教师公寓室外给水管网平面布置图，图 12 - 23（b）是它的室外排水管网平面布置图。

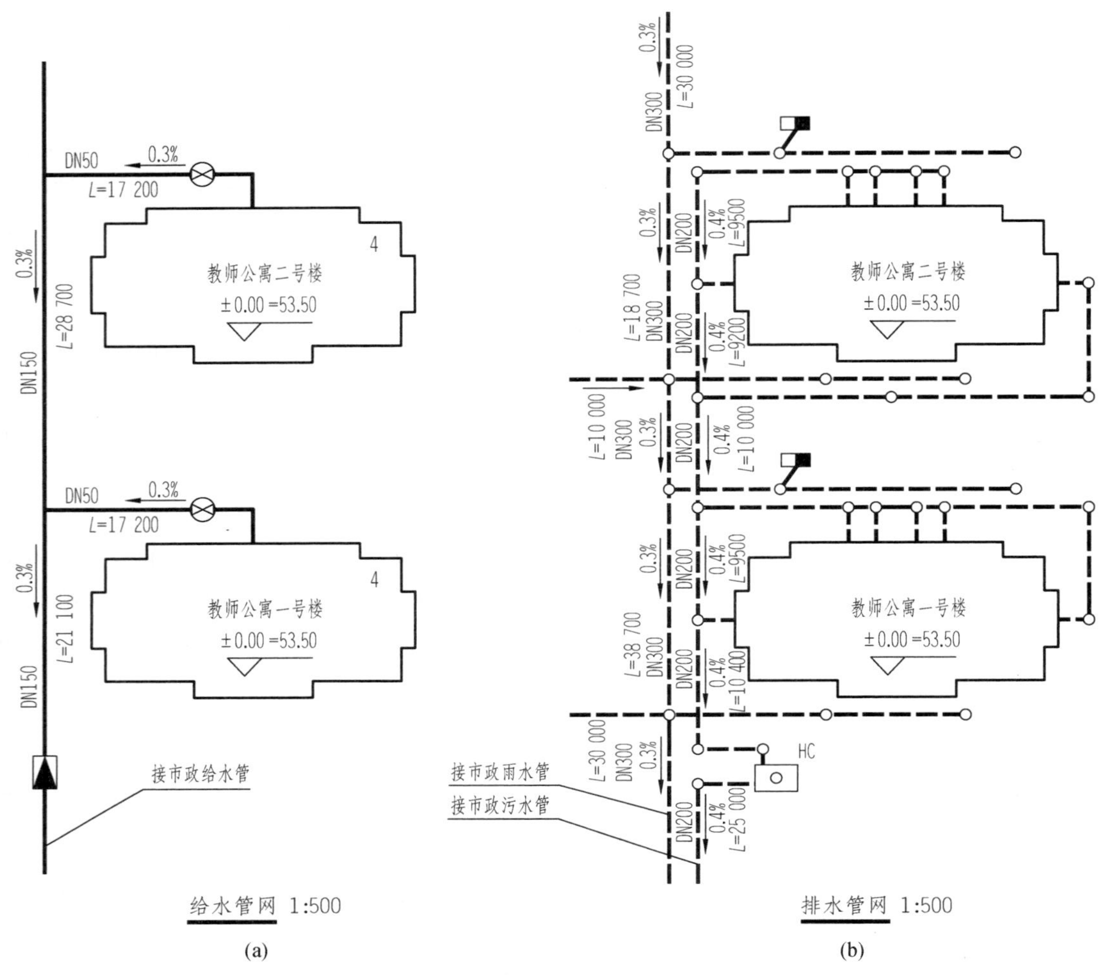

图 12-23　室外管网平面布置图
（a）给水管网；（b）排水管网

室外管网平面布置图内容如下：

（1）给水管道用粗实线表示。房屋引入管处设有阀门井，一个居民区还应有消防栓和水表井。给水管道一般要标注直径、长度和坡度，如图 12-23（a）中的 DN、L 和 0.3%，管道坡度的设置是为了管道检修时放水所用。

（2）排水管道用粗虚线表示。由于排水管道经常要疏通，所以在排水管的起端、两管相交点和转折点均要设置检查井，在图上用直径 2～3mm 的小圆圈表示。两检查井之间的管道应是直线，不能做成折线或曲线。排水管是重力自流管，从上流开始，在图上用箭头表示水流方向。图中排水干管和雨水管、粪便污水管等均用粗虚线表示。本例是把雨水管和污水管独立设置，分流排出，终端接入市政管道，如图 12-23（b）所示。

为了说明管道、检查井的埋设深度，管道坡度、管径大小等情况，对较简单的管网布置可直接在布置图中注上管径、长度、坡度、流向，如图 12-23（b）中的 DN、L 和 0.4%。

二、管道纵剖面图

由于整个市区管道种类繁多，布置复杂，因此，应按管道种类分别绘出每一条街道的管网总平面布置图和管道纵剖面图，以显示路面起伏，管道敷设的坡度、埋深和管道交接等情况。图 12 - 24 是某街道的管网总平面布置图，图中分别以粗实线、粗虚线和粗单点长画线画出给水管、排水管和雨水管三种管道。

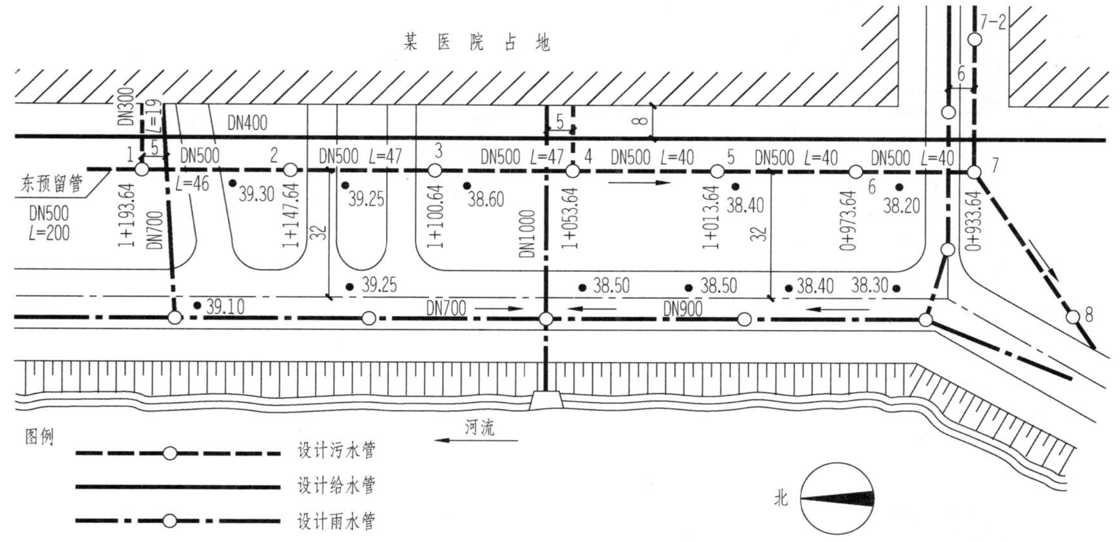

图 12 - 24 街道管网总平面布置图

管网总平面布置图的内容如下：

(1) 街道的给水管网平面布置情况。图中粗实线表示给水干管，从图中可以看出给水干管的直径为 400mm，其纵向管道的定位，东西向在某医院西墙西侧 8m 处。

(2) 街道的排水管网平面布置情况。图中粗虚线表示排水干管，小圆圈表示检查井，从流水线的箭头方向可知纵向排水流向是自北流向南，即从北端的东预留管流向 1 号检查井，再依次流向 2 号检查井……直至 8 号检查井。图中标注了各检查井编号，如“1＋147.64”；各检查井之间的水平距离，如“L＝47”表示两检查井之间距离为 47m。排水干管的直径均为 500mm，纵向排水管道的定位，东西向在道路中心线西侧 32m 处，横向管道在 1 号、4 号和 7 号检查井处汇交。黑圆点旁边的数字表示自然地面标高。

(3) 街道的雨水管网平面布置情况。图中粗单点长画线表示雨水干管，小圆圈表示雨水井，从流水线的箭头方向可知纵向雨水流向是自南北两端汇集到中部的雨水井，再流入西侧的河流中。图中还标注了各雨水干管的直径和三根横向雨水干管的定位。

图 12 - 25 是该街道排水干管纵剖面图。管道纵剖面图的内容和画法如下：

(1) 管道纵剖面图的内容有：管道、检查井、地层的纵剖面图和该干管的各项设计数据。前者用剖面图表示，后者则在管道剖面图下方的表格列出。项目名称有干管的直径、坡度、埋设深度、设计地面标高、自然地面标高、干管内底标高、水平长度、设计流量 Q（单位时间内通过的水量，以 L/s 计）、流速 V（单位时间内水流通过的长度，以 m/s 计）、充盈度（表示水在管道内所充满的程度，以 h/D 表示，h 指水在管道断面内占有的高度，D 为管道的直径）。此外，在最下方，还应画出管道平面示意图，以便与剖面图对应。

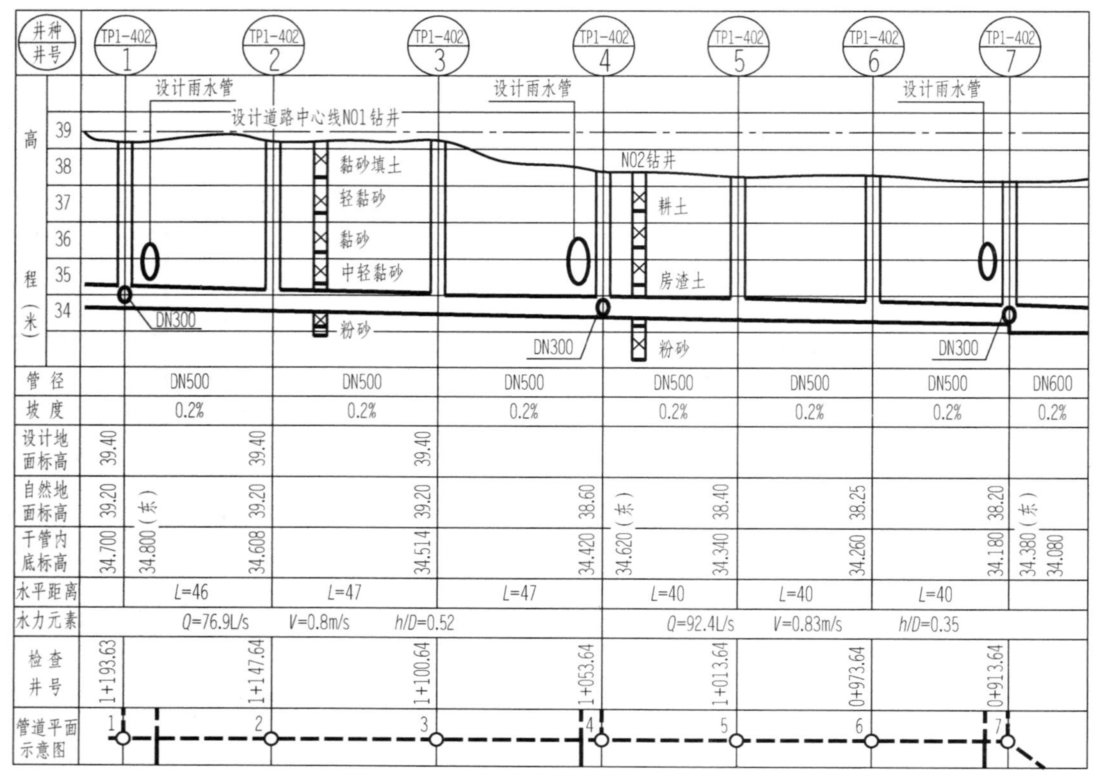

图 12-25　街道污水干管纵剖面图

（2）比例。一般竖横的比例为 10∶1。这是由于管道的长度方向（图中的横向）比其直径方向（图中的竖向）大得多，为了说明地面起伏情况，通常在纵剖面图中采用横竖两种不同的比例。在图 12-25 中，竖向比例为1∶100（也可采用1∶200或1∶50），横向比例为1∶1000（也可采用1∶2000或1∶500），即竖横的比例为10∶1。

（3）管道剖面图的画法。管道纵剖面图是沿着干管轴线垂直剖开后画出来的，画图时，在高程栏中根据竖向比例（1 格代表 1m）绘出水平分格线；根据横向比例和两检查井之间的水平距离绘出竖直分格线。然后根据干管的直径、管内底标高、坡度、地面标高，在分格线内按上述比例画出干管、检查井的剖面图。管道和检查井在剖面图中都用双线表示，并把同一直径的设计管段都画成直线。此外，还应画出另一方向与该干管相交或交叉的管道断面。因为竖横比例不同，断面画成椭圆形。

（4）各项设计数据。在剖面图的下方注写各项设计数据。应注意不同管段之间设计数据的变化。例如 1 号检查井到 4 号检查井之间，干管的设计流量 $Q=76.9\text{L/s}$，流速 $V=0.8\text{m/s}$，充盈度 $h/d=0.52$。而 4 号检查井到 7 号检查井之间，干管的设计数据则变为 $Q=92.4\text{L/s}$，$V=0.83\text{m/s}$，$h/d=0.35$。其余数据如表中各栏所示。

管道平面示意图只画出该干管、检查井和交叉管道的位置，以便与剖面图对应。

（5）绘出有代表性的钻井位置和土层的构造剖面，以便显示土层的构造情况。图中绘出了 1、2 号两个钻井的位置。从 1 号钻井可知该处自上而下土层的构造是：黏砂填土，轻黏砂，黏砂，中轻黏砂，粉砂。

（6）线型。在管道纵剖面图中，通常将管道剖面画成粗实线，检查井、地面和钻井剖面画成中实线，其他分格线则采用细实线。

第五节　采 暖 施 工 图

暖通设备施工图实际上包括三个方面的内容：采暖、通风和空气调节。采暖是在冬季为了满足人们生活和工作的正常需要，将热能从热源输送到室内的过程。通风是把室内浊气直接或经处理后排至室外，把新鲜空气输入室内的过程。空调即空气调节，是更高一级的通风。这三种系统的组成和工作原理各不相同，但是对于施工图的识图来说，它们是类似的。这里只介绍采暖系统组成及图样表达方法。

一、采暖系统的组成与分类

采暖系统主要由热源、输热管网和散热三部分组成。热源是指能产生热能的部分（如锅炉房、热电站等）。输热管网通过输送某种热媒（如水、蒸汽等媒介物）将热能从热源输送到散热设备。散热器以对流或辐射方式将输热管道输送来的热量传递到室内空气中，一般布置在各个房间的窗台下或沿内墙布置，散热器有明装和暗装两种，以明装为多。

根据热源与散热器的位置关系，采暖系统可以分为局部采暖系统和集中采暖系统两种形式。局部采暖系统是指热源和散热器在同一个房间内，为使室内局部区域或局部工作地点保持一定温度要求而设置的采暖系统（如火炉采暖、煤气采暖、电热采暖等）。集中采暖系统是指热源和散热设备分别设置，利用一个热源产生的热通过管道向各个房间或各个建筑物供给热量的采暖方式。目前，大中城市常见的是集中采暖方式。

在集中采暖系统中，根据热源被输送到散热设备使用的介质（或热媒）的不同又分为热水采暖系统、蒸汽采暖系统和热风采暖系统。其中最常采用的是热水采暖系统。

热水采暖系统采用的热媒是水。在热水采暖循环系统中主要依靠供给热水和回流冷水的容重差所形成的压力使水进行循环的称为自然循环热水采暖系统；而必须依靠水泵使水进行循环的称为机械循环热水采暖系统，如图 12 - 26 所示。

二、采暖系统的工作原理

图 12 - 26 是机械循环热水采暖系统示意图，图中锅炉是加热中心，从锅炉到散热器间的连接管道叫供热管，图中粗实线部分，由散热器连向锅炉间的管道叫回水管，图中粗虚线部分。循环水泵装设在锅炉入口前的回水干管上。膨胀水箱是容纳水受热膨胀所增加的容积，与回水管相通，连接在水泵吸入口处，可保证系统安全可靠的工作。供热水平干管通常应有 0.003 的沿水流方向上升的坡度，在末端最高点设集气罐，以便集中排除空气。水在锅炉中被加热，以水泵作为循环动力使热水沿供热管道上升，进入散热器，散热后冷却了的水经回水管流回

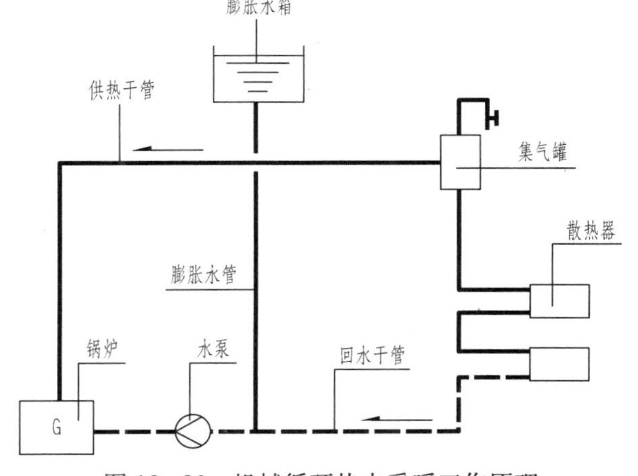

图 12 - 26　机械循环热水采暖工作原理

锅炉继续加热，这样，水不断地被加热，又不断地到散热器放热冷却，连续不断地在系统内循环流动。机械循环的优点是管径较小，覆盖范围大，锅炉房位置不受限制，适用于较大的采暖系统。

三、机械循环热水采暖系统形式

机械循环热水采暖系统供热有多种形式，根据供热水平干管的位置高低和供热立管的单双，可分为：双管上供下回式（图 12-27）、单管上供下回式（图 12-28）、单管下供上回式（图 12-29）和单管水平式（图 12-30）。其中双管上供下回式机械循环热水采暖系统是指将供热干管设在建筑物顶层，由此连接供热立管向下通往各层房间散热器，故称上供式；回水水平干管敷设在底层散热器的下部，与回水立管连接，故称下回式；每组立管都是两根，一根供热管，一根回水管，故称双管。其全称为双管上行下回式。

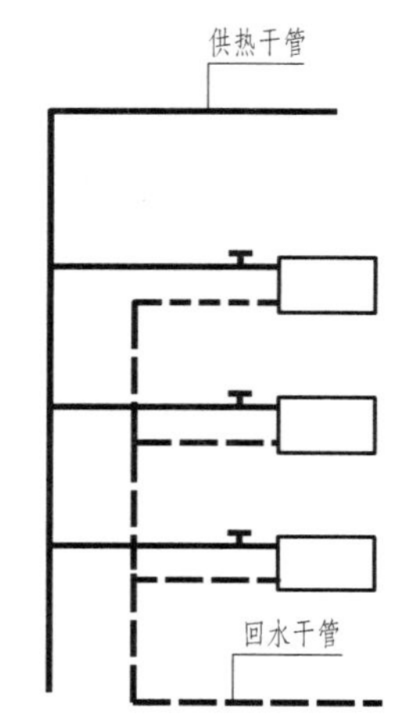

图 12-27　双管上供下回式

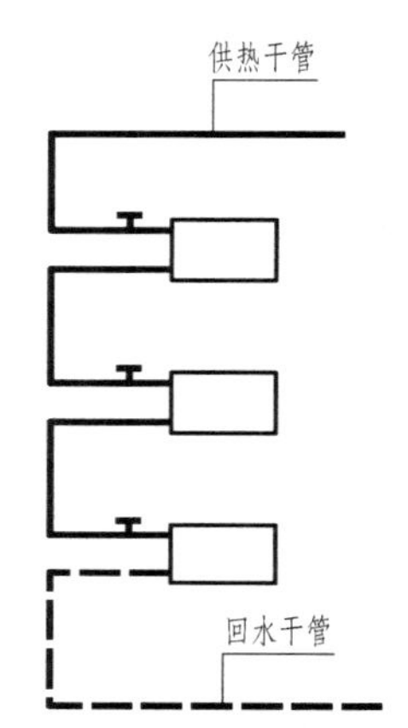

图 12-28　单管上供下回式

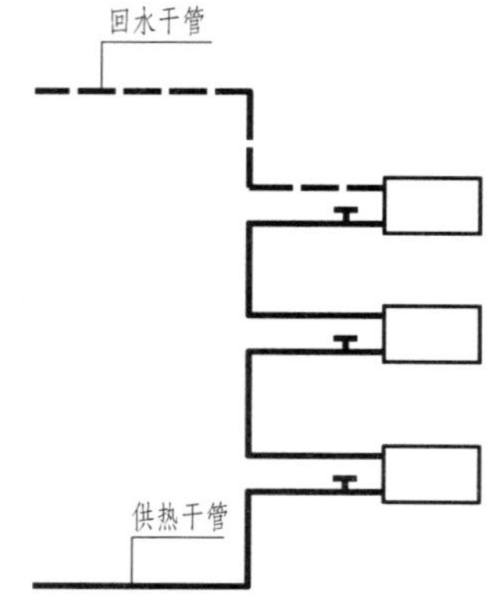

图 12-29　单管下供上回式

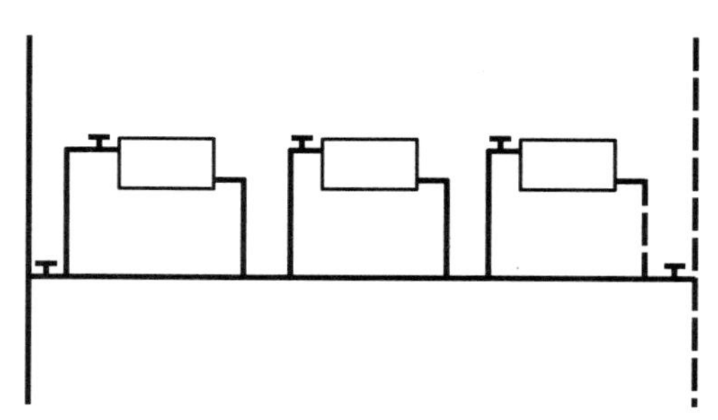
图 12-30　单管水平式

四、采暖施工图中常用图例

采暖施工图一般由设计说明、采暖平面图、系统图、详图、设备及主要材料表等组成。采暖施工图中常用图例见表 12-3。

表 12-3 采暖施工图中常用图例

名称	图例	附注
供热管		粗实线
回水管		粗虚线
阀门（通用） 截止阀	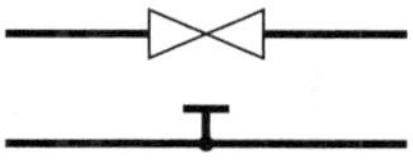	1. 没有说明时，表示螺纹连接 法兰连接时  焊接时  2. 轴测画法 阀杆为垂直 阀杆水平 
闸阀		
手动调节阀		
止回阀	 或	左图为通用，右图为升降止回阀，流向同左
减压阀	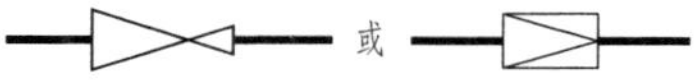 或	左图小三角形为高压端，右图右侧为高压端
三通阀	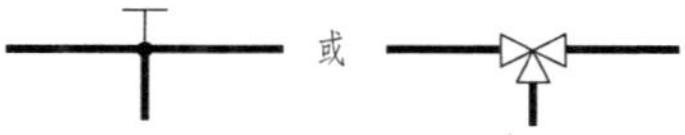 或	
泵	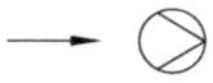	用于一张图内只有一种泵
集气罐 排气装置		左图为平面图，右图为系统图
固定支架	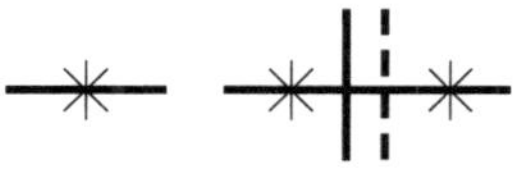	左图单管 右图多管
坡度及坡向	 i=0.003	坡度数值不宜与管道起止点标高同时标注 标注位置同管径标注位置
散热器及 手动放气阀	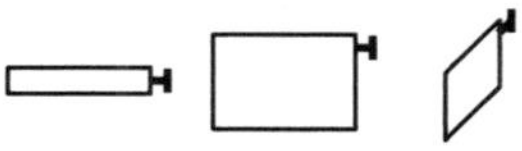	左图为平面图，中图和右图为系统图
金属软管		

五、室内采暖平面图

室内采暖平面图主要表示管道、附件及散热器的布置情况，是采暖施工图的重要图样。采暖平面图一般采用 1∶100 或 1∶50 的比例绘制。为了突出管道系统，用细实线绘制建筑平面图中的墙身、门窗洞、楼梯等主要构件的轮廓；用中实线绘制散热器、阀门等配件的图例；用粗实线绘制采暖供水管道；用粗虚线绘制采暖回水管道。在底层平面图中应画出供热引入管和回水管，并注明管径、立管编号及散热器片数等。

图 12-31～图 12-36 分别为某住宅储藏室采暖平面图、一层采暖平面图、二、三层采暖平面图、四层采暖平面图和阁楼采暖平面图，这些采暖平面图是与本教材后面的附图某住宅建筑施工图相配套的采暖施工图。

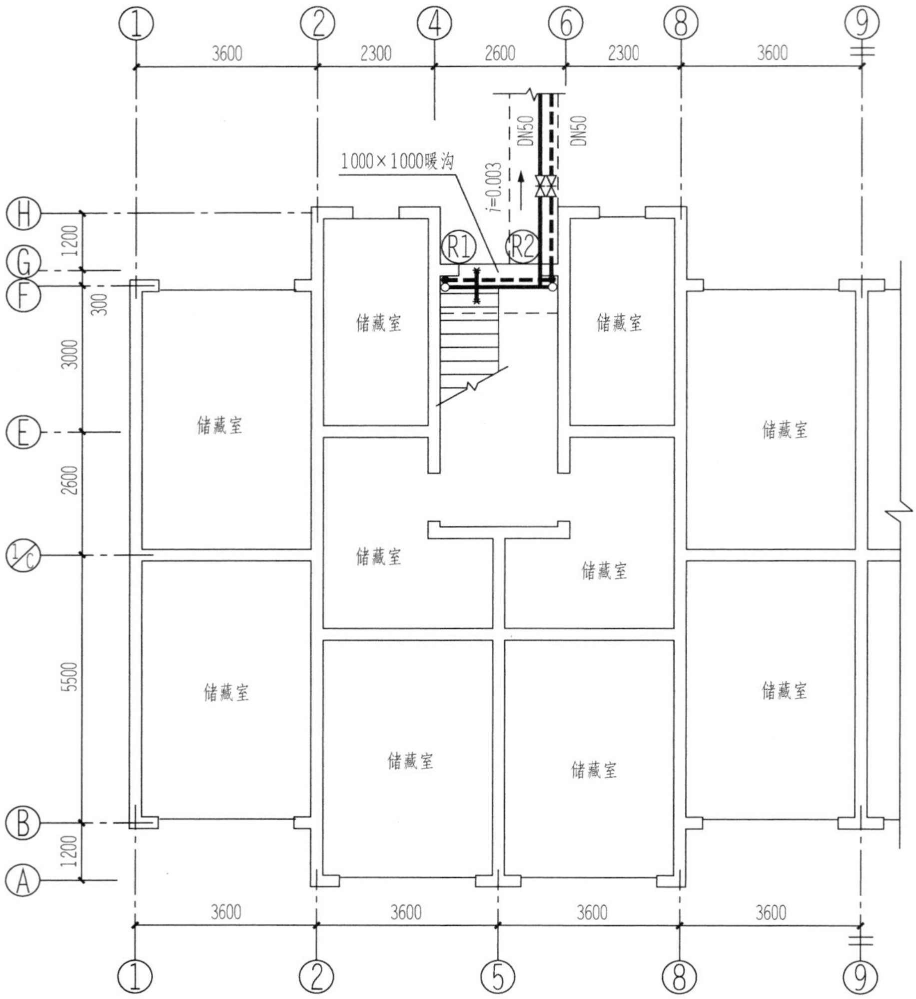

图 12-31 储藏室采暖平面图

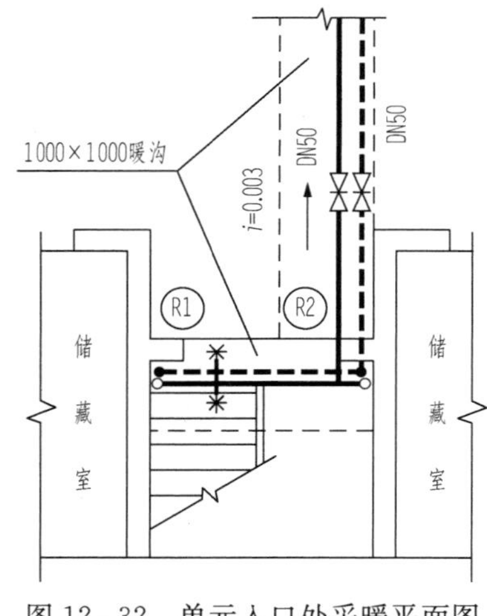

图 12-32 单元入口处采暖平面图

从图 12-31 储藏室采暖平面图中可以看出该住宅户内采用下供下回式循环采暖系统，由于储藏室没有采暖要求，立管直接穿过一层楼面向上层用户供热。从图12-32单元入口处采暖平面图中可以看出西单元整个热水采暖的供水干管由楼梯间北墙进入建筑物内部，接到两根立管后再分别向该单元上面各层的两侧用户供热，两侧用户采暖系统入口的编号分别为 R1 和 R2。引入管和回水干管的管径为 50mm，且设有 $i=0.003$ 坡向热源的坡度。供热总管和回水总管均铺设在暖沟内，且分别设有闸阀，暖沟规格为 1000×1000（高×宽），如图中所示的细虚线部分；为了检修方便还设置了人孔，另外，在供热干管和回水干管处设置了固定支架，以固定干管位置。

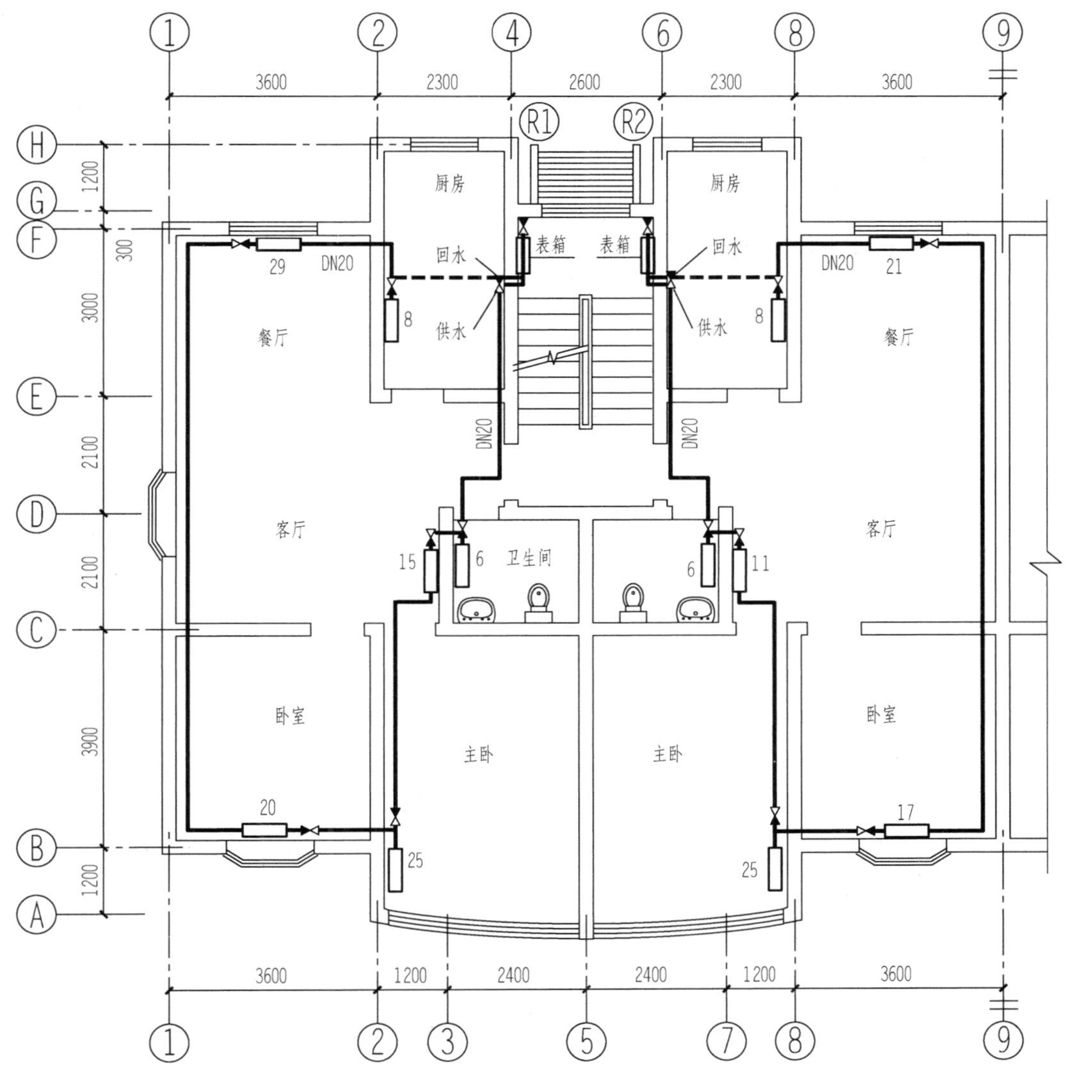

图 12-33 一层采暖平面图

从图 12-33 该住宅一层采暖平面图中可以看出每根立管都有水平横管连接每层用户的所有散热器，每个用户共设置六组散热器，卫生间、客厅和主卧室的四组散热器沿横墙布置，其余两组散热器设置在餐厅和卧室的窗台下。每组散热器的旁边标注的数字表示散热器的片数，如卫生间为 6 片，厨房为 8 片。热水经过所有的散热器后，回流至回水立管，最后经回水干管流回热源。连接散热器的供水管道的管径均为 20mm。东西两个单元的采暖管道和散热器的布局完全对称，但是散热器的片数有所不同，西单元片数多于东单元。这是因为，西单元的西侧全是外墙（山墙），保温性能差，散热快，而东单元是中间单元，东西两面墙均为内墙，保温效果好。

图 12-34 为该住宅二、三层采暖平面图，与一层平面图相比，各散热器的位置完全相同，但散热器片数明显减少，如一层的主卧室为 25 片，二、三层的主卧室减少为 19 片。这

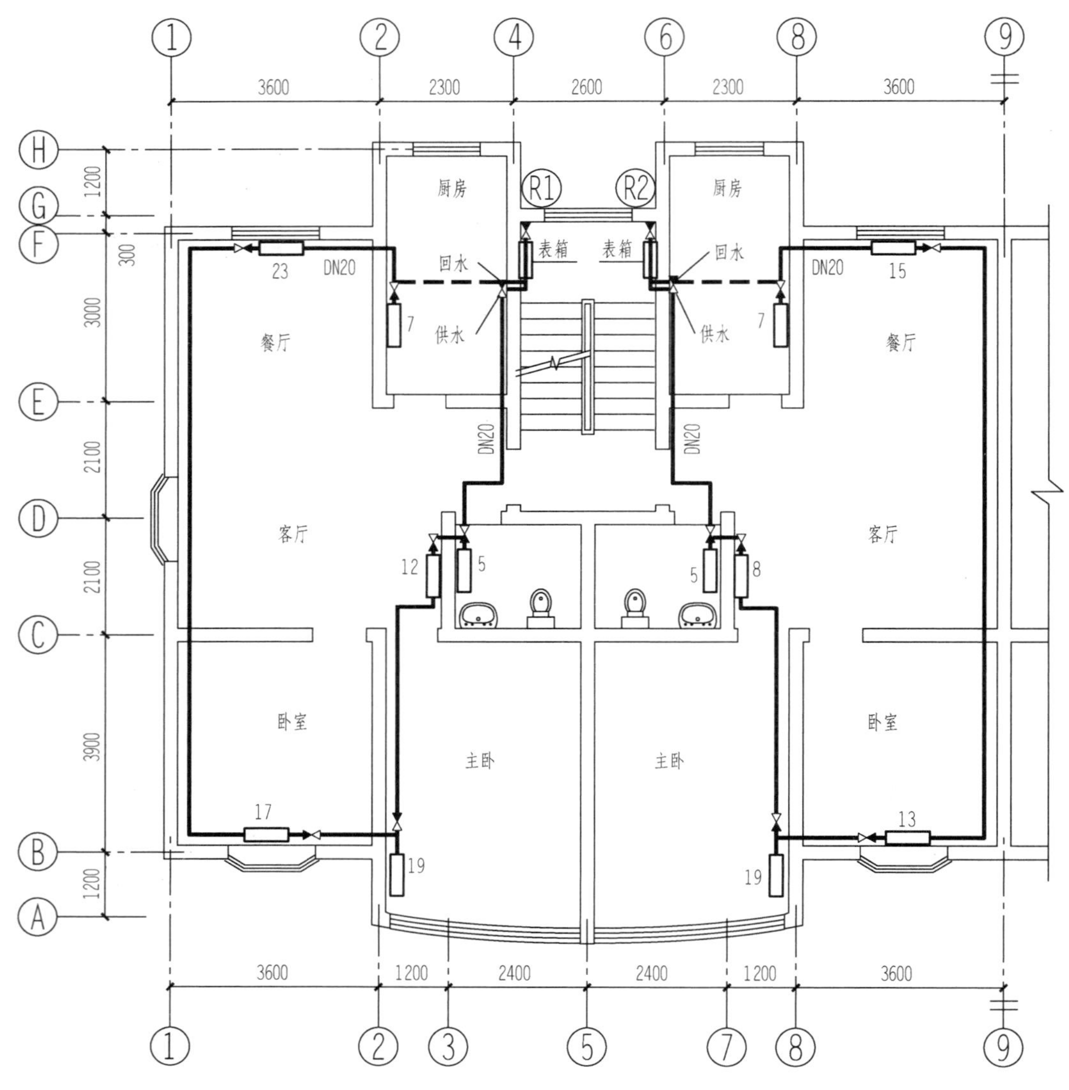

图 12-34　二、三层采暖平面图

是因为一层房间下的储藏室没有供暖，因此一层房间的热工性能差，必然加大了一层的供热量。

图 12-35 为该住宅四层采暖平面图，与二、三层平面图相比，各散热器的位置完全相同，散热器片数除两间南向小卧室有所增加外，其余均保持不变。这是因为南向小卧室上部是露台，导致该房间的热工性能差，必然要加大房间的供热量。

图 12-36 为该住宅阁楼层采暖平面图，与四层平面图相比，每个用户少设置了一组散热器，因为阁楼层平面每户少了一间卧室，多了个露台，其他房间各散热器的位置完全相同，散热器片数均有显著增加，如四层的主卧室为 19 片，阁楼层的主卧室增加为 30 片，这是因为阁楼层即为住宅的顶层，屋面的保暖性能差，必然要加大各房间的供热量。

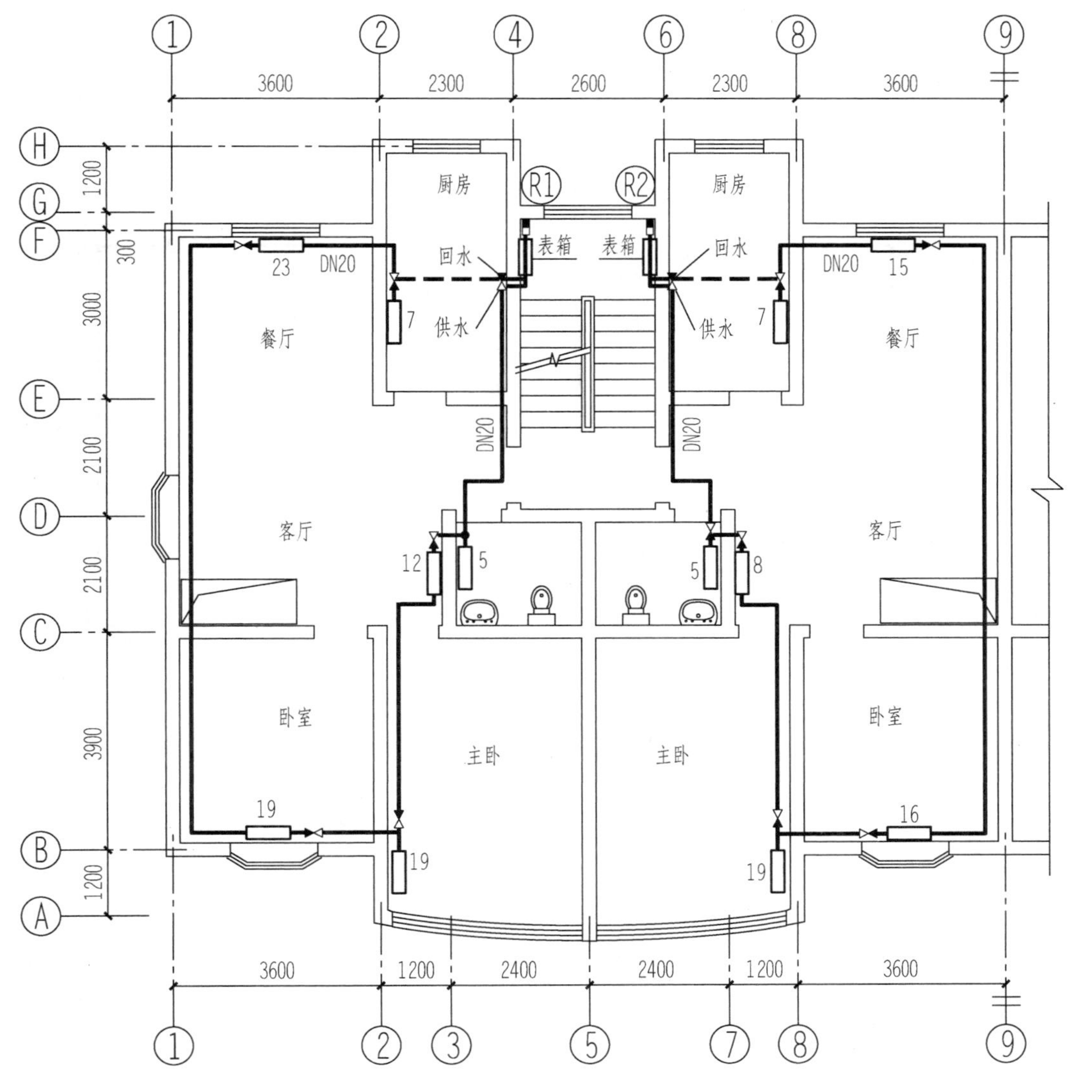

图 12－35　四层采暖平面图

六、室内采暖系统图

采暖系统图表示从采暖入口到出口的采暖管道、散热器、主要附件的空间位置和相互关系。采暖系统图一般采用 45°的正面斜等轴测图绘制，即 OZ 轴表达管道高度方向尺寸，OX 轴和 OY 轴可根据实际情况作出选择，以图面清晰为原则，通常 OX 轴与房屋纵向一致，OY 轴与房屋横向一致。

采暖系统图通常采用与采暖平面图相同的比例绘制，特殊情况下可以放大比例或不按比例绘制。当局部管道被遮挡、管线重叠，应采用断开画法，即将后面的管道断开。

系统图中供热管用粗实线绘制；回水管用粗虚线绘制；散热设备、管道阀门等图例用中实线绘制。在管道或设备附近需标注管道直径、标高、坡度、散热器片数及立管编号，标注各楼层地面标高、及有关附件的高度尺寸等。

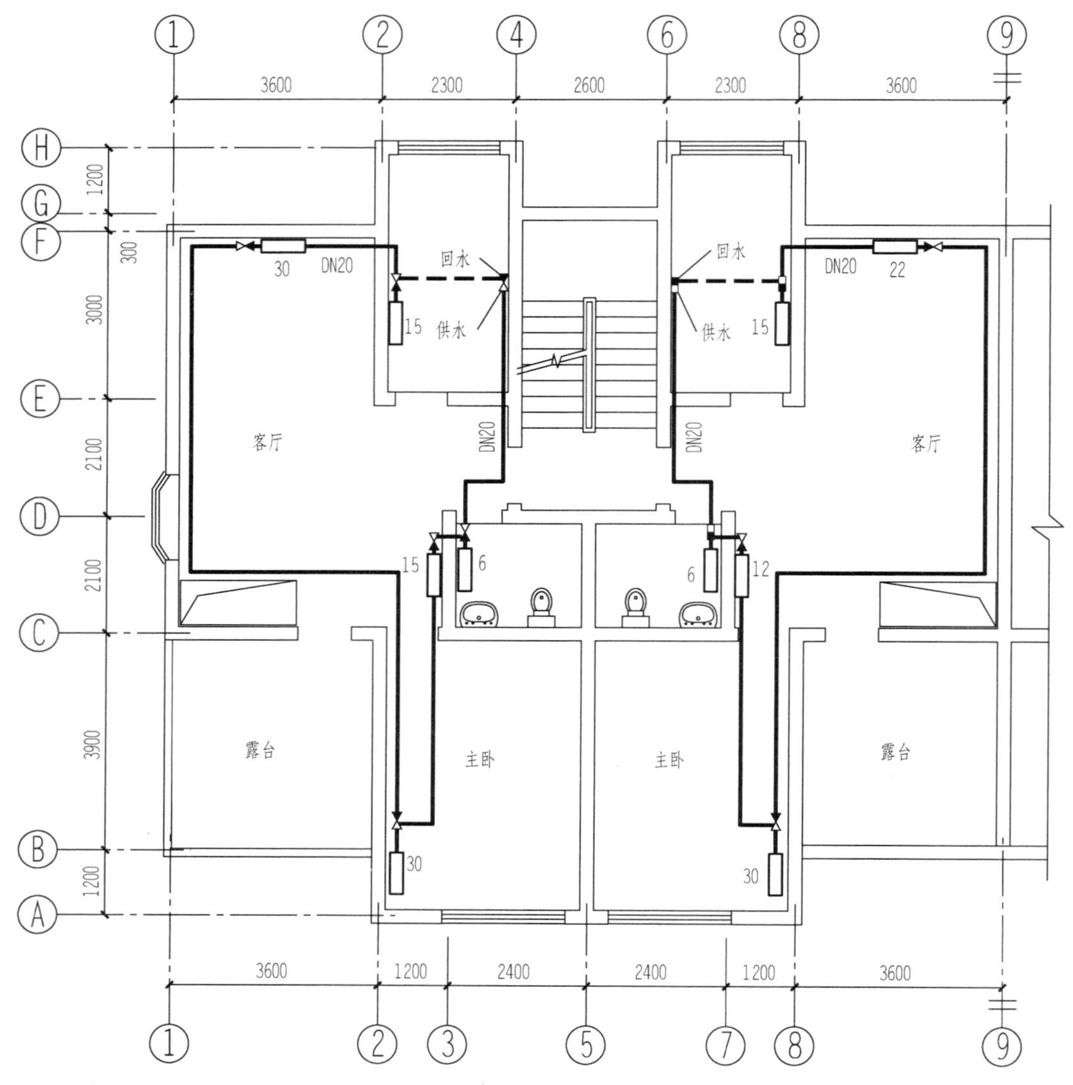

图 12-36　阁楼层采暖平面图

图 12-37 为上述住宅的西单元采暖系统图，由于该单元的两个用户的采暖系统除部分散热器的片数不同外，管道布局和散热器的位置均是对称的，所有系统图中只绘制了 R1 采暖系统的系统图，图中的“R”表示热力系统代号。

从图 12-37 中可以看出，供热干管和回水干管均在下层，这是一个下行下回单管水平式循环采暖系统。其室外引入管管径为 50mm，坡度为 0.003，由该住宅⑥轴线左侧，标高为一3.200m 处进入楼梯间，然后分为两个热力系统 R1 和 R2，R1 与 R2 成对称布置。

对照各层采暖平面图可以看出，管径为“DN50”室外引入管分接两个立管形成两个用户的采暖入口，立管管径分别为 40mm、32mm。R1 系统先沿纵墙方向到达住宅④轴线右侧竖起立管，立管管径为“DN40”，到达 1.450m 标高处（楼梯休息平台标高）管径为“DN20”的水平干管连接热表与总立管后穿越住宅④轴线墙体进入室内，再经过转折由立管

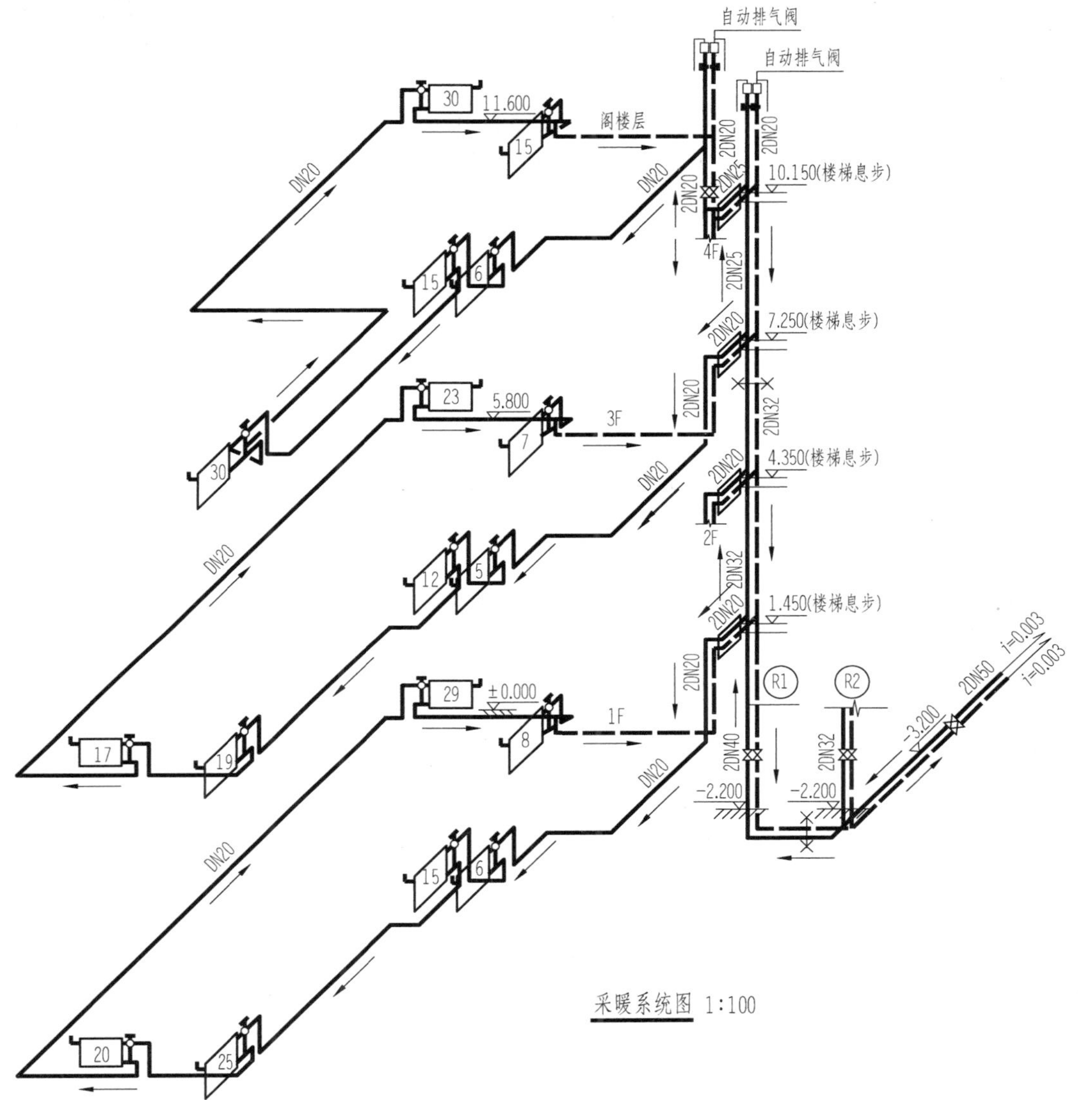

图 12-37　室内采暖系统图

下降到标高为±0.000（底层地面）以下的楼板垫层内，通过水平干管依次连接卫生间、客厅、主卧室、次卧室、餐厅、厨房的散热器，热水经过厨房的散热器后经与之相连的回水横管流入回水立管，回水横管的管径为“DN20”，回水管按与供水管相平行的方向经过热表后再与回水总立管连接，循环后的热水经回水总立管流入排出管，排出管管径为“DN50”，坡度为“$i=0.003$”，循环示意（大箭头表示循环方向）如图 12-37 所示。

总立管与第二层和第三层供水管、回水管的连接，与底层一致，不再赘述，每层供水横管均沿楼板垫层敷设，楼板垫层厚度为 50mm，即水平管道采用暗设，只是应注意供回水立管从底层到顶层管径逐渐减小。

总立管在标高为 10.150m（楼梯休息平台标高）处向上管径变为“DN20”，顶端装有自动排气阀，进入四层房间内的供水管管径不变，仍为“DN25”。应当注意供水管在四层经过热表穿墙进入室内后，分成向上和向下的两根立管，分别与四层房间和阁楼层房间的供水管相连，最后连接回水总立管，供水立管与回水立管平行设置，且分别在楼梯间四层向上的供回水立管和阁楼层向上的供回水立管的最高点均安装有自动排气阀。

图 12-38 为上述住宅的散热器接管详图，从图中可以看出供热水平干管敷设于楼板顶面的垫层内，散热器之间连接方式采取的是单管水平串联式循环采暖系统，每组散热器上均设一个手动放风门。需要说明的是位于接口处的管径应同散热器支管管径。

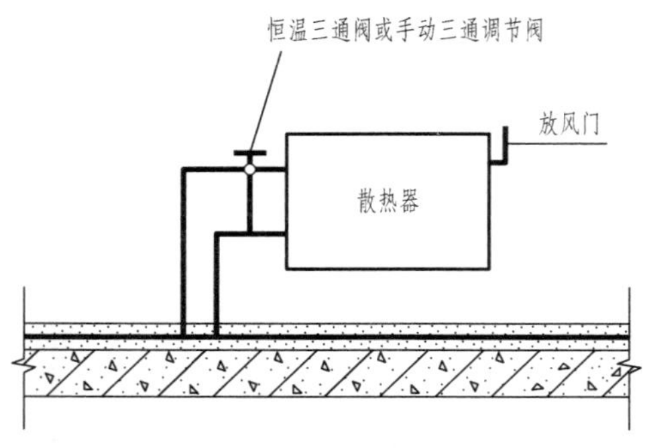

图 12-38 散热器接管详图

第十三章 路桥工程图

道路是一种主要承受移动荷载（车辆、行人）反复作用的带状工程结构物，其基本组成部分包括路基、路面，以及桥梁、涵洞、隧道、防护工程、排水设施等附属构造物。因此，道路工程图是由表达线路整体状况的道路路线工程图和表达各工程实体构造的桥梁、隧道和涵洞等工程图组合而成。

桥梁是修筑道路时保证车辆通过江河、山谷、低洼地带的构造物。对于道路路线工程图和桥梁、涵洞、隧道等构造物的工程图，表达设计思想、绘制工程图样的基本原理，都采用前面所述的正投影理论和方法。本章主要介绍道路路线工程图和桥梁工程图的表达方法。

需要特别提醒的是：如果不加特别说明，道路和桥梁工程图中的尺寸是以厘米（cm）为单位的，这一点与房屋建筑施工图以毫米（mm）为单位有所不同。

第一节 道路工程图

道路是车辆通行和行人步行的带状结构，是人们生产、生活必需的。根据性质、组成和作用的不同，道路可分为公路、城市道路、厂矿道路和农村道路。本节介绍公路和城市道路的表达方法。

道路路线中心线方向狭长，其竖向高差和平面的弯曲变化与地面起伏情况有关，因此道路路线工程图的图示方法与其他工程图不同。道路路线工程图是以地形图作为平面图，称为路线平面图；以纵向断面展开图作为立面图，称为路线纵断面图；以横向断面图作为侧面图，称为路基横断面图。三种图分别画在单独的图纸上。道路路线工程图就是以这三种图样来表示路线的线型、空间位置、路基、路面状况和尺寸。

一、公路路线工程图

公路是主要承受机动车辆行驶及其荷载反复作用的带状结构物。

公路的中心线由于受自然条件的限制，在平面上有转折，纵面上有起伏，为了满足车辆行驶的要求，必须用一定半径的曲线连接起来，因此路线在平面和在纵断面上都是由直线和曲线组合而成的。平面上的曲线称为平曲线，纵断面上的曲线称为竖曲线。

公路路线工程图包括路线平面图、路线纵断面图和路基横断面图。

（一）路线平面图

公路路线平面图的作用是表达路线的方向和水平线型（直线和转弯方向）以及路线两侧一定范围内的地形、地物情况。

道路路线具有狭而长的特点，一般无法把整条路线画在一张图纸内。通常分段画在多张图纸上，每张图样上注明序号、张数、指北针和拼接标记。

图 13-1 所示为某公路 K1＋000 至 K1＋220 段的路线平面图。其内容包括地形、路线两部分。

1. 地形部分

路线平面图的比例一般为 1∶2000～1∶5000。地形是用等高线和地物图例表示的，表示地物常用的平面图图例见表 13－1。

表 13－1 道路平面图图例

名称	符号	名称	符号	名称	符号
房屋		涵洞		水稻田	
学校	文	桥梁		草地	
医院		菜地		河流	
大车路		旱田		高压线 低压线	
小路		果树		水准点	BM编号 高程

在地形图中，等高线愈密表示地势愈陡峭，反之则地势愈平坦。图中标注了若干点的地面高程数值。沿线有两个水准点符号，用来作为地面高程测量的参照。

图形左侧有一片房屋，山坡上种植了一些果树。沿线还有一些高压线。

为了确定方位和路线的走向，地形图上需画出指北针或坐标网。

2. 路线部分

在《道路工程制图标准》（GB 50162—1992）中规定，道路中心线应采用细点画线表示，路基边缘线应该采用粗实线表示（图 13－8）。由于公路路线平面图比例较小，所以，图中的公路路线常采用粗实线（单线）表示，不再画出公路宽度，且该线位置为公路的中心线。

路线的长度用里程表示。里程桩号标注在道路中心线上，从路线起点至终点，按从小到大，从左到右的顺序排列；公里桩和百米桩采用垂直于路线的短线表示。图 13－1 中的设计路线用粗实线表示，里程由 K1＋000 到 K1＋220，每隔 20m 标注一个里程桩号，桩号“K1＋220”中的“K1”表示距路线起点 1km，“220”表示在 1km 的基础上延长了 220m，即该点距路线起点的距离为 1220m。图中由西向东方向还有一条大车路（一虚一实表示）。

路线的平面线型有直线型和曲线型。对于路线转弯处的平面曲线（简称平曲线），在平面图中要标出交点（也称交角点）的位置，并列出平曲线要素表。图 13－1 中有一个 7 号交点 JD7，此段曲线的起点在路线上用 ZY K1＋117.063（直圆）表示，曲线的终点用 YZ K1＋220（圆直）表示，曲线的中点用 QZ K1＋68.580（曲中）表示。图中分别标注出了这三个点的位置和里程桩号。在 K1＋052.986 处还有 YZ（圆直）表示前一个交点（JD6）的曲线终点。图的右上角列出了两个交点的平曲线要素表。其中 α 为偏角（Z 为左偏角，Y 为右偏角），表示沿路线前进方向，向左或向右偏转的角度。R 为曲线半径，T 为切线长，E 为外距。图 13－2 是平曲线要素的示意图。

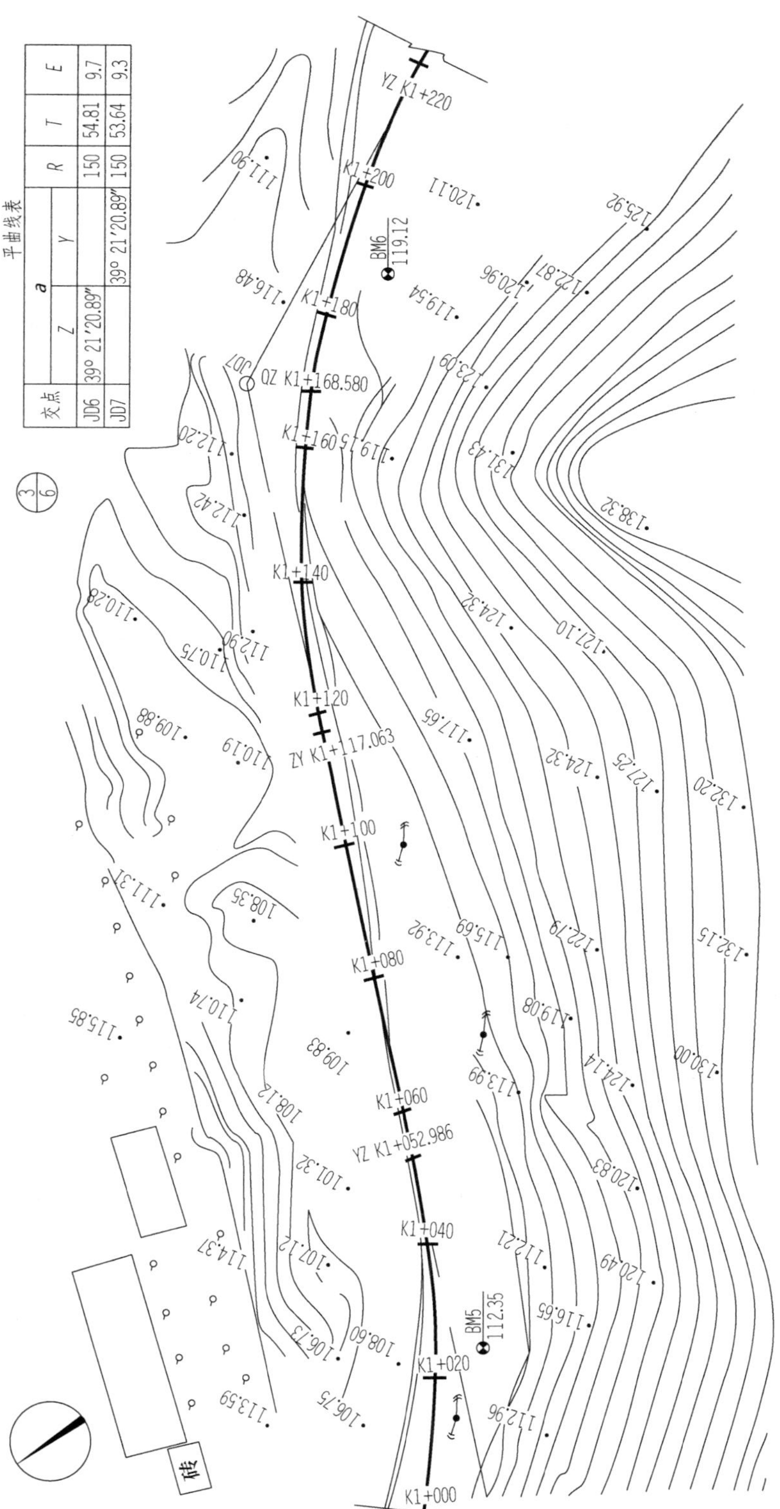

平曲线表

交点	α Z	α Y	R	T	E
JD6	39° 21′20.89″		150	54.81	9.7
JD7		39° 21′20.89″	150	53.64	9.3

图 13-1　公路路线平面图

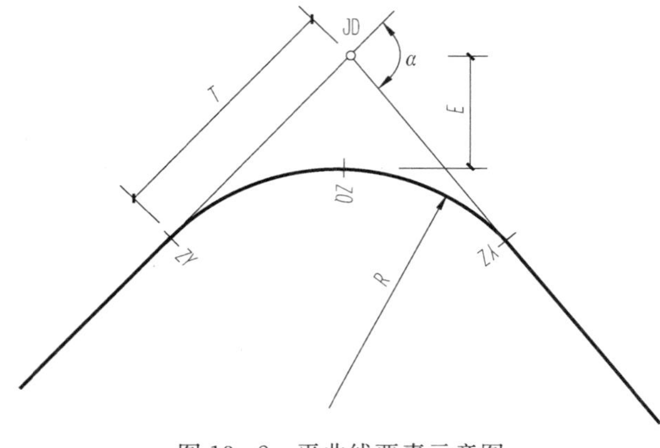

图 13-2 平曲线要素示意图

（二）路线纵断面图

路线纵断面图是沿路线中心线的竖向断面图。由于公路是由直线和曲线组成的，因此，剖切平面由平面和柱面组成。为了清晰地表达路线纵断面情况，特采用展开的方法将断面展平成一平面，然后进行投影。

路线纵断面图的作用是表达路中心线地面高低起伏的情况，设计路线的坡度、地质情况，以及沿线设置构造物的概况。

图 13-3 所示为 K1+000 至 K1+220 段的路线纵断面图。其内容包括图样和资料表两大部分，图样应布置在图幅上部，资料表应采用表格形式布置在图幅下部，图样与资料表的内容要对应。

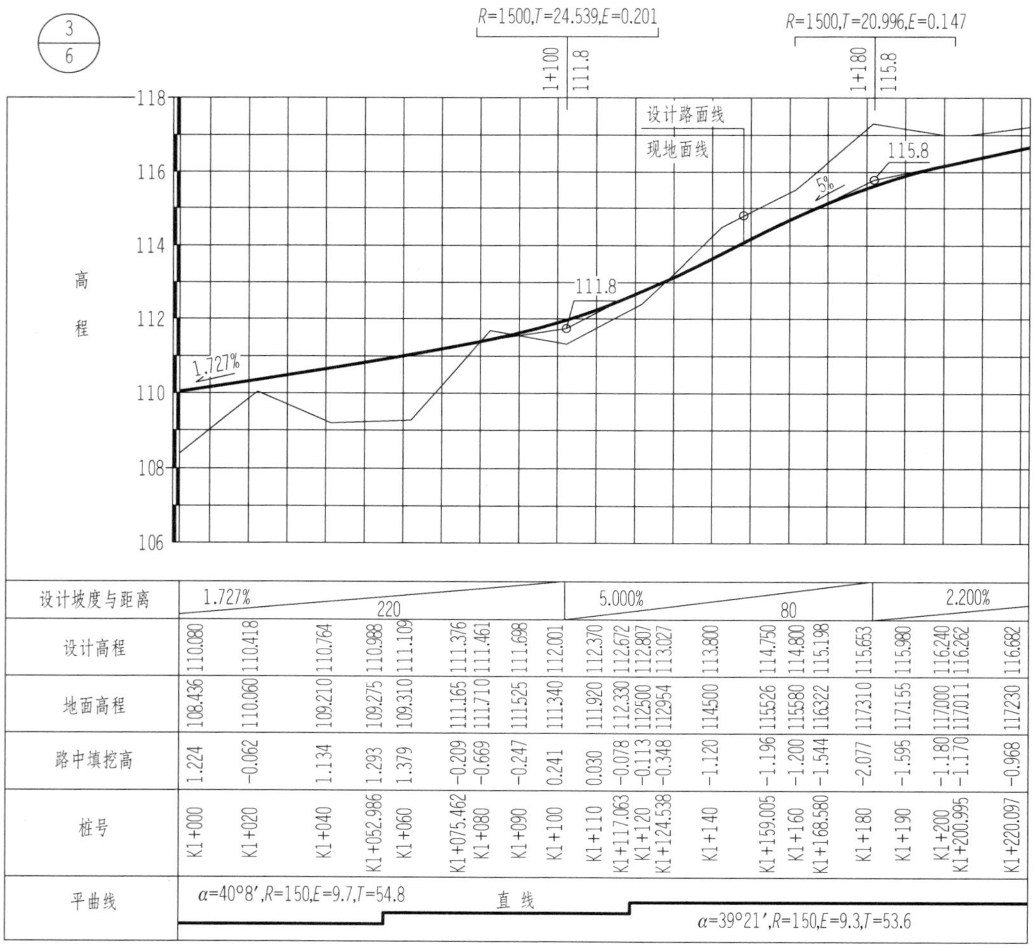

3/6

R=1500,T=24.539,E=0.201　1+100　111.8

R=1500,T=20.996,E=0.147　1+180　115.8

高程：118，116，114，112，110，108，106

设计路面线

现地面线

115.8　5%　111.8　1.727%

设计坡度与距离：1.727%，220；5.000%，80；2.200%

桩号	设计高程	地面高程	路中填挖高
K1+000	110.080	108.436	1.224
K1+020	110.418	110.060	-0.062
K1+040	110.764	109.210	1.134
K1+052.986	110.988	109.275	1.293
K1+060	111.109	109.310	1.379
K1+075.462	111.376	111.165	-0.209
K1+080	111.461	111.710	-0.669
K1+090	111.698	111.525	-0.247
K1+100	112.001	111.340	0.241
K1+110	112.370	111.920	0.030
K1+117.063	112.672	112.330	-0.078
K1+120	112.807	112.500	-0.113
K1+124.538	113.027	112.954	-0.348
K1+140	113.800	114.500	-1.120
K1+159.005	114.750	115.526	-1.196
K1+160	114.800	115.580	-1.200
K1+168.580	115.198	116.322	-1.544
K1+180	115.653	117.310	-2.077
K1+190	115.980	117.155	-1.595
K1+200	116.240	117.000	-1.180
K1+200.995	116.262	117.011	-1.170
K1+220.097	116.682	117.230	-0.968

平曲线：$\alpha=40°8'$，$R=150$，$E=9.7$，$T=54.8$；直线；$\alpha=39°21'$，$R=150$，$E=9.3$，$T=53.6$

图 13-3 路线纵断面图

1. 图样部分

图样中由左至右表示路线的前进方向，由于路线纵断面图是用展开剖切方法获得的断面图，因此它的长度就表示了路线的长度。在图样中，水平方向表示长度，垂直方向表示高程。

由于路线的高差与其长度相比小很多，为了清晰显示垂直方向路线高度的变化，规定断面图中的水平距离与垂直高程宜按不同的比例绘制，水平比例尺与平面图一致，采用1∶2000～1∶5000，垂直比例尺相应地用1∶200～1∶500，即垂直方向的比例按水平方向的比例放大十倍。

图中不规则的细折线表示设计中心线处的纵向地面线，它是沿中心线的原地面各点高程的连线。粗实线表示公路路线纵向设计线。比较设计线和地面线的相对高度，可以决定填挖方地段和填挖高度。

当路线纵向坡度发生变化时，为保证车辆顺利行驶，应设置竖向曲线（简称竖曲线）。竖曲线分为凸曲线和凹曲线两种，分别用“┌┬┐”和“└┬┘”符号表示，并在其上标注竖曲线的半径（R）、切线长（T）和外距（E）。竖曲线符号一般画在图样的上方，切线应用细虚线表示，变坡点用直径为2mm的中粗线圆圈表示。本图在K1＋100和K1＋180处分别设置一个凹曲线和一个凸曲线。

根据需要，图样中还应在所在里程处标出桥梁、涵洞和通道等人工构造物的名称、规格和中心里程。

2. 资料表部分

为了便于对照查阅，资料表与图样应上下对应布置。资料表中一般列有里程桩号、设计坡度与距离、设计高程、地面高程、填挖高度、平曲线等内容。注意资料表中里程桩号的位置要按照水平方向的比例确定，桩号数值的字底应与所表示桩号位置对齐。设计高程、地面高程的数据应对准其桩号，单位以m计。

表中“平曲线”一栏表示路线的平面线型，“ ─┐__┌─ ”表示为左偏角的圆曲线，“ __┌─┐__ ”表示为右偏角的圆曲线。这样，利用资料表中的平曲线结合图样中的竖曲线，可以想象出该路段的空间情况。

每张图上应注明该图纸的序号及纵断面图的总张数。

（三）路基横断面图

路基横断面图是在垂直于道路中心线的方向上所作的断面图。路基横断面图的作用是表达各中心桩处地面横向起伏状况以及设计路基的形状和尺寸。它主要用来计算公路的土石方工程量，并为路基施工提供资料数据。比例一般采用1∶100～1∶200。

1. 路基横断面图的基本形式

一般情况下，路基横断面的基本形式有三种：

（1）填方路基（路堤）如图13-4（a）所示，在图样的下方应注明该断面图的里程桩号，中心线处的填方高度HT（m）以及该断面处的填方面积AT（m^2）。

（2）挖方路基（路堑）如图13-4（b）所示，在图样的下方应注明该断面图的里程桩号，中心线处的挖方高度HW（m）以及该断面处的挖方面积AW（m^2）。

（3）半填半挖路基如图13-4（c）所示，在图样的下方应注明该断面图的路程桩号，中心线处的填（挖）方高度HW（m）以及该断面处的填方面积AT（m^2）和挖方面积AW（m^2）。

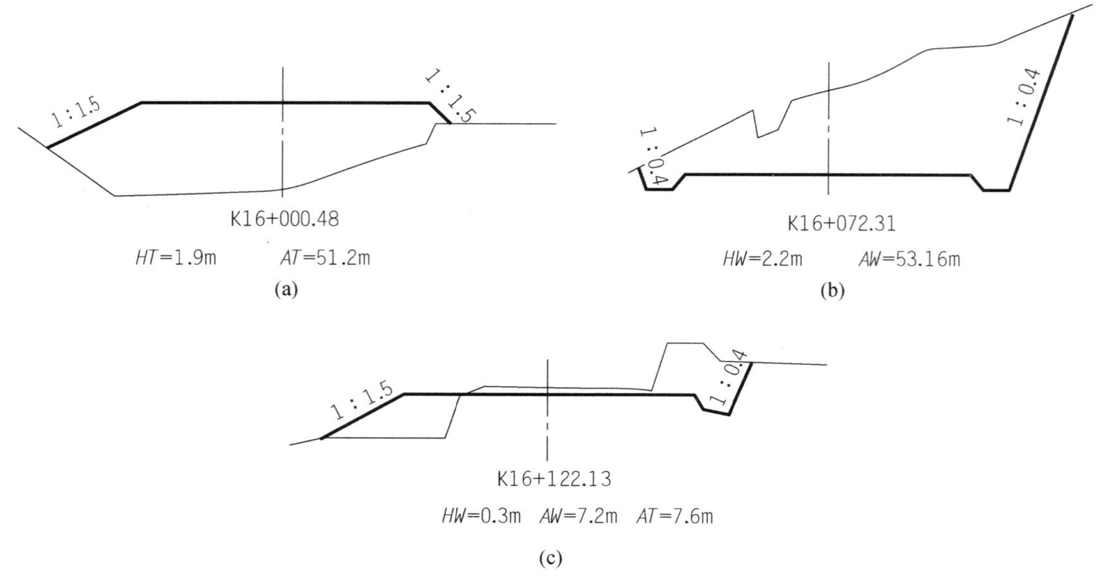

图 13-4 路基横断面图的基本形式

2. 画路基横断面图时应注问题

路基横断面图应按桩号的顺序排列，并从图纸的左下方开始画，先由下向上，再由左向右排列，如图 13-5 所示。地面线应用细实线表示，设计线应用粗实线表示，路中心线应用细点画线表示。每张路基横断面图的右上角，应注明该张图纸的编号及横断面图的总张数。

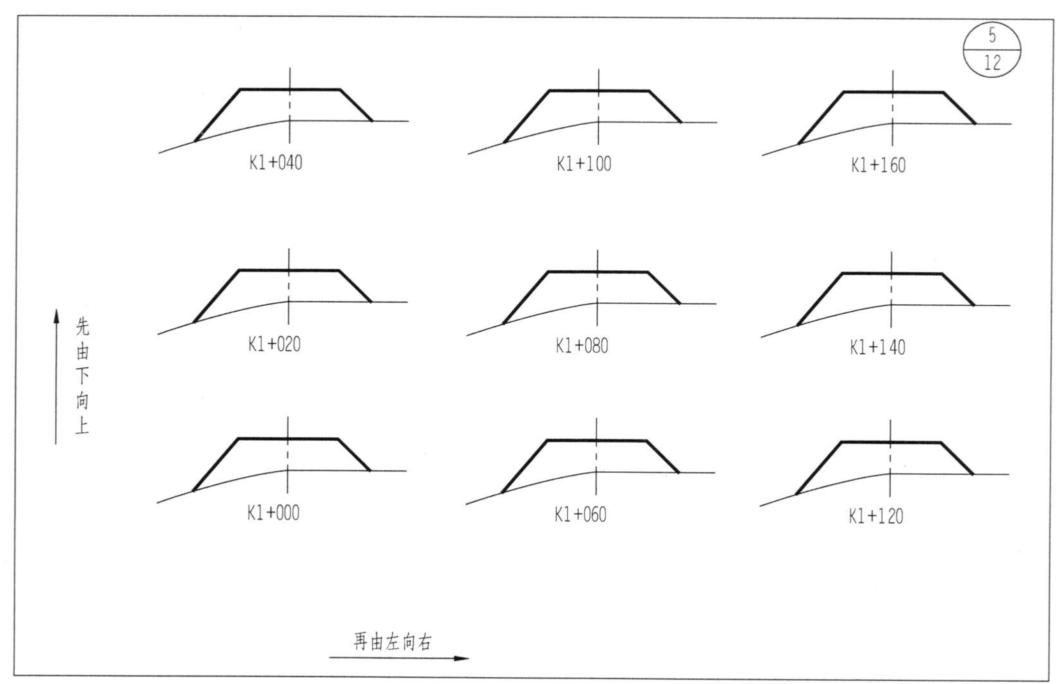

图 13-5 路基横断面布置示意图

二、城市道路路线工程图

凡位于城市范围以内，供车辆及行人通行的具备一定技术条件和设施的道路，称为城市道路。与公路相比，它具有组成复杂、功能多样、行人和车辆交通量大、交叉点多等特点，因此首先需要在横断面的布置设计中综合解决技术问题。所以城市道路工程图先作横断面图，再作平面图和纵断面图。

（一）横断面图

道路的横断面图在直线段是垂直于道路中心线方向的断面图，而在平曲线上则是法线方向的断面图。道路的横断面是由车行道、人行道、绿化带和分车带等几部分组成。

1. 横断面的基本形式

根据机动车道和非机动车道不同的布置形式，城市道路横断面的布置有以下四种基本形式：

（1）“一块板”断面。把所有车辆都组织在同一个车行道上混合行驶，车行道布置在道路中央，如图 13 - 6（a）所示。

（2）“两块板”断面。利用分隔带把一块板形式的车行道一分为二，分向行驶，如图 13 - 6（b）所示。

（3）“三块板”断面。利用分隔带把车行道分隔为三块，中间的为双向行驶的机动车车行道，两侧的为单向行驶的非机动车车行道，如图 13 - 6（c）所示。

（4）“四块板”断面。在三块板断面形式的基础上，再用分隔带把中间的机动车车行道分隔为二，分向行驶，如图 13 - 6（d）所示。

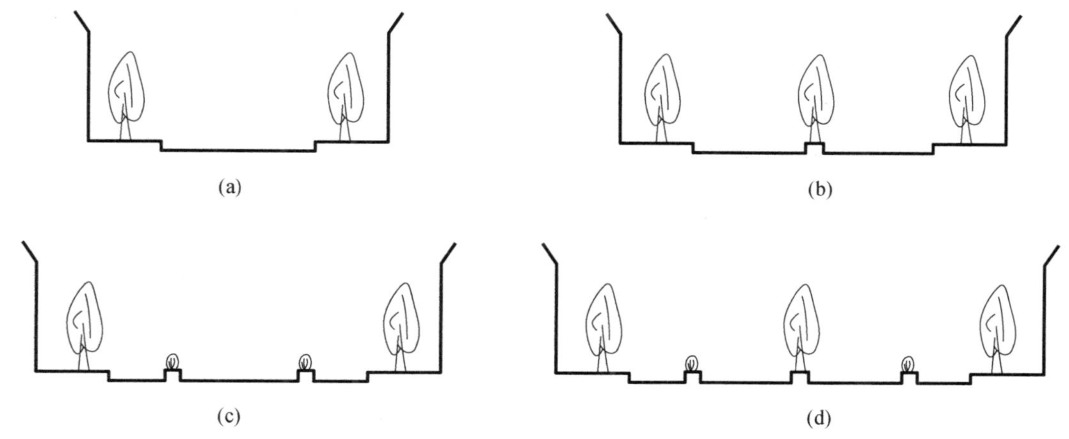

图 13 - 6　城市道路横断面示意图

2. 横断面图的内容

当道路分期修建、改建时，应在同一张图纸中表示出规划、设计和原有道路横断面，并注明各道路中心线之间的位置关系。规划道路中心线应采用双点画线表示，在图中还应绘出车行道、人行道、绿带、照明、新建或改建的地下管道等各组成部分的位置和宽度，以及排水方向、横坡等。

图 13 - 7 所示为某路段的横断面形式，道路宽 18m，其中车行道宽 10m，两侧人行道各宽 4m。路面排水坡度为 1.5%，箭头表示流水方向。路面结构图采用 1：10 的详图表示方

法，图中表示了车行道和人行道的具体做法。

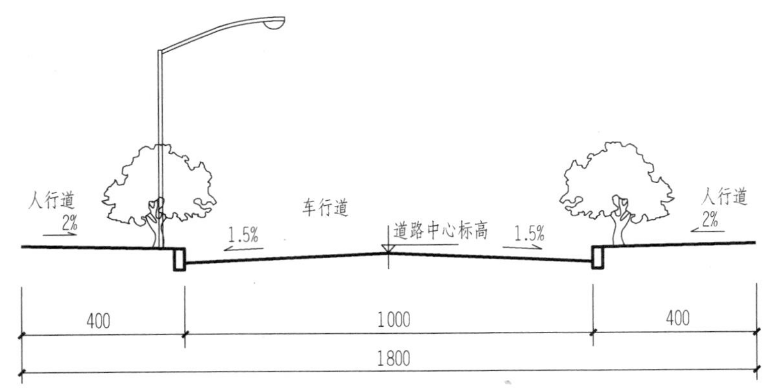

标准横断图 1∶100

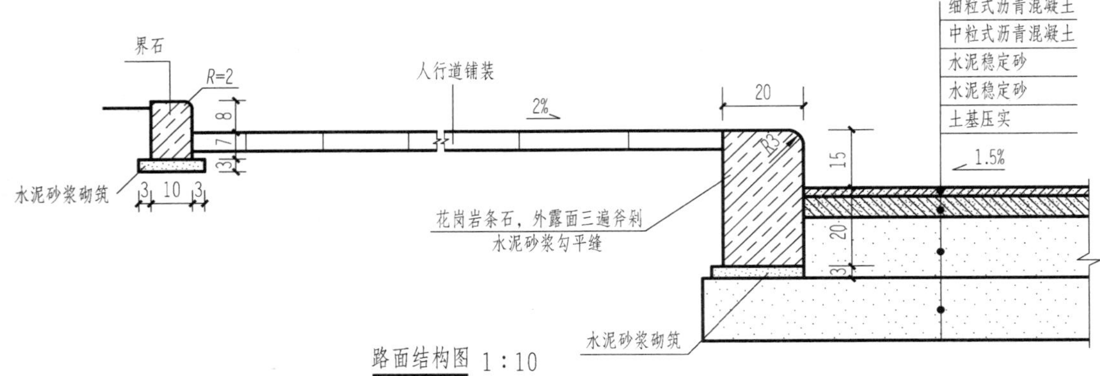

路面结构图 1∶10

图 13-7　道路横断面图

（二）路线平面图

城市道路平面图是用来表示城市道路方向、平面线型和车行道、人行道布置以及沿路两侧一定范围内的地形、地物情况。从中可以了解道路走向、占地面积以及修建该路段应拆除的原有地物情况。

图 13-8 所示为某段道路的改建平面设计图，比例为 1∶500；图中粗实线表示为该段道路的设计线，加粗的折线为建筑规划红线；道路转角处设置了 5m 宽的无障碍人行道。图中标注了各条车行道、人行道的宽度尺寸，标注了路口转弯处的圆弧半径。

十字路口中的虚线是规划 16 号线和 25 号线的分界线；十字路口的北侧有一条原有山东路，山东路的东侧有一个建筑物。

（三）纵断面图

沿道路中心线所作的断面图为纵断面图，其作用和图示方法与公路纵断面图相同。不再赘述。

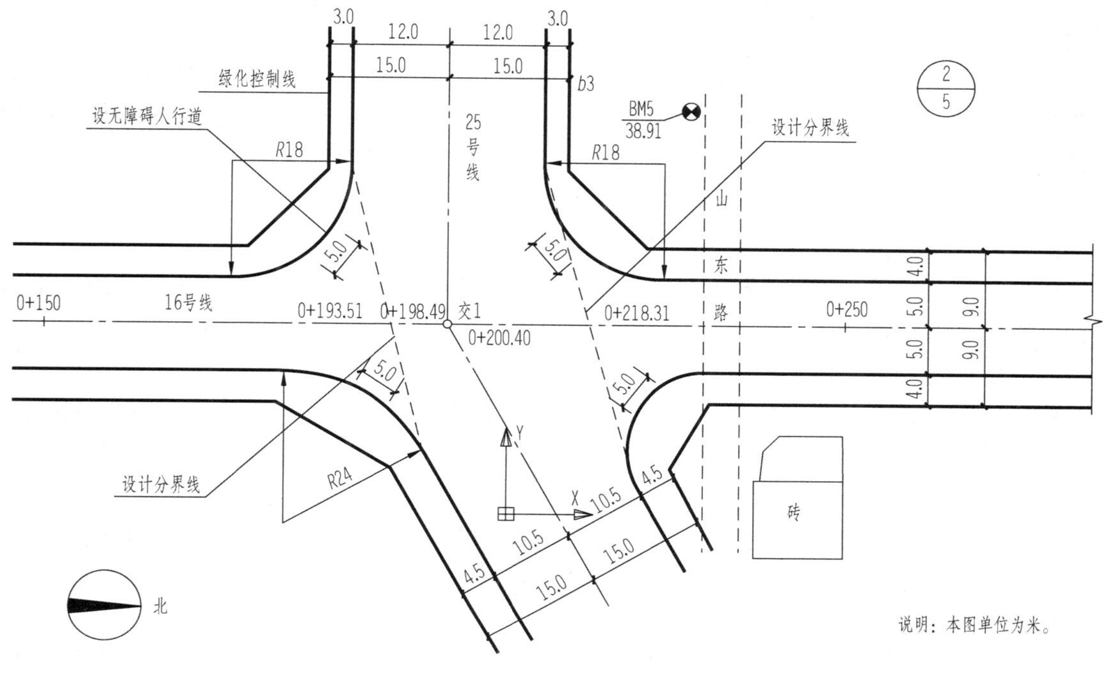

图 13 - 8　道路路线平面图

第二节　桥 梁 工 程 图

道路路线在跨越天然或人工障碍物时，就需要修筑桥梁。它既可以保证桥上的交通运行，又可以保证桥下宣泄流水、船只的通行或公路、铁路的运行。

一、桥梁的基本组成

如图 13 - 9 所示，桥梁主要是由桥跨结构、桥墩和桥台、附属构造物（护岸、导流结构物）等组成。

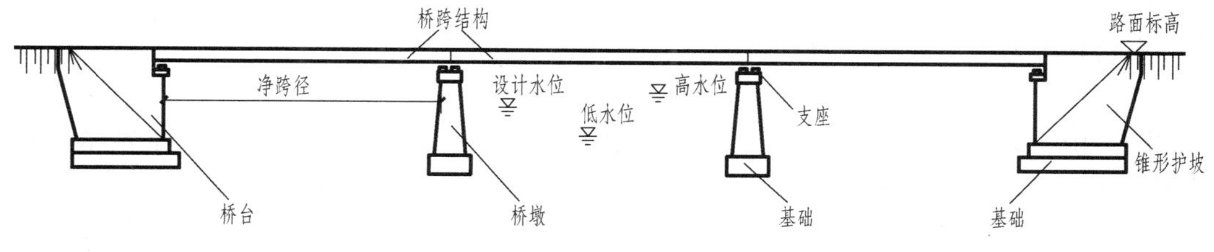

图 13 - 9　桥梁示意图

桥跨结构是在路线中断时，跨越障碍的主要承载结构，还习惯称之为桥的上部结构。

桥墩和桥台是支撑桥跨结构并将恒载和车辆等活载传至地基的建筑物，又称之为下部结构。

支座是在桥跨结构与桥墩和桥台的支撑处之间所设置的传力装置。

在路堤与桥台衔接处，一般还在桥台两侧设置石砌的锥形护坡，以保证迎水部分路堤边坡的稳定。

河流中的水位是变动的，在枯水季节的最低水位称为低水位，洪峰季节河流中的最高水位称为高水位，桥梁设计中按规定的设计洪水频率计算所得的高水位称为设计洪水位，简称设计水位。

净跨径是设计洪水位上相邻两个桥墩（台）之间的净距。

总跨径是多孔桥梁中各孔净跨径的总和，它反映了桥下宣泄洪水的能力。

桥梁全长是桥梁两端两个桥台的侧墙或八字墙后端点之间的长度。对于无桥台的桥梁为桥面系行车道的全长。

二、钢筋混凝土梁桥工程图

修建一座桥，不但要满足其使用上的要求，还要满足经济、美观、施工等方面的要求。修建前，首先要进行桥位附近的地形、地质、水文、建材来源等的调查，绘制出地形图和地质断面图，供设计和施工使用。

桥梁设计一般分两个阶段设计，第一阶段（初步设计）着重解决桥梁总体规划问题，第二阶段是编制施工图。在这一节中主要介绍第二阶段：编制施工图。

（一）桥梁总体布置图

桥梁总体布置图主要表明桥梁的形式、总跨径、孔数、桥道标高、桥面宽度、桥跨结构横断面布置和桥梁平面线型。

以图 13-10 所示的梁式桥为例，介绍桥梁总体布置图的内容和表达方法。

1. 立面图

在立面图中，反映出该桥全长为 58.42m，净跨径为 15m，总跨径为 45m，共 3 孔的梁式桥。桥台为重力式桥台，桥墩为桩柱式轻型桥墩。由于桩基础较长，采用折断画法。由于立面图的比例较小，因此桥面铺垫层、人行道和栏杆均未表示出。

在工程图中，人们习惯假设没有填土或填土为透明体，因此埋在土里的基础和桥台部分，仍用实线表示，并且只画出结构物可以看见的部分，不可见的部分省略不画。

2. 平面图

此图也只画出可见部分，由于比例较小，桥栏杆也未表示，只表示出车行道和人行道的宽度，以及锥形护坡的一部分投影。

3. 侧面图

此图是由 1/2 1—1 剖面和 1/2 2—2 剖面拼成的一个侧面图，在工程图中常常采用这种表示法，并且为了表达清楚，该图的比例比平面图和立面图的比例放大一倍。

由图中可以看出桥梁的上部结构为 6 片 T 形梁组成，桥面宽为 10.50m，车行道宽为 7m，两侧的人行道宽各为 1.5m，即表示为净 7.0＋2×1.5（m）。由于 T 形梁断面面积较小，采用涂黑的方式表示。

下部构造一半为桥台，一半为桥墩，且只画出可见部分，详细尺寸及构造均在构造详图中介绍。

（二）施工图

施工图是对桥梁各部分构件进行详细的设计、计算，绘制的施工详图。

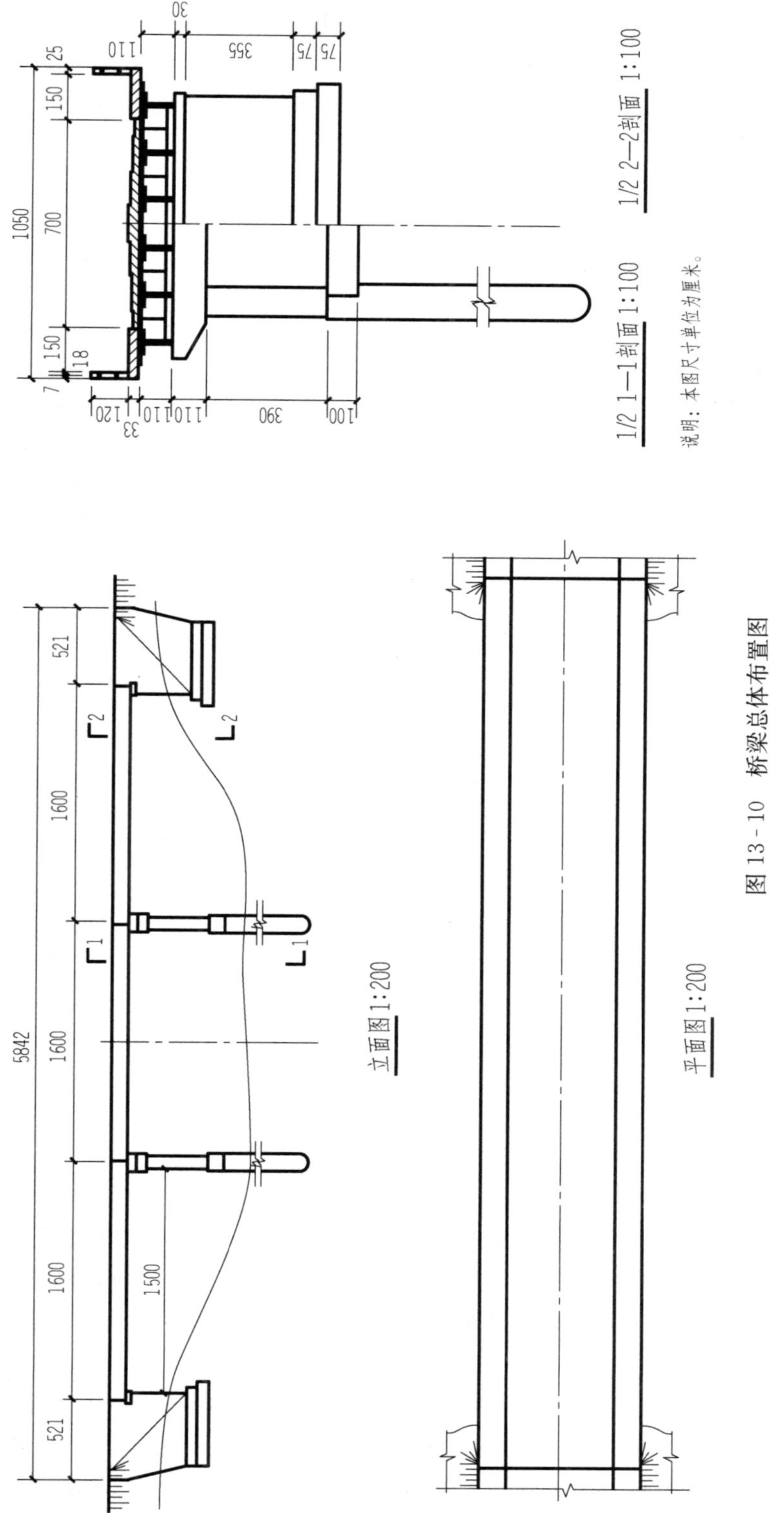

图 13-10 桥梁总体布置图

1. 桥台图

图 13 - 11 所示为桥台施工图，桥台由基础、前墙、侧墙和台帽组成。由于它的平面形式像“U”字形，所以称之为 U 形桥台；又因它的自重较大，又称之为重力式桥台。它的主要作用是支撑桥跨结构的主梁，并且靠它的自重和土压力来平衡由主梁传下来的压力，以防止倾覆。

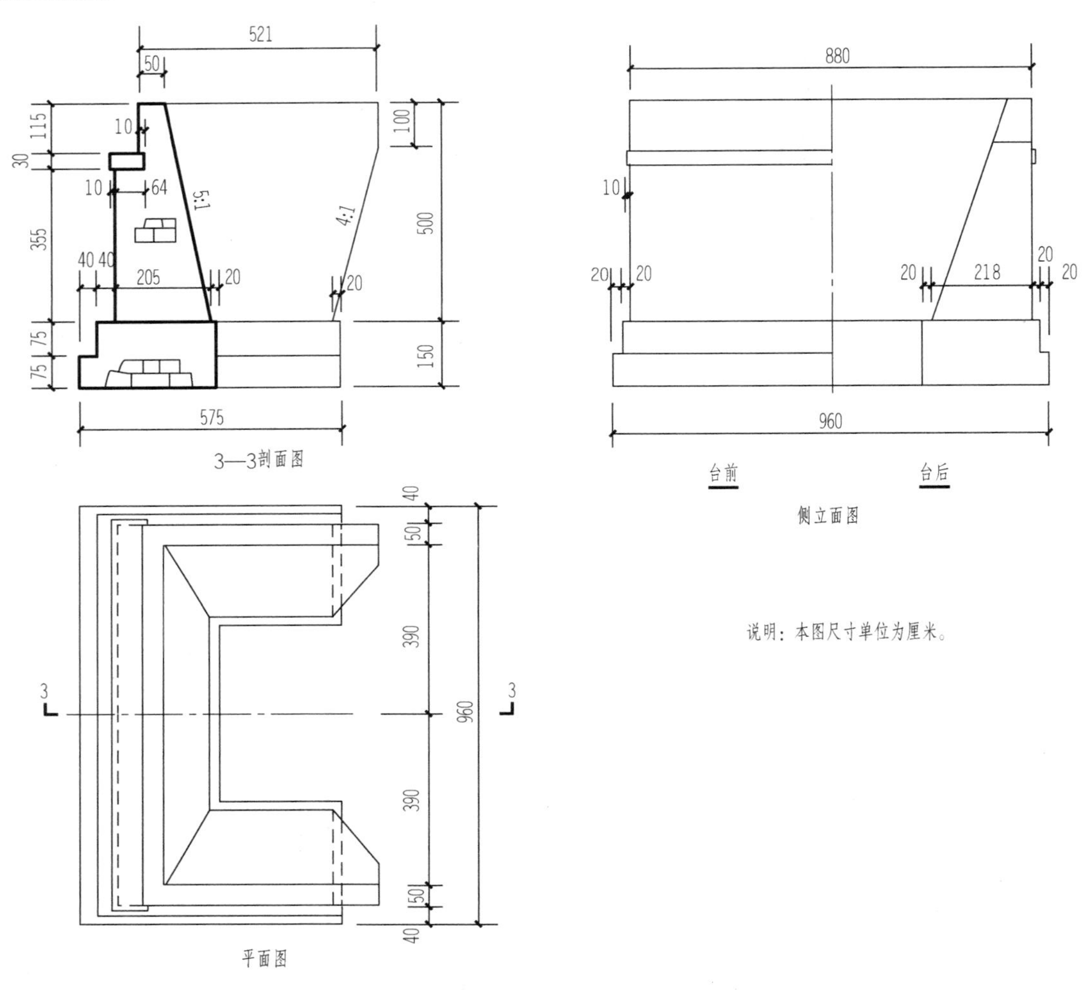

图 13 - 11　桥台施工图

侧面图是由 1/2 台前和 1/2 台后合成表示的。所谓台前，是指人站在桥下观看桥台，所得到的投影。所谓台后，是指人站在路堤上观看桥台，得到的投影，此图只画可以看到的部分。

桥台图是人们考虑没有填土情况下画出的。

2. 桥墩图

图 13 - 12 所示为钻孔桩双柱式桥墩的一般构造图，它是由墩帽（上盖梁）、双柱、联系梁和桩基础组成。由于构造简单，它只用立面图和侧面图表示，上盖梁长 900cm，高 110cm，宽 120cm；立柱直径为 100cm，轴间距 520cm；联系梁高 100cm，宽 70cm；钻孔桩直径为 120cm。

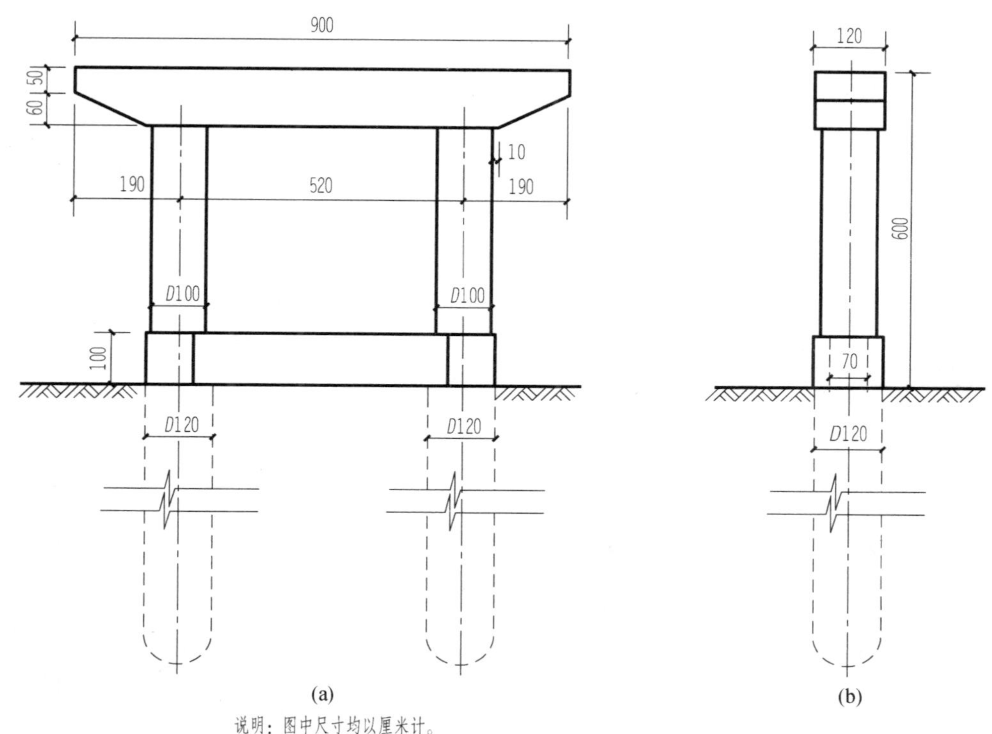

图 13-12 桥墩施工图

(a) 桥墩正面图；(b) 桥墩侧面图

3. 主梁图（T形梁梁肋钢筋布置图）

图 13-13 所示为主梁的断面图，T形主梁是由梁肋、横隔板和翼板组成的。因为T形梁每根宽度较小，因此在使用中常常是几根并在一起，所以人们习惯上称两侧的T形梁为边主梁，中间的T形梁为中主梁。T形梁之间主要是靠横隔板联系在一起，所以中主梁两侧均有横隔板，而边主梁只有一侧有横隔板。

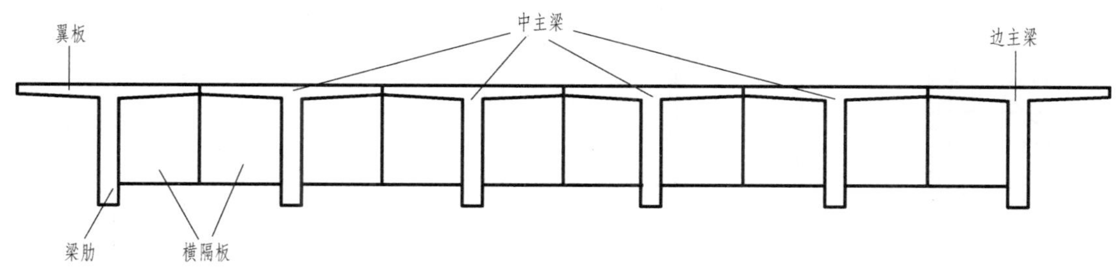

图 13-13 主梁断面示意图

图 13-14 所示为长 16m 的T形梁的梁肋骨架钢筋布置图，其中 1、2、3、5 为主筋（受力主筋），4 为架立钢筋，12、13 为箍筋，10 为分布钢筋，6、7、8、9 也为受力钢筋。

跨中断面图清楚地反映出 1、2、3、5、10、4 的钢筋布置情况，在支点断面图中可以看到上、下均有 4 号钢筋出现，这是因为 4 号钢筋在支点处做回弯造成的。

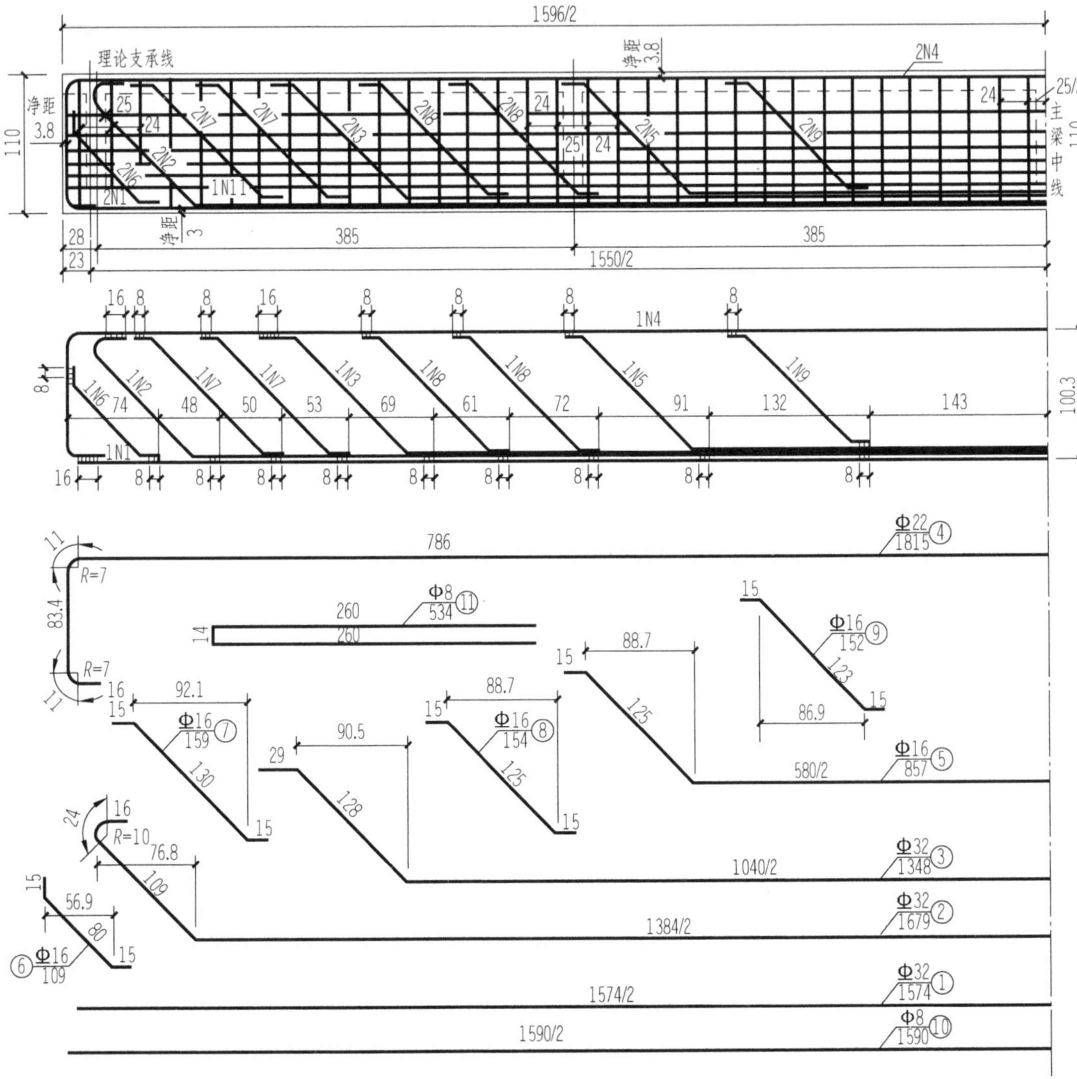

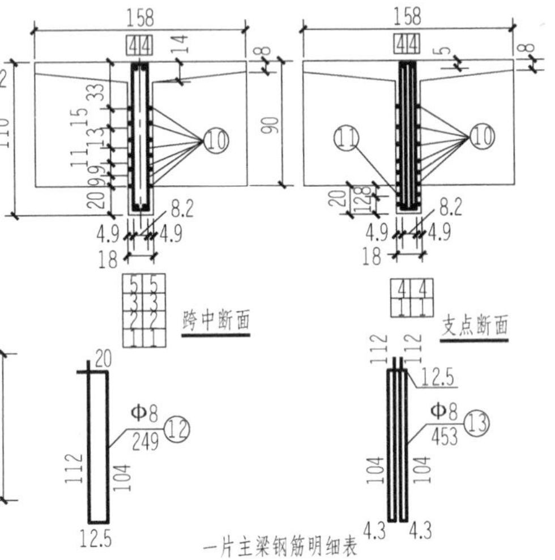

一片主梁钢筋明细表

序号	直径(mm)	每根长度(cm)	数量(根)	共长(m)
1	Φ32	1574	2	31.48
2	Φ32	1679	2	33.58
3	Φ32	1348	2	26.96
4	Φ22	1815	2	36.30
5	Φ16	857	2	17.14
6	Φ16	109	4	4.36
7	Φ16	159	8	12.72
8	Φ16	154	8	12.32
9	Φ16	152	4	6.08
10	Φ8	1590	12	19.08
11	Φ8	534	2	10.68
12	Φ8	249	60	149.40
13	Φ8	453	6	27.18

一片主梁钢筋总表

直径(mm)	总长(m)	单位重量(kg/m)	共重(kg)	钢筋等级
Φ32	92.02	6.313	580.9	Ⅱ级
Φ22	36.30	2.984	108.3	Ⅱ级
Φ16	52.62	1.578	83.0	Ⅱ级
Φ8	378.06	0.395	149.3	Ⅰ级
Φ32,22,12	小计		772.2	Ⅱ级
Φ8	小计		149.3	Ⅰ级
总计			921.5	

说明：

1.本图尺寸除钢筋直径以毫米计算外，其余均以厘米为单位。
2.本图钢筋焊缝均以双面焊，一片主梁的焊缝总长度为21.8m。
3.一片平面骨架的重量为0.39吨。

图 13-14　梁肋钢筋布置图

建筑识图工程实例

建筑设计总说明

一、本工程系青岛市××山庄工程36#楼,建筑面积为2419m²,层数为四层。

二、本工程设计依据:

《住宅设计规范》(GB 50096—2011)
《建筑设计防火规范》(GB 50016—2012)
《青岛市住宅建筑设计有关规定》
《青岛市民用建筑节能设计标准实施细则》

三、墙体:

1.本工程建筑定位及室内首层地坪±0.000相当于绝对标高关系见总图。

2.平面图中未注尺寸的墙体均为240厚。未注尺寸的门垛均为120厚。

住宅平面构造柱的尺寸及位置详见结构平面布置图

3.卫生间通风道选用L02J101第13页,风道中心距地面2.1m。

厨房吸排油烟机道选用L09J106第5页,孔道中心距地面2.3m。

通风道、吸排油烟机道出屋面高度严格按照坡屋面有关规定进行施工。

四、门窗:

1.住宅各单元入口处设对讲电控防盗门,主体施工前确定厂家以便预埋铁件。

2.各单元入口处设信报箱。

3.各分户门采用青岛市消防局统一监制的多功能防火防盗门(防火等级为二级)。

五、防水:

1.卫生间、阳台及厨房地坪均比室内平低20,卫生间加设一层防水层,沿墙体上翻沿120。

2.厨房及卫生间给水横管沿板底布设,穿墙时沿梁底布设。

3.本工程屋面防水等级为三级,所选用的防水材料应符合《屋面工程技术规范》中的相应等级的要求。

4.墙基防潮层设于-0.06标高处,25厚1:2.5水泥砂浆内掺5%防水剂。

六、沿住宅外墙设有空调搁板,并在各楼层标高处预留三通插口。

七、楼梯栏杆扶手选用LJ107PT4-8,室外台阶做法详LJ105P6-2,室外坡道详LJ105P8-4。

建筑做法说明(省标L06J002)

	建筑部位	面层做法	备注
	散水	散2	宽900
楼面	住宅现浇楼面 楼梯间踏步、平台	楼1	
楼面	卫生间、厨房	楼17	取消铺地砖面层
屋面	住宅坡屋面	1.现浇钢筋混凝土屋面板 2.1:3水泥砂浆找平层20厚 3.100厚水泥膨胀珍珠岩块保温层 4.1:3水泥砂浆找平层20厚 5.SRS防水卷材 6.40厚C20细石混凝土(ϕ4@200) 7.1:2水泥砂浆贴波形瓦	老虎窗上水泥瓦改为刷涂料
屋面	露台	屋27	
内墙	客厅、卧室、阳台	内墙6,涂7	
内墙	卫生间、厨房	内墙31	高度至楼板底,取消面层
外墙	三层以上外墙	外墙23	
外墙	三层以下外墙	外墙32	
	顶棚	棚9	
	踢脚	踢2	高150
油漆	木门窗	油漆2	刷白色油漆
油漆	金属栏杆	油漆39	刷绿色油漆

门窗表

序号	名称编号	洞口尺寸(mm) 宽	洞口尺寸(mm) 高	数量	备注
1	DM1	1500	2100	2	对讲电控防盗门
2	M1	1000	2100	20	多功能防火防盗分户门
3	M2	800	2100	44	木制夹板门
4	M3	900	2100	36	木制夹板门
5	M4	2700	2000	12	特制卷帘门甲方定
6	M5	900	2000	8	木制夹板门
7	C1	1500	1600	22	塑钢推拉窗
8	C1A	1500	1200	2	塑钢推拉窗
9	C2	1200	1600	16	塑钢推拉窗
10	C3	1500	1600	24	塑钢推拉窗
11	C3A	1500	1200	2	塑钢推拉窗
12	C4	3360	2200	16	塑钢推拉窗
13	GC1	1140	1400	6	威卢克斯窗
14	GC2	2150	H	4	南立面阁楼窗
15	GC3	1800	H	4	北立面阁楼窗

注:门窗做法详厂家图集,窗户为绿色玻璃。

附图1 某住宅首页图

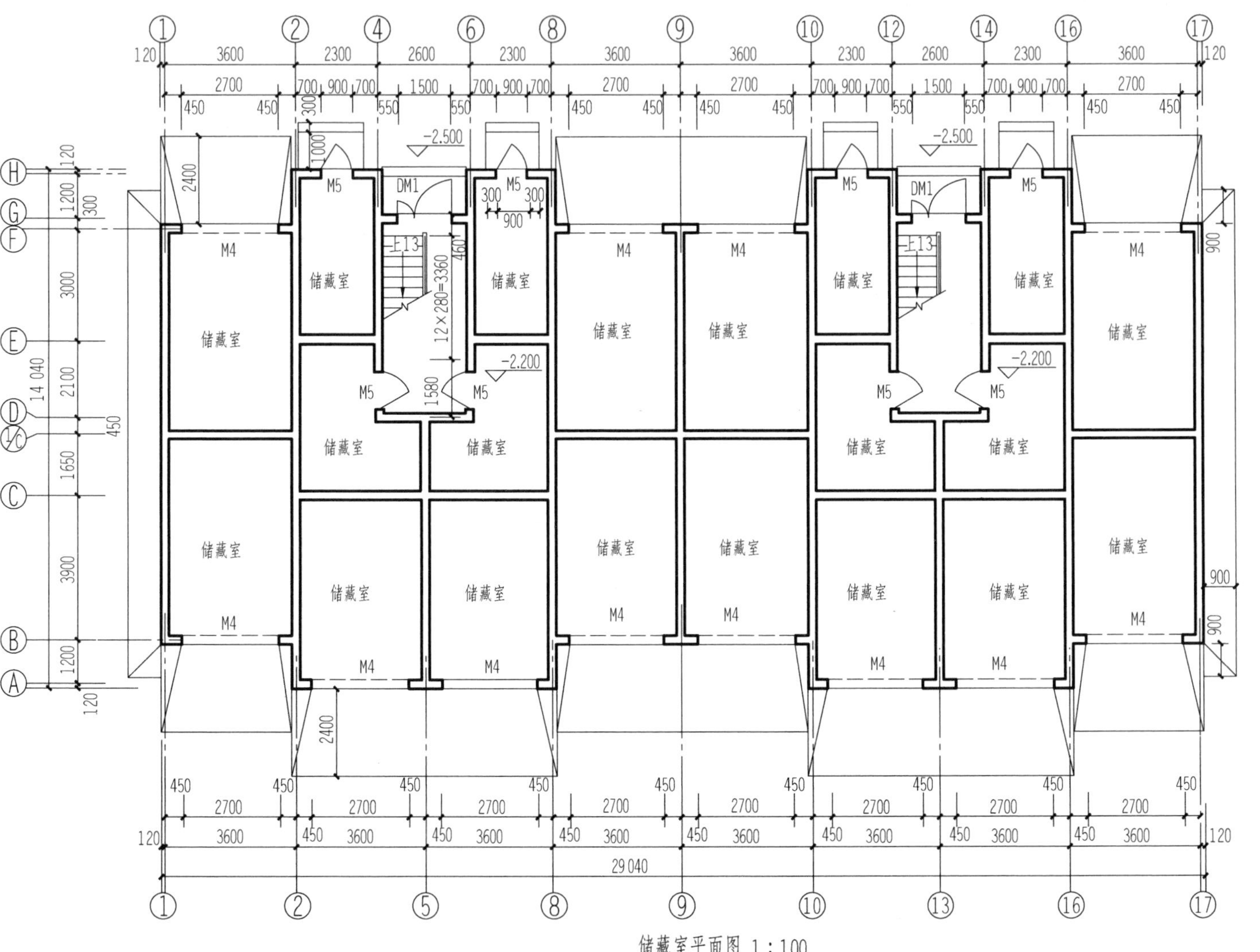

储藏室平面图 1：100

附图 2 储藏室平面图

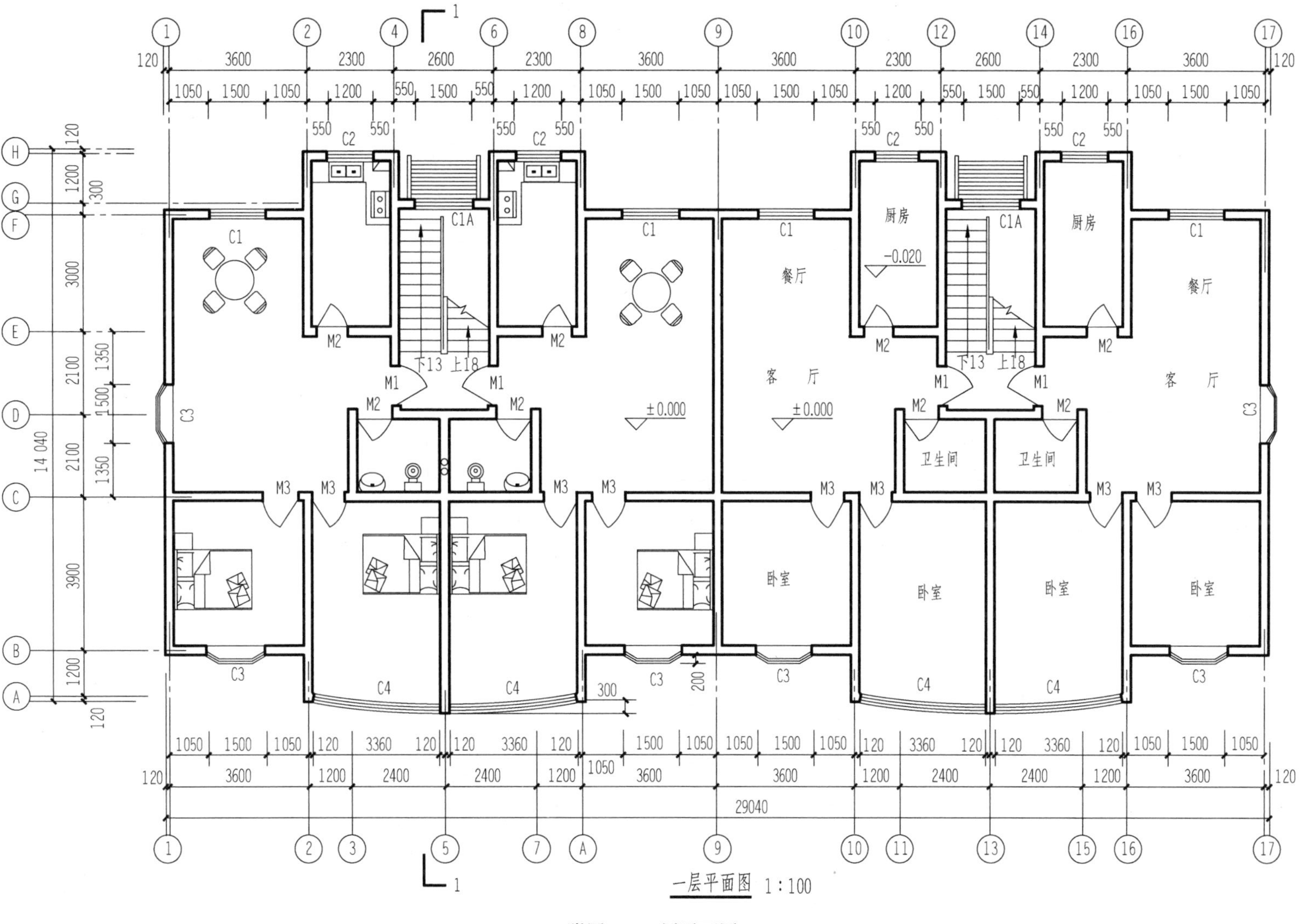

餐厅
客厅
卧室
厨房
卫生间
±0.000
-0.020
下13
上18
C1
C1A
C2
C3
C4
M1
M2
M3
29040
14 040
一层平面图 1:100

附图 3　一层平面图

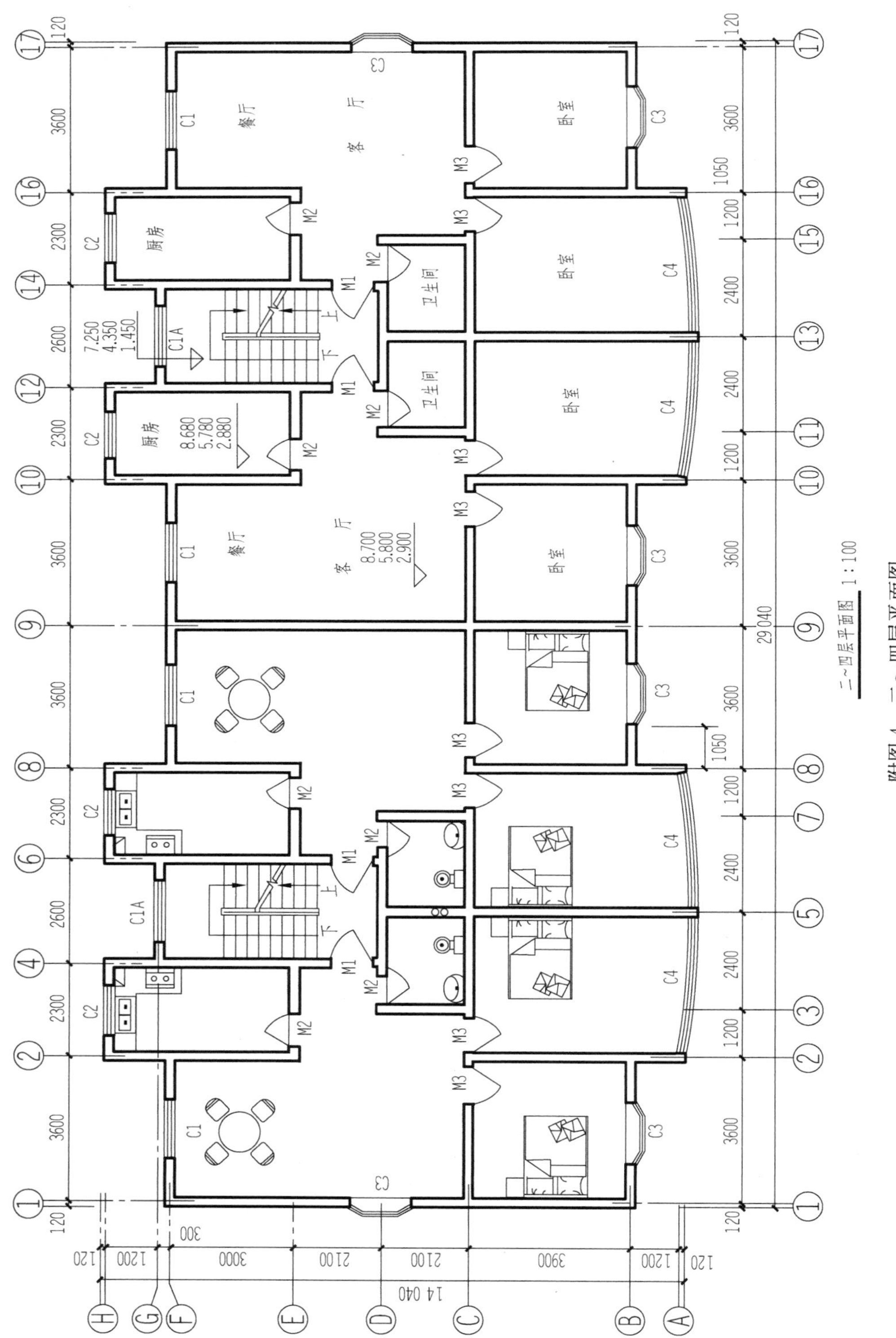
二~四层平面图 1:100
餐厅
客厅
厨房
卫生间
卧室
上
下
C1
C1A
C2
C3
C4
M1
M2
M3
29 040
14 040

附图 4 二~四层平面图

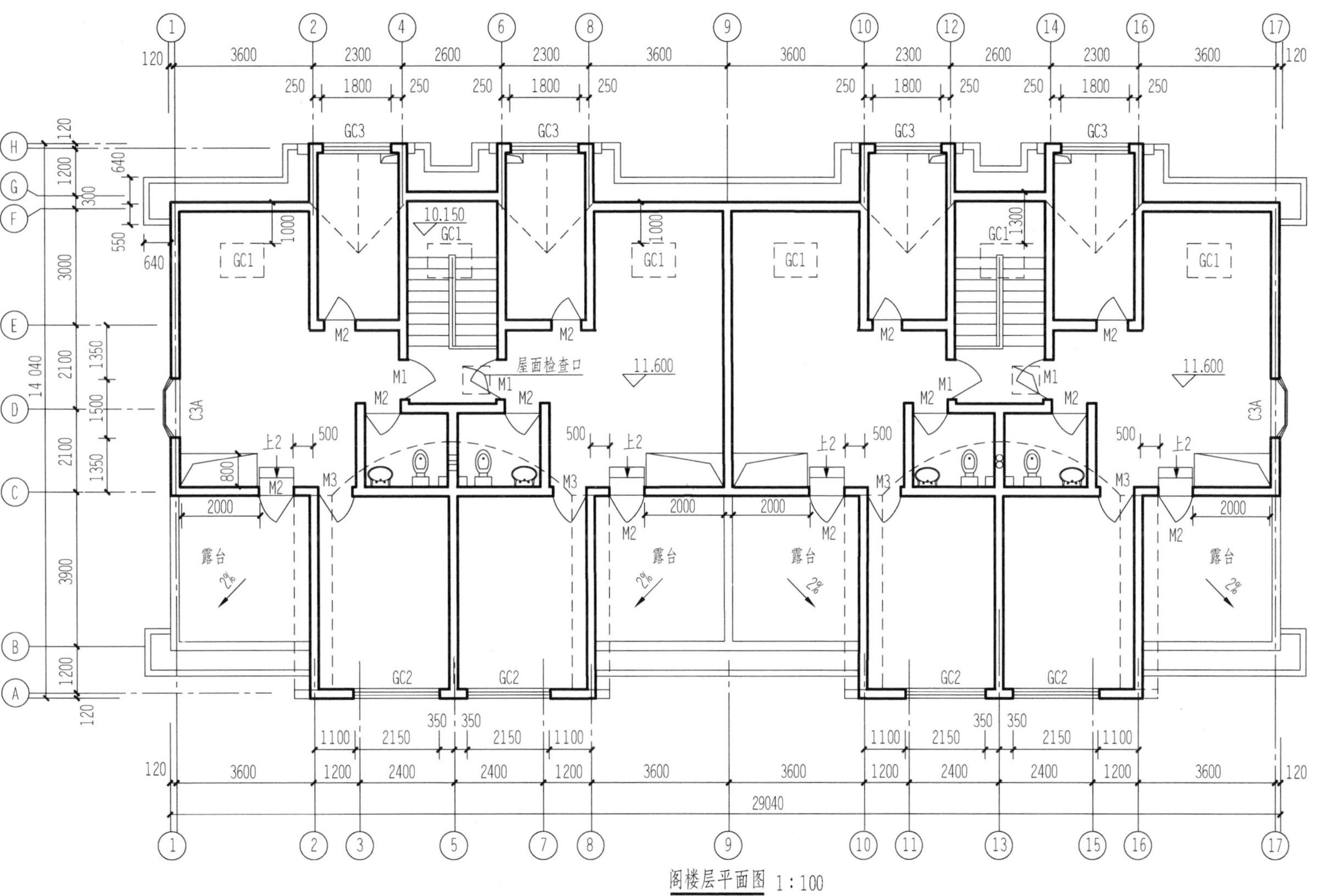

附图5 阁楼层平面图

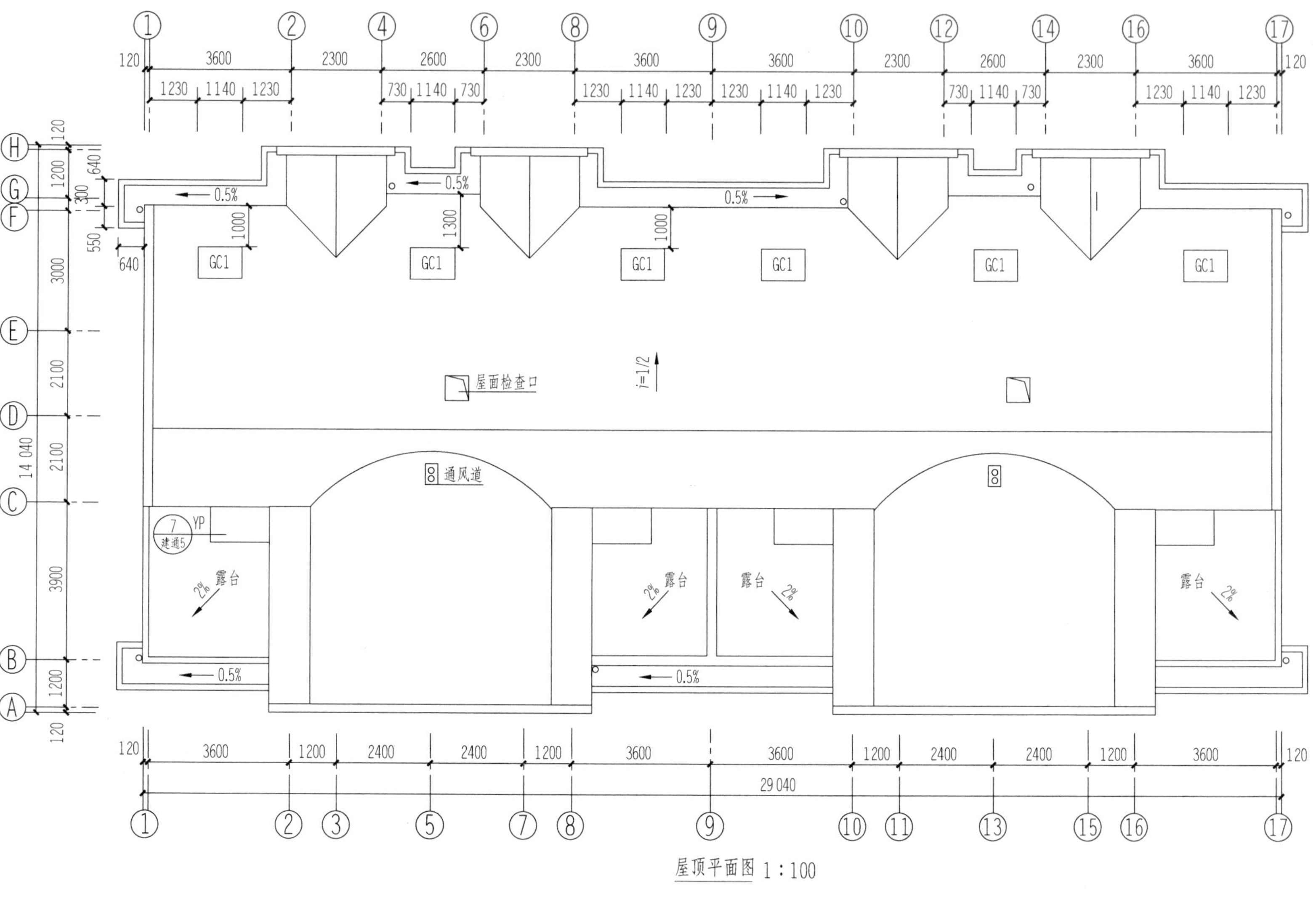

附图6 屋顶平面图

①~⑰轴立面图 1:100

附图7 房屋正立面图

蓝灰色波纹瓦
15.110
15.360
12.400
12.170
11.720
2
建通3
11.200
9.600
120
8.700
8.300
6.700
120
5.800
5.400
3.800
2.900
2.500
0.900
±0.000
-0.200
-2.200
-2.200
-2.500
-2.500
周围刷乳白色涂料，高300
17
1
⑰~①轴立面图 1:100

附图 8 房屋背立面图

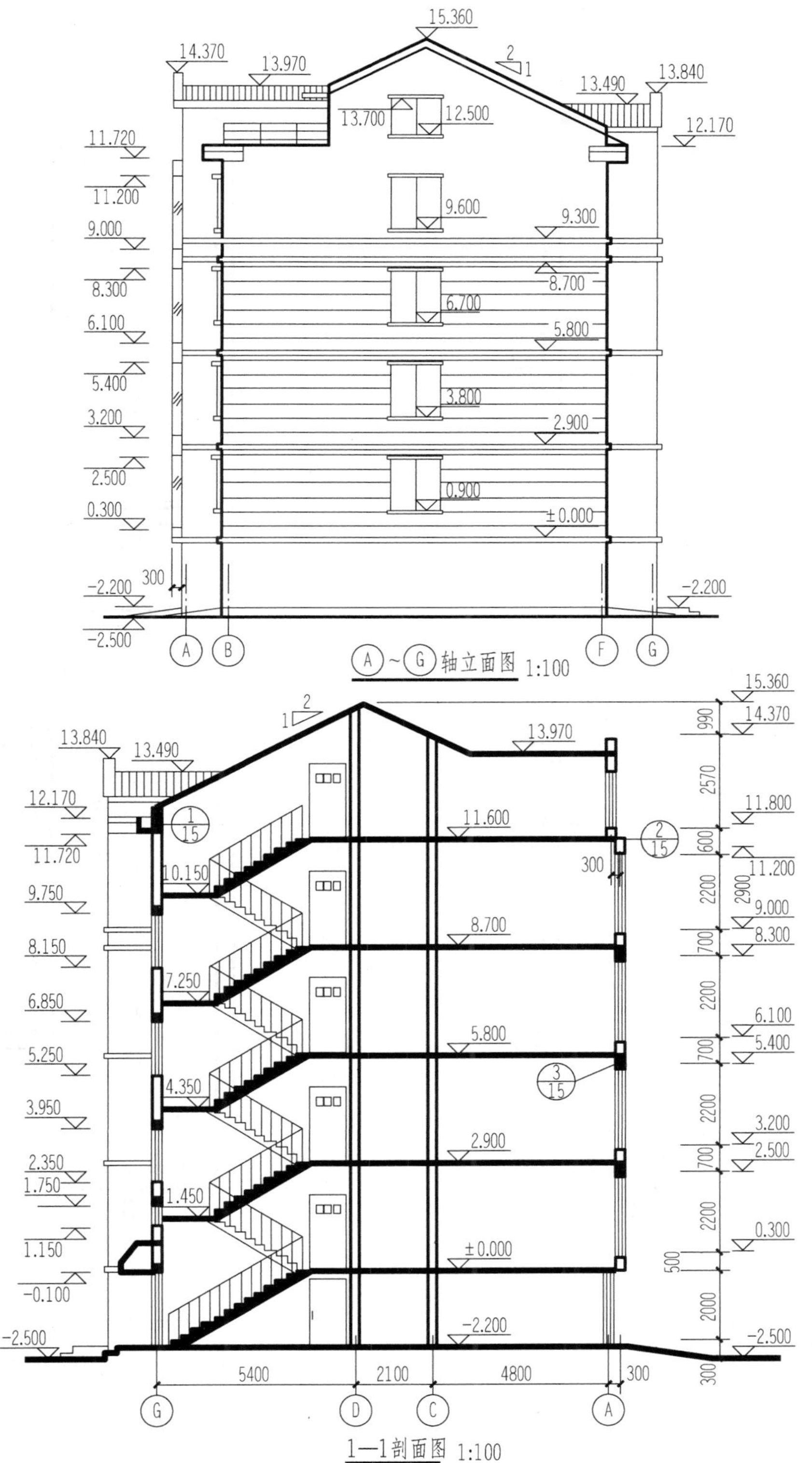

附图 9 房屋侧立面及剖面图

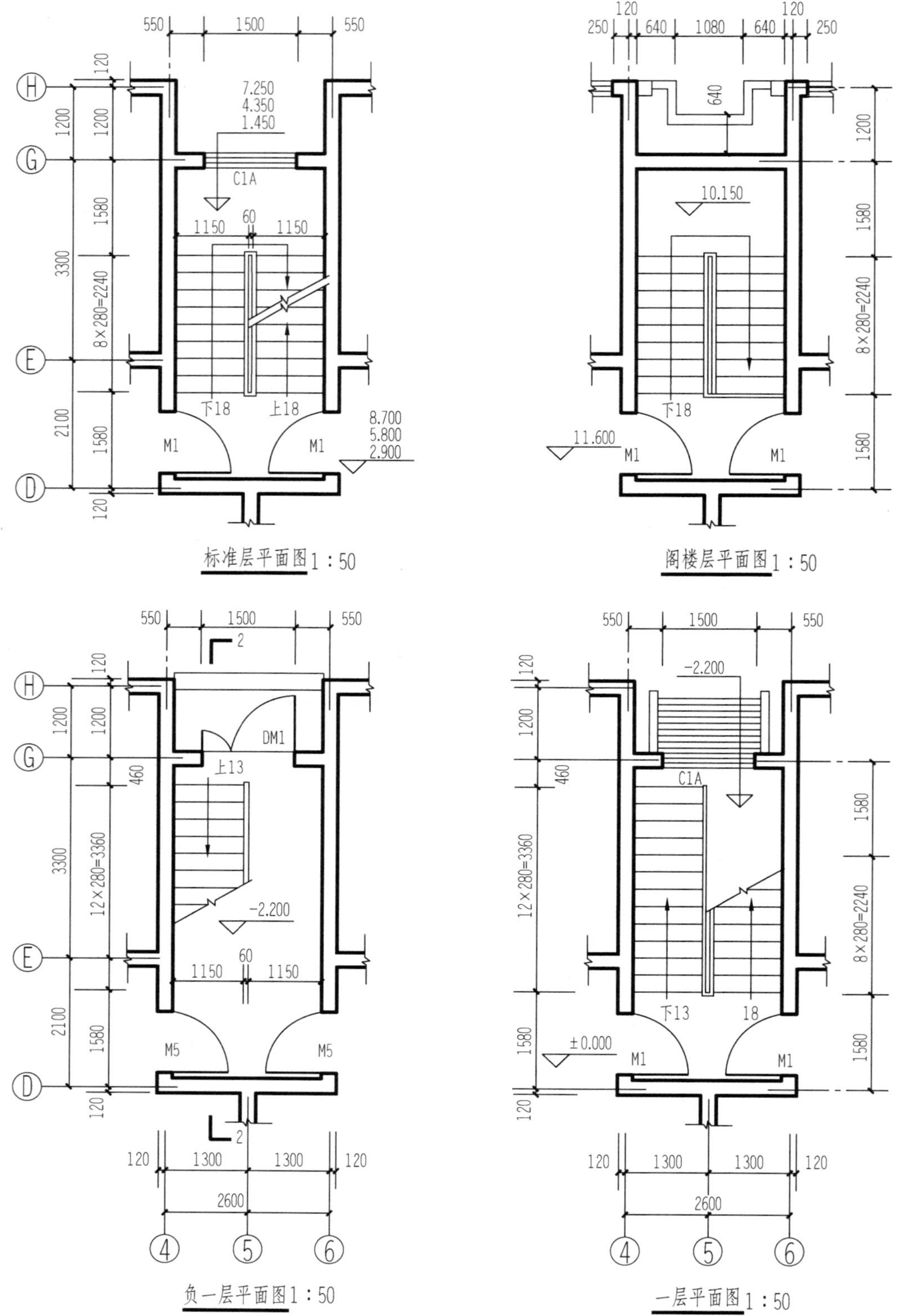
标准层平面图1：50
阁楼层平面图1：50
负一层平面图1：50
一层平面图1：50
7.250
4.350
1.450
8.700
5.800
2.900
10.150
11.600
-2.200
±0.000
C1A
M1
M5
DM1
下18
上18
上13
下13
18
8×280=2240
12×280=3360

附图 10 楼梯平面图

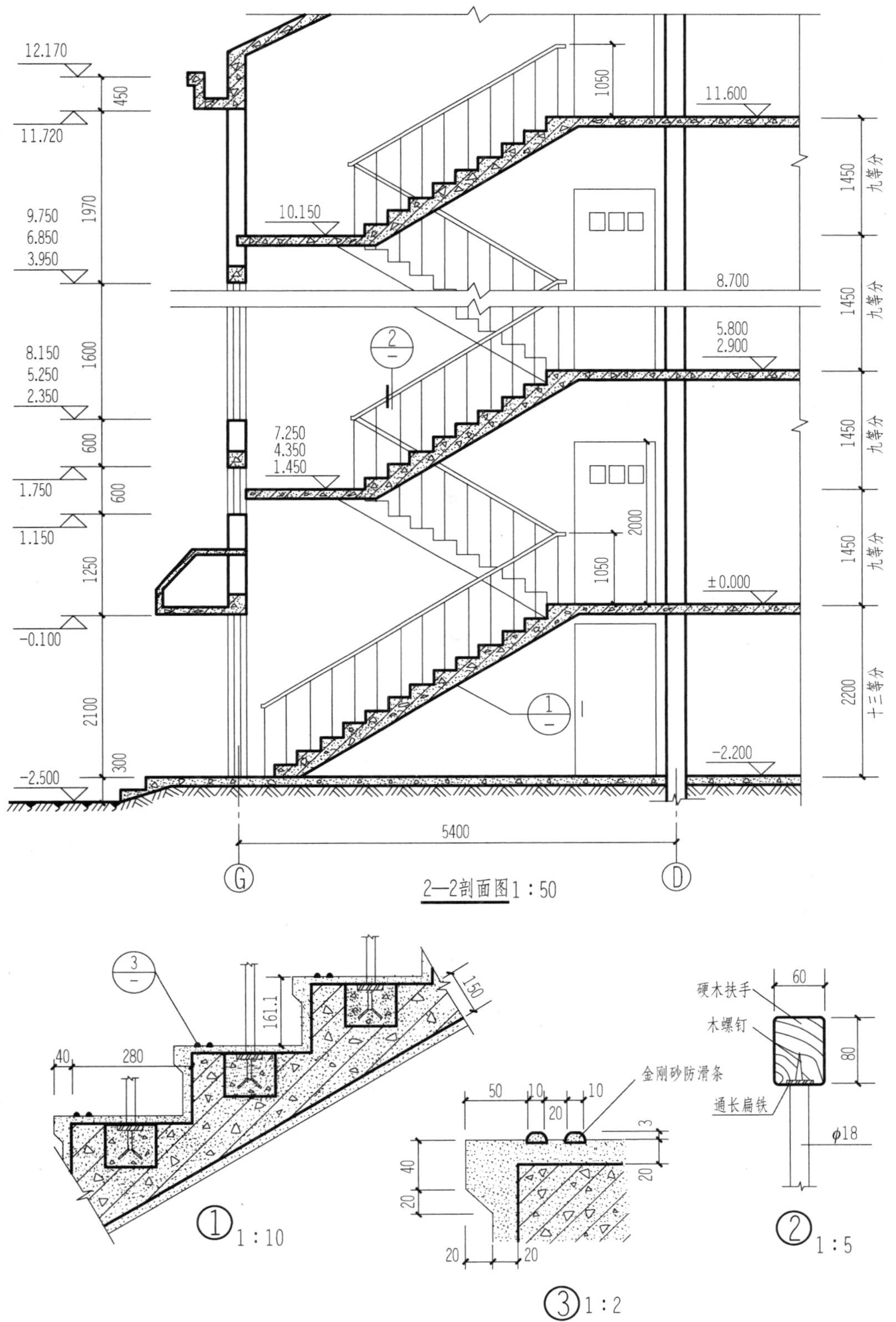

附图 11　楼梯剖面及节点详图

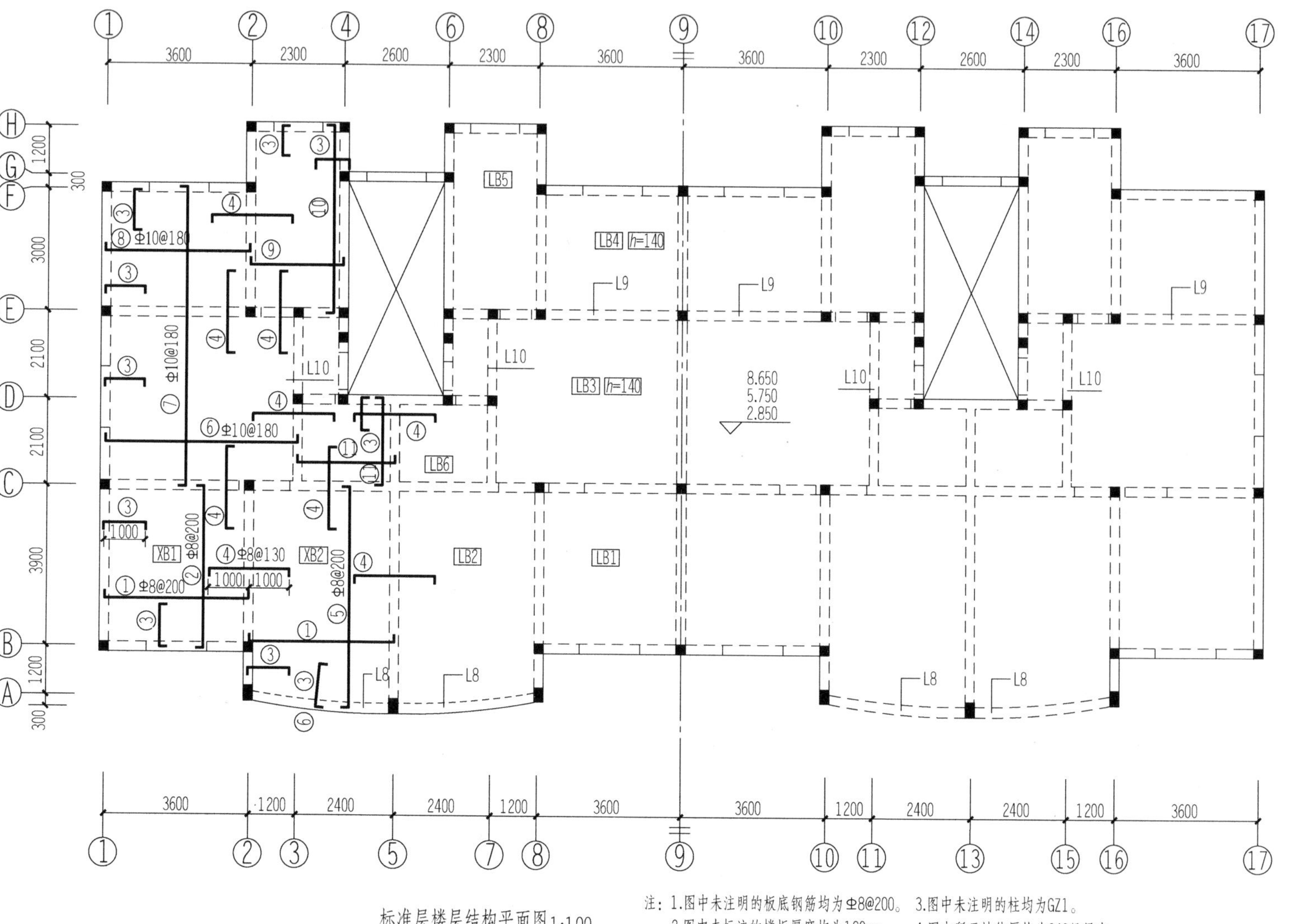

标准层楼层结构平面图 1:100

注：1.图中未注明的板底钢筋均为Φ8@200。 3.图中未注明的柱均为GZ1。
2.图中未标注的楼板厚度均为120mm。 4.图中所示墙体厚均为240且居中。

附图 12 楼层结构平面图

参 考 文 献

[1] 何斌，陈锦昌，陈炽坤. 建筑制图. 5 版. 北京：高等教育出版社，2005.

[2] 朱玉万，卢传贤. 画法几何及土木工程制图. 3 版. 北京：高等教育出版社，2004.

[3] 赵景伟，宋琦主编. 土木工程制图. 北京：中国建材工业出版社，2006.

[4] 杜廷娜. 土木工程制图. 北京：机械工业出版社，2004.

[5] 贾洪斌，雷光明，王德芳. 土木工程制图. 2 版. 北京：高等教育出版社，2006.

[6] 中华人民共和国住房和城乡建设部. GB/T 50001—2010 房屋建筑制图统一标准. 北京：中国建筑工业出版社，2011.

[7] 中华人民共和国住房和城乡建设部. GB/T 50103—2010 总图制图标准. 北京：中国建筑工业出版社，2011.

[8] 中华人民共和国住房和城乡建设部. GB/T 50104—2010 建筑制图标准. 北京：中国建筑工业出版社，2011.

[9] 中华人民共和国住房和城乡建设部. GB/T 50105—2010 建筑结构制图标准. 北京：中国建筑工业出版社，2011.

[10] 中华人民共和国住房和城乡建设部. GB/T 50106—2010 建筑给水排水制图标准. 北京：中国建筑工业出版社，2011.

[11] 中华人民共和国住房和城乡建设部. GB/T 50114—2010 暖通空调制图标准. 北京：中国建筑工业出版社，2011.

[12] 中国建筑标准设计研究院. 11G101—1 混凝土结构施工图平面整体表示方法制图规则和构造详图（现浇混凝土框架、剪力墙、梁、板）. 北京：中国计划出版社，2011.

[13] 中国建筑标准设计研究院. 11G101—2 混凝土结构施工图平面整体表示方法制图规则和构造详图（现浇混凝土板式楼梯）. 北京：中国计划出版社，2011.